Sopp/Baumüller/Scheid
Nachhaltigkeitsberichterstattung

W0060718

Zusätzliche digitale Inhalte für Sie!

Zu diesem Buch stehen Ihnen kostenlos folgende digitale Inhalte zur Verfügung:

 Online-Version

Die digitale Version dieses Buches finden Sie mit vielen hilfreichen Verlinkungen zur komfortablen Recherche in der NWB Datenbank.

Schalten Sie sich das Buch inklusive Mehrwert direkt frei.

Scannen Sie den QR-Code **oder** rufen Sie die Seite **www.nwb.de** auf.
Geben Sie den Freischaltcode ein und folgen Sie dem Anmeldedialog. Fertig!

Ihr Freischaltcode

TSWF-NYAF-WSRV-ABWG-TDBG-Z

Nachhaltigkeitsberichterstattung

Nichtfinanzielle Berichterstattung nach dem CSR-RUG und Neuerungen durch die CSRD

▶ Problemfelder und Lösungsansätze
▶ Gestaltungsoptionen und Praxisbeispiele
▶ QR-Codes zu nichtfinanziellen Berichten

Von
Univ.-Prof. Dr. Karina Sopp,
Dr. Josef Baumüller und
M. Sc. Oliver Scheid

2., aktualisierte Auflage

ISBN 978-3-482-**67892**-9

2., aktualisierte Auflage 2022

© NWB Verlag GmbH & Co. KG, Herne 2021
  www.nwb.de

Satz: PMGi Agentur für intelligente Medien GmbH, Hamm
Druck: Stückle Druck und Verlag, Ettenheim

VORWORT ZUR 2. AUFLAGE

Die 2. Auflage dieses Werkes fällt in die Zeit des Wandels von der nichtfinanziellen Berichterstattung hin zur Nachhaltigkeitsberichterstattung. Ursächlich dafür ist die **Corporate Sustainability Reporting Directive (CSRD)** aus dem Jahr 2022. Die Veränderung der Terminologie geht mit einer sukzessiven Ausweitung des Umfangs der Berichterstattung einerseits und der zur Berichterstattung Verpflichteten andererseits einher. Weitere große Veränderungen bestehen in der Einführung einer Pflicht zur externen Prüfung und zur Standardisierung der Berichtsinhalte durch die neu geschaffenen Europäischen Standards zur Nachhaltigkeitsberichterstattung – die European Sustainability Reporting Standards (ESRS).

Die aus der CSRD resultierenden Neuerungen greifen von den Geschäftsjahren ab 2024 an und werden über die Folgejahre schrittweise ausgeweitet. Bis dahin ist die nichtfinanzielle Berichterstattung nach den Grundsätzen der CSR-Richtlinie aus dem Jahr 2014 – in Deutschland mit dem CSR-Richtlinie-Umsetzungsgesetz (CSR-RUG) im Jahr 2017 in nationales Recht umgesetzt – anzuwenden. Die nach dem CSR-RUG berichtenden Unternehmen haben somit zum einen die **aktuellen Bestimmungen zu befolgen** und zum anderen die Umsetzung der **zukünftigen Regelungen vorzubereiten**. Überdies sind schon heute die Vorgaben der Taxonomie-Verordnung zur Ergänzung der nichtfinanziellen Berichterstattung zu beachten. Auch diese befinden sich in der Weiterentwicklung.

Dieses Werk berücksichtigt sowohl die aktuelle als auch die zukünftige Rechtslage. Dies erfolgt durch eine intensive Auseinandersetzung mit den **Vorgaben nach dem CSR-RUG,** die für Geschäftsjahre bis 2024 einschlägig sind. Die Darstellung und Auslegung der gültigen Rechtslage wird ergänzt um eine Auswahl aktueller Beispielfälle zur Umsetzung der Berichtsvorgaben. An einigen Stellen finden sich QR-Codes mit einer direkten Verlinkung zu Praxisfällen. Ebenfalls erläutert werden die Vorgaben der **Taxonomie-Verordnung** zur Ergänzung der nichtfinanziellen Berichterstattung. Überdies wird auf **Änderungen** im europäischen Bilanzrecht **durch die CSRD** hingewiesen, deren frühzeitige Berücksichtigung im Hinblick auf eine zeit- und sachgerechte Vorbereitung auf die neuen (anspruchsvollen) Berichtspflichten vorteilhaft ist. Diese Ausführungen sind zunächst für solche Unternehmen relevant, die schon nach dem CSR-RUG berichtspflichtig sind. Aber auch für nach der CSRD erstmals berichtspflichtige Unternehmen ist die zukünftige Ausgestaltung der Nachhaltigkeitsberichterstattung von Bedeutung.

Da die **ESRS** eine wichtige Rolle in der Detailumsetzung der Berichtsvorgaben einnehmen werden, indem diese bspw. konkrete nichtfinanzielle Kennzahlen definieren, wird auch ihnen (in der zur Drucklegung des Buches vorliegenden Entwurfsfassung) ein Teil der Ausführungen gewidmet. Die Erläuterungen zu den ESRS werden durch eine Gegenüberstellung mit den Entwürfen für die IFRS Sustainability Disclosure Standards ergänzt. Stand der Ausführungen ist September 2022. Demzufolge basieren die Darstellungen zur CSRD 2022 auf dem Stand der Einigung auf EU-Ebene auf einen angepassten Richtlinienvorschlag vom 30.6.2022.

Diese Neuauflage zeichnet sich mithin durch **umfassende Aktualisierungen und Erweiterungen** aus. Für die redaktionelle Unterstützung bei der Umsetzung dieser Erweiterungen und für die harmonische Zusammenarbeit mit dem Verlag danken wir Frau Kristina Arndt und Frau Alexandra Brundiers. Für die Unterstützung bei den Arbeiten zur Finalisierung dieses Werkes danken wir Herrn Paul Lauber und Herrn Stefan Schmitz.

Freiberg, Wien und Magdeburg,   Karina Sopp,
im September 2022   Josef Baumüller und
                                                Oliver Scheid

VORWORT ZUR 1. AUFLAGE

Etablierte Berichtskonzepte für die erweiterte Rechenschaftslegung über Erfolg und Leistung eines Unternehmens sind bereits seit vielen Jahrzehnten anzutreffen. Jedoch verursachte die Einführung nichtfinanzieller Berichtspflichten in der EU durch die sog. „CSR-Richtlinie" (Richtlinie 2014/95/EU) einen wesentlichen Bedeutungswandel. Mit der Verabschiedung der CSR-Richtlinie erfolgten umfassende Vorgaben zur Abbildung der Nachhaltigkeitsleistung von Unternehmen in deren Berichterstattung.

In Deutschland wurde die CSR-Richtlinie im Jahr 2017 mit dem CSR-Richtlinie-Umsetzungsgesetz (CSR-RUG) ins nationale Recht übernommen. Seitens der zur nichtfinanziellen Berichterstattung verpflichteten Unternehmen hat sich daraus ein Handlungsbedarf ergeben, der weit über den Zeitpunkt der erstmaligen Umsetzung der nichtfinanziellen Berichtspflichten hinausgeht – immerhin sind die Regelungen zur nichtfinanziellen Berichterstattung an vielen Stellen noch in der Entwicklung befindlich.

Der stetig wachsende Bedeutungsgewinn der nichtfinanziellen Berichterstattung zeigt sich bspw. in den aktuellen Maßnahmen, die auf EU-Ebene getroffen werden. Hier sind die Sustainable-Finance-Initiative, die seit dem März des Jahres 2018 vorangetrieben wird, und der Green New Deal aus dem Dezember des Jahres 2019 zu nennen. Beide Initiativen knüpfen in zahlreichen Aspekten an die CSR-Richtlinie an. Darüber hinaus initiierte die EU-Kommission Anfang des Jahres 2020 eine Konsultation zur Weiterentwicklung der nichtfinanziellen Berichtspflichten, deren Ergebnisse für die nächsten Jahre Erweiterungen der nichtfinanziellen Berichterstattung erwarten lassen.

Die Berichtspflicht hinsichtlich nichtfinanzieller Aspekte soll Unternehmen zu einem größeren Bewusstsein über die Wirkungen ihrer Geschäftstätigkeit anhalten – und ihren Stakeholdern die Möglichkeit geben, sie dafür zur Rechenschaft zu ziehen. Die bisherige Praxis zeigt, dass viele Unternehmen noch mit der vollumfänglichen Umsetzung der Vorgaben sowie der Etablierung der dafür erforderlichen Steuerungssysteme beschäftigt sind. Das vorliegende Werk liefert dabei insofern eine Hilfestellung, als es einen fachlich-fundierten und zugleich praktisch-anwendbaren Zugang zu den nichtfinanziellen Berichtspflichten vermittelt. Das Buch richtet sich sowohl an Lehrende und Studierende als auch an Praktiker. Stand der Ausführungen ist der Beginn des Jahres 2021.

Nach einer Einführung in die rechtlichen Rahmenbedingungen (Kap. I) widmen sich die folgenden Kapitel der Pflicht zur nichtfinanziellen Berichterstattung (Kap. II) und den Berichtsinhalten (Kap. III). Kap. IV und V befassen sich mit den Möglichkeiten zur Nutzung von Rahmenwerken und zum Weglassen von Angaben. Die Besonderheiten der nichtfinanziellen Konzernberichterstattung werden in einem gesonderten Abschnitt behandelt (Kap. VI). Schließlich beschäftigt sich das Werk mit Fragestellungen zur Aufstellung, Offenlegung und Veröffentlichung der nichtfinanziellen Berichterstattung (Kap. VII), mit der Prüfung der nichtfinanziellen Berichterstattung (Kap. VIII) sowie mit einschlägigen Sanktionsbestimmungen (Kap. IX). Das letzte Kapitel (Kap. X) geht auf bereits absehbare Änderungen des Gesetzesrahmens und weitere relevante Entwicklungen ein.

Im Rahmen dieses Werks erfolgt eine grundlegende und umfassende Auseinandersetzung mit der nichtfinanziellen Berichterstattung. Dies schließt eine Diskussion problematischer Auslegungsfragen zum CSR-RUG ein. Zudem zeichnet sich das Buch durch die Einbindung von zahlreichen Praxisbeispielen aus. Um die Beispiele in ihren erweiterten Kontext einzuordnen, sind QR-Codes und Links integriert, mit Hilfe derer direkt auf die weiteren Informationen zugegriffen werden kann. Für die Offenheit zur Integration dieser digitalen Elemente und die überaus angenehme Zusammenarbeit mit dem Verlag gilt unser Dank Frau Kristina Arndt, Frau Alexandra Brundiers und Frau Ramona Riese. Für die tatkräftige Unterstützung bei den Arbeiten zur Finalisierung dieses Werks danken wir Herrn Frederik Tristan Rust.

Wir hoffen, dass das vorliegende Werk für Sie, liebe Leserin bzw. lieber Leser, eine wertvolle Lektüre darstellt. Freilich ist kein Buch (vor allem nicht in der ersten Auflage) so gelungen, dass es nicht weiter verbessert werden könnte. Für Anregungen sind wir daher stets dankbar und unter karina.sopp@bwl.tu-freiberg.de gerne für Sie zu erreichen.

Freiberg, Magdeburg, Tulln an der Donau   Karina Sopp,
und Wien,   Josef Baumüller und
im Februar 2021   Oliver Scheid

INHALTSVERZEICHNIS

ABBILDUNGSVERZEICHNIS

ABKÜRZUNGSVERZEICHNIS

Abb.	Abbildung
ABl	Amtsblatt
Abs.	Absatz
AG	Aktiengesellschaft
AK	Arbeiterkammer
AktG	Aktiengesetz
Al	Aluminium
Äq	Äquivalente
Art.	Artikel
Aufl.	Auflage
BaFin	Bundesanstalt für Finanzdienstleistungsaufsicht
BGBl	Bundesgesetzblatt
BGH	Bundesgerichtshof
BGHZ	Entscheidungen des Bundesgerichtshofs in Zivilsachen
BilReG	Bilanzrechtsreformgesetz
BMJV	Bundesministerium der Justiz und für Verbraucherschutz
bspw.	beispielsweise
BT-Drucks.	Bundestag Drucksache
Buchst.	Buchstabe
bzgl.	bezüglich
bzw.	beziehungsweise
CDP	Carbon Disclosure Project
CDSB	Climate Disclosure Standards Board
CO_2	Kohlendioxid
COSO	Committee of Sponsoring Organizations of the Treadway Commission
CSR	Corporate Social Responsibility
CSRD	Corporate Sustainability Reporting Directive
CSR-RUG	CSR-Richtlinie-Umsetzungsgesetz
d. h.	das heißt
d. Verf.	(Anmerkung) der Verfasser/Verfasserin
DAX	Deutscher Aktienindex
DNK	Deutscher Nachhaltigkeitskodex
DPR	Deutsche Prüfstelle für Rechnungslegung
DRÄS	Deutscher Rechnungslegungs Änderungsstandard
DRS	Deutscher Rechnungslegungs Standard
DRSC	Deutsches Rechnungslegungs Standards Committee
e. V.	eingetragener Verein
ECCJ	European Coalition for Corporate Justice
EFRAG	European Financial Reporting Advisory Group
E-GAAP	Environmental generally accepted accounting principles
ErwGr.	Erwägungsgrund
ESEF	European Single Electronic Format

ESG	Environmental, Social, Governance
ESMA	European Securities and Markets Authority
ESRS	European Sustainability Reporting Standards
etc.	et cetera
EU	Europäische Union
EU-Kommission	Europäische Kommission
EWR	Europäischer Wirtschaftsraum
f.	(die) folgende
FAQ	Frequently Asked Questions
FEE	Fédération des Experts-comptables Européens
ff.	(die) folgenden
FISG	Gesetz zur Stärkung der Finanzmarktintegrität (Finanzmarktintegritätsstärkungsgesetz)
FMA	Finanzmarktaufsicht Österreich
FRC	Financial Reporting Council
FREP	Financial Reporting Enforcement Panel
gem.	gemäß
ggf.	gegebenenfalls
GmbH	Gesellschaft mit beschränkter Haftung
GoB	Grundsatz/Grundsätze ordnungsmäßiger Berichterstattung
GoL	Grundsätze ordnungsmäßiger Lageberichterstattung
GRI	Global Reporting Initiative
h. M.	herrschende Meinung
HGB	Handelsgesetzbuch
HLEG	High-Level Expert Group on Sustainable Finance
Hrsg.	Herausgeber
i. d. F.	in der Fassung
i. d. R.	in der Regel
i. e.	id est
i. S.	im Sinne
i. V.	in Verbindung
IAS	International Accounting Standard
IBC	International Business Council
IDW	Institut der Wirtschaftsprüfer in Deutschland e.V.
IFRS	International Financial Reporting Standards
IIRC	International Integrated Reporting Council
IMP	Impact Measurement Project
inkl.	inklusive
ISA	International Standard(s) on Auditing
ISAE	International Standard on Assurance Engagements
ISSB	International Sustainability Standards Board
IWAI	Impact Weighted Accounts Initiative
Kap.	Kapitel
KG	Kommanditgesellschaft
KMU	Kleine und mittlere Unternehmen
kWh	Kilowattstunde
MDAX	Mid-Cap-DAX

Mio.	Millionen
MuSchG	Gesetz zum Schutz von Müttern bei der Arbeit, in der Ausbildung und im Studium
n. F.	neue Fassung
NCC	Natural Capital Coaliton
NGO	Non-Governmental Organisation
Nr.	Nummer
o. a.	oben angeführt
o. Ä.	oder Ähnliche(s)
OECD	Organization for Economic Co-operation and Development
OGAW	Organismen für gemeinsame Anlagen in Wertpapieren
OWiG	Gesetz über Ordnungswidrigkeiten
PRI	Principles for Responsible Investment
PS	Prüfungsstandard
PTF-CRR	Project Task Force on Climate-related Reporting
PTF-ESRS	Project Task Force on European Sustainability Reporting Standards
PublG	Publizitätsgesetz
RefE	Referentenentwurf
RegE	Regierungsentwurf
RNE	Rat für Nachhaltige Entwicklung
S.	Seite
SASB	Sustainability Accounting Standards Board
SDAX	Small-Cap-DAX
SDG	Sustainable Development Goals
SDS	Sustainability Disclosure Standards
SE	Societas Europaea
sog.	sogenannt/-e/-r/-s
TCFD	Task Force on Climate-related Financial Disclosures
TEG	Technical Expert Group on Sustainable Finance
TRWG	Technical Readiness Working Group
TS.	Teilsatz
Tz.	Teilzahl
u. a.	unter anderem
u. E.	unseres Erachtens
u. U.	unter Umständen
UGB	Unternehmensgesetzbuch (Österreich)
UN	United Nations
UNEP	United Nations Environment Programme
UNGC	United Nations Global Compact
Urt.	Urteil
USAID	United States Agency for International Development
v.	vom
VBA	Value Balancing Alliance
vgl.	vergleiche
VO	Verordnung
VRF	Value Reporting Foundation
wbcsd	World Business Council for Sustainable Development

I EU-rechtliche Entwicklung und nationaler Umsetzungsprozess

1 Meilensteine in der Berichterstattung über die Nachhaltigkeitsleistung

1.1 Nachhaltigkeit als „CSR" in der EU

Die Auffassung, die einzige Verantwortung von Unternehmen läge darin, die Erzielung einer angemessenen Rendite zu gewährleisten, kann heute als überholt angesehen werden. Lange Zeit dominierte die gegenteilige Meinung, geprägt vor allem von *Friedman* mit seiner viel zitierten Formulierung *„there is one and only one social responsibility of business – to use its resources and engage in activities designed to increase its profits so long as it stays within the rules of the game, which is to say, engages in open and free competition, without deception or fraud"*[1]. In den letzten Jahrzehnten hat sich vielmehr die Erkenntnis durchgesetzt, dass neben den Kapitaleignern („Shareholder") auch alle anderen Interessengruppen („Stakeholder") des Unternehmens berücksichtigt werden müssen. Die **Wahrnehmung unternehmerischer Verantwortung (Corporate Social Responsibility, CSR)** hat sich mittlerweile als wichtiger Eckpfeiler des unternehmerischen Handelns etabliert. Unternehmen tragen daher – neben der Verantwortung für den wirtschaftlichen Erfolg – auch die Verantwortung für die Auswirkungen ihres Handelns auf das ökologische und soziale Umfeld.[2] Schon vor vielen Jahren legten Erkenntnisse aus der empirischen Wirtschaftsforschung nahe, dass finanzielle und nachhaltigkeitsrelevante[3] Ziele nicht zwangsläufig unabhängig voneinander wirken. So deutet vieles darauf hin, dass die Wahrnehmung gesellschaftlicher Verantwortung auch mit positiven Auswirkungen auf den finanziellen Erfolg von Unternehmen verbunden ist.[4]

Etwa seit der Jahrtausendwende ist dieser Trend auch verstärkt im europäischen Raum auszumachen. Während CSR davor vor allem auf dem Prinzip der freiwilligen Selbstverpflichtung der Unternehmen basierte, nahm die Anzahl regulatorischer Novellierungen auf Ebene der Europäischen Union (EU) seitdem kontinuierlich zu. Insbesondere nach der Finanzkrise in den Jahren 2008/2009 fand aufseiten der politischen Entscheidungs-

---

1 *Friedman,* Capitalism and Freedom, 1962, S. 133.

2 Die EU-Kommission definiert CSR als „die Verantwortung von Unternehmen für ihre Auswirkungen auf die Gesellschaft": *Europäische Kommission,* Binnenmarktakte – Zwölf Hebel zur Förderung von Wachstum und Vertrauen („Gemeinsam für neues Wachstum"), 2011, S. 7.

3 Der Begriff „nachhaltigkeitsrelevant" soll im Folgenden vor allem die Begriffe „ökologisch" und „sozial" (i. S. von „nichtfinanziell") abdecken.

4 Vgl. unter vielen *Friede/Busch/Bassen,* ESG and financial performance: aggregated evidence from more than 2000 empirical studies, Journal of Sustainable Finance & Investment 2015 S. 210 ff.

träger insofern ein Umdenken statt, als für Unternehmen Anreize gesetzt werden sollten, nicht nur in Maßnahmen zu investieren, die sich kurzfristig auf eine Steigerung der Rendite auswirken, sondern vielmehr nachhaltig angelegte Geschäftsmodelle zu realisieren. Angesichts des wachsenden Bewusstseins dafür, dass privatwirtschaftliches Handeln sich nicht nur positiv, sondern oft auch negativ auf das Gemeinwohl auswirkt, wuchs die Aufmerksamkeit für das Thema CSR auf Ebene der Institutionen der EU. Diese Entwicklung wurde von einem wachsenden Informationsbedürfnis der Stakeholder der Unternehmen untermauert. Dies äußerte sich bspw. durch die Forderung nach bewusstem Wirtschaften und einer größeren Übernahme von Verantwortung durch die Unternehmen.[5] Mittlerweile wird das Bekenntnis zu **CSR in der Unternehmensführung** von den Stakeholdern als selbstverständlich angesehen. Das „Geschäftsmodell Nachhaltigkeit" fungiert als ein maßgeblicher Treiber der gesellschaftlichen Verantwortung der Unternehmen und kann daher – bei der Wahrnehmung einer entsprechenden Vorbildfunktion durch die Unternehmensführung – einen nicht zu unterschätzenden Wettbewerbsfaktor darstellen.[6]

Einen Orientierungspunkt für die Erfassung der wachsenden Bedeutung von CSR stellen die *Sustainable Development Goals* (**SDG**) der Vereinten Nationen dar.[7] Im Rahmen der „Agenda 2030" wurden diese im September 2015 – als Weiterentwicklung der bereits im Jahr 2000 für das Jahr 2015 aufgestellten acht „Millenium Development Goals" – auf einem Gipfel der Vereinten Nationen von all ihren Mitgliedstaaten verabschiedet. Dabei handelt es sich um 17 politische Zielsetzungen für eine nachhaltige Entwicklung, welche erstmals in gleichem Maße die folgenden drei Dimensionen der Nachhaltigkeit berücksichtigen: Soziales, Umwelt und Wirtschaft. Nach den SDG sind diese Ziele unteilbar und bedingen einander. Den Zielen sind fünf Kernbotschaften als handlungsleitende Prinzipien vorangestellt: Mensch, Planet, Wohlstand, Frieden und Partnerschaft. Nach anfänglicher Skepsis gegenüber den SDG lässt sich mittlerweile feststellen, dass das darin verfolgte Konzept vermehrt Eingang in die Unternehmenspraxis findet.[8] Ein anschauliches Beispiel zur Einbindung der SDG in die nichtfinanzielle Berichterstattung enthält die nichtfinanzielle Erklärung der EnBW.

---

5 Vgl. *Rehbinder*, Förderung sozialer Verantwortung durch Unternehmenspublizität – ein Experiment mit ungewissem Ausgang, 2017, S. 17.

6 Vgl. ähnlich *Scheid/Kotlenga/Müller*, Nachhaltigkeit in der Unternehmenssteuerung – Vom Nischendasein zum möglichen Krisenauslöser und wichtigen Differenzierungsmerkmal, Krisen-, Sanierungs- und Insolvenzberatung 2018 S. 151.

7 Weiterführende Informationen finden sich bei *UN*, About the Sustainable Development Goals, 2020.

8 So etwa *Baumüller*, Nichtfinanzielle Berichterstattung, 2020, S. 70.

INTEGRATION DER SDG IN DIE NICHTFINANZIELLE BERICHTERSTATTUNG AM BEISPIEL ENBW[9]

„Die Sustainable Development Goals (SDGs) geben weltweit den Handlungsrahmen für eine nachhaltige Entwicklung vor. Im Jahr 2015 wurden die Nachhaltigkeitsziele im Rahmen der Agenda 2030 von den Vereinten Nationen veröffentlicht. Im Mittelpunkt der 17 übergeordneten Ziele und 169 Unterziele stehen globale Herausforderungen im wirtschaftlichen, ökologischen und sozialen Bereich. Alle Sektoren der Gesellschaft – auch Unternehmen – sind dazu aufgerufen, zum Erreichen der SDGs beizutragen.

Bei der Entwicklung der EnBW-Nachhaltigkeitsagenda (Seite 43 f.) haben wir internationale Standards und Rahmenwerke, wie zum Beispiel die SDGs, berücksichtigt. Als nachhaltiger und innovativer Infrastrukturpartner wollen wir mit unseren Aktivitäten dazu beitragen, diese Ziele zu erreichen und zugleich für unsere Stakeholder einen Mehrwert zu schaffen. Wir leisten insbesondere für vier zentrale SDGs einen Beitrag, was auch mit dem Ergebnis unserer Wesentlichkeitsanalyse und mit unseren wesentlichen Themen im Geschäftsjahr 2021 zum Ausdruck gebracht wird."

Da die SDG eine Basis bieten, um die Wirksamkeit nachhaltigen Handelns zu beurteilen und damit einen Vergleichsmaßstab abzuleiten, ist die vermehrte Anwendung im Bereich der nichtfinanziellen Berichterstattung grundsätzlich positiv zu sehen. Allerdings sind die politischen Zielsetzungen der SDG durch einen hohen Abstraktions- und Anspruchsgrad charakterisiert. Dies führt fallweise dazu, dass eine Anknüpfung an die von den Unternehmen selbst wahrgenommenen Handlungsoptionen nur schwerlich umsetzbar ist.[10]

Auch im Rahmen von Investitionsentscheidungen sind CSR-Aspekte nicht mehr wegzudenken. Federführend wirkten hier – wie auch bei den SDG – die Vereinten Nationen mit, welche bereits im Jahr 2006 (zusammen mit der Finanzinitiative des Umweltprogramms der Vereinten Nationen [UNEP] und dem United Nations Global Compact) eine (Finanz-)Initiative gründeten: die *„Principles for Responsible Investment"* (PRI).[11] Als wesentliches Ziel gilt hierbei die Entwicklung und Etablierung von Grundsätzen für ein

---

9 *EnBW*, Integrierter Geschäftsbericht 2021, S. 53 f. Online abrufbar unter https://go.nwb.de/6yu23 oder über den QR-Code.

10 Hilfestellungen, wie die SDG in die Unternehmensführung und -berichterstattung, vor allem in die nichtfinanzielle Berichterstattung, integriert werden können, bietet die im Januar 2020 veröffentlichte Studie von *Adams/Druckman/Picot*, Sustainable Development Goals Disclosure (SDGD) Recommendations, 2020. Diese wurde von internationalen Standardsetzern wie dem IIRC beauftragt. Siehe dazu weiterführend auch Kap. VI.

11 Siehe für weiterführende Informationen dazu *PRI*, Principles for Responsible Investment, 2020.

verantwortungsbewusstes Wertpapiermanagement. Seit Ende 2018 existiert ein eigenes Rahmenwerk für die PRI im Einklang mit diesen Grundsätzen (*„PRI Reporting Framework 2019"*). Die besondere Bedeutung der PRI als internationales Investorennetzwerk wird daran deutlich, dass der Initiative bereits mehr als 2.500 institutionelle Investoren beigetreten sind.

BERÜCKSICHTIGUNG DER PRI IN DER KONZERNBERICHTERSTATTUNG AM BEISPIEL MÜNCHENER RÜCK[12]

„Principles for Responsible Investment (PRI)

Wir gehörten 2006 als erstes deutsches Unternehmen zu den Unterzeichnern der PRI. Die Grundsätze für nachhaltiges Investment setzen wir über unsere gruppenweite Investmentfunktion [...] und unseren Vermögensverwalter [...] um. Über die Erfüllung dieser Grundsätze berichten wir jährlich."

Die PRI umfassen konkret die nachstehenden sechs Prinzipien, denen sich institutionelle Investoren verpflichten:[13]

▶ Einbeziehung von CSR-Aspekten in die Analyse- und Entscheidungsprozesse im Investmentbereich;

▶ Beteiligung als aktiver Anteilseigner sowie Berücksichtigung von CSR-Aspekten in der Investitionspolitik und -praxis;

▶ angemessene Offenlegung in Bezug auf CSR-Aspekte durch die Unternehmen, in die investiert wird;

▶ Vorantreiben der Akzeptanz und Umsetzung der PRI in der Investmentbranche;

▶ Zusammenarbeit zur Steigerung der Wirksamkeit bei der Umsetzung der PRI;

▶ Berichterstattung über die Aktivitäten und Fortschritte bei der Umsetzung der PRI.

Nach wie vor von sehr hoher Relevanz für die Verfolgung nachhaltiger Zielsetzungen auf Unternehmensebene ist der oben angesprochene *United Nations Global Compact* **(UNGC)**. Der UNGC aus dem Jahr 1999 ist ein weltweiter Pakt, der zwischen Unternehmen und den Vereinten Nationen geschlossen wird, um die Globalisierung sozialer und

---

12 *Münchener Rück*, Konzerngeschäftsbericht 2021, S. 110. Online abrufbar unter https://go.nwb.de/wm5mn oder über den QR-Code.

13 Vgl. *PRI*, Prinzipien für verantwortliches Investieren – Eine Investoreninitiative in Partnerschaft mit der UNEP Finance Initiative und dem UN Global Compact, 2019, S. 4.

ökologischer zu gestalten. Unternehmen, die sich freiwillig den Grundsätzen des UNGC verpflichten, unterwerfen sich der Einhaltung der folgenden zehn Prinzipen:[14]

► Unterstützung und Achtung der internationalen Menschenrechte;

► Sicherstellung, dass sich die Unternehmen nicht an Menschenrechtsverletzungen mitschuldig machen;

► Wahrung der Vereinigungsfreiheit sowie wirksame Anerkennung des Rechts auf Kollektivverhandlungen;

► Eintreten für die Beseitigung aller Formen von Zwangsarbeit;

► Eintreten für die Abschaffung von Kinderarbeit;

► Eintreten für die Beseitigung von Diskriminierung bei Anstellung und Erwerbstätigkeit;

► Verfolgen des Vorsorgeprinzips im Umgang mit Umweltproblemen;

► Förderung von Initiativen, um das Umweltbewusstsein zu erhöhen;

► Beschleunigung der Entwicklung und Verbreitung umweltfreundlicher Technologien;

► Eintreten gegen alle Arten der Korruption, einschließlich Erpressung und Bestechung.[15]

Die unterzeichnenden Unternehmen sollen jährlich einen Bericht darüber verfassen, inwieweit sie diese Ziele einhalten konnten. Mittlerweile ist ein Großteil der DAX-30-Unternehmen Mitglied im UNGC; zudem bindet etwa die Hälfte davon die zehn Prinzipien auch in ihre Berichterstattung ein.[16]

DER UNGC ALS RICHTSCHNUR NACHHALTIGEN UNTERNEHMERISCHEN HANDELNS AM BEISPIEL MERCEDES-BENZ GROUP[17]

„Als grundlegende Richtschnur für unsere Geschäftstätigkeit setzen wir zudem die zehn Prinzipien des Global Compacts der Vereinten Nationen ein. Als Gründungsmitglied ist die Mercedes-Benz Group dem UN Global Compact besonders verbunden. Die internen Grundsätze und Richtlinien der Mercedes-Benz Group bauen auf diesem internationalen Referenzrahmen und weiteren internationalen Prinzipien auf. [...]

Zusätzlich haben wir mit der internationalen Arbeitnehmervertretung die ‚Grundsätze zur sozialen Verantwortung' vereinbart. Sie gelten in der Mercedes-Benz Group AG sowie im gesamten Konzern. Wir bekennen uns darin zu den Prinzipien des UN Global Compact inklusive der dort geregelten, international anerkannten Menschen- und Arbeitnehmerrechte, der Koalitionsfreiheit, zu nachhaltigem Umweltschutz sowie der Ächtung von Kinder- und Zwangsarbeit. Zusätz-

---

14 Entnommen aus *Global Compact Netzwerk Deutschland*, Die zehn Prinzipien des Global Compact, 2020.

15 Die Korruptionsbekämpfung wurde nachträglich aufgenommen.

16 Vgl. *Kirchhoff*, Nachhaltigkeitsberichterstattung im Wandel – Eine Untersuchung der DAX 30-Berichte 2016, 2017, S. 11.

17 *Mercedes-Benz Group*, Geschäftsbericht 2021, S. 90–91 und 164. Online abrufbar unter https://go.nwb.de/8i0ix oder über den QR-Code.

lich verpflichtet sich Mercedes-Benz, die Chancengleichheit zu wahren und das Prinzip ‚gleicher Lohn für gleichwertige Arbeit' für Beschäftigte einzuhalten. […]"

Die dargestellten Entwicklungen geben zunächst einen Einblick in die steigende Bedeutung von nachhaltigem Handeln im unternehmerischen Kontext. In der Folge gilt es, nachhaltiges Handeln aufseiten der Unternehmen in Form einer **nichtfinanziellen Berichterstattung** zu dokumentieren, um mögliche Informationsasymmetrien zwischen Management und externen Stakeholdern entgegenzutreten. Nichtfinanzielle Informationen waren in der EU jedoch lange Zeit kaum berichtspflichtig. Lediglich einzelne Leistungsindikatoren mit Nachhaltigkeitsbezug mussten bei bestimmten Unternehmen bereits seit Umsetzung der sog. „Modernisierungsrichtlinie" (2003/51/EG) vom 18.6.2003[18] zwingend in die Berichterstattung einbezogen werden. In den nachfolgenden Jahren wurden jedoch Ansätze zur Intensivierung der Offenlegung ökologischer und sozialer Aspekte der Geschäftstätigkeit in der externen Rechnungslegung sowohl auf nationaler als auch auf internationaler Ebene diskutiert.

An Stelle oder zusätzlich zu einer verpflichtenden Offenlegung steht es Unternehmen natürlich frei, ihre Berichterstattung durch freiwillig aufzustellende und zu prüfende nachhaltigkeitsrelevante Berichte zu erweitern. Vor allem im letzten Jahrzehnt wurde hiervon verstärkt Gebrauch gemacht, so dass nachhaltigkeitsrelevante Informationen im Rahmen der unternehmerischen Berichterstattung einen erheblichen Bedeutungszuwachs erfahren haben. Freiwillige Berichtsformate, wie etwa der freiwillig erstellte **Nachhaltigkeitsbericht,**[19] sind zu festen Bestandteilen der Berichterstattungspraxis in der EU geworden, was zuvorderst für kapitalmarktorientierte Unternehmen gilt. Parallel dazu lässt sich ein Anstieg der Offenlegung nachhaltigkeitsrelevanter Aspekte im Rahmen des Konzepts des sog. „Integrated Reporting" beobachten. Dieses Konzept der

---

18 Vgl. Richtlinie 2003/51/EG des Europäischen Parlaments und des Rates vom 18.6.2003 zur Änderung der Richtlinien 78/660/EWG, 83/349/EWG, 86/635/EWG und 91/674/EWG über den Jahresabschluss und den konsolidierten Abschluss von Gesellschaften bestimmter Rechtsformen, von Banken und anderen Finanzinstituten sowie von Versicherungsunternehmen, ABl EU 2003 Nr. L 178, 17.7.2003.

19 Vgl. zu den Grundzügen der Nachhaltigkeitsberichterstattung z. B. *Steinmeier/Stich,* Restatements in der Nachhaltigkeitsberichterstattung, Zeitschrift für internationale und kapitalmarktorientierte Rechnungslegung 2016 S. 502 f.; kritisch in Bezug auf die Prüfung von Nachhaltigkeitsberichten in Deutschland *Steinmeier/Stich,* Nachhaltigkeitsberichterstattung in Deutschland – in puncto assurance alles andere als „weltmeisterlich"!, Die Wirtschaftsprüfung 2015 S. 413 ff.

integrierten Berichterstattung (Verknüpfung von finanziellen und nichtfinanziellen Werttreibern in einem gemeinsamen Spitzenbericht) beruht ebenfalls auf einer freiwilligen Anwendung.[20]

Üblicherweise leitet man den Kontext der nachhaltigkeitsrelevanten Berichterstattung aus einer sog. **„Triple Bottom Line"** ab, über die zu berichten ist. Diese von *Elkington* bereits 1994 geprägte Bezeichnung (im deutschsprachigen Raum auch bekannt als „Drei-Säulen-Modell") betrachtet Unternehmen nicht nur nach dem ökonomischen Wert, den sie erzeugen, sondern auch nach den ökologischen und sozialen Werten, die sie erschaffen oder vernichten. Inhaltlich ist die Triple Bottom Line deckungsgleich mit der ökonomischen, ökologischen und sozialen Dimension der unternehmerischen Verantwortung; in der heutigen Zeit werden diese Aspekte aber überwiegend mit der Begrifflichkeit „CSR" abgedeckt. Die enge Verknüpfung der drei Dimensionen wird vor allem an dem Ausgleich zwischen den unterschiedlichen Zielsetzungen und Interessenlagen deutlich, der zwischen den drei Dimensionen erreicht werden soll. Diese Dimensionen lauten „People", „Planet" und „Profit".

An den beschriebenen Initiativen und Praxisumsetzungen zeigt sich nicht nur die steigende Bedeutung, sondern auch die Vielfältigkeit der vorhandenen und sich stetig (weiter-)entwickelnden Ansätze zur Berichterstattung über Nachhaltigkeitsinformationen. Dies betrifft neben der inhaltlichen Ausgestaltung das Auseinanderfallen von freiwilliger und verpflichtender Berichterstattung. Divergierende Verbindlichkeitsgrade und Möglichkeiten der inhaltlichen Ausgestaltung hinsichtlich der Aufstellung nichtfinanzieller Berichtsformate gefährden jedoch die Glaubwürdigkeit und Verlässlichkeit der Publikationen bzw. der offenlegenden Unternehmen. Die Finanzkrise der Jahre 2008/2009 brachte bisweilen sogar unnötig aufgeblähte und teilweise nicht der Wahrheit entsprechende Nachhaltigkeitsberichte zutage, die in einem sog. **„Greenwashing"** resultierten.[21] Dies verstärkte den Ruf vonseiten vieler externer Stakeholder nach einer verpflichtenden nachhaltigkeitsrelevanten Unternehmensberichterstattung, in der Aufstellung, Prüfung und Offenlegung klar geregelt sind.

Als wesentlicher Treiber der (Weiter-)Entwicklung einer verpflichtenden nichtfinanziellen Berichterstattung hat sich im europäischen Raum insbesondere die **EU-Kommission** hervorgetan. Sie hat mit zahlreichen Initiativen und Aktionsplänen in immer kürzeren Zeitabständen die Stoßrichtung in der EU vorgegeben. Die ausführliche Betrachtung

---

20 Zum Konzept der integrierten Berichterstattung ausführlich *Baumüller*, BWL-Glossar: Integrated Reporting, Steuer- und Wirtschaftskartei 2016 sowie *Baumüller*, Nichtfinanzielle Berichterstattung, 2020, S. 16 ff. Die integrierte Berichterstattung wird in Kap. IV.4.2 thematisiert.

21 Vgl. dazu ausführlich *Schewe/Nienaber/Buschmann/Liesenkötter*, Alles nur Greenwashing? – Wie glaubwürdig berichten Unternehmen über ihr Nachhaltigkeitsengagement?, Zeitschrift für Umweltpolitik und Umweltrecht 2012 S. 1 ff.

der europarechtlichen Vorgaben zur nichtfinanziellen Berichterstattung sowie deren Umsetzung in deutsches Recht – und dabei insbesondere die Auswirkungen auf Ersteller, Prüfer und Adressaten – sind Gegenstand der nachstehenden Ausführungen.

1.2 Sustainable Finance und Green New Deal als Zukunftsperspektiven

Neue Impulse zur Etablierung von Rahmenbedingungen für ein **nachhaltiges Wirtschaften im Finanzsystem** (was auch für den Kontext der nichtfinanziellen Berichterstattung von entscheidender Bedeutung ist) setzte eine Ende 2016 durch die EU-Kommission ins Leben gerufene, hochrangige Expertengruppe mit dem Namen *„High-Level Expert Group on Sustainable Finance"* (HLEG). Mit dem Ziel, „Sustainable Finance" als neues Leitmotiv in der Unternehmensberichterstattung zu konstituieren, veröffentlichte die HLEG am 31.1.2018 ihren Schlussbericht *„Financing a Sustainable European Economy"*.[22] Dieser viel beachtete Bericht enthält Maßnahmen, die unmittelbar die Akteure des Finanzmarkts adressieren – vor allem im Hinblick auf die strategischen Ziele der EU-Kommission. Bereits zu diesem Zeitpunkt wurde deutlich, dass die Ausweitung des Adressatenkreises bei der Durchsetzung nachhaltiger Ansätze – über die berichtspflichtigen Unternehmen hinaus hin zu (Finanz-)Investoren und Anlageberatern – die weitere Stoßrichtung der EU-Kommission beeinflussen würde.

Der **Aktionsplan der EU-Kommission zur „Finanzierung nachhaltigen Wachstums"** wurde schlussendlich im März 2018 vorgestellt und versteht sich als Fahrplan für die weiteren Initiativen, die darauf aufbauend in der Folgezeit realisiert werden sollten. Die EU-Kommission konkretisiert im Aktionsplan im Wesentlichen drei Ziele:[23]

▶ Umlenkung auf nachhaltige Investitionen, um ein „nachhaltiges und integratives Wachstum" zu erreichen;

▶ Bewältigung von „finanziellen Risiken, die sich aus dem Klimawandel, der Ressourcenknappheit, der Umweltzerstörung und sozialen Problemen ergeben";

▶ Förderung von Transparenz und Langfristigkeit auf den Kapitalmärkten und in der gesamten Wirtschaftstätigkeit.

Insgesamt sieht der Aktionsplan **zehn Maßnahmen** vor, die zur Erreichung der Ziele beitragen sollen. Das dazugehörige Normengerüst zur Umsetzung des Aktionsplans wurde im Mai 2018 durch die EU-Kommission im Rahmen mehrerer Vorschläge für Verordnungen aufgestellt. Dabei sollten vor allem die Aspekte

---

22 Vgl. *HLEG*, Financing a Sustainable European Economy, 2018, S. 1 ff.; ausführlich zum Schlussbericht der HLEG *Lanfermann*, Sustainable Finance als neues Leitmotiv der Unternehmensberichterstattung, Betriebs-Berater 2018 S. 490 ff.

23 Vgl. *Europäische Kommission*, Aktionsplan: Finanzierung nachhaltigen Wachstums, 2018, S. 3.

► grüne Taxonomie (mit Regelungen für einen Prozess zur Erstellung eines EU-Klassifizierungssystems, mit dem Aktivitäten als aus ökologischer Sicht nachhaltig eingeordnet werden können),

► Treuhänderpflichten von Investoren (z. B. Offenlegungen von bestimmten Finanzmarktteilnehmern, wie sie im Investment-/Beratungsprozess mit Nachhaltigkeitsrisiken umgehen),

► nachhaltige Anlageberatung (z. B. Berücksichtigung von Kundenwünschen im Rahmen der Prüfung der Geeignetheit von Anlagepaketen) sowie

► Nachhaltigkeitsbenchmarks (z. B. Mindestanforderungen für neue umweltbezogene Benchmarks, deren Werte Auswirkungen auf den CO_2-Ausstoß haben)

aufgegriffen werden.[24] Abb. 1 gibt einen Überblick über das Maßnahmenpaket und dessen Zielsetzung.

Damit die Tätigkeiten von Unternehmen als „ökologisch nachhaltig" i. S. des Aktionsplans klassifiziert werden können, muss mindestens eines der nachstehenden sechs **Umweltziele** erfüllt und auch offengelegt werden. Die EU-Kommission gibt im Kontext der nachhaltigkeitsrelevanten Berichterstattung folgende Umweltziele vor: [25]

► Klimaschutz (z. B. Vermeiden oder Verringern von Treibhausgasemissionen);

► Anpassung an den Klimawandel (z. B. Reduktion oder bestenfalls Vermeidung von negativen Auswirkungen des derzeitigen und künftig erwarteten Klimas auf die Wirtschaftstätigkeit);

► nachhaltige Nutzung und Schutz von Wasser- und Meeresressourcen (z. B. Schutz der Gewässer vor schädlichen Auswirkungen von industriellem Abwasser);

► Übergang zu einer Kreislaufwirtschaft, Abfallvermeidung und Recycling (z. B. effiziente Nutzung von Rohstoffen in der Produktion und Verbesserung der Recyclingfähigkeit von Produkten);

► Vermeidung und Verminderung der Umweltverschmutzung (z. B. Verbesserung der Luft-, Wasser- und Bodenqualität in den Gebieten, in denen die Wirtschaftstätigkeit stattfindet);

► Schutz gesunder Ökosysteme (z. B. Schutz und Erhalt der biologischen Vielfalt durch Naturschutz und nachhaltige Landbewirtschaftung).

---

24 Vgl. hierzu ausführlich *Lanfermann*, Künftige Ausrichtung der EU-Unternehmensberichterstattung: Gesetzgebungspaket zu Sustainable Finance und „Fitness Check", Betriebs-Berater 2018, S. 1644 f.; *Scheid/Müller*, Notwendigkeit der klimabezogenen Berichterstattung – Implikationen des EU-Aktionsplans und Umsetzungsanregungen, Praxis der internationalen Rechnungslegung 2019 S. 332.

25 Vgl. *Europäische Kommission*, Vorschlag für eine Verordnung des Europäischen Parlaments und des Rates über die Einrichtung eines Rahmens zur Erleichterung nachhaltiger Informationen, 2018, Art. 5 ff.

Die durch den Normensetzer auf EU-Ebene beabsichtigte **Lenkung privater Kapitalflüsse zur Erreichung nachhaltigkeitsbezogener Ziele** ist als Regulierungsziel des Kapitalmarktrechts verhältnismäßig neu.[26] Damit soll letztendlich ein einheitliches Rahmenwerk zur Bewertung von finanzwirtschaftlichen Aktivitäten im Hinblick auf nachhaltige (Umwelt-)Ziele geschaffen werden. Darüber hinaus soll eine „gemeinsame Sprache" für Investoren, Emittenten, die Politik und Aufsichtsbehörden etabliert werden, die dabei hilft, mit standardisierten Vorgaben die Infrastruktur für ein nachhaltiges Finanzwesen zu fördern.

Die Umsetzung der Vorschläge der EU-Kommission zu Sustainable Finance in Rechtsnormen – mit Ausnahme der Einführung von Klima-Benchmarks in der EU im Februar 2019 – erfolgte z.T. verzögert.[27] Erst am 12.7.2020 trat die **Taxonomie-Verordnung**[28] in Kraft (siehe dazu Kap. I.2.3 und Kap. V). Diese Verordnung der EU regelt, wann eine Wirtschaftstätigkeit als nachhaltig anzusehen ist. Hiermit verbunden sind allerdings auch zahlreiche Offenlegungspflichten für Finanzunternehmen und Nichtfinanzunternehmen, die die Anforderungen der Bilanz-Richtlinie (2013/34/EU) ergänzen. Sich daraus ergebenden Umsetzungsfragen begegnet die EU-Kommission durch die Veröffentlichung von delegierten Rechtsakten (siehe dazu Kap. V).

---

26 Vgl. hierzu weiterführend *Stumpp*, Die EU-Taxonomie für nachhaltige Finanzprodukte – Eine belastbare Grundlage für Sustainable Finance in Europa?, Zeitschrift für Bankrecht und Bankwirtschaft 2019 S. 80.

27 Vgl. dazu kritisch *Lanfermann*, EU-Aktionsplan zu Sustainable Finance: Wie weit ist der europäische Gesetzgeber mit der Umsetzung?, Betriebs-Berater 2019 S. 2223.

28 Verordnung (EU) Nr. 2020/852 des Europäischen Parlaments und des Rates vom 18.6.2020 über die Einrichtung eines Rahmens zur Erleichterung nachhaltiger Investitionen und zur Änderung der Verordnung (EU) 2019/2088, Abl EU 2020 Nr. L 198, 22.6.2020.

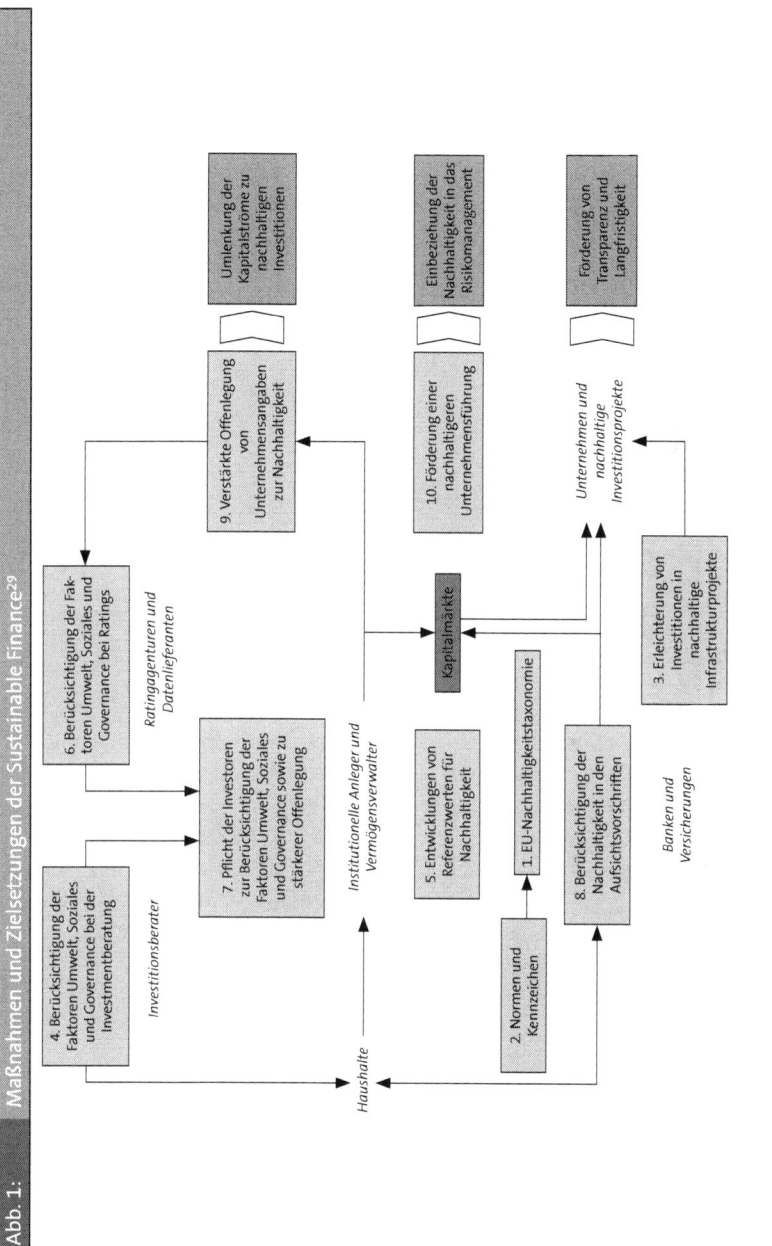

Abb. 1: Maßnahmen und Zielsetzungen der Sustainable Finance[29]

29 In Anlehnung an *Europäische Kommission*, Aktionsplan: Finanzierung nachhaltigen Wachstums, 2018, S. 22.

Der Ende 2019 von der EU-Kommission kommunizierte „**Green New Deal**" bestätigt, dass die aktuellen gesellschaftlichen Entwicklungen zum Klimaschutz einen hohen politischen Stellenwert genießen. Beim Green New Deal handelt es sich um eine Wachstumsstrategie, mit der *„die EU zu einer fairen und wohlhabenden Gesellschaft mit einer modernen, ressourceneffizienten und wettbewerbsfähigen Wirtschaft werden soll, in der im Jahr 2050 keine Netto-Treibhausgasemissionen mehr freigesetzt werden und das Wirtschaftswachstum von der Ressourcennutzung abgekoppelt ist".*[30] Bereits im März 2020 hat die EU-Kommission ein erstes EU-weites sog. „Klimagesetz" vorgeschlagen, um darin Bedingungen für einen wirksamen und fairen Übergang zur Klimaneutralität festzulegen.[31] Hierin werden alle Wirtschaftssektoren aufgefordert, ihren Beitrag zur Erreichung der klimapolitischen Ziele der EU zu leisten. Dazu sollen vor allem die folgenden Maßnahmen beitragen:

► Investitionen in neue, umweltfreundliche Technologien;

► Unterstützung der Industrie bei Innovationen;

► Einführung umweltfreundlicher, kostengünstigerer und gesünderer Formen des privaten und öffentlichen Verkehrs;

► Dekarbonisierung des Energiesektors;

► Erhöhung der Energieeffizienz von Gebäuden;

► Zusammenarbeit mit internationalen Partnern zur Verbesserung weltweiter Umweltnormen.

Auch in Deutschland steht die Auseinandersetzung mit einer nationalen Sustainable-Finance-Strategie auf der politischen Agenda. In diesem Kontext wurde im Juni 2019 ein „**Sustainable-Finance-Beirat**" gegründet. „Der Beirat arbeitet als unabhängige und effektive Multistakeholder-Dialogplattform mit Mitgliedern aus Realwirtschaft, Finanzwirtschaft, Zivilgesellschaft und Wissenschaft und berät die Bundesregierung bei der Weiterentwicklung und Umsetzung ihrer Sustainable Finance-Strategie."[32] Im Februar 2021 hat der Beirat seinen Bericht „Shifting the Trillions – Ein nachhaltiges Finanzsys-

---

30 *Europäische Kommission*, Der europäische Grüne Deal, 2019, S. 2.

31 Vgl. *Europäische Kommission*, Vorschlag für eine Verordnung des Europäischen Parlaments und des Rates zur Schaffung des Rahmens für die Verwirklichung der Klimaneutralität und zur Änderung der Verordnung (EU) 2018/1999 (Europäisches Klimagesetz), 2020, S. 2.

32 *Sustainable-Finance-Beirat der Bundesregierung*, Der Sustainable Finance-Beirat der Bundesregierung in der 20. Legislaturperiode, 2022.

tem für die Große Transformation"[33] mit 31 Empfehlungen veröffentlicht. Die Empfehlungen des Beirats betreffen fünf Handlungsbereiche:[34]

► einen verlässlichen Politikrahmen in Deutschland und der EU für kohärente, auf Nachhaltigkeit ausgerichtete Weichenstellungen in der Finanz- und Realwirtschaft;

► eine integrierte und zukunftsgerichtete Unternehmensberichterstattung mit Transparenz und Vergleichbarkeit als Grundlage für nachhaltige Investitionsentscheidungen und ein ganzheitliches Risikomanagement;

► Forschung und systematischer Wissensaufbau mit Blick auf sich verändernde Kompetenzanforderungen bei Verantwortlichen in Regulierung, Leitung und Aufsicht von Unternehmen, in der Finanzberatung sowie der Öffentlichkeit;

► nachhaltigkeitswirksame Finanzprodukte, die den wachsenden Bedarf der Anlegerinnen und Anleger bedienen;

► eine institutionelle Verstetigung für die kontinuierliche Begleitung im Rahmen des Transformationsprozesses.

Abb. 2 zeigt die Empfehlungen des Sustainable-Finance-Beirats im Überblick.

---

33 *Sustainable-Finance-Beirat der Bundesregierung,* Shifting the Trillions – Ein nachhaltiges Finanzsystem für die Große Transformation: 31 Empfehlungen des Sustainable-Finance-Beirats an die Bundesregierung, 2021.

34 Die Handlungsbereiche sind entnommen aus *Sustainable-Finance-Beirat der Bundesregierung,* Shifting the Trillions – Ein nachhaltiges Finanzsystem für die Große Transformation: 31 Empfehlungen des Sustainable-Finance-Beirats an die Bundesregierung, 2021, S. 5.

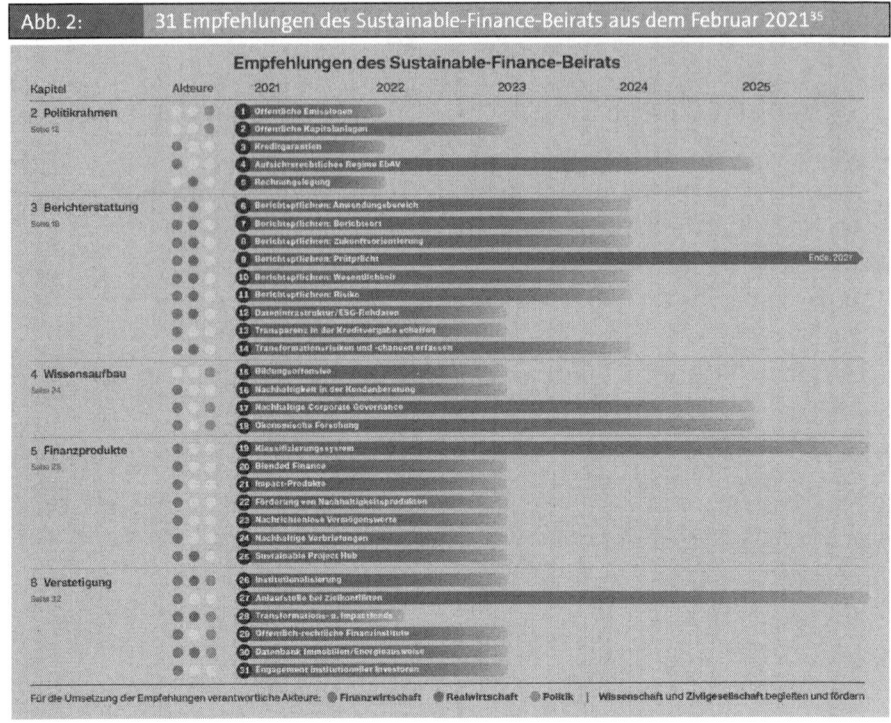

Abb. 2: 31 Empfehlungen des Sustainable-Finance-Beirats aus dem Februar 2021[35]

2 EU-rechtliches Normengerüst

2.1 Richtlinie 2014/95/EU (CSR-Richtlinie) und CSRD 2022

Als Ausgangspunkt für die Erarbeitung der sog. „CSR-Richtlinie" (RL 2014/95/EU)[36] gilt die Finanzkrise der Jahre 2008/2009. In Anbetracht des daraus resultierenden Vertrauensverlusts in das unternehmerische Berichterstattungsverhalten hatte die EU-Kommission Ende 2010 eine Konsultation zur Offenlegung nichtfinanzieller Informationen in der EU durchgeführt, um mögliche Handlungsoptionen darzulegen und mit ihren

---

35 Entnommen aus *Sustainable-Finance-Beirat der Bundesregierung*, Shifting the Trillions – Ein nachhaltiges Finanzsystem für die Große Transformation: 31 Empfehlungen des Sustainable-Finance-Beirats an die Bundesregierung, 2021, S. 6.

36 Vgl. Richtlinie 2014/95/EU des Europäischen Parlaments und des Rates vom 22.10.2014 zur Änderung der Richtlinie 2013/34/EU im Hinblick auf die Angabe nichtfinanzieller und die Diversität betreffender Informationen durch bestimmte große Unternehmen und Gruppen, ABl EU 2014 Nr. L 330, 15.11.2014.

Mitgliedstaaten abzustimmen. An diesen Schritt knüpfte die EU-Kommission ihre **erneuerte Nachhaltigkeitsstrategie**. Mit dieser Strategie brachte sie im Oktober 2011 zum Ausdruck, die Publizitätspflichten bestimmter Unternehmen von öffentlichem Interesse im Hinblick auf ökologische und gesellschaftliche Bestimmungsgrößen der unternehmerischen Tätigkeit grundlegend zu erweitern.[37] Obschon damit hauptsächlich die nachhaltigkeitsrelevante **Berichterstattung** intensiviert werden sollte, begünstigt dieser Ansatz klarerweise auch die Verankerung eines nachhaltigkeitsrelevanten **betrieblichen Handelns** selbst.[38] Den Grundstein für die weitere unionsrechtliche Entwicklung in Bezug auf die Offenlegung von nichtfinanziellen Aspekten legte die EU-Kommission u. a. mit den folgenden Aussagen, die dem o. g. Positionspapier zur CSR-Strategie aus dem Jahr 2011 entnommen sind:[39]

„Durch die Offenlegung von sozialen und ökologischen – darunter auch klimabezogenen – Informationen können die Kontakte zu Stakeholdern erleichtert und konkrete Gefahren für die Nachhaltigkeit aufgezeigt werden. Ferner kann die Offenlegung als wesentliches Element der Rechenschaftspflicht auch dazu beitragen, dass die Öffentlichkeit den Unternehmen Vertrauen entgegenbringt. […] Um gleiche Ausgangsbedingungen zu gewährleisten, wird die Kommission, wie in der Binnenmarktakte[40] angekündigt, einen Vorschlag für eine Rechtsvorschrift über die Transparenz der sozialen und ökologischen Informationen präsentieren, die von den Unternehmen aller Branchen bereitgestellt werden. […] Die Kommission arbeitet außerdem an einer Strategie, durch die Unternehmen ermutigt werden sollen, eine gemeinsame lebenszyklus-basierte [sic!] Methodik, die auch für Offenlegungszwecke verwendet werden könnte, als Maß und Benchmark für die eigene ökologische Leistung heranzuziehen. Alle Organisationen […] sind aufgefordert, Maßnahmen für eine bessere Offenlegung ihrer sozialen und ökologischen Leistungen aufzugreifen."

Neben dem geänderten Verständnis von nachhaltigem Handeln und CSR als (Eigen-)Verpflichtung von Unternehmen – statt als freiwilliger Handlung – greift diese Verlautbarung eine verpflichtende nachhaltigkeitsrelevante Berichterstattung in der EU auf. Anfang 2013 bekräftigte der europäische Normengeber seine Forderung nach

---

37 Vgl. *Europäische Kommission*, Binnenmarktakte – Zwölf Hebel zur Förderung von Wachstum und Vertrauen („Gemeinsam für neues Wachstum"), S. 14.

38 Vgl. *Stawinoga*, Die Richtlinie 2014/95/EU und das CSR-Richtlinie-Umsetzungsgesetz – Eine normative Analyse des Transformationsprozesses sowie daraus resultierender Implikationen für die Rechnungslegungs- und Prüfungspraxis, UmweltWirtschaftsForum 2017 S. 215.

39 *Europäische Kommission*, Binnenmarktakte – Zwölf Hebel zur Förderung von Wachstum und Vertrauen („Gemeinsam für neues Wachstum"), S. 14 f.

40 Die begleitende Mitteilung der EU-Kommission („Zwölf Hebel zur Förderung von Wachstum und Vertrauen – Gemeinsam für neues Wachstum") zur 2010 erschienenen Binnenmarktakte wurde etwa ein halbes Jahr vor der Veröffentlichung der CSR-Strategie durch die EU-Kommission bekanntgegeben, siehe dazu *Europäische Kommission*, Binnenmarktakte – Zwölf Hebel zur Förderung von Wachstum und Vertrauen, 2011.

einer (geplanten) Regulierung des Publizitätsverhaltens bestimmter großer Unternehmen im Hinblick auf betriebliche Nachhaltigkeitsbestrebungen. So hob das Europäische Parlament in seinem *„Bericht zur sozialen Verantwortung der Unternehmen: Rechenschaftspflichtiges, transparentes und verantwortungsvolles Geschäftsgebaren und nachhaltiges Wachstum"*[41] die Bedeutung von Leitlinien für die Offenlegung qualitativer Berichtsaspekte seitens bestimmter Unternehmen erneut hervor. Zur weitergehenden Konkretisierung veröffentlichte die EU-Kommission im April 2013 einen Richtlinienentwurf zur Änderung der EU-Rechnungslegungsrichtlinie (EU-Bilanz-Richtlinie).[42] Die EU-Kommission beabsichtigte mit diesem Entwurf, die Pflichtpublizität von Gesellschaften, welche **mehr als 500 Mitarbeiter und entweder Umsatzerlöse von über 40 Mio. €** **oder eine Bilanzsumme von über 20 Mio. €** aufweisen, hinsichtlich nachhaltigkeitsrelevanter (Berichts-)Aspekte zu erweitern – und ging von etwa 18.000 berichtspflichtigen Unternehmen in der EU aus.[43] Zum zentralen Streitpunkt des Entwurfs wurden die Bestimmungen zur vergleichsweise weit gefassten Abgrenzung der berichtspflichtigen Unternehmen, die der neuen Pflicht zur nichtfinanziellen Berichterstattung unterliegen. Insbesondere aufgrund der zahlreichen Streitigkeiten im Gesetzgebungsprozess verzögerte sich die Verabschiedung der CSR-Richtlinie bis ins Jahr 2014.[44]

Mit Zustimmung zur CSR-Richtlinie im April 2014 durch das Europäische Parlament[45] sowie im September 2014 durch den Ministerrat der EU[46] wurde die CSR-Richtlinie letztendlich am 15.11.2014 im Amtsblatt der EU veröffentlicht. Abb. 3 veranschaulicht wichtige Verlautbarungen, die im Rahmen des Regulierungsvorhabens zur Intensivierung des Verhaltens bzgl. der nichtfinanziellen Publizität bestimmter großer Unternehmen bis einschließlich zur Veröffentlichung der CSR-Richtlinie auf EU-Ebene erfolgten.

---

41 Vgl. *Europäisches Parlament*, Bericht zur sozialen Verantwortung der Unternehmen: Rechenschaftspflichtiges, transparentes und verantwortungsvolles Geschäftsgebaren und nachhaltiges Wachstum, 2013.

42 Vgl. (die nunmehr aktuelle Bilanz-)Richtlinie 2013/34/EU des Europäischen Parlaments und des Rates vom 26.6.2013 über den Jahresabschluss, den konsolidierten Abschluss und damit verbundene Berichte von Unternehmen bestimmter Rechtsformen und zur Änderung der Richtlinie 2066/43/EG des Europäischen Parlaments und des Rates und zur Aufhebung der Richtlinien 78/660/EWG und 83/349/EWG des Rates, ABl EU 2013 Nr. L 182, 29.6.2013.

43 Vgl. *Europäische Kommission*, Vorschlag für eine Richtlinie des Europäischen Parlaments und des Rates zur Änderung der Richtlinien 78/660/EWG und 83/349/EWG des Rates im Hinblick auf die Offenlegung nichtfinanzieller und die Diversität betreffender Informationen durch bestimmte große Gesellschaften und Konzerne, 2013, S. 8.

44 Vgl. dazu auch *Kinderman*, Corporate Social Responsibility – Der Kampf um die EU-Richtlinie, WSI Mitteilungen 2015 S. 615 f.

45 Vgl. *Europäische Kommission*, Erklärung: Improving corporate governance: Europe's largest companies will have to be more transparent about how they operate, 2014.

46 Vgl. *Europäischer Rat*, Press Release: New transparency rules on social responsibility for big companies, 2014.

In Bezug auf die ursprünglich geplante Abgrenzung der berichtspflichtigen Unternehmen weicht die CSR-Richtlinie von der noch weiter gefassten Entwurfsfassung ab; dies trägt auch der EU-Strategie, mittelständische Unternehmen von übermäßigem Verwaltungs- und Kostenaufwand zu entlasten („Vorfahrt für den Mittelstand")[47], Rechnung. So verpflichtet die CSR-Richtlinie nur noch solche großen Unternehmen in der EU zur erweiterten Offenlegung von nichtfinanziellen Informationen, die **von öffentlichem Interesse sind und mehr als 500 Mitarbeiter beschäftigen.** Zum Zeitpunkt der Veröffentlichung der CSR-Richtlinie traf dies auf etwa 6.000 Unternehmen zu (und damit auf nur rund ein Drittel des ursprünglich geplanten Anwendungskreises). Zu den Unternehmen von öffentlichem Interesse zählen gem. Art. 2 Abs. 1 der EU-Bilanz-Richtlinie insbesondere kapitalmarktorientierte Unternehmen, Kreditinstitute sowie Versicherungsunternehmen.[48]

---

47 Vgl. ErwGr. 8 und 13 der CSR-Richtlinie.
48 Des Weiteren zählen diejenigen Unternehmen dazu, die von den Mitgliedstaaten als solche klassifiziert werden. Das betreffende Mitgliedstaatenwahlrecht zur Klassifizierung wird dabei jedoch EU-weit unterschiedlich ausgeübt.

Abb. 3: Verlautbarungen im Rahmen der CSR-Richtlinie

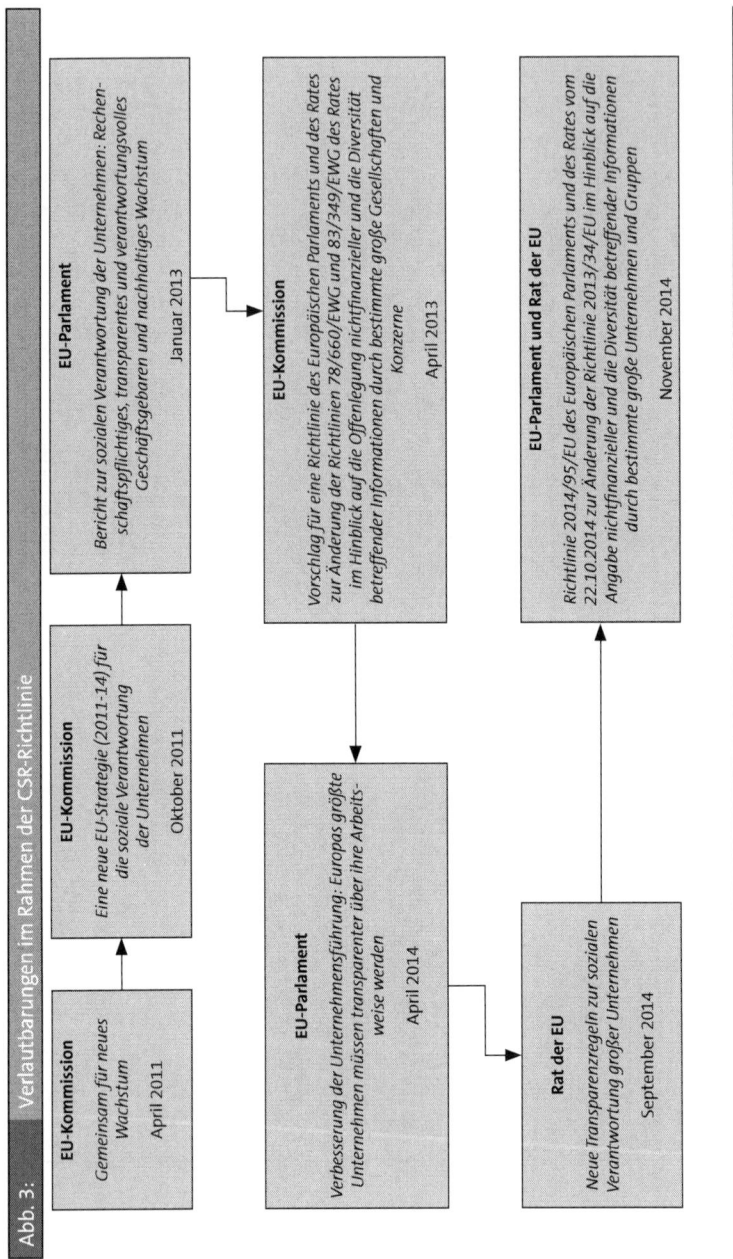

EU-Kommission

Gemeinsam für neues Wachstum

April 2011

EU-Kommission

Eine neue EU-Strategie (2011-14) für die soziale Verantwortung der Unternehmen

Oktober 2011

EU-Parlament

Bericht zur sozialen Verantwortung der Unternehmen: Rechenschaftspflichtiges, transparentes und verantwortungsvolles Geschäftsgebaren und nachhaltiges Wachstum

Januar 2013

EU-Kommission

Vorschlag für eine Richtlinie des Europäischen Parlaments und des Rates zur Änderung der Richtlinien 78/660/EWG und 83/349/EWG des Rates im Hinblick auf die Offenlegung nichtfinanzieller und die Diversität betreffender Informationen durch bestimmte große Gesellschaften und Konzerne

April 2013

EU-Parlament

Verbesserung der Unternehmensführung: Europas größte Unternehmen müssen transparenter über ihre Arbeitsweise werden

April 2014

Rat der EU

Neue Transparenzregeln zur sozialen Verantwortung großer Unternehmen

September 2014

EU-Parlament und Rat der EU

Richtlinie 2014/95/EU des Europäischen Parlaments und des Rates vom 22.10.2014 zur Änderung der Richtlinie 2013/34/EU im Hinblick auf die Angabe nichtfinanzieller und die Diversität betreffender Informationen durch bestimmte große Unternehmen und Gruppen

November 2014

Die CSR-Richtlinie konkretisiert und katalogisiert die **inhaltlichen Mindestanforderungen** an die nichtfinanzielle Berichterstattung, indem explizit über Umweltbelange, Sozialbelange, Arbeitnehmerbelange, die Achtung der Menschenrechte sowie die Bekämpfung von Korruption und Bestechung zu berichten ist.[49] ErwGr. 7 der CSR-Richtlinie gibt zudem konkrete Beispiele für jeden inhaltlich geforderten Bereich der nichtfinanziellen Berichterstattung an:

▶ **Umweltbelange:** aktuelle und vorhersehbare Auswirkungen der Geschäftstätigkeit des Unternehmens auf die Umwelt (ggf. auch auf die Gesundheit); Nutzung erneuerbarer Energien; Treibhausgasemissionen; Wasserverbrauch; Luftverschmutzung.

▶ **Sozialbelange:** Maßnahmen zur Gewährleistung der Geschlechtergleichstellung; sozialer Dialog; Dialog mit lokalen Gemeinschaften (einschließlich der Maßnahmen zur Sicherstellung des Schutzes und der Entwicklung dieser Gemeinschaften).

▶ **Arbeitnehmerbelange:** Umsetzung der grundlegenden Übereinkommen der Internationalen Arbeitsorganisation; Arbeitsbedingungen; Achtung des Rechts der Arbeitnehmer und Gewerkschaften; Gesundheitsschutz bzw. Sicherheit am Arbeitsplatz.

▶ **Achtung der Menschenrechte:** Maßnahmen zur Verhinderung von Menschenrechtsverletzungen.

▶ **Bekämpfung von Korruption und Bestechung:** Bestehende oder geplante Instrumente zur Bekämpfung von Korruption und Bestechung.

Für die Offenlegung der geforderten Informationen darf gem. ErwGr. 9 von den Unternehmen auf nationale, unionsbasierte oder internationale Rahmenwerke zurückgegriffen werden.[50] Zwar wird den Unternehmen damit mehr Flexibilität eingeräumt, um auf unternehmensindividuelle Bedürfnisse zu reagieren, allerdings steht dies dem Ziel der EU, die Veröffentlichung nichtfinanzieller Informationen innerhalb der EU vergleichbarer zu gestalten, entgegen. Zudem wird den Unternehmen so die Möglichkeit eröffnet, die für sie vorteilhafteste (Berichts-)Alternative aus den verfügbaren Rahmenwerken, Standards und Kodizes auszuwählen. Aufgrund der großen Vielfalt an Standards bzw. Standardsettern im Rahmen der nichtfinanziellen Berichterstattung stellt dies die Unternehmen zugleich vor große Herausforderungen.[51] Zu bedenken ist hierbei auch, dass u. U. mehrere Rahmenwerke kombiniert angewendet werden müssen, um die jeweiligen Belange vollumfänglich zu adressieren.

---

49 Vgl. ErwGr. 6 der CSR-Richtlinie.

50 Unter anderem wird an dieser Stelle auf das Rahmenwerk des Global Compact der Vereinten Nationen oder das der GRI verwiesen.

51 Vgl. dazu ausführlich und kritisch *Scheid/Kotlenga/Müller*, Die verwirrende Vielfalt an Standardsettern im Rahmen der CSR-Berichterstattung – Analyse und Praxisempfehlungen, Praxis der internationalen Rechnungslegung 2019 S. 202 ff.

In Bezug auf die **Prüfung** der offengelegten nichtfinanziellen Informationen soll gem. ErwGr. 16 der CSR-Richtlinie lediglich festgestellt werden, ob die geforderten Angaben gemacht wurden (sog. „Ob-Prüfung"). Eine Pflicht zur inhaltlichen Prüfung im Rahmen der Abschlussprüfung ist ausdrücklich nicht vorgegeben.[52]

Die nach Inkrafttreten der CSR-Richtlinie veröffentlichten Stellungnahmen fielen extrem heterogen aus: Befürworter sprachen von einem „Meilenstein"[53], Kritiker befürchteten hingegen eher einen „Papiertiger"[54]. **Erste empirische Studien** weisen darauf hin, dass die Umsetzung der Vorgaben der CSR-Richtlinie bislang nur unzureichend erfolgte. Insbesondere die *Alliance for Corporate Transparency* veröffentlichte eine umfassende und viel beachtete Untersuchung. In dieser wird die nachhaltigkeitsrelevante Berichtspublizität der unter die EU-weite CSR-Berichtspflicht fallenden Unternehmen untersucht.[55] Obwohl 96 % der betrachteten Unternehmen nichtfinanzielle Informationen veröffentlichten, fällt das Fazit dieser Studie ernüchternd aus. Als Kritikpunkte an der Praxis der nichtfinanziellen Berichterstattung innerhalb der EU werden identifiziert: eine fehlende Strukturierung, wenig aussagekräftige nichtfinanzielle Kennzahlen (sofern überhaupt vorhanden), fehlende integrierte Nachhaltigkeitsstrategien, eine unzureichende Festlegung von Klimazielen oder ein geringer Bezug von Risikoanalysen auf nichtfinanzielle Aspekte. Darüber hinaus wird in der Untersuchung an mehreren Stellen die Heterogenität – und damit die schlechte Vergleichbarkeit – der vorgelegten Berichtsformate im Allgemeinen hervorgehoben.

Die EU-Kommission schließt sich dieser Kritik an.[56] Bereits die CSR-Richtlinie verpflichtet sie, gem. Art. 3 nach erstmaligem Inkrafttreten der damals neuen Berichtspflicht für deren Evaluierung Sorge zu tragen. Dieser Vorgabe kam die EU-Kommission im Rahmen ihres sog. **„Fitness Check"**, in dem die Rechnungslegungsvorschriften der EU einer kritischen Evaluierung unterzogen wurden, Mitte 2018 nach. Im Kontext der CSR-Richtlinie waren vor allem die hohe Dichte an Mitgliedstaatenwahlrechten, unterschiedliche Interpretationsmöglichkeiten der Vorschriften sowie nicht von den Vorschriften abgedeckte Regelungslücken zu beachten.[57] Im November 2018 wurden die Ergebnisse der

---

52 Weitergehende Überlegungen zur Prüfung der nichtfinanziellen Angaben werden in Kap. X dargelegt.

53 *Rehbinder*, Corporate Social Responsibility – von der gesellschaftlichen Forderung zur rechtlichen Verankerung, in Deinert/Schrader/Stoll (Hrsg.), Corporate Social Responsibility (CSR): Die Richtlinie 2014/95/EU – Chancen und Herausforderungen, Gesellschaft und Nachhaltigkeit, Band 4, 2015, S. 22.

54 *Spießhofer*, Die neue europäische Richtlinie über die Offenlegung nichtfinanzieller Informationen – Paradigmenwechsel oder Papiertiger?, Neue Zeitschrift für Gesellschaftsrecht 2014 S. 1281.

55 Vgl. *Alliance for Corporate Transparency*, 2019 Research Report – An analysis of the sustainability reports of 1000 companies pursuant to the EU Non-Financial Reporting Directive, 2020, S. 1 ff.

56 Vgl. *Europäische Kommission*, Consultation Document: Review of the Non-Financial Reporting Directive, 2020, S. 2.

57 Vgl. *Mühlbauer/Müller*, Fitness-Check der EU-Kommission zur öffentlichen Berichterstattung von Unternehmen – Stand der Harmonisierung der Rechnungslegung, Der Betrieb 2018 S. 1483.

Konsultation veröffentlicht. Diese deuteten darauf hin, dass die unionsrechtlichen Vorgaben – vor allem in Bezug auf die viel kritisierte Abgrenzung der berichtspflichtigen Unternehmen – als besonders reformbedürftig wahrgenommen wurden.

Nach der Wahl der neuen EU-Kommission im Jahr 2019 legte diese am 30.1.2020 einen **Fahrplan** (*„roadmap"*) zur Überarbeitung der Regelungen zur nichtfinanziellen Berichterstattung vor.[58] Um die Anforderungen an die nichtfinanzielle Berichterstattung so auszugestalten, dass die berichtspflichtigen Unternehmen – bei Beibehaltung der grundsätzlichen Ziele der nichtfinanziellen Berichterstattung – keinen unnötigen Belastungen ausgesetzt werden, hatte die EU-Kommission zunächst die folgenden Punkte in ihre Agenda aufgenommen:

▶ Ausbau und Erweiterung der bestehenden Leitlinien für die Berichterstattung über nichtfinanzielle Informationen;

▶ Entwicklung eines freiwilligen Berichtsstandards;

▶ Überarbeitung der CSR-Richtlinie (u. a. Anpassung des Anwendungsbereichs, genauere Definition der nichtfinanziellen Angaben, die pflichtgemäß gemacht werden müssen, verpflichtende Anwendung eines nichtfinanziellen Berichtsstandards sowie Stärkung des Enforcement).

Zu den drei Punkten erfolgte eine erste Konsultation (*„inception impact assessment"*), im Rahmen derer die Stakeholder um ihre Einschätzung zum angekündigten Fahrplan ersucht wurden.[59] Das umfangreich ausgefallene **Konsultationsdokument** zur Identifikation des konkreten inhaltlichen Weiterentwicklungsbedarfs in der CSR-Richtlinie wurde am 20.2.2020 veröffentlicht.[60] Die Antwortfrist hierfür lief bis Mitte Juni 2020.[61]

In der Einleitung dieses Konsultationsdokumentes wird zunächst auf folgende **Kritikpunkte** eingegangen, die aus Sicht der EU-Kommission die Notwendigkeit einer Überarbeitung der Berichtspflichten aufzeigen:[62]

▶ Die bisher veröffentlichten nichtfinanziellen Informationen seien nur unzureichend vergleichbar und verlässlich.

---

58 Weiterführende Informationen zum Stand der Überarbeitung der CSR-Richtlinie finden sich bei *Europäische Kommission,* Frequently asked questions about the work of the European Commission and the Technical Expert Group on Sustainable Finance on EU Taxonomy & EU Green Bond Standard, 2020.

59 Vgl. ausführlich zum Inception Impact Assessment *Baumüller/Scheid/Kotlenga,* Klimaberichterstattung in der EU: Eine kritische Bestandsaufnahme, Der Konzern 2020 S. 442 ff.

60 Vgl. *Europäische Kommission,* Consultation Document: Review of the Non-Financial Reporting Directive, 2020. Für eine weitergehende Diskussion der Inhalte des Konsultationspapieres siehe *Baumüller,* Die (nahe) Zukunft der nichtfinanziellen Berichterstattung, Steuer- und Wirtschaftskartei 2020 S. 753 ff.

61 Ursprünglich sollte die Antwortfrist bereits Mitte Mai enden, wurde aber im Zuge der Corona-Krise um einen Monat verlängert.

62 Vgl. *Europäische Kommission* Consultation Document: Review of the Non-Financial Reporting Directive, 2020, S. 4.

▶ Die berichtspflichtigen Unternehmen veröffentlichten nicht alle nichtfinanziellen Informationen, welche die Berichtsadressaten als notwendig erachten. Gleichzeitig würden zu viele nichtfinanzielle Informationen veröffentlicht, welche die Berichtsadressaten nicht für entscheidungsnützlich halten.

▶ Einige Unternehmen berichteten gar nicht über nichtfinanzielle Informationen, obwohl Investoren und andere Stakeholder dies ausdrücklich verlangten.

▶ Die nichtfinanziellen Informationen seien oftmals kaum ausfindig zu machen, selbst wenn über diese berichtet wird.

▶ Die mit der Erstellung der nichtfinanziellen Berichterstattung einhergehenden Kosten seien unverhältnismäßig hoch.

Zusammengenommen zeigen die zur Konsultation eingegangenen rund 600 Stellungnahmen, dass die **Qualität der veröffentlichten nichtfinanziellen Informationen** als gering eingeschätzt wird.[63] Bemängelt werden die fehlende Vergleichbarkeit, die fehlende Verlässlichkeit und die Unvollständigkeit der Informationen; seitens der Berichtsadressaten ist die Kritik besonders ausgeprägt. Inhaltliche Ergänzungen werden vor allem in den folgenden Punkten gefordert: bei Belangen i.V. mit der Taxonomie-VO, bei Belangen zu Governance-Strukturen sowie bei Klima- und Steuerbelangen. Es wird vorgeschlagen, die Berichtpflicht zu ergänzen um die Pflicht zu Einzelangaben von Zielen und Fortschritt, Szenarioanalysen und Prognosewerten. Darüber hinaus bestehen Forderungen, einheitliche Rahmenbedingungen für die beiden vorgesehenen Berichtsformate (nichtfinanzielle Erklärung vs. nichtfinanzieller Bericht) zu schaffen bzw. eines dieser Formate zu streichen. Vor dem Hintergrund der durchgeführten Evaluierung und der festgestellten Kritikpunkte wurde im April 2021 der Entwurf der *Corporate Sustainability Reporting Directive* (CSRD) veröffentlicht. Dieser griff einen großen Teil der genannten Kritikpunkte auf. Nach weiteren Änderungen erfolgte eine politische Einigung auf die finale Version der CSRD im Juni 2022. Die Neuerungen, die mit der CSRD einhergehen, sind ausführlich in Kap. II dargestellt.

2.2 Unverbindliche Leitlinien und verbindliche Standards für die Berichterstattung

2.2.1 Leitlinien der EU-Kommission zur nichtfinanziellen Berichterstattung

Bereits in der CSR-Richtlinie wurde die EU-Kommission dazu verpflichtet, unverbindliche Leitlinien für die Offenlegung nichtfinanzieller Informationen bereitzustellen, um

---

63 Vgl. im Folgenden auch die Zusammenfassung der Konsultationsergebnisse von *Baumüller/Scheid/Kotlenga*, „CSR-Richtlinie 2.0"? Zentrale Erkenntnisse aus den Konsultationen der EU-Kommission des ersten Halbjahres 2020 und deren Implikationen – Teil 2: Hauptkonsultation und kritische Würdigung, Zeitschrift für internationale und kapitalmarktorientierte Rechnungslegung 2020 S. 494 ff.

insbesondere den berichtspflichtigen Unternehmen eine geeignete Orientierungshilfe zur Verfügung zu stellen.[64] Art. 2 der CSR-Richtlinie formuliert diese Forderung an die EU-Kommission wie folgt:

„Die Kommission verfasst unverbindliche Leitlinien zur Methode der Berichterstattung über nichtfinanzielle Informationen, einschließlich der wichtigsten allgemeinen und sektorspezifischen nichtfinanziellen Leistungsindikatoren, um eine relevante, zweckdienliche und vergleichbare Angabe nichtfinanzieller Informationen durch Unternehmen zu erleichtern. Dabei konsultiert die Kommission relevante Interessenträger. Die Kommission veröffentlicht die Leitlinien bis zum 6. Dezember 2016."

Die öffentliche Konsultation bezweckte, die Meinungen sämtlicher Interessenträger zu den Leitlinien zur Methode der nichtfinanziellen Berichterstattung einzuholen. Im Rahmen der dreimonatigen Konsultation, die im April 2016 abgeschlossen wurde, gingen insgesamt 355 Stellungnahmen ein, von denen 269 für die Öffentlichkeit zugänglich waren. Der danach beginnende Prozess zur Erstellung der Leitlinien durch die EU-Kommission wurde jedoch kritisiert, was vor allem an der **mangelnden Transparenz** in Bezug auf die (tatsächliche) Berücksichtigung von Stakeholder- und Länder-Interessen festgemacht wurde.[65] Mit erheblicher Verspätung wurden die Leitlinien der EU-Kommission im Juni 2017 publiziert; die Veröffentlichung des 20-seitigen Dokuments im Amtsblatt der EU erfolgte – inhaltlich unverändert – einen Monat später am 5.7.2017. Die EU-Kommission ermutigt die berichtspflichtigen Unternehmen in ihren – unverbindlichen – Leitlinien ausdrücklich, die durch die CSR-Richtlinie gewährte Flexibilität zu nutzen, um die Entwicklung innovativer Berichterstattungslösungen zu fördern.[66] Bei dieser Orientierungshilfe handelt es sich also weder um eine neue rechtliche Verpflichtung noch um einen technischen Standard.

Um den jeweiligen Spezifika eines berichterstattenden Unternehmens besser Rechnung tragen zu können, wurden die Leitlinien durch die EU-Kommission bewusst (möglichst) prinzipienorientiert gestaltet, sie sollen aber gleichzeitig bezwecken, die Vergleichbarkeit der getätigten nachhaltigkeitsrelevanten Angaben in unternehmens- und

---

64 Vgl. ErwGr. 17 der CSR-Richtlinie.

65 Vgl. dazu ausführlich und kritisch resümierend *Sopp/Krautstofl*, Die Berücksichtigung von Stakeholder- und Länder-Interessen in der Entwicklung von Leitlinien für die Berichterstattung über nichtfinanzielle Informationen in der EU – Eine empirische Analyse, Zeitschrift für Umweltpolitik und Umweltrecht 2017 S. 377 ff.

66 Vgl. *Europäische Kommission*, Leitlinien für die Berichterstattung über nichtfinanzielle Informationen (Methode zur Berichterstattung über nichtfinanzielle Informationen), 2017, S. 3.

sektorübergreifender Hinsicht zu fördern.[67] Kritisch ist anzumerken, dass es sich hierbei klarerweise um teils gegenläufige Zielsetzungen handelt und dies aufseiten der EU-Kommission (in den Leitlinien) unkommentiert bleibt.[68] Die Leitlinien formulieren zunächst die folgenden **sechs allgemeinen Berichtsgrundsätze**, die aus Sicht der EU-Kommission unmittelbar aus den Vorgaben der CSR-Richtlinie abgeleitet werden können:[69]

► Wesentlichkeit („Offenlegung wesentlicher Informationen");

► True and Fair Value („den tatsächlichen Verhältnissen entsprechend, ausgewogen und verständlich");

► Vollständigkeit („umfassend aber prägnant");

► Zukunftsorientierung („strategisch und zukunftsorientiert");

► Stakeholder-Orientierung („Ausrichtung auf die Interessenträger");

► Konsistenz und Kohärenz („konsistent und kohärent").

Die EU-Kommission verleiht diesen sechs Grundsätzen den Titel „Wichtigste Grundsätze". Dieser Titel suggeriert, dass die obige Liste an Berichtsgrundsätzen nicht als abschließend anzusehen ist. Der erste Berichtsgrundsatz über die Wesentlichkeit ist im Vergleich zu den anderen Grundsätzen besonders dominant, was den Umfang der Ausführungen betrifft. Dies mag daran liegen, dass gerade dieser Grundsatz für die Abgrenzung des Umfangs der nichtfinanziellen Berichterstattung bedeutend ist.[70] Eine abschließende Präzisierung des Wesentlichkeitsbegriffs in den Leitlinien aus dem Jahr 2017 bleibt jedoch aus.[71] Die Abgrenzung der einzelnen Berichtsgrundsätze ist zudem nicht immer genau bzw. überschneidungsfrei. Letzteres erschwert die Anwendung der Leitlinien erheblich. Überdies ist anzumerken, dass die Leitlinien – über die Berichtsgrundsätze hinaus – Beispiele und Leistungsindikatoren zu den einzelnen Berichtsgrundsätzen anführen. Diese bleiben jedoch **oberflächlich und auf nur wenige Anwendungsfälle** begrenzt.[72]

---

67 Vgl. *Europäische Kommission*, Leitlinien für die Berichterstattung über nichtfinanzielle Informationen (Methode zur Berichterstattung über nichtfinanzielle Informationen), 2017, S. 2.

68 Vgl. dazu kritisch *Sopp/Baumüller*, Die Leitlinien der EU-Kommission für die Berichterstattung über nichtfinanzielle Informationen: Orientierungshilfe ohne Orientierung, Zeitschrift für Internationale Rechnungslegung 2017 S. 377.

69 Vgl. *Europäische Kommission*, Leitlinien für die Berichterstattung über nichtfinanzielle Informationen (Methode zur Berichterstattung über nichtfinanzielle Informationen), 2017, S. 5 ff.

70 Vgl. *Baumüller*, § 243b: Nichtfinanzielle Erklärung, nichtfinanzieller Bericht, in Bertl/Fröhlich/Mandl (Hrsg.), Handbuch Rechnungslegung, Band I, 2018, § 243 UGB Tz. 59 ff. Für weitere Ausführungen zur Wesentlichkeit im Kontext der nichtfinanziellen Berichterstattung siehe Kap. IV.2.4.

71 Vgl. *Schneider*, Die Leitlinien der EU zur Berichterstattung über nichtfinanzielle Informationen und Unterschiede der Umsetzung der CSR-Richtlinie zwischen Deutschland und Österreich, Der Konzern 2019 S. 220.

72 So auch *Scheid/Müller*, Leitlinien der Europäischen Kommission zur nichtfinanziellen Berichterstattung – Vereinheitlichungschancen der Berichterstattung und Ausstrahlungswirkung auf weitere Unternehmen, Deutsches Steuerrecht 2017 S. 2246.

Die Leitlinien der EU-Kommission aus dem Jahr 2017 machen über die Festlegung von Berichtsgrundsätzen hinaus **Angaben zum Inhalt der nichtfinanziellen Berichterstattung.** Dabei wird konkret auf

► das Geschäftsmodell,

► Konzepte und Due-Diligence-Prozesse,

► Ergebnisse,

► wesentliche Risiken und deren Handhabung,

► wichtigste Leistungsindikatoren sowie

► thematische Aspekte (Umwelt-, Sozial- und Arbeitnehmerbelange, Achtung der Menschenrechte, Bekämpfung von Korruption und Bestechung, Überwachung der Lieferkette)

verwiesen.[73] Auf die Rolle der Rahmenwerke gehen die Leitlinien in einem gesonderten Kap. V ein. Angesichts der Verschiedenartigkeit der Rahmenwerke überlässt es die EU-Kommission den Unternehmen ausdrücklich, mehrere Rahmenwerke zu verwenden. Letztlich entsteht der Eindruck, dass der EU-Kommission mit Veröffentlichung der Leitlinien eher ein eigener (EU-weiter) Berichtsstandard vorschwebte, als dass sie die bisher in der Berichtspraxis vorherrschende Orientierung an geschlossenen und bereits etablierten Rahmenwerken wie jenem der GRI voranzutreiben versuchte.[74]

Insgesamt betrachtet lässt sich die **Resonanz** auf die unverbindlichen Leitlinien zur nichtfinanziellen Berichterstattung aus dem Jahr 2017 vor allem im Schrifttum als durchwachsen charakterisieren; *Sopp/Baumüller* sprechen in diesem Zusammenhang gar von einer „Orientierungshilfe ohne Orientierung".[75] *Mock* hinterfragt im Hinblick auf die rechtliche Verbindlichkeit dieser Leitlinien kritisch, *„warum die Kommission diese [Leitlinien] in einem Umfang von ca. 20 Seiten überhaupt verabschiedet, zumal für die CSR-Berichterstattung eine ganze Reihe von Rahmenwerken existiert".*[76] Zudem resümiert er: *„Im Ergebnis dürfte in den Leitlinien nur eine Art Service des europäischen Gesetzgebers zu sehen sein, der die CSR-Berichterstattung in der Praxis vereinfachen soll. Rechtliche Konsequenzen kann aber weder die Beachtung noch das teilweise oder umfassende Ignorieren der Leitlinien entfalten."*[77]

---

73 Vgl. *Europäische Kommission*, Leitlinien für die Berichterstattung über nichtfinanzielle Informationen (Methode zur Berichterstattung über nichtfinanzielle Informationen), 2017, S. 9 ff.

74 Vgl. *Lanfermann*, CSR-Berichterstattung: EU-Leitlinien für Unternehmen, Die Wirtschaftsprüfung 2017 S. 1254.

75 *Sopp/Baumüller*, Die Leitlinien der EU-Kommission für die Berichterstattung über nichtfinanzielle Informationen: Orientierungshilfe ohne Orientierung, Zeitschrift für Internationale Rechnungslegung 2017 S. 377.

76 *Mock*, Die Leitlinien der Europäischen Kommission zur CSR-Berichterstattung, Der Betrieb 2017 S. 2147.

77 *Mock*, Die Leitlinien der Europäischen Kommission zur CSR-Berichterstattung, Der Betrieb 2017 S. 2147.

Angesichts der zunehmenden Relevanz klimabezogener Aspekte in der Unternehmensberichterstattung (und vermutlich auch aufgrund der zahlreichen Kritik an den Leitlinien aus dem Jahr 2017) verlautbarte die EU-Kommission am 20.6.2019 einen **Nachtrag** zu diesen Leitlinien, der sich der **klimabezogenen Berichterstattung** widmet und sich dabei auch als Bestandteil des in Kap. I.1.2 vorgestellten Aktionsplans zur Finanzierung nachhaltigen Wachstums versteht.[78] Daneben bezieht sich die EU-Kommission in ihren konkretisierenden Leitlinien zur klimabezogenen Berichterstattung explizit auf die jeweiligen Empfehlungen der *Task Force on Climate-related Financial Disclosures* (TCFD) und der *Technical Expert Group on Sustainable Finance* (TEG).[79] Der Nachtrag der EU-Kommission zur klimabezogenen Berichterstattung ist der bislang umfangreichste Versuch, dieses Themenfeld im EU-weiten Bilanzrecht zu konkretisieren.[80] Die im Juni 2019 veröffentlichte finale Fassung der Leitlinien weicht materiell nur in wenigen Punkten von der Entwurfsfassung aus dem Februar 2019 ab.

In Bezug auf Umfang und Ausführlichkeit der klimabezogenen Angaben räumt die EU-Kommission den Unternehmen einen verhältnismäßig großen Spielraum ein. Dazu heißt es: *„Das vom Unternehmen ermittelte Ausmaß klimabedingter Risiken und Chancen wird bei der Entscheidung, ob und in welchem Umfang das Unternehmen von den empfohlenen Angaben und weiteren Hinweisen Gebrauch machen wird, ein wichtiger Faktor sein."*[81] Diese Formulierung knüpft folgerichtig an die CSR-Richtlinie an, bei der bereits — wenn auch nur rudimentär — Grundlegendes für die Wesentlichkeitsanalyse sowie für die Risikoberichterstattung im Allgemeinen festgelegt wurde.[82] Für Ersteres führt die EU-Kommission die Begrifflichkeiten der „finanziellen Wesentlichkeit" sowie der „ökologischen und sozialen Wesentlichkeit" ein. Da regelmäßig beide Dimensionen der Wesentlichkeit in Beziehung zueinander stehen, empfiehlt die EU-Kommission, der **Wesentlichkeitsanalyse** eine langfristige Beachtung der möglichen Auswirkungen zugrunde zu legen. Dabei sollen im Rahmen einer sog. „doppelten Wesentlichkeitsperspektive" zwei Aspekte berücksichtigt werden: zum einen klimabezogene Auswirkun-

---

78 Vgl. *Europäische Kommission*, Leitlinien für die Berichterstattung über nichtfinanzielle Informationen: Nachtrag zur klimabezogenen Berichterstattung, 2019, S. 2.

79 Vgl. *Europäische Kommission*, Leitlinien für die Berichterstattung über nichtfinanzielle Informationen: Nachtrag zur klimabezogenen Berichterstattung, 2019, S. 2.

80 So auch *Sopp/Baumüller*, Nichtfinanzielle Berichterstattung: Kritik an den neuen Leitlinien zu klimabezogenen Angaben, Der Betrieb 2019 S. 1801.

81 *Europäische Kommission*, Leitlinien für die Berichterstattung über nichtfinanzielle Informationen: Nachtrag zur klimabezogenen Berichterstattung, 2019, S. 8.

82 Vgl. ErwGr. 8 der CSR-Richtlinie.

gen der Geschäftstätigkeit und zum anderen der Einfluss von klimabezogenen Chancen und Risiken auf die finanzielle Performance des Unternehmens.[83]

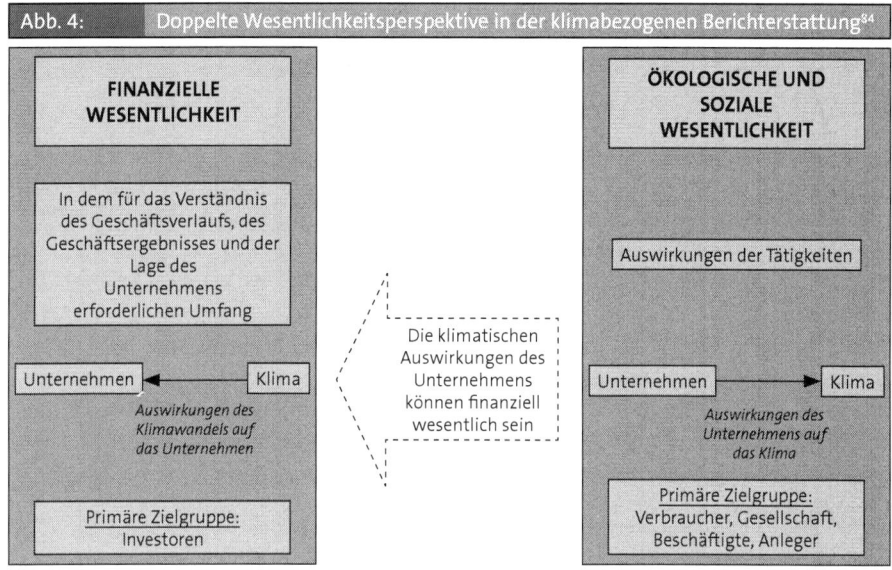

Abb. 4: Doppelte Wesentlichkeitsperspektive in der klimabezogenen Berichterstattung[84]

Der Titel „Doppelte Wesentlichkeitsperspektive" ist insofern aufschlussreich, als damit die Bedeutung der Auswirkungen klimaschädlichen Handels ebenso fokussiert wird wie die Auswirkungen von klimabezogenen Chancen und Risiken auf die Berichterstattenden selbst. Überdies betont die EU-Kommission damit, dass klimabezogene Informationen i. d. R. wesentlich (und damit berichtspflichtig) sein werden: *„In Anbetracht der systematischen, allgegenwärtigen Auswirkungen des Klimawandels werden die meisten in den Anwendungsbereich der Richtlinie fallenden Unternehmen wahrscheinlich zu dem Schluss gelangen, dass das Klima ein wesentliches Thema ist."*[85] Allerdings ist (auch) diese Aussage nicht frei von Widersprüchen. *Schneider/Müllner* stellen diesbezüglich fest: *„Offensichtlich wird es kaum ein Unternehmen geben, das so hohe Emissionen verursacht, dass es allein für die globale Erwärmung verantwortlich ist. Wesentlichkeit kann also nicht in diesem Sinne verstanden werden. Das Beurteilungskriterium ist eher wie*

---

83 Siehe weiterführend zur Entwicklung dieser Wesentlichkeitsperspektive im europäischen Bilanzrecht *Baumüller/Sopp*, Double materiality and the shift from non-financial to European sustainability reporting: review, outlook and implications, Journal of Applied Accounting Research 2022.

84 Entnommen aus *Europäische Kommission*, Leitlinien für die Berichterstattung über nichtfinanzielle Informationen: Nachtrag zur klimabezogenen Berichterstattung 2019, S. 5.

85 *Europäische Kommission*, Leitlinien für die Berichterstattung über nichtfinanzielle Informationen: Nachtrag zur klimabezogenen Berichterstattung, 2019, S. 5.

folgt: Es muss die Frage gestellt werden, ob es zu einer Klimaauswirkung kommt, wenn sich jedes Unternehmen in ähnlicher Weise verhalten würde. Dies wird aber indirekt durch die Anmerkung, dass klimabezogene Informationen für die meisten Unternehmen wesentlich sein werden, impliziert."[86] Mithin bringt auch die **Präzisierung des Wesentlichkeitsbegriffs** im Rahmen des im Jahr 2019 veröffentlichten Nachtrags zur klimabezogenen Berichterstattung keine abschließende Klärung.

Ein weiteres Kapitel der Leitlinien zur klimabezogenen Berichterstattung widmet sich ausführlich den **Erläuterungen zu klimabedingten Chancen und Risiken.** Dabei unterscheidet die EU-Kommission in Bezug auf den Klimawandel sowohl physische Risiken (z. B. Schäden an Produktionsstätten durch Hochwasser) als auch Übergangsrisiken (z. B. Risiko von Rechtsstreitigkeiten, wenn Auflagen, nachteilige Auswirkungen auf das Klima zu vermeiden oder zumindest zu minimieren, nicht hinreichend beachtet werden).[87] Während sich Angaben zum Einfluss der unternehmerischen Tätigkeit auf die Umwelt schon lange vorher etabliert haben, stellt die Beschreibung des Einflusses von Klimarisiken auf die Unternehmenstätigkeit eine Innovation in der nichtfinanziellen Berichterstattung dar, die eine Quantifizierung von Umweltrisiken, z. B. mit Blick auf finanzielle Auswirkungen im Rahmen von Szenarioanalysen, bedingt.[88]

Inhaltlich sollen im Rahmen der klimabezogenen Berichterstattung die folgenden Komponenten berücksichtigt werden:[89]

► Geschäftsmodell (z. B. der Einfluss von klimabezogenen Risiken und Chancen auf das Geschäftsmodell des Unternehmens, die Strategie sowie die Finanzierung);

► Konzepte im Klimabereich und Due-Diligence-Prozesse (z. B. die klimabezogene Unternehmenspolitik einschließlich Klimaschutz);

► Ergebnisse der Klimapolitik (z. B. Entwicklung der CO_2-Emissionen angesichts der gesetzten Ziele und der dazugehörigen Risiken im Zeitablauf);

► wesentliche Risiken und Risikomanagement (z. B. Prozesse der Identifikation und Analyse von klimabezogenen Risiken auf kurze, mittlere und lange Sicht – einschließlich Abgrenzung dieser drei Fristen);

► wichtigste Leistungsindikatoren (z. B. direkte oder indirekte CO_2-Emissionen).

---

86 *Schneider/Müllner*, Ein Überblick über den Nachtrag der EU zur klimabezogenen Berichterstattung – Wesentlichkeit und klimabedingte Chancen und Risiken, Der Konzern 2020 S. 25.

87 Vgl. hierzu *Velte/Stawinoga*, Wird die nichtfinanzielle Berichterstattung durch die neuen EU-Leitlinien zu klimabezogenen Angaben entscheidungsnützlicher?, Die Wirtschaftsprüfung 2019 S. 883.

88 Vgl. *Velte/Stawinoga*, Harmonisierung der Klimaberichterstattung? – Einbettung in die EU-Regulierungsinitiativen, Forschungslücken und Handlungsempfehlungen, Der Betrieb 2019 S. 2031 f.

89 Vgl. *Europäische Kommission*, Leitlinien für die Berichterstattung über nichtfinanzielle Informationen: Nachtrag zur klimabezogenen Berichterstattung, 2019, S. 8 ff.

Auffällig ist, dass bei den ausführlichen Erläuterungen zu den wichtigsten Leistungsindikatoren vor allem der **Ausweis** von CO_2-Emissionen (gemessen in CO_2-Äquivalenten) hervorgehoben wird –[90] was einmal mehr verdeutlicht, welch gewichtige Rolle der Klimawandel im Rahmen der nichtfinanziellen Berichterstattung mittlerweile einnimmt. Da die EU-Kommission die Inhalte der klimabezogenen Berichterstattung in Form einer Tabellenstruktur und daher eher checklistenartig vorschlägt, entfernen sich die Leitlinien vom ursprünglichen Ziel der Leitlinien aus dem Jahr 2017, eine prinzipienorientierte Berichterstattungsunterstützung zu gewährleisten.[91] Zudem entsteht durch den Nachtrag aus dem Jahr 2019 ein (inhaltliches) **Ungleichgewicht,** da Umweltbelange – im Gegensatz zu anderen nichtfinanziellen Aspekten, wie etwa Sozial- oder Arbeitnehmerbelangen – eine substanzielle Aufwertung erhalten. Dies deutet darauf hin, dass hier ein **akuter politischer Handlungsbedarf** an die berichtspflichtigen Unternehmen weitergeleitet wurde.[92]

Insgesamt betrachtet vermag auch der Nachtrag zur klimabezogenen Berichterstattung – wie bereits die Leitlinien aus dem Jahr 2017 – nicht vollumfänglich zu überzeugen und trägt dadurch bisweilen zu einer Verunsicherung bzgl. der aktuellen und zukünftigen (Weiter-)Entwicklung der nichtfinanziellen Berichterstattung in der EU bei, anstatt eine klare Orientierungs- und Entwicklungsperspektive aufzuzeigen. Der Nutzen der Leitlinien aus dem Jahr 2017 sowie des Nachtrags aus dem Jahr 2019 wird im deutschsprachigen Schrifttum als begrenzt angesehen. Vorherrschend bleibt das Meinungsbild, dass die Leitlinien die **offenen Fragen zur Auslegung der CSR-Richtlinie** nicht beheben können, sondern nur eine Nachschärfung (i. S. einer Überarbeitung) der CSR-Richtlinie selbst eine Verbesserung bewirken könnte.[93]

2.2.2 Europäische Standards für die Nachhaltigkeitsberichterstattung (ESRS)

Mit der Einigung auf die CSRD geht die Entwicklung **Europäischer Standards für die Nachhaltigkeitsberichterstattung (European Sustainability Reporting Standards, ESRS)** einher, die zukünftig bei der Nachhaltigkeitsberichterstattung verbindlich anzuwenden sind (siehe ausführlich Kap. II.1.2 und Kap. VI.5). Vorherige Verlautbarungen zur Aus-

---

90 Vgl. *Europäische Kommission*, Leitlinien für die Berichterstattung über nichtfinanzielle Informationen: Nachtrag zur klimabezogenen Berichterstattung, 2019, S. 13 ff.

91 Vgl. dazu kritisch *Velte/Stawinoga*, Wird die nichtfinanzielle Berichterstattung durch die neuen EU-Leitlinien zu klimabezogenen Angaben entscheidungsnützlicher?, Die Wirtschaftsprüfung 2019 S. 884.

92 Vgl. *Baumüller*, Eine neue Angabenlogik für die nichtfinanzielle Berichterstattung? – Konsequenzen aus der Ergänzung der Leitlinien der EU-Kommission für die Berichtspraxis, Praxis der internationalen Rechnungslegung 2019 S. 258.

93 Vgl. unter vielen *Barckow*, Prima Klima oder dicke Luft – was unverbindliche Leitlinien der Europäischen Kommission an Überraschungen für die Unternehmensberichterstattung bergen, Betriebs-Berater 2019 S. I.

legung der Anforderungen an die nichtfinanzielle Berichterstattung gem. der CSR-Richtlinie verlieren somit an Bedeutung.

Im Mai 2021 hat die EU-Kommission die europäische Beratungsgruppe zur Rechnungslegung, die sog. *„European Financial Reporting Advisory Group"* (EFRAG), mit der Entwicklung der ESRS beauftragt. Diese werden spätestens mit Gültigkeit der CSRD als *das* (!) Rahmenwerk der Berichterstattung relevant. Eine erste Grundlage für die Entwicklung dieser Nachhaltigkeitsstandards legte das *European Corporate Reporting Lab @ EFRAG* (im Folgenden: European Lab) bereits im Jahr 2020.[94]

Die **EFRAG** existiert seit dem Jahr 2001 und versteht sich als private Organisation, die – unterstützt durch die EU-Kommission – eine (Weiter-)Entwicklung von Standards und Leitlinien in der internationalen Unternehmensberichterstattung anstrebt. Politisch legitimiert ist die Arbeit der EFRAG durch die sog. „IFRS-Verordnung"[95] aus dem Jahr 2002. Diese Verordnung sieht vor, dass die EU-Kommission bei der Bewertung internationaler Rechnungslegungsstandards – in diesem Fall konkret der *International Financial Reporting Standards* (IFRS) – von einem „technischen Ausschuss" beraten werden soll.[96]

Infolge des Aktionsplans zur Finanzierung nachhaltigen Wachstums wurde im September 2018 auf Initiative der EU-Kommission das zum EFRAG gehörige **European Lab** gegründet. Die Zielsetzung bestand darin, einen Dialog mit den berichtspflichtigen Unternehmen und anderen Stakeholdern in der EU zu schaffen, um die Unternehmensberichterstattung weiterzuentwickeln.[97] Vor diesem Hintergrund wurde das European Lab eingerichtet, um *„Innovationen und die Entwicklung bewährter Verfahren für die Berichterstattung von Unternehmen, wie ökologische Rechnungslegung, zu fördern. In diesem Forum können Unternehmen und Investoren bewährte Verfahren für die Nachhaltigkeitsberichterstattung austauschen, z. B. die klimabezogene Offenlegung entsprechend den TCFD-Empfehlungen."*[98] Mittels einer sog. *„Steering Group"*, die mehrere sog. *„Project Task Forces"* koordiniert, hat das European Lab die Projektdurchführung zu überwachen und Fortschritte von Aktivitäten an die EFRAG zu melden.

---

94 Siehe zu den Hintergründen ausführlich *Sopp/Baumüller*, Auf dem Weg zu europäischen Standards für die nichtfinanzielle Berichterstattung?, Teil 1: Projektendbericht des European Corporate Reporting Lab @ EFRAG, Zeitschrift für internationale und kapitalmarktorientierte Rechnungslegung 2021und *Sopp/Baumüller*, Auf dem Weg zu europäischen Standards für die nichtfinanzielle Berichterstattung?, Teil 2: Projektendbericht zum Ad-Personam-Mandat für Jean-Paul Gauzès, Zeitschrift für internationale und kapitalmarktorientierte Rechnungslegung 2021.

95 Vgl. Verordnung (EG) Nr. 1606/2002 des Europäischen Parlaments und des Rates vom 19.7.2002 betreffend die Anwendung internationaler Rechnungslegungsstandards, Abl EG 2002 Nr. L 243, 11.9.2002.

96 Vgl. ErwGr. 10 der IAS-VO.

97 Vgl. hier und im Folgenden zusammenfassend *Scheid/Baumüller*, EFRAG Lab veröffentlicht Bericht zur Verbesserung der Klimaberichterstattung, Praxis der internationalen Rechnungslegung 2020 S. 116 f.

98 *Europäische Kommission*, Aktionsplan: Finanzierung nachhaltigen Wachstums, 2018, S. 13.

Eine dieser Arbeitsgruppen ist die im September 2020 ins Leben gerufene **Project Task Force on Non-Financial Reporting Standards (PTF-NFRS)**. Die PTF-NFRS erarbeitete einen Zwischenbericht (Veröffentlichung im November 2020) und einen Abschlussbericht (Veröffentlichung im März 2021) mit Blick auf die Standardisierung der Nachhaltig-keitsberichterstattung in der EU. Diese Empfehlungen gingen in die Arbeiten der EU-Kommission am CSRD-Entwurf ein. Nach der offiziellen Beauftragung der EFRAG im Mai 2021 durch die EU-Kommission, mit der Entwicklung erster Standardentwürfe für die europäische Nachhaltigkeitsberichterstattung zu beginnen, erfolgte eine Umbenen-nung der PTF-NFRS in **Project Task Force on European Sustainability Reporting Standards (PTF-ESRS)**. Die PTF-ESRS veröffentlichte zunächst sieben Arbeitspapiere (*„working papers"*) bzw. *„batches"* (im ersten Quartal des Jahres 2022) und anschließend – am 29.4.2022 – insgesamt 13 Standardentwürfe (*„exposure drafts"*) für Europäische Stan-dards zur Nachhaltigkeitsberichterstattung (Kap. II.1.2).

Zum Jahresende 2022 sollen auf dieser Grundlage die endgültigen Fassungen der ESRS an die EU-Kommission übermittelt werden. Sie hat anschließend bis Juni 2023 Zeit, die-se Standards zu überprüfen und formal als **delegierte Rechtsakte** zu erlassen. Damit erlangen die ESRS einheitlich im gesamten Unionsgebiet Gültigkeit. Eine gesonderte Übernahme durch die Mitgliedstaaten ist nicht erforderlich. In den Folgejahren soll die Zahl der veröffentlichten Standards erhöht werden und auch die bereits veröffentlich-ten Standards sollen in regelmäßigen Abständen evaluiert und überarbeitet werden.

2.3 Offenlegungs-Verordnung und Taxonomie-Verordnung

Mit dem in Kap. I.1.2 vorgestellten Aktionsplan der EU-Kommission zur „Finanzierung nachhaltigen Wachstums" aus dem März 2018 in Verbindung stehen – neben der Stär-kung der Nachhaltigkeitsberichterstattung durch die CSRD – die sog. Offenlegungs-Ver-ordnung (Offenlegungs-VO) und die Taxonomie-Verordnung (Taxonomie-VO). Mit bei-den Verordnungen werden die im Aktionsplan formulierten Ziele angegangen, Kapital-flüsse hin zu einer nachhaltigeren Wirtschaft zu lenken und die Nachhaltigkeit in das Risikomanagement einzubetten.[99] Obwohl beide Verordnungen primär andere Zielset-zungen als die CSRD verfolgen, stehen sie trotzdem in enger Verbindung zur CSRD. So sollte die Liste der Nachhaltigkeitsaspekte, über die Unternehmen gem. CSRD Bericht erstatten müssen, so weit wie möglich im Einklang mit der Bestimmung des Begriffs „Nachhaltigkeitsfaktoren" gem. Offenlegungs-VO stehen.[100] Eine Harmonisierung bei

---

99 Siehe hierzu *Europäische Kommission*, Aktionsplan: Finanzierung nachhaltigen Wachstums, 2018, Kap. 2 und 3.

100 Vgl. *Sopp/Rogler*, Nachhaltigkeitsberichterstattung für umweltbezogene nichtfinanzielle Kennzahlen und Wirtschaftsaktivitäten – Diskussion am Beispiel des Umweltziels Kreislaufwirtschaft, Zeitschrift für inter-nationale und kapitalmarktorientierte Rechnungslegung 2022 und CSRD, ErwGr. 24.

der Auslegung des Nachhaltigkeitsbegriffs ist auch zwischen CSRD und Taxonomie-Verordnung angestrebt.[101] Überdies gehen aus der Taxonomie-VO Offenlegungsverpflichtungen hervor, die zukünftig die Nachhaltigkeitsberichterstattung gem. CSRD ergänzen. Eine Auseinandersetzung mit den beiden Verordnungen ist mithin an den entsprechenden Schnittstellen geboten. Demzufolge bietet Kap. V insbesondere eine detaillierte Auseinandersetzung mit den Offenlegungsverpflichtungen gem. **Taxonomie-VO** und mit den delegierten Rechtsakten zur Taxonomie-VO. Letztere spezifizieren die Anforderungen der Taxonomie-VO.

Ziel der Offenlegungs-VO (2019/2088) – *Sustainable Finance Disclosure Regulation (SFDR) – aus dem November 2019 ist es, „Informationsasymmetrien in den Beziehungen zwischen Auftraggebern und Auftragnehmern im Hinblick auf die Einbeziehung von Nachhaltigkeitsrisiken, die Berücksichtigung nachteiliger Nachhaltigkeitsauswirkungen, die Bewerbung ökologischer oder sozialer Merkmale sowie im Hinblick auf nachhaltige Investitionen dadurch abzubauen, dass Finanzmarktteilnehmer und Finanzberater zu vorvertraglichen Informationen und laufenden Offenlegungen gegenüber Endanlegern verpflichtet werden, wenn sie als Auftragnehmer im Namen [...] dieser Endanleger (Auftraggeber) handeln"[102].*

Als eine nachhaltige Investition bezeichnet Art. 2 Nr. 17 der Offenlegungs-VO *„eine Investition in eine wirtschaftliche Tätigkeit, die zur Erreichung eines Umweltziels beiträgt, gemessen beispielsweise an Schlüsselindikatoren für Ressourceneffizienz bei der Nutzung von Energie, erneuerbarer Energie, Rohstoffen, Wasser und Boden, für die Abfallerzeugung, und Treibhausgasemissionen oder für die Auswirkungen auf die biologische Vielfalt und die Kreislaufwirtschaft, oder eine Investition in eine wirtschaftliche Tätigkeit, die zur Erreichung eines sozialen Ziels beiträgt, insbesondere eine Investition, die zur Bekämpfung von Ungleichheiten beiträgt oder den sozialen Zusammenhalt, die soziale Integration und die Arbeitsbeziehungen fördert oder eine Investition in Humankapital oder zugunsten wirtschaftlich oder sozial benachteiligter Bevölkerungsgruppen, vorausgesetzt, dass diese Investitionen keines dieser Ziele erheblich beeinträchtigen und die Unternehmen, in die investiert wird, Verfahrensweisen einer guten Unternehmensführung anwenden, ins-*

---

101 Vgl. *Sopp/Rogler*, Nachhaltigkeitsberichterstattung für umweltbezogene nichtfinanzielle Kennzahlen und Wirtschaftsaktivitäten – Diskussion am Beispiel des Umweltziels Kreislaufwirtschaft, Zeitschrift für internationale und kapitalmarktorientierte Rechnungslegung 2022 und CSRD, ErwGr. 35.
102 ErwGr. 10 der Offenlegungs-VO.

besondere bei soliden Managementstrukturen, den Beziehungen zu den Arbeitnehmern, der Vergütung von Mitarbeitern sowie der Einhaltung der Steuervorschriften".

Um Nachhaltigkeitskriterien vermehrt in die Anlageentscheidungen von Investoren einzubringen, werden die Beratungsprozesse von Finanzmarktteilnehmern und Finanzberatern umfangreichen nachhaltigkeitsbezogenen Transparenzpflichten unterworfen.[103] Hierbei wird die Auslegung des Nachhaltigkeitsverständnisses relevant und damit die Beziehung zur CSRD offensichtlich. Bei den Berichtspflichten der Finanzmarktteilnehmer wird zwischen unternehmensbezogenen Offenlegungspflichten (Art. 3 bis 5 Offenlegungs-VO) einerseits und (vorvertraglichen und periodischen) produktbezogenen Offenlegungspflichten (Art. 6 bis 11 Offenlegungs-VO) andererseits unterschieden.

Im Rahmen der unternehmensbezogenen Offenlegungspflichten haben Finanzmarktteilnehmer und/oder Finanzberater folgende Informationen zu veröffentlichen; im untenstehenden Hinweiskasten werden diese Angaben anhand eines Beispiels verdeutlicht:

▶ Strategien zur Einbeziehung von Nachhaltigkeitsrisiken in Investitionsentscheidungsprozesse bzw. Beratungstätigkeiten (Art. 3 der Offenlegungs-VO);

▶ Angaben dazu, ob und, wenn ja, wie nachteilige Auswirkungen von Investitionsentscheidungen auf Nachhaltigkeitsfaktoren (bei der Beratung) berücksichtigt werden (Art. 4 Abs. 1 der Offenlegungs-VO); abweichend davon müssen Finanzmarktteilnehmer mit mehr als 500 Mitarbeitern seit dem 30.6.2021 eine Erklärung über ihre Strategien zur Wahrung der Sorgfaltspflicht im Zusammenhang mit den wichtigsten nachteiligen Auswirkungen von Investitionsentscheidungen auf Nachhaltigkeitsfaktoren veröffentlichen (Art. 4 Abs. 3 der Offenlegungs-VO);

▶ Angaben dazu, inwieweit die Vergütungspolitik der berichtspflichtigen Unternehmen mit der Einbeziehung von Nachhaltigkeitsrisiken im Einklang steht (Art. 5 der Offenlegungs-VO).[104]

ANGABEN GEM. OFFENLEGUNGS-VO AUF UNTERNEHMENSEBENE AM BEISPIEL DEUTSCHE BANK[105]

„Beschreibung von Richtlinien zur Identifizierung und Priorisierung der wichtigsten nachteiligen Nachhaltigkeitsauswirkungen

---

103 Für eine ausführliche Darstellung siehe *Krakuhn/Stiefel/Gilles,* Die nachhaltige Finanzwirtschaft: Ausgewählte Reportingpflichten auf der Internetseite von Kreditinstituten und Versicherungsunternehmen nach der Offenlegungsverordnung um dem finalen Entwurf des technischen Regulierungsstandards, Zeitschrift für Internationale Rechnungslegung 2021 S. 133 ff. Eine Definition der Beratungsprozesse von Finanzmarktteilnehmern und Finanzberatern enthält Art. 2 der Offenlegungs-VO.

104 Vgl. zu diesem Aspekt etwa *Lanfermann/Needham/Scheid,* Relevanz der „grünen" EU-Taxonomie für die Ausweitung der Vorstandsvergütung – Stärkere Berücksichtigung von Umwelt- und Sozialaspekten zur Sicherstellung der Unternehmensfinanzierung?, Zeitschrift für Corporate Governance 2021 S. 87 ff.

105 *Deutsche Bank,* Offenlegung im Hinblick auf Nachhaltigkeit, 2022. Online abrufbar unter https://go.nwb.de/jidzc oder über den QR-Code.

Die Bank verfolgt in Bezug auf den Umgang mit Nachhaltigkeitsaspekten einen ganzheitlichen Ansatz, der auf Konzernebene in einer ganzen Reihe von Richtlinien und Verfahren verankert ist. In der Nachhaltigkeitsstrategie der Gruppe werden die für die Bankzentralen Nachhaltigkeitsprinzipien beschrieben und die wesentlichen Anforderungen und Verantwortlichkeiten im Zusammenhang mit Nachhaltigkeitsthemen, Nachhaltigkeitsberichten und -ratings im Rahmen der nichtfinanziellen Berichterstattung, der mit der Steuerung von Reputationsrisiken verbundenen Prüfung ökologischer und sozialer Aspekte sowie nachhaltigen Finanzinstrumenten dargelegt. Derzeit wendet die Bank keine Beschränkungen im Zusammenhang mit Finanzprodukten im Sinne der Offenlegungsverordnung an, die auf ökologische oder soziale Aspekte abstellen. Doch geben die konzernweiten Nachhaltigkeitsrichtlinien sowie die maßgeblichen Risikorichtlinien Aufschluss darüber, wie die Bank zu diesen Themen steht. Obwohl bislang keine formalen Vorgaben vorliegen, berücksichtigt die Bank somit bestimmte wesentliche nachteilige Auswirkungen, die im Folgenden näher ausgeführt werden.

Beschreibung der wichtigsten nachteiligen Nachhaltigkeitsauswirkungen

Die wichtigsten nachteiligen Auswirkungen werden jährlich von bankweiten Governance-Foren im Einklang mit den Konzernrichtlinien der Bank geprüft. Hierzu zählen auch die Identifizierung, Priorisierung und Festlegung von erforderlichen Maßnahmen zur Steuerung dieser Risiken.

Im aktuellen Referenzzeitraum werden folgende Aspekte von der Bank als wichtigste nachteilige Auswirkungen angesehen, die bei der Auswahl von Finanzinstrumenten berücksichtigt werden:

► *Engagement im Bereich fossiler Brennstoffe*

  Branchen mit Umsätzen aus der Exploration, dem Abbau, der Förderung, dem Vertrieb oder der Veredelung von festen, flüssigen oder gasförmigen Brennstoffen (d. h. Kohle, Öl, Erdgas)

► *CO_2-Emissionen*

  Angaben zu CO_2-Äquivalenten, die Aufschluss über Menge und Intensität der Emissionen eines Unternehmens geben

► *Einhaltung der Prinzipien des Global Compact der Vereinten Nationen*

  Kontrolle, dass die Unternehmen Mindeststandards in Bezug auf Menschenrechte, Arbeitsrecht, Umweltschutz und Korruptionsbekämpfung erfüllen

► *Geschäftsaktivitäten im Bereich umstrittener Waffen*

  Branchen mit Umsätzen aus der Herstellung oder dem Verkauf umstrittener Waffen (d. h. Antipersonenminen, Streumunition, chemische, biologische, radiologische oder atomare Waffen)"

Im Rahmen der produktbezogenen Offenlegungspflichten sind nachhaltigkeitsbezogene Informationen zu den (Finanz-)Produkten zu veröffentlichen. Dies umfasst bspw. die Angabe, wie Finanzmarktteilnehmer Nachhaltigkeitsrisiken in ihre Investitionsentscheidungen einbeziehen, und die Angabe zu Ergebnissen der Bewertung der zu erwartenden Auswirkungen von Nachhaltigkeitsrisiken auf die Rendite der Finanzprodukte, die sie zur Verfügung stellen.[106] Das nachfolgende Beispiel veranschaulicht die zu tätigenden Angaben auf Produktebene:

ANGABEN GEM. OFFENLEGUNGS-VO AUF PRODUKTEBENE AM BEISPIEL FLOSSBACH VON STORCH[107]

„Ergebnisse der Bewertung der zu erwartenden Auswirkungen von Nachhaltigkeitsrisiken auf die Rendite

Nachhaltigkeitsrisiken

Das Eintreten eines Ereignisses oder einer Bedingung in den Bereichen Umwelt, Soziales und/ oder Unternehmensführung (Corporate Governance) kann die Wertentwicklung des Teilfonds wesentlich beeinflussen und zu einer wesentlichen Wertminderung führen. Nachhaltigkeitsrisiken können erheblich auf andere Risikoarten wie z. B. Marktpreisrisiken oder Adressenausfallrisiken einwirken und das Risiko innerhalb dieser Risikoarten wesentlich beeinflussen.

Risiken verbunden mit Anlagen in einer Nachhaltigkeitsstrategie

Der Teilfonds verfolgt eine Anlagestrategie, die die Auswahlmöglichkeit der Zielanlagen in Kategorie und Anzahl teilweise durch Screening gegen eine Ausschlussliste einschränken. Die Anlagestrategie eines Teilfonds kann dazu führen, dass der Teilfonds in Wertpapiersektoren oder Wirtschaftsbranchen investiert, die eine geringere Wertentwicklung haben als der Markt im Gesamten oder einzelne Investmentfonds die keine Nachhaltigkeitsstrategie berücksichtigen. Daher kann die Wertentwicklung eines Teilfonds weniger stark ausfallen.“

Zur Konkretisierung der in der Offenlegungs-VO formulierten Berichtspflichten haben die *European Supervisory Authorities* (ESA)[108] einen technischen Regulierungsstandard (RTS) veröffentlicht. Der entsprechende Abschlussbericht mit dem Entwurf für den technischen Regulierungsstandard datiert vom 22.10.2021.[109] Das ursprünglich geplante Inkrafttreten des RTS wurde verschoben. Deswegen haben sich die Aufsichtsbehörden im März 2022 auf eine Aufsichtserklärung geeinigt, die im Übergangszeitraum bis zur verpflichtenden Erstanwendung des RTS eine einheitliche Anwendung der Vor-

---

106 Vgl. Art. 6 Abs. 1 Offenlegungs-VO.

107 *Flossbach von Storch*, Auswirkungen von Nachhaltigkeitsrisiken auf die Rendite, 2022. Online abrufbar unter https://go.nwb.de/tfsul oder über den QR-Code.

108 Die drei europäischen Finanzaufsichtsbehörden EBA, EIOPA und ESMA bilden zusammen die *European Supervisory Authorities* (ESA).

109 Vgl. zum Abschlussbericht: *ESMA*, Final Report on draft Regulatory Technical Standards, 2021.

schriften der Offenlegungs-Verordnung sicherstellen soll.[110] Die Bestimmungen der Offenlegungs-VO auf Unternehmensebene sind größtenteils seit dem 10.3.2021 anzuwenden; jene des technischen Regulierungsstandards sollen ab dem 1.1.2023 zur Anwendung kommen.[111]

3 Umsetzung der nichtfinanziellen Berichterstattung in Deutschland

3.1 Transformationsprozess des CSR-Richtlinie-Umsetzungsgesetzes (CSR-RUG)

Die Einführung einer Berichtspflicht nach den Vorgaben der CSR-Richtlinie traf in Deutschland auf eine überwiegend ablehnende Haltung. Sowohl Politik als auch Wirtschaft hatten vor Inkrafttreten der CSR-Richtlinie versucht, darauf hinzuwirken, dass die CSR-Berichterstattung freiwillig bleiben soll – wenngleich sie der neuen EU-Strategie damit ausdrücklich widersprachen.[112] Die Berichterstattung über nichtfinanzielle Aspekte ist im deutschen Bilanzrecht indes nicht gänzlich neu: Seit dem **Bilanzrechtsreformgesetz (BilReG)** aus dem Jahr 2004[113] gilt im Rahmen der handelsrechtlichen Rechnungslegung vor allem das Berichterstattungsinstrument des Lageberichts als Medium für den Ausweis nichtfinanzieller Aspekte des unternehmerischen Handelns – auch wenn gerade in den Anfängen der dahingehenden Berichterstattung noch vergleichsweise wenig nichtfinanzielle Informationen gefordert waren.

Im Rahmen des BilReG wurden unionsrechtliche Vorgaben der im Jahr 2003 veröffentlichten Modernisierungsrichtlinie, die erstmals die Offenlegung nichtfinanzieller Angaben von bestimmten Unternehmen einforderte, in deutsches Recht transformiert. So müssen große Kapitalgesellschaften[114] gem. § 289 Abs. 3 HGB bzw. große Konzerne

---

110 Die Aufsichtserklärung findet sich unter: *ESMA,* Updated Joint ESA Supervisory Statement on the application of the Sustainable Finance Disclosure Regulation, 2022.

111 Ursprünglich war eine Anwendung bereits ab dem 1.1.2022 vorgesehen. Die EU-Kommission begründete die Verschiebung um ein Jahr insbesondere mit der Länge und technischen Detailliertheit der Regulierungsstandards.

112 Vgl. *Schweren/Brink,* CSR-Berichterstattung in Europa, Zeitschrift für Wirtschafts- und Unternehmensethik 2016 S. 180.

113 Vgl. Bilanzrechtsreformgesetz (BilReG), Gesetz zur Einführung internationaler Rechnungslegungsstandards und zur Sicherung der Qualität der Abschlussprüfung, BGBl 2004 I S. 3166, 4.12.2004.

114 Kapitalgesellschaften gelten i. S. von § 267 Abs. 3 Satz 1 HGB als „groß", sofern sie an zwei hintereinander folgenden Abschlussstichtagen zwei der drei in § 267 Abs. 2 HGB bezeichneten Größen (20 Mio. € Bilanzsumme; 40 Mio. € Umsatzerlöse in den zwölf Monaten vor dem Abschlussstichtag; im Jahresdurchschnitt 250 Arbeitnehmer) überschreiten. Kapitalgesellschaften i. S. von § 264d HGB (kapitalmarktorientierte Kapitalgesellschaften) gelten stets als groß.

gem. § 315 Abs. 3 HGB[115] seitdem – zumindest soweit für das Verständnis erforderlich – die **bedeutsamsten nichtfinanziellen Leistungsindikatoren** offenlegen.[116] Als die „bedeutsamsten" gelten in diesem Fall diejenigen nichtfinanziellen Leistungsindikatoren, die im Rahmen der Unternehmenssteuerung Verwendung finden, was z. B. bei einer Incentivierung des Managements auf Basis von nichtfinanziellen Leistungsindikatoren gegeben ist.[117] Der deutsche Gesetzgeber führt diesbezüglich exemplarisch Umwelt- und Arbeitnehmerbelange an. Hierbei ist zu beachten: Eine freiwillige – also über die gesetzlichen Vorgaben hinausgehende – Berichterstattung über sonstige nichtfinanzielle Leistungsindikatoren ist nur dann zulässig, wenn diese den Informationsgehalt des Lageberichts steigert.[118]

Mit Blick auf die Transformation der CSR-Richtlinie in deutsches Recht hatte das Bundesministerium der Justiz und für Verbraucherschutz (BMJV) bereits im April 2015 – und damit rund ein halbes Jahr nach Veröffentlichung der CSR-Richtlinie – ein Konzeptpapier mit ersten Gedanken zur Umsetzung der unionsrechtlichen Vorgaben zur Diskussion gestellt. Darin wurde festgehalten, dass die in Kap. I.2.1 dargestellten Vorgaben der CSR-Richtlinie grundsätzlich vollständig umgesetzt werden sollen.[119] Die Reaktionen auf das **Konzeptpapier des BMJV** waren sehr kontrovers. In den dazu veröffentlichten Stellungnahmen stieß vor allem die geplante Ausdehnung des Anwenderkreises der nichtfinanziellen Berichterstattung auf mittelständische Unternehmen[120] auf eine deutliche Ablehnung.[121] Darüber hinaus herrschte bei der Frage, an welcher Stelle die nichtfinanziellen Informationen offengelegt werden sollen, sowie hinsichtlich des Erfordernisses einer Prüfung der Daten Dissens – immerhin räumt die CSR-Richtlinie den Mitgliedstaaten sowohl in Bezug auf den Ausweisort (ErwGr. 6) als auch in

---

115 Bis zur Verabschiedung des CSR-RUG war diese Regelung in § 315 Abs. 1 Satz 4 HGB hinterlegt.

116 Vgl. weiterführend zur Lageberichterstattung z. B. *Müller/Stawinoga*, Teil A – Entwicklung, Verpflichtung und Grundlagen der Lageberichterstattung, in Müller/Stute/Withus (Hrsg.), Handbuch Lagebericht – Kommentar von § 289 und § 315 HGB, DRS 20 und IFRS Management Commentary, 2013, S. 3 ff.

117 Vgl. *Arbeitskreis „Externe Unternehmensrechnung" der Schmalenbach-Gesellschaft für Betriebswirtschaft e. V.*, Nichtfinanzielle Leistungsindikatoren – Bedeutung für die Finanzberichterstattung, Schmalenbachs Zeitschrift für betriebswirtschaftliche Forschung 2015 S. 236.

118 Vgl. *Paetzmann*, § 289 HGB – Inhalt des Lageberichts; § 289b HGB – Pflicht zur nichtfinanziellen Erklärung; Befreiungen; § 289c HGB – Inhalt der nichtfinanziellen Erklärung; § 289d HGB – Nutzung von Rahmenwerken; § 315c Inhalt der nichtfinanziellen Konzernerklärung, in Bertram/Brinkmann/Kessler/Müller (Hrsg.), HGB Bilanz Kommentar, 10. Aufl. 2019, § 289 HGB Tz. 98.

119 Vgl. *BMJV*, Konzept zur Umsetzung der CSR-Richtlinie – Reform des Lageberichts, 2015, S. 2.

120 Vgl. *BMJV*, Konzept zur Umsetzung der CSR-Richtlinie – Reform des Lageberichts, 2015, S. 5.

121 Vgl. hierzu *Müller/Stawinoga/Velte*, Mögliche Einbettung der neuen nichtfinanziellen Erklärung in die handelsrechtliche Unternehmenspublizität und -prüfung – Erkenntnisse aus den Stellungnahmen zum Konzeptpapier des BMJV zur nationalen Umsetzung der CSR-Richtlinie, Der Betrieb 2015 S. 2222.

Bezug auf die Prüfung (ErwGr. 16) bei der Umsetzung in nationales Recht ein Wahlrecht ein.[122]

Stellungnahmen zum Konzeptpapier des BMJV konnten bis zum 10.7.2015 eingereicht werden.[123] *Haaker/Gahlen* zogen dazu folgendes Fazit: *„Der Lagebericht als unternehmensrechtliches Instrument zur Darstellung der finanziellen Lage ist mit der Last der CSR-Berichterstattung überfordert, was sich entsprechend auf die inhaltliche Prüfbarkeit auswirkt."*[124] Zum damit angesprochenen Ausweisort der neuerdings verpflichtenden nichtfinanziellen Berichterstattung hielten demgegenüber *Kreipl/Müller* später fest: *„Besonders die Möglichkeit zur Trennung der CSR-Berichterstattung vom Lagebericht erscheint sehr problematisch. Neben der Frage der konkreten Abgrenzung von den nichtfinanziellen Leistungsindikatoren muss klar sein, dass wenn eine CSR-Berichterstattung Relevanz für das Unternehmen hat, dann diese Aspekte der Unternehmenstätigkeit zwangsläufig zur Darstellung der wirtschaftlichen Lage gehören, die im Lagebericht zu erfolgen hat."*[125] Bereits bei diesen beiden Aussagen wird deutlich, wie kontrovers gewisse Aspekte der neuen CSR-Berichtspflicht im Rahmen der Transformation in deutsches Recht im Schrifttum diskutiert wurden.

Nach einer Analyse der Rückmeldungen sollte der **Referentenentwurf (RefE)** des BMJV noch im Herbst des Jahres 2015 erscheinen. Mit Verspätung erschien er am 11.3.2016. Durch diesen zeitlichen Verzug ist die kurze Konsultationsdauer zum RefE erklärbar (eine Abgabe der Stellungnahmen war bis zum 16.4.2016 möglich). Denn die Frist zur Umsetzung der Vorgaben der CSR-Richtlinie in das nationale Recht der Mitgliedstaaten endete gem. Art. 4 der CSR-Richtlinie bereits am 6.12.2016. Wie bereits beim Konzeptpapier hielt das BMJV an einer grundsätzlich übereinstimmenden Übernahme der Vorgaben der CSR-Richtlinie fest. Dies gilt auch für die Abgrenzung der berichtspflichtigen Unternehmen.[126] Dass die oben erwähnten Mitgliedstaatenwahlrechte bzgl. des Ausweisortes sowie der Prüfung der sog. „nichtfinanziellen Erklärung" bzw. des sog. „nichtfinanziellen Berichts"[127] im RefE mehr oder weniger als Wahlrechte an die berichtspflichtigen Unternehmen weitergegeben wurden, löste im Schrifttum zahlrei-

---

122 Vgl. ausführlich zu diesen Mitgliedstaatenwahlrechten *Müller/Stawinoga/Velte*, Nationale Umsetzung der Mitgliedstaatenwahlrechte der europäischen CSR-Richtlinie beim Ausweis und bei der Prüfung der „nichtfinanziellen Erklärung", Zeitschrift für Umweltpolitik und Umweltrecht 2015 S. 313 ff.

123 Vgl. *BMJV*, Konzept zur Umsetzung der CSR-Richtlinie – Reform des Lageberichts, 2015, S. 1.

124 *Haaker/Gahlen*, Umsetzung der CSR-Richtlinie – Kritische Anmerkungen zum BMJV-Konzept, Unternehmenssteuern und Bilanzen 2015 S. 666.

125 *Kreipl/Müller*, Ausweitung der Pflichtpublizität um eine Nichtfinanzielle Erklärung – RegE zur Umsetzung der CSR-Richtlinie, Der Betrieb 2016 S. 2428.

126 Vgl. *BMJV*, Referentenentwurf eines Gesetzes zur Stärkung der nichtfinanziellen Berichterstattung der Unternehmen in ihren Lage- und Konzernlageberichten (CSR-Richtlinie-Umsetzungsgesetz), 2016, S. 39.

127 Die diskutierten Bestimmungen zur nichtfinanziellen Erklärung bzw. zum nichtfinanziellen Bericht gelten gleichermaßen – sofern nicht anderweitig angemerkt – auf Ebene des Konzerns.

che Debatten aus. Es wurde befürchtet, dass die **große Flexibilität,** die der RefE den Unternehmen diesbezüglich gewährte, mit hohen Herausforderungen für die Berichtspraxis – für Ersteller, Prüfer und Adressaten – einhergehe.[128]

Im Anschluss an den Konsultationsprozess – angefangen beim Konzeptpapier bis zum RefE des BMJV – legte die Bundesregierung am 21.9.2016 den **Regierungsentwurf (RegE)** des CSR-RUG vor.[129] Im Vergleich zum RefE wies der RegE – abgesehen von einigen redaktionellen Anpassungen – zuvorderst die folgenden wichtigen Veränderungen auf:[130]

▶ Integration der nichtfinanziellen Erklärung in den Lagebericht;[131]

▶ Möglichkeit, Verweise von der nichtfinanziellen Erklärung auf andere Angaben im Lagebericht zu setzen, um Redundanzen zu vermeiden;

▶ Freiwillige inhaltliche Überprüfung der nichtfinanziellen Erklärung bzw. des nichtfinanziellen Berichts durch den Abschlussprüfer;

▶ Bestimmungen zum dazugehörigen Prüfungsurteil.

Mit Veröffentlichung des RegE ging der deutsche Gesetzgeber zudem davon aus, dass die neue Berichtspflicht rund 550 Unternehmen erfassen würde.[132]

Aufgrund der Umsetzungsfrist der CSR-Richtlinie wurde der Entwurf von der Bundesregierung für besonders eilbedürftig erklärt;[133] die entsprechenden Beratungen des Deutschen Bundestags und des Deutschen Bundesrats fanden daher zeitnah nach der Veröffentlichung des RegE statt, ebenso wie die öffentliche Anhörung des zuständigen Ausschusses für Recht und Verbraucherschutz des Deutschen Bundestags am

---

128 Vgl. zu den Reaktionen auf den RefE des BMJV im Schrifttum u. a. *Stawinoga/Velte,* Der Referentenentwurf für ein CSR-Richtlinie-Umsetzungsgesetz – Eine erste Bestandsaufnahme unter besonderer Berücksichtigung der empirischen Relevanz des Deutschen Nachhaltigkeitskodex (DNK), Der Betrieb 2016 S. 847; *Haaker,* Anmerkungen zum Referentenentwurf eines CSR-Richtlinie-Umsetzungsgesetzes – Ein „Update" zu Haaker/Gahlen, StuB 2015 S. 310; *Kajüter,* Neuerungen in der Lageberichterstattung nach dem Referentenentwurf des CSR-Richtlinie-Umsetzungsgesetzes, Zeitschrift für internationale und kapitalmarktorientierte Rechnungslegung 2016 S. 237 f.; *Wulf/Niemöller,* Neuerungen im (Konzern-)Lagebericht durch den Referentenentwurf eines CSR-Richtlinie-Umsetzungsgesetzes, Zeitschrift für Internationale Rechnungslegung 2016 S. 247; *Müller,* Referentenentwurf des CSR-Richtlinie-Umsetzungsgesetzes – wieder eine missglückte 1:1-Umsetzung?, Betriebs-Berater 2016 S. I; *Lanfermann,* Referentenentwurf des CSR-Richtlinie-Umsetzungsgesetzes sieht Prüfungspflicht für den Aufsichtsrat vor, Betriebs-Berater 2016 S. 1135.

129 Vgl. Gesetzesentwurf der Bundesregierung zur Stärkung der nichtfinanziellen Berichterstattung der Unternehmen in ihren Lage- und Konzernlageberichten (CSR-Richtlinie-Umsetzungsgesetz), BT-Drucks. 18/9982 vom 17.10.2016.

130 Vgl. hierzu *Kajüter,* Die nichtfinanzielle Erklärung nach dem Regierungsentwurf zum CSR-Richtlinie-Umsetzungsgesetz, Zeitschrift für Internationale Rechnungslegung 2016 S. 508.

131 Zur weitergehenden Unterscheidung zwischen der nichtfinanziellen Erklärung und dem nichtfinanziellen Bericht sowie den damit einhergehenden Schlussfolgerungen siehe vor allem Kap. III.2 und Kap. IX.

132 Vgl. BT-Drucks. 18/9982 S. 34.

133 Vgl. BT-Drucks. 18/9982 S. 5.

7.11.2016. Die Stellungnahmen der Sachverständigen[134] spiegelten dabei jenes **breite Meinungsspektrum** wider, das sich bereits bei der Diskussion zum RefE gezeigt hatte: Einerseits wurde hinsichtlich des Anwendungsbereichs der erfassten Unternehmen, der inhaltlichen Prüfungspflicht oder der konkreten Berichtsinhalte eine Ausdehnung des Entwurfs gefordert, andererseits wurde der RegE – etwa hinsichtlich der Sanktionen oder Prüfungspflichten des Aufsichtsrats – als zu weitgehend kritisiert.[135]

Nach weiteren parlamentarischen Ausschussberatungen wurde das **CSR-RUG** am 10.3.2017 vom Deutschen Bundestag verabschiedet und schlussendlich am 18.4.2017 im Bundesgesetzblatt veröffentlicht.[136] Gemäß Art. 12 Abs. 1 trat das CSR-RUG einen Tag nach seiner Verkündung am 19.4.2017 in Kraft. Lediglich Art. 2 und Art. 4 des CSR-RUG zur Veröffentlichung des Prüfungsurteils der nichtfinanziellen Erklärung bzw. des gesonderten nichtfinanziellen Berichts bei einer inhaltlichen Prüfung traten erst am 1.1.2019 in Kraft.[137] Ziel war es, mit dieser Übergangsregelung den Unternehmen mehr Zeit zur Einholung einer umfangreichen externen Prüfungsleistung, der entsprechend weitentwickelte Rechnungslegungssysteme zugrunde zu liegen haben, zu geben. Im Vergleich zum RegE weist das CSR-RUG nur noch wenige Änderungen auf:[138]

▶ Angabepflicht auch bei Nichtverwendung von Rahmenwerken (§ 289d HGB);

▶ Festlegung von Offenlegungsfristen, falls ein separater nichtfinanzieller Bericht auf der Internetseite offengelegt wird (§ 289b Abs. 3 und § 315b Abs. 3 HGB);

▶ weitere Befreiungsmöglichkeiten für den Fall, dass die nichtfinanzielle Konzernerklärung von einem Mutterunternehmen aus einem Drittstaat veröffentlicht wird (§ 289b Abs. 3 und § 315 Abs. 3 HGB);

▶ Option der Beauftragung einer inhaltlichen Überprüfung durch den Aufsichtsrat (§ 111 Abs. 2 AktG);

▶ Pflicht zur Veröffentlichung von Prüfungsergebnissen (§ 289b Abs. 4 und § 315b Abs. 4 HGB).

Letztendlich wurden mit dem CSR-RUG die nachstehenden Paragrafen ins HGB aufgenommen, welche die nichtfinanzielle Berichterstattung adressieren und in den nachstehenden Kapiteln ausführlich betrachtet werden:

---

134 Die Stellungnahmen der Sachverständigen (u. a. IDW) finden sich unter *Deutscher Bundestag*, Stellungnahmen der Sachverständigen, 2020.

135 Vgl. dazu auch *Blöink/Halbleib*, Umsetzung der sog. CSR-Richtlinie 2014/95/EU: Aktueller Überblick über die verabschiedeten Regelungen des CSR-Richtlinie-Umsetzungsgesetzes, Der Konzern 2017 S. 183.

136 Vgl. Gesetz zur Stärkung der nichtfinanziellen Berichterstattung der Unternehmen in ihren Lage- und Konzernlageberichten (CSR-Richtlinie-Umsetzungsgesetz), BGBl 2017 I S. 802, 18.4.2017.

137 Vgl. CSR-RUG, Art. 12 Abs. 2.

138 Vgl. hierzu *Kajüter*, Nichtfinanzielle Berichterstattung nach dem CSR-Richtlinie-Umsetzungsgesetz, Der Betrieb 2017 S. 617.

► § 289b HGB (bzw. § 315b HGB für den Konzern): „Pflicht zur nichtfinanziellen Erklärung; Befreiungen";

► § 289c HGB (bzw. § 315c HGB für den Konzern): „Inhalt der nichtfinanziellen Erklärung";

► § 289d HGB (bzw. § 315c HGB für den Konzern): „Nutzung von Rahmenwerken";

► § 289e HGB (bzw. § 315c HGB für den Konzern): „Weglassen nachteiliger Angaben".

Abb. 5 gibt einen zusammenfassenden Überblick über den Transformationsprozess des CSR-RUG. Aufgrund des Erfordernisses, mit dem CSR-RUG die Forderungen verschiedenster Interessengruppen im Kontext der neuen Pflicht zum nichtfinanziellen Bericht in Einklang zu bringen, mündete das CSR-RUG – nach h. M. – in einer **„Kompromisslösung".**[139]

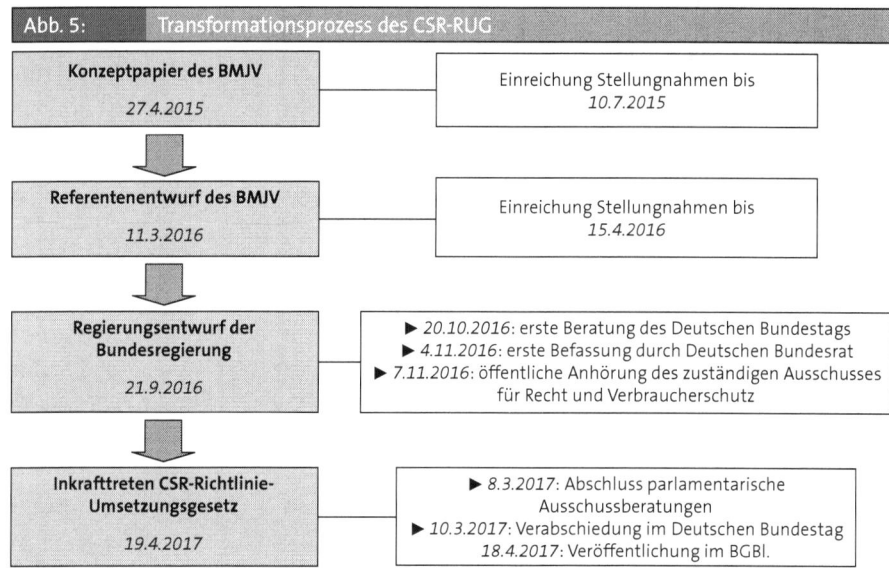

Abb. 5: Transformationsprozess des CSR-RUG

139 Vgl. etwa *Kajüter*, Nichtfinanzielle Berichterstattung nach dem CSR-Richtlinie-Umsetzungsgesetz, Der Betrieb 2017 S. 624; *Velte*, Das CSR-Richtlinie-Umsetzungsgesetz als großer Wurf?, Zeitschrift für Corporate Governance 2017 S. 49; *Kajüter*, Das CSR-Richtlinie-Umsetzungsgesetz – ein Kompromiss, Zeitschrift für Internationale Rechnungslegung 2017 S. 137; *Meeh-Bunse/Hermeling/Schomaker*, Aktuelle Aspekte zum Inkrafttreten der CSR-Richtlinie in Deutschland – Die nichtfinanzielle Erklärung ist ab 2017 Pflicht, Deutsches Steuerrecht 2017 S. 1128; *Velte*, Die nichtfinanzielle Erklärung nach dem CSR-Richtlinie-Umsetzungsgesetz – Neues Berichtsformat in der Kapitalmarktkommunikation, Zeitschrift für das gesamte Genossenschaftswesen 2017 S. 117.

3.2 Kodifizierte und nichtkodifizierte Grundsätze ordnungsmäßiger nichtfinanzieller Berichterstattung

Ebenso wie bei der finanziellen Berichterstattung greifen auch bei der Aufstellung der nichtfinanziellen Berichterstattung die Grundsätze ordnungsmäßiger Buchführung bzw. Berichterstattung (GoB) i. S. des § 243 Abs. 1 HGB. Bei den GoB handelt es sich um Vorgaben zur Bilanzierung bzw. Berichterstattung, die entweder im Gesetzestext (des HGB) selbst enthalten (**„kodifiziert"**) sind, oder um solche, die nicht ausdrücklich gesetzlich geregelt (**„nicht kodifiziert"**) sind. Letztere werden insbesondere aus der Rechtsprechung und der herrschenden Auffassung in der Fachliteratur abgeleitet.[140] Grundsätzlich gilt: Überall dort, wo sich Spielraum für die konkrete Ausgestaltung der Berichterstattung bietet, sollen berichtspflichtige Unternehmen über den Weg der Rechtsauslegung Lösungen finden, deren Angemessenheit anhand der hiermit gefundenen Übereinstimmung mit den Anforderungen der GoB zu beurteilen ist.[141]

Da die nichtfinanzielle Erklärung ihrer grundlegenden Natur nach als Teil der Lageberichterstattung anzusehen ist,[142] bieten sich für eine Konkretisierung zunächst die **Grundsätze ordnungsmäßiger Lageberichterstattung (GoL)** an. Für den Fall, dass ein gesonderter – also vom Lagebericht losgelöster – nichtfinanzieller Bericht vorgelegt wird, gelten diese Grundsätze sinngemäß.[143] Die GoL werden bereits seit vielen Jahren im Schrifttum thematisiert und bieten somit eine Orientierung für die nichtfinanzielle Berichterstattung. In diesem allgemeinen Punkt bietet sich vor allem ein Rückgriff auf die Vorgaben des *Deutschen Rechnungslegungs Standards Committee* (DRSC) an, das die GoL in seinem *Deutschen Rechnungslegungs Standard Nr. 20* (DRS 20) „*Konzernlagebericht*" i. d. F. vom 22.9.2017 konkretisiert.[144] Obschon der DRS 20 die Konzernlageberichterstattung adressiert, können die Regelungen dieses Standards – und somit auch die GoL – gem. DRS 20.2 grundsätzlich auch auf den Lagebericht i. S. des § 289 HGB angewendet werden.

---

140 Nicht ausreichend ist es indes, auf eine „vorherrschende Berichtspraxis" zu verweisen, da diese oftmals nur schwer zu fassen ist und daher zu großen Spielräumen für missbräuchliche (Berichts-)Praktiken führen würde.

141 Vor allem, da es sich bei den GoB um einen unbestimmten Rechtsbegriff handelt. Vgl. hierzu *Noodt*, § 242 HGB – Pflicht zur Aufstellung; § 243 HGB – Aufstellungsgrundsatz, in Betram/Brinkmann/Kessler/Müller (Hrsg.), Haufe HGB Bilanz Kommentar, 10. Aufl. 2019, § 243 HGB Tz. 3; *Baumüller*, Nichtfinanzielle Berichterstattung, 2020, S. 82.

142 So etwa *Kreipl/Müller*, Ausweitung der Pflichtpublizität um eine Nichtfinanzielle Erklärung – RegE zur Umsetzung der CSR-Richtlinie, Der Betrieb 2016 S. 2428; *Haaker/Freiberg*, Integrierte nichtfinanzielle Erklärung?, Praxis der internationalen Rechnungslegung 2017 S. 187.

143 Vgl. DRS 20.251.

144 Die Rolle des DRSC im Kontext der nichtfinanziellen Berichterstattung wird im folgenden Kap. I.3.3 ausführlich dargestellt.

Der DRS 20 fasst die GoL – bestehend aus sechs Grundsätzen – wie folgt zusammen:[145]

▶ **„Vollständigkeit"**: Hiernach sollen sämtliche Informationen vermittelt werden, die ein verständiger Adressat benötigt, *„um die Verwendung der anvertrauten Ressourcen und um den Geschäftsverlauf im Berichtszeitraum und die Lage des Konzerns sowie die voraussichtliche Entwicklung mit ihren wesentlichen Chancen und Risiken beurteilen zu können".* Die dargelegten Informationen können entweder direkt durch Ausführungen im Lagebericht oder indirekt durch gewisse Möglichkeiten des Verweises vermittelt werden, sofern Letztere eindeutig sind. Zudem wird darauf verwiesen, dass positive und negative Aspekte separat darzustellen sind.

▶ **„Verlässlichkeit und Ausgewogenheit"**: Hier verlangt das DRSC, dass die offengelegten Informationen zutreffend und nachvollziehbar sein müssen; ebenso, dass Tatsachenangaben und Meinungen als solche erkennbar sind, wobei positive und negative Aspekte nicht einseitig dargestellt werden dürfen. Außerdem müssen die Angaben *„plausibel, konsistent sowie frei von Widersprüchen gegenüber den entsprechenden Informationen im Konzernabschluss sein. Die daraus gezogenen Folgerungen müssen auch im Hinblick auf allgemein bekannte Wirtschaftsdaten schlüssig sein."* Betont wird auch, dass zukunftsbezogene Aussagen von stichtags- und vergangenheitsbezogenen Informationen klar zu unterscheiden sind.

▶ **„Klarheit und Übersichtlichkeit"**: Dieser Grundsatz wird im Vergleich zu den anderen fünf GoL im Rahmen des DRS 20 vom DRSC besonders ausführlich erläutert. Zunächst wird gefordert, dass der Lagebericht sowohl vom Abschluss als auch von den übrigen veröffentlichten Informationen eindeutig zu trennen und in geschlossener Form offenzulegen ist. Abgeleitet daraus wäre auch ein gesonderter nichtfinanzieller Bericht eindeutig von anderen Berichtsformaten abzugrenzen. Eine mögliche Zusammenlegung des Konzernlageberichts mit dem Lagebericht des Mutterunternehmens wird wie folgt adressiert: *„Der zusammengefasste Bericht hat alle Informationen zu enthalten, die notwendig sind, um sowohl die wirtschaftliche Lage des Konzerns als auch die des Mutterunternehmens beurteilen zu können. In dem zusammengefassten Lagebericht sind Informationen, die den Konzern betreffen, von den Informationen zu trennen, die sich nur auf das Mutterunternehmen beziehen."* Zudem wird vom DRSC darauf hingewiesen, dass der Lagebericht in inhaltlich abgegrenzte Abschnitte zu untergliedern ist sowie Inhalt und Form im Zeitablauf stetig fortzuführen sind, um eine Durchbrechung des Stetigkeitsgrundsatzes zu vermeiden – die nur in bestimmten Ausnahmefällen zulässig ist und dann auch hinreichend begründet werden muss. Zu guter Letzt ist für Informationen, die sich aus dem Ab-

---

145 Vgl. im Folgenden DRS 20, Tz. 12–35.

schluss ableiten, der Bezug hierzu nachvollziehbar darzustellen, sofern dieser für den verständigen Adressaten nicht offensichtlich ist.

▶ **„Vermittlung aus Sicht der Konzernleitung":** Dieser Grundsatz legt nahe, dass der Lagebericht die Einschätzungen und Beurteilungen der Konzernleitung zum Ausdruck bringen muss.

▶ **„Wesentlichkeit":** Der Lagebericht muss sich auf wesentliche Informationen konzentrieren. Die Konzentration auf wesentliche Informationen verlangt z. B., dass *„Informationen über das Konzernumfeld nur in dem Maße in den Konzernlagebericht aufgenommen werden, wie dies zum Verständnis des Geschäftsverlaufs, der Lage und der voraussichtlichen Entwicklung des Konzerns erforderlich ist"*.

▶ **„Informationsabstufung":** Gemäß diesem Grundsatz hängt der Detaillierungsgrad der Ausführungen im Lagebericht von den spezifischen Gegebenheiten des Konzerns (etwa von der Art seiner Geschäftstätigkeit, seiner Größe oder der Inanspruchnahme des Kapitalmarkts) ab. Allerdings rechtfertigt dies nicht, *„die Berichterstattung zu einzelnen Berichtspunkten vollständig zu unterlassen. Vielmehr fordert der Grundsatz, dass an die Ausführlichkeit und den Detaillierungsgrad der Berichterstattung bei diversifizierten, größeren oder kapitalmarktorientierten Konzernen höhere Anforderungen zu stellen sind als bei wenig diversifizierten, kleineren oder nicht kapitalmarktorientierten Konzernen."*

Die in Kap. I.2.2 dargestellten **Leitlinien der EU-Kommission aus dem Jahr 2017** sehen – ebenfalls – sechs den GoL nahestehende, aber zugleich **konkretisierende Grundsätze für die nichtfinanzielle Berichterstattung** vor. Diese Grundsätze ergänzen teilweise die zuvor angeführten GoL; an einigen Stellen existieren Überschneidungen – was darauf hinweist, dass die EU-Kommission die GoL des DRS 20 grundsätzlich bestätigt, diese jedoch noch um weitergehende Aspekte der nichtfinanziellen Berichterstattung erweitert. Obgleich an den Leitlinien der EU-Kommission bereits einige Kritik geübt wurde (insbesondere im Hinblick auf die inhaltliche Qualität), bieten die darin angeführten Grundsätze im Grundlegenden eine Orientierungshilfe bei der Umsetzung der nichtfinanziellen Berichterstattung.[146]

Die EU-Kommission gibt im Rahmen ihrer Leitlinien die nachstehenden Grundsätze an:[147]

---

146 So etwa *Scheid/Müller*, Leitlinien der Europäischen Kommission zur nichtfinanziellen Berichterstattung – Vereinheitlichungschancen der Berichterstattung und Ausstrahlungswirkung auf weitere Unternehmen, Deutsches Steuerrecht 2017 S. 2245 f.; *Baumüller*, Nichtfinanzielle Berichterstattung, 2020, S. 84.

147 Vgl. zu den im Folgenden angeführten Grundsätzen *Europäische Kommission*, Leitlinien für die Berichterstattung über nichtfinanzielle Informationen (Methode zur Berichterstattung über nichtfinanzielle Informationen), 2017, S. 5 ff.

▶ **„Offenlegung wesentlicher Informationen"**: Die nichtfinanzielle Berichterstattung soll auf klare, ausgeglichene Art und Weise positive ebenso wie negative Auswirkungen des unternehmerischen Handelns abbilden. Damit soll eine getreue Darstellung derjenigen Informationen bezweckt werden, die für die Berichtsadressaten wesentlich sind. Die nichtfinanzielle Berichterstattung soll dabei jene Angaben inkludieren, die sowohl für das Unternehmen in seiner individuellen Ausgangslage als auch für die Branche, der das berichtende Unternehmen zugehörig ist, von Relevanz sind. Grundlage hierfür ist eine vorherige Wesentlichkeitsanalyse (einschließlich des sog. „Stakeholder-Dialogs"), die das berichtende Unternehmen durchzuführen hat. Dieser Prozess ist im Rahmen der Berichterstattung darzustellen und in regelmäßigen Zeitabständen zu evaluieren.

▶ **„Den tatsächlichen Verhältnissen entsprechend, ausgewogen und verständlich"**: Weder sollen wesentliche Informationen ausgelassen noch unwesentliche Informationen in die nichtfinanzielle Berichterstattung aufgenommen werden, um zu verhindern, dass dies die Berichtsadressaten zu Fehlschlüssen verleiten könnte. Die Berichterstattung soll dabei dem gebotenen Berichtsumfang und den Berichtsgrenzen entsprechen; zudem soll eine Verbindung zwischen den nichtfinanziellen Informationen und den Zielen, Strategien sowie Risikopositionen des Unternehmens hergestellt werden. Die Berichterstattung kann sowohl in qualitativer als auch in quantitativer Form erfolgen.

▶ **„Umfassend aber prägnant"**: Form und Umfang der nichtfinanziellen Berichterstattung über einzelne Aspekte sollen abhängig von dem Ausmaß sein, in dem die getätigten Angaben für die Berichtsadressaten als wesentlich eingestuft werden. Auch in diesem Grundsatz wird die Aufnahme unwesentlicher Informationen als unzweckmäßig kritisiert. Querverweise auf Berichtsquellen außerhalb der nichtfinanziellen Berichterstattung sind dabei ausdrücklich erwünscht.

▶ **„Strategisch und zukunftsorientiert"**: Hiernach sollen die Berichtsadressaten sämtliche Facetten des Geschäftsmodells des berichtenden Unternehmens einsehen und die Verbindung zwischen dem Geschäftsmodell und den berichtsrelevanten nichtfinanziellen Belangen nachvollziehen können. Ziele und Benchmark-Größen sollen dafür ebenso angegeben werden wie Informationen, die auf Szenarioanalysen basieren (etwa Prognosen zu relevanten Aspekten, die als berichtspflichtig identifiziert wurden, und zu deren Entwicklung). Überdies sollen die Angaben so konkret wie möglich sein, sofern dies nicht den unmittelbaren Geschäftsinteressen des berichtenden Unternehmens entgegensteht.

▶ **„Ausrichtung auf die Interessenträger"**: Der Rahmen für die nichtfinanzielle Berichterstattung ist auf die für das Unternehmen relevanten Stakeholder-Gruppen auszurichten. Um eine entsprechende Ausrichtung sicherstellen zu können, ist ein möglichst aktiver Austausch zwischen Unternehmen und Stakeholdern empfehlenswert (entsprechend dem sog. „Stakeholder-Dialog"). Weiterhin ist auf das kollektive Informationsbedürfnis der Stakeholder einzugehen; das Berücksichtigen nur der Anliegen vereinzelter Stakeholder-Gruppen oder gar deren Mitglieder ist hingegen nicht ausreichend. Letztlich ist der Umgang mit den Stakeholdern im Rahmen der nichtfinanziellen Berichterstattung darzulegen.

▶ **„Konsistent und kohärent":** Die nichtfinanzielle Berichterstattung hat konsistent mit allen weiteren Berichten des Unternehmens – vor allem mit dem Abschluss sowie dem Lagebericht – zu sein. Die gegebenen Informationen sollen dabei bestmöglich miteinander verbunden sein. Die Konsistenz der nichtfinanziellen Erklärung mit anderen Inhalten des Lageberichts wird von der EU-Kommission besonders hervorgehoben. Dazu verlautbart die EU-Kommission: *„Die Angaben werden zweckdienlicher, relevanter und schlüssiger, wenn der Zusammenhang zwischen den Angaben in der nichtfinanziellen Erklärung und anderen Informationen im Lagebericht deutlich gemacht wird. Der Lagebericht sollte als einheitliches, ausgewogenes und in sich stimmiges Informationspaket betrachtet werden."*[148] Auch im Zeitablauf soll die Konsistenz der nichtfinanziellen Berichterstattung gewahrt bleiben. Zudem ist es wichtig, dass Auswahl und Methodik der wichtigsten nichtfinanziellen Leistungsindikatoren einheitlich bleiben. Sofern sich diesbezüglich Änderungen ergeben sollten, müssen die Unternehmen dies erläutern.

Die hier diskutierten GoL sowie die weiteren, neu etablierten Grundsätze ordnungsmäßiger nichtfinanzieller Berichterstattung bilden gemeinsam **den weiteren Rahmen der GoB,** auf den in den folgenden Ausführungen dieses Buchs Bezug genommen wird, um praktische Fragen der nichtfinanziellen Berichterstattung und die dafür gebotene Auslegung des Rechtsrahmens zu adressieren.

3.3 Nationale Akteure und Verlautbarungen (DRSC, IDW)

Bei der Auslegung der rechtlichen Vorgaben zur nichtfinanziellen Berichterstattung waren in Deutschland vor allem zwei Organisationen in der jüngeren Vergangenheit aktiv: Das *Deutsche Rechnungslegungs Standards Committee* (DRSC) und das *Institut der Wirtschaftsprüfer* (IDW). Beide Organisationen bringen sich insbesondere durch die Veröffentlichung von Stellungnahmen oder Standards in die Umsetzung der nichtfinanziellen Berichterstattung ein.

Der gesetzliche Auftrag des bereits im Jahr 1998 gegründeten DRSC als privatrechtlich organisierten Standardsetzers legitimiert sich aus § 342 Abs. 1 HGB. Die vom DRSC verabschiedeten Deutschen Rechnungslegungs Standards (DRS) haben **keinen zwingen-**

---

148 *Europäische Kommission*, Leitlinien für die Berichterstattung über nichtfinanzielle Informationen (Methode zur Berichterstattung über nichtfinanzielle Informationen), 2017, S. 9.

den Rechtsnormcharakter i. S. eines Gesetzes oder einer Verordnung, sondern sollen die **handelsrechtlichen Bestimmungen konkretisieren,** ohne über die gesetzlichen Anforderungen hinauszugehen. Sowohl Theorie als auch Praxis zeigen jedoch, dass das DRSC hierbei eine schwierige Gratwanderung zu bewältigen hat, um zum einen die Rechnungslegungsempfehlungen nicht zu zurückhaltend zu formulieren und somit keinen Mehrwert gegenüber der gesetzlichen Normierung zu bieten sowie zum anderen die eigenen Kompetenzen nicht zu überschreiten, indem zu weitgehende Empfehlungen formuliert werden, die von dem gesetzlichen Rahmen nicht mehr gedeckt sind.[149]

Im Kontext der nichtfinanziellen Berichterstattung ist der in Kap. I.3.2 erwähnte **DRS 20 „Konzernlagebericht"** von hoher Relevanz, da dieser Standard mit seiner Bekanntmachung Ende 2012 vor allem die Berichterstattung über die nichtfinanziellen Leistungsindikatoren erheblich aufwertete.[150] Obschon der DRS 20 vordergründig die Lageberichterstattung des Konzerns i. S. des § 315 HGB adressiert (bzw. konkretisiert), wird eine Anwendung dieses Standards auch vonseiten des DRSC auf den Lagebericht i. S. des § 289 HGB ausdrücklich empfohlen.[151] Da in gleichem Maße z. B. auch § 315c HGB oder § 315 Abs. 3 HGB auf die entsprechenden Regelungen der §§ 289c ff. HGB verweisen, ist eine **Ausstrahlungswirkung des DRS 20** auf den Jahresabschluss auch im Kontext der nichtfinanziellen Berichterstattung zu bejahen.[152]

Studien legen nahe, dass die Praxis der Berichterstattung über nichtfinanzielle Leistungsindikatoren im Lagebericht – auch unter Berücksichtigung von DRS 20 – (noch) stark von Inkonsistenzen und einer hohen Heterogenität geprägt ist. Dieser Befund gilt hingegen nicht für die Berichterstattung über finanzielle Leistungsindikatoren.[153] Die gesetzlichen Novellierungen des CSR-RUG erwirkten Änderungen im DRS 20 durch das

---

149 Vgl. hinsichtlich der Relevanz von Rechnungslegungsempfehlungen des DRSC unter besonderer Berücksichtigung des DRS 20 *Lorson/Melcher/Müller/Velte/Wulf/Zündorf*, Relevanz von Rechnungslegungsempfehlungen des Deutschen Rechnungslegungs Standards Committee (DRSC) unter besonderer Berücksichtigung des Deutschen Rechnungslegungsstandards Nr. (DRS) 20 (Konzernlagebericht), Zeitschrift für Unternehmens- und Gesellschaftsrecht 2015 S. 887 ff.

150 Dies ist insbesondere daran festzumachen, dass der Stellenwert nichtfinanzieller Leistungsindikatoren im Vorgängerstandard DRS 15 „Lageberichterstattung" vergleichsweise gering war. Vgl. dazu weiterführend *Lackmann/Stich*, Nicht-finanzielle Leistungsindikatoren und Aspekte der Nachhaltigkeit bei der Anwendung von DRS 20 – Was sich durch DRS 20 in der Konzernlageberichterstattung tatsächlich ändert, Zeitschrift für internationale und kapitalmarktorientierte Rechnungslegung 2013 S. 237 f.

151 Vgl. DRS 20.2.

152 So auch *Störk/Schäfer/Schönberger*; § 289c HGB – Inhalt der nichtfinanziellen Erklärung, in Grottel/Justenhoven/Schubert/Störk (Hrsg.), Beck'scher Bilanz-Kommentar, 13. Aufl. 2022, § 289c HGB Tz. 5.

153 Vgl. hierzu empirisch *Schaefer/Schröder*, Auswirkungen des DRS 20 auf die Berichterstattung nichtfinanzieller Leistungsindikatoren in den Lageberichten der DAX30-Unternehmen, Zeitschrift für internationale und kapitalmarktorientierte Rechnungslegung 2015 S. 99 ff.; *Schall/Figlin*, Finanzielle und nichtfinanzielle Leistungsindikatoren im Lagebericht nach DRS 20 – Auswertung der SDAX-Geschäftsberichte für das Geschäftsjahr 2017, Zeitschrift für Internationale Rechnungslegung 2020 S. 134 f.

DRSC. Um DRS 20 an die neue Rechtslage anzupassen, wurde wenige Wochen nach In-krafttreten des CSR-RUG – am 20.6.2017 – mit dem Entwurf des Deutschen Rechnungs-legungs Standards Nr. 8 (E-DRÄS 8) „Änderungen des DRS 20 Konzernlagebericht" ein konkreter Vorschlag zur **Überarbeitung des DRS 20** herausgegeben. Nach einer Konsul-tation wurde DRÄS 8 – der in seiner finalen Fassung auch Kritik aus dem Schrifttum[154] am E-DRÄS 8 berücksichtigte – am 20.9.2017 vom DRSC veröffentlicht. Im Wesentli-chen konkretisiert DRÄS 8 für DRS 20 die folgenden, durch das CSR-RUG notwendig ge-wordenen Ergänzungen:[155]

▶ Geltungsbereich der nichtfinanziellen Konzernerklärung bzw. des gesonderten nichtfinanziellen Konzernberichts gem. § 315b HGB (präzisiert durch die neu einge-fügten DRS 20.232–20.256);

▶ Beschreibung des Geschäftsmodells des Konzerns gem. § 315c Abs. 1 i.V. mit § 289c Abs. 1 HGB (präzisiert durch Änderung des DRS 20.37 und den neu eingefügten DRS 20.257);

▶ Angaben zu den berichtspflichtigen Aspekten der nichtfinanziellen Konzernerklä-rung bzw. des gesonderten nichtfinanziellen Berichts, einschließlich der Nutzung von Rahmenwerken und des Weglassens nachteiliger Angaben gem. § 315 Abs. 2 und 3 HGB (präzisiert durch die neu eingefügten DRS 20.258–20.305).

Die **Kritik** am finalen DRÄS 8 richtete sich im Schrifttum vordergründig auf Folgendes: Einerseits wurden Zweifelsfragen hinsichtlich der berichtspflichtigen Unternehmen der nichtfinanziellen Erklärung bzw. des nichtfinanziellen Berichts, andererseits zur Bestim-mung der Wesentlichkeit aufgeworfen, was u. a. an den teils erheblichen Auslegungs- und Interpretationsspielräumen ausgemacht wurde.[156]

Bereits vor der Veröffentlichung des CSR-RUG hatte sich das DRSC intensiv mit der CSR-Richtlinie und den daraus erwartbaren Auswirkungen auf das deutsche Handelsrecht befasst. So hatte das DRSC etwa dem BMJV seine **Stellungnahmen** sowohl zum Kon-zeptpapier aus dem Jahr 2015 als auch zum RefE des CSR-RUG aus dem Jahr 2016 über-mittelt und stand darüber hinaus in regelmäßigem und engem Kontakt mit dem BMJV.

---

154 Im Wesentlichen sind dies *Kirsch*, E-DRÄS 8: Erneute Änderung am DRS 20 „Konzernlagebericht" – Inhalt und Konkretisierung der gesetzlichen Anforderungen aufgrund des CSR-Richtlinie-Umsetzungsgesetzes, Unternehmenssteuern und Bilanzen 2017 S. 573 ff.; *Müller/Scheid*, Konkretisierung der Umsetzung der CSR-Richtlinie im DRS 20 – Erweiterung der Konzernlageberichterstattung durch E-DRÄS 8, Betriebs-Berater 2017 S. 1835 ff.

155 Vgl. ausführlich zu den Änderungen des DRS 20 durch DRÄS 8 *Kirsch*, Änderungen des DRS 20 aufgrund des CSR-RLUG durch den DRÄS 8 – Korrekturen und Präzisierungen gegenüber E-DRÄS 8, Unternehmenssteuern und Bilanzen 2017 S. 805 ff.; *Schmidt/Schmotz*, Die Beteiligung der Öffentlichkeit an der Standardsetzung des DRSC am Beispiel des DRÄS 8 zur Änderung des DRS 20, Der Konzern 2017 S. 476 ff.

156 Vgl. *Schild/Haßlinger/Weimann*, Zweifelsfragen hinsichtlich der nichtfinanziellen (Konzern-)Erklärung – Eine Analyse unter besonderer Berücksichtigung des DRÄS 8, Betriebswirtschaftliche Forschung und Praxis 2020 S. 82.

In beiden Stellungnahmen betont das DRSC insbesondere die herausragende Stellung des Lageberichts in der Berichtspublizität in Deutschland. Abschließend ist dabei vor allem auf die folgende Textpassage hinzuweisen, in der das Verhältnis zwischen der traditionellen Lageberichterstattung und der neuen CSR-Berichtspflicht vom DRSC wie folgt beschrieben wird (Stellungnahme vom 9.7.2015 zum ersten Konzeptpapier des BMJV zur Umsetzung der CSR-Richtlinie):

*„Der Lagebericht hat die Aufgabe, vergangenheits-, stichtags- und zukunftsbezogene Informationen über die wirtschaftliche Lage des Unternehmens bereitzustellen. Dazu ergänzt er den Abschluss um zusätzliche Angaben und vermittelt Informationen zur erwarteten zukünftigen Entwicklung des Unternehmens, einschließlich der damit verbundenen Chancen und Risiken. Insgesamt sind die Einflüsse des Unternehmensumfelds **auf die wirtschaftliche Situation des Unternehmens** zu vermitteln. Die CSR-Richtlinie strebt dagegen eine Umkehrung der Berichterstattung an, indem die Unternehmen die Auswirkungen ihrer Tätigkeit **auf die Gesellschaft** im Lagebericht darlegen sollen. Dies führt zu einer Loslösung von den bisherigen Aufgaben und zu einer Änderung der bisherigen Grundkonzeption des Lageberichts.“*[157]

Im Mai 2020 wurde das DRSC vom BMJV mit einer **umfangreichen Untersuchung zur nichtfinanziellen Berichterstattung deutscher Unternehmen** beauftragt.[158] Hierzu fanden umfangreiche Auswertungen der bereits vorhandenen Literatur sowie der Unternehmenspublikationen statt. Darüber hinaus wurde eine Stakeholder-Befragung bei den Erstellern, Prüfern und Nutzern der bisher veröffentlichten Berichterstattungen durchgeführt. Im Ergebnis der Studie sollen Vorschläge für Maßnahmen abgeleitet werden, wie sich bisherige Probleme in der Praxis effektiv adressieren lassen und damit der Wirkungsgrad der nichtfinanziellen Berichterstattung erhöht werden kann. Der diesbezügliche **Abschlussbericht** wurde vom DRSC im Januar 2021 veröffentlicht.[159]

Darüber hinaus haben der Rat für Nachhaltige Entwicklung (RNE) und das DRSC am 8.9.2022 eine Kooperationsvereinbarung bekanntgemacht, um Unternehmen in Deutschland bei der Umsetzung der neuen gesetzlichen Anforderungen an die Nachhaltigkeitsberichterstattung der CRSD zu unterstützen.[160] Hierbei wird insbesondere eine gemeinsam organisierte KMU-Pilotgruppe angestrebt, um über die Nachhaltigkeitsberichterstattung von KMU proaktiv zu diskutieren.

---

157 *DRSC*, Konzept des BMJV zur Umsetzung der CSR-Richtlinie 2014/95/EU, 2015, S. 1 f. Die Hervorhebungen im Text entsprechen denen im Originaltext des DRSC.

158 Vgl. *DRSC*, BMJV beauftragt DRSC mit CSR-Studie, 2020.

159 Vgl. *DRSC*, CSR-Studie – Abschlussbericht zur vom BMJV beauftragten Horizontalstudie sowie zu Handlungsempfehlungen für die Überarbeitung der CSR-Richtlinie, 2021.

160 *DRSC/RNE*, „Gemeinsam die Nachhaltigkeitsberichterstattung in Deutschland stärken", Kooperationsvereinbarung anlässlich der Verabschiedung der europäischen Corporate Governance Sustainability Reporting Directive, 8.9.2022.

Das IDW ist ein eingetragener Verein, der die Arbeit der Abschlussprüfer fördert und darüber hinaus die Interessen dieses Berufsstands vertritt. Die Anfänge dieser Organisation reichen bis in die frühen 1930er Jahre zurück. Das IDW publiziert sog. „IDW-Verlautbarungen", in denen die Berufsauffassung dargelegt wird, nach der Abschlussprüfer unbeschadet der Eigenverantwortlichkeit ihrer Tätigkeit nachgehen können. Von hoher Relevanz sind hierbei vor allem die **IDW-Prüfungsstandards (IDW PS)**. Obschon die fachlichen Regelungen des IDW keine Gesetzeskraft haben, sind sie vom Abschlussprüfer im Rahmen seiner beruflichen Eigenverantwortlichkeit zu beachten.[161] Das IDW hat im Oktober 2020 den **Prüfungsstandard IDW PH 9.350.2** verabschiedet, der grundlegende Fragen zur Behandlung der nichtfinanziellen Berichterstattung durch den Abschlussprüfer sowie vor allem zur Berichterstattung hierüber im Bestätigungsvermerk adressiert.

Zudem wurde vonseiten des IDW im August 2022 der **Entwurf eines Prüfungsstandards zur Prüfung der nichtfinanziellen (Konzern-)Erklärung im Rahmen der Abschlussprüfung (IDW EPS 352 [08.2022])** verabschiedet.[162]

Darüber hinaus ist eine Vielzahl an bereits verabschiedeten **Fachgutachten und Stellungnahmen des IDW** von praktischer Bedeutung, in denen im Wesentlichen Auslegungsfragen zu Themen der (Abschluss-)Prüfung behandelt, aber z.T. auch Rechnungslegungsfragen – wie eben jene der CSR-Richtlinie bzw. des CSR-RUG – adressiert werden. Dementsprechend finden diese Verlautbarungen innerhalb des Berufsstands der Abschlussprüfer, aber auch bei den prüfungspflichtigen Unternehmen, große Beachtung. In Bezug auf den Gesetzgebungsprozess des CSR-RUG legte sich das IDW frühzeitig fest und forderte in seiner Stellungnahme zum Konzeptpapier des BMJV zur CSR-Richtlinie aus dem Jahr 2015 – im Gegensatz zur oben zitierten Meinung des DRSC – davon abzusehen, die nichtfinanzielle Erklärung in den Lagebericht zu integrieren. Dadurch sollte vor allem eine Überfrachtung des Lageberichts mit unwesentlichen nichtfinanziellen Informationen verhindert bzw. die Berichtseffizienz gewahrt werden.[163] Aufgrund der herausragenden Stellung des IDW für den Berufsstand der Abschlussprüfer standen jedoch sowohl bei dieser als auch bei der Stellungnahme zum RefE des CSR-RUG aus dem Jahr 2016 Überlegungen zur Prüfung der neuen CSR-Berichtspflicht im Vordergrund. Nach dem Inkrafttreten des CSR-RUG bezog das IDW mit seinem Positionspapier „*Pflichten und Zweifelsfragen zur nichtfinanziellen Erklärung als Bestandteil*

---

161 Vgl. hierzu § 4 Abs. 9 der Satzung des IDW vom 14.11.2017.

162 *IDW*, Entwurf eines IDW Prüfungsstandards: Inhaltliche Prüfung der nichtfinanziellen (Konzern-)Erklärung im Rahmen der Abschlussprüfung (IDW EPS 352 [08.2022]) (Stand 17.8.2022).

163 Vgl. *IDW*, Konzept zur Umsetzung der CSR-Richtlinie – Reform des Lageberichts, 2015, S. 3.

der Unternehmensführung" vom 14.6.2017[164] ausführlich Stellung zur neuen Berichtspflicht, indem (Zweifels-)Fragen zu den unmittelbaren Auswirkungen des CSR-RUG auf die Unternehmensleitung, Aufsichtsräte, Abschlussprüfer und Berichtsadressaten beantwortet werden. Aber auch in weiteren Positionspapieren und Stellungnahmen erfolgte seitens des IDW eine laufende Befassung mit der nichtfinanziellen Berichterstattung. Hervorzuheben ist hierbei das Positionspapier *„Zukunft der nichtfinanziellen Berichterstattung und deren Prüfung"* vom 16.10.2020, das vor allem regulatorischen Handlungsbedarf adressiert.[165]

---

164 Vgl. *IDW*, Positionspapier: Pflichten und Zweifelsfragen zur nichtfinanziellen Erklärung als Bestandteil der Unternehmensführung, 2017, S. 1 ff.
165 Vgl. *IDW*, Positionspapier: Zukunft der nichtfinanziellen Berichterstattung und deren Prüfung, 2020, S. 1 ff.

II Neuerungen durch CSRD, ESRS und IFRS SDS

1 Entwicklung und Zusammenspiel von CSRD 2022, ESRS und IFRS SDS

1.1 CSRD 2022

Mit der Einigung auf die Umsetzung der *Corporate Sustainability Reporting Directive* (CSRD 2022) im Juni 2022 wurde die große Bedeutung der Nachhaltigkeitsberichterstattung als Teil der Unternehmensberichterstattung untermauert. Dies zeigt sich u. a. in der Ausweitung des Umfangs der offenzulegenden Informationen und der zur Offenlegung verpflichteten Unternehmen. Beide Verpflichtungen wurden im Verhältnis zu den Vorgaben der CSR-Richtlinie aus dem Jahr 2014 (2014/95/EU) deutlich ausgeweitet. Analog zur Vorgehensweise bei der CSR-Richtlinie werden mit der CSRD (2022) die neuen Vorschriften zur Nachhaltigkeitsberichterstattung durch eine (erneute) Anpassung der Bilanz-Richtlinie (2013/34/EU) in diese eingefügt.

Wenngleich seit Einführung der verpflichtenden Nachhaltigkeitsberichterstattung wenig Zweifel an der grundsätzlich hohen Relevanz der Nachhaltigkeitsberichterstattung geäußert wurden, so hat die konkrete Ausgestaltung durch die CSR-Richtlinie (2014/95/EU) einige Kritik hervorgerufen. Insbesondere im Rahmen der im Jahr 2020 von der EU-Kommission durchgeführten Konsultation zur Überarbeitung der CSR-Richtlinie wurden zahlreiche Handlungsbedarfe ersichtlich. Vor diesem Hintergrund veröffentlichte die EU-Kommission im April 2021 einen Vorschlag zur Neufassung der Vorgaben zur Nachhaltigkeitsberichterstattung in Form des *Entwurfs einer Corporate Sustainability Reporting Directive* (CSRD-Entwurf).[166] Mit diesem CSRD-Entwurf sollten die aktuellen Problemfelder des europäischen Normengerüsts zur Nachhaltigkeitsberichterstattung adressiert werden; gleichzeitig sollten die hohen Ambitionen der EU-Kommission zur Stärkung der Nachhaltigkeitsleistung von Unternehmen und zur Erhöhung der Transparenz eingearbeitet werden.[167]

Auf die Veröffentlichung des CSRD-Entwurfs folgten zahlreiche und intensive Debatten über die zukünftige Ausgestaltung der europäischen Nachhaltigkeitsberichterstattung. Die Diskussionen fokussierten vor allem die nachstehend genannten wesentlichen Neuerungen, die mit der CSRD einhergehen soll(t)en:

---

166 Vgl. *Europäische Kommission*, Vorschlag für eine Richtlinie des Europäischen Parlaments und des Rates zur Änderung der Richtlinien 2013/34/EU, 2004/109/EG und 2006/43/EG und der Verordnung (EU) Nr. 537/2014 hinsichtlich der Nachhaltigkeitsberichterstattung von Unternehmen, 21.4.2021.

167 Siehe ausführlich zum CSRD-Entwurf und seiner Zielsetzung *Baumüller/Scheid*, Der Entwurf zur Corporate Sustainability Reporting Directive – Darstellung, kritische Würdigung und Implikationen für deutsche Unternehmen, Praxis der internationalen Rechnungslegung 2021 S. 202 ff.

► die Ausweitung des Kreises der potenziell berichtspflichtigen Unternehmen;

► die Anwendung der doppelten Wesentlichkeitsperspektive;

► die Anpassung der einzelnen Berichtsinhalte;

► die Standardisierung nach europäischen Standards zur Nachhaltigkeitsberichterstattung;

► die verpflichtende Offenlegung der Informationen im Lagebericht;

► die Entwicklung eines einheitlichen elektronischen Berichtsformats (*European Single Electronic Format* – ESEF);

► die inhaltliche Prüfung der getätigten Angaben.

Ende Juni 2022 erzielten der EU-Rat und das EU-Parlament eine Einigung über die CSRD.[168] Die Verabschiedung der CSRD stand bei Drucklegung dieses Werkes im November 2022 noch aus.

1.2 European Sustainability Reporting Standards (ESRS)

Art. 29b und 29c der Bilanz-Richtlinie (2013/34/EU) i. d. F. der CSRD legen dar, dass die EU-Kommission mittels zu erlassender delegierter Rechtsakte verbindliche Standards für die europäische Nachhaltigkeitsberichterstattung festlegen muss.[169] Hierbei sollen in einem mehrstufigen Verfahren bis **30.6.2023** bzw. **30.6.2024** erste Standards veröffentlicht werden. Dabei gilt die Frist bis zum 30.6.2023 für die Verabschiedung delegierter Rechtsakte betreffend sektorunabhängige Standards. Weitere Standards wie insbesondere Standards mit sektorspezifischen Berichtspflichten sowie KMU-Standards sollen bis zum 30.6.2024 in Form weiterer delegierter Rechtsakte folgen.

Für die Entwicklung dieser Standards greift die EU-Kommission auf die Unterstützung der *European Financial Reporting Advisory Group* (EFRAG) zurück. Hierzu wurde im September 2020 eine eigene Projektarbeitsgruppe beim European Reporting Lab @ EFRAG – die *Project Task Force on Non-Financial Reporting Standards* (PTF-NFRS) – gebildet, welche einen Zwischenbericht bereits im November 2020 und schlussendlich einen über 200 Seiten umfassenden Abschlussbericht im März 2021 veröffentlichte. Diese Empfehlungen fanden anschließend Berücksichtigung in den Arbeiten der EU-Kommission am CSRD-Entwurf. Bereits im Mai 2021 erfolgte dann die offizielle Beauftragung der

---

168 Vgl. *Rat der Europäische Union*, Interinstitutionelles Dossier: 2021/0104(COD), 10835/22, Richtlinie zur Änderung der Richtlinien 2013/34/EU, 2004/109/EG und 2006/43/EG und der Verordnung (EU) Nr. 537/2014 hinsichtlich der Nachhaltigkeitsberichterstattung von Unternehmen, 2022. Siehe hierzu ausführlich die Darstellung der wichtigsten Aspekte der CSRD in Kap. II.2.

169 Vgl. dazu weiterführend *Sopp/Baumüller/Scheid*, Der europäische Weg zur Standardisierung der Nachhaltigkeitsberichterstattung, Betriebswirtschaftliche Forschung und Praxis 2022 S. 25 ff.

EFRAG durch die EU-Kommission, mit der Entwicklung erster Standardentwürfe zu beginnen. Im Juni 2021 startete die EFRAG mit einer öffentlichen Konsultation zum Entwicklungsprozess der Standardisierung für die europäische Nachhaltigkeitsberichterstattung. Im weiteren Verlauf veröffentlichte die – mittlerweile umbenannte – *Project Task Force on European Sustainability Reporting Standards* (PTF-ESRS) insgesamt sieben Arbeitspapiere *(„working papers")* bzw. *„batches"* im ersten Quartal des Jahres 2022.[170]

Hieran anknüpfend wurden am 29.4.2022 insgesamt 13 Standardentwürfe *(„exposure drafts")* für Europäische Standards zur Nachhaltigkeitsberichterstattung veröffentlicht. Bis zum 8.8.2022 konnten diese kommentiert werden. Abb. 6 gibt einen Überblick über die im April 2022 veröffentlichten Entwürfe.

---

170 Siehe hierzu ausführlich *Baumüller/Haring/Merl*, Erstanwendung der Berichtspflichten gem. Taxonomie-VO: Überblick und Handlungsempfehlungen, Zeitschrift für Internationale Rechnungslegung 2022 S. 125 ff.

Abb. 6: ESRS-Entwürfe der EFRAG vom 29.4.2022[171]

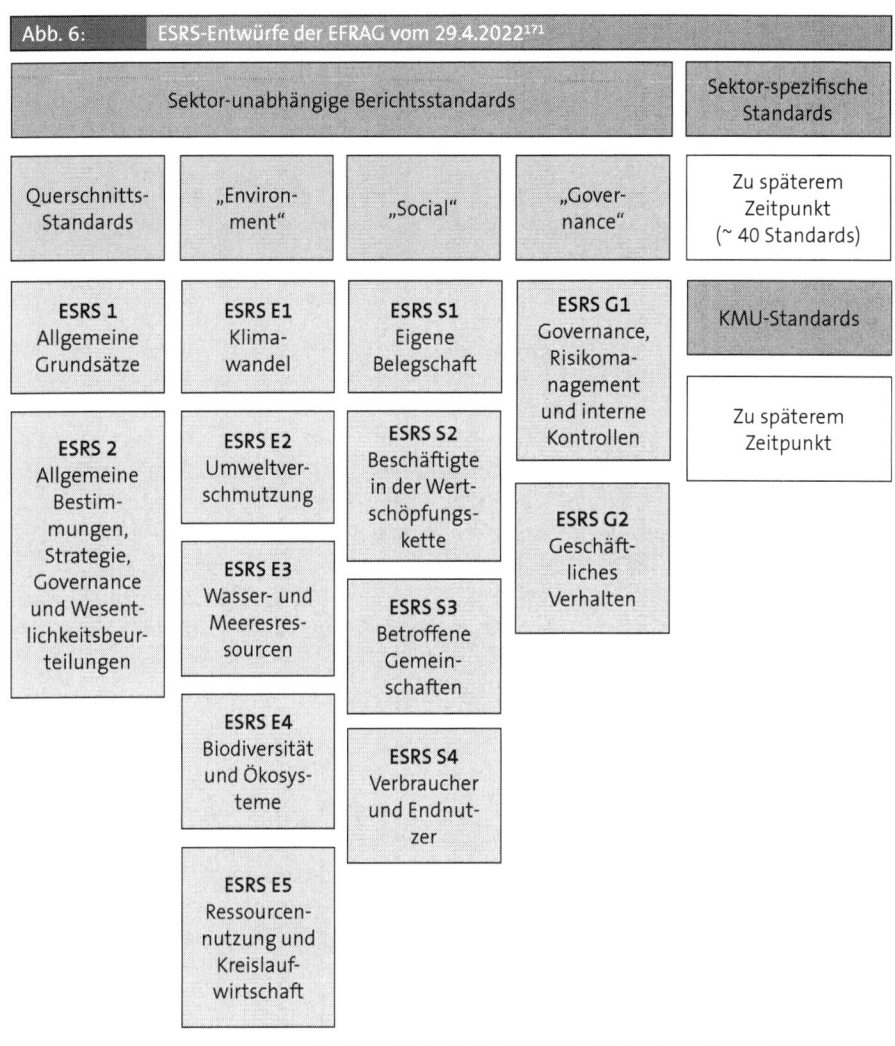

Laut ErwGr. 37 der CSRD soll die EFRAG bei der Erarbeitung der ESRS international anerkannte Rahmenwerke einbeziehen. Hierzu sind neben den Standards der *Global Repor-*

---

171 Abb. entnommen aus *Baumüller/Scheid/Müller,* Entwürfe zu europäischen Standards für die Nachhaltigkeitsberichterstattung – Relevanz für den Mittelstand? Grundlagen, E-ESRS 1 und E-ESRS 2, Unternehmenssteuern und Bilanzen 2022 S. 582.

ting Initiative (GRI) insbesondere die Berichtsstandards des *International Sustainability Standards Board* (ISSB) zu nennen.

1.3 IFRS Sustainability Disclosure Standards (IFRS SDS)

Die Berichtsstandards des *International Sustainability Standards Board* (ISSB) – die sog. *IFRS Sustainability Disclosure Standards* (IFRS SDS) – werden von der IFRS-Stiftung (auch: *IFRS Foundation*) erarbeitet. Die Grundlage der Arbeiten an den Berichtsstandards des ISSB bildete das Diskussionspapier der IFRS Foundation aus dem September 2020.[172]

Bereits im Dezember 2020 verlautbarte die *IFRS Foundation*, dass die Empfehlungen der *Task Force on Climate-related Financial Disclosures* (TCFD) im besonderen Maße bei den weiteren Arbeiten an diesem Projekt berücksichtigt werden sollen. Darüber hinaus erfuhr der *Prototyp-Standard für „Climate-related Financial Disclosures"* aus dem Dezember 2020 eine hohe Aufmerksamkeit vonseiten der IFRS Foundation. An der Ausarbeitung des Prototyp-Standards beteiligten sich neben der GRI das *Carbon Disclosure Project* (CDP), der *Climate Disclosure Standards Board* (CDSB), der *International Integrated Reporting Council* (IIRC) und der *Sustainability Accounting Standards Board* (SASB) – vereint unter der *Technical Readiness Working Group* (TRWG). Im Sommer 2021 haben sich der IIRC und der SASB zur *Value Reporting Foundation* (VRF) zusammengeschlossen. Die Berücksichtigung der genannten Vorarbeiten bei der Ausgestaltung der ISSB-Berichtsstandards, also der IFRS SDS, zeigt den Einfluss einer Vielzahl an bereits etablierten Standardsetzern auf dem Gebiet der Nachhaltigkeitsberichterstattung auf dieses Projekt.

Im Rahmen der *Klimakonferenz COP26* im Herbst 2021 in Glasgow stellte die *IFRS Foundation* einen ersten Prototyp zur Klimaberichterstattung vor. Einige Monate später – im März 2022 – veröffentlichte der ISSB zwei Standardentwürfe zur Nachhaltigkeitsberichterstattung. Damit erfolgte die Veröffentlichung der beiden ersten Standardentwürfe des ISSB rund einen Monat vor der Bekanntgabe der ersten Entwürfe der ESRS.

Die beiden ersten Standardentwürfe des ISSB befassen sich mit allgemeinen Angaben im Zusammenhang mit Nachhaltigkeit („Exposure Draft IFRS S1") sowie mit der Berichterstattung über klimabezogene Angaben („Exposure Draft IFRS S2"). Beide ISSB-Standardentwürfe konnten bis zum 29.7.2022 kommentiert werden.

---

172 Vgl. https://go.nwb.de/hatam sowie ausführlich zu den Inhalten des Diskussionspapiers *Baumüller/Scheid*, Zur Standardisierung der nichtfinanziellen Berichterstattung – Aktuelle Perspektiven zur Erweiterung und Konkretisierung der nichtfinanziellen Berichtspflichten (nicht nur) in der EU, Praxis der internationalen Rechnungslegung 2020 S. 384 f.

1.4 Vergleich der ESRS mit den IFRS SDS

Exposure Draft IFRS S1 behandelt vergleichbare Themenbereiche wie E-ESRS 1 und E-ESRS 2, bleibt aber insgesamt im Umfang und Detailgrad der Ausführungen weit hinter E-ESRS 1 und E-ESRS 2 zurück. Dies liegt auch in einer teils abweichenden Konzeption begründet.

Exposure Draft IFRS S2 bezieht sich auf denselben thematischen Bereich wie der erste der fünf „Environment"-Standardentwürfe (E-ESRS E1). Auch IFRS S2 ist deutlich weniger detailliert gehalten. E-ESRS E1 ist in den Vorgaben deutlich konkreter und gibt viele Beispiele an.

Insgesamt betrachtet decken die vom ISSB in der ersten Jahreshälfte 2022 veröffentlichten Standardentwürfe thematisch noch eine viel geringere Breite ab als die E-ESRS. Dies zeigt eine Gegenüberstellung der Standardentwürfe des ISSB mit einer ausschnittsweisen Darstellung der E-ESRS in Abb. 7.

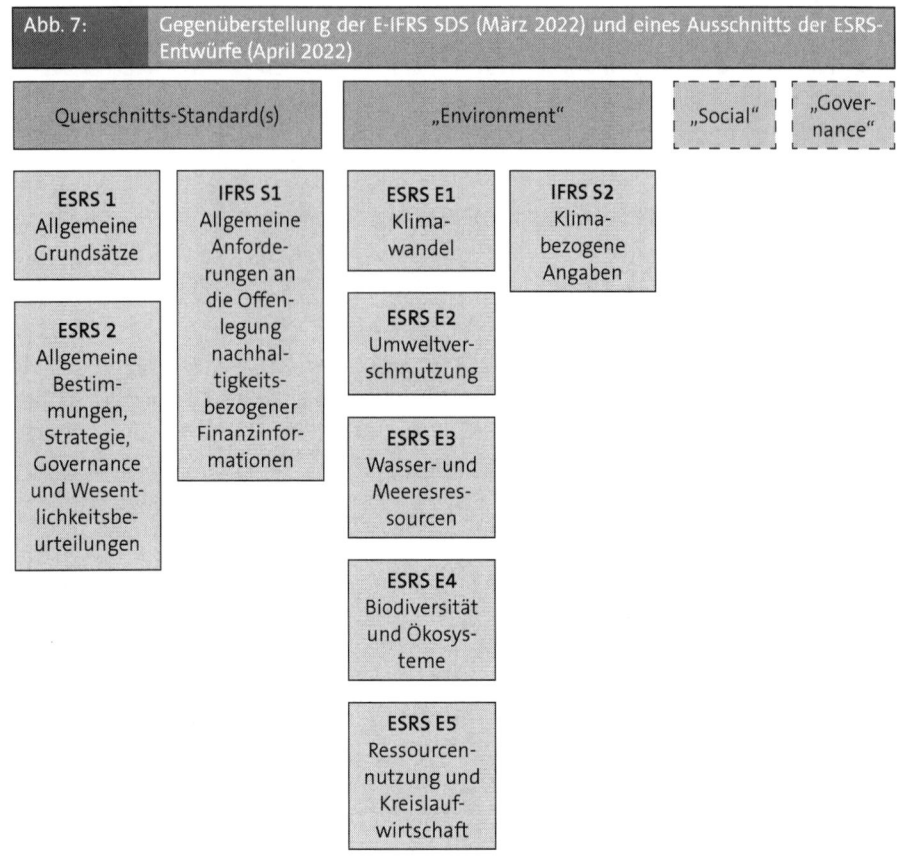

Abb. 7: Gegenüberstellung der E-IFRS SDS (März 2022) und eines Ausschnitts der ESRS-Entwürfe (April 2022)

2 Die Inhalte der CSRD 2022 im Überblick

2.1 Zur Berichterstattung Verpflichtete

2.1.1 Berichtspflichtige Unternehmen

Die CSRD[173] sieht vor, den personellen Anwendungsbereich der Nachhaltigkeitsberichterstattung erheblich auszuweiten. So sollen nach Art. 19a Bilanz-Richtlinie

---

173 Die Ausführungen beziehen sich auf den Stand vom 30.6.2022. Siehe hierzu *Rat der Europäischen Union*, Interinstitutionelles Dossier: 2021/0104(COD), 10835/22, Richtlinie zur Änderung der Richtlinien 2013/34/EU, 2004/109/EG und 2006/43/EG und der Verordnung (EU) Nr. 537/2014 hinsichtlich der Nachhaltigkeitsberichterstattung von Unternehmen, 30.6.2022.

(2013/34/EU) i. d. F. der CSRD zukünftig alle an einem regulierten Markt in der EU notierten Unternehmen – mit Ausnahme von Kleinstunternehmen – von der neuen Berichtspflicht erfasst werden. Ebenso sind alle weiteren großen Unternehmen mit Sitz in der EU von der Berichtspflicht adressiert; dazu gehören Unternehmen, die mindestens zwei der drei folgenden Größenmerkmale überschreiten (Art. 3 Abs. 4 der Bilanz-Richtlinie):

► Bilanzsumme: 20 Mio. €;

► Nettoumsatzerlöse: 40 Mio. €;

► durchschnittliche Zahl der während des Geschäftsjahres Beschäftigten: 250.[174]

Für das Entstehen der Berichtspflicht gelten weitere Anforderungen an die Rechtsform des Unternehmens. Die Berichtspflicht greift nur in folgenden Fällen:

► bei Kapitalgesellschaften;

► bei Kapitalgesellschaften gleichgestellten Rechtsformen, wie bei der GmbH & Co. KG;

► bei Versicherungsunternehmen und Kreditinstituten. Letztere werden – weiterhin – unabhängig von ihrer Rechtsform von der Berichtspflicht erfasst, sofern sie die zuvor genannten Größenkriterien erreichen.

Fällt ein solches Unternehmen in den Anwendungsbereich der Pflicht zur Nachhaltigkeitsberichterstattung, so entfällt fortan die – bislang gesonderte – Pflicht zur Angabe von nichtfinanziellen Leistungsindikatoren im Lagebericht.[175]

Darüber hinaus sollen alle Unternehmen aus Drittstaaten vom Anwendungsbereich der CSRD erfasst werden (sog. „Drittstaatenregelung"), sofern diese Unternehmen entweder – wie bereits zuvor angeführt – an einem geregelten Markt in der EU notieren oder

► Nettoumsatzerlöse von über 150 Mio. € in den vergangenen beiden Geschäftsjahren innerhalb der EU erzielen und

► mindestens ein gem. CSRD berichtspflichtiges Tochterunternehmen oder eine Niederlassung mit einem Nettoumsatz von über 40 Mio. € in der EU aufweisen.[176]

---

174 Die Bestimmung nach Art. 40 der Bilanz-Richtlinie, wonach Unternehmen von öffentlichem Interesse stets als große Unternehmen zu behandeln sind, ist für die Abgrenzung des Anwendungsbereichs der zukünftigen Berichtspflichten nicht anzuwenden; vgl. ErwGr. 15 der CSRD.

175 Vgl. Art. 19a Abs. 6 der Bilanz-Richtlinie i. d. F. der CSRD.

176 Vgl. ErwGr. 17a der CSRD.

2.1.2 Berichtspflichtige Konzerne

Die Pflicht zur konsolidierten Nachhaltigkeitsberichterstattung – also zur Nachhaltigkeitsberichterstattung im Konzern – entsteht nach Art. 29a Bilanz-Richtlinie (2013/34/EU) i. d. F. der CSRD beim Vorliegen einer großen Gruppe. Berichtspflichtig ist das Mutterunternehmen der großen Gruppe.

Neu ist, dass damit die Verpflichtung zur konsolidierten Nachhaltigkeitsberichterstattung mit der Pflicht zur Aufstellung eines Konzernabschlusses gleichläuft. Die Voraussetzungen für die Befreiung von der konsolidierten Nachhaltigkeitsberichterstattung sind allerdings losgelöst von den Befreiungsbestimmungen zur Aufstellung eines Konzernabschlusses und deswegen gesondert zu prüfen.[177] Allerdings werden fortan solche berichtspflichtigen Mutterunternehmen sowohl von der Pflicht zu einer Nachhaltigkeitsberichterstattung auf Ebene des den Jahresabschluss ergänzenden Lageberichts als auch (nachdrücklicher als im Text der aktuell noch gültigen CSR-Richtlinie) von der Pflicht zur Angabe nichtfinanzieller Leistungsindikatoren in ihrem (Konzern-)Lagebericht befreit.[178]

Festgehalten wird darüber hinaus am bisher schon anwendbaren Konzernprivileg, wonach die eigenständige Berichtspflicht generell für alle Tochterunternehmen entfällt, die in die (konsolidierte) Berichterstattung eines übergeordneten Mutterunternehmens einbezogen sind. Allerdings ist zukünftig keine Befreiung für große kapitalmarktorientierte Tochterunternehmen mehr möglich. Weiterhin muss eine Berichterstattung über besondere Risiken und Auswirkungen im Konzernlagebericht hinsichtlich bestimmter Tochterunternehmen erfolgen, sofern signifikante Unterschiede bei den Risiken und Auswirkungen von Tochterunternehmen im Vergleich zum Gesamtkonzern existieren.

2.1.3 Vergleich von Richtlinie 2014/95/EU mit CSRD 2022 und zeitliche Anwendung

Bisher setzt die Verpflichtung zur nichtfinanziellen Berichterstattung nach Art. 19a der Bilanz-Richtlinie i. d. F. der CSR-Richtlinie (2014/95/EU) erst dann ein, wenn die durchschnittliche Zahl der während des Geschäftsjahres Beschäftigten mindestens 500 beträgt. Durch die Absenkung dieses Schwellenwerts und weitere Anpassungen bei der Bestimmung der berichtspflichtigen Unternehmen sollen nach Schätzung der EU-Kommission (noch bezogen auf das Jahr 2021) etwa 49.000 Unternehmen in der EU der „neuen" EU-basierten Pflicht zur Nachhaltigkeitsberichterstattung unterliegen. Im Vergleich zur Anzahl der berichtspflichtigen Unternehmen nach der CSR-Richtlinie (2014/95/EU) würde dies ca. eine Vervierfachung bedeuten; bislang sind rund 11.600

---

177 Dies kann insbesondere dann von Bedeutung sein, wenn das übergeordnete Mutterunternehmen seinen Sitz in einem Drittstaat hat. Vgl. ErwGr. 22 der CSRD.
178 Vgl. Art. 29a Abs. 6 der Bilanz-Richtlinie i. d. F. der CSRD.

Unternehmen von der Berichtspflicht betroffen.[179] Für die Umsetzung in Deutschland schätzte das DRSC zum Zeitpunkt der Veröffentlichung des CSRD-Entwurfs, dass durch die Überarbeitung der Berichtspflichten zukünftig ungefähr 15.000 deutsche Unternehmen von der nachhaltigkeitsbezogenen Berichtspflicht erfasst werden würden. Dies käme einer Steigerung um mehr als das 30-Fache gleich.[180]

Um dem Risiko von Nachteilen für in der EU ansässige Unternehmen zu begegnen und die internationale Wettbewerbsfähigkeit für in der EU ansässige Unternehmen nicht zu gefährden, gelten die Berichtspflichten nach der CSRD – wie oben erwähnt – auch für nicht in der EU niedergelassene Unternehmen (ErwGr. 17 der CSRD). Probleme, die durch die Ausweitung der Berichtspflicht über die Grenzen der EU hinaus für dort ansässige Unternehmen entstehen können, sollen durch die Entwicklung neuer Mechanismen für die Prüfung der Äquivalenz ausländischer oder internationaler Standards bzw. Rahmenwerke für die Nachhaltigkeitsberichterstattung adressiert werden (siehe Kap. II.1.3 und II.1.4).

Im Hinblick auf die zeitliche Anwendung der Bestimmungen sieht die CSRD eine gestaffelte Einführung der Berichtspflicht für unterschiedliche Gruppen an berichtspflichtigen Unternehmen vor. Folgende Anwendungszeiträume werden hierbei unterschieden:

▶ Erstanwendung der CSRD für **Geschäftsjahre ab 2024** für Unternehmen, welche bereits vom bisher geltenden Anwendungsbereich der CSR-Richtlinie (2014/95/EU) erfasst sind;

▶ Erstanwendung der CSRD für **Geschäftsjahre ab 2025** für alle anderen großen Unternehmen, welche nicht vom Anwendungsbereich der CSR-Richtlinie (2014/95/EU) erfasst sind;

▶ Erstanwendung der CSRD für **Geschäftsjahre ab 2026** für kapitalmarktorientierte KMU, kleine und nichtkomplexe Kreditinstitute, firmeneigene Versicherungsunternehmen (*„captive insurance undertakings"*) sowie firmeneigene Rückversicherungsunternehmen (*„captive reinsurance undertakings"*);

▶ Möglichkeit der Erstanwendung der CSRD für kapitalmarktorientierte KMU erst für **Geschäftsjahre ab 2028** (sog. *„Opting-out"*), sofern im Lagebericht erläutert wird, warum die Nachhaltigkeitsinformationen nicht früher vorgelegt werden bzw. wurden;

---

179 Vgl. *Europäische Kommission*, Vorschlag für eine Richtlinie des Europäischen Parlaments und des Rates zur Änderung der Richtlinien 2013/34/EU, 2004/109/EG und 2006/43/EG und der Verordnung (EU) Nr. 537/2014 hinsichtlich der Nachhaltigkeitsberichterstattung von Unternehmen, 21.4.2021, S. 10.

180 Vgl. *DRSC*, CSR-Studie – Abschlussbericht zur vom BMJV beauftragten Horizontalstudie sowie zu Handlungsempfehlungen für die Überarbeitung der CSR-Richtlinie, 2021, Tz. 257.

▶ Nicht-EU-Unternehmen sind im Falle, dass sie an einem geregelten EU-Markt notieren, in derselben Zeitleiste wie soeben dargestellt berichtspflichtig; liegt keine solche Notierung vor, so sind sie durch die CSRD zur Nachhaltigkeitsberichterstattung für **Geschäftsjahre ab 2028** verpflichtet, sofern sie in den zwei vorangegangenen Geschäftsjahren in der EU einen Nettoumsatz von mehr als 150 Mio. € in der EU erzielen und mindestens eine Tochtergesellschaft oder Niederlassung in der EU haben.

2.2 Umfang der Berichtspflicht – Wesentlichkeitsgrundsatz

Mit der CSRD geht eine Kodifizierung der Berichtspflicht i. S. der sog. doppelten Wesentlichkeitsperspektive *("double materiality")* einher, welche die EU-Kommission bereits seit geraumer Zeit immer wieder als konzeptionelle Grundlage ihres Verständnisses der nachhaltigkeitsbezogenen Berichtspflichten von Unternehmen benennt.[181] Die h. M. bescheinigt dem Wortlaut der bisherigen Fassung der CSR-Richtlinie (2014/95/EU) kein derart umfassendes Verständnis der Berichtspflicht. Die Formulierung der CSRD (2022) zielt nun bei der Abgrenzung des Umfangs der Berichtspflichten einerseits auf die Wirkungen ab, die vom Umfeld auf das Unternehmen gerichtet sind ("Outside-in-Perspektive"), sowie andererseits auf die Auswirkungen, die das Unternehmen auf sein Umfeld ausübt ("Inside-out-Perspektive"). Das umfassendere Verständnis der Berichtspflicht resultiert vornehmlich daraus, dass die zuletzt genannte Wirkungsrichtung vom Unternehmen auf das Umfeld nicht unbedingt mit einer finanziellen Auswirkung auf das Unternehmen einhergehen muss, um eine Berichtspflicht nach der neuen CSRD auszulösen.

Demzufolge müssen Unternehmen in Zukunft beide Perspektiven gleichermaßen – unabhängig voneinander (daher: „oder") – im Rahmen ihrer Nachhaltigkeitsberichterstattung abdecken. Ausdrücklich wird dabei vom Normgeber betont: *„Those articles therefore require undertakings to report both on the impacts of the activities of the undertaking on people and the environment, and on how various sustainability matters affect the undertaking. That is referred to as the double-materiality perspective, in which the risks to the undertaking and the impacts of the undertaking each represent one materiality perspective."*[182]

---

181 Vgl. statt vieler nur *Lanfermann*, Auswirkungen der EU-Taxonomie-Verordnung auf die Unternehmensberichterstattung, Betriebs-Berater 2020 S. 2350.
182 ErwGr. 25 der CSRD.

2.3 Umfang der Berichtspflicht – Einzelangaben

Die CSRD führt durch die Neuformulierung der Berichtsinhalte zu einer Erweiterung der berichtspflichtigen Aspekte, welche die Unternehmen in Zukunft gem. Art. 19a der Bilanz-Richtlinie (2013/34/EU) i. d. F. der CSRD offenlegen müssen. Als Berichtsinhalte fordert die CSRD insbesondere Angaben:

a) zu Geschäftsmodell und -strategie des Unternehmens;

b) zu den vom Unternehmen festgelegten zeitgebundenen Nachhaltigkeitszielen;

c) zur Rolle der Verwaltungs-, Geschäftsführungs- und Aufsichtsorgane im Zusammenhang mit Nachhaltigkeitsaspekten;

d) zur Unternehmenspolitik im Zusammenhang mit nachhaltigkeitsbezogenen Aspekten;

e) zum vom Unternehmen in Bezug auf Nachhaltigkeitsangelegenheiten durchgeführten Due-Diligence-Verfahren;

f) zu den wichtigsten nachhaltigkeitsbezogenen Risiken für das Unternehmen sowie dazu, wie das Unternehmen diese Risiken steuert;

g) zu wesentlichen Indikatoren *("key indicators")* im Zusammenhang mit den sechs zuvor genannten Aspekten.

Eine ausführliche Darstellung des Umfangs der Berichtsinhalte bietet Abb. 8.

Abb. 8:	Berichtsinhalte nach Art. 19a Bilanz-Richtlinie (2013/34/EU) i. d. F. der CSRD[183]
Im Nachhaltigkeitsbericht erforderliche Informationen gem. Abs. 1	
► Informationen, die erforderlich sind, um die Auswirkungen des Unternehmens in Bezug auf Nachhaltigkeitsfragen zu verstehen, sowie die Informationen, die erforderlich sind, um zu verstehen, wie sich Nachhaltigkeitsfragen auf die Entwicklung, die Leistung und die Lage des Unternehmens auswirken.	
Im Nachhaltigkeitsbericht erforderliche Informationen gem. Abs. 2	

► Die in Abs. 1 genannten Informationen umfassen Folgendes:
 – kurze Beschreibung des Geschäftsmodells und der Strategie des Unternehmens, einschließlich
  – der Widerstandsfähigkeit des Geschäftsmodells und der Strategie des Unternehmens im Zusammenhang mit Nachhaltigkeitsaspekten
  – der Chancen, die sich dem Unternehmen im Zusammenhang mit Nachhaltigkeitsaspekten bieten	

---

183 Entnommen aus *Sopp/Rogler*, Nachhaltigkeitsberichterstattung für umweltbezogene nichtfinanzielle Kennzahlen und Wirtschaftsaktivitäten – Diskussion am Beispiel des Umweltziels Kreislaufwirtschaft, Zeitschrift für internationale und kapitalmarktorientierte Rechnungslegung 2022 S. 447.

- der Pläne des Unternehmens, einschließlich der Durchführungsmaßnahmen und der damit zusammenhängenden Finanz- und Investitionspläne, mit denen sichergestellt werden soll, dass sein Geschäftsmodell und seine Strategie mit dem Übergang zu einer nachhaltigen Wirtschaft und mit der Begrenzung der globalen Erwärmung auf 1,5 °C und dem Ziel der Klimaneutralität bis 2050 vereinbar sind, sowie gegebenenfalls der Exposition des Unternehmens gegenüber Tätigkeiten im Zusammenhang mit Kohle, Öl und Gas

- der Art und Weise, wie das Geschäftsmodell und die Strategie des Unternehmens den Interessen der Stakeholder des Unternehmens und den Auswirkungen des Unternehmens auf Nachhaltigkeitsaspekte Rechnung tragen

- der Art und Weise, wie die Strategie des Unternehmens im Hinblick auf Nachhaltigkeitsaspekte umgesetzt wurde

- Beschreibung der von dem Unternehmen festgelegten zeitlich gebundenen Ziele in Bezug auf Nachhaltigkeitsaspekte, gegebenenfalls einschließlich absoluter Ziele für die Verringerung der Treibhausgasemissionen mindestens für 2030 und 2050, eine Beschreibung der Fortschritte, die das Unternehmen bei der Erreichung dieser Ziele erzielt hat, und eine Angabe darüber, ob die umweltbezogenen Ziele des Unternehmens auf schlüssigen wissenschaftlichen Erkenntnissen beruhen

- Beschreibung der Rolle der Verwaltungs-, Geschäftsführungs- und Aufsichtsorgane im Zusammenhang mit Nachhaltigkeitsaspekten und ihrer Fachkenntnisse und Fähigkeiten zur Erfüllung dieser Rolle oder des Zugangs zu solchen Fachkenntnissen und Fähigkeiten

- Beschreibung der Politik des Unternehmens im Hinblick auf Nachhaltigkeitsaspekte

- Informationen über die Existenz von Anreizsystemen für Mitglieder der Verwaltungs-, Geschäftsführungs- und Aufsichtsorgane, die mit Fragen der Nachhaltigkeit zusammenhängen

- Beschreibung folgender Punkte

  - das von dem Unternehmen in Bezug auf Nachhaltigkeitsaspekte durchgeführte Due-Diligence-Verfahren, ggf. im Einklang mit den EU-Anforderungen an Unternehmen zur Durchführung eines Due-Diligence-Verfahrens

  - die wichtigsten tatsächlichen oder potenziellen nachteiligen Auswirkungen im Zusammenhang mit der eigenen Geschäftstätigkeit des Unternehmens und seiner Wertschöpfungskette, einschließlich seiner Produkte und Dienstleistungen, seiner Geschäftsbeziehungen und seiner Lieferkette, die Maßnahmen, die zur Ermittlung und Verfolgung dieser Auswirkungen ergriffen wurden, sowie andere nachteilige Auswirkungen, die das Unternehmen gemäß anderen EU-Anforderungen an Unternehmen zur Durchführung einer Due-Diligence-Prüfung zu ermitteln hat

  - alle Maßnahmen, die das Unternehmen ergriffen hat, und das Ergebnis dieser Maßnahmen, um tatsächliche oder potenzielle nachteilige Auswirkungen zu verhindern, zu mindern, zu beheben oder zu beenden

- Beschreibung der Hauptrisiken, denen das Unternehmen im Zusammenhang mit Nachhaltigkeitsaspekten ausgesetzt ist, einschließlich der wichtigsten Abhängigkeiten des Unternehmens von solchen Aspekten, und der Art und Weise, wie das Unternehmen mit diesen Risiken umgeht

– Indikatoren, die für die zuvor genannten Angaben relevant sind
► Die Unternehmen berichten über das Verfahren zur Ermittlung der Informationen, die sie gem. Abs. 1 in den Lagebericht aufgenommen haben. Die in Abs. 2 aufgeführten Informationen umfassen je nach Fall Informationen über kurz-, mittel- und langfristige Zeithorizonte
Im Nachhaltigkeitsbericht erforderliche Informationen gem. Abs. 3
► Die in Abs. 1 und 2 genannten Informationen enthalten ggf.:
– Angaben über die eigenen Tätigkeiten des Unternehmens und über seine Wertschöpfungskette, einschließlich der Produkte und Dienstleistungen, seiner Geschäftsbeziehungen und seiner Lieferkette (mit Erleichterungen für die ersten drei Jahre)
– Verweise auf andere Informationen, die im Lagebericht gem. Art. 19 enthalten sind, und auf die im Jahresabschluss ausgewiesenen Beträge sowie zusätzliche Erläuterungen dazu
► Die Mitgliedstaaten können in Ausnahmefällen gestatten, dass Angaben über bevorstehende Entwicklungen oder laufende Verhandlungen unterbleiben können, wenn nach ordnungsgemäß begründeter Auffassung der Mitglieder der Verwaltungs-, Geschäftsführungs- und Aufsichtsorgane, die im Rahmen der ihnen durch die einzelstaatlichen Rechtsvorschriften zugewiesenen Befugnisse handeln und kollektiv für diese Auffassung verantwortlich sind, die Offenlegung dieser Angaben die wirtschaftliche Lage des Unternehmens ernsthaft beeinträchtigen würde, vorausgesetzt, dass diese Unterlassung ein den tatsächlichen Verhältnissen entsprechendes und ausgewogenes Bild von der Entwicklung, dem Erfolg, der Lage und den Auswirkungen der Tätigkeit des Unternehmens nicht verhindert

Eine Konkretisierung der Berichtsinhalte vor allem in zeitlicher Hinsicht geht aus Art. 19a Bilanz-Richtlinie (2013/34/EU) i. d. F. der CSRD und den Erwägungsgründen der CSRD hervor. Hiernach sollen berichtspflichtige Unternehmen ihre Angaben einerseits in qualitativer und quantitativer Hinsicht spezifizieren und andererseits mit einem Zukunfts- bzw. Vergangenheitsbezug versehen.[184] Die berichteten Informationen sollen – wenn möglich – sowohl kurz-, mittel- und langfristige Zeithorizonte abdecken (Art. 19a Abs. 2 Bilanz-Richtlinie [2013/34/EU] i. d. F. der CSRD) als auch Informationen zur gesamten Wertschöpfungskette des Unternehmens – einschließlich der Geschäftspartner und Lieferketten – enthalten (Art. 19a Abs. 3 Bilanz-Richtlinie [2013/34/EU] i. d. F. der CSRD).

Als zusätzliche Anforderung wurde erst in die Letztfassung der CSRD integriert, dass die Unternehmensleitung die Arbeitnehmervertreter auf geeigneter Ebene über relevante Nachhaltigkeitsaspekte zu informieren hat und mit ihnen die Mittel zur Beschaffung und Überprüfung von Nachhaltigkeitsinformationen erörtert (Art. 19a Abs. 4b Bilanz-Richtlinie [2013/34/EU] i. d. F. der CSRD). Ihre Stellungnahme sollte ggf. den zuständigen Verwaltungs-, Leitungs- oder Aufsichtsorganen mitgeteilt werden.

---

184 Vgl. ErwGr. 29 der CSRD.

Kleine und mittlere Unternehmen, kleine und nicht komplexe Institute und firmeneigene Versicherungs- und Rückversicherungsunternehmen haben nach Art. 19a Abs. 5 Bilanz-Richtlinie (2013/34/EU) i. d. F. der CSRD das **Wahlrecht, einen reduzierten Berichtsumfang** zu veröffentlichen. In diesem Fall reduzieren sich die berichtspflichtigen Aspekte auf die folgenden Angaben:

a) Beschreibung des Geschäftsmodells und der Strategie des Unternehmens;

b) Beschreibung der Politik des Unternehmens in Bezug auf Nachhaltigkeitsangelegenheiten;

c) Angabe der wichtigsten tatsächlichen oder potenziellen nachteiligen Auswirkungen des Unternehmens in Bezug auf Nachhaltigkeitsaspekte und aller Maßnahmen, die ergriffen wurden, um solche tatsächlichen oder potenziellen nachteiligen Auswirkungen zu identifizieren, zu überwachen, zu verhindern, abzumildern oder zu beheben;

d) Nennung der Hauptrisiken für das Unternehmen im Zusammenhang mit Nachhaltigkeitsfragen und Angabe, wie das Unternehmen diese Risiken handhabt;

e) Angabe der Schlüsselindikatoren, die für die Offenlegungen gem. den vier zuvor genannten Aspekten erforderlich sind.

Die angeführten Mindestangaben für KMU werden nicht weiter spezifiziert; Unternehmen, die von diesem Wahlrecht Gebrauch machen, haben allerdings den Standard für die Berichterstattung von KMU anzuwenden, der konkretere Vorgaben für die Ausgestaltung der Nachhaltigkeitsberichterstattung geben soll.

2.4 Standardisierung

Die nachhaltigkeitsbezogenen Angabepflichten sind in Einklang mit denjenigen Standards zur Nachhaltigkeitsberichterstattung zu tätigen, die die Europäische Kommission im Rahmen von delegierten Rechtsakten veröffentlicht.[185] Die Ermächtigung zum Erlass delegierter Rechtsakte findet sich in Art. 29b CSRD. Dort sind auch weitere Details zur Ausgestaltung der Standards für alle berichtspflichtigen Unternehmen festgehalten. Es ist die Aufgabe der EFRAG, Vorschläge für diese Standards in Form eines *„technical advice"* zu erarbeiten, der in der Folge von der EU-Kommission unter Konsultation weiterer Stellen zu prüfen und letztlich zu verabschieden ist.

Für KMU, kleine und nicht komplexe Institute und firmeneigene Versicherungs- und Rückversicherungsunternehmen, die von der Ausnahmeregelung zu einer erleichterten

---

185 Vgl. Art. 19a Abs. 4 CSRD mit Verweis auf Art. 29b CSRD bzw. Art. 29a Abs. 4 CSRD mit Verweis auf Art. 29b CSRD für die konsolidierte Berichterstattung.

Berichterstattung gem. Art. 19a Abs. 5 Bilanz-Richtlinie (2013/34/EU) i. d. F. der CSRD Gebrauch machen, werden gesonderte – und auf freiwilliger Basis anzuwendende – Nachhaltigkeitsberichterstattungsstandards entwickelt.[186] Diese Standards sehen einen eingeschränkten Umfang der Angabepflichten vor, der am Umfang und an der Komplexität der Tätigkeiten sowie den Kapazitäten und Merkmalen, von denen für KMU typischerweise ausgegangen werden kann, ausgerichtet sein soll.

Bei den Standards zur Nachhaltigkeitsberichterstattung handelt es sich um die sog. ESRS, deren Hintergründe in Kap. II.1.2 beschrieben sind. Details dazu finden sich in Kap. VI. Die delegierten Rechtsakte, im Rahmen derer die Standards veröffentlicht werden, sind in den Mitgliedstaaten der EU unmittelbar wirksam. Eine Übernahme der Standards zur Nachhaltigkeitsberichterstattung in nationales Recht ist somit nicht erforderlich.

Nach Art. 29b Abs. 1 der Bilanz-Richtlinie (2013/34/EU) i. d. F. der CSRD sollen die delegierten Rechtsakte mindestens alle drei Jahre nach Geltungsbeginn einem Review unterzogen werden. Dabei sind die Empfehlungen der EFRAG zu berücksichtigen und relevante Entwicklungen, auch bezogen auf internationale Standards, zu beachten.

Der europäische Normgeber nimmt im Rahmen der CSRD – ungeachtet der Bestrebungen, eigene europäische Nachhaltigkeitsstandards zu erstellen – Bezug auf bereits existierende, globale Standards bzw. Rahmenwerke.[187] Damit soll unnötiger Verwaltungsaufwand für solche Unternehmen vermieden werden, die bereits nachhaltigkeitsbezogene Angaben (gem. derartigen Standards) veröffentlichen. Klarerweise kann dies durch die Verabschiedung eines neuartigen und zugleich verbindlichen Sets an europäischen Standards nicht umgangen werden. An zu berücksichtigenden Standardsetzern werden konkret genannt:[188]

► GRI;

► SASB;

► IIRC;

► IASB;

► TCFD;

► CDSB;

► CDP;

---

186 Vgl. Art. 19a Abs. 5 CSRD mit Verweis auf Art. 29c CSRD.
187 Vgl. Art. 29b Abs. 2 und Abs. 3 Buchst. a der Bilanz-Richtlinie (2013/34/EU) i. d. F. der CSRD.
188 Vgl. ErwGr. 37 der CSRD; Art. 29b Abs. 3 der Bilanz-Richtlinie (2013/34/EU) i. d. F. der CSRD betont nunmehr, dass diese Berücksichtigung zum *„greatest extent possible"* erfolgen soll, um einer Fragmentierung der globalen Nachhaltigkeitsberichterstattung nach Möglichkeiten entgegenzuwirken.

► IFRS Foundation (dies referenziert auf die bei Verabschiedung der CSRD noch in Entwicklung befindlichen IFRS SDS).

Die CSRD formuliert in Art. 29b Abs. 2 der Bilanz-Richtlinie (2013/34/EU) i. d. F. der CSRD inhaltliche Schwerpunkte für die zu entwickelnden europäischen Standards. Für die Nachhaltigkeitsberichterstattung sollen die Standards die Qualität und Relevanz der berichteten Informationen sicherstellen, indem folgende Anforderungen für die Darstellung der zu berichtenden Informationen formuliert werden sollen:

► Verständlichkeit *("understandable")*;

► Relevanz *("relevant")*;

► Nachprüfbarkeit *("verifiable")*;

► Vergleichbarkeit *("comparable")*;

► wahrheitsgetreue Darstellung *("represented in a faithful manner")*.

In Bezug auf die Berichtsinhalte, welche die Standards gem. Art. 29b Abs. 2 der Bilanz-Richtlinie (2013/34/EU) i. d. F. der CSRD abdecken sollen, gibt der europäische Normgeber die Themenbereiche „Environmental", „Social" und „Governance" (ESG) vor. Abb. 9 fasst diese Vorgaben in Kombination mit den grundlegenden Anforderungen an die zu berichtenden Informationen zusammen.

Abb. 9:	Vorgaben der CSRD für Entwicklung europäischer Nachhaltigkeitsstandards[189]
Grundlegende Anforderungen an die Informationen	
► Verständlichkeit	
► Relevanz	
► Überprüfbarkeit	
► Vergleichbarkeit	
► wahrheitsgetreue Darstellung	
Informationen zu Umweltfaktoren, einschließlich Informationen über	
► Klimaschutz, einschließlich Emissionen von Scope-1-, Scope-2- und ggf. Scope-3-Treibhausgasemissionen	
► Anpassung an den Klimawandel	
► Wasser- und Meeresressourcen	
► Ressourcennutzung und Kreislaufwirtschaft	
► Verschmutzung	
► Biodiversität und Ökosysteme	

---

189 Entnommen aus *Sopp/Rogler*, Nachhaltigkeitsberichterstattung für umweltbezogene nichtfinanzielle Kennzahlen und Wirtschaftsaktivitäten – Diskussion am Beispiel des Umweltziels Kreislaufwirtschaft, Zeitschrift für internationale und kapitalmarktorientierte Rechnungslegung 2022 S. 448.

Informationen zu Sozial- und Menschenrechtsfaktoren

► Gleichbehandlung und Chancengleichheit für alle, einschließlich Gleichstellung der Geschlechter und gleichen Entgelts für gleichwertige Arbeit, Ausbildung und Qualifizierung, Beschäftigung und Eingliederung von Menschen mit Behinderungen, Maßnahmen gegen Gewalt und Belästigung am Arbeitsplatz sowie Vielfalt

► Arbeitsbedingungen, einschließlich sicherer Arbeitsplätze, Arbeitszeit, angemessener Löhne, sozialen Dialogs, Vereinigungsfreiheit, Existenz von Betriebsräten, Tarifverhandlungen, einschließlich des Anteils der von Tarifverträgen erfassten Arbeitnehmer, Informations-, Konsultations- und Mitbestimmungsrechte der Arbeitnehmer, Vereinbarkeit von Beruf und Privatleben sowie Gesundheit und Sicherheit

► die Achtung der Menschenrechte, Grundfreiheiten, demokratischen Grundsätze und Standards, die in der Internationalen Menschenrechtscharta und anderen zentralen UN-Menschenrechtsübereinkommen festgelegt sind, einschließlich des UN-Übereinkommens über Menschen mit Behinderungen, der UN-Erklärung über die Rechte indigener Völker, der Erklärung der Internationalen Arbeitsorganisation über grundlegende Prinzipien und Rechte bei der Arbeit und der IAO-Grundübereinkommen, der Europäischen Menschenrechtskonvention, der überarbeiteten Europäischen Sozialcharta und der Charta der Grundrechte der Europäischen Union

Informationen zu Governance-Faktoren

► die Rolle der Verwaltungs-, Leitungs- und Aufsichtsorgane des Unternehmens in Bezug auf Nachhaltigkeitsaspekte und ihre Zusammensetzung sowie ihr Fachwissen und ihre Fähigkeiten zur Erfüllung dieser Rolle oder der Zugang zu solchem Fachwissen und solchen Fähigkeiten

► wichtigste Merkmale der internen Kontroll- und Risikomanagementsysteme des Unternehmens in Bezug auf den Prozess der Nachhaltigkeitsberichterstattung

► Unternehmensethik und Unternehmenskultur, einschließlich der Korruptions- und Bestechungsbekämpfung, Schutz von Hinweisgebern und Tierschutz

► Engagement des Unternehmens bei der politischen Einflussnahme, einschließlich seiner Lobbying-Aktivitäten

► Management und Qualität der Beziehungen zu Kunden, Lieferanten und Gemeinschaften, die von den Tätigkeiten des Unternehmens betroffen sind, einschließlich der Zahlungsmoral, insbesondere im Hinblick auf Zahlungsverzug bei KMU

► wichtigste Merkmale der internen Kontroll- und Risikomanagementsysteme des Unternehmens in Bezug auf die Nachhaltigkeitsberichterstattung und den Entscheidungsprozess

Die umweltbezogenen Aspekte stimmen – wenngleich nicht im Wortlaut – mit den sechs Umweltzielen des Art. 9 der Taxonomie-VO überein.[190] Dies folgt aus der angestrebten Harmonisierung des Nachhaltigkeitsverständnisses gem. CSRD und Taxonomie-VO.[191] Auffallend ist weiterhin, dass die in der Kategorie *„governance"* ausgewiese-

---

190 Siehe zur Taxonomie-VO weiterführend Kap. V.

191 Vgl. *Sopp/Rogler*, Nachhaltigkeitsberichterstattung für umweltbezogene nichtfinanzielle Kennzahlen und Wirtschaftsaktivitäten – Diskussion am Beispiel des Umweltziels Kreislaufwirtschaft, Zeitschrift für internationale und kapitalmarktorientierte Rechnungslegung 2022.

nen Aspekte inhaltlich wenig kohärent sind und mit dem bisher etablierten Verständnis von „Governance-Belangen" nur z.T. in Einklang zu bringen sind; die vorgesehenen Angabepflichten können einerseits in „nachhaltigkeitsbezogene Governance-Aspekte" und solche Governance-Aspekte, die sich mit allgemeinen Grundsätzen guter Unternehmensführung befassen, unterschieden werden. Im Zusammenspiel mit den Angabepflichten, welche der vorgeschlagene neue Art. 29b Abs. 2 der Bilanz-Richtlinie (2013/34/EU) i. d. F. der CSRD vorsieht, sind die nachhaltigkeitsbezogenen Governance-Aspekte besser als „Angabebereiche" zu verstehen, die als Querschnittsangaben zu den in Art. 19a der Bilanz-Richtlinie (2013/34/EU) i. d. F. der CSRD angeführten Berichtsinhalten (d. h. ESG-Aspekten) zu tätigen sind.

Neben den genannten Vorgaben sollen die Standards Informationen zum Umgang mit Offenlegungen, die sich auf die Wertschöpfungskette beziehen, bereitstellen. Explizit angesprochen werden soll die Berichterstattung bei Schwierigkeiten, mit denen Unternehmen konfrontiert sein können, wenn sie Informationen von Akteuren in ihrer Wertschöpfungskette einholen, die nicht zur Nachhaltigkeitsberichterstattung verpflichtet sind oder die in Entwicklungsländern ansässig sind.[192] Bedeutend für die KMU als Bestandteil der Lieferkette ist, dass die Standards keine Offenlegungen festlegen dürfen, die von Unternehmen verlangen würden, Informationen von KMU in ihrer Wertschöpfungskette einzuholen, die über die Nachhaltigkeitsberichterstattungsstandards für kleine und mittlere Unternehmen hinausgehen.

Im Hinblick auf die nunmehr vorgeschlagene Erstreckung der Berichtspflicht auf Unternehmen, die in Drittstaaten ansässig sind, stellt sich als neue Frage, welche Standards bzw. Rahmenwerke von diesen angewandt werden müssen. Dies klar zu regeln ist erforderlich, um einerseits eine doppelte Berichtspflicht für diese Unternehmen zu vermeiden (z. B. nach nationalen und nach europäischen Standards), andererseits weil bereits die Erstreckung europäischer Standards auf Unternehmen, die außerhalb dieses Rechtsraumes ihren Sitz haben, politisch heikel ist. Darüber hinaus ist dies auch für die Befreiungsbestimmungen für europäische berichtspflichtige Unternehmen von Bedeutung, die in die Berichterstattung eines Mutterunternehmens aus einem Drittland einbezogen sind – um nämlich von einer möglichen Befreiung von der Berichtspflicht profitieren zu können. Als Lösungsansatz wird ein Prüfungsverfahren vorgesehen, das in die Transparenz-Richtlinie (2004/109/EG) eingefügt wird, um die Gleichwertigkeit von ausländischen oder internationalen Standards bzw. Rahmenwerken zu beurteilen. Dazu sollen weiterhin von der EFRAG spezifische Standards für diesen Anwendungsfall erarbeitet werden.[193]

---

192 Vgl. Art. 29b Abs. 2b der Bilanz-Richtlinie (2013/34/EU) i. d. F. der CSRD.
193 Vgl. Art. 23 Abs. 4 Buchst. a und b der Transparenz-Richtlinie (2004/109/EG) i. d. F. der CSRD.

2.5 Offenlegung im Lagebericht

Anders als bisher nach der CSR-Richtlinie (2014/95/EU) vorgesehen, sind die (konsolidierten) Nachhaltigkeitsinformationen zukünftig ausschließlich als Bestandteil des (Konzern-)Lageberichts offenzulegen.[194] Die CSR-Richtlinie (2014/95/EU) eröffnet den berichtspflichtigen Unternehmen noch das Wahlrecht, die geforderten nichtfinanziellen Informationen entweder in den Lagebericht zu integrieren oder einen separaten nichtfinanziellen Bericht zu erstellen. Als Gründe für die Änderung und damit als Vorteile einer Veröffentlichung im Lagebericht werden in der CSRD angeführt:[195]

▶ die Verfügbarkeit von Informationen, die Finanz- und Nachhaltigkeitsthemen verbinden, wird gefördert;

▶ die Auffindbarkeit und Zugänglichkeit von Informationen für Nutzer, insbesondere für Investoren, die sowohl an Finanz- als auch an Nachhaltigkeitsinformationen interessiert sind, wird verbessert;

▶ abweichende Zeiten der Veröffentlichung von Finanz- und Nachhaltigkeitsinformationen werden verhindert;

▶ es kann nicht der Eindruck entstehen, dass die Unternehmen den Nachhaltigkeitsinformationen weniger Relevanz als den finanziellen Informationen einräumen würden, was sich negativ auf die wahrgenommene Zuverlässigkeit der Nachhaltigkeitsinformationen auswirken könnte.

Die gem. CSRD geforderten Nachhaltigkeitsinformationen sind zukünftig in einem gesonderten Abschnitt des Lageberichts offenzulegen.[196] Mithin entfällt der derzeit noch denkbare Verweis auf einen separaten nichtfinanziellen Bericht. Ebenso ist aber eine voll integrierte Berichterstattung, welche die geforderten Nachhaltigkeitsinformationen auf verschiedene Teile der Lageberichterstattung aufteilt, nicht mehr möglich.

2.6 Einheitliches elektronisches Berichtsformat

Unterliegen Unternehmen der Verpflichtung zur (konsolidierten) Nachhaltigkeitsberichterstattung gem. der CSRD, müssen diese Unternehmen zukünftig ihren (Konzern-)Lagebericht im elektronischen Berichtsformat *(European Single Electronic Format – ESEF)*, konkret im „XHTML-Format", erstellen.[197] Überdies gilt für die Nachhaltigkeitsberichterstattung – als Teil des (Konzern-)Lageberichts – verschärfend eine besondere Kennzeichnung der Informationen, um die Auffindbarkeit, Vergleichbarkeit und Ma-

---

194 Vgl. Art. 19a Abs. 1 und Art. 29a Abs. 1 der Bilanz-Richtlinie (2013/34/EU) i. d. F. der CSRD.
195 Vgl. ErwGr. 50 der CSRD.
196 Vgl. Art. 19a Abs. 1 und Art. 29a Abs. 1 der Bilanz-Richtlinie (2013/34/EU) i. d. F. der CSRD.
197 Vgl. Art. 29d Abs. 1 und Abs. 2 der Bilanz-Richtlinie (2013/34/EU) i. d. F. der CSRD jeweils i. V. m. Art. 3 der delegierten Verordnung (EU) 2019/815.

schinenlesbarkeit zu erhöhen. Für ein solches „*tagging*" sollen die nachhaltigkeitsbezogenen Angaben einer – noch zu entwickelnden – Taxonomie unterworfen werden.[198] Selbige Verschärfung schreibt die CSRD auch für die Angaben nach Art. 8 Taxonomie-VO durch eine Anpassung von Art. 29d Abs. 1 und Abs. 2 der Bilanz-Richtlinie (2013/34/EU) i. d. F. der CSRD vor.

2.7 Prüfung

Durch die CSRD wird zukünftig die externe inhaltliche Prüfung der Nachhaltigkeitsberichterstattung verpflichtend. Dazu wird eine Reihe von Vorschriften zur Abschlussprüfung in der EU abgeändert. Der europäische Normgeber adressiert hierbei insbesondere die (bisher) beschränkten Möglichkeiten des Aufsichtsrats, eine (durchaus anspruchsvolle) inhaltliche Prüfung der Nachhaltigkeitsinformationen durchzuführen.[199]

Ein zur Nachhaltigkeitsberichterstattung verpflichtetes Unternehmen muss zukünftig das Mandat seines bestehenden Abschlussprüfers auf die Prüfung der Nachhaltigkeitsberichterstattung ausweiten oder entweder einen anderen Wirtschaftsprüfer oder einen unabhängigen Prüfungsdienstleister mit der Erarbeitung einer Stellungnahme zur Nachhaltigkeitsberichterstattung beauftragen. Die Vorgaben, wer als Prüfungsdienstleister in Betracht kommt, werden durch Art. 2 Abs. 20 der Bilanz-Richtlinie (2013/34/EU) i. d. F. der CSRD geregelt und damit EU-weit harmonisiert. Die Bestimmung von unabhängigen Prüfungsdienstleistern erfolgt in Form eines Verweises auf Art. 34 der EU-Verordnung 765/2008 über die Vorschriften für die Akkreditierung und Marktüberwachung im Zusammenhang mit der Vermarktung von Produkten. Darüber hinaus können qualifizierte Minderheitsgesellschafter den Antrag für die Tagesordnung einer Hauptversammlung einbringen, einen anderen Prüfer als den Abschlussprüfer mit der Prüfung bestimmter Nachhaltigkeitsinformationen zu beauftragen und hierüber einen Bericht vorzulegen.

Um den Anforderungen des erweiterten Aufgabenfeldes gerecht zu werden, sind von Wirtschaftsprüfern, denen zukünftig die Testierung von Nachhaltigkeitsberichten erlaubt sein soll, darüber hinaus neue Qualifikationsnachweise zu erbringen. Hierfür werden in der Abschlussprüfer-Richtlinie (2006/43/EG) zahlreiche Bestimmungen entsprechend überarbeitet.

Für die Prüfung der offengelegten Nachhaltigkeitsinformationen ist eine Prüfung mit begrenzter Sicherheit *(limited assurance)* vorgesehen. Hierfür sollen gem. Art. 26a Abs. 3 der Abschlussprüfer-Richtlinie (2006/43/EG) i. d. F. der CSRD bis **Oktober 2026** EU-Prü-

---

198 Siehe hierzu ErwGr. 48–49 CSRD.
199 So etwa bereits *Lanfermann*, Referentenentwurf des CSR-Richtlinie-Umsetzungsgesetzes sieht Prüfungspflicht für den Aufsichtsrat vor, Betriebs-Berater 2016 S. 1134.

fungsstandards erarbeitet werden. Mittelfristig ist geplant, die Prüfung auf das Niveau von hinreichender Sicherheit *(reasonable assurance)* anzuheben. Die EU-Prüfungsstandards zur Prüfung mit hinreichender Sicherheit sollen gem. Art. 26a Abs. 3 der Abschlussprüfer-Richtlinie (2006/43/EG) i. d. F. der CSRD bis **Oktober 2028** erarbeitet werden. Bis zur Gültigkeit der geplanten EU-Prüfungsstandards sind die nationalen Prüfungsstandards aus den EU-Mitgliedstaaten anzuwenden (ErwGr. 59 der CSRD).

3 Vorbereitungshandlungen zur Umsetzung der CSRD-Vorgaben

3.1 Empfehlungen für erstmals berichtspflichtige Unternehmen

Fällt ein Unternehmen erstmals in den Anwendungsbereich der verpflichtenden Nachhaltigkeitsberichterstattung gem. CSRD, ist es empfehlenswert, insbesondere die folgenden Prüfschritte durchzuführen und Umsetzungsschritte anzustoßen:

▶ Nach welchen Vorschriften entsteht eine Berichtspflicht und was folgt daraus für den Umfang und etwaige Befreiungs- und Erleichterungsvorschriften? Hierbei ist insbesondere zu klären, ob vom Wahlrecht auf den reduzierten Umfang der Nachhaltigkeitsberichterstattung Gebrauch gemacht werden kann (Art. 19a Abs. 5 Bilanz-Richtlinie [2013/34/EU] i. d. F. der CSRD; Kap. II 2.1.5) und ob eine zeitliche Flexibilität beim Eintritt in die Berichtspflicht besteht (Kap. II 2.1.3).

▶ Abgrenzung der inhaltlichen Berichtspflicht und unternehmensindividuelle Konkretisierung der zu berichtenden Informationen: Welche Informationen sind konkret berichtspflichtig? Wie können die Informationen gewonnen werden? Müssen Anschaffungen (z. B. von Messgeräten; Software) getätigt werden, um die Informationen zu gewinnen, oder (Produktions-)Prozesse angepasst werden (um zu Daten zu gelangen)?

▶ Festlegung des prozessualen Ablaufs zur Gewinnung und Aufbereitung der Informationen: Wer ist (für welche Bereiche) zuständig? Wo und wie werden die Informationen gesammelt und aufbereitet? Welche Systeme werden dazu eingesetzt und bestehen Schnittstellen mit vorhandenen Systemen (im Rechnungswesen)? Welche Prüfschritte sind vorgesehen?

▶ Sind externe Partner hinzuzuziehen? Sind die erforderlichen Kompetenzen im Unternehmen vorhanden? Sind (interne) Schulungen angebracht?

▶ Erstellung eines zeitlichen Ablaufplans zur fristgerechten Umsetzung (inkl. Puffer).

3.2 Empfehlungen für bereits berichtende Unternehmen

Hat ein Unternehmen seine Nachhaltigkeitsberichterstattung an die neuen Vorgaben der CSRD anzupassen, so ist es empfehlenswert, insbesondere die folgenden Prüfschritte durchzuführen und Umsetzungsschritte anzustoßen:

▶ Auflistung der Änderungen, die mit der neuen Berichterstattung einhergehen, und Identifikation der Anpassungsbedarfe. Dies betrifft

- die Inhalte der Nachhaltigkeitsberichterstattung (bezogen auf die Anpassung der Berichtsinhalte gem. Bilanz-Richtlinie und die Standards zur Nachhaltigkeitsberichterstattung);

- die Verortung in der (finanziellen) Berichterstattung;

- das Berichtsformat (Vorbereitung der elektronischen Berichterstattung);

- die externe Prüfung (Erweiterung des Mandats oder Hinzuziehung weiterer Personen?).

▶ Festlegung von Zuständigkeiten: Wer koordiniert den Prozess zur Anpassung an die neuen Berichtspflichten? Sind weitere (interne/externe) Personen hinzuzuziehen, um die Aufgabe zu bewältigen oder Daten zu erheben und auszuwerten? Sind Abstimmungen mit anderen Abteilungen erforderlich? Sind die erforderlichen Kompetenzen vorhanden? Sind (interne) Schulungen angebracht?

▶ Müssen zusätzliche externe Akteure kontaktiert werden (z. B. um die Informationen aus der Lieferkette zu gewinnen)? Auflistung von Inhalten und Ansprechpersonen.

▶ Detaillierter Abgleich der Berichtsanforderungen gem. den bisher verwendeten Standards mit den neuen europäischen Standards als Hauptaufgabe: Sind weitere Personen hinzuzuziehen? Welche Prozessabläufe sind anzupassen? Wie können die zusätzlichen Informationen gewonnen werden? Müssen Anschaffungen (z. B. von Messgeräten; Software) getätigt werden, um die Informationen zu gewinnen, oder (Produktions-)Prozesse angepasst werden (um zu Daten zu gelangen)?

▶ Erstellung eines zeitlichen Ablaufplans zur fristgerechten Umsetzung (inkl. Puffer): Wann sollen die jeweiligen Umsetzungsschritte realisiert werden? Wer beschäftigt sich in welchem Zeitfenster mit der Umsetzung?

III Pflicht zur nichtfinanziellen Erklärung (§ 289b HGB)

1 Abgrenzung der berichtspflichtigen Unternehmen

Der Kreis der Unternehmen, die ihre Lageberichterstattung um eine nichtfinanzielle Erklärung zu erweitern haben, wird in § 289b Abs. 1 HGB abgegrenzt. Dieser sieht **drei kumulativ zu erfüllende Kriterien** vor:

▶ § 289b Abs. 1 Nr. 1 HGB: Die Kapitalgesellschaft ist eine „große Kapitalgesellschaft" unter den Voraussetzungen des § 267 Abs. 3 Satz 1 HGB (Kriterium 1);

▶ § 289b Abs. 1 Nr. 2 HGB: Die Kapitalgesellschaft ist kapitalmarktorientiert i. S. des § 264d HGB (Kriterium 2);

▶ § 289b Abs. 1 Nr. 3 HGB: Die Kapitalgesellschaft hat im Jahresdurchschnitt mehr als 500 Arbeitnehmer beschäftigt (Kriterium 3).

Zu Kriterium 1: § 267 Abs. 3 Satz 1 HGB regelt die **Größenklasse** der „großen Kapitalgesellschaft"; eine solche liegt dann vor, wenn zum Abschlussstichtag mindestens zwei der folgenden drei Größen überschritten sind:

▶ 20 Mio. € Bilanzsumme;

▶ 40 Mio. € Umsatzerlöse in den zwölf Monaten vor dem Abschlussstichtag;

▶ im Jahresdurchschnitt 250 Arbeitnehmer.

Im Verhältnis zu dem darauffolgenden Kriterium 2 ist es von wesentlicher Bedeutung, dass § 289b Abs. 1 Nr. 1 HGB **nicht auf § 267 Abs. 3 Satz 2 HGB verweist**. § 267 Abs. 3 Satz 2 HGB sieht vor, dass kapitalmarktorientierte Kapitalgesellschaften i. S. des § 264d HGB stets als große Kapitalgesellschaften gelten. Die in Kriterium 1 genannten Größen würden für kapitalmarktorientierte Kapitalgesellschaften de facto irrelevant werden. Durch den nicht aufgenommenen Verweis stellen die Kriterien 1 und 2 zwei unabhängige Prüfschritte dar. Somit muss eine kapitalmarktorientierte Kapitalgesellschaft jedenfalls mindestens zwei der drei o. a. Größen überschreiten (d. h. eine große Kapitalgesellschaft i. S. des § 267 Abs. 3 Satz 1 HGB sein), damit eine Pflicht zur Erstellung einer nichtfinanziellen Erklärung begründet ist.

Zu Kriterium 2: Eine **kapitalmarktorientierte Kapitalgesellschaft** liegt gem. § 264d HGB dann vor, wenn sie einen organisierten Markt i. S. des § 2 Abs. 11 WpHG durch von ihr ausgegebene Wertpapiere i. S. des § 2 Abs. 1 WpHG in Anspruch nimmt oder die Zulassung solcher Wertpapiere zum Handel an einem organisierten Markt beantragt hat:

▶ Ein organisierter Markt i. S. des § 2 Abs. 11 WpHG ist ein *multilaterales System, das die Interessen einer Vielzahl von Personen am Kauf und Verkauf von dort zum Handel zugelassenen Finanzinstrumenten innerhalb des Systems und nach nichtdiskretionä-*

ren [d. h. auf klaren Regeln basierenden] Bestimmungen in einer Weise zusammenbringt oder das Zusammenbringen fördert, die zu einem Vertrag über den Kauf dieser Finanzinstrumente führt". Dieses System muss im Inland, in einem anderen Mitgliedstaat der EU oder einem anderen Vertragsstaat des Abkommens über den EWR betrieben oder verwaltet, durch staatliche Stellen genehmigt, geregelt und überwacht werden. Märkte in Drittstaaten, wie etwa in den USA oder der Schweiz, fallen nicht unter den Anwendungsbereich des § 2 Abs. 11 WpHG. In Deutschland sind unter einem organisierten Markt i. S. des § 2 Abs. 11 WpHG nach h. M. lediglich der regulierte Markt gem. §§ 32 ff. BörsG sowie die Terminbörse EUREX zu subsummieren; der geregelte Freiverkehr fällt hingegen nicht darunter. Zur Feststellung, welche ausländischen Märkte als organisierte Märkte i. S. des § 2 Abs. 11 WpHG zu werten sind, kann auf das jährlich von der EU-Kommission im Amtsblatt der EU veröffentlichte Verzeichnis aller geregelten Märkte zurückgegriffen werden.[200]

► Ein ausgegebenes Wertpapier i. S. des § 2 Abs. 1 WpHG kann jeder Gattung von *„übertragbaren Wertpapieren mit Ausnahme von Zahlungsinstrumenten, die ihrer Art nach auf den Finanzmärkten handelbar sind",* zugerechnet werden. Als wichtigste Beispiele nennt der Gesetzestext Aktien und vergleichbare Anteile sowie bestimmte Schuldtitel (z. B. Genussscheine, Inhaberschuldverschreibungen und Orderschuldverschreibungen). Demzufolge sind bei den relevanten Finanzinstrumenten des emittierenden Unternehmens Eigenkapital- oder Fremdkapitalinstrumente gleichermaßen erfasst.

Zu Kriterium 3: Obschon als eigenständiges Kriterium definiert, erfolgt hierdurch de facto eine **Modifikation der in § 267 HGB genannten Größenkriterien,** anhand derer das Vorliegen einer „großen Kapitalgesellschaft" definiert wird (siehe Kriterium 1). Für die Beurteilung, ob eine Berichtspflicht vorliegt, müssen nämlich in jedem Fall mindestens 500 Arbeitnehmer im Jahresdurchschnitt beschäftigt worden sein (anstatt 250 Arbeitnehmer gem. § 267 Abs. 3 Satz 1 HGB). Dies strahlt wiederum auf das zuvor dargestellte Kriterium 1 aus und führt dazu, dass erstens die Berichtspflicht immer am Kriterium der Anzahl der Arbeitnehmer gemessen wird und es zweitens deswegen ausreichend ist, wenn nur eines der beiden weiteren Größenkriterien (Bilanzsumme oder Umsatzerlöse) erfüllt wird. Ein Erfüllen der beiden Größenkriterien Bilanzsumme und Umsatzerlöse bei Nichterfüllung des Größenkriteriums Arbeitnehmer kann hingegen keine Berichtspflicht auslösen.

Zur weiteren **Auslegung des Begriffes der „Arbeitnehmer"** kann auf die zu § 267 HGB entwickelten Grundsätze verwiesen werden: *„Arbeitnehmer ist danach jede natürliche*

---

200 Ausführlich mit weiteren Nachweisen *Zwirner*, § 264d HGB – Kapitalmarktorientierte Kapitalgesellschaft, in Petersen/Zwirner (Hrsg.), Systematischer Praxiskommentar Bilanzrecht, 4. Aufl. 2020, § 264d HGB Tz. 17 ff.

Person, die aufgrund eines privatrechtlichen Vertrags einem anderen zur Leistung fremd-bestimmter Arbeit in persönlicher Abhängigkeit verpflichtet ist".[201] Dies umfasst u. a. Heimarbeiter, Aushilfskräfte oder Abwesende in Mutterschutz nach §§ 3 6 MuSchG. Es wird weiterhin auf die Kopfzahl abgestellt, weswegen etwa teilzeitbeschäftigte Arbeit-nehmer voll für die maßgebliche Berechnung zu erfassen sind; Arbeitszeitunterbre-chungen (z. B. durch Krankenstände, Streiks o. Ä.) sind nicht in Abzug zu bringen.[202]

Eine wichtige, aber z.T. auch problematische **Ergänzung** zu den dargelegten drei Krite-rien enthält § 289b Abs. 1 Satz 2 HGB: *„§ 267 Absatz 4 bis 5 ist entsprechend anzuwen-den.*" Dies hat folgende Implikationen:

▶ § 267 Abs. 4 HGB regelt den Eintritt der Rechtsfolgen in zeitlicher Hinsicht und ist damit offensichtlich für die Auslegung des o. a. Kriteriums 1 von Bedeutung. Die Be-richtpflicht kann folglich erst dann eintreten, wenn die referenzierten Größen *„an den Abschlußstichtagen von **zwei aufeinanderfolgenden Geschäftsjahren** über- oder unterschritten werden"* (Satz 1) – und die Berichtpflicht wird bereits für das zweite Jahr, in dem die Größenkriterien erfüllt werden, einschlägig. Es ist dabei weiterhin unerheblich, ob in beiden Jahren jeweils dieselben oder unterschiedliche Größen über- oder unterschritten werden. Einzig im Fall von Neugründungen und Umwand-lungen (mit Ausnahme eines bloßen Formwechsels gem. Satz 3) ist auf den ersten Abschlussstichtag nach der Umwandlung oder Neugründung abzustellen (Satz 2). Die Berichtpflicht entfällt allerdings aufgrund der gegenständlichen Regelung be-reits in dem Jahr, in dem erstmals die Größenkriterien nicht erfüllt werden. Dem Gesetzeswortlaut nach ist unklar, inwieweit diese ergänzende Bestimmung auf das o. a. Kriterium 3 zu erstrecken ist. Sowohl die Gesetzessystematik als auch die erläu-ternden Ausführungen des Gesetzgebers führen jedoch zu dem Schluss, dass glei-chermaßen an zwei aufeinanderfolgenden Abschlussstichtagen mindestens 500 Ar-beitnehmer im Jahresdurchschnitt beschäftigt sein müssen, ehe die Pflicht zur Er-stellung einer nichtfinanziellen Erklärung schlagend wird.[203]

▶ Offensichtlich nicht von dieser Anforderung umfasst ist Kriterium 2.[204] Es ist daher ausreichend, dass an einem Abschlussstichtag die Kapitalmarktorientierung vor-liegt, damit die Pflicht zur Erstellung einer nichtfinanziellen Erklärung greift (sofern die beiden weiteren Kriterien für zwei Abschlussstichtage erfüllt wurden). Gleicher-

---

201 *Störk/Lawall*, § 267 HGB – Umschreibung der Größenklassen, in *Grottel/Justenhoven/Schubert/Störk (Hrsg.)*, Beck'scher Bilanz-Kommentar, 13. Aufl. 2022, § 267 HGB Tz. 9 unter Bezugnahme auf BAG 8.6.1967 DB, 1374.
202 Vgl. *Störk/Lawall*, § 267 HGB – Umschreibung der Größenklassen, in Grottel/Justenhoven/Schubert/Störk (Hrsg.), Beck'scher Bilanz-Kommentar, 13. Aufl. 2022, § 267 HGB Tz. 9 ff.
203 Vgl. BT-Drucks. 18/9982 S. 27 und 44.
204 Siehe auch DRS 20.236.

maßen führt es unmittelbar zum Entfall der Berichtspflicht, wenn die Kapitalmarkt-orientierung z. B. kurz vor dem Abschlussstichtag nicht mehr besteht.

▶ § 267 Abs. 4a HGB enthält die Formel, nach der die **Bilanzsumme** zu ermitteln ist, um die Größenklasse eines Unternehmens festzustellen (siehe Kriterium 1). Die Bilanzsumme *„setzt sich aus den Posten zusammen, die in den Buchstaben A bis E des § 266 Absatz 2 aufgeführt sind. Ein auf der Aktivseite ausgewiesener Fehlbetrag (§ 268 Absatz 3) wird nicht in die Bilanzsumme einbezogen."*

▶ § 267 Abs. 5 HGB enthält die Formel, nach der die **Zahl der Arbeitnehmer im Jahres-durchschnitt zu berechnen** ist: *„Als durchschnittliche Zahl der Arbeitnehmer gilt der vierte Teil der Summe aus den Zahlen der jeweils am 31. März, 30. Juni, 30. September und 31. Dezember beschäftigten Arbeitnehmer einschließlich der im Ausland beschäftigten Arbeitnehmer, jedoch ohne die zu ihrer Berufsausbildung Beschäftigten."* Diese Bestimmung ist sohin im Besonderen für die Anwendung des o. a. Kriteriums 3 von Bedeutung.

Insbesondere der Verweis auf § 267 Abs. 4 HGB zum Eintritt der Rechtsfolgen in zeitlicher Hinsicht betrifft eine wichtige Auslegungsfrage: Es erscheint grundsätzlich fraglich, ob die durch den deutschen Gesetzgeber vorgenommene Ergänzung mit dem EU-weiten Bilanzrecht im Einklang steht oder ob eine **unzulässige Einschränkung des Anwendungsbereichs** vorliegt. Die Bilanz-Richtlinie, die durch die CSR-Richtlinie modifiziert wurde, sieht für kapitalmarktorientierte Unternehmen vor, dass die für sie geltenden Berichtspflichten grundsätzlich unmittelbar, d. h. bei Erfüllen der Voraussetzungen an (nur) einem Abschlussstichtag, zur Anwendung gelangen. Dem trägt etwa auch § 267 Abs. 3 Satz 2 HGB Rechnung, der in § 289b Abs. 1 HGB allerdings ausdrücklich von den Verweisen ausgenommen ist. Für diese kapitalmarktorientierten Unternehmen kommt nunmehr – ggf. systemwidrig –[205] die Pflicht zur Erstellung einer nichtfinanziellen Berichterstattung erst dann zur Anwendung, wenn sie zusätzlich an zwei aufeinanderfolgenden Stichtagen als „große Unternehmen" zu klassifizieren sind: Art. 40 der Bilanz-Richtlinie enthält im Zusammenspiel mit den korrespondierenden Richtlinien-Vorgaben zur nichtfinanziellen Berichterstattung keine expliziten Vorgaben, legt aber auf dem Wege der Auslegung den Schluss nahe, dass ein sofortiges Greifen der Berichtspflicht die sachgerechtere Lösung darstellen würde. Der dahingehend eindeutige Gesetzestext des HGB bietet zumindest den berichtspflichtigen Unternehmen ein ausreichendes Maß an Rechtssicherheit in der Anwendung der Bestimmungen des § 289b

---

205 Vgl. *Artmann*, § 243b: Nichtfinanzielle Erklärung, nichtfinanzieller Bericht, in Jabornegg/Artmann (Hrsg.), UGB, Band 2, 2. Aufl. 2017, § 243b UGB Tz. 3.

Abs. 1 HGB, während ein möglicher legistischer Handlungsbedarf jedoch durch den deutschen Gesetzgeber zu prüfen ist.[206]

Schon ihrer systematischen Platzierung im HGB wegen richtet sich die Pflicht zur Erstellung einer nichtfinanziellen Erklärung nur an **Kapitalgesellschaften.** Aufgrund gesetzlicher Verweise auf die Bestimmungen der §§ 289b ff. HGB wird der Anwenderkreis allerdings wie folgt erweitert:

▶ Zunächst haben **Kreditinstitute und Versicherungsunternehmen** ihre Lageberichte um nichtfinanzielle Erklärungen zu ergänzen. Die normativen Grundlagen hierfür enthalten § 340a Abs. 1a HGB und § 341a Abs. 1 HGB. Diese Berichtspflicht greift rechtsformunabhängig – und auch unabhängig von einer etwaigen Kapitalmarktorientierung des Unternehmens. Die beiden weiteren Kriterien des § 289b Abs. 1 HGB müssen allerdings gleichermaßen kumulativ erfüllt sein (Überschreiten der Größenklassen des § 267 Abs. 3 Satz 1 HGB sowie die Beschäftigung von mindestens 500 Arbeitnehmern).

▶ Die Gleichsetzung von **offenen Handelsgesellschaften und Kommanditgesellschaften i. S. des § 264a HGB** (vor allem in der Rechtsform der GmbH & Co. KG) ergibt sich demgegenüber bereits aus der grundlegendem Systematik im zweiten Abschnitt des dritten Buches „Handelsbücher" des HGB.[207] Diese haben allerdings alle der zuvor genannten drei Kriterien kumulativ zu erfüllen.

▶ Aufgrund des Verweises in § 336 Abs. 2 Satz 1 Nr. 2 HGB können auch **eingetragene Genossenschaften** unter die Berichtspflicht fallen. Diese haben gleichermaßen alle der zuvor genannten drei Kriterien kumulativ zu erfüllen. Daher fallen in der bisherigen Praxis primär Kreditgenossenschaften unter die Berichtspflicht.[208]

▶ Schließlich sind **Europäische Gesellschaften** wie im Besonderen die Societas Europaea (SE) gem. Art. 61 der Verordnung (EG) Nr. 2157/2001 des Rates vom 8.10.2001 über das Statut der Europäischen Gesellschaft ebenso den Kapitalgesellschaften gleichgestellt und damit im Anwendungsbereich der Berichtspflicht.[209] Auch diese haben alle der zuvor genannten drei Kriterien kumulativ zu erfüllen.

Der deutsche Gesetzgeber machte nicht von der durch die CSR-Richtlinie eingeräumten Möglichkeit Gebrauch, die gem. § 289b HGB berichtspflichtigen Unternehmen von der Angabepflicht gem. § 289 Abs. 3 HGB zu befreien. Sohin haben diese Unternehmen stets auch noch ergänzend in den Lagebericht *„nichtfinanzielle Leistungsindikatoren,*

---

206. Vgl. *Baumüller*, Zum Anwendungsbereich der nichtfinanziellen Berichterstattung, Steuer- und Wirtschaftskartei 2018 S. 466.

207. Siehe dazu den bereits genannten § 264a HGB.

208. Siehe dazu bereits BT-Drucks. 18/9982 S. 35.

209. Vgl. BT-Drucks. 18/9982 S. 44.

wie Informationen über Umwelt- und Arbeitnehmerbelange, soweit sie für das Verständnis des Geschäftsverlaufs oder der Lage von Bedeutung sind", aufzunehmen. Diese sind im Rahmen der Analyse des Geschäftsverlaufs und der Geschäftsentwicklung darzustellen. Die Berichtspflichten im Rahmen der nichtfinanziellen Erklärung – im Besonderen zu den dort anzugebenden nichtfinanziellen Leistungsindikatoren (§ 289c Abs. 3 Nr. 5 HGB) – gehen jedoch darüber hinaus und erfordern eine eigenständige Analyse.[210] Um Redundanzen in der Berichterstattung zu vermeiden, bietet sich die gemeinsame Angabe der nichtfinanziellen Leistungsindikatoren gem. § 289 Abs. 3 HGB und § 289c Abs. 3 Nr. 5 HGB im Rahmen der allgemeinen Lageberichterstattung i.V. mit dem Einsatz von Verweisen in der nichtfinanziellen Erklärung auf diese Leistungsindikatoren an (siehe Kap. III.2.1).

2 Formale Berichterstattungsalternativen

2.1 Gesonderter Abschnitt im Lagebericht

§ 289b HGB regelt mehrere alternative Formate für die Berichterstattung, wobei sich der **Ausgangsfall** implizit aus dem Gesetzestext ergibt. Der Wortlaut von Satz 1 legt nahe, dass der Gesetzgeber die nichtfinanzielle Berichterstattung zuvorderst als einen gesonderten, klar kenntlich gemachten Abschnitt im Lagebericht verortet. Die Abgrenzung von sonstigen Bestandteilen der Berichterstattung ist durch eine passende Überschrift kenntlich zu machen. Die Überschrift hat den Grundsätzen der Klarheit und Übersichtlichkeit Rechnung zu tragen und sollte daher möglichst am Gesetzeswortlaut („nichtfinanzielle Erklärung") orientiert sein. Die Grundsätze der Klarheit und Übersichtlichkeit sind auch bei der Untergliederung des Abschnitts zur nichtfinanziellen Berichterstattung zu beachten. Dabei kann sich die Untergliederung bspw. an den Pflichten zum inhaltlichen Bericht gem. § 289c HGB orientieren (z. B. gegliedert nach nichtfinanziellen Aspekten und dazu zu tätigende Mindestangaben; siehe Kap. IV.2).

Der Aufnahme eines gesonderten Abschnitts zur nichtfinanziellen Berichterstattung im Lagebericht steht es nicht entgegen, einzelnen Angabepflichten auch außerhalb der nichtfinanziellen Erklärung nachzukommen und dies durch den **Einsatz von Verweisen** kenntlich zu machen. Dazu hält § 289b Abs. 1 Satz 3 HGB klarstellend fest: *„Wenn die nichtfinanzielle Erklärung einen besonderen Abschnitt des Lageberichts bildet, darf die Kapitalgesellschaft auf die an anderer Stelle im Lagebericht enthaltenen nichtfinanziellen Angaben verweisen."* Diese Variante ermöglicht es, Redundanzen zu reduzieren, und kann die Konsistenz der Berichterstattung erhöhen. Abgeleitet aus DRS 20.243 f. erschöpft sich die Verweismöglichkeit auf weitere Stellen im Lagebericht. Um die Ge-

---

210 Vgl. BT-Drucks. 18/9982 S. 51.

schlossenheit des Lageberichts zu gewährleisten, ist ein Verweis etwa auf den Anhang nicht zulässig.[211] Demgegenüber möglich ist ein Verweis auf die Erklärung zur Unternehmensführung (die formal Teil des Lageberichts ist).[212] Davon unberührt ist es ebenso möglich, Hinweise auf die im Jahresabschluss ausgewiesenen Beträge in die nichtfinanzielle Erklärung aufzunehmen.[213] Verweise aus der nichtfinanziellen Berichterstattung auf Teile der Geschäftsberichterstattung, die sich nicht aus den handelsrechtlichen Berichtpflichten ergeben, sind aus den zuvor geschilderten Abwägungen heraus dann abzulehnen, wenn es sich um Pflichtangaben gem. § 289c HGB handelt.[214] Bei freiwilligen nichtfinanziellen Angaben ist dies u. E. hingegen zulässig und kann mitunter sinnvoll sein. Der Verweis selbst sollte schließlich möglichst konkret sein und sowohl die Stelle im Lagebericht, auf die verwiesen wird, unmissverständlich identifizieren als auch die über den Verweis adressierte Angabepflicht genau benennen.

EINSATZ DER VERWEISTECHNIKEN AM BEISPIEL VW[215]

„Risiken nichtfinanzieller Belange [...]
Die Darstellung der aus Sicht des Volkswagen Konzerns relevanten Risiken erfolgt im Risiko- und Chancenbericht des Lageberichts. Im Geschäftsjahr 2021 wurden weiterhin Risiken mit Bezug zur Einhaltung der Regulierungen zu CO_2-Flottenemissionen in einzelnen Marken und Märkten identifiziert. Hierzu erfolgt eine nähere Darstellung im Risiko- und Chancenbericht unter der Überschrift ‚Umweltschutzrechtliche Auflagen' des Geschäftsberichts."

2.2 (Gesamthafte) Integration in den Lagebericht

Die in Kap. III.2.1 beschriebene Option, die nichtfinanzielle Berichterstattung als gesonderten Abschnitt des Lageberichts zu verfassen, wird von der h. M. aus § 289b Abs. 1 Satz 3 HGB abgeleitet. Dessen erster Halbsatz („*Wenn die nichtfinanzielle Erklärung ei-*

---

211 Vgl. *Störk/Schäfer/Schönberger*, § 289b HGB – Pflicht zur nichtfinanziellen Erklärung; Befreiungen, in Grottel/Justenhoven/Schubert/Störk (Hrsg.), Beck'scher Bilanz-Kommentar, 13. Aufl. 2022, § 289b HGB Tz. 26.

212 Vgl. BT-Drucks. 18/9982 S. 47. Ein solcher Verweis ist auch bei Veröffentlichung der Erklärung auf der Internetseite des berichtspflichtigen Unternehmens zulässig.

213 Dies ergibt sich aus § 289c Abs. 3 Nr. 6 HGB.

214 So auch *Ruhnke/Schmidt*, Veröffentlichungs- und Prüfungspflichten im Zusammenhang mit der Erklärung zur Unternehmensführung und der nichtfinanziellen Erklärung, Der Betrieb 2017 S. 2561.

215 *VW*, Nachhaltigkeitsbericht 2021, S. 32 f. Online abrufbar unter https://go.nwb.de/6fecu oder über den QR-Code.

nen besonderen Abschnitt des Lageberichts bildet") legt im Umkehrschluss nahe, dass es auch zulässig ist, keinen gesonderten Abschnitt im Lagebericht für die nichtfinanzielle Erklärung vorzusehen, sondern die nichtfinanzielle Erklärung **vollumfänglich in die weiteren Angaben im Lagebericht** zu integrieren. Die im Rahmen der nichtfinanziellen Berichterstattung geforderten Informationen werden in diesem Fall an den passenden Stellen im Lagebericht – gemeinsam mit den Angaben gem. § 289 HGB und § 289f HGB – getätigt.

Als sinnvolle Option ist dies vor allem für **zwei Fallgruppen** von Unternehmen anzusehen:

▶ Unternehmen, die bereits vor Existenz der Berichtspflicht gem. § 289b HGB auf freiwilliger Basis Nachhaltigkeitsinformationen in ihre Lageberichterstattung aufgenommen haben. Diese können die bisherige Berichterstattung (ggf. mit notwendigen Anpassungen, um den gesetzlichen Anforderungen nunmehr gerecht zu werden) so weitgehend fortführen.

▶ Unternehmen, die eine integrierte Berichterstattung – etwa i. S. des IIRC-Rahmenwerks zum Integrated Reporting – umsetzen möchten.

Im Fall einer gesamthaften Integration der nichtfinanziellen Erklärung in die weiteren Teile des Lageberichts empfiehlt DRS 20.242, nachvollziehbar zu machen, an welchen Stellen des Lageberichts welche Pflichtangaben zur nichtfinanziellen Erklärung zu finden sind.[216] Dies kann insbesondere durch die **Verwendung einer Übersicht** geschehen. Der Einsatz einer Übersicht scheint vielmehr notwendig, um grundlegenden GoB (vor allem jenem der Klarheit und Übersichtlichkeit) Rechnung zu tragen. Ein **Beispiel** aus der bisherigen Berichterstattungspraxis, wie eine solche Übersicht gestaltet sein kann, liefert SAP.

AUFFINDEN DER NICHTFINANZIELLEN ANGABEN IM ZUSAMMENGEFASSTEN LAGEBERICHT 2021 DER SAP[217]

„Auf der Grundlage einer Wesentlichkeitsanalyse, bei der wir interne und externe Faktoren berücksichtigen, ermitteln wir, welche nichtfinanziellen Informationen in unserem Bericht anzugeben sind. Die relevanten berichtspflichtigen nichtfinanziellen Aspekte werden in den folgenden Kapiteln unseres zusammengefassten Lageberichts behandelt. Die Aspekte ‚Menschenrechte' und ‚Sozialbelange' haben wir nicht als wesentliche Themen im Sinne von § 289c Abs. 3 HGB identifiziert. Wir sehen diese Themen dennoch als wichtig für SAP an und erläutern sie in den Abschnitten *Menschenrechte und Arbeitsstandards* und *Gesellschaftliches Engagement* in unserem zusammengefassten Lagebericht. Wir haben keine wesentlichen Risiken gemäß § 289c Abs. 3 Satz 3 und 4 HGB identifiziert."

---

216 Für diese Übersicht kann auch die Kapitelüberschrift „nichtfinanzielle Erklärung" gewählt werden. Diesfalls verschwinden allerdings die Grenzen zwischen den in Kap. III.2.1 und III.2.2 dargestellten Berichtsformaten.

217 Übersicht über Verweise bei einer integrierten Berichterstattung am Beispiel *SAP*, Integrierter Geschäftsbericht 2021, S. 106. Online abrufbar unter https://go.nwb.de/bxq9f oder über den QR-Code.

Abb. 10:	Übersicht über Verweise bei integrierter Berichterstattung am Beispiel SAP[218]		
	Due-Diligence-Prozesse, Richtlinien und Grundsätze (Konzepte)	Maßnahmen und Ergebnisse, einschließlich der wichtigsten Leistungsindikatoren	Verweise auf Abschluss und Anhang
Arbeitnehmerbelange	*Mitarbeitende und gesellschaftliches Engagement: Vision und Strategie; Due Diligence Prognosen und Chancen: Chancen durch unsere Mitarbeitenden*	**Wichtigster Leistungsindikator: Mitarbeiterengagement-Index** *Mitarbeitende und gesellschaftliches Engagement: Messung und Steuerung unserer Leistung Strategie: Wie wir unseren Erfolg messen Prognosen und Chancen*	*Anhang zum Konzernabschluss, Abschnitt B: Mitarbeitende*
Umweltbelange	*Energieverbrauch und Treibhausgasemissionen: Vision und Strategie; Due Diligence*	**Wichtigster Leistungsindikator: Netto-CO_2-Emissionen** *Energieverbrauch und Treibhausgasemissionen: Messung und Steuerung unserer Leistung Strategie: Wie wir unseren Erfolg messen Prognosen und Chancen*	
Bekämpfung von Korruption und Bestechung	*Ethisches Geschäftsverhalten: Vision und Strategie; Due Diligence*	*Ethisches Geschäftsverhalten: Messung und Steuerung unserer Leistung*	*Anhang zum Konzernabschluss, Textziffer (G.3)*

---

218 *SAP*, Integrierter Geschäftsbericht 2021, S. 107. Online abrufbar unter https://go.nwb.de/bxq9f oder über den QR-Code.

Belange in Bezug auf Kunden	*Kunden: Vision und Strategie; Due Diligence*	**Wichtigster Leistungsindikator: Kunden-Net-Promoter-Score, Umsatzerlöse** *Kunden: Messung und Steuerung unserer Leistung* *Strategie: Wie wir unseren Erfolg messen* *Finanzielle Leistung: Rückblick und Analyse Prognosen und Chancen*	*Anhang zum Konzernabschluss, Abschnitt A: Kunden* *Konzern-Gewinn- und Verlustrechnung – Umsatzerlöse*
Sicherheit und Datenschutz	*Sicherheit und Datenschutz: Vision und Strategie; Due Diligence im Bereich Sicherheit; Due Diligence im Bereich Datenschutz*	*Sicherheit und Datenschutz: Messung und Steuerung unserer Leistung*	

Bei der Einbettung der nichtfinanziellen Informationen an verschiedenen Stellen im Lagebericht ergibt sich folgendes **Problem mit Blick auf die Abschlussprüfung:** Da bei der nichtfinanziellen Berichterstattung nur zu prüfen ist, ob eine solche vorgelegt wurde, unterscheidet sich die Intensität der Abschlussprüfung bei den einzelnen Elementen des Lageberichts. Es finden sich vom Abschlussprüfer nicht materiell geprüfte Informationen (Bestandteile der nichtfinanziellen Erklärung, die nur aufgrund dessen Bestandteile des Lageberichts sind) und geprüfte Informationen (sonstige Bestandteile des Lageberichts) nebeneinandergestellt. Dies kann den Berichtsadressaten ggf. eine höhere Verlässlichkeit der nichtfinanziellen Erklärung vermitteln, als dies tatsächlich der Fall ist (siehe hierzu ausführlich Kap. X). Deswegen ist es empfehlenswert, die integrierten nichtfinanziellen Informationen im Rahmen der Berichterstattung gesondert zu kennzeichnen.[219]

2.3 Erstellung eines gesonderten nichtfinanziellen Berichts

§ 289b Abs. 3 HGB enthält schließlich die dritte Option für das Format der nichtfinanziellen Berichterstattung. Anstelle einer nichtfinanziellen Erklärung ist es möglich, *„einen gesonderten nichtfinanziellen Bericht außerhalb des Lageberichts"* zu erstellen. An den gesonderten nichtfinanziellen Bericht werden konkrete inhaltliche und formale Anforderungen gestellt.

---

219 So auch *Ruhnke/Schmidt*, Veröffentlichungs- und Prüfungspflichten im Zusammenhang mit der Erklärung zur Unternehmensführung und der nichtfinanziellen Erklärung, Der Betrieb 2017 S. 2563.

Bereits aus dem Wortlaut von § 289b Abs. 3 HGB erschließt sich, dass der nichtfinanzielle Bericht ein „gesondertes" Rechenschaftsinstrument ist, d. h. **formal nicht als Teil des Lageberichts** geführt wird. Dies ist im Besonderen hinsichtlich der unterschiedlichen Rechtsfolgen von Bedeutung, die sich aus der Inanspruchnahme des Wahlrechts nach § 289b Abs. 3 HGB ergeben. Darüber hinaus ergeben sich unterschiedliche Möglichkeiten, wie die nichtfinanziellen Informationen präsentiert werden können:

▶ Zu den **unterschiedlichen Rechtsfolgen,** die an das gewählte Format für die Berichterstattung knüpfen: Für den Lagebericht gelten zahlreiche Regelungen, deren Beachtung für den gesonderten nichtfinanziellen Bericht nicht erforderlich ist. Wichtige Beispiele sind die Bestimmungen zum Gegenstand des Enforcement (§ 37n WpHG) oder die Anforderungen an Aufstellung, Prüfung und Veröffentlichung (siehe dazu Kap. IX). Bei Erstellung eines nichtfinanziellen Berichts – anstelle einer nichtfinanziellen Erklärung – bietet dies den berichtspflichtigen Unternehmen – in von § 289b Abs. 3 Nr. 1 und 2 HGB eng abgesteckten Grenzen – somit einige praktische Erleichterungen.

▶ Zu den **formalen Gestaltungsmöglichkeiten:** Dem Format der nichtfinanziellen Berichterstattung wird eine hohe Signalwirkung gegenüber den Berichtsadressaten zugesprochen. Eine nichtfinanzielle Erklärung als Teil des Lageberichts betont die Verbindung von finanzieller und nichtfinanzieller Leistung – und eine inhaltliche Gleichwertigkeit der beiden Informationskategorien. Informationen im Rahmen eines gesonderten nichtfinanziellen Berichts werden demgegenüber häufig als stärker losgelöst von der sonstigen Berichterstattung beurteilt und mitunter als weniger relevant eingeschätzt; zudem kann die Auffindbarkeit und Wahrnehmung der Informationen so erschwert werden.[220] Allerdings ist der redaktionelle Gestaltungsspielraum größer, wenn die gesetzlichen Rahmenbedingungen für die Lageberichterstattung nicht zum Tragen kommen. Des Weiteren stellt sich beim nichtfinanziellen Bericht ggf. das Problem einer redundanten Informationsvermittlung in geringerem Maße, indem Informationen aus dem Jahresabschluss oder dem Lagebericht an geeigneter Stelle in den nichtfinanziellen Bericht integriert werden können – was aufgrund der Konzeption dieses nichtfinanziellen Berichts als gesonderter Bericht, ggf. auch als außerhalb des Geschäftsberichts veröffentlichtes gesondertes Dokument, weniger störend wirkt. Dies fördert außerdem die Geschlossenheit der nichtfinanziellen Berichterstattung.[221]

---

220 Siehe hierzu die Diskussionen bei *Europäische Kommission,* Consultation Document: Review of the Non-Financial Reporting Directive, 2020, S. 19 f.

221 Vgl. *Baumüller/Schaffhauser-Linzatti,* Nichtfinanzielle Erklärung oder nichtfinanzieller Bericht? Abwägungen zur Ausübung des Wahlrechts in § 243b Abs. 6 UGB, CFO aktuell 2017 S. 104.

Sinnvoll kann die Ausübung des Wahlrechts in § 289b Abs. 3 HGB für jene Unternehmen sein, die bereits vor der erstmaligen Berichtspflicht gem. § 289b HGB auf freiwilliger Basis Nachhaltigkeitsberichte als gesonderte Dokumente außerhalb des Lageberichts erstellt haben. Diesen bietet sich so die Möglichkeit, in einem gewissen Maße **Kontinuität in ihrer formalen Berichterstattung** zu wahren. Dies kann zugleich als einer der wichtigsten Gründe genannt werden, warum das Wahlrecht in die CSR-Richtlinie aufgenommen wurde.[222] Umgekehrt kann hierin eine Erleichterungsoption gesehen werden, die vor allem Unternehmen adressiert, die bisher wenig Erfahrung mit der Berichterstattung zu nichtfinanziellen Belangen gesammelt haben – und denen im Rahmen dieser Option (obschon vom deutschen Gesetzgeber eng abgesteckte) **Erleichterungen** für die Berichterstattung zugebilligt werden.[223]

Um eine Gleichwertigkeit von nichtfinanzieller Erklärung und nichtfinanziellem Bericht zu gewährleisten, enthalten § 289b Abs. 3 Nr. 1 und 2 HGB **Anforderungen,** die bei der Ausübung des Wahlrechts erfüllt werden müssen:

▶ § 289b Abs. 3 Nr. 1 HGB: Der *„gesonderte nichtfinanzielle Bericht erfüllt zumindest die inhaltlichen Vorgaben nach § 289c"*. Damit wird die inhaltliche Gleichwertigkeit innerhalb der verschiedenen Formate der nichtfinanziellen Berichterstattung gefordert (siehe Kap. IV).

▶ § 289b Abs. 3 Nr. 2 HGB: Der nichtfinanzielle Bericht ist öffentlich zugänglich zu machen, und zwar entweder durch *„Offenlegung zusammen mit dem Lagebericht nach § 325"* (Buchst. a) oder *„Veröffentlichung auf der Internetseite der Kapitalgesellschaft spätestens vier Monate nach dem Abschlussstichtag und mindestens für zehn Jahre, sofern der Lagebericht auf diese Veröffentlichung unter Angabe der Internetseite Bezug nimmt"* (Buchst. b). Die zweite Option löst den Fristenlauf für den nichtfinanziellen Bericht teils von jenem für die nichtfinanzielle Erklärung; für eine Darstellung der Detailprobleme und Umsetzungsmöglichkeiten wird auf Kap. IX verwiesen.

Eine Fragestellung, die grundsätzlich sowohl für die nichtfinanzielle Erklärung als auch für den nichtfinanziellen Bericht gilt, betrifft den **Berichtszeitraum.** Aufgrund der gesonderten und ggf. auch zeitverzögerten Veröffentlichung erlangt die Frage zum Zeitraum, der von der Berichterstattung abgedeckt wird, jedoch für den nichtfinanziellen Bericht eine besondere Relevanz. Dafür, dass der Berichtszeitraum dem Geschäftsjahr zu entsprechen hat, auf das sich auch der Jahresabschluss bezieht (im Regelfall also vom 1.1. bis 31.12.), spricht im Falle der nichtfinanziellen Erklärung bereits deren inte-

---

222 Vgl. *Baumüller,* § 243b: Nichtfinanzielle Erklärung, nichtfinanzieller Bericht, in Bertl/Fröhlich/Mandl (Hrsg.), Handbuch Rechnungslegung, Band I, 2018, § 243b UGB Tz. 83.

223 Vgl. *Baumüller,* Aufstellungs- und Offenlegungsfristen für den nichtfinanziellen Bericht, Zeitschrift für Recht und Rechnungswesen 2017, insbesondere S. 302 f.

grale Einbettung in den Lagebericht. Für Letzteren gilt dies unzweifelhaft.[224] Die bezweckte Gleichstellung von nichtfinanzieller Erklärung und nichtfinanziellem Bericht, die letztlich dazu führt, beide als formale und nicht als mit inhaltlichen Abweichungen verbundene Wahlrechte anzusehen, lässt die Forderung nach einem gleichlaufenden Berichtszeitraum auch für den nichtfinanziellem Bericht erheben. Da sich in der Praxis allerdings beobachten lässt, dass finanzielle und nichtfinanzielle Informationen unterschiedlichen Erhebungsintervallen unterliegen, wird dieser Gleichlauf nicht immer möglich sein. Im Mindesten ist daher über Unterschiede in den Berichtszeiträumen transparent zu informieren und in weiterer Folge auf die Herstellung eines solchen Gleichlaufs für zukünftige Berichtslegungen hinzuwirken.

ANGABE ZU ABWEICHENDEN BERICHTSZEITRÄUMEN AM BEISPIEL DEUTSCHE BANK[225]

„Wasser

[…]

Die für 2021 angegebenen Daten gelten für den Zeitraum vom 1. Oktober 2020 bis 30. September 2021. Entsprechend werden die Daten für das vierte Quartal 2020 für das vierte Quartal 2021 herangezogen; die durchschnittliche Unsicherheit beläuft sich auf +/- 5 % für alle KPIs.“

in m³ (sofern nicht anders angegeben)	Abweichung vom Vorjahr (in %)	30.9. 2021*
Gesamter Trinkwasserverbrauch³	−22,7	1.007.336
Normierter Wasserverbrauch in m³ pro VZÄ	−21,0	11,9
Flächennormierter Wasserverbrauch in m³ pro m²	−14,6	0,36

Unabhängig von der konkreten Variante, die für die Offenlegung gewählt wird, ist im Einklang mit DRS 20.247 zu fordern, dass im Lagebericht des berichtspflichtigen Unternehmens **angegeben wird,** dass vom Wahlrecht in § 289b Abs. 3 HGB Gebrauch gemacht wird – und wo der nichtfinanzielle Bericht offengelegt bzw. auf welcher Internetseite er veröffentlicht wird. Beispiele zur Wahlrechtsausübung nach § 289b Abs. 3 HGB finden sich bei Fielmann, Zalando und Puma.

---

224 Zum Beispiel DRS 20.11.
225 *Deutsche Bank,* Nichtfinanzieller Bericht 2021, S. 60. Online abrufbar unter https://go.nwb.de/jidzc oder über den QR-Code.

ANGABE DER AUSÜBUNG DES WAHLRECHTS GEM. § 289B ABS. 3 HGB AM BEISPIEL FIELMANN[226]

„Angaben entsprechend §§ 289b ff. und 315b ff. HGB zur nichtfinanziellen Erklärung (Nachhaltigkeitsbericht)

Die Fielmann Aktiengesellschaft veröffentlicht ihre Aktivitäten im Bereich Corporate Social Responsibility (CSR) für das Geschäftsjahr 2021 auf der Internetseite unter www.fielmann-group.com. Der Bericht wurde in Anlehnung an die GRI-Standards der Global Reporting Initiative (GRI) erstellt. Diese Vorgehensweise entspricht den Bestimmungen der §§ 289b ff. und 315b ff. HGB und stellt die nichtfinanzielle Erklärung der Fielmann Aktiengesellschaft nach § 289b Abs. 3 HGB und des Fielmann-Konzerns nach § 315b Abs. 3 HGB dar."

ANGABE DER AUSÜBUNG DES WAHLRECHTS GEM. § 289B ABS. 3 HGB AM BEISPIEL ZALANDO[227]

„Nichtfinanzieller Bericht

Weitere Informationen über unsere Nachhaltigkeitsstrategie und unseren gesonderten zusammengefassten nichtfinanziellen Bericht nach § 289b Abs. 1 und 3 HGB und § 315b Abs. 1 und 3 HGB stellen wir in einem separaten Fortschrittsbericht zu Nachhaltigkeit dar, dessen Veröffentlichung gleichzeitig mit dem zusammengefassten Lagebericht auf der Internetseite der Gesellschaft geplant ist."

ANGABE DER AUSÜBUNG DES WAHLRECHTS GEM. § 289B ABS. 3 NR. 2 BUCHST. B HGB AM BEISPIEL PUMA[228]

„Angaben zum nichtfinanziellen Bericht

Gemäß §§ 289b und 315b HGB sind wir verpflichtet, für die PUMA SE und den PUMA-Konzern eine nichtfinanzielle Erklärung im zusammengefassten Lagebericht oder einen nichtfinanziellen Bericht außerhalb des zusammengefassten Lageberichts zu erstellen, in dem wir über ökologische, gesellschaftliche und andere nichtfinanzielle Aspekte berichten. PUMA veröffentlicht bereits seit 2003 Nachhaltigkeitsberichte gemäß den Vorgaben des Global Reporting Initiative (GRI)

---

226 *Fielmann*, Geschäftsbericht 2021, S. 89. Online abrufbar unter https://go.nwb.de/d9lz4 oder über den QR-Code.

227 *Zalando*, Geschäftsbericht 2021, S. 101. Online abrufbar unter https://go.nwb.de/wp9g1 oder über den QR-Code.

228 *Puma*, Geschäftsbericht 2021, S. 170. Online abrufbar unter https://go.nwb.de/fzqh4 oder über den QR-Code.

und seit 2010 die Finanzdaten zusammen mit den Nachhaltigkeitskennzahlen in einem Bericht. Vor diesem Hintergrund berichten wir die geforderten Informationen nach §§ 289b und 315b HGB im Kapitel Nachhaltigkeit in unserem Geschäftsbericht. Der nichtfinanzielle Bericht für das Geschäftsjahr 2021 kann spätestens ab dem 30. April 2022 an folgender Stelle auf unserer Internetseite abgerufen werden: http://about.PUMA.com/de-de/investor-relations/financial-reports."

§ 289b Abs. 3 Satz 2 HGB erstreckt weiterhin **drei Wahlrechte** mit inhaltlichen Implikationen, die für die nichtfinanzielle Erklärung geregelt sind, auch auf den nichtfinanziellen Bericht: *„Absatz 1 Satz 3 und die §§ 289d und 289e sind auf den gesonderten nichtfinanziellen Bericht entsprechend anzuwenden."* Dadurch werden das Verweisen auf den Lagebericht erlaubt (siehe Kap. III.2.1), der Einsatz von Rahmenwerken (siehe Kap. VI) sowie das Weglassen nachteiliger Angaben im Rahmen der nichtfinanziellen Berichterstattung (siehe Kap. VII).

Der deutsche Gesetzgeber hat in den Materialien zum CSR-RUG ausdrücklich festgehalten, dass sich die Inhalte des nichtfinanziellen Berichts – wie die Inhalte der nichtfinanziellen Erklärung – **nicht alleine auf die gesetzlichen Pflichtangaben beschränken** müssen.[229]

Im Zusammenspiel der verschiedenen Normen ergeben sich drei Möglichkeiten, wie das Wahlrecht zur Erstellung eines gesonderten nichtfinanziellen Berichts umgesetzt werden kann:[230]

► Der nichtfinanzielle Bericht wird als **eigenständiger Bericht** vorgelegt, der nur den Angabepflichten gem. §§ 289b ff. HGB gewidmet und entsprechend zu bezeichnen ist.

► Der nichtfinanzielle Bericht bildet einen **gesonderten Abschnitt** eines anderen Unternehmensberichts.

► Der nichtfinanzielle Bericht wird **in einen anderen Unternehmensbericht (gesamthaft) integriert.**

In der bisherigen Berichterstattungspraxis erfreuen sich die beiden letztgenannten Möglichkeiten größerer Beliebtheit. Die Integration des nichtfinanziellen Berichts als gesonderten Abschnitts in einen anderen Unternehmensbericht erfolgt i. d. R. in der

---

229 Vgl. BT-Drucks. 18/9982 S. 45.
230 Siehe auch DRS 20.252.

Form, dass der nichtfinanzielle Bericht in den Geschäftsbericht des Unternehmens aufgenommen wird. Argumente für diese Vorgehensweise umfassen jene der verbesserten Auffindbarkeit und Sichtbarkeit dieser Informationen durch die höherrangige Verankerung der nichtfinanziellen Berichterstattung in der Gliederungslogik des Geschäftsberichts. Durch die Aufnahme in den Geschäftsbericht soll zugleich eine Gleichrangigkeit sowie eine inhaltliche Verbundenheit von finanzieller und nichtfinanzieller Berichterstattung vermittelt werden (die allerdings weniger weit geht als im Fall der Erstellung einer nichtfinanziellen Erklärung).[231] Als eigenständige Bezeichnung für dieses Berichtformat hat sich in der Praxis der Begriff der **„kombinierten (Geschäfts-)Berichterstattung"** entwickelt. Ein Beispiel dafür bietet der Geschäftsbericht der Siltronic AG, wenngleich dieser nicht explizit als kombinierter Bericht bezeichnet wird.[232]

Abb. 11:	Mustertypischer Aufbau eines kombinierten Geschäftsberichts bei Siltronic[233]

Inhalt

Unternehmensprofil	3
Zahlen und Fakten	4
Interview mit dem Vorstand	6
An unsere Aktionäre	**11**
Bericht des Aufsichtsrats	11
Siltronic an der Börse	16
Zusammengefasster Lagebericht	**19**
Geschäft und Rahmenbedingungen	20
Wirtschaftsbericht	25
Ertrags-, Vermögens- und Finanzlage	28
Siltronic AG	38
Sonstige nichtfinanzielle Aspekte	42
Risiko- und Chancenbericht	49
Prognosebericht	59
Übernahmerechtliche Angaben	61

---

231 Ähnlich auch die Diskussionsergebnisse bei *Baumüller,* Nichtfinanzielle Berichterstattung. Eine Evaluierung der Umsetzung des NaDiVeG in börsennotierten Unternehmen, 2019, S. 10 und 23.

232 *Siltronic AG,* Geschäftsbericht 2021, 2022.

233 *Siltronic AG,* Geschäftsbericht 2021, S. 3. Online abrufbar unter https://go.nwb.de/i39an oder über den QR-Code.

Die Möglichkeit der (gesamthaften) Integration des nichtfinanziellen Berichts in einen anderen Unternehmensbericht ist vor allem als Brückenschlag zum Konzept der traditionellen **Nachhaltigkeitsberichterstattung** von Bedeutung. Entsprechend geht in diesem Fall der nichtfinanzielle Bericht in einem inhaltlich weiter gefassten Nachhaltigkeitsbericht auf, der i. d. R. nach Rahmenwerken i. S. des § 289d HGB erstellt wird. Auch das Gesamtdokument wird dann häufig als „Nachhaltigkeitsbericht" o. Ä. bezeichnet. Zur Wahrung der Klarheit und Übersichtlichkeit der Berichterstattung ist in Einklang mit DRS 20.253 zu fordern, dass dieser Bericht einen ausdrücklichen Hinweis darauf enthält, dass er die Angaben gem. §§ 289b ff. HGB abdeckt. Darüber hinaus empfiehlt DRS 20.255, die gesetzlichen Pflichtangaben durch eine Kennzeichnung sichtbar zu machen (z. B. in Form einer Übersicht). Das folgende Beispiel zeigt die Möglichkeit zur Kombination des nichtfinanziellen Berichts mit dem Nachhaltigkeitsbericht.

„Der zusammengefasste gesonderte nichtfinanzielle Bericht

Der Nachhaltigkeitsbericht 2021 ist zugleich der für den Henkel-Konzern und die Henkel AG & Co. KGaA zusammengefasste gesonderte nicht-finanzielle Bericht für das Geschäftsjahr 2021 im Sinn der Paragrafen (§§) 315b, 315c in Verbindung mit 289b bis 289e des Handelsgesetzbuchs (HGB) und der EU-Taxonomieverordnung, der der Öffentlichkeit durch Veröffentlichung auf der Internetseite zugänglich gemacht wird. […]"

Jedenfalls ist vom berichtspflichtigen Unternehmen der **Grundsatz der Stetigkeit** zu beachten: Dieser erstreckt sich auch auf die Wahl des Berichtsformats, d. h., die Ausübung des Wahlrechts in § 289b Abs. 3 HGB (und die hierfür gewählte Umsetzungsform) bindet auch für kommende Geschäftsjahre, sofern nicht sachliche Gründe eine geänderte Berichterstattung rechtfertigen.[235] Die Literatur erlaubt dies z. B., wenn durch die geänderte Form der Berichterstattung eine Verbesserung in Klarheit und Übersichtlichkeit argumentiert werden kann.[236] Als Beispiel hierfür kann genannt werden, dass ein Unternehmen, das bisher nichtfinanzielle Berichte erstellte, erstmals eine in den Lagebericht integrierte nichtfinanzielle Erklärung vorlegt, um so eine Weiterentwicklung der gesamten Unternehmensberichterstattung i. S. des Integrated Reporting zu erreichen. Eine Begründung für eine solche Durchbrechung der formalen Kontinuität der Berichterstattung wird aber jedenfalls im Rahmen dieser zu geben sein.

Im Sinne der Klarheit und Übersichtlichkeit ist zuletzt ebenso noch zu fordern, dass das berichtspflichtige Unternehmen nicht nur eindeutig benennt, welche Möglichkeiten es bzgl. des Berichtsformats gem. § 289b HGB wählt, sondern dass es sich darüber hinaus auch **auf eine dieser Möglichkeiten beschränkt.** Dies ist insbesondere vor dem Hintergrund der beobachtbaren Praxis relevant, dass Unternehmen zunächst nichtfinanzielle Erklärungen veröffentlichen und später umfangreichere Nachhaltigkeitsberichte; bzw. in Einzelfällen gar zunächst nichtfinanzielle Erklärungen und gleichzeitig oder zeitver-

---

234 *Henkel*, Nachhaltigkeitsbericht 2021, S. 153. Online abrufbar unter https://go.nwb.de/xi0h1 oder über den QR-Code.

235 Freilich gilt dieser Grundsatz der Stetigkeit ebenso im Hinblick auf die in den Kap. III.2.1 und III.2.2 dargestellten Berichtsformate und einen Wechsel zwischen diesen. Dies ergibt sich jedoch bereits offensichtlich aus der Geltung der GoB für die Lageberichterstattung gem. § 289 HGB.

236 Vgl. *Störk/Schäfer/Schönberger*, § 289b HGB – Pflicht zur nichtfinanziellen Erklärung; Befreiungen, in Grottel/Justenhoven/Schubert/Störk (Hrsg.), Beck'scher Bilanz-Kommentar, 13. Aufl. 2022, § 289b HGB Tz. 52.

zögert gesonderte Dokumente, die als „nichtfinanzielle Berichte" bezeichnet werden. Dies ist umso problematischer, wenn diese verschiedenen Publikationen nicht deckungsgleichen Inhalts sind; für die Berichtsadressaten ist somit nämlich nicht mehr erkennbar, welche Informationen auf den gesetzlichen Angabepflichten beruhen und dahingehend normiert sind – und welche darüber hinaus bloß auf freiwilliger Basis zur Verfügung gestellt werden.[237] Ein Beispiel für eine solchermaßen unklare Berichterstattung lässt sich den auf S. 170 zitierten Aussagen im Geschäftsbericht 2021 von PUMA[238] entnehmen, der auf das Vorliegen zweier nichtfinanzieller Berichte schließen lässt (obgleich der erste, der ausdrücklich auf die gesetzlichen Angabepflichten Bezug nimmt, nur mit „Nachhaltigkeit" betitelt wird).

3 Befreiungsbestimmungen

§ 289b Abs. 2 HGB enthält Voraussetzungen, bei deren Erfüllung ein Unternehmen, das unter die Pflicht zur Erstellung einer nichtfinanziellen Erklärung gem. § 289b HGB fällt, von dieser Pflicht befreit wird. Dazu müssen folgende **drei Voraussetzungen kumulativ erfüllt** sein:

► § 289b Abs. 2 Nr. 1 HGB: *„die Kapitalgesellschaft [ist, d. Verf.] in den Konzernlagebericht eines Mutterunternehmens einbezogen"*.

► § 289b Abs. 2 Nr. 2 HGB: Dessen *„Konzernlagebericht nach Nummer 1 nach Maßgabe des nationalen Rechts eines Mitgliedstaats der Europäischen Union oder eines anderen Vertragsstaats des Abkommens über den Europäischen Wirtschaftsraum im Einklang mit der Richtlinie 2013/34/EU aufgestellt wird und eine nichtfinanzielle Konzernerklärung enthält"*.

► § 289b Abs. 2 Satz 3 HGB: Im Lagebericht ist diesfalls weiterhin anzugeben, *„welches Mutterunternehmen den Konzernlagebericht oder den gesonderten nichtfinanziellen Konzernbericht öffentlich zugänglich macht und wo der Bericht in deutscher oder englischer Sprache offengelegt oder veröffentlicht ist"*.

Der Wortlaut der ersten Voraussetzung ist im Vergleich zur zugrunde liegenden Bestimmung der CSR-Richtlinie zu weit gefasst und dahingehend zu ergänzen. Erforderlich ist, dass die befreite Kapitalgesellschaft nämlich **als Tochterunternehmen** in einen Konzernlagebericht einbezogen ist.[239] Das bedeutet jedoch, dass Mutterunternehmen, die an der Konzernspitze stehen, von dieser Befreiungsbestimmung nicht Gebrauch machen können und sohin stets doppelt Rechnung zu legen haben – (nichtkonsolidiert) auf Grundlage des § 289b HGB sowie für den Gesamtkonzern auf Grundlage des § 315b

---

237 Vgl. *Baumüller*, Nichtfinanzielle Berichterstattung, 2020, S. 126.
238 Vgl. *Puma*, Geschäftsbericht 2021, 2022, S. 170.
239 So schon eindeutiger BT-Drucks. 18/9982 S. 44.

HGB. In diesem Fall kommt allerdings die Zusammenfassung beider Berichterstattungen in Betracht (siehe Kap. VIII.2.2). Ebenso wenig kann sich ein Unternehmen, das lediglich als Gemeinschafts- oder assoziiertes Unternehmen im Konzernlagebericht eines anderen Unternehmens berücksichtigt wird, auf die Befreiungsbestimmungen des § 289b Abs. 2 HGB berufen.[240]

Das Abstellen auf die Einbeziehung in einen Konzernlagebericht in § 289b Abs. 2 Nr. 1 HGB geht offensichtlich von dem Regelfall aus, dass das übergeordnete Mutterunternehmen eine befreiende nichtfinanzielle Konzernerklärung erstellt. Erstellt dieses übergeordnete Mutterunternehmen allerdings einen **nichtfinanziellen Konzernbericht,** so kann dieser gleichermaßen eine befreiende Wirkung i. S. des § 289b Abs. 2 HGB entfalten.[241]

Für eine Befreiungswirkung **unerheblich** ist der Sitz des übergeordneten Mutterunternehmens. Ebenso können sowohl verpflichtend zu erstellende als auch freiwillige Konzernlageberichte (inkl. nichtfinanzieller Konzernerklärung) bzw. nichtfinanzielle Konzernberichte befreiende Wirkung entfalten, sofern diese den in den nächsten Absätzen beschriebenen inhaltlichen Kriterien entsprechen. Von hoher praktischer Bedeutung ist dies, wenn ein Tochterunternehmen in ein Nachhaltigkeits-Kapitel im Geschäftsbericht oder in einen eigenständigen Nachhaltigkeitsbericht eines übergeordneten Mutterunternehmens einbezogen wird, der entweder freiwillig oder auf Grundlage einer sich deutlich vom europäischen Rechtsrahmen unterscheidenden Berichtspflicht erstellt wurde.[242]

Als zweite Voraussetzung wird gefordert, dass der befreiende Konzernlagebericht bzw. nichtfinanzielle Konzernbericht im **Einklang mit der Bilanz-Richtlinie** steht. Für den Fall eines befreienden Konzernlageberichts ist es dabei aber – wie bereits zuvor dargelegt – ausreichend, wenn die hierin enthaltene nichtfinanzielle Erklärung die Vorgaben der Bilanz-Richtlinie erfüllt. Jedenfalls wird dies erfüllt sein, wenn die befreiende Berichterstattung auf Grundlage des HGB bzw. eines beliebigen EU- bzw. EWR-Mitgliedstaats erfolgt.[243] Berichterstattungen von Mutterunternehmen aus anderen Ländern sind demgegenüber im konkreten Einzelfall hinsichtlich ihres Einklangs mit den europa-

---

240 Vgl. BT-Drucks. 18/9982 S. 44.

241 Vgl. BT-Drucks. 18/9982 S. 44.

242 Vgl. *Störk/Schäfer/Schönberger,* § 289b HGB – Pflicht zur nichtfinanziellen Erklärung; Befreiungen, in Grottel/Justenhoven/Schubert/Störk (Hrsg.), Beck'scher Bilanz-Kommentar, 13. Aufl. 2022, § 289b HGB Tz. 33.

243 Vgl. *Störk/Schäfer/Schönberger,* § 289b HGB – Pflicht zur nichtfinanziellen Erklärung; Befreiungen, in Grottel/Justenhoven/Schubert/Störk (Hrsg.), Beck'scher Bilanz-Kommentar, 13. Aufl. 2022, § 289b HGB Tz. 35. Freilich ist eine ordnungsgemäße Richtlinien-Umsetzung in diesen Staaten Voraussetzung (die nicht immer vorliegen wird).

rechtlichen Vorgaben für die nichtfinanzielle Berichterstattung zu überprüfen.[244] Sofern diese auf Rahmenwerken basieren, die auch nach § 289d HGB zulässig sind und wie dort gefordert die Pflichtangaben gem. § 289c HGB abdecken, wird im Regelfall von einer befreienden Wirkung auszugehen sein.

Die Konformität mit den unionsrechtlichen Vorgaben erstreckt sich ausschließlich auf die Inhalte der Berichterstattung. Eine Aussage zum **Einklang in zeitlicher Hinsicht** ist demgegenüber nicht getroffen. Das bedeutet, dass sowohl die Berichtszeiträume abweichen können (z. B. Tochterunternehmen mit Stichtag per 31.12. und befreiendes Mutterunternehmen mit Stichtag per 30.9.)[245] als auch die befreiende Berichterstattung selbst noch nicht vorliegen muss, wenn das Tochterunternehmen von der Befreiung gem. § 289b Abs. 2 HGB Gebrauch macht.[246] Stellt sich jedoch in späterer Folge heraus, dass die Voraussetzungen für die Befreiung durch den Konzernlagebericht bzw. nichtfinanziellen Konzernbericht nicht gegeben sind, ist von einem nachträglichen Mangel in der durch das Tochterunternehmen vorgelegten Berichterstattung auszugehen.

Die dritte Voraussetzung für die Befreiung von der Pflicht zur Erstellung einer nichtfinanziellen Erklärung ist das Erbringen der erforderlichen Angaben. Diese Angaben haben **möglichst konkret** zu sein, so dass die Berichtsadressaten den befreienden Konzernlagebericht bzw. befreienden nichtfinanziellen Konzernbericht eindeutig finden können. Anzugeben ist dabei in der gebotenen Eindeutigkeit, dass eine solche Befreiung überhaupt vorliegt.[247] Wird ein nichtfinanzieller Konzernbericht auf der Internetseite des Mutterunternehmens veröffentlicht (siehe § 315b Abs. 3 Nr. 2 HGB, analog § 289b Abs. 3 Nr. 2 HGB), ist weiterhin die Internetseite genau zu benennen.[248]

Da nur Konzernlageberichte bzw. nichtfinanzielle Konzernberichte, die in **deutscher oder englischer Sprache** vorliegen, eine befreiende Wirkung entfalten können, hat das zu befreiende Tochterunternehmen dafür Sorge zu tragen, dass diese in mindestens ei-

---

244 Siehe auch *Paetzmann*, § 289 HGB – Inhalt des Lageberichts; § 289b HGB – Pflicht zur nichtfinanziellen Erklärung; Befreiungen; § 289c HGB – Inhalt der nichtfinanziellen Erklärung; § 289d HGB – Nutzung von Rahmenwerken; § 315c Inhalt der nichtfinanziellen Konzernerklärung, in Bertram/Brinkmann/Kessler/Müller (Hrsg.), HGB Bilanz Kommentar, 10. Aufl. 2019, § 289b HGB Tz. 9.

245 Eine Analogie zu § 299 Abs. 2 Satz 2 HGB, der ein Auseinanderfallen der Abschlussstichtage um bis zu drei Monate erlaubt, ist naheliegend und wird wohl den Regelfall darstellen.

246 Vgl. *Störk/Schäfer/Schönberger*, § 289b HGB – Pflicht zur nichtfinanziellen Erklärung; Befreiungen, in Grottel/Justenhoven/Schubert/Störk (Hrsg.), Beck'scher Bilanz-Kommentar, 13. Aufl. 2022, § 289b HGB Tz. 36 und 38.

247 Vgl. DRS 20.238.

248 Vgl. *Störk/Schäfer/Schönberger*, § 289b HGB – Pflicht zur nichtfinanziellen Erklärung; Befreiungen, in Grottel/Justenhoven/Schubert/Störk (Hrsg.), Beck'scher Bilanz-Kommentar, 13. Aufl. 2022, § 289b HGB Tz. 41.

ner der genannten Sprachen tatsächlich offengelegt oder veröffentlicht werden.[249] Dies kann auch dadurch geschehen, dass das Tochterunternehmen selbst den (übersetzten) Bericht auf seiner Internetseite veröffentlicht.[250] Entgegen dem Gesetzeswortlaut wird es in der Literatur schließlich als ausreichend erachtet, wenn nicht der gesamte Konzernlagebericht, sondern nur die darin enthaltene nichtfinanzielle Konzernerklärung in einer der genannten Sprachen vorliegt, sofern nicht das Wahlrecht zur Erstellung einer gesamthaft in den Konzernlagebericht integrierten nichtfinanziellen Konzernerklärung ausgeübt wird.[251] Anderenfalls würde nämlich eine mitunter gravierende, sachlich nicht rechtfertigbare Benachteiligung dieses Formats für die nichtfinanzielle Berichterstattung vorliegen, da auch die Befreiungswirkung eines nichtfinanziellen Konzernberichts unabhängig von der vorliegenden Sprachfassung des gesonderten Konzernlageberichts zu beurteilen ist.

Ein **Beispiel,** in welcher Form diese Angabepflicht erfüllt werden kann, findet sich bei Porsche. Dieses Beispiel erstreckt sich genau genommen auf die äquivalente Befreiungsbestimmung für die konsolidierte nichtfinanzielle Erklärung gem. § 315b Abs. 2 HGB (siehe dazu ausführlich Kap. VIII):

ANGABEN IM RAHMEN DER BEFREIUNGSBESTIMMUNGEN GEM. § 289B ABS. 2 HGB AM BEISPIEL PORSCHE[252]

„Die Dr. Ing. h. c. F. Porsche AG macht von der Möglichkeit gemäß § 289b Abs. 2 HGB und gemäß § 315b Abs. 2 HGB Gebrauch, sich von der Abgabe der nichtfinanziellen Erklärung und der nichtfinanziellen Konzernerklärung zu befreien, und verweist auf den zusammengefassten gesonderten nichtfinanziellen Bericht der Volkswagen AG für das Geschäftsjahr 2021, der unter der Internetseite www.volkswagenag.com in deutscher und englischer Sprache spätestens ab dem 15. März 2022 abrufbar ist."

Die Befreiung von der Pflicht zur Erstellung einer nichtfinanziellen Erklärung gilt gem. § 289b Abs. 1 Satz 1 HGB *unbeschadet anderer Befreiungsvorschriften".* Die Bedeu-

---

249 Vgl. DRS 20.240; bereits BT-Drucks. 18/9982 S. 45.

250 Vgl. *Störk/Schäfer/Schönberger,* § 289b HGB – Pflicht zur nichtfinanziellen Erklärung; Befreiungen, in Grottel/Justenhoven/Schubert/Störk (Hrsg.), Beck'scher Bilanz-Kommentar, 13. Aufl. 2022, § 289b HGB Tz. 42.

251 Vgl. *Störk/Schäfer/Schönberger,* § 289b HGB – Pflicht zur nichtfinanziellen Erklärung; Befreiungen, in Grottel/Justenhoven/Schubert/Störk (Hrsg.), Beck'scher Bilanz-Kommentar, 13. Aufl. 2022, § 289b HGB Tz. 42.

252 *Porsche,* Geschäfts- und Nachhaltigkeitsbericht 2021, S. 3. Online abrufbar unter https://go.nwb.de/9dcs5 über den QR-Code.

tung dieser Formulierung – und vor allem den damit adressierten **weiteren Befreiungstatbestand** – legt der deutsche Gesetzgeber in seinen erläuternden Ausführungen zum CSR-RUG dar:

„Die Befreiung nach § 289b Absatz 2 HGB-E kommt nur dann zur Anwendung, wenn das Tochterunternehmen nach § 289b Absatz 1 HGB-E zur Erstellung einer nichtfinanziellen Erklärung verpflichtet ist. Eine solche Pflicht besteht nicht, wenn das Tochterunternehmen nach den seit langem geltenden allgemeinen bilanzrechtlichen Befreiungsregelungen des § 264 Absatz 3 HGB von der Aufstellung eines Lageberichts absieht. Es fehlt dann bereits an einem Lagebericht des Tochterunternehmens, der um eine nichtfinanzielle Erklärung erweitert werden könnte."[253]

Demzufolge ist bei Anwendung der Befreiungsregelung nach § 264 Abs. 3 HGB keine Pflicht zum nichtfinanziellen Bericht gegeben. Für Rechtsformen wie jene der GmbH & Co. KG gilt Selbiges aufgrund der Befreiungsbestimmung in § 264b HGB.

Wie die zuvor ausgeführte Befreiungsbestimmung setzt auch § 264 Abs. 3 HGB voraus, dass das befreite Unternehmen ein Tochterunternehmen ist *(„Eine Kapitalgesellschaft, die als Tochterunternehmen in den Konzernabschluss eines Mutterunternehmens mit Sitz in einem Mitgliedstaat der Europäischen Union oder einem anderen Vertragsstaat des Abkommens über den Europäischen Wirtschaftsraum einbezogen ist")*; weiterhin führen § 264 Abs. 3 Satz 1 Nr. 5, Satz 2 und 3 HGB dazu, dass ein befreiender Konzernlagebericht durch das Tochterunternehmen beim Bundesanzeiger offengelegt oder dort in deutscher oder englischer Sprache unter dem Tochterunternehmen auffindbar sein wird.[254] Eine **praktische Relevanz scheint vor Umsetzung der CSRD allerdings kaum gegeben,** da das Eintreten der Pflicht zur nichtfinanziellen Berichterstattung i. d. R. eine Kapitalmarktorientierung fordert und somit § 114 Abs. 1 f. WpHG zur Anwendung gelangt, der die Erstellung eines Jahresfinanzberichts inkl. Lagebericht fordert.[255]

---

253 BT-Drucks. 18/9982 S. 45.
254 Vgl. BT-Drucks. 18/9982 S. 45.
255 Vgl. *Störk/Schäfer/Schönberger*, § 289b HGB – Pflicht zur nichtfinanziellen Erklärung; Befreiungen, in Grottel/Justenhoven/Schubert/Störk (Hrsg.), Beck'scher Bilanz-Kommentar, 13. Aufl. 2022, § 289b HGB Tz. 46.

IV Inhalt der nichtfinanziellen Erklärung (§ 289c HGB)

1 Überblick

§ 289c HGB enthält Vorgaben dazu, wie die nichtfinanzielle Berichterstattung[256] inhaltlich zu gestalten ist. Die mit dem CSR-RUG ins deutsche Bilanzrecht eingeführten Bestimmungen sind durch einen **deutlich höheren Abstraktionsgrad** gekennzeichnet, als dies bei den zuvor anwendbaren handelsrechtlichen Vorschriften der Fall war. Im Ergebnis eröffnet dies den berichtspflichtigen Unternehmen einen großen Gestaltungsspielraum und stellt damit hohe Anforderungen an diese Unternehmen hinsichtlich der Auslegung der Gesetzesbestimmungen. Dies macht es häufig erforderlich, auf bereits entwickelte GoB zurückzugreifen, um Zweifelsfragen zur Ausgestaltung der nichtfinanziellen Berichterstattung angemessen zu adressieren.

Kern der Pflichten zum nichtfinanziellen Bericht ist die sog. **„Generalnorm"** in § 289c Abs. 3 HGB, welche eine Ableitung der konkreten Berichtsinhalte auf Grundlage von Wesentlichkeitsüberlegungen erfordert. Um die auslegungsbedürftigen nichtfinanziellen Berichtsinhalte zu konkretisieren und dadurch zugleich annähernd vergleichbar zu halten, beschreiben § 289c Abs. 2 und Abs. 3 HGB sowohl die Themenbereiche, mit denen sich die Angaben befassen müssen – sog. „Aspekte" (Abs. 2) –, als auch die dabei zu tätigenden Einzelangaben: Risiken, Konzepte, Ergebnisse etc. (Abs. 3). Eine dritte Konkretisierung bietet § 289c Abs. 1 HGB, indem dieser eine Beschreibung des Geschäftsmodells des Unternehmens fordert. Letztlich vervollständigt § 289c Abs. 4 HGB die inhaltliche Abgrenzung der Berichtspflichten durch die Möglichkeit, einige der geforderten Angaben zu unterlassen. Konkret können Unternehmen, die z. B. noch nicht die Steuerungs- und Kontrollprozesse eingerichtet haben, die erforderlich sind, um die geforderten Angaben zu generieren, auf Basis des sog. Comply-or-Explain-Prinzips bei Gültigkeit bestimmter Voraussetzungen Angaben unterlassen.

---

256 Dieser vom Berichtsformat unabhängige Begriff wird im Folgenden gewählt, um dem Umstand Rechnung zu tragen, dass nichtfinanzielle Erklärung und nichtfinanzieller Bericht denselben inhaltlichen Bestimmungen unterworfen sind.

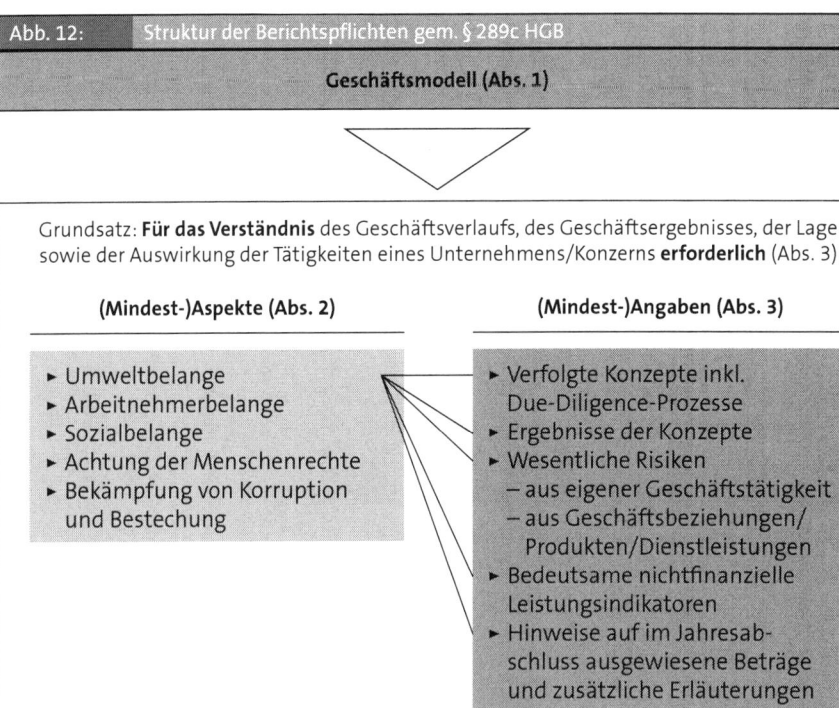

Abb. 12: Struktur der Berichtspflichten gem. § 289c HGB

Geschäftsmodell (Abs. 1)

Grundsatz: **Für das Verständnis** des Geschäftsverlaufs, des Geschäftsergebnisses, der Lage sowie der Auswirkung der Tätigkeiten eines Unternehmens/Konzerns **erforderlich** (Abs. 3)

(Mindest-)Aspekte (Abs. 2)

▸ Umweltbelange
▸ Arbeitnehmerbelange
▸ Sozialbelange
▸ Achtung der Menschenrechte
▸ Bekämpfung von Korruption und Bestechung

(Mindest-)Angaben (Abs. 3)

▸ Verfolgte Konzepte inkl. Due-Diligence-Prozesse
▸ Ergebnisse der Konzepte
▸ Wesentliche Risiken
– aus eigener Geschäftstätigkeit
– aus Geschäftsbeziehungen/ Produkten/Dienstleistungen
▸ Bedeutsame nichtfinanzielle Leistungsindikatoren
▸ Hinweise auf im Jahresabschluss ausgewiesene Beträge und zusätzliche Erläuterungen dazu

Wenn ein Unternehmen in Bezug auf einen oder mehrere der in Absatz 2 genannten Aspekte **kein Konzept** verfolgt, hat es dies klar und begründet zu erläutern (Abs. 4)

Zusammengenommen umfasst die nichtfinanzielle Berichterstattung eine Darstellung der Art und Weise, wie Nachhaltigkeitsthemen von Unternehmen gesteuert werden und welche Ergebnisse dabei erzielt werden. Dem Grundsatz des *„naming and shaming"* folgend, soll die so geschaffene Transparenz vor allem dazu führen, dass Unternehmen in entsprechende Instrumente und Strukturen investieren, um ihren Berichtspflichten so nachzukommen, dass diese den Ansprüchen ihrer Stakeholder weitestgehend gerecht werden. Insbesondere soll die Möglichkeit geschaffen werden, Unternehmen für etwaige Fehlverhalten zur Rechenschaft zu ziehen. Dies unterstreicht letztlich die disziplinierende Wirkung einer transparenten Rechnungslegung i. S. einer dadurch induzierten Verhaltensänderung.[257]

---

257 Zum Beispiel *Voland*, Unternehmen und Menschenrechte – vom Soft Law zur Rechtspflicht, Betriebs-Berater 2015 S. 72.

Im Ergebnis erweitert die nichtfinanzielle Berichterstattung die Rechenschaft gegenüber den Stakeholdern des Unternehmens um sog. „Nachhaltigkeitsthemen"; durch die Ausgestaltung der Generalnorm werden aber auch die finanziellen Auswirkungen für das berichtspflichtige Unternehmen selbst – in Form der Auswirkungen auf die Vermögens-, Finanz- und Ertragslage – betont. Damit ergänzt die nichtfinanzielle Berichterstattung die Finanzberichterstattung, so dass letztlich im Gesamtzusammenhang der Unternehmensberichterstattung **ökonomische, ökologische und soziale Aspekte in Verbindung miteinander abgebildet** werden. Dies stärkt das Verständnis für die Triple Bottom Line (die dem Nachhaltigkeitskontext entstammt; siehe Kap. I.1.1) in der Rechenschaftspflicht von Unternehmen (und fördert zugleich den Gedanken des *„business case for sustainability"*: Die Nachhaltigkeitsleistung ist nicht nur für externe Stakeholder von Bedeutung, sondern zugleich mit substanziellen ökonomischen Konsequenzen für das Unternehmen selbst und seine Eigentümer verbunden).[258]

2 Generalnorm für die Berichterstattung

2.1 Einführung

Die Generalnorm für die nichtfinanzielle Berichterstattung findet sich in den ersten Zeilen von § 289c Abs. 3 HGB. Dieser fordert die berichtspflichtigen Unternehmen dazu auf, *„diejenigen Angaben zu machen, die für das Verständnis des Geschäftsverlaufs, des Geschäftsergebnisses, der Lage der Kapitalgesellschaft sowie der Auswirkungen ihrer Tätigkeit auf die in Absatz 2 genannten Aspekte erforderlich sind"*. Auf dieser Grundlage obliegt es den Berichtspflichtigen im Rahmen der von § 289c Abs. 2 und Abs. 3 HGB gesteckten Grenzen, die konkreten **Inhalte für ihre Berichterstattung selbst zu identifizieren.**

Ausgangspunkt für die Abgrenzung der Berichtsinhalte nach der Wesentlichkeit bildet demzufolge die Frage, was für das **„Verständnis"** erforderlich ist. Die in § 289c Abs. 2 HGB gewählte Formulierung ist an die in § 289 Abs. 3 HGB gewählte Formulierung betreffend die Pflicht zur Angabe nichtfinanzieller Leistungsindikatoren im Lagebericht angelehnt.[259] Bei der Auslegung von Detailfragen zu den Berichtspflichten nach § 289c HGB legt dies somit eine Orientierung an der Auslegung von § 289 Abs. 3 HGB – mit den Pflichten zum nichtfinanziellen Bericht für den Lagebericht – nahe. Da § 289 Abs. 3 HGB einige Jahre vor § 289c HGB Eingang in das Handelsrecht gefunden hat, kann die bereits vorhandene Auslegung von § 289 Abs. 3 HGB eine wertvolle Hilfe bei der Erfüllung der Berichtspflichten gem. § 289c HGB darstellen. Bspw. ist der Auslegung von

---

258 Vgl. *Baumüller*, Ziele und Inhalte der nichtfinanziellen Berichterstattung, Der Jahresabschluss 2018 S. 98.
259 Ausdrücklich auch BT-Drucks. 18/9982 S. 48.

§ 289 Abs. 3 HGB zu entnehmen, dass ein Bezug zur Vermögens-, Finanz- und Ertragslage des Unternehmens vorhanden sein muss, um eine Berichtspflicht auszulösen.[260]

Eine Orientierung an § 289 Abs. 3 HGB ist allerdings nicht vollumfänglich möglich. Anders als nach § 289 Abs. 3 HGB enthält § 289c Abs. 3 HGB den Zusatz (in der Generalnorm für die nichtfinanzielle Berichterstattung), dass nicht nur auf das Verständnis für den Geschäftsverlauf oder die Lage des Unternehmens abgestellt wird, sondern darüber hinaus die **Auswirkungen der Tätigkeiten** des berichtspflichtigen Unternehmens den Berichtsumfang determinieren. Damit wird eine weitere Sichtweise für die Identifikation der Inhalte der Berichterstattung eingeführt: Nach dieser Sichtweise ist entscheidend für das Eintreten einer Berichtspflicht, dass den Berichtsadressaten, die von diesen Auswirkungen i. d. R. betroffen sein werden, ein Verständnis von den Auswirkungen aus den Tätigkeiten des Unternehmens vermittelt wird. Die Umsetzung dieser Berichtspflicht wird dadurch erschwert, dass eine Legaldefinition für den Begriff der „Auswirkungen" im Handelsrecht fehlt. ErwGr. 8 der CSR-Richtlinie enthält lediglich die folgende grundlegende Aussage, auf die sich der deutsche Gesetzgeber in seinen Materialien zum CSR-RUG zu zahlreichen inhaltlichen Teilaspekten der Angabepflichten explizit bezog, womit sie für Auslegungszwecke (z. B. für die Operationalisierung des Wesentlichkeitsgrundsatzes) von zentraler Bedeutung ist:

„Die dieser Richtlinie unterliegenden Unternehmen sollten angemessene Informationen zu Belangen bereitstellen, die sich dadurch auszeichnen, dass sie sehr wahrscheinlich zur Verwirklichung wesentlicher Risiken mit schwerwiegenden Auswirkungen führen werden oder zum Eintritt solcher Risiken geführt haben. Die Schwere solcher Auswirkungen sollte nach ihrem Ausmaß und ihrer Intensität beurteilt werden. Die Risiken nachteiliger Auswirkungen können aus eigenen Tätigkeiten des Unternehmens herrühren oder mit seiner Geschäftstätigkeit und, falls dies relevant und verhältnismäßig ist, seinen Erzeugnissen, Dienstleistungen und Geschäftsbeziehungen, einschließlich seiner Lieferkette und seiner Kette von Subunternehmern, verknüpft sein."

Auswirkungen i. S. der nichtfinanziellen Berichterstattung sind sohin die Folgen von Risiken; konkret von sog. **nichtfinanziellen Risiken,** die in Bezug zu den in § 289c Abs. 2 HGB genannten nichtfinanziellen Aspekten (Umweltbelange, Arbeitnehmerbelange, Sozialbelange, Achtung der Menschenrechte sowie Bekämpfung von Korruption und Bestechung) stehen. Sie finden ihren Ursprung in der Geschäftstätigkeit des Unternehmens in weiter Betrachtung inkl. Lieferkette, Verbindungen mit Subunternehmen etc., d. h. im verfolgten Geschäftsmodell. Entscheidend für die Identifikation einer Berichtspflicht mit Blick auf die Auslegung des Kriteriums der Auswirkungen der Tätigkeiten

---

260 Siehe dazu ausführlich *Kajüter,* Nichtfinanzielle Berichterstattung nach dem CSR-Richtlinie-Umsetzungsgesetz, Der Betrieb 2017 S. 621, sowie Kap. IV.2.4.

des berichtspflichtigen Unternehmens der Generalnorm sind somit: die Natur der nichtfinanziellen Risiken, ihre möglichen negativen Folgen und vor allem die Ziele, Maßnahmen und Prozesse, die das Unternehmen verfolgt bzw. umsetzt, um deren Eintritt vorzubeugen bzw. die damit verbundenen negativen Auswirkungen zu minimieren.

Gerade bei Unternehmen mit globalen Lieferketten rückt die unternehmerische Verantwortung – nicht erst seit Ausbruch der Corona-Pandemie – vermehrt in den Fokus. Nachhaltige Lieferketten werden sich zukünftig noch strengeren Prüfungen unterziehen müssen, vor allem hinsichtlich der Einhaltung der Pflichten bzgl. menschenrechtlicher Sorgfalt und klimafreundlicher Produktionen. Auch aufseiten des deutschen Gesetzgebers gibt es seit Längerem konkrete Überlegungen, ein Lieferkettengesetz einzuführen.[261] Deutschland könnte mit einem ambitionierten Lieferkettengesetz eine Vorreiterrolle in der EU einnehmen. Auch die nichtfinanzielle Berichterstattung könnte hiervon im Besonderen profitieren. Die bisherige Berichtspraxis ist diesbezüglich als stark ausbaufähig anzusehen. Jedenfalls wurde in der Vergangenheit oftmals nicht über sämtliche nichtfinanzielle Aspekte i. S. des § 289 c Abs. 2 HGB in Bezug auf die Lieferkette berichtet. Zu beachten ist aber auch, dass bei der konkreten Ausgestaltung der Vorgaben auf die besonderen Bedürfnisse von (heimischen) kleinen und mittleren Unternehmen einzugehen ist. Dies nimmt gerade bei den Pflichten zum Bericht über die Lieferkette eine besondere Bedeutung an. Hier sind mittelständische Unternehmen – abhängig von der gesetzgeberischen Entwicklung – potenziell in zwei Formen betroffen: Einerseits als Berichtspflichtige und andererseits als Elemente der Lieferkette von (größeren) berichtspflichtigen Unternehmen. Eine entsprechend ausufernde Gesetzgebung birgt die Gefahr wettbewerbsverzerrender Wirkungen zu Lasten kleinerer Unternehmen.[262]

Die Verknüpfung der einzelnen Elemente der Generalnorm (Verständnis über Geschäftsverlauf, Geschäftsergebnis, Lage und Auswirkungen der Tätigkeiten des berichtspflichtigen Unternehmens) geschieht in Form des **Wesentlichkeitsgrundsatzes.** Dieser ist aus der Generalnorm selbst abzuleiten. Erst dann, wenn diese Anforderungen erfüllt sind, tritt eine Berichtspflicht im Rahmen der nichtfinanziellen Berichterstattung ein. Zu beachten ist: Die Bedeutung des Wesentlichkeitsgrundsatzes kommt im Gesetzestext selbst nicht explizit zum Vorschein – der Begriff „wesentlich" wird nur im

---

261 Vgl. ausführlich zu den Plänen eines Lieferkettengesetzes *Baier,* Strengere Sorgfaltspflichten für verantwortungsvolle Lieferketten?, Der Betrieb 2020 S. 1802 f.; *Beckers/Micklitz,* Eine ganzheitliche Perspektive auf die Regulierung globaler Lieferketten, Europäisches Wirtschafts- und Steuerrecht 2020 S. 324 ff.; aus der Sicht des internationalen Privatrechts *Mittwoch,* Die Notwendigkeit eines Lieferkettengesetzes aus der Sicht des Internationalen Privatrechts, Recht der Internationalen Wirtschaft 2020 S. 397 ff.

262 Vgl. insbesondere *Velte,* Die Lieferkette im Fokus der nichtfinanziellen Berichterstattung – Normative Reichweite, empirische Befunde und Reformdiskussion, Deutsches Steuerrecht 2020 S. 2036.

Zusammenhang mit den einzelnen Angabepflichten gem. § 289c Abs. 3 Nr. 3 und 4 HGB verwendet.[263] Die umfassendere Anwendung des Wesentlichkeitsgrundsatzes ist jedoch den Materialien zum CSR-RUG zu entnehmen.[264] Bestätigt wird diese Auffassung durch Heranziehung von DRS 20 sowie des Schrifttums. Letzteres bietet zahlreiche Leitlinien, an denen sich die berichtspflichtigen Unternehmen orientieren können.

Die Abgrenzung des Wesentlichkeitsgrundsatzes in § 289c Abs. 3 HGB ist auch für die Bestimmung des **Adressatenkreises der Berichterstattung** bedeutend. Der Adressatenkreis wirkt sich wiederum auf den Umfang der Berichtspflichten aus. So lassen sich u. a. aus dem Adressatenkreis die zu tätigenden Angaben ableiten, da die Angaben gerade das Verständnis für Geschäftsverlauf und -ergebnis, Lage sowie Auswirkungen der Tätigkeiten des Unternehmens aus Sicht der Adressaten schaffen sollen. Daraus folgt aber auch, dass die zu tätigenden Angaben in Bereiche hineinreichen, die über die regelmäßig **einem Unternehmen** im Rahmen der Berichterstattung **zuzuordnenden rechtlichen und wirtschaftlichen Grenzen hinausgehen.**

2.2 Auswirkungen

Wie eingangs dargestellt, baut das Konzept der nichtfinanziellen Berichterstattung auf der Zielsetzung auf, eine erweiterte Transparenz, u. a. über die Auswirkungen der Tätigkeiten eines Unternehmens, zu schaffen. Was genau unter diesen „Auswirkungen" zu verstehen ist, lässt sich zunächst allenfalls vage aus den in § 289c Abs. 2 HGB angeführten Beispielen sowie den verschiedenen Ausführungen dazu in den Gesetzesmaterialien erschließen (siehe dazu Kap. IV.3). Zur weiteren Auslegung ist darum ein Rückgriff auf die **Verständnisse anderer Disziplinen,** in denen der Begriff „Auswirkungen" Verwendung findet, erforderlich.

Nach unserer Ansicht können „Auswirkungen" mit den positiven oder negativen Konsequenzen, die aus einem Tun, Dulden oder Unterlassen eines Unternehmens resultieren, gleichgesetzt werden. Dabei betreffen die Konsequenzen das Unternehmen selbst und alle Stakeholder des Unternehmens. Das heute vorherrschende Begriffsverständnis wird historisch auf die Programmevaluationen öffentlicher Förderstellen zurückgeführt. Das *„Logical Framework"* der United States Agency for International Development (USAID) ging von dem Handeln eines Unternehmens (Input, Aktivitäten und Output) als Ausgangspunkt zur Erreichung von damit verfolgten Zielen aus; diese Zielsetzungen

---

263 Im Vergleich zu den zugrunde liegenden Vorgaben der CSR-Richtlinie zeigt sich, dass auch für die genannten einzelnen Angabepflichten das Wort „bedeutsam" anstelle von „wesentlich" verwendet wird, so dass Letzteres gar keine Verwendung findet. Dazu *Frey/Rogl*, Inhaltliche Anforderungen an die Nachhaltigkeitsberichterstattung, Zeitschrift für Finance & Controlling 2017 S. 98.

264 In BT-Drucks. 18/9982, S. 48, wird vom Vorliegen einer „Wesentlichkeitsformel" in § 289c Abs. 3 HGB geschrieben.

betreffen (angestrebte oder zumindest erwartete) Konsequenzen i. S. von **Veränderungen gegenüber einem Status quo,** und für diese wird der Begriff „Wirkung" bzw. „Auswirkungen" verwendet. Entscheidend ist, dass sie möglichst kausal mit dem Tun, Dulden oder Unterlassen eines Unternehmens verbunden werden, d. h., Auswirkungen resultieren als Folge aus diesen. In Abgrenzung zum Begriff „Output" (auch: „Leistungen"), der kurzfristige, leicht beobachtbare und damit quantitativ erfassbare Resultate (ausgedrückt z. B. in Stückzahlen) bezeichnet, werden zwei Arten von Auswirkungen unterschieden:

▶ „Outcome": Auswirkungen auf Ebene einzelner Zielgruppen (i. d. R. Individuen);

▶ „Impact": Auswirkungen auf Ebene einer Gesamtgesellschaft, eines Ökosystems etc., oftmals i. S. einer Problemursache bzw. langfristiger Endzwecke.[265]

Auswirkungen betrachten somit die **Verbindung zwischen dem Unternehmen und der Gesellschaft,** in die es integriert ist. Sie können positiver oder negativer Natur sein. Die Gesellschaft als Bezugspunkt umfasst die Summe der Stakeholder des Unternehmens. Durch ihr Handeln legitimieren sich Unternehmen diesen Stakeholdern gegenüber bzw. können sie umgekehrt, wenn ihr Handeln etwa gegen grundlegende gesellschaftliche Normen verstößt, ihre sog. *„license to operate"* verlieren.[266]

Beide Begrifflichkeiten für Auswirkungen werden auch in der **CSR-Richtlinie** an unterschiedlichen Stellen verwendet: „Outcome" im Hinblick auf die Berichterstattung über die erzielten „Ergebnisse", „Impact" demgegenüber anstelle des deutschen Begriffs der „Auswirkungen" in der Generalnorm der nichtfinanziellen Berichterstattung. Damit lässt sich die inhaltliche Ausrichtung dieser beiden Begrifflichkeiten für die Zwecke der nichtfinanziellen Berichterstattung erschließen bzw. in Verbindung bringen: Während Ergebnisse zumeist unmittelbar beobachtbare Folgen des Handelns von Unternehmen umfassen, sind Auswirkungen abstrakter und oftmals langfristiger orientiert; Erstere sind sohin Mittel zum Zweck, Letztere dieser Zweck selbst.[267]

Abb. 13 fasst den **Zusammenhang** zwischen den bisher verwendeten Begrifflichkeiten zur Bestimmung der Auswirkungen des Handelns von Unternehmen auch anhand eines – auf soziale Auswirkungen abstellenden – Beispiels zusammen:

---

265 Vgl. *Baumüller,* BWL-Glossar: (Aus-)Wirkungen, Steuer- und Wirtschaftskartei 94 2019 S. 955.

266 Vgl. *Baumüller,* Nichtfinanzielle Berichterstattung, 2020, S. 66 f.

267 Vgl. *wbcsd,* Measuring socio-economic impact: A guide for business, 2013, S. 15. Grundlage hierfür stellen die Begriffsdefinitionen der *OECD,* u. a. im *„Glossary of Key Terms in Evaluation and Results Based Management",* dar, auf welches weiterführend verwiesen werden kann.

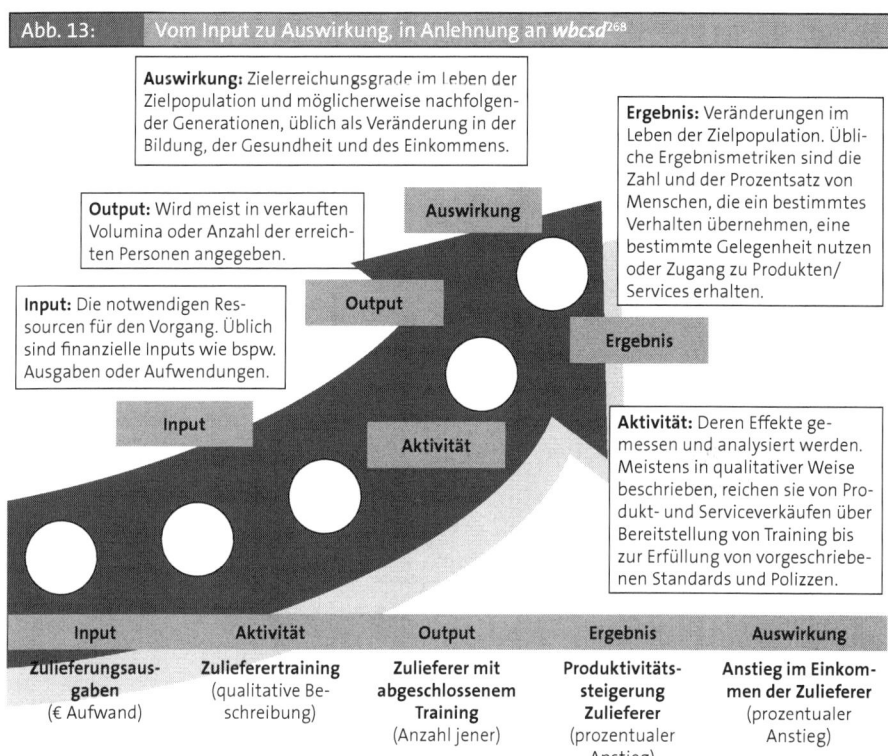

Abb. 13: Vom Input zu Auswirkung, in Anlehnung an *wbcsd*[268]

Auswirkung: Zielerreichungsgrade im Leben der Zielpopulation und möglicherweise nachfolgender Generationen, üblich als Veränderung in der Bildung, der Gesundheit und des Einkommens.

Ergebnis: Veränderungen im Leben der Zielpopulation. Übliche Ergebnismetriken sind die Zahl und der Prozentsatz von Menschen, die ein bestimmtes Verhalten übernehmen, eine bestimmte Gelegenheit nutzen oder Zugang zu Produkten/Services erhalten.

Output: Wird meist in verkauften Volumina oder Anzahl der erreichten Personen angegeben.

Input: Die notwendigen Ressourcen für den Vorgang. Üblich sind finanzielle Inputs wie bspw. Ausgaben oder Aufwendungen.

Aktivität: Deren Effekte gemessen und analysiert werden. Meistens in qualitativer Weise beschrieben, reichen sie von Produkt- und Serviceverkäufen über Bereitstellung von Training bis zur Erfüllung von vorgeschriebenen Standards und Polizzen.

Input	Aktivität	Output	Ergebnis	Auswirkung
Zulieferungsausgaben (€ Aufwand)	Zulieferertraining (qualitative Beschreibung)	Zulieferer mit abgeschlossenem Training (Anzahl jener)	Produktivitätssteigerung Zulieferer (prozentualer Anstieg)	Anstieg im Einkommen der Zulieferer (prozentualer Anstieg)

Auswirkungen sind abstrakter Natur und teils nur sehr langfristig beobachtbar; nicht immer ist eine Zurechenbarkeit zu konkreten Handlungen klar möglich. Um sie für Zwecke der Berichterstattung bzw. Steuerung erfassbar zu machen, braucht es daher ein spezifisches Instrumentarium. Hierfür kann bspw. auf **„Wirkungsketten"** zurückgegriffen werden. Je sorgfältiger diese Wirkungsketten oder andere Methodiken zur Analyse der Ursachen von Auswirkungen modelliert werden, umso fundierter kann die Befassung mit den Auswirkungen erfolgen. Dabei steht den Unternehmen eine Vielzahl an anerkannten Methoden zur Verfügung, um die Validität ihrer Analysen zu gewährleisten. Die mitunter beträchtlichen Unterschiede in den Annahmen und Betrachtungsweisen dieser Methodiken erschweren allerdings die Vergleichbarkeit der damit erzielten Ergebnisse. Darüber hinaus stellen die Erfassbarkeit und die Messbarkeit der verschiedenen Wirkungsdimensionen mithilfe geeigneter Indikatoren generell eine He-

---

268 *World Business Council for Sustainable Development (wbcsd)*, Measuring socio-economic impact: A guide for business, 2013, S. 15 f.

rausforderung dar. Beispiele für Ansätze zur Wirkungsmessung bieten die hier abgedruckten Passagen der Berichterstattung der Deutschen Bank und von Siemens.

(FREIWILLIGE) BERICHTERSTATTUNG ÜBER ANSÄTZE ZUR WIRKUNGSMESSUNG AM BEISPIEL DEUTSCHE BANK[269]

„Governance und Wirkungsanalyse

[…]

Um sicherzustellen, dass wir Ressourcen effizient einsetzen und Projekte auf die strategische Zielsetzung des gesellschaftlichen Engagements der Bank abgestimmt sind, erfassen wir mit dem sogenannten Global Impact Tracking (GIT) jährlich systematisch die Rückmeldung unserer Projektpartner und analysieren die unmittelbare Wirkung unserer Investitionen. Aufbauend auf dem bewährten Modell der London Benchmarking Group (LBG) erheben wir die gesellschaftliche Wirkung unserer Projekte (social return on investment, SROI). Die Erkenntnisse aus diesen Analysen helfen uns langfristig, unsere CSR-Strategie und -Programme zu optimieren.

Dieser Bericht stellt ausgewählte CSR-Initiativen vor. Informationen zu weiteren Projekten finden Sie auf den CSR-Webseiten der Deutschen Bank (*) und der Postbank (*)."

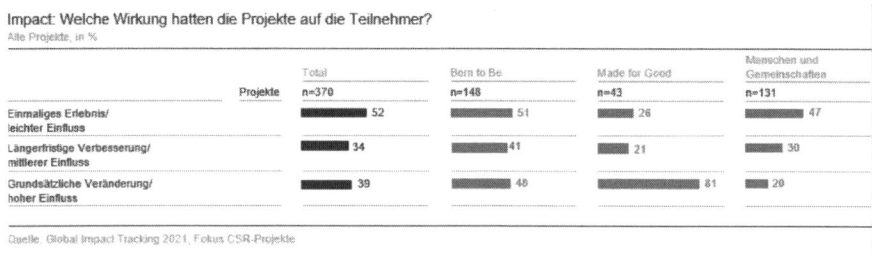

Impact: Welche Wirkung hatten die Projekte auf die Teilnehmer?
Alle Projekte, in %

	Projekte	Total n=370	Born to Be n=148	Made for Good n=43	Menschen und Gemeinschaften n=131
Einmaliges Erlebnis/ leichter Einfluss		52	51	26	47
Längerfristige Verbesserung/ mittlerer Einfluss		34	41	21	30
Grundsätzliche Veränderung/ hoher Einfluss		39	48	81	20

Quelle: Global Impact Tracking 2021, Fokus CSR-Projekte

(FREIWILLIGE) BERICHTERSTATTUNG ÜBER ANSÄTZE ZUR WIRKUNGSMESSUNG AM BEISPIEL SIEMENS[270]

„Lebensqualität verbessern – Gesundheitsversorgung

Unterversorgte Länder umfassen, basierend auf der Weltbank-Definition von Volkswirtschaften mit geringem Einkommen und mittlerem Einkommen im unteren Bereich sowie auf Siemens-Healthineers-spezifischen Ergänzungen in Afrika und Konfliktregionen des Mittleren Ostens, 90 Länder. Touchpoints werden anhand der installierten Basis im Bereich Bildgebung und Advanced Therapies sowie der Anzahl von verkauften Labortests berechnet. Basierend auf verfügbaren Nutzungsdaten und Experteneinschätzungen werden in den Berechnungen ein Durchschnitt von

269 *Deutsche Bank*, Nichtfinanzieller Bericht 2021, S. 112. Online abrufbar unter https://go.nwb.de/jidzc oder über den QR-Code.

270 *Siemens*, Nachhaltigkeitsbericht 2021, S. 137. Online abrufbar unter https://go.nwb.de/ed2jx oder über den QR-Code.

2.800 Touchpoints pro Jahr pro installierte Einheit sowie eine durchschnittliche Anzahl von 3,6 Labortests für einen Touchpoint angenommen."

Im Hinblick auf den hohen Gestaltungs- und Interpretationsspielraum, der den Unternehmen beim Rückgriff auf die Anwendung des Wesentlichkeitsgrundsatzes offensteht, ist zu betonen, dass im Rahmen der nichtfinanziellen Berichterstattung die vom jeweiligen Unternehmen verfolgten Methoden, Annahmen und Abgrenzungen transparent darzulegen sind. Das heißt, dass eine nachvollziehbare Berichterstattung **Angaben zum prozessualen Vorgehen im Rahmen der Wesentlichkeitsanalyse** und der Herleitung der Berichtsinhalte und aller Parameter hierfür erfordert (siehe Kap. IV.2.4). Nur auf einer solchermaßen erweiterten Informationsbasis kann die Vollständigkeit und Plausibilität der nichtfinanziellen Berichterstattung durch ihre Adressaten beurteilt und damit ein Verständnis i. S. der Generalnorm (siehe Kap. IV.2.4) erwirkt werden.

2.3 Nichtfinanzielle Risiken

Nichtfinanzielle Risiken sind zunächst wie finanzielle Risiken gem. DRS 20.11 als *„mögliche [im Original in Großschreibung, d. Verf.] künftige Entwicklungen oder Ereignisse, die zu einer negativen Abweichung von Prognosen bzw. Zielen des Konzerns führen können"*, zu verstehen. Die nichtfinanziellen Risiken unterscheiden sich jedoch hinsichtlich des **Objekts,** auf das sie sich beziehen, von den finanziellen Risiken. Die Spezifika des Begriffs der nichtfinanziellen Risiken sind in den Materialien zum CSR-RUG hervorgehoben:

„Der Risikobegriff kann in diesem Zusammenhang aber nicht allein bilanzrechtlich bestimmt werden. Anders als bei Risiken im Rahmen des finanziellen Teils des Lageberichts geht es bei [... nichtfinanziellen ...] Risiken nicht in erster Linie um Risiken für das Unternehmen selbst, sondern um Risiken für nichtfinanzielle Aspekte außerhalb des Unternehmens – also für die Umwelt, für Arbeitnehmer und für die anderen nichtfinanziellen Belange."[271]

Mit dieser grundlegenden Definition wird nicht nur das zentrale Betrachtungsobjekt der Berichterstattung genannt, sondern auch die Perspektive, aus der diese Betrach-

---

271 BT-Drucks. 18/9982 S. 50.

tung der berichtsrelevanten Risiken erfolgt. Nichtfinanzielle Risiken sind dadurch charakterisiert, dass sie Auswirkungen beschreiben, die aus einem Handeln, Dulden oder Unterlassen von Unternehmen resultieren und die gesetzlich in § 289c Abs. 2 HGB definierten nichtfinanziellen Aspekte betreffen; hierfür hat sich in der Literatur der Begriff der **„Inside-out-**Betrachtung" entwickelt. Er steht der traditionellen Sichtweise der Lageberichterstattung gegenüber, wonach primär jene Risiken von Bedeutung sind, die sich auf das Unternehmen selbst auswirken (sog. „Outside-in-Risiken"). Dies ist über die Identifikation der berichtsrelevanten nichtfinanziellen Risiken hinaus gleichermaßen für deren Darstellung im Rahmen der nichtfinanziellen Risikoberichterstattung von Bedeutung (siehe Kap. IV.4.5). Abb. 14 veranschaulicht das Zusammenspiel der beiden Perspektiven.

Abb. 14:	Perspektiven in der nichtfinanziellen Risikoberichterstattung[272]

Perspektive: Inside-out

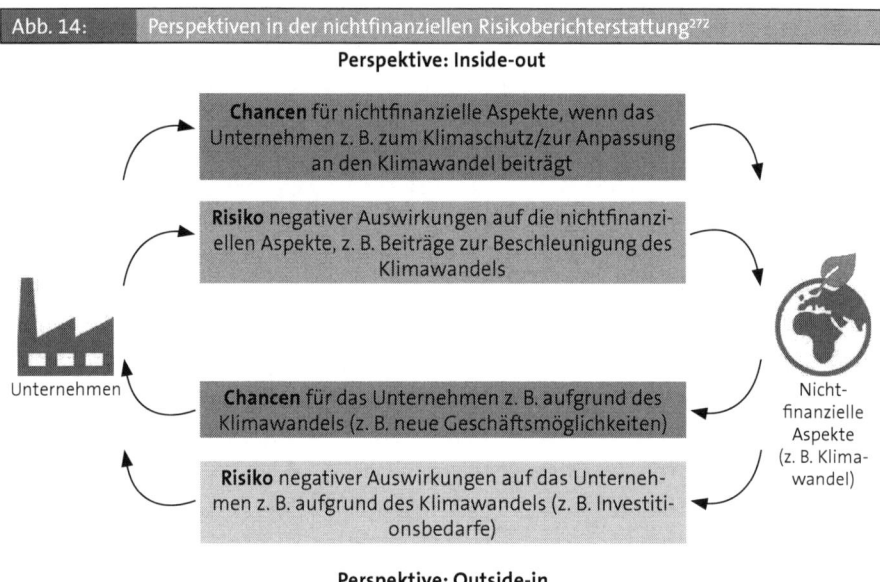

Perspektive: Outside-in

Nichtfinanzielle Risiken sind darüber hinaus als **Abweichung von Prognosen oder Zielen** zu verstehen, die sich auf Auswirkungen der Tätigkeiten von Unternehmen in den gesetzlich genannten nichtfinanziellen Aspekten beziehen. Dies erfordert, dass sich das berichtspflichtige Unternehmen mit den Erwartungshaltungen seiner Stakeholder hinsichtlich nichtfinanzieller Aspekte zu befassen hat. Daraus sind die von den Stakeholdern gewünschten bzw. zu vermeidenden Auswirkungen der Tätigkeit des Unterneh-

---

272 Basierend auf *Europäische Kommission*, Leitlinien für die Berichterstattung über nichtfinanzielle Informationen: Nachtrag zur klimabezogenen Berichterstattung, ABl EU 2019 Nr. C 209, S. 7.

mens zu identifizieren, um Zielsetzungen zur Steuerung der Auswirkungen abzuleiten. Dieses Vorgehen basiert auf dem in der Finanzberichterstattung verfolgten Ansatz und ist für die nichtfinanzielle Berichterstattung nicht nur von besonderer Relevanz, sondern regelmäßig weitaus schwieriger zu verfolgen: Einerseits ist der Kreis der als Maßstab dienenden Stakeholder weiter gefasst, andererseits basiert die Ableitung konkreter Erwartungshaltungen auf deutlich abstrakteren Berichtsobjekten (hierbei handelt es sich um die Auswirkungen). Leitlinien hierzu finden sich in DRS 20.B82:[273]

„Neu ist in der Risikoberichterstattung gemäß § 289c Abs. 3 Nr. 3 und 4 HGB, dass Mutterunternehmen verstärkt über Risiken zu berichten haben, die zu negativen Abweichungen von den Erwartungen der wesentlichen Stakeholder des Konzerns, die keine Kapitalgeber sind, führen können. Dies setzt analog zur Risikoberichterstattung in Bezug auf Ziele der Kapitalgeber voraus, dass das Mutterunternehmen auch die Erwartungen der anderen wesentlichen Stakeholder kennt. Der Dialog mit den Stakeholdern ist ein geeignetes Mittel für die Identifizierung dieser Erwartungen. Der Stakeholderdialog muss nicht immer in einer strukturierten Art und Weise durchgeführt werden. Es ist jedoch davon auszugehen, dass sich die Mutterunternehmen ständig in einem mehr oder weniger strukturierten Dialog mit ihren wesentlichen Stakeholdern befinden (z. B. im Rahmen von Investor Relations mit den Kapitalgebern, Mitarbeitergespräche) und deshalb auch die Erwartungen dieser Stakeholder dem Mutterunternehmen bekannt sind. Sofern diese Erwartungen der Stakeholder für das Mutterunternehmen bedeutsam sind, ist anzunehmen, dass es aus diesen Erwartungen eigene Ziele für den Konzern formuliert und in seine interne Steuerung aufnimmt. Während in der klassischen Finanzberichterstattung die Prognosen bzw. Ziele des Konzerns (die aus den expliziten Erwartungen der Stakeholder abgeleitet wurden) die Bezugsgrößen sind, von denen die negativen Abweichungen gemessen werden, können darüber hinaus im Kontext der nichtfinanziellen Konzernerklärung auch absolute Größen die Bezugsgrößen sein, wie z. B. gesetzliche Grenzwerte."

Das von DRS 20.B82 dargestellte Vorgehen zeigt die Verankerung der nichtfinanziellen Berichterstattung in bewährten Routinen der Nachhaltigkeitsberichterstattung. Die daraus folgenden Implikationen für die Anwendung des Wesentlichkeitsgrundsatzes und die weitere Bezugnahme auf die **Stakeholder des berichtspflichtigen Unternehmens** im Rahmen der nichtfinanziellen Berichterstattung („Stakeholder-Dialog") werden in den Kap. IV.2.4 und IV.2.5 behandelt.

Für die weitere **Konkretisierung,** welche Risiken für die nichtfinanzielle Berichterstattung von Bedeutung sind, findet sich in den Materialien zum CSR-RUG folgender Hinweis: ErwGr. 8 der CSR-Richtlinie folgend sind solche Risiken von Bedeutung, die *„sehr*

---

273 Die zitierte Passage befasst sich mit der Risikoberichterstattung gem. § 289c Abs. 3 Nr. 3 und 4 HGB, ist aber bereits grundlegend für die Identifikation der berichtspflichtigen Risiken maßgeblich.

wahrscheinlich schwerwiegende negative Auswirkungen auf die nichtfinanziellen Aspekte haben werden oder bereits zu solchen Auswirkungen geführt haben". Diese Formulierung findet gleichermaßen in den Ausführungen zur Berichtspflicht bzgl. nichtfinanzieller Risiken in § 289c Abs. 3 Nr. 3 und 4 HGB Niederschlag. Aus ErwGr. 8 der CSR-Richtlinie lassen sich damit zwei Dimensionen für die Risikobeurteilung ableiten:

▶ **Wahrscheinlichkeit des Risikoeintritts:** Die anzuwendende Wahrscheinlichkeitsgrenze wird nicht weiter konkretisiert. Da allerdings sowohl in den Gesetzesmaterialien als auch in § 289c Abs. 3 Nr. 3 und 4 HGB ausdrücklich von *„sehr wahrscheinlichen"* Risiken gesprochen wird, wird die Eintrittswahrscheinlichkeit hoch zu bemessen sein, d. h. (deutlich) über 50 % liegen müssen, damit eine Berichtspflicht ausgelöst wird.

▶ **Schwere der Auswirkungen bei Eintritt des Risikos:**[274] Hierzu wird in den Materialien zum CSR-RUG weiter ausgeführt: *„Die Schwere der Auswirkungen soll nach ihrem Ausmaß und ihrer Intensität beurteilt werden."*[275] Dies kann etwa naheleiten, abzuwägen, wie viele Menschen bei Verwirklichung eines Risikos von negativen Auswirkungen betroffen wären („Ausmaß") und wie gravierend diese Auswirkungen für jeden einzelnen von diesen wären („Intensität"). Eine hohe Beurteilung beider Kriterien ist nicht erforderlich, um eine „Schwere" festzustellen. Zur weiteren Konkretisierung findet sich in der Literatur folgende Formel: *„Letztlich wird man darunter gravierende Missstände zu verstehen haben, denen das Unternehmen aus Sicht der interessierten Verkehrskreise [d. h. der Berichtsadressaten, d. Verf.] sowie unter moralischen und wertebasierten Gesichtspunkten ungeachtet einer fehlenden rechtlichen Verpflichtung nicht unbeteiligt gegenüberstehen darf."*[276]

Im **Zusammenspiel von Wahrscheinlichkeit des Risikoeintritts und Schwere der Auswirkungen bei Risikoeintritt** ergibt sich eindeutig, dass solche Risiken im Fokus der nicht-

---

274 Wie *Rauch/Weigt*, Risikoangaben im Rahmen der nichtfinanziellen Berichterstattung, Zeitschrift für internationale und kapitalmarktorientierte Rechnungslegung 2018 S. 124, feststellen, findet sich in der korrespondierenden Vorgabe zu der CSR-Richtlinie zur Berichtspflicht bzgl. nichtfinanzieller Risiken (Art. 1) keine ausdrückliche Nennung dieses Kriteriums der Schwere der Auswirkungen. Dafür, dass die Umsetzung des deutschen Gesetzgebers dennoch vorgabenkonform erfolgte, spricht allerdings die ausdrückliche Bezugnahme in ErwGr. 8 der CSR-Richtlinie auf dieses Kriterium, wodurch dieses bereits in der Rahmen der Wesentlichkeitsanalyse (als Referenzpunkt für das zu vermittelnde Verständnis der Tätigkeiten des Unternehmens) zu berücksichtigen ist und damit auch auf die nachgelagerte nichtfinanzielle Risikoberichterstattung ausstrahlt. Im Ergebnis gleich und mit Verweis auf den Gesetzwerdungsprozess auch *Paetzmann*, § 289 HGB – Inhalt des Lageberichts; § 289b HGB – Pflicht zur nichtfinanziellen Erklärung; Befreiungen; § 289c HGB – Inhalt der nichtfinanziellen Erklärung; § 289d HGB – Nutzung von Rahmenwerken; § 315c Inhalt der nichtfinanziellen Konzernerklärung, in Bertram/Brinkmann/Kessler/Müller (Hrsg.), HGB Bilanz Kommentar, 10. Aufl. 2019; § 315c HGB Tz. 6. § 289c HGB – Inhalt der nichtfinanziellen Erklärung, in Bertram/Brinkmann/Kessler/Müller (Hrsg.), HGB Bilanz Kommentar, 10. Aufl. 2019, § 289c HGB Tz. 5.
275 BT-Drucks. 18/9982 S. 50.
276 *Nietsch*, Nachhaltigkeitsberichterstattung im Unternehmensbereich ante portas – der Regierungsentwurf des CSR-Richtlinie-Umsetzungsgesetzes, Neue Zeitschrift für Gesellschaftsrecht 2016 S. 1332.

finanziellen Berichterstattung stehen, die sowohl von einer hohen Eintrittswahrscheinlichkeit charakterisiert als auch mit schwerwiegenden negativen Auswirkungen verbunden sind. Ist eines der beiden Kriterien nicht erfüllt, so liegt im Rahmen der nichtfinanziellen Berichterstattung keine Berichtspflicht vor. Vor allem bei nicht sehr wahrscheinlichen, dafür potenziell schwerwiegenden Risiken ist jedoch eine niedrigere Wesentlichkeitsschwelle anzunehmen bzw. zumindest eine freiwillige Berücksichtigung in der Berichterstattung nahezulegen.[277]

In Summe wird den berichtspflichtigen Unternehmen hier ein weitreichender Ermessensspielraum zugebilligt, der jedoch von entscheidender Bedeutung für die Festlegung der Berichtsinhalte ist. Insofern ist eine ausführliche Darlegung der gewählten Vorgehensweisen und erforderlichen Annahmen im Rahmen der **Angaben zum nichtfinanziellen Risikomanagement** zu fordern – dies gilt in Anlehnung an die diesbezüglichen Berichtsvorgaben für die Finanzberichterstattung (siehe Kap. IV.4.5). Ein Beispiel für eine übersichtliche Darstellung findet sich in Abb. 15.

Methodisch gefordert für die Risikoanalyse ist zunächst eine Quantifizierung der Auswirkungen auf die nichtfinanziellen Aspekte. Dies erfordert den Einsatz entsprechender Quantifizierungsmethoden und die Wahl geeigneter Bezugsmaßstäbe als deren Grundlage, was mitunter zahlreiche Abstraktionen bzw. vereinfachende Annahmen erfordern wird. Weiterhin können nichtfinanzielle Risiken mehr als einmal im Jahr eintreten und fast immer sind die damit einhergehenden Auswirkungen unsicher. Die in der Praxis geläufige Beschreibung von Risiken durch Eintrittswahrscheinlichkeit und mögliche Auswirkungen wie im Beispiel aus Abb. 15 ist damit i. d. R. nicht ausreichend, da sie eine bloße Binomial-Verteilung unterstellt: Sie eignen sich lediglich für eine erste, grobe Relevanzeinschätzung und Priorisierung der nichtfinanziellen Risiken. Dies schafft allerdings die Voraussetzung, die für die nichtfinanzielle Berichterstattung relevanten nichtfinanziellen Risiken zunächst zu identifizieren und danach durch eine den jeweiligen Sachverhalt besser wiedergebende Wahrscheinlichkeitsverteilung hinsichtlich beider Betrachtungsdimensionen (i. e. Eintrittswahrscheinlichkeit und Schwere der Auswirkungen) zu beschreiben.[278]

---

277 Siehe zur – im Detail zur Wahrscheinlichkeitsschwelle allerdings abweichenden – österreichischen Rechtslage *Baumüller*, § 243b: Nichtfinanzielle Erklärung, nichtfinanzieller Bericht, in Bertl/Fröhlich/Mandl (Hrsg.), Handbuch Rechnungslegung, Band I, 2018, § 243b UGB Tz. 47.

278 Siehe zu diesen Themenfeldern, vor allem auch zu einer Übersicht über relevante Bezugsmaßstäbe und Diskussion darüber, weiterführend auch zu nichtfinanziellen Risiken *Baumüller/Gleißner*, Quantifizierung von nichtfinanziellen Risiken im unternehmensweiten Risikomanagement, GRC aktuell 2020 S. 139 ff.

Abb. 15: Struktur der nichtfinanziellen Risikobeurteilung am Beispiel Adidas[279]

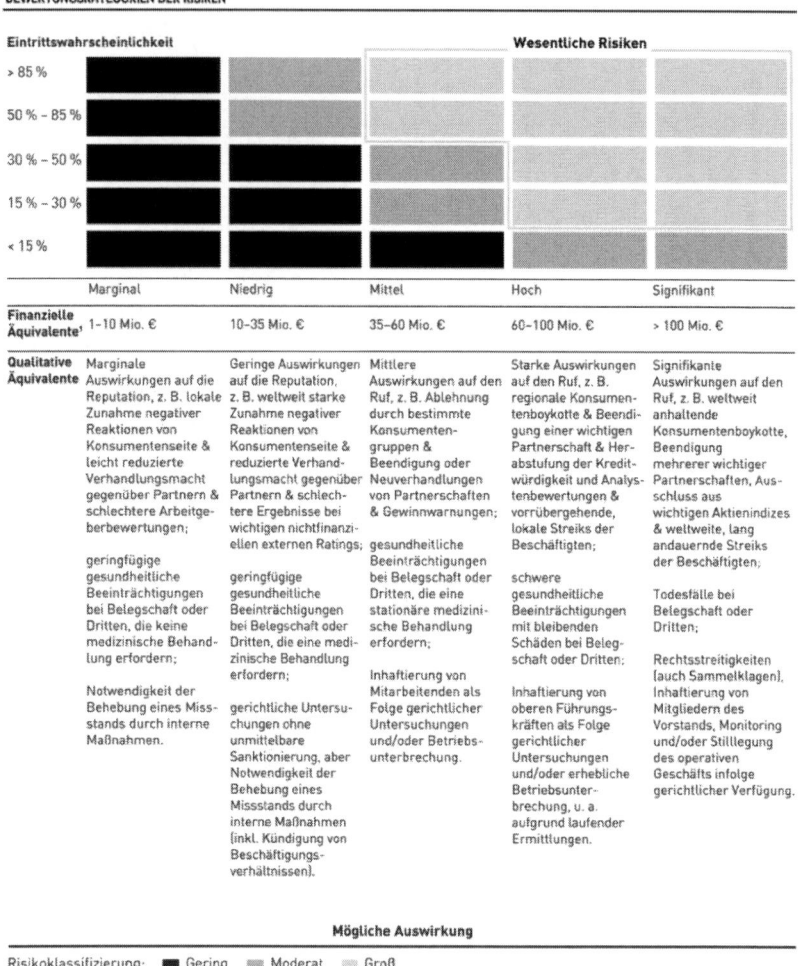

BEWERTUNGSKATEGORIEN DER RISIKEN

Eintrittswahrscheinlichkeit / **Wesentliche Risiken**

	Marginal	Niedrig	Mittel	Hoch	Signifikant
> 85 %					
50 % – 85 %					
30 % – 50 %					
15 % – 30 %					
< 15 %					

	Marginal	Niedrig	Mittel	Hoch	Signifikant
Finanzielle Äquivalente[1]	1–10 Mio. €	10–35 Mio. €	35–60 Mio. €	60–100 Mio. €	> 100 Mio. €
Qualitative Äquivalente	Marginale Auswirkungen auf die Reputation, z. B. lokale Zunahme negativer Reaktionen von Konsumentenseite & leicht reduzierte Verhandlungsmacht gegenüber Partnern & schlechtere Arbeitgeberbewertungen; geringfügige gesundheitliche Beeinträchtigungen bei Belegschaft oder Dritten, die keine medizinische Behandlung erfordern; Notwendigkeit der Behebung eines Missstands durch interne Maßnahmen.	Geringe Auswirkungen auf die Reputation, z. B. weltweit starke Zunahme negativer Reaktionen von Konsumentenseite & reduzierte Verhandlungsmacht gegenüber Partnern & schlechtere Ergebnisse bei wichtigen nichtfinanziellen externen Ratings; geringfügige gesundheitliche Beeinträchtigungen bei Belegschaft oder Dritten, die eine medizinische Behandlung erfordern; gerichtliche Untersuchungen ohne unmittelbare Sanktionierung, aber Notwendigkeit der Behebung eines Missstands durch interne Maßnahmen (inkl. Kündigung von Beschäftigungsverhältnissen).	Mittlere Auswirkungen auf den Ruf, z. B. Ablehnung durch bestimmte Konsumentengruppen & Beendigung oder Neuverhandlungen von Partnerschaften & Gewinnwarnungen; gesundheitliche Beeinträchtigungen bei Belegschaft oder Dritten, die eine stationäre medizinische Behandlung erfordern; Inhaftierung von Mitarbeitenden als Folge gerichtlicher Untersuchungen und/oder Betriebsunterbrechung.	Starke Auswirkungen auf den Ruf, z. B. regionale Konsumentenboykotte & Beendigung einer wichtigen Partnerschaft & Herabstufung der Kreditwürdigkeit und Analystenbewertungen & vorrübergehende, lokale Streiks der Beschäftigten; schwere gesundheitliche Beeinträchtigungen mit bleibenden Schäden bei Belegschaft oder Dritten; Inhaftierung von oberen Führungskräften als Folge gerichtlicher Untersuchungen und/oder erhebliche Betriebsunterbrechung, u. a. aufgrund laufender Ermittlungen.	Signifikante Auswirkungen auf den Ruf, z. B. weltweit anhaltende Konsumentenboykotte, Beendigung mehrerer wichtiger Partnerschaften, Ausschluss aus wichtigen Aktienindizes & weltweite, lang andauernde Streiks der Beschäftigten; Todesfälle bei Belegschaft oder Dritten; Rechtsstreitigkeiten (auch Sammelklagen), Inhaftierung von Mitgliedern des Vorstands, Monitoring und/oder Stilllegung des operativen Geschäfts infolge gerichtlicher Verfügung.

Mögliche Auswirkung

Risikoklassifizierung: ■ Gering ▨ Moderat ▨ Groß

1 Basierend auf Gewinn und Cashflow.

279 *Adidas*, Geschäftsbericht 2021, S. 204. Online abrufbar unter https://go.nwb.de/y8art oder über den QR-Code.

Offen ist – neben der Bestimmung der Wahrscheinlichkeit des Risikoeintritts und der Schwere der Auswirkungen bei Risikoeintritt – das Kriterium des **Zeitraums,** der für die Beurteilung nichtfinanzieller Risiken anzuwenden ist. DRS 20.156 enthält hierzu die allgemeine Vorgabe für die Risikoberichterstattung gem. § 289 Abs. 1 HGB: *„Für die Beurteilung der einzelnen Risiken ist ein jeweils adäquater Zeitraum zugrunde zu legen. Dieser hat mindestens dem verwendeten Prognosezeitraum zu entsprechen."* Mit der grundlegenden Natur von nichtfinanziellen Risiken im Einklang steht als äquivalenter Zeitraum jener der Erwartungen der Stakeholder und der daraus abgeleiteten Ziele.[280] Diese werden für die verschiedenen nichtfinanziellen Aspekte sowie für die einzelnen Themen innerhalb dieser von sehr unterschiedlicher Dauer sein; es ist davon auszugehen, dass sie regelmäßig einen längeren Zeitraum abdecken, als er für finanzielle Ziele zu beachten ist. Eine Pflicht zur Angabe der Zeiträume für diese Ziele, die sich sohin implizit auch auf die damit verbundenen nichtfinanziellen Risiken erstreckt, ergibt sich bereits i.V. mit den Angaben zu den verfolgten Konzepten gem. § 289c Abs. 3 Nr. 1 HGB (siehe Kap. IV.4.3).

Das CSR-RUG und die begleitenden Materialien hierzu sprechen einzig von nichtfinanziellen Risiken, über die pflichtgemäß berichtet werden muss. Chancen werden demgegenüber, anders als in der Risikoberichterstattung im Lagebericht gem. § 289 Abs. 1 Satz 4 HGB, nicht ausdrücklich erwähnt. Die Literatur schließt hieraus, dass eine Identifikation von **nichtfinanziellen Chancen** – als positive Abweichungen von den Erwartungen der Stakeholder – bzw. eine Berichterstattung hierüber nicht erforderlich nicht.[281] Diese Sichtweise wird hier nicht geteilt:

▶ Einerseits ist es in internationalen Standards (z. B. im COSO-Rahmenwerk) üblich, Risiko zweiwertig als Möglichkeit einer positiven und einer negativen Abweichung von Zielwerten zu verstehen.[282]

---

280 So auch *Störk/Schäfer/Schönberger*, § 289c HGB – Inhalt der nichtfinanziellen Erklärung, in Grottel/Justenhoven/Schubert/Störk (Hrsg.), Beck'scher Bilanz-Kommentar, 13. Aufl. 2022, § 289c HGB Tz. 56.

281 Vgl. *Störk/Schäfer/Schönberger*, § 289c HGB – Inhalt der nichtfinanziellen Erklärung, in Grottel/Justenhoven/Schubert/Störk (Hrsg.), Beck'scher Bilanz-Kommentar, 13. Aufl. 2022, § 289c HGB Tz. 68.

282 So z. B. auch die in Österreich h. M.; dazu *Baumüller*, Nichtfinanzielle Berichterstattung, 2020, S. 106 f.

► Andererseits betonen die Leitlinien der EU-Kommission zur nichtfinanziellen Berichterstattung zutreffend, dass sich dem GoB der ausgewogenen Darstellung die Forderung entnehmen lässt, dass sowohl positive als auch negative Auswirkungen[283] bzw. Aspekte[284] zu berücksichtigen sind.[285]

► Im Ergebnis scheint schließlich eine Ungleichbehandlung der Risikoberichterstattung im Lagebericht im Allgemeinen und als Teil der nichtfinanziellen Berichterstattung im Speziellen konzeptionell wenig schlüssig.

Somit sind nichtfinanzielle Chancen ebenso zu identifizieren und es ist gem. § 289c Abs. 3 Nr. 3 und 4 HGB über sie zu berichten. Für diese Angaben gelten dieselben Anforderungen wie für nichtfinanzielle Risiken. Ein Beispiel liefert die Deutsche Telekom.

NICHTFINANZIELLE CHANCEN AM BEISPIEL DEUTSCHE TELEKOM[286]

„Klimaschutz.

Im Rahmen unserer integrierten Klimastrategie befassen wir uns sowohl mit den Risiken als auch mit den Chancen, die der Klimaschutz für uns und unsere Stakeholder birgt. ICT-Produkte und -Dienstleistungen werden im Jahr 2030, trotz zu erwartender Rebound-Effekte, das Potenzial haben, in anderen Branchen bis zu siebenmal so viel CO_2-Emissionen einzusparen wie das Wachstum der ICT-Branche selbst verursacht (GeSI-Studie ‚Digital with Purpose'). So besteht die Möglichkeit, bei Annahme eines optimistischen Szenarios, bis zu 9 % der globalen CO_2-Emissionen im Jahr 2030 einzusparen. Es wird zudem ein Investitionsvolumen von etwa 3 Billionen US-Dollar in innovative Lösungen bis 2030 erwartet, welches nicht nur zum Ausbau des Geschäfts führen wird, sondern auch die SDGs unterstützt. Diese Entwicklung begleiten wir, indem wir unser Produkt-Portfolio hinsichtlich Nachhaltigkeitsvorteilen bewerten. Zusätzlich wollen wir das Verhältnis aus Emissionen, die durch unsere Produkte und Dienste eingespart werden können, und Emissionen aus unserer eigenen gesamten Wertschöpfungskette kontinuierlich verbessern."

---

283 Vgl. *Europäische Kommission*, Leitlinien für die Berichterstattung über nichtfinanzielle Informationen (Methode zur Berichterstattung über nichtfinanzielle Informationen), 2017, S. 5.

284 Vgl. *Europäische Kommission*, Leitlinien für die Berichterstattung über nichtfinanzielle Informationen (Methode zur Berichterstattung über nichtfinanzielle Informationen), 2017, S. 7.

285 Siehe auch die Bezugnahme auf Chancen in den Materialien zum CSR-RUG, BT-Drucks. 18/9982 S. 1.

286 *Deutsche Telekom*, Geschäftsbericht 2021, S. 140. Online abrufbar unter https://go.nwb.de/iz5i0 oder über den QR-Code.

2.4 Wesentliche Informationen

2.4.1 Weitere Konkretisierung des Wesentlichkeitsgrundsatzes

Wie bereits in Kap. IV.2.1 dargelegt, steht der Wesentlichkeitsgrundsatz im Zentrum der Herleitung der Berichtsinhalte der nichtfinanziellen Berichterstattung. Die Abgrenzung der Berichtsinhalte anhand der Wesentlichkeitsanalyse erfolgt **zweistufig:** Zum einen sind die „Verständnisse", die durch die Berichterstattung für Geschäftsverlauf, -ergebnis und Lage des Unternehmens geschaffen werden sollen, zu wahren; zum anderen gilt es, das „Verständnis" für die Auswirkungen der Tätigkeiten des Unternehmens zu schaffen (beide Stufen ergeben sich aus § 289c Abs. 3 HGB). Eine weitere Konkretisierung, wie die Wesentlichkeitsanalyse auszulegen ist, findet sich in den Gesetzesmaterialien zum CSR-RUG:

„Die schon geltende Wesentlichkeitsformel des § 289 Absatz 3 HGB wird in § 289c Absatz 3 HGB-E dabei in der Weise modifiziert, dass die Angabe zugleich (‚sowie') auch für das Verständnis der Auswirkungen der Geschäftstätigkeit auf nichtfinanzielle Belange erforderlich sein muss. Es reicht damit nicht aus, dass die nichtfinanzielle Information nur für das Verständnis von Lage und Entwicklung der Kapitalgesellschaft, nicht aber auch für die Auswirkungen seiner Geschäftstätigkeit erforderlich ist. Solche Angaben müssen schon heute im Lagebericht nach § 289 Absatz 3 HGB im Zusammenhang mit nichtfinanziellen Leistungsindikatoren berichtet werden."[287]

Als erste Schlussfolgerung lässt sich hieraus ableiten, dass die Informationen, auf die sich die Berichtspflicht im Rahmen der nichtfinanziellen Berichterstattung bezieht, eine Teilmenge jener Informationen sein müssen, für die bereits die Berichtspflicht nach § 289 Abs. 3 HGB abzuleiten ist.[288] Dies ist vor allem im Hinblick auf die **Konsistenz zwischen Lageberichterstattung und nichtfinanzieller Berichterstattung** von zentraler Bedeutung. Da sich die Anforderungen an die Berichterstattung gem. § 289 Abs. 3 HGB und § 289c Abs. 3 HGB bzgl. Form und Inhalt unterscheiden, ist die geforderte Konsistenz primär inhaltlicher Natur (siehe dazu Kap. IV.3).

Im Umkehrschluss bedeutet die zitierte Passage aus den Gesetzesmaterialien gleichsam, dass es nicht ausreicht, wenn eine Information lediglich für das Verständnis für die Auswirkungen der Geschäftstätigkeit erforderlich ist, aber keinen Bezug zur Vermögens-, Finanz- und Ertragslage des Unternehmens aufweist.[289] Das heißt, dass die Informationen, über die pflichtgemäß berichtet werden muss, **sowohl unter Inside-out-**

---

287 BT-Drucks. 18/9982 S. 48 f.

288 Siehe auch *Störk/Schäfer/Schönberger,* § 289c HGB – Inhalt der nichtfinanziellen Erklärung, in Grottel/Justenhoven/Schubert/Störk (Hrsg.), Beck'scher Bilanz-Kommentar, 13. Aufl. 2022, § 289c HGB Tz. 31.

289 So auch deutlich *IDW,* Positionspapier: Pflichten und Zweifelsfragen zur nichtfinanziellen Erklärung als Bestandteil der Unternehmensführung, 2017, S. 14.

als auch unter Outside-in-Perspektive wesentlich sind. Der Gesetzgeber führt dazu in den Materialien zum CSR-RUG allerdings aus, dass beide Perspektiven im Kontext der nichtfinanziellen Aspekte, über die pflichtgemäß berichtet werden muss, häufig zugleich erfüllt sein dürften; wesentliche Auswirkungen, die sich aus der Tätigkeit eines Unternehmens für seine Stakeholder ergeben, werden i. d. R. entscheidend für die Vermögens-, Finanz- und Ertragslage des Unternehmens selbst sein:

„In vielen Fällen werden beide Voraussetzungen dennoch gleichermaßen erfüllt sein. So dürften ressourcenwirksame Entwicklungen nicht nur Umwelt oder Arbeitnehmer, sondern zugleich auch die künftige Entwicklung der Kapitalgesellschaft selbst betreffen. Andauernde schwere Menschenrechtsverletzungen, die durch die Geschäftstätigkeit der Kapitalgesellschaft gefördert werden, dürften das Risiko eines gravierenden Imageverlusts und von Absatzeinbrüchen beinhalten, die Auswirkungen auf das Geschäftsmodell haben können."[290]

Damit diese Annahme hält, ist der **Prozess der Identifikation der Berichtsinhalte** daran auszurichten. Im Besonderen rückt dabei die Frage nach den betrachteten Stakeholdern und deren Priorisierung in den Fokus; oder anders formuliert: Für wen sollen welche Inhalte generiert werden? Die Identifikation und Gewichtung der Stakeholder werden in Kap. IV.2.4 sowie in Kap. IV.2.5 diskutiert.

Die Perspektive, die konzeptionell letztlich **Priorität** genießt, ist die Outside-in-Perspektive. Anders als im Kontext der traditionellen Nachhaltigkeitsberichterstattung liegt das Ziel der nichtfinanziellen Berichterstattung demzufolge in einer erweiterten bzw. verbesserten Darstellung der Vermögens-, Finanz- und Ertragslage des berichtspflichtigen Unternehmens. Technisch funktioniert sie wie ein „Filter", indem nur solche nach der Inside-out-Perspektive wesentlichen Informationen berichtet werden müssen, die auch bei einer Outside-in-Betrachtung den Wesentlichkeitskriterien entsprechen. Dies bringen die Materialien zum CSR-RUG deutlich zum Ausdruck. Des Weiteren fügt es sich konsistent in den gesamten Rahmen des Handelsrechts (vor allem für die Lageberichterstattung), das sich mit der Unternehmensberichterstattung und gerade nicht mit einer erweiterten Umwelt- bzw. Sozialbilanzierung befasst. In der Begründung zum Entwurf eines CSR-RUG heißt es dazu:

„Für die Berichterstattung relevant sind damit in erster Linie die durch die Geschäftstätigkeit der Kapitalgesellschaft verursachten Risiken für die – wenn auch nichtfinanziellen – Voraussetzungen ihrer künftigen Geschäftstätigkeit. Die Kapitalgesellschaft soll durch ihre Geschäftstätigkeit nicht die Grundlagen ihrer künftigen Geschäftstätigkeit schädigen. Ist die Geschäftstätigkeit von vornherein auf bestimmte nicht erneuerbare Ressourcen be-

---

290 BT-Drucks. 18/9982 S. 49.

grenzt und stehen diese Ressourcen etwa aufgrund von Streitigkeiten über Umweltaus-wirkungen oder Arbeitsbedingungen kürzer als geplant zur Verfügung, ist auch das ein wesentliches Risiko für die Geschäftstätigkeit."[291]

Dieser Befund steht freilich nicht dem Zweck entgegen, über die Pflichten zum nicht-finanziellen Bericht eine Auseinandersetzung mit den vom Unternehmen erzielten Aus-wirkungen und damit eine Verbesserung der Konsequenzen für die Stakeholder und das Unternehmen selbst zu erreichen. Dieser Anreiz ergibt sich folglich schon aus einer rein ökonomischen Betrachtung heraus – nicht etwa aus ethischen Überlegungen – und rechtfertigt Investitionen zur Verbesserung nichtfinanzieller Zielgrößen als wirt-schaftlich geboten.[292]

Das Zusammenspiel von Inside-out- und Outside-in-Perspektive lässt sich übersichtlich in Form einer **Matrix** veranschaulichen (siehe Abb. 16); solche Darstellungen sind vor allem in der Praxis der traditionellen Nachhaltigkeitsberichterstattung üblich.[293] Ent-scheidend ist hierbei die Wahl der Achsen, auf deren Grundlage die Wesentlichkeits-analyse erfolgt. Diese Achsen zur Abgrenzung der Berichtpflichten haben sich an bei-den Perspektiven zu orientieren, die letztlich zusammengenommen den maßgeblichen Wesentlichkeitsgrundsatz konstituieren.

---

291 BT-Drucks. 18/9982 S. 51.

292 Siehe hierzu auch *Baumüller*, Ziele und Inhalte der nichtfinanziellen Berichterstattung, Der Jahresabschluss 2018 S. 98.

293 Die am weitesten verbreitete Form enthalten die Standards der GRI; siehe dazu GRI 101: Foundation 2016, S. 11, sowie Kap. VI.

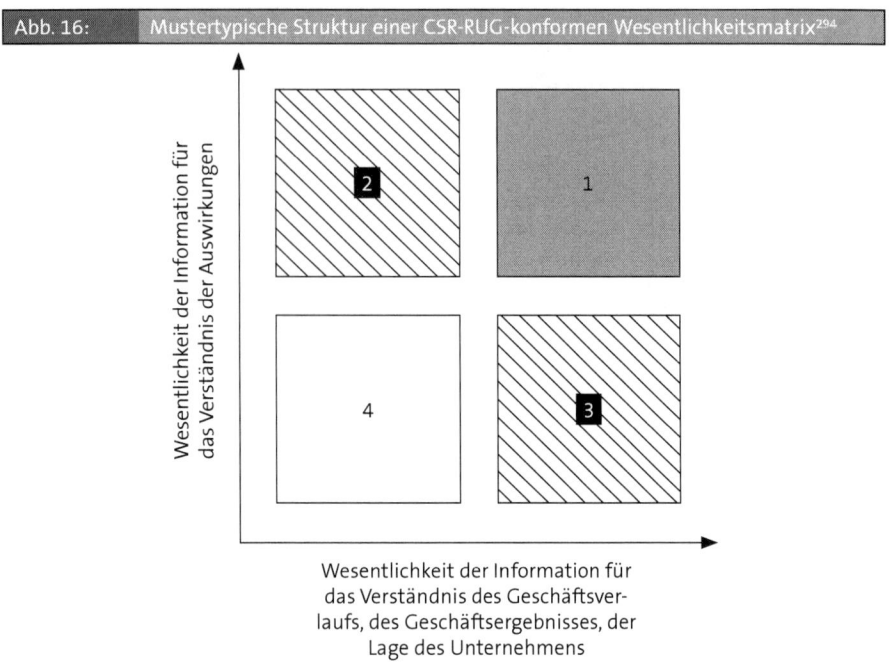

Abb. 16: Mustertypische Struktur einer CSR-RUG-konformen Wesentlichkeitsmatrix[294]

Auf Grundlage einer solchen Darstellung kann eine Beurteilung der identifizierten Informationen wie folgt vorgenommen werden:

► Eine **Berichtspflicht** gem. § 289c Abs. 3 HGB liegt ausschließlich für jene Informationen vor, die dem Quadranten 1 zuzuordnen sind.

► Für die Quadranten 2 und 3 ließe sich demgegenüber eine **freiwillige Berichterstattung** diskutieren (siehe auch Kap. IV.2.4):

– Informationen, die dem Quadranten 2 zuzuordnen sind, erweitern die nichtfinanzielle Berichterstattung in Richtung der traditionellen Nachhaltigkeitsberichterstattung und sind von einem erweiterten Verständnis von Wesentlichkeit charakterisiert, das alle wesentlichen Auswirkungen der Tätigkeiten des Unternehmens umfasst. Berichtspflichtige Unternehmen, die Rahmenwerke wie jenes der GRI zur Umsetzung der Berichtspflichten anwenden, werden hierauf häufig zurückgreifen.

---

294 In Anlehnung an *Baumüller*, § 243b: Nichtfinanzielle Erklärung, nichtfinanzieller Bericht, in Bertl/Fröhlich/Mandl (Hrsg.), Handbuch Rechnungslegung, Band I, 2018, S. 63.

- Informationen, die dem Quadranten 3 zuzuordnen sind, laufen demgegenüber Gefahr, erweiterte Redundanzen zu Bestandteilen der Lageberichterstattung zu schaffen, die diesen Berichtsfokus teilen. Eine Angabe solcher Informationen bietet sich allerdings auch an, um deckungsgleich über Informationen gem. § 289c Abs. 3 HGB und § 289 Abs. 3 HGB zu berichten.

▶ Informationen, die dem Quadranten 4 zuzuordnen sind, sind dadurch charakterisiert, dass sie weder für die Abbildung der Auswirkungen der Tätigkeiten des berichtspflichtigen Unternehmens noch für die Darstellung seiner Vermögens-, Finanz- und Ertragslage wesentlich sind. Daher ist von einem **Verbot** ihrer Aufnahme in die nichtfinanzielle Berichterstattung auszugehen, um potenziell irreführende Darstellungen sowie ggf. einem *„information overload"* vorzubeugen.

Besondere Relevanz hat die dargestellte Matrix-Logik für die **Konsistenz** zwischen den finanziellen Risiken einerseits, über die im Lagebericht gem. § 289 Abs. 1 HGB berichtet wird, und den nichtfinanziellen Risiken andererseits, die unter die Angabepflichten gem. § 289c Abs. 3 Nr. 3 und 4 HGB fallen. Erstere sind durch den Rückgriff auf eine Outside-in-Perspektive gekennzeichnet; für Letztere ist die Inside-out-Perspektive relevant. Ein und dasselbe Risiko kann jedoch oftmals in beiden Perspektiven Auswirkungen haben; bspw. kann ein Unternehmen wesentliche Beiträge zum Klimawandel leisten oder etwas dagegen tun, gleichzeitig aber von dem Klimawandel auch (negativ) finanziell betroffen sein. In diesem Fall besteht eine Angabepflicht nach beiden Gesetzesbestimmungen. Die Angabe kann entweder integriert oder in unterschiedlichen Stellen im Lagebericht bzw. in der nichtfinanziellen Berichterstattung vorgenommen werden; jedenfalls muss es dabei für alle berichteten nichtfinanziellen Risiken zutreffend sein, dass diese gem. § 289 Abs. 1 HGB auch außerhalb der nichtfinanziellen Erklärung nach den dafür vorgesehenen Berichtsgrundsätzen behandelt werden (aber nicht notwendigerweise auch umgekehrt). Dieser Zusammenhang erfordert sohin gleichermaßen eine integrierte Risikobetrachtung – in diesen Fällen wäre der Rückgriff auf den Ansatz des Integrated Reporting förderlich.[295]

Eine **visuelle Darstellung** der Wesentlichkeitsanalyse ist für die Zwecke der nichtfinanziellen Berichterstattung nicht verpflichtend in die Berichterstattung aufzunehmen; sie erhöht allerdings die Nachvollziehbarkeit und das Verständnis für die Festlegung der Berichtsinhalte. In der Praxis ist sie nur in Einzelfällen vorzufinden, diesfalls häufig mit abweichenden Bezeichnungen für die X- und die Y-Achse (zumeist allerdings sinngleichen Inhalts). Eine vorbildhafte Umsetzung veranschaulicht Abb. 17.

---

295 Siehe hierzu auch *Baumüller*, Nichtfinanzielle Berichterstattung, 2020, S. 104.

Abb. 17: Wesentlichkeitsmatrix am Beispiel Vonovia[296]

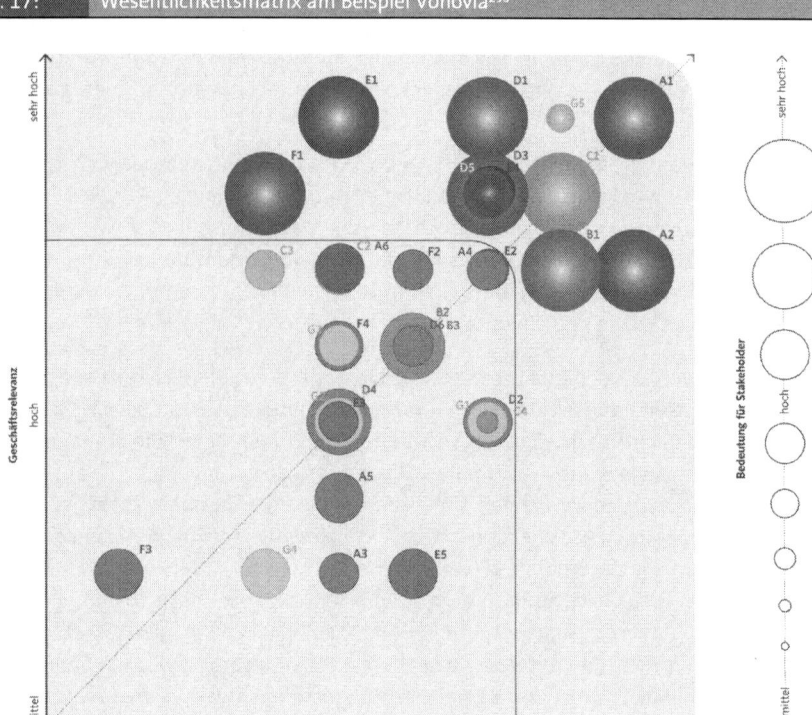

Handlungsfeld A: Umwelt und Klima

A1 CO₂-Reduktion Immobilienbestand/Energetische Modernisierung
A2 Erneuerbare Energien und Energiemix
A3 Energieeffizienz und CO₂-Einsparung im Geschäftsbetrieb
A4 Innovationen für Klima und Umwelt
A5 Wasser, Abwasser und Abfall
A6 Biodiversität

Handlungsfeld B: Nachhaltiges Bauen und Entwickeln

B1 Nachhaltiger Neubau und Umbau
B2 Nachhaltige Materialien und Produkte
B3 Sozial- und Umweltstandards in der Lieferkette

Handlungsfeld C: Gesellschaft und Beitrag zur Stadtentwicklung

C1 Quartiersentwicklung und Beitrag zur Infrastruktur
C2 Integration, Vielfalt und sozialer Zusammenhalt
C3 Beteiligung und Partizipation
C4 Mitgestaltung des politischen Dialogs

Handlungsfeld D: Wohnraum und Kunden

D1 Wohnen zu fairen Preisen
D2 Beitrag zu Neubau in Ballungsgebieten
D3 Bedarfsgerechtes Wohnen und Handeln in Bezug auf demografischen Wandel
D4 Instandhaltung von Bestandsimmobilien
D5 Kundenzufriedenheit und Servicequalität
D6 Dialog mit Mietern

Handlungsfeld E: Unternehmenskultur und Mitarbeiter

E1 Attraktivität als Arbeitgeber
E2 Ausbildung und persönliche Entwicklung
E3 Leistungsgerechte und wertschätzende Vergütung
E4 Umgang mit Vielfalt und Chancengerechtigkeit
E5 Förderung von Gesundheit und Sicherheit

Handlungsfeld F: Unternehmensführung und verantwortungsvolles Wirtschaften

F1 Governance und Compliance
F2 Stakeholder-Orientierung
F3 Achtung und Förderung der Menschenrechte
F4 Informationsmanagement und Datenschutz

Handlungsfeld G: Zukunftsfähigkeit und Kapitalmarkt

G1 Nachhaltiges und langfristiges Wachstum
G2 Management von Chancen und Risiken
G3 Digitalisierung von Prozessen
G4 Nachhaltige Beziehungen zu Geschäftspartnern
G5 Attraktivität am Kapitalmarkt

Wesentliche Themen zeichnen sich durch eine hohe Bedeutung für mindestens zwei der drei folgenden Dimensionen aus. Auswirkungen auf das Geschäft und die Wertschöpfung, Auswirkungen des Geschäftsmodells auf Umwelt und Gesellschaft sowie die Perspektive relevanter externer Stakeholdergruppen.
Die wesentlichen Themen sind fett markiert.

---

296 *Vonovia*, Geschäftsbericht 2021, S. 69. Online abrufbar unter https://go.nwb.de/j1kb2 oder über den QR-Code.

Für freiwillig in die Berichterstattung aufgenommene Informationen ist eine **gesonderte Kennzeichnung** im Rahmen der Berichterstattung zu empfehlen, um zentralen allgemeinen GoB – wie jenem der Klarheit und Übersichtlichkeit – zu entsprechen. Das untenstehende Beispiel der Deutschen Bank verdeutlicht Möglichkeiten zur Abgrenzung von Informationen, über die pflichtgemäß berichtet werden muss, und freiwillig veröffentlichten Informationen.

UNTERSCHEIDUNG WESENTLICHER UND UNWESENTLICHER INFORMATIONEN AM BEISPIEL DEUTSCHE BANK[297]

„Im Jahr 2021 haben wir die Liste unserer wesentlichen nichtfinanziellen Themen überprüft und ihre Bedeutung bestätigt. Ergebnisse führt die Wesentlichkeitsmatrix auf. Zusätzlich haben wir untersucht, ob unsere Geschäftstätigkeit, unsere Geschäftsbeziehungen sowie unsere Produkte und Dienstleistungen mit potenziell signifikanten Risiken verknüpft sind, die mit hoher Wahrscheinlichkeit schwerwiegende negative Auswirkungen auf die wesentlichen nichtfinanziellen Themen haben oder künftig haben werden. Wir haben 2021 keine derartigen Risiken identifiziert. Die Ergebnisse der Recherche wurden im Jahr 2021 mit der ESG Metrics and Disclosures Lenkungsgruppe diskutiert und freigezeichnet – die Gruppe wurde im März 2021 gegründet, um die ESG-Metriken und -Veröffentlichungen der Bank ganzheitlich zu betrachten. Die ESG Metrics and Disclosures Lenkungsgruppe besteht aus Experten der Abteilungen Finanzen, Investorenbeziehungen, Risikomanagement, Kommunikation und Nachhaltigkeit.

Jedes wesentliche Thema der verpflichtenden ‚Nichtfinanziellen Erklärung' ist mit einer Linie am Seitenrand gekennzeichnet."

Die praktische Herausforderung in der Identifikation der relevanten Informationen liegt in der Herleitung der Grundgesamtheit an Informationen, die für eine vertiefende Betrachtung überhaupt infrage kommen. Im Anschluss ist für jede dieser Informationen die Wesentlichkeit nach den beiden relevanten Analysedimensionen gesondert zu beurteilen. Zur Einschränkung des großen Ermessensspielraums, der den berichtspflichti-

---

297 *Deutsche Bank,* Nichtfinanzieller Bericht 2021, S. 9. Online abrufbar unter https://go.nwb.de/jidzc oder über den QR-Code.

gen Unternehmen hier mangels klarer gesetzlicher Regelungen offensteht, hat die Herleitung und Beurteilung dieser Informationen anhand von **strukturierten, anerkannten und stetig angewandten Methoden** zu erfolgen. Die prozessualen Anforderungen, die sich hieraus ergeben, werden im folgenden Kapitel erläutert.

2.4.2 Prozessuale Vorgaben zur Durchführung einer Wesentlichkeitsanalyse

Zur **Beurteilung der Wesentlichkeit** von Angaben hinsichtlich der Vermögens-, Finanz- und Ertragslage des Unternehmens kann auf die Grundsätze zurückgegriffen werden, die bereits für die Lageberichterstattung zum Tragen kommen.[298] Hinsichtlich der Bestimmung der Wesentlichkeit von Angaben zu den Auswirkungen der Tätigkeiten eines Unternehmens ist der Rückgriff auf bestehende Auslegungen zu § 289 HGB – mangels Verwendung dieses Aspekts in der Lageberichterstattung – nicht möglich. Auch der Wortlaut von § 289c HGB enthält hierzu keine weiteren Anhaltspunkte; den Leitlinien der EU-Kommission zur nichtfinanziellen Berichterstattung lässt sich dazu aber der Hinweis entnehmen, dass grundsätzlich dieselbe Logik wie für die Finanzberichterstattung zu wählen ist:

„Nach Artikel 2 Absatz 16 der Bilanzierungsrichtlinie (2013/34/EU) gelten Informationen *dann als wesentlich, ,wenn vernünftigerweise zu erwarten ist, dass ihre Auslassung oder fehlerhafte Angabe Entscheidungen beeinflusst, die Nutzer auf der Grundlage des Abschlusses des Unternehmens treffen.' Weiter heißt es: ,Die Wesentlichkeit einzelner Posten wird im Zusammenhang mit anderen ähnlichen Posten bewertet.'"*[299]

Maßstab für die Beurteilung der Wesentlichkeit von Auswirkungen sind demzufolge die Bedürfnisse der Adressaten dieser Information. Wer hierunter zu fallen hat, ist gesetzlich nicht festgelegt; die Materialien zum CSR-RUG sprechen i. d. Sinne auch von einer **„Perspektive der Allgemeinheit"**, die zu beachten ist.[300] Der h. M. folgend ist dieser Adressatenkreis sohin weiter auszulegen, als es bei der Finanzberichterstattung der Fall ist, und stimmt mit den Stakeholdern des Unternehmens überein.[301] Die Stakeholder – und ihre Erwartungen an das berichtspflichtige Unternehmen hinsichtlich der nichtfinanziellen Aspekte – müssen zunächst identifiziert werden, um darauf aufbauend die für sie (potenziell) relevanten Berichtsinhalte zu generieren (siehe dazu Kap. IV.2.5).

---

298 Vgl. *Baumüller*, Nichtfinanzielle Berichterstattung, 2020, S. 58.

299 *Europäische Kommission*, Leitlinien für die Berichterstattung über nichtfinanzielle Informationen (Methode zur Berichterstattung über nichtfinanzielle Informationen), 2017, S. 5.

300 BT-Drucks. 18/9982 S. 47.

301 Zum Beispiel *Störk/Schäfer/Schönberger*, § 289c HGB – Inhalt der nichtfinanziellen Erklärung, in Grottel/Justenhoven/Schubert/Störk (Hrsg.), Beck'scher Bilanz-Kommentar, 13. Aufl. 2022, § 289c HGB Tz. 3.

Neben der Berücksichtigung der Bedürfnisse der Adressaten ist für die Beurteilung der Wesentlichkeit von Informationen über Auswirkungen eine Risikoperspektive einzunehmen: Informationen über Auswirkungen sind – den Materialien zum CSR-RUG folgend – dann relevant, wenn sie *„sehr wahrscheinlich schwerwiegende negative Auswirkungen auf die nichtfinanziellen Aspekte haben werden oder bereits zu solchen Auswirkungen geführt haben"*.[302] Das heißt, unter Bezugnahme auf die Erwartungen der Stakeholder hat eine Risikobewertung zu erfolgen, deren Ergebnis letztlich die Wesentlichkeit einer Information für das Verständnis der Auswirkungen (entlang der in Abb. 16 dargestellten Y-Achse) – und damit die Berichtspflicht – bestimmt. Hierbei sind insbesondere noch die Spezifika nichtfinanzieller Risiken zu würdigen, wie sie bereits in Kap. IV.2.3 dargestellt wurden.

Für den gesamten Analyseprozess zur Identifikation der zu berichtenden Inhalte hat sich die Bezeichnung **„Wesentlichkeitsanalyse"** etabliert; in Konzepten der traditionellen Nachhaltigkeitsberichterstattung (wie etwa auf Grundlage der Standards der GRI) sind dem Analyseprozess üblicherweise umfassende Ausführungen gewidmet.[303] Der Rückgriff auf einen derartigen Analyseprozess, der jedoch die spezifischen gesetzlichen Vorgaben für die nichtfinanzielle Berichterstattung abbildet und von den Konzepten der traditionellen Nachhaltigkeitsberichterstattung abweichen kann, ist auch für die nichtfinanzielle Berichterstattung praktikabel und geboten, damit eine GoB-konforme Berichterstattung gewährleisten ist. Die Literatur nennt für diesen Kontext folgende Mindestbestandteile:[304]

▶ **Bestandsaufnahme:** Identifikation aller bereits initiierten Maßnahmen und Mechanismen mit Bezug zu verpflichtend zu berichtenden Aspekten gem. CSR-RUG.

▶ **Trend- und Literaturanalyse:** Diese erweitert die Analyse um die Entwicklungen in der vorherrschenden Literaturmeinung und in allgemeinen Unternehmenspraktiken. Fachpublikationen, empirische Untersuchungen etc. sind hier von Bedeutung.

▶ **Peergroup-Benchmark:** Im Hinblick auf Branchenspezifika und daraus abgeleitete Standards soll der unmittelbaren Vergleichsgruppe des berichtspflichtigen Unternehmens und den Inhalten deren nichtfinanzieller Berichterstattung besonderes Augenmerk gewidmet werden.

▶ **Stakeholder-Dialog:** Um die Adressatenorientierung für die nichtfinanzielle Berichterstattung zu gewährleisten, sind die Sichtweisen und Erwartungshaltungen der Stakeholder einzuholen. Ausgangspunkt sind dabei typischerweise die Ergebnisse

---

302 BT-Drucks. 18/9982 S. 50.

303 Dazu weiterführend *Milla/Haberl-Arkhurst*, Wesentlichkeitsanalyse in der nichtfinanziellen Berichterstattung, Zeitschrift für Recht und Rechnungswesen 2018 S. 23 ff.

304 In Anlehnung an die Empfehlungen bei *Erben/Zülch*, CSR-Performance-Cycle (Teil 2), Der Betrieb 2019 S. 2251 f.

der drei zuvor genannten Punkte, an die angeknüpft wird. Dies kann z. B. in Form von Workshops, Umfragen oder Paneldiskussionen geschehen.

▶ **Wesentlichkeits-Workshop:** Letztlich sind die erzielten Ergebnisse zu bewerten und die erhobenen Informationen in einem internen Workshop zu priorisieren. Darüber hinaus ist die Perspektive auf die Vermögens-, Finanz- und Ertragslage des berichtspflichtigen Unternehmens zu ergänzen. Unter Festlegung der anzuwendenden Wesentlichkeitsschwellen können schlussendlich jene Informationen identifiziert werden, für die eine Berichtspflicht vorliegt.

Im Hinblick auf den weitlaufenden Ermessensspielraum, der sich im Rahmen der Durchführung solcher Wesentlichkeitsanalysen eröffnet, lassen sich zunehmend Bemühungen feststellen, **unternehmensübergreifend standardisierte Vorgehensweisen** zu etablieren. Dies kann etwa durch Branchenempfehlungen zu Mindestinhalten der nichtfinanziellen Berichterstattung (bzw. zumindest zu deren Herleitung) oder durch den vermehrten Rückgriff auf wissenschaftliche Methoden hierfür geschehen. Ein Beispiel hierfür stellen die entsprechenden Empfehlungen für Kreditinstitute und Versicherungsunternehmen im Nachtrag zu den Leitlinien zur nichtfinanziellen Berichterstattung durch die EU-Kommission aus dem Sommer 2019 dar. Weitere Entwicklungen zur Konkretisierung der Wesentlichkeitsanalyse ergeben sich durch die Verabschiedung der CSRD und die Veröffentlichung der Standardentwürfe der ESRS (siehe zu den dahingehenden Änderungen Kap. II). Es ist zu empfehlen, dass die Unternehmen die absehbaren Entwicklungen und zukünftigen Anforderungen möglichst frühzeitig in ihrer Berichterstattungspraxis berücksichtigen.

Die verpflichtend zu berichtenden Informationen werden im Rahmen der prozessualen Vorbereitung der nichtfinanziellen Berichterstattung zu Sachverhalten bzw. sog. „Themen" strukturiert. Dabei handelt es sich um sachlogisch abgrenzbare Teilbereiche der nichtfinanziellen Aspekte, die § 289c Abs. 2 HGB nennt (siehe dazu Kap. IV.3). Wie und in welcher Feingliederung dies geschieht, liegt weitgehend im Ermessen des berichtspflichtigen Unternehmens. Dies illustriert das folgende Beispiel.

THEMEN, ÜBER DIE PFLICHTGEMÄSS BERICHTET WERDEN MUSS, AM BEISPIEL UNIPER[305]

„Der zusammengefasste gesonderte nichtfinanzielle Bericht enthält Angaben zu den fünf in den § 289c und 315c HGB geforderten Aspekten:

▶ Umweltbelange

▶ Sozialbelange

▶ Arbeitnehmerbelange

▶ Einhaltung der Menschenrechte

---

305 *Uniper*, Geschäftsbericht 2021, S. 90. Online abrufbar unter https://go.nwb.de/7ic9i oder über den QR-Code.

▶ Bekämpfung von Korruption und Bestechung

Von Rechts wegen sind Aspekte des Geschäftsmodells von Uniper dann von wesentlicher Bedeutung für den Bericht, wenn sie einen signifikanten Einfluss auf Uniper und Dritte haben können und wenn sie wichtig für das Verständnis der aktuellen und zukünftigen Entwicklung des Konzerns sind. In der Wesentlichkeitsanalyse von Uniper für das Jahr 2021 wurden unternehmensspezifische Sachverhalte festgelegt und den fünf gesetzlich geforderten Aspekten zugeordnet. Dabei verfolgte Uniper einen zweidimensionalen Ansatz: So wurden einerseits die ökonomischen, ökologischen und sozialen Aspekte der geschäftlichen Auswirkungen von Uniper auf diese Sachverhalte betrachtet, und andererseits die Erwartungen der Stakeholder an das Unternehmen."

Dem Gesetzestext selbst ist **keine Berichtspflicht** bzgl. der Durchführung einer solchen Wesentlichkeitsanalyse sowie über deren Ausgestaltung zu entnehmen. In Anbetracht der grundlegenden Bedeutung, die diesen Prozessen für das Zustandekommen der nichtfinanziellen Berichterstattung sowie für die Beurteilung deren Vollständigkeit und Plausibilität zukommt, sind Angaben hierzu wiederum unter den Gesichtspunkten der GoB geboten. Alternativ kann — wie in der Praxis oftmals zu beobachten — zumindest ein Verweis auf ein anderes Dokument (z. B. einen eigenständigen Nachhaltigkeitsbericht oder einen gesonderten Abschnitt auf einer Internetseite des Unternehmens) hilfreich sein, wenn sich dort entsprechende Darstellungen finden und diese für die nichtfinanzielle Berichterstattung gleichermaßen gelten. Jedenfalls sollte den Berichtsadressaten eine vollständige und nachvollziehbare Darstellung aller bedeutsamen Prozessschritte zur Verfügung gestellt werden, die eine Beurteilung der erzielten Ergebnisse ermöglichen. Ein Beispiel für eine Berichterstattung über den Prozess zur Identifikation der Informationen, über die pflichtgemäß berichtet werden muss, findet sich im Folgenden. Darüber hinaus wird bei Henkel ein Bespiel für eine zusammenfassende Berichterstattung über die Durchführung von Wesentlichkeitsanalysen gegeben.

ZUSAMMENFASSENDE BERICHTERSTATTUNG ÜBER DIE DURCHFÜHRUNG VON WESENTLICHKEITSANALYSEN AM BEISPIEL PORSCHE[306]

„Seit 2013 teilen Stakeholder dem Unternehmen auf Anfrage ihre Einschätzungen und Erwartungen zu den Themen ‚Nachhaltigkeit' und ‚Herausforderungen der Zukunft' mit. Dieser Austausch und der Prozess der Wesentlichkeitsanalyse erfolgen alle zwei Jahre und bilden einen Eckpfeiler

---

306 *Porsche*, Geschäfts- und Nachhaltigkeitsbericht 2021, S. 86. Online abrufbar unter https://go.nwb.de/9dcs5 oder über den QR-Code.

für die Berichterstattung sowie die Überprüfung und Weiterentwicklung der Nachhaltigkeitsstrategie des Unternehmens.

Im Sommer 2021 bat der Sportwagenhersteller zum fünften Mal verschiedene Anspruchsgruppen in einer anonymen, internationalen Online-Befragung um eine Bewertung der Porsche Nachhaltigkeitsaktivitäten. Insgesamt gaben 1.440 Personen ihre Einschätzungen ab. Rund 84 Prozent der Rückmeldungen kamen aus europäischen Märkten; etwa 14 Prozent aus China. Aus anderen internationalen Märkten erhielt Porsche zwei Prozent der Rückmeldungen, die aufgrund des kleinen Rücklaufs in der Auswertung zu Europa gezählt wurden. Neben Kunden, Geschäftspartnern, Analysten/Investoren, Politikern und Behördenvertretern, Medien sowie Vertretern von Nichtregierungsorganisationen und aus der Wissenschaft befragte Porsche ebenfalls eine Vielzahl seiner Mitarbeiter. Aufgrund der Fülle ihrer Rückmeldungen wurden die internen und externen Stakeholder mit einer 50:50-Gewichtung bewertet. Die Antworten externer Stakeholdergruppen wurden gleichwertig berücksichtigt. Das Verfahren und die Gewichtungen sind vergleichbar mit der vorangegangenen Befragung von 2019.

[…]

Aus Unternehmenssicht wurden 23 identifizierte Nachhaltigkeitsthemen im Spätsommer 2021 in einem mehrstufigen Prozess detailliert bewertet. Vertreter der Leitungsebenen aller relevanten Fachbereiche, der Unternehmensstrategie sowie einer Auswahl bedeutsamer Märkte führten die Bewertung der Themen durch und priorisierten diese. Grundlage der Bewertung war ihre Geschäftsrelevanz für Porsche hinsichtlich der jeweiligen Chancen und Risiken für die Geschäftsentwicklung, die Unternehmensstrategie und das Geschäftsergebnis. Zusätzlich bewertete der Teilnehmerkreis, basierend auf den definierten Themen, die Auswirkungen der Geschäftstätigkeiten von Porsche auf Wirtschaft, Umwelt und Gesellschaft. Die Ergebnisse führte Porsche mit der Bewertung durch die Stakeholder in einer Wesentlichkeitsmatrix zusammen.

[…]

Die Ergebnisse der Wesentlichkeitsanalyse wurden sowohl durch den Steuer- und Lenkungskreis ‚Umwelt und Nachhaltigkeit' als auch durch den Vorstand bestätigt. Alle wesentlichen Themen und deren Umgang stellt Porsche in den jeweiligen Themenkapiteln dar. Zusätzlich bezieht Porsche auch weitere unternehmensrelevante Themen in die vorliegende Berichterstattung mit ein. Die in der Wesentlichkeitsanalyse gewonnenen Erkenntnisse leisten einen wichtigen Beitrag zur Weiterentwicklung der Porsche Nachhaltigkeitsstrategie 2030.“

Abb. 18:	Zusammenfassende Berichterstattung über die Durchführung von Wesentlichkeitsanalysen am Beispiel Henkel[307]

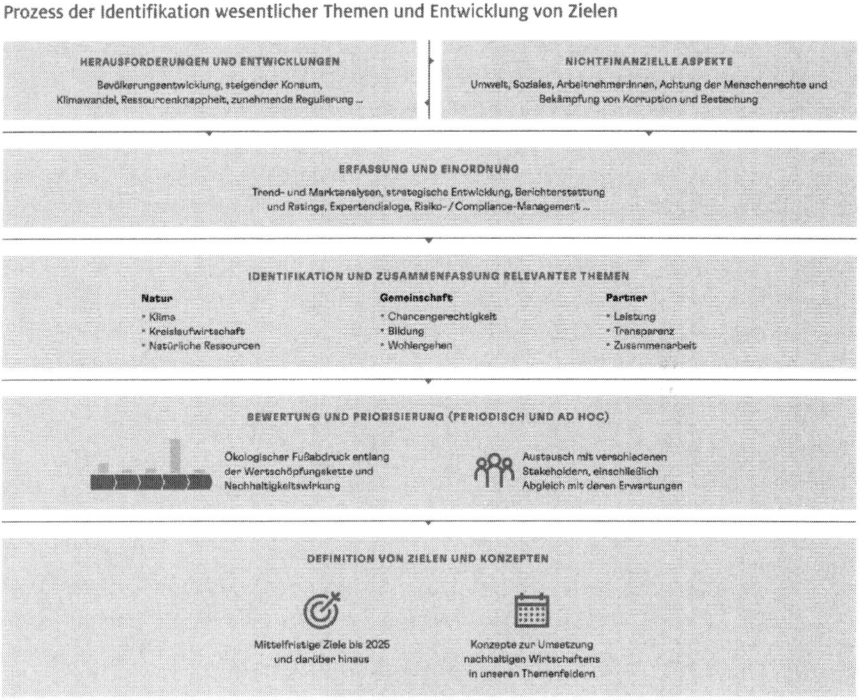

Prozess der Identifikation wesentlicher Themen und Entwicklung von Zielen

Aus dem Gesetzestext lässt sich nicht ableiten, dass eine Wesentlichkeitsanalyse zur Identifikation der Berichtspflichten in vollem Umfang **jährlich durchzuführen** ist. Tatsächlich wird diese in der bisherigen Praxis der nichtfinanziellen Berichterstattung wegen des damit verbundenen Aufwands oftmals in mehrjährigen Intervallen umgesetzt. Allerdings muss gewährleistet sein, dass die Ergebnisse von Wesentlichkeitsanalysen

---

307 *Henkel*, Nachhaltigkeitsbericht 2021, S. 16. Online abrufbar unter https://go.nwb.de/xi0h1 oder über den QR-Code.

aus den Vorjahren auch für das gegenwärtige Berichtsjahr Gültigkeit haben, d. h., dass alle für das konkrete Berichtsjahr wesentlichen Informationen berichtet werden.

Zu beachten ist überdies, dass die für das konkrete Geschäftsjahr vorgelegte Berichterstattung **vollständig** zu sein hat. Das heißt, es wird ausdrücklich darüber zu berichten sein, ob bzw., wenn ja, in welcher Form eine Aktualisierung der Ergebnisse der Wesentlichkeitsanalysen für frühere Geschäftsjahre erfolgt ist. Wird lediglich auf die Vorgehensweisen und Ergebnisse früherer Analysen verwiesen, so erscheint dies nicht geeignet, um den aus den GoB ableitbaren Ansprüchen an eine – für sich allein stehende – vollständige Berichterstattung entsprechen zu können. Dies soll im Gegenzug allerdings auch nicht zu bloß formelhaften (*„boiler-plate"*) Angaben i. S. von Wiederholungen von Inhalten aus früheren nichtfinanziellen Berichterstattungen führen, deren Relevanz für die nunmehr vorgelegte Berichterstattung nicht mehr gegeben ist. Ein Beispiel zum Hinweis auf die zeitliche Gültigkeit der Wesentlichkeitsanalyse enthält die Berichterstattung der Deutschen Telekom.

BERICHTERSTATTUNG ZUR WESENTLICHKEITSANALYSE AM BEISPIEL DEUTSCHE TELEKOM[308]

„Prozess zur Ermittlung wesentlicher Themen

In einem umfassenden Wesentlichkeitsprozess ermitteln wir die Themen, die für die Ausrichtung unserer Nachhaltigkeitsstrategie sowie unsere Berichterstattung relevant sind. Hierzu führen wir jährlich eine Dokumentenanalyse durch, bei der wir u. a. bestehende Gesetzgebungen sowie die Erwartungen unserer Stakeholder, z. B. des Kapitalmarkts, analysieren. Im Berichtsjahr haben wir dabei einen besonderen Fokus auf Nachhaltigkeitschancen und -risiken gelegt. Um die Ergebnisse zu validieren, wurde ein Workshop mit internen Expert*innen durchgeführt, in dem wir die Risikoergebnisse detailliert untersucht haben. Aus der Wesentlichkeitsanalyse 2021 haben sich im Vergleich zum Vorjahr keine zusätzlichen Top-Themen ergeben. Folglich besteht keine Notwendigkeit, weitere Sachverhalte in die nfE 2021 aufzunehmen.

Ausführliche Informationen zum Vorgehen werden in unserem CR-Bericht 2021 veröffentlicht.

Im Rahmen unseres umfassenden Risiko- und Chancen-Managements ermitteln wir aktuelle sowie potenzielle Risiken und Chancen, die aus ökologischen, ökonomischen oder sozialen Aspekten bzw. aus der Führung unseres Unternehmens resultieren. So bergen die Themen ,Klimaschutz', ,Lieferanten' und ,Reputation' mögliche Risiken, die wir im Kapitel ,Risiko- und Chancen-Management' erläutern. Um die Transparenzanforderungen unserer Stakeholder zu erfüllen, halten wir an dieser Praxis fest, auch wenn diese Themen gemäß der Risikoeinschätzung eine ,geringe' Risikobedeutung haben und damit nicht als ,sehr wahrscheinlich schwerwiegend' im Sinne des CSR-Richtlinie-Umsetzungsgesetzes einzustufen sind. Die vorliegende nfE thematisiert diese Risiken und Chancen bei den entsprechenden Aspekten."

---

308 *Deutsche Telekom*, Geschäftsbericht 2021, S. 92. Online abrufbar unter https://go.nwb.de/iz5i0 oder über den QR-Code.

2.4.3 Erweiterung des Wesentlichkeitsbegriffs

Die oben dargestellte Ausgestaltung des Wesentlichkeitsgrundsatzes für die nicht-finanzielle Berichterstattung durch den deutschen Gesetzgeber ist in der Literatur umfassend diskutiert worden und als h. M. zu beurteilen. Allerdings lassen sich vereinzelt Sichtweisen feststellen, die für eine weite Auslegung der Angabepflichten plädieren. Als wirkmächtig ist dabei der Nachtrag zu den Leitlinien zur nichtfinanziellen Berichterstattung durch die EU-Kommission zu nennen. Dieser Nachtrag prägte im Sommer 2019 den Begriff der **„doppelten Wesentlichkeitsperspektive"** (siehe hierzu Kap. I.2.2) und sah eine Berichtspflicht auch dann vor, wenn lediglich für sich genommen wesentliche Auswirkungen vorliegen (ohne dass ein Bezug zur Vermögens-, Finanz- und Ertragslage des berichtspflichtigen Unternehmens gefordert wurde). Die Inhalte dieser Leitlinien sind jedoch einzig von unverbindlicher Natur und wurden im Schrifttum aufgrund offensichtlicher Qualitätsdefizite sowie eines den Verpflichtungsrahmen der CSR-Richtlinie weit verlassenden Regelungsanspruchs kritisiert; gerade im Hinblick auf die Auslegung des Wesentlichkeitsgrundsatzes zeigt sich, dass die Umsetzung der CSR-Richtlinie durch den deutschen Gesetzgeber in sachgerechter Weise erfolgte und eine Berichtspflicht daher richtlinienkonform gegenwärtig nur i. S. der vorhergehenden Darstellungen besteht.[309]

Unbeschadet dessen lässt sich für die Praxis an den Diskussionen zur Auslegung des Wesentlichkeitsgrundsatzes erkennen, dass seitens zahlreicher Berichtsadressaten (z. B. NGO) und scheinbar zunehmend der EU-Kommission selbst eine erweiterte Berichterstattung über den Rahmen der CSR-Richtlinie hinaus bereits vor Inkrafttreten der Berichtsanforderungen durch die CSRD gewünscht ist. Mit der Überarbeitung der CSR-Richtlinie und der Verabschiedung der CSRD ist die **Neufassung des Wesentlichkeitsgrundsatzes** i. S. der „doppelten Wesentlichkeitsperspektive" jedenfalls entschieden (siehe Kap. XII).[310] Für die berichtspflichtigen Unternehmen gehen hiermit schon jetzt

---

309 Dazu ausführlich *Baumüller/Scheid*, Unterschiedliche Auslegungen zur (selben) Wesentlichkeit in der nichtfinanziellen Berichterstattung in Deutschland und Österreich? Praxis der Internationale Rechnungslegung 2020, S. 122 ff.

310 Vgl. Baumüller, Die (nahe) Zukunft der nichtfinanziellen Berichterstattung, Steuer- und Wirtschaftskartei 2020 S. 753 ff.

Fragen zu ihrer Rechnungslegungs- und Kommunikationspolitik vor dem Hintergrund der sich verändernden Anforderungen wichtiger Berichtsadressaten einher. Diese Veränderungen können eine vorzeitige, freiwillige Erweiterung des inhaltlichen Umfangs ihrer Berichterstattung – oder z. B. zusätzliche Bemühungen, diesen Berichtsadressaten eine komplementäre Nachhaltigkeitsberichterstattung zur Verfügung zu stellen – nahelegen.[311]

Den Rahmen für ein solches Vorgehen bietet bereits das gegenwärtige Handelsrecht: **Freiwillige Angaben** von Informationen, über die dem Wesentlichkeitsgrundsatz in § 289c Abs. 3 HGB folgend nicht pflichtgemäß berichtet werden muss, können in die nichtfinanzielle Berichterstattung aufgenommen werden, solange damit nicht gegen die GoB der Klarheit und Übersichtlichkeit verstoßen wird (siehe dazu Kap. IV.2.4.1). Dies öffnet zumindest Spielraum bei der Interpretation des Umfangs der Berichtsinhalte – was im Besonderen bei einem Rückgriff auf Rahmenwerke für die Berichterstattung von hoher Relevanz ist, sofern diese Rahmenwerke auf einem weiter gefassten Wesentlichkeitsverständnis aufbauen (siehe bereits Kap. IV.2.4.1 sowie Kap. VI). Es ist in diesem Fall jedoch im Hinblick auf die genannten GoB zu empfehlen, die freiwillig aufgenommenen Inhalte entsprechend zu kennzeichnen (siehe bereits Kap. IV.2.4.1).

2.5 Stakeholder[312]

Wie bereits dargestellt wurde, sind die Stakeholder des berichtspflichtigen Unternehmens – als zentrale Berichtsadressaten der nichtfinanziellen Berichterstattung – von entscheidender Bedeutung für die Definition nichtfinanzieller Risiken und daran anknüpfend für die Festlegung der Berichtsinhalte im Zuge der Wesentlichkeitsanalyse. Vor dem Hintergrund dieses Befundes überrascht es, dass die Frage, wie diese Stakeholder sachgerecht identifiziert und in den Berichtsprozess eingebunden werden können, in der Literatur bisher kaum behandelt wurde. Die Leitlinien der EU-Kommission zur nichtfinanziellen Berichterstattung lassen die Bedeutung dieses Themas durchklingen, wenn sie eine „Ausrichtung auf die Interessenträger" ausdrücklich als Anforderung festhalten (siehe bereits Kap. I.3.2).[313] Die Ausrichtung der Berichterstattung auf die Adressaten scheint aber nicht zuletzt eine methodische Notwendigkeit zu sein: Eine bloß subjektive, **interne Beurteilung** der Relevanz der Auswirkungen, z. B. durch das Top-Management oder einzelne Fachabteilungen ohne Einbindung der Stakeholder, scheitert an Fragen der Objektivierbarkeit von Auswirkungen – liegt ihnen doch i. d. R.

---

311 Vgl. *Hell*, Die (Neu-)Bestimmung des Wesentlichkeitsbegriffs in § 289c Abs. 3 und § 315c Abs. 2 HGB, Zeitschrift für Internationale Rechnungslegung 2019 S. 529.

312 Siehe zum folgenden Kap. bereits *Baumüller*, Nichtfinanzielle Berichterstattung, 2020, S. 72 ff.

313 Vgl. *Europäische Kommission*, Leitlinien für die Berichterstattung über nichtfinanzielle Informationen (Methode zur Berichterstattung über nichtfinanzielle Informationen), 2017, S. 9.

eine Wertungsnotwendigkeit zugrunde, die erst in Bezug zu den von den Auswirkungen betroffenen Gruppen methodisch nachvollziehbar möglich ist.

Eine genaue Definition, was unter Stakeholdern zu verstehen ist und wie diese in die Berichterstattung einzubeziehen sind, findet sich weder im Gesetzestext noch in den begleitenden Materialien. Folglich ergibt sich für die berichtspflichtigen Unternehmen ein großer Ermessensspielraum. Allerdings ist das zugrunde gelegte **Stakeholder-Verständnis** entscheidend für den gesamten Prozess der Wesentlichkeitsanalyse. Für die Bestimmung der Stakeholder werden in der Literatur zwei unterschiedlich eng gefasste Verständnisse unterschieden:

▶ Enges Verständnis: *„any [im Original in Großschreibung, d. Verf.] identifiable group or individual on which the organization is dependent for its continued survival".*[314] Dieses Verständnis basiert auf einer einseitigen Wirkungsrichtung, nach der Stakeholder für das Unternehmen (d. h. in Bezug auf die Vermögens-, Finanz- und Ertragslage) von Bedeutung sein müssen.

▶ Weites Verständnis: *„any group or individual who can affect or is affected by the organization's objectives".*[315] Hier wird eine zweiseitige Wirkungsrichtung angesprochen, d. h., auch solche Stakeholder, die bloß von den Auswirkungen der Unternehmenstätigkeit betroffen sind, aber auf das Unternehmen selbst keinen Einfluss haben, sind in die Betrachtung aufzunehmen.

Das dargestellte enge Verständnis des Stakeholder-Begriffs bietet sich für die nichtfinanzielle Berichterstattung im Besonderen an: Es betont den relevanten Überschneidungsbereich der beiden Betrachtungsdimensionen (Outside-in-Perspektive und Inside-out-Perspektive) der Wesentlichkeitsanalyse, was wiederum eine fokussierte Berichterstattung und eine Komplexitätsreduktion bei der Herleitung der Informationen, über die pflichtgemäß berichtet werden muss, ermöglicht. Je weitgefasster und damit abstrakter der Stakeholder-Begriff gewählt wird, desto sorgfältiger hat in der Folge die **Beurteilung der wesentlichen Auswirkungen aus Sicht der Vermögens-, Finanz- und Ertragslage** zu erfolgen. Ein solcher weitgefasster Stakeholder-Begriff ist z. B. charakteristisch für eine traditionelle Nachhaltigkeitsberichterstattung;[316] er kommt allerdings auch in den Materialien zum CSR-RUG zum Vorschein, wenn diese sehr vage von einer

---

314 *Freeman/Reed*, Stockholders and Stakeholders: A New Perspective on Corporate Governance, California Management Review 1983 S. 91.

315 *Freeman*, Strategic Management: A Stakeholder Approach, 1984, S. 46.

316 Siehe etwa *GRI*, GRI Standards Glossary 2016, S. 16. Dort findet sich für den Begriff „*stakeholder*" die folgende Abgrenzung: „*entity or individual that can reasonably be expected to be significantly affected by the reporting organization's activities, products and services, or whose actions can reasonably be expected to affect the ability of the organization to successfully implement its strategies and achieve its objectives.*"

„Perspektive der Allgemeinheit" als Rahmen für die Wesentlichkeitsanalyse der nichtfinanziellen Berichterstattung sprechen.[317]

ANGABEN ZUM STAKEHOLDER-VERSTÄNDNIS AM BEISPIEL VW[318]

„Stakeholder sind für uns Einzelpersonen, Gruppen oder Organisationen, die den Verlauf oder das Ergebnis von unternehmerischen Entscheidungen beeinflussen oder von ihnen beeinflusst werden. Im Zentrum des Stakeholder-Netzwerks stehen Kunden und Mitarbeiter. Um diesen Kern herum wurden acht weitere Gruppen identifiziert. Als besondere Schnittstelle zwischen internen und externen Stakeholdern fungieren die Kontroll- und Beratungsgremien des Konzerns, wie der Aufsichts- oder Betriebsrat und der Nachhaltigkeitsbeirat."

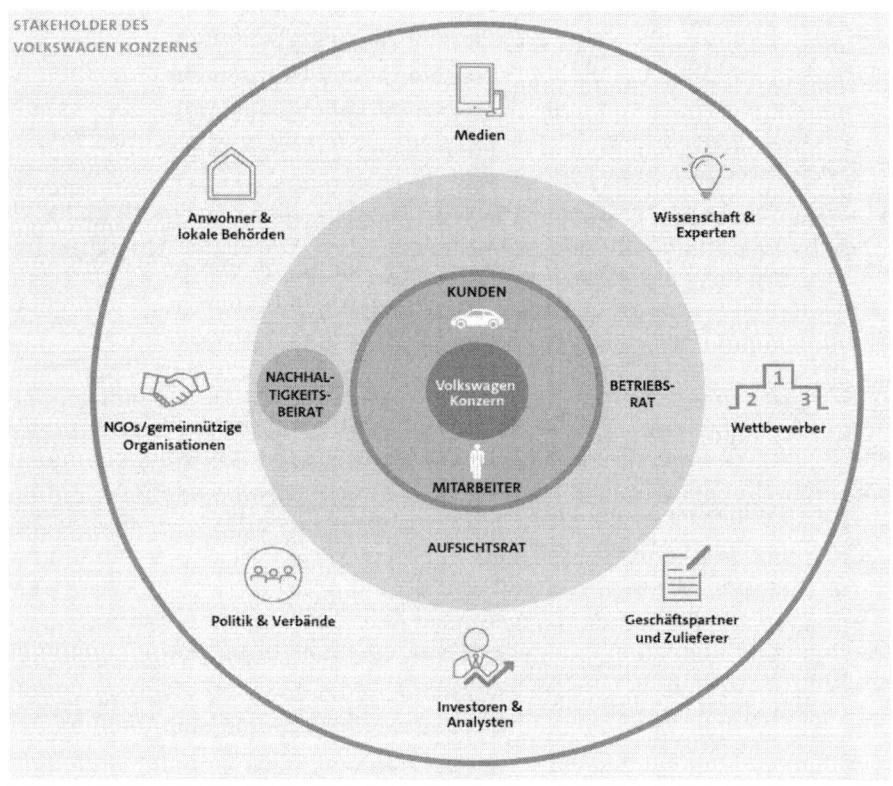

STAKEHOLDER DES VOLKSWAGEN KONZERNS

---

317 BT-Drucks. 18/9982 S. 47. Siehe darüber hinaus bereits Kap. IV.2.4.
318 *VW*, Nachhaltigkeitsbericht 2021, S. 24. Online abrufbar unter https://go.nwb.de/6fecu oder über den QR-Code.

„Stakeholder-Dialog und Transparenz

Ein offener Umgang mit unseren Stakeholdern sowie das Schaffen von mehr Transparenz stehen seit Langem im Mittelpunkt unserer Bemühungen. Unsere Stakeholder sind Einzelpersonen und Organisationen, deren Interessen mit denen unseres Unternehmens verknüpft sind. Zu diesen Stakeholdern zählen unsere Mitarbeiter*innen, Konsument*innen, Zulieferer und ihre Beschäftigten, Kunden, Investoren, Medien, Regierungsbehörden sowie Nichtregierungsorganisationen. Unsere ‚Richtlinien zum Umgang mit Stakeholdern‘ beschreiben grundlegende Prinzipien für die Pflege der Beziehungen und enthalten weiterführende Informationen zu den verschiedenen Formen der Interaktion mit Stakeholdern.

adidas engagiert sich in verschiedenen Branchenverbänden, Multi-Stakeholder-Organisationen und gemeinnützigen Initiativen. Dadurch stehen wir in engem Kontakt mit führenden Unternehmen verschiedener Branchen. Dies ermöglicht es uns, nachhaltige Geschäftsstrategien zu entwickeln und gesellschaftliche und ökologische Themen auf globaler sowie auf lokaler Ebene zu diskutieren. Wir setzen auf Partnerschaften und Kooperationen, um mehr bewegen zu können und systemische Veränderungen in unserer Branche anzustoßen, um beispielsweise die Treibhausgasbilanz innerhalb der Beschaffungskette unserer Branche zu verbessern, Verfahren zum Chemikalienmanagement zu fördern oder Standards in der Baumwolllieferkette zu verbessern. Zudem setzen wir uns gemeinsam mit führenden Initiativen wie dem ‚Better-Work‘-Programm der Internationalen Arbeitsorganisation (‚International Labor Organization‘ – ‚ILO‘) dafür ein, Bewusstsein, Kompetenzen und Kenntnisse über Gesetze und Rechte bei den Zulieferern und deren Beschäftigten zu erweitern. Und durch die Partnerschaft mit der Internationalen Organisation für Migration (‚IOM‘) der Vereinten Nationen wollen wir gewährleisten, dass die Arbeitsrechte von ausländischen Arbeitskräften und Wanderarbeiter*innen in der Lieferkette unseres Unternehmens gewahrt werden.

Wichtige Mitgliedschaften:

▶ AFIRM-Arbeitsgruppe (‚AFIRM‘ = ‚Apparel and Footwear International RSL Management‘)

▶ Better Cotton (‚BC‘)

▶ Fair Factories Clearinghouse (‚FFC‘)

▶ Fair Labor Association (‚FLA‘)

▶ Fashion Pact

▶ Bündnis für nachhaltige Textilien (‚Textilbündnis‘)

▶ Leather Working Group (‚LWG‘)

---

319 *Adidas*, Geschäftsbericht 2021, S. 122. Online abrufbar unter https://go.nwb.de/y8art oder über den QR-Code.

- ▶ Textile Exchange
- ▶ International Accord for Health and Safety in the Textile and Garment Industry (internationales Abkommen für Gebäude- und Feuersicherheit in der Bekleidungsindustrie)
- ▶ Fashion Industry Charter for Climate Action der UN-Klimarahmenkonvention (,UNFCCC')
- ▶ Weltverband der Sportartikelindustrie (,WFSGI' = ,World Federation of the Sporting Goods Industry')
- ▶ ZDHC-Arbeitsgruppe (,ZDHC' = ,Zero Discharge of Hazardous Chemicals')"

Einen weiteren Hinweis zum Umgang mit Stakeholdern enthalten die Leitlinien der EU-Kommission aus dem Jahr 2017: Der Fokus sollte – unabhängig von der zunächst gewählten grundlegenden Definition, welche Gruppen als Stakeholder berücksichtigt werden – *„auf dem Informationsbedarf der [Stakeholder, d. Verf.] in ihrer Gesamtheit liegen und weniger auf den Bedürfnissen oder Präferenzen einzelner bzw. untypischer Interessenträger oder solcher, die unangemessene Forderungen stellen".*[320] Weiterhin sehen sich berichtspflichtige Unternehmen mit der Notwendigkeit konfrontiert, eine **Priorisierung** der in Betracht kommenden Gruppen vorzunehmen, um Interessenkonflikte handhaben zu können. Nicht immer wird dies friktionslos möglich sein. Bei der Priorisierung von Stakeholdern ist das berichtspflichtige Unternehmen gefordert, klare Entscheidungen zu treffen. Dies gilt für die Berichterstattung ebenso wie für die der Berichterstattung zugrunde liegenden Entscheidungen, die von der Unternehmensführung im Rahmen der Abwägung von Interessen getroffen werden.

Zusammenfassend ist deswegen zu empfehlen, dass die berichtspflichtigen Unternehmen in ihrer **Berichterstattung klar darlegen,** wie sie die für sie relevanten Stakeholder identifiziert haben. Dies beinhaltet eine Beantwortung der folgenden Fragen:

- ▶ Wie wird der Begriff „Stakeholder" vom Unternehmen verstanden?
- ▶ Anhand welcher Kriterien wird darüber entschieden, welche Stakeholder in den Prozess der Wesentlichkeitsanalyse einbezogen wurden? Welche Priorisierung folgt hieraus?
- ▶ Wie werden die Sichtweisen und Forderungen der Stakeholder erhoben (Interviews, Workshops etc.) und in der nichtfinanziellen Berichterstattung berücksichtigt?

---

320 *Europäische Kommission,* Leitlinien für die Berichterstattung über nichtfinanzielle Informationen (Methode zur Berichterstattung über nichtfinanzielle Informationen), 2017, S. 9.

Zu dem letzten Punkt hat sich in der Literatur der Begriff **„Stakeholder-Dialog"** etabliert.[321] Dessen methodisch fundierter Ablauf sichert die Plausibilität der erzielten Ergebnisse; die Definition des Ablaufs umfasst insbesondere die Festlegung der Formate und die Frequenz des Austauschs mit Stakeholdern, den Umgang mit konkreten Positionen und Anliegen einzelner Stakeholder-Gruppen. Inhaltliche Anforderungen zum Stakeholder-Dialog lassen sich dem Gesetzestext zur nichtfinanziellen Berichterstattung nicht entnehmen. Es kann allerdings auf bewährte Praktiken und Leitlinien aus dem Kontext der Nachhaltigkeitsberichterstattung zurückgegriffen werden. Die nachfolgenden Darstellungen umfassen Beispiele zur inhaltlichen Ausgestaltung des Stakeholder-Dialogs sowie zur Berichterstattung hierüber.

ANGABEN ZUM STAKEHOLDER-DIALOG AM BEISPIEL DEUTSCHE TELEKOM[322]

„Nachhaltigkeitschancen und -risiken und gesellschaftliche Verantwortung.

Zu einem umfassenden Risiko- und Chancen-Management gehört für uns auch, Chancen und Risiken zu berücksichtigen, die aus ökologischen oder sozialen Aspekten resultieren bzw. aus der Führung unseres Unternehmens. Dazu binden wir alle relevanten Stakeholder aktiv und systematisch in den Prozess ein, um aktuelle und potenzielle Risiken und Chancen zu ermitteln. Das kontinuierliche Monitoring von ökologischen, sozialen und Governance-Themen geht einher mit der systematischen Ermittlung der Positionen unserer Stakeholder zu diesen Themen. Wichtige Tools dabei sind: Die Befragung von Stakeholdern, eine Dokumentenanalyse – berücksichtigt werden u. a. Gesetzestexte, Studien und Veröffentlichungen in Medien –, unsere Mitarbeit in Arbeitsgruppen und Gremien nationaler und internationaler Unternehmens- und Sozialverbände, wie z. B. GeSI, ETNO, BDI, Bitkom, Econsense und BAGSO, von uns organisierte Stakeholder-Dialogformate sowie unsere verschiedenen Publikationen, wie Pressespiegel und Newsletter. Zudem integrieren wir die wichtigsten Nachhaltigkeitsrisiken in die interne Compliance-Bewertung. Dadurch erfassen wir die dazu gehörige Positionierung und Maßnahmenentwicklung in den verschiedenen Geschäftsbereichen."

---

321 Siehe auch *Europäische Kommission*, Leitlinien für die Berichterstattung über nichtfinanzielle Informationen (Methode zur Berichterstattung über nichtfinanzielle Informationen), 2017, S. 9, sowie Kap. IV.2.4.

322 *Deutsche Telekom*, Geschäftsbericht 2021, S. 139 f. Online abrufbar unter https://go.nwb.de/iz5i0 oder über den QR-Code.

Abb. 19: Angaben zum Stakeholder-Dialog am Beispiel BMW[323]

STAKEHOLDERGRUPPEN UND DIALOGFORMEN

Befragungen (u. a. Corporate Reputation Study), Social Media, Messen, Medien	Kundinnen und Kunden
Dialoge mit Mitarbeitern sowie Führungskräften, Mitarbeiterbefragung, interne Medien	Mitarbeitende
Dialog, Konferenzen und Technologieworkshops mit Investoren und Analysten	Kapitalmarkt
Dialog im Rahmen von Brancheninitiativen, gemeinsame Veranstaltungen, Schulungen, Vorträge, Supplier Risk Assessment	Lieferanten
Dialog mit Handelsorganisationen der Märkte und Importeure	Geschäftspartner
Teilnahme von Experten des Unternehmens in Gremien und Arbeitsgruppen, Mitgliedschaften in Initiativen und Verbänden	Netzwerke und Verbände
Ansprechpartner für Fragen seitens der Politik, Informationsangebot an politische Entscheidungsträger zu relevanten Themen aus Sicht des Unternehmens	Politische Entscheidungsträger
Besuch von Hochschulen, Vorträgen, Diskussionen, Dialogveranstaltungen mit Studenten	Wissenschaft
Dialog im Rahmen von Pressereisen, Presseinformation, Informationsveranstaltungen zu neuen Produkten, Testfahrten, Messen	Medien
Nachbarschaftsgespräche, Werksbesichtigungen, Pressetermine	Lokale Stakeholder
One-to-One-Meetings / Dialoge, Beantwortung von Anfragen	Zivilgesellschaft und NGOs

Über die Angaben zum Stakeholder-Dialog hinaus kann dargestellt werden, wie die unterschiedlichen Themen, die in der nichtfinanziellen Berichterstattung angesprochen werden, den Interessen der identifizierten Stakeholder-Gruppen zuzurechnen sind. Weitergehend könnte eine **Überleitung** von den Interessen der Stakeholder **zur gesamten Berichtsstruktur** erfolgen. Dies erhöht die Übersichtlichkeit und Erschließbarkeit der Berichterstattung – insbesondere gegenüber den als relevant identifizierten Stakeholdern. Abb. 20 stellt ein Beispiel für eine solche Überleitung dar.

---

323 *BMW*, Geschäftsbericht 2021, S. 30. Online abrufbar unter https://go.nwb.de/j54v0 oder über den QR-Code.

Abb. 20: Weitergehende Verknüpfung von Stakeholdern und Berichtsinhalten bei Puma[324]

↗ G.01 **MATRIX UNSERER WICHTIGSTEN PARTNERSCHAFTSINITIATIVEN**

Menschenrechte		Chemikalien	Produkte	Klimaschutz		Gesundheit und Sicherheit am Arbeitsplatz	Wasser	Menschenrechte	Chemikalien	Produkte	Klimawandel
ILO Better Work (Bangladesch, Kambodscha, Vietnam, Indonesien)	UN Global Compact (Deutschland)	Zero Discharge of Hazardous Chemicals Foundation (ZDHC)	Textile Exchange	Fashion Industry Charter for Climate Action (UNFCCC)	Deutsche Gesellschaft für internationale Zusammenarbeit (GIZ) (Vietnam, Bangladesch, Kambodscha, Pakistan)	RMG Sustainability Council (Bangladesch)	Zero Discharge of Hazardous Chemicals Foundation (ZDHC)	Fashion Pact	Fashion Pact	Circle Economy	Fair Labor Association (FLA)
Fair Labor Association (FLA)	Fair Factories Clearinghouse (FFC)	AFIRM Group	Better Cotton Initiative (BCI)	Carbon Disclosure Project (CDP)	World Wildlife Fund (WWF) (China)	ITC-ILO	Sustainable Apparel Coalition (SAC)	Forest Stewardship Council (FSC)	Textiles Exchange	Textiles Exchange	Fair Wage Network (Bangladesch, Kambodscha, Indonesien)
Social and Labor Convergence Program (SLCP)	Amader Katha (Bangladesch)	Federation of the European Sporting Goods Industry (FESI)	Bluesign® Technologies	Stiftung 2 Grad (Deutschland)	World Resource Institute (WRI) (Mexiko)		Institute of Public and Environmental Affairs (IPE) (China)	Canopy	Microfiber Consortium	Federation of the European Sporting Goods Industry (FESI)	
Industry Summit (China, Vietnam)	MicroBenefits	GoBlu	Leather Working Group	International Finance Corporation (IFC) (Bangladesch)							
Better Buying	Bündnis für nachhaltige Textilien (Deutschland)		First Mile und Central St. Martins	Apparel Impact Institute (China, Taiwan, Vietnam)							

▨ international   ▨ national

AFIRM: Apparel and Footwear International RSL Management, BCI: Better Cotton Initiative, CDP: Carbon Disclosure Project, FESI: Federation of the European Sporting Industry, FFC: Fair Factories Clearininghouse, FSC: Forest Stewardship Council, FLA: Fair Labor Association, GIZ: Deutsche Gesellschaft für Internationale Zusammenarbeit, IFC: International Finance Corporation, ILO: International Labour Organization, IPE: Institute of Public and Environmental Affairs, ITC: International Training Center, RMG: Ready Made Garments, SAC: Sustainable Apparel Coalition, SLCP: Social and Labor Convergence Program, UNFCC: United Nations Framework Convention Climate Change, WRI: World Resource Institute, WWF: World Wide Fund for Nature, ZDHC: Zero Discharge of Hazardous Chemicals Foundation

---

324 *Puma*, Geschäftsbericht 2021, S. 35. Online abrufbar unter https://go.nwb.de/fzqh4 oder über den QR-Code.

2.6 Berichtsgrenzen[325]

Die Berichtsgrenzen stecken den Umfang der Berichterstattung ab und beantworten die Frage, **auf welche Berichtsobjekte (z. B. Unternehmen) sich eine Berichtspflicht (noch) erstreckt.** Auf dieser Basis sind die Berichtsinhalte (Angaben zu Konzepten, nichtfinanzielle Leistungsindikatoren etc.) zu generieren. Diese Frage stellt sich grundsätzlich für jede Form der Rechnungslegung, ist im Kontext der nichtfinanziellen Berichterstattung allerdings mit besonderen Herausforderungen verbunden.

Für den Jahresabschluss stehen im Regelfall rechtliche Einheiten im Fokus, auf welche die Rechnungslegungsbestimmungen des HGB anzuwenden sind, um deren Vermögens-, Finanz- und Ertragslage abzustimmen. Die Komplexität, die mit der Festlegung der Berichtsgrenzen für die nichtfinanzielle Berichterstattung verbunden ist, liegt in deren zentralem Berichtsgegenstand begründet: den Auswirkungen der Tätigkeiten des berichtspflichtigen Unternehmens. Um diese abbilden zu können, werden die Berichtsgrenzen in Abhängigkeit von den im Einzelfall zu betrachtenden Auswirkungen variabel und über die Grenzen rechtlicher Einheiten hinausgehend festzulegen sein. Maßgeblich hierfür ist die Frage, wie und an welcher Stelle seines Aktivitätsradius ein Unternehmen mittelbar oder unmittelbar die Interessen seiner Stakeholder beeinflusst.

Teils ausführliche Leitlinien zur Festlegung der Berichtsgrenzen finden sich in den **Rahmenwerken der GRI bzw. des IIRC.** Hierauf kann zur Orientierung für Zwecke der nichtfinanziellen Berichterstattung referenziert werden:

▶ Die **GRI-Standards** definieren – ausgehend von den Wirkungen der Unternehmenstätigkeit, die im Zentrum der Berichterstattung stehen sollen – Berichtsgrenzen wie folgt: *„description of where the impacts occur for a material topic, and the organization's involvement with those impacts. Note: Topic Boundaries vary based on the topics reported."*[326] Dabei ist ausdrücklich auf alle Stufen der Wertschöpfungskette des Unternehmens und die weiteren Geschäftsbeziehungen abzustellen – im Besonderen auch innerhalb von Konzernstrukturen.[327] Die Festlegung hat bereits im Rahmen der Wesentlichkeitsanalyse zu erfolgen, welche die angesprochenen Auswirkungen bzw. Themen den Tätigkeiten eines Unternehmens (unmittelbar oder mittelbar) zurechnet, aus der Perspektive der Stakeholder analysiert und in der Folge die berichtsrelevanten Angaben ableitet.

---

325 Vgl. zum folgenden Kap. *Baumüller*, Nichtfinanzielle Berichterstattung, 2020, S. 77 ff., sowie *Baumüller*, Berichtsgrenzen in der nichtfinanziellen Berichterstattung, CFO aktuell 2019 S. 131 ff.

326 *GRI*, GRI Standards Glossary 2016, S. 17.

327 Ausführlich GRI 103: Management Approach 2016, S. 6.

▶ Die Berichtsgrenzen im Integrated Reporting lassen sich als Zwischenstufe zwischen der traditionellen Finanzberichterstattung und der Nachhaltigkeitsberichterstattung verstehen. Das **Rahmenwerk des IIRC** findet ebenso bei den Auswirkungen von Unternehmenstätigkeiten seinen Ausgangspunkt, unterscheidet sich aber im grundlegenden Verständnis der Berichtsinhalte von den Standards der GRI. Da hier nicht die Auswirkungen auf die Stakeholder, sondern auf das berichtende Unternehmen bzw. den berichtenden Konzern („Outside-in") im Fokus stehen, haben sich die Berichtsgrenzen grundsätzlich an den Berichtsgrenzen für die Finanzberichterstattung zu orientieren. Allerdings sind zumindest im Zuge der zu tätigenden Angaben weitere Aspekte zu berücksichtigen: *„Risks, opportunities and outcomes attributable to or associated with other entities/stakeholders beyond the financial reporting entity that have a significant effect on the ability of the financial reporting entity to create value."*[328]

Das CSR-RUG fügte die Bestimmungen zur nichtfinanziellen Berichterstattung allerdings in ihrem „Grundtypus" als Teil der (Konzern-)Lageberichterstattung ins HGB ein. Prima facie erscheint es damit schlüssig, die Berichtsgrenzen entsprechend jenen für den Lagebericht (§ 289 Abs. 1 HGB) bzw. Konzernlagebericht (§ 315 HGB) festzulegen, so dass diese jenen der Finanzberichterstattung entsprechen. Zumindest für die **nichtfinanzielle Konzernberichterstattung** erscheint diese Schlussfolgerung bei gesamthafter Würdigung der Umstände naheliegend. Bei entsprechender Begründung scheint es darüber hinaus vertretbar, die Berichtsgrenzen enger zu fassen: Hierbei ist insbesondere an eine analoge Anwendung der Einbeziehungswahlrechte gem. § 296 HGB zu denken. Diese werden auch unabhängig von ihrer Ausübung für die finanzielle Konzernrechnungslegung in Betracht kommen, da die angesprochenen Sachverhalte im Hinblick auf die finanziellen bzw. nichtfinanziellen Rechnungslegungsprozesse unterschiedlich zu beurteilen sein können.

ANGABEN ZU DEN BERICHTSGRENZEN AM BEISPIEL BAYWA[329]

„Insgesamt umfasst der BayWa Konzern neben der Muttergesellschaft BayWa AG 497 vollkonsolidierte Beteiligungen (Stand: 30. September 2021). Der grundsätzliche Umfang dieses Berichts und die damit verbundenen Aussagen beziehen sich auf den gesamten BayWa Konzern (siehe Übersichtstabelle, S. 15), der im Nachhaltigkeitsbericht auch als ‚BayWa' benannt wird. Abweichende Konzepte, Leitlinien, Strukturen sowie Kennzahlen, die sich nicht auf den gesamten BayWa Konzern beziehen, werden im Text als solche kenntlich gemacht. In diesem Fall ist entweder von der Muttergesellschaft BayWa AG (oder nur BayWa AG) die Rede oder von den entsprechend aufgeführten Tochtergesellschaften bzw. Segmenten."

---

328 *IIRC*, The International <IR> Framework, 2021, Tz. 3.30.

329 *BayWa*, Nachhaltigkeitsbericht 2021, S. 98. Online abrufbar unter https://go.nwb.de/otne4 oder über den QR-Code.

Konzeptionell problembehaftet ist freilich die Unterscheidung von Auswirkungen, die von Unternehmen auf **unterschiedlichen Stufen des Konsolidierungskreises** verursacht werden: Auswirkungen, die einem Mutterunternehmen zuzurechnen sind, weil es diese unmittelbar selbst verursacht bzw. weil sie von einem kontrollierten Tochterunternehmen verursacht werden, sind schon in qualitativer Hinsicht anders zu beurteilen als solche, die einem bloß gemeinschaftlich geführten Unternehmen oder gar nur unter maßgeblichen Einfluss stehenden Unternehmen zuzurechnen sind. Dazu stellt sich die Folgefrage, ob für die letztgenannten Gruppen von Unternehmen bspw. nur quotale Leistungsindikatoren (z. B. CO_2-Emissionen gem. Anteilsbesitz am emittierenden Unternehmen) in die Berichterstattung aufgenommen werden sollen. Sowohl in der Praxis als auch in verschiedenen Standards der Nachhaltigkeitsberichterstattung finden sich dazu unterschiedliche Lösungen; der Gesetzesrahmen des HGB lässt dazu keine konkreten Ableitungen zu. Eine undifferenzierte und intransparente Vermengung all dieser Inhalte kann allerdings mit den GoB wie jenem der Klarheit in Konflikt geraten. Als Lösung erscheint es daher sachgerecht, in der Berichterstattung gesondert auf die verschiedenen Unternehmenskategorien und die etwaige Differenzierung zwischen diesen einzugehen.

Die zentrale Fragestellung zu den Berichtsgrenzen in der nichtkonsolidierten nichtfinanziellen Berichterstattung ist jene, inwieweit der Begriff der „Auswirkungen" als zentraler Bezugspunkt für die Berichtspflichten zu einer **faktischen Ausweitung der Berichtsgrenzen** über jene der Finanzberichterstattung hinausführt. Der Begriff „Auswirkungen" ist nämlich der traditionellen Nachhaltigkeitsberichterstattung entnommen, die – wie eingangs dargelegt – keinen unmittelbaren Bezug auf die Grenzen der Finanzberichterstattung nimmt. Stattdessen steht der Gedanke der Ursächlichkeit im Fokus. Darüber hinaus ist auch eine Unterscheidung in konsolidierte und nichtkonsolidierte Berichterstattung nicht in derselben Rigidität wie für die Finanzberichterstattung üblich.[330]

Deutlich tritt dieser Umstand bei den **Berichtspflichten entlang der Lieferkette und zu den Geschäftsbeziehungen** zutage. Im Besonderen zeigt sich dies bei der Berichterstat-

---

330 Dazu bereits grundlegend *Baumüller*, Zum Wahlrecht zur Zusammenfassung von Lage- und Konzernlagebericht im Kontext der nichtfinanziellen Berichterstattung, Praxis der internationalen Rechnungslegung 2018 S. 35.

tung zu den Konzepten einschließlich der Due-Diligence-Prozesse (Kap. IV.4.3) und bei der Berichterstattung zu den nichtfinanziellen Risiken (Kap. IV.4.5). Wie dargelegt ist eine solche erweiterte Betrachtung jedoch bereits bei der Identifikation der zu berichtenden Informationen im Rahmen der Wesentlichkeitsanalyse und sohin für sämtliche Angaben gem. § 289c HGB von Bedeutung. Damit verschwimmt die Grenze zwischen konsolidierter und nichtkonsolidierter Berichterstattung. Veranschaulichen lässt sich dies am Beispiel eines Mutterunternehmens, das als bloße (Finanz-)Holding tätig ist: Seine Stakeholder werden sich nur ausnahmsweise z. B. für den Stromverbrauch des Zentralbürogebäudes interessieren, vielmehr jedoch für relevante Informationen über die (operativ tätigen) Beteiligungsunternehmen dieser Holding, und ihre Entscheidungen entsprechend an den Auswirkungen bemessen, die von der gesamten Unternehmensgruppe verursacht – und vom Mutterunternehmen letztendlich kontrolliert – werden. Das heißt, dass die Informationen, die rein auf das Mutterunternehmen als rechtliche Einheit bezogen sind, bei wirtschaftlicher Betrachtungsweise i. d. R. als unwesentlich zu klassifizieren sein werden.

Eine besondere Relevanz erhalten diese Überlegungen im Zusammenhang mit dem – in der Praxis häufig ausgeübten – Wahlrecht, die konsolidierte und nichtkonsolidierte nichtfinanzielle Berichterstattung **zusammenzufassen** (siehe Kap. VIII.2.2). Es steht mit der Idee des Wesentlichkeitsgrundsatzes im Widerspruch, Ungleiches (also in Gesamtbetrachtung Wesentliches und Unwesentliches) offensichtlich gleichberechtigt nebeneinanderzustellen, nicht zuletzt aus Gründen der Klarheit und Übersichtlichkeit der Berichterstattung. Dagegen wird jedoch verstoßen, wenn bspw. in tabellarischen Übersichten Größen wie die Mitarbeiterzahl eines reinen Holding-Mutterunternehmens (z. B. zwei Mitarbeiter) neben jene für den Gesamtkonzern (z. B. 2.000 Mitarbeiter) gestellt werden – selbst wenn bei ausschließlicher Betrachtung des Mutterunternehmens (als rechtliche Einheit) auch dessen CO_2-Emissionen als wesentlich erachtet werden mögen. In der Regel wird es hier sachgerecht sein, die Informationen für das Mutterunternehmen wegzulassen oder z. B. bloß in untergeordneter Form (wie als Vermerk oder eigenständiger Anhang) darzustellen.

Diese Ausführungen zeigen deutlich, wie weit die Berichtsgrenzen von finanzieller und nichtfinanzieller Berichterstattung voneinander entfernt liegen können. Mangels klarer Vorgaben – bzw. generell aufgrund der Schwierigkeit, hierzu allgemeingültige Vorgaben zu formulieren – werden die berichtspflichtigen Unternehmen allerdings **stets großen Gestaltungsspielraum** haben. Diesem ist durch entsprechend umfangreiche Angaben zur Wahl der Berichtsgrenzen im Rahmen der nichtfinanziellen Berichterstattung zu begegnen, sofern Abweichungen von der Finanzberichterstattung vorliegen (z. B. in Form eines eigenen Abschnitts innerhalb der nichtfinanziellen Erklärung bzw. des nichtfinanziellen Berichts).

„Berichtszeitraum und -grenzen

Dieser Bericht bezieht sich auf das Siemens-Geschäftsjahr 2021 (1. Oktober 2020 bis 30. September 2021). Abweichungen davon weisen wir aus. Grundsätzlich haben wir alle unsere vollkonsolidierten Unternehmen in die Berichterstattung einbezogen. Die im April 2021 erworbene Varian Medical Systems Inc. wurde im Berichtsjahr in der Regel noch nicht in die Berichterstattung einbezogen. Ausnahmen, insbesondere bei Finanz- und Mitarbeitendenkennzahlen, sind entsprechend gekennzeichnet. Weiterhin sind die Kennzahlen der im März 2021 verkauften Flender-Unternehmensgruppe für das gesamte Geschäftsjahr 2021 nicht mehr berücksichtigt. Eine Anpassung der Vorjahreszahlen erfolgte nicht. Minderheitsbeteiligungen sind grundsätzlich nicht in die Berichterstattung einbezogen. Die berichteten Kenngrößen und Informationen beziehen sich – soweit nicht anders angegeben – auf die fortgeführten Aktivitäten des Unternehmens. Einige Managementansätze decken nicht alle Siemens-Einheiten oder Teile der Organisation ab. Teile der Siemens-Organisation haben möglicherweise Programme oder Initiativen eingeführt, die von den allgemeinen Ansätzen, die in diesem Bericht dargestellt sind, abweichen. Dennoch stehen diese im Einklang mit dem DEGREE-Rahmenwerk und sind mit den globalen nichtfinanziellen Siemens-Programmen und -Initiativen abgestimmt."

3 Mindestaspekte

Die weitgehend frei gestaltbare Festlegung der Berichtsinhalte, die aus der Wesentlichkeitsanalyse resultiert, erhält durch § 289c Abs. 2 HGB **in inhaltlicher Hinsicht einen Rahmen.** Dieser sieht vor: *„Die nichtfinanzielle Erklärung bezieht sich darüber hinaus zumindest auf folgende Aspekte: [...]"* und lässt hierauf eine Aufzählung von verschiedenen „Belangen" (z. B. „Umweltbelangen") folgen, die anhand von Beispielen konkretisiert werden. Auch die folgenden Ausführungen in den Abs. 3 und 4 des § 289c HGB referenzieren auf die hier angeführten „Aspekte".

Uneindeutig ist zunächst das Verhältnis der im Gesetzestext verwendeten Begrifflichkeiten **„Aspekte" und „Belange"** zueinander. Obschon keine nähere Definition dazu erfolgt, ist davon auszugehen, dass beide weitgehend synonym zu verstehen sind.[332] Es handelt sich hierbei um Kategorien bzw. „Überschriften", nach denen die geforderten

---

331 *Siemens*, Nachhaltigkeitsbericht 2021, S. 135. Online abrufbar unter https://go.nwb.de/ed2jx oder über den QR-Code.

332 Siehe etwa die Ausführungen zum hierauf Bezug nehmenden Comply-or-Explain-Prinzip in § 289c Abs. 4 HGB, BT-Drucks. 18/9982 S. 52.

Angaben einzuteilen sind.[333] Insbesondere im Hinblick auf die Aspekte, die § 289c Abs. 2 Nr. 1 und 3 HGB nennen, wird dabei die Anknüpfung an das Konzept der Triple Bottom Line offensichtlich.[334] Zwar nennt der Gesetzestext noch weitere Aspekte, diese lassen sich aber dem traditionellen Nachhaltigkeitsverständnis folgend den üblicherweise unterschiedenen drei Dimensionen zurechnen: Arbeitnehmerbelange sowie Achtung der Menschenrechte zu Sozialbelangen, Bekämpfung von Korruption und Bestechung zu ökonomischen Belangen. Insofern lassen sich die gesondert genannten Aspekte in § 289c Abs. 2 Nr. 2, 4 und 5 HGB am ehesten als Betonung besonders wichtiger (Teil-)Aspekte des vorherrschenden Verständnisses der Triple Bottom Line verstehen.

Zu jedem der aufgezählten Aspekte werden im Gesetzestext Beispiele angeführt. Diese orientieren sich an den Erwägungsgründen zur CSR-Richtlinie und sollen die angeführten Aspekte konkretisieren.[335] Die Materialien zum CSR-RUG verwenden für diese Beispiele den Begriff der „**Themen**",[336] der sachgerecht scheint für die Abgrenzung gegenüber den gesetzlich aufgezählten nichtfinanziellen Aspekten. Dies ist insofern bedeutsam, als die genannten Themen jene sind, auf die sich die Pflicht zum nichtfinanziellen Bericht inhaltlich bezieht: Innerhalb der weiter gefassten nichtfinanziellen Aspekte sind alle wesentlichen Themen zu identifizieren und im Folgenden ist darüber zu berichten (siehe bereits Kap. IV.2.4). Und obschon die Mindestangaben gem. § 289c Abs. 3 HGB dem Wortlaut nach auf die Aspekte gem. Abs. 2 bezogen sind, wird de facto für jedes einzelne Thema, das diesen Aspekten zugeordnet ist, eine vollständige Adressierung der Mindestangaben gem. Abs. 3 erforderlich sein.[337]

Die nachfolgende **Übersicht** fasst die gesetzlich genannten Aspekte sowie die diesen zugeordneten beispielhaften Themen zusammen:

---

333 Siehe auch DRS 20.B53. Ggf. lässt sich dahingehend differenzieren, dass „Belange" als inhaltliche Kategorien-Bezeichnung zu betrachten sind und „Aspekte" einen stärkeren Bezug zu der Abbildung dieser inhaltlichen Belange in der Rechnungslegung (besonders im Lichte des § 289c Abs. 3 HGB) herstellen.

334 Neben dem grundlegenden Begriff der „Auswirkungen", an welche die nichtfinanzielle Berichterstattung als zentrale Betrachtungsobjekte knüpft, tritt deren Bezugnahme auf die traditionelle Nachhaltigkeitsberichterstattung anhand der in § 289c Abs. 2 HGB angeführten Aspekten am deutlichsten zum Vorschein.

335 Vgl. BT-Drucks. 18/9982 S. 47.

336 DRS 20 spricht demgegenüber gleichsinnig von „Sachverhalten".

337 Weniger streng demgegenüber DRS 20.B69: *„Beispielsweise kann das Geschäftsmodell derart ausgestaltet sein, dass Angaben zu Wasserverbrauch und zu Treibhausgasemission für ein Verständnis des Geschäftsverlaufs, des Geschäftsergebnisses, der Lage sowie der Auswirkungen der Geschäftstätigkeit des Konzerns erforderlich sind. In diesem Fall kann es sinnvoll sein die berichtspflichtigen Angaben jeweils für den Wasserverbrauch und die Treibhausgasemissionen zu machen."* Da sich allerdings Angaben gem. § 289c Abs. 3 HGB, die sich auf verschiedene Themen gleichermaßen erstrecken, auch für diese gemeinsam berichtet bzw. über Verweise berücksichtigt werden können, wird das in der Praxis erzielte Ergebnis bei sachgerechter Auslegung in beiden Fällen dasselbe sein. Siehe dazu *Kajüter/Wirth*, Praxis der nichtfinanziellen Berichterstattung nach dem CSR-RUG, Der Betrieb 2018 S. 1610.

Abb. 21:	Aspekte der nichtfinanziellen Berichterstattung und ihnen zugeordnete Themen gem. § 289c HGB	
Aspekte (nichtfinanzielle Belange)	**Beispielhafte Themen**
Umweltbelange	Treibhausgasemissionen; Wasserverbrauch; Luftverschmutzung; Nutzung von erneuerbaren und nicht erneuerbaren Energien; Schutz der biologischen Vielfalt
Arbeitnehmerbelange	Maßnahmen zur Gewährleistung der Geschlechtergleichstellung; Arbeitsbedingungen; Umsetzung der grundlegenden Übereinkommen der Internationalen Arbeitsorganisation; Achtung der Rechte der Arbeitnehmerinnen und Arbeitnehmer, informiert und konsultiert zu werden; sozialer Dialog; Achtung der Rechte der Gewerkschaften; Gesundheitsschutz; Sicherheit am Arbeitsplatz
Sozialbelange	Dialog auf kommunaler oder regionaler Ebene; die zur Sicherstellung des Schutzes und der Entwicklung lokaler Gemeinschaften ergriffenen Maßnahmen
Achtung der Menschenrechte	Vermeidung von Menschenrechtsverletzungen
Bekämpfung von Korruption und Bestechung	Bestehende Instrumente zur Bekämpfung von Korruption und Bestechung

Wichtige Erläuterungen dazu, wie sich die Aufzählung in § 289c Abs. 2 HGB nutzen lässt, finden sich in den Materialien zum CSR-RUG. Diese stellen klar, dass

▶ die Reihenfolge, in der die Aspekte angeführt werden, keine abgestufte Priorität im Verhältnis dieser Aspekte untereinander vermitteln soll;

▶ die Abfolge, in der diese Aspekte in der Berichterstattung behandelt werden, dem berichtspflichtigen Unternehmen freigestellt bleibt;

▶ die erforderlichen Themen hierzu zusammenhängend, d. h. vor allem auch aspektübergreifend, im Hinblick auf die Angabepflichten gem. § 289c Abs. 3 HGB dargestellt werden können, wenn bestimmte Informationen mehrere Aspekte betreffen (ggf. kann diesfalls aber auch mit Verweisen gearbeitet werden)[338];

---

338 Dies ist aber auch dann von praktischer Bedeutung, wenn bestimmte Angaben gem. § 289c Abs. 3 HGB mehrere Themen (eines oder mehrerer Aspekte) betreffen; wenn z. B. dasselbe Konzept mehrere wesentliche Themen adressiert.

► die genannten beispielhaften Themen je Aspekt keine Checkliste darstellen: Die konkret auszuführenden Themen orientieren sich in Umfang und Tiefgang daran, was für das jeweilige Geschäftsmodell als wesentlich zu beurteilen ist.[339]

Bei aller Flexibilität, die den berichtspflichtigen Unternehmen zusteht, betont der deutsche Gesetzgeber eine **Mindestanforderung,** die zu berücksichtigen ist: *„Insgesamt muss die nichtfinanzielle Erklärung die Aspekte aber vollständig abdecken und in einer übersichtlich strukturierten Weise darstellen."*[340] Dies bedeutet, dass zu jedem der fünf genannten Aspekte mindestens ein Thema berichtet werden muss; selbst die Anwendung des Comply-or-Explain-Prinzips in § 289c Abs. 4 HGB kann diese Berichtspflicht nicht in Gänze ersetzen (siehe Kap. IV.4.8).

Eine exponierte Stellung unter den fünf im Gesetzestext angeführten Aspekten nehmen gegenwärtig die **Umweltbelange** ein – und unter diesen vor allem der Teilaspekt des Klimawandels. Seitens der EU-Kommission wurde in den letzten Jahren ein großer Schwerpunkt darauf gelegt, Maßnahmen zu identifizieren, um gegen den Klimawandel anzukämpfen. Als Ergebnis wurde der Normenrahmen für die Unternehmensberichterstattung auch nach Verabschiedung der CSR-Richtlinie laufend weiterentwickelt und um neue Empfehlungen bzw. Vorgaben erweitert. Als ein Beispiel, auf das bereits in Kap. I hingewiesen wurde, sind die Leitlinien der EU-Kommission zur nichtfinanziellen Berichterstattung, vor allem deren Nachtrag aus dem Jahr 2019, zu nennen. Dieser Nachtrag enthält umfangreiche Empfehlungen zur Aufnahme von klimabezogenen Informationen in die nichtfinanzielle Berichterstattung; diese richten sich im Besonderen an Kreditinstitute und Versicherungsunternehmen. Darüber hinaus verpflichtet die im Sommer 2020 veröffentlichte Taxonomie-VO alle unter die Berichtspflicht gem. §§ 289b ff. HGB fallenden Unternehmen, konkrete weitere Angaben zu Umweltbelangen in all ihren Teilaspekten zu tätigen (siehe dazu Kap. V.3 und V.4). Insofern lässt sich beobachten, dass die Praxis der Berichterstattung hierauf i. d. R. besonderes Augenmerk legt und dabei große Fortschritte gemacht werden. Für die berichtspflichtigen Unternehmen geht hiermit aber inzwischen ein hohes Anspruchsniveau einher, mit dem sie konfrontiert sind.[341]

---

339 Vgl. BT-Drucks. 18/9982 S. 47.
340 BT-Drucks. 18/9982 S. 47.
341 Für einen Überblick *Scheid/Baumüller*, EFRAG Lab veröffentlicht Bericht zur Verbesserung der Klimaberichterstattung, Praxis der internationalen Rechnungslegung 2020 S. 115 ff.

„Strategie zum Klimawandel [als Teil der Umweltbelange]

Die Strategie zum Klimawandel des Allianz Konzerns fördert Lösungen für das Klima von morgen. Mit unseren Versicherungsprodukten kümmern wir uns um unsere Kunden und nutzen zugleich unseren Einfluss als einer der weltweit größten Versicherer sowie als institutioneller Investor, um den Übergang zu einer kohlenstoffarmen Wirtschaft zu fördern. Dazu setzen wir uns mit unseren eigenen Geschäftstätigkeiten ein und tragen zu verschiedenen öffentlich-privaten Partnerschaften bei.

Klimaschutz ist ein integraler Bestandteil unseres Kerngeschäfts. Mit unserer Verpflichtung, bis 2050 das Ziel von Netto-Null-Treibhausgasemissionen zu erreichen in Einklang mit dem 1,5°C Ziel des Pariser Klimaabkommens, haben wir uns für unsere Eigenanlagen, unsere Versicherungen und unseren Geschäftsbetrieb langfristige Klimaziele gesetzt, die dem entsprechen. Die Vergütung des Vorstands der Allianz SE ist unter anderem an die Erreichung klimabezogener Ziele gebunden, zu denen auch die erfolgreiche Umsetzung unserer Strategie zum Klimawandel zählt."

Die in § 289c Abs. 2 HGB genannten Aspekte sind als **nicht abschließend** zu verstehen. Es ist insofern möglich, sie zu ergänzen – bzw. wird dies im Schrifttum auch gefordert, wenn sich aus der Wesentlichkeitsanalyse berichtpflichtige Themen ergeben, die den im Gesetzestext angeführten Aspekten nicht unmittelbar zuzuordnen sind.[343] Zwar sind die in § 289c Abs. 2 HGB angeführten Aspekte, vor allem in dessen Nr. 1 und 3, dermaßen weit gefasst, dass sich typischerweise jedes mögliche Thema diesen (zumindest als Querschnitt) zuordnen lassen müsste; wie schon für die Logik der Aufzählung im Gesetzestext diskutiert, kann sich hier aber ebenso eine gesonderte Darstellung von Aspekten anbieten, um etwa besonders wichtige Themenkomplexe zu betonen bzw. branchenüblichen Vorgehensweisen Rechnung zu tragen. In der Praxis häufig als gesondert ausgewiesene Aspekte anzutreffen sind i. d. Sinne z. B. „Kundenbelange", „Produktbelange" und „Verantwortung in der Lieferkette".[344] Als ein Aspekt, der hinsichtlich der Sinnhaftigkeit eines gesonderten Ausweises ambivalent beurteilt wird, kann die

---

342 *Allianz*, Geschäftsbericht 2021, S. 60. Online abrufbar unter https://go.nwb.de/n9221 oder über den QR-Code.

343 Siehe auch DRS 20.B66. Für die Literatur *Kajüter*, Nichtfinanzielle Berichterstattung nach dem CSR-Richtlinie-Umsetzungsgesetz, Der Betrieb 2017 S. 620.

344 Vgl. *Kajüter/Wirth*, Praxis der nichtfinanziellen Berichterstattung nach dem CSR-RUG, Der Betrieb 2018 S. 1609.

Datensicherheit genannt werden – die sich etwa den „Kundenbelangen" oder den „Arbeitnehmerbelangen" (und ggf. sogar der „Achtung der Menschenrechte") zuordnen lässt.[345] Der beträchtliche Spielraum, der sich hier den berichtspflichtigen Unternehmen bietet, wird vor allem durch den Stetigkeitsgrundsatz eingeschränkt, der zumindest die Vergleichbarkeit der Berichterstattung im Zeitablauf ermöglicht.

Die berichtspflichtigen Unternehmen sind weiterhin nicht verpflichtet, ihre nichtfinanzielle Berichterstattung nach den gesetzlich vorgegebenen bzw. individuell ergänzten Aspekten zu gliedern. In der Praxis lässt sich hierzu eine große Heterogenität der Vorgehensweisen feststellen. Die **Gliederung der nichtfinanziellen Berichterstattung** hat allerdings klar und übersichtlich zu erfolgen, insbesondere muss es dabei für die Berichtsadressaten nachvollziehbar sein, dass alle Mindestaspekte abgedeckt wurden bzw. wie sich die getätigten Angaben zu den gesetzlichen Berichtserfordernissen überleiten lassen. In der Praxis hat sich hier der Einsatz von Überleitungstabellen – selbst wenn nicht das Berichtsformat der integrierten nichtfinanziellen Erklärung gewählt wird (siehe Kap. III.2.2) – bewährt:[346]

Abb. 22:	Überleitung zu den gesetzlichen Angabepflichten am Beispiel E.ON[347]	
Umweltbelange	►	Klimaschutz
	►	Nachhaltige Kundenlösungen
Arbeitnehmerbelange	►	Arbeitssicherheit und Gesundheit
	►	Arbeitsbedingungen und Mitarbeiterentwicklung
	►	Diversity und Inklusion
Sozialbelange	►	Versorgungssicherheit
	►	Kundenzufriedenheit
Menschenrechte	►	Menschenrechte und Lieferantenmanagement
Antikorruption	►	Compliance und Antikorruption

---

345 Dazu und zu weiteren Beispielen *Störk/Schäfer/Schönberger*, § 289c HGB – Inhalt der nichtfinanziellen Erklärung, in Grottel/Justenhoven/Schubert/Störk (Hrsg.), Beck'scher Bilanz-Kommentar, 13. Aufl. 2022, § 289c HGB Tz. 22.

346 Vgl. *Baumüller*, Nichtfinanzielle Berichterstattung, 2020, S. 64 f.

347 *E.ON*, Geschäftsbericht 2021, S. 140. Online abrufbar unter https://go.nwb.de/4m5ge oder über den QR-Code.

Abb. 23:	Überleitung zu den gesetzlichen Angabepflichten am Beispiel Siltronic[348]				
	Interessengruppen		ESG		
Wesentliche Themen	Unternehmen	Externe	Umwelt	Soziales	Governance
Produktnachhaltigkeit	X	X	X		
Energie	X	X	X		
Klimawandel	X	X	X		
Abfall	X	X	X		
Wasser	X	X	X		
Umweltrecht und Compliance	X	X	X		
Anlagensicherheit	X	X	X		
Gesundheit und Arbeitssicherheit	X	X		X	
Nachhaltigkeit bei Kunden	X	X		X	
Compliance-Management	X	X			X
Unternehmensstrategie	X	X			X
Risikomanagement	X	X			X

---

348 *Siltronic AG*, Geschäftsbericht 2021, S. 97. Online abrufbar unter https://go.nwb.de/i39an oder über den QR-Code.

Eine weitere Frage, die in der Praxis hohe Relevanz hat, betrifft den **Aggregationsgrad der identifizierten Themen** – und damit die Anzahl an Themen, über die berichtet wird. Mangels gesetzlicher Vorgaben bietet sich den Unternehmen weitreichender Spielraum, der in der bisherigen Praxis der nichtfinanziellen Berichterstattung auch ausgeschöpft wird.[349] Entsprechend wichtig ist es, diesen Gestaltungsspielraum i. S. des GoB der Klarheit und Übersichtlichkeit zu adressieren. Im Besonderen wird diese Themenidentifikation von der angewandten Methodik abhängen, die entsprechend zu fundieren und transparent zu ermitteln ist – und gleichermaßen dem Stetigkeitsgebot unterliegt. Einschlägige Rahmenwerke und die Ableitung branchenüblicher Praktiken werden dabei wichtige Orientierungspunkte darstellen (siehe Kap. IV.2.2).

4 Mindestangaben

4.1 Überblick und Zusammenhänge

§ 289c Abs. 3 HGB enthält einen **Katalog an Mindestangaben,** die dem Gesetzeswortlaut nach zu den in Abs. 2 genannten Aspekten jeweils zu tätigen sind. Angaben, die darüber hinausgehen, können allerdings ebenso i. S. dieser Generalnorm erforderlich sein; dem Gesetzestext lassen sich aber keine konkreteren weiteren Leitlinien dazu entnehmen. Auch lassen sich zusätzlich freiwillige, d. h. nicht wesentliche Angaben in die Berichterstattung aufnehmen, was beim Einsatz von Rahmenwerken für die Berichterstattung von großer Bedeutung sein kann (siehe Kap. VI). Zu beachten ist dabei aber der GoB der Klarheit und Übersichtlichkeit, der u. a. dazu führt, dass wesentliche Angaben von unwesentlichen deutlich unterschieden werden.

Obwohl § 289c Abs. 3 HGB von Aspekten spricht, auf die sich die Angabepflichten beziehen, ist es bei vielen der im Angabenkatalog angeführten Einzelangaben sachgerecht, diese auf Ebene der **einzelnen Themen** zu machen, die den in Abs. 2 angeführten Aspekten zugeordnet werden. Dies wird in den Kap. IV.4.2 bis IV.4.7 jeweils gesondert diskutiert.

Eine bedeutsame Abweichung gegenüber der CSR-Richtlinie stellt der Umstand dar, dass die Angaben zum **Geschäftsmodell** in den unionsrechtlichen Vorgaben Bestandteil des Angabenkatalogs sind. Der deutsche Gesetzgeber hat sich jedoch dazu entschlossen, diese Angabepflicht gesondert in § 289c Abs. 1 HGB – und damit an exponierter, grundlegender Stelle – zu verankern. Ausweislich der Gesetzesmaterialien zum CSR-RUG soll damit die eigenständige, d. h. aspektübergreifende Bedeutung des Geschäfts-

---

349 Vgl. *Baumüller/Nguyen,* Zur Operationalisierung des Wesentlichkeitsgrundsatzes im Rahmen der nichtfinanziellen Berichterstattung, Praxis der internationalen Rechnungslegung 2018 S. 203 f.

modells betont werden.[350] Es ist allerdings davon auszugehen, dass diese Pflicht zur Angabe des Geschäftsmodells im Kontext der weiteren Angabepflichten gem. § 289c Abs. 3 HGB zu sehen ist und entsprechend die Darstellung ein Augenmerk auf die vom Geschäftsmodell betroffenen nichtfinanziellen Aspekte gem. § 289b Abs. 2 HGB legen soll. Somit kann auch der Kontext für die Anwendung der Generalnorm und damit die Durchführung bzw. Beurteilung der Ergebnisse der Wesentlichkeitsanalyse geschaffen werden. Auf diesen Zusammenhang ist sohin im Besonderen zu achten.

Wie bereits in Kap. IV.3 diskutiert, enthält der Gesetzestext keine Vorgaben zur **Gliederung** der nichtfinanziellen Berichterstattung. Dies gilt nicht nur für die Strukturierung entlang der in § 289c Abs. 2 HGB genannten Aspekte (i. S. von „Hauptüberschriften"), sondern auch für eine ggf. weitere Untergliederung entlang des Angabenkatalogs gem. § 289c Abs. 3 HGB (i. S. von „Unterüberschriften"). Es hat sich jedoch in der Praxis bewährt – nicht zuletzt im Lichte des logischen Zusammenhangs der einzelnen Angabepflichten in § 289c Abs. 3 HGB –, eine Gliederungslogik zu wählen, die dieser nahe steht; dies trägt im Besonderen der Nachvollziehbarkeit (u. a. i. S. eines „Vollständigkeitschecks") Rechnung. Ausgenommen hiervon sind die Angaben zu nichtfinanziellen Risiken (§ 289c Abs. 3 Nr. 3 und 4 HGB), die im Regelfall ähnlich den Darstellungen zum Geschäftsmodell an einer gesonderten Stelle, häufig mittels Verweis im Lagebericht als Teil der allgemeinen Risikoberichterstattung gem. § 289 Abs. 1 Satz 4 HGB, behandelt werden können.

Im Folgenden findet sich ein Beispiel für eine übersichtliche **Gliederungslogik,** die der Systematik der Angabepflichten gem. § 289c Abs. 3 HGB Rechnung trägt.

GLIEDERUNGSLOGIK FÜR DIE NICHTFINANZIELLE BERICHTERSTATTUNG AUF EBENE DER ANGABEPFLICHTEN GEM. § 289C ABS. 3 HGB AM BEISPIEL LUFTHANSA[351]

„Klimaschutz

Konzept

Vier-Säulen-Strategie definiert Maßnahmen für den Klimaschutz [...]

Organisatorische Verankerung und Verantwortlichkeiten: [...]

Ziele: [...]

Maßnahmen: [...]

Leistungsindikator: [...]"

---

350 Vgl. BT-Drucks. 18/9982 S. 47.

351 *Lufthansa*, Geschäftsbericht 2021, S. 100 ff. Online abrufbar unter https://go.nwb.de/12zc0 oder über den QR-Code.

4.2 Beschreibung des Geschäftsmodells

§ 289c Abs. 1 HGB: *„In der nichtfinanziellen Erklärung im Sinne des § 289b ist das Geschäftsmodell der Kapitalgesellschaft kurz zu beschreiben."* Auf die Bedeutung dieser Angabepflicht im Gesamtzusammenhang der Angabepflichten gem. § 289c HGB wurde bereits in Kap. IV.4.1 eingegangen. Mit der Darstellung des Geschäftsmodells soll das **Grundverständnis für die Auswirkungen** der Unternehmenstätigkeit und die Unternehmenstätigkeit an sich entsprechend der Generalnorm in § 289c Abs. 3 HGB geschaffen werden. Dieser zentrale Stellenwert für die nichtfinanzielle Berichterstattung wird durch die Positionierung der Angabepflicht im Abs. 1 des § 289c HGB betont.

Der Gesetzestext gibt **keine näheren Vorgaben** dazu, was genau unter einem „Geschäftsmodell" verstanden wird und wie diese Darstellung im Detail zu erfolgen hat. Eine Orientierung bieten jedoch die Leitlinien der EU-Kommission zur nichtfinanziellen Berichterstattung, die konkretisieren:

„Das Geschäftsmodell eines Unternehmens gibt Auskunft darüber, wie es durch seine Produkte oder Dienstleistungen langfristig Wert schöpft und bewahrt. Das Geschäftsmodell bildet den Rahmen für den Lagebericht als Ganzes. Es liefert einen Überblick über die Unternehmensprozesse und die Grundprinzipien der Unternehmensstruktur, indem beschrieben wird, wie das Unternehmen durch seine Geschäftstätigkeit Inputs in Outputs umwandelt. Vereinfacht gesagt wird vermittelt, was ein Unternehmen tut, wie es dabei vorgeht und welchen Zweck es verfolgt."[352]

Die Materialien zum CSR-RUG betonen ebenso den Zusammenhang mit den **Angabepflichten gem. § 289 HGB:** *„Eine kurze Beschreibung des Geschäftsmodells wird in der Praxis schon heute regelmäßig im Lagebericht vorgenommen und nun auf die nichtfinanzielle Erklärung ausgeweitet."*[353] Durch § 289c Abs. 1 HGB wird eine solche Darstellung nunmehr aber erstmals verpflichtend. Zur konkreten Ausgestaltung finden sich in DRS 20.257 i.V. mit 20.37 folgende Vorschläge:

---

352 *Europäische Kommission,* Leitlinien für die Berichterstattung über nichtfinanzielle Informationen (Methode zur Berichterstattung über nichtfinanzielle Informationen), 2017 S. 10.
353 BT-Drucks. 18/9982 S. 47.

„Dabei ist, soweit für das Verständnis des Geschäftsmodells erforderlich, einzugehen auf

▶ *den Geschäftszweck,*

▶ *die organisatorische Struktur des Konzerns (z. B. Segmente, Standorte),*

▶ *die notwendigen Einsatzfaktoren für die Durchführung der Geschäftstätigkeit (z. B. Personal, Material, Fremdleistungen, immaterielle Werte),*

▶ *Geschäftsprozesse (z. B. Beschaffung, Produktion, Vertrieb),*

▶ *Produkte und Dienstleistungen,*

▶ *Beschaffungs- und Absatzmärkte,*

▶ *die externen Einflussfaktoren für das Geschäft (z. B. rechtliche, politische, wirtschaftliche, ökologische und soziale Rahmenbedingungen)."*

VERBALE DARSTELLUNG DES GESCHÄFTSMODELLS AM BEISPIEL WIRECARD[354]

„Geschäftsmodell

Wirecard ist ein globaler Technologiekonzern, der seine Kunden und Partner dabei unterstützt, elektronische Zahlungen aus allen Vertriebskanälen anzunehmen sowie Zahlungsinstrumente herauszugeben. Als international führender unabhängiger Anbieter bietet Wirecard Outsourcing- und White-Label-Lösungen für den elektronischen Zahlungsverkehr. Über eine globale Plattform stehen internationale Zahlungsakzeptanzen und -verfahren mit ergänzenden Lösungen zur Betrugsprävention sowie Karten-Issuing zur Auswahl.

Die Acquiring- und Issuing-Leistungen sind über die integrierte Plattformlösung miteinander verknüpft und via Internettechnologie (APIs) ansprechbar. Für die Herausgabe eigener Zahlungsinstrumente in Form von Karten oder mobilen Zahlungslösungen stellt Wirecard Unternehmen die komplette Infrastruktur inklusive der notwendigen Lizenzen für Karten- und Kontoprodukte bereit. Der einheitliche Plattform-Ansatz sowie nahtlos integrierbare Mehrwertdienste wie Data Analytics, Kundenbindungsprogramme oder Digital Banking Services unterstützen die Kunden und Partner von Wirecard dabei, die Herausforderungen der Digitalisierung erfolgreich zu meistern."

---

[354] *Wirecard*, Nichtfinanzieller Konzernbericht 2018, S. 3. Online abrufbar unter https://go.nwb.de/hd6ma oder über den QR-Code.

VERBALE DARSTELLUNG DES GESCHÄFTSMODELLS AM BEISPIEL HELLOFRESH[355]

„Seit der Gründung als Kochbox-Anbieter im Jahr 2011 ist HelloFresh nach wie vor einer der führenden Innovateure in der Lebensmittelindustrie für Zuhause. Im Laufe der letzten 10 Jahre hat der Konzern eine starke, vertrauenswürdige Marke aufgebaut, welche personalisierte Mahlzeit-Lösungen frei Haus in zahlreiche Regionen weltweit liefert. Neben unserer bekanntesten Marke HelloFresh, gehören auch Chefs Plate, EveryPlate, Factor75, Green Chef und YouFoodz zu unserem Konzern, welcher im Drei-Monatszeitraum zum 31. Dezember 2021 insgesamt 7,22 Millionen aktive Kund:innen belieferte.

Unsere Mission ist es, neue Lösungen zu finden, wie Menschen sich einfach und bewusst ernähren und wir bieten unseren Kund:innen eine sichere und günstige Variante, frische selbst gekochte oder vorgekochte Mahlzeiten ohne Planung und Einkaufen zu genießen. Diese werden direkt zu unseren Kund:innen nach Hause geliefert durch unser effizientes und zentralisiertes Geschäftsmodell.

[...]"

Ein erweitertes Verständnis von den gebotenen Darstellungen zum Geschäftsmodell, auf das in der Praxis zurückgegriffen wird, enthält das **Rahmenwerk des IIRC** zum Integrated Reporting.[356] Obschon dieses wohl deutlich über den Verpflichtungsrahmen des § 289c Abs. 1 HGB hinausgeht, fügt es sich konsistent in den Gesamtrahmen für die nichtfinanzielle Berichterstattung und wird in der Praxis referiert: *„An organization's business model is its system of transforming inputs, through its business activities, into outputs and outcomes that aims to fulfil the organization's strategic purposes and create value over the short, medium and long term."*[357]

▶ *„An integrated report shows how key inputs relate to the capitals on which the organization depends, or that provide a source of differentiation for the organization, to the extent they are material to understanding the robustness and resilience of the business model."*[358]

▶ *„An integrated report describes key business activities. This can include: How the organization differentiates itself in the market place (e.g., through product differentiati-*

---

355 *HelloFresh*, Geschäftsbericht 2021, S. 16. Online abrufbar unter https://go.nwb.de/4pqnu oder über den QR-Code.

356 Hierauf als Bezugspunkt verweist auch *Kajüter*, Nichtfinanzielle Berichterstattung nach dem CSR-Richtlinie-Umsetzungsgesetz, Der Betrieb 2017 S. 621.

357 *IIRC*, The International <IR> Framework, 2021, Tz. 4.11.

358 *IIRC*, The International <IR> Framework, 2021, Tz. 4.14.

on, market segmentation, delivery channels and marketing) [...] The extent to which the business model relies on revenue generation after the initial point of sale (e.g., extended warranty arrangements or network usage charges) [...] How the organization approaches the need to innovate [...] How the business model has been designed to adapt to change."[359]

▶ *„An integrated report identifies an organization's key products and services. There might be other outputs, such as by-products and waste (including emissions), that need to be discussed within the business model disclosure depending on their materiality.*"[360]

▶ *„An integrated report describes key outcomes. Outcomes are the internal and external consequences (positive and negative) for the capitals as a result of an organization's business activities and outputs. The description of outcomes includes: [...] Both internal outcomes (e.g. employee morale, organizational reputation, revenue and cash flows) and external outcomes (e.g. customer satisfaction, tax payments, brand loyalty, and social and environmental effects) [...] Both positive outcomes (i.e., those that result in a net increase in the capitals and thereby create value) and negative outcomes (i.e., those that result in a net decrease in the capitals and thereby diminish value).*"[361]

Den Leitlinien der EU-Kommission folgend sollen die Darstellungen um Leistungsindikatoren ergänzt werden und sich um eine **sachliche, faktenbezogene Darstellung** bemühen (zur Abgrenzung von bloß werblichen Unternehmensdarstellungen).[362] Verfolgt das berichtspflichtige Unternehmen mehrere verschiedene Geschäftsmodelle, so ist für diese grundsätzlich eine gesonderte Darstellung zu empfehlen. Auf Verbindungen zwischen diesen Geschäftsmodellen (z.B. in Form von Synergien) soll jedoch ebenso eingegangen werden.[363]

Die Angaben zum Geschäftsmodell sind besonders geeignet, (ergänzende) **visuelle Darstellungen** aufzunehmen. Damit wird der schnellen Erschließbarkeit mitunter komplexer Zusammenhänge Rechnung getragen. Das Beispiel in Abb. 24 setzt dies auf Grundlage des Rahmenwerks des IIRC um.[364]

---

359 *IIRC*, The International <IR> Framework, 2021, Tz. 4.16.

360 *IIRC*, The International <IR> Framework, 2021, Tz. 4.18.

361 *IIRC*, The International <IR> Framework, 2021, Tz. 4.19.

362 Vgl. *Europäische Kommission*, Leitlinien für die Berichterstattung über nichtfinanzielle Informationen (Methode zur Berichterstattung über nichtfinanzielle Informationen), 2017, S. 10.

363 Vgl. *FEE*, Disclose what truly matters, 2016, S. 8; *Kajüter*, Nichtfinanzielle Berichterstattung nach dem CSR-Richtlinie-Umsetzungsgesetz, Der Betrieb 2017 S. 621.

364 Vgl. *Baumüller*, Nichtfinanzielle Berichterstattung, 2020, S. 95.

Abb. 24: Visuelle Darstellung des Geschäftsmodells am Beispiel BASF[365]

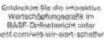

Wie wir Wert schaffen

Die nachfolgende Übersicht zeigt beispielhaft, wie wir Wert für unsere Stakeholder schaffen. Sie orientiert sich am Rahmenwerk des International Integrated Reporting Council (IIRC). Die Inhalte der Grafik sind im Umfang der jeweils entsprechenden Kapitel des Lageberichts geprüft, in dem sie sich wiederfinden.

Entdecken Sie die interaktive Wertschöpfungsgrafik im BASF-Geschäftsbericht unter basf.com/wie-wir-wert-schaffen

Input

🏦 Finanzen	✦ Innovation	Produktion	Umwelt	Mitarbeitende	Partnerschaften
Unser Ziel ist es, die Zahlungsfähigkeit zu sichern, finanzwirtschaftliche Risiken zu begrenzen und Kapitalkosten zu optimieren.	Wir entwickeln innovative Lösungen für und mit unseren Kunden. So wollen wir unsere führende Position ausbauen.	Sicherheit, Qualität und Zuverlässigkeit sind entscheidend für unsere Exzellenz in Produktion und Anlagenbetrieb.	Wir nutzen natürliche Ressourcen, um daraus Produkte und Lösungen mit hohem Mehrwert für unsere Kunden herzustellen.	Alles, was wir tun, basiert auf den Fähigkeiten, dem Wissen, der Motivation und dem Verhalten unserer Mitarbeitenden.	Vertrauensvolle Beziehungen sind für die Lizenz-to-operate und unsere Reputation von entscheidender Bedeutung.
87,4 Mrd. €	~ 10.000	3,4 Mrd. €	1,3 Mio. Tonnen	111.047	~ 280
Gesamtvermögen	Mitarbeitende in F&E	Sachinvestitionen	nachwachsende Rohstoffe	Mitarbeitende weltweit	Forschungskooperationen
48,2 %	2,2 Mrd. €	~ 60 Mio. MWh	1.695 Mio. m³	11,1 Mrd. €	> 70.000
Eigenkapitalquote	Aufwendungen für F&E	Strom- und Dampfbedarf	Gesamtwasserbezug	Personalaufwand	Lieferanten

Wir benötigen vielfältige Ressourcen: Um Umsetzung unserer handlungsfokussierten Strategie

Geschäftsmodell

Unternehmenszweck	Unsere Ziele	Unsere Arbeitsweise
We create chemistry for a sustainable future	• profitables Wachstum • effektiver Klimaschutz • Produktportfolio mit Fokus auf Innovation und Nachhaltigkeit • verantwortungsvoller Einkauf • ressourceneffiziente und sichere Produktion • engagierte Mitarbeitende und Vielfalt	• Unsere Kunden stehen im Mittelpunkt unserer Strategie. • Nachhaltigkeit und Innovation sind Kern unseres Handelns sowie Wachstums- und Werttreiber. • Sicherheit hat stets höchste Priorität. • Die BASF-Verbundstruktur ist das Rückgrat unserer effizienten und zuverlässigen Produktion. • Unsere sechs Segmente sind an Wertschöpfungsketten ausgerichtet und adressieren Kundenbedürfnisse mit passgenauen Lösungen und Geschäftsmodellen. • Wir setzen auf eine kundennahe globale Präsenz. • Eine effektive Corporate Governance gewährleistet verantwortungsvolles Handeln. • Wir verhalten uns wertschätzend und respektvoll gegenüber unseren Stakeholdern.

Wir setzen unseren Unternehmenszweck um

Die Leitlinien der EU-Kommission betonen darüber hinaus die Bedeutung der **Ziele und Strategien** des Unternehmens im Rahmen der Darstellung des Geschäftsmodells.[366] Eine verpflichtende Strategieberichterstattung lässt sich hieraus zwar nicht ableiten, doch finden sich entsprechende Darstellungen bereits in einer Vielzahl an nichtfinanziellen Berichterstattungen. Diese kann sowohl auf die gesamthafte Unternehmensstrategie abstellen als auch – im Hinblick auf die Berichtspflichten gem. §§ 289b ff.

---

365 *BASF*, Integrierter Geschäftsbericht 2021, S. 24 f. Online abrufbar unter https://go.nwb.de/wmdyt oder über den QR-Code.

366 Vgl. *Europäische Kommission*, Leitlinien für die Berichterstattung über nichtfinanzielle Informationen (Methode zur Berichterstattung über nichtfinanzielle Informationen), 2017, S. 10.

HGB naheliegend – Nachhaltigkeitsstrategien hervorheben.

BERICHTERSTATTUNG ZUR NACHHALTIGKEITSSTRATEGIE AM BEISPIEL BAYER[367]

„Klimaschutz und Dekarbonisierung

Wir haben ein umfangreiches, konzernweites Dekarbonisierungsprogramm auf den Weg gebracht und wollen auf diese Weise dazu beitragen, die Erderwärmung auf 1,5 °C zu begrenzen. Die Ziele und Maßnahmen unseres Dekarbonisierungsprogramms wurden von der ‚Science Based Targets Initiative' bestätigt. Um diese Transformation zu unterstützen, haben wir seit 2020 ein Pilotprojekt gestartet und einen internen CO_2-Preis von 100 € je Tonne in die Kalkulation unserer Investitionsprojekte aufgenommen. Um unsere Emissionen bis Ende 2029 gegenüber dem Basisjahr 2019 um mehr als 42 % zu verringern, wollen wir die Energieeffizienz an unseren Standorten steigern und unseren Strom dann zu 100 % aus erneuerbaren Energien beziehen. Bis 2030 wollen wir ein klimaneutrales Unternehmen werden, indem wir alle weiteren Emissionen durch den Erwerb von Zertifikaten aus geprüften Klimaschutzprojekten kompensieren, die extern anerkannte Qualitätsstandards erfüllen. Ein Schritt in diese Richtung ist unser Beitritt zur LEAF-Koalition (Lowering Emissions by Accelerating Forest finance), eine der größten öffentlich-privaten Partnerschaften zum Schutz der Regenwälder. Auch entlang der vor- und nachgelagerten Wertschöpfungskette sollen die Treibhausgas-Emissionen durch die Zusammenarbeit mit Lieferanten und Kunden bis 2029 gegenüber dem Basisjahr 2019 um mindestens 12,3 % sinken. Die zuvor beschriebenen Dekarbonisierungsmaßnahmen sowie Innovationen für mehr Klimaresilienz unserer Division Crop Science kommen zu diesen Zielen hinzu und sollen weitere erhebliche Beiträge in den Wertschöpfungsketten der Agrarindustrie leisten.

Wir wollen die Dekarbonisierung auch nach 2030 weiter vorantreiben. Mit Unterzeichnung der ‚Business Ambition for 1.5 °C' streben wir an, bis 2050 Netto-Null-Emissionen in unserer gesamten Wertschöpfungskette zu erreichen.

Wir setzen uns für eine wissenschaftlich fundierte Klimapolitik im Einklang mit unseren ambitionierten Klimazielen ein. Um hierbei größtmögliche Transparenz zu gewährleisten, veröffentlichen wir den ‚Industry Association Climate Review'. Der Bericht stellt die klimapolitischen Positionen unserer Industrieverbände unseren eigenen Klimazielen gegenüber. Wir machen transparent, wo Positionen übereinstimmen und wo sie voneinander abweichen. Im Falle von Abweichungen ermöglicht dies uns, Maßnahmen zu ergreifen, um diese Lücken zu schließen."

Viele der Inhalte, über die gem. § 289c Abs. 1 HGB zu berichten ist, sind darüber hinaus Pflichtangaben im Rahmen der Lageberichterstattung, sofern dies für die Erfüllung der

---

367 *Bayer*, Integrierter Geschäftsbericht 2021, S. 34. Online abrufbar unter https://go.nwb.de/6c96n oder über den QR-Code.

Generalnorm gem. § 289 Abs. 1 HGB erforderlich ist.[368] Dies kann zu Redundanzen führen, die durch den **Einsatz von Verweisen** vermieden werden können. Im Hinblick auf die unterschiedlichen Prüfungsbestimmungen, denen die nichtfinanzielle Berichterstattung im Gegensatz zum Lagebericht im Allgemeinen unterworfen ist (siehe Kap. X), sowie § 289b Abs. 1 Satz 3 HGB folgend, kann die Richtung, in der diesfalls Verweise gesetzt werden, nur jene von der nichtfinanziellen Berichterstattung in andere Stellen des Lageberichts sein. Darüber hinaus finden sich weitere Ausführungen zur Verweissetzung bzw. Integration der nichtfinanziellen Berichterstattung in den Lagebericht, die im Besonderen für die Darstellungen zum Geschäftsmodell von Bedeutung sein können (siehe nachfolgendes Beispiel sowie Kap. III.2.1 und III.2.2).

VERBALE DARSTELLUNG DES GESCHÄFTSMODELLS (UNTER VERWEISSETZUNG) AM BEISPIEL DEUTSCHE TELEKOM[369]

„Erläuterung des Geschäftsmodells

Wir gehören zu den führenden integrierten Telekommunikationsunternehmen weltweit. Unseren Privatkund*innen bieten wir Produkte und Dienstleistungen aus den Bereichen Festnetz/Breitband, Mobilfunk, Internet und Internet-basiertes Fernsehen sowie unseren Groß- und Geschäftskunden ICT-Lösungen.

Weitere Informationen zu unserem Geschäftsmodell finden Sie in den Kapiteln ‚Konzernstruktur‘ und ‚Konzernstrategie‘.“

4.3 Angabe der Konzepte einschließlich der Due-Diligence-Prozesse

Als erste Angabepflicht fordert § 289c Abs. 3 Nr. 1 HGB eine *„Beschreibung der von der Kapitalgesellschaft verfolgten Konzepte, einschließlich der von der Kapitalgesellschaft angewandten Due-Diligence-Prozesse“.* Sowohl „Konzepte“ als auch diesen zugeordnete „Due-Diligence-Prozesse“ (die durch ihre gesonderte Nennung besonders betont werden) stellen **unbestimmte Rechtsbegriffe** dar, zu denen sich jedoch in den Materialien zum CSR-RUG teils konkretisierende Erläuterungen finden.

Der Begriff **„Konzepte“** umfasst demzufolge die nachstehenden Elemente, die für jedes berichtspflichtige Thema zu berichten sind:[370]

---

368 Vgl. DRS 20.B64.

369 *Deutsche Telekom,* Geschäftsbericht 2021, S. 90. Online abrufbar unter https://go.nwb.de/iz5i0 oder über den QR-Code.

370 Vgl. BT-Drucks. 18/9982 S. 49 und übersichtlich dazu DRS 20.265.

▶ Ziele;

▶ Maßnahmen;

▶ Due-Diligence-Prozesse;

▶ Einbindung der Konzernleitung und etwaiger weiterer Stakeholder.

Aus der genannten Aufzählung tritt deutlich hervor, dass dargestellt werden soll, auf welche Weise die für das Unternehmen relevanten nichtfinanziellen Themen gesteuert (d. h. geplant und kontrolliert) werden. § 289c Abs. 3 HGB spricht davon, dass diese Angaben je „**Aspekt**" i. S. des Abs. 2 zu tätigen sind. Auf die Problematik der Auslegung dieses Begriffs im Kontext der einzelnen Angabepflichten wurde bereits mehrfach hingewiesen. Im Rahmen der Wesentlichkeitsanalyse werden konkrete Themen ermittelt; die dabei im Gesetzestext enthaltene Bezugnahme auf die ausdrücklich in § 289c Abs. 2 HGB angeführten Aspekte erfolgt nur i. S. einer Mindesterfordernis in puncto Vollständigkeit der identifizierten Themen. Innerhalb der einzelnen Aspekte ist infolgedessen mit sehr heterogenen Themen zu rechnen, die ebenso unterschiedlichen Steuerungslogiken unterworfen sein werden. Hierauf bezieht sich auch das „Verständnis", das in der Generalnorm als Orientierungspunkt genannt ist. Die konzeptionelle Geschlossenheit der Angabepflichten, wie sie in § 289c Abs. 3 HGB ausgeführt werden, legt daher nahe, die Angaben zu den Konzepten (einschließlich der Due-Diligence-Prozesse) vollständig für jedes Thema der identifizierten berichtspflichtigen Themen zu fordern.[371]

Zum ersten Element eines Konzepts i. S. des § 289c Abs. 3 Nr. 1 HGB findet sich in DRS 20.11 folgende Definition: „*Ziel: angestrebter Zustand in der Zukunft*". Wie dies inhaltlich festgelegt wird, steht jedem Unternehmen offen und ist zugleich eine der wichtigsten Aufgaben des Managements. Auch die bloße Einhaltung gesetzlicher Vorgaben kann gerade im Kontext der nichtfinanziellen Aspekte, auf welche die Berichtspflicht zielt, eine akzeptable Zielsetzung sein. Ebenso wenig ist vorgegeben, von welcher Führungsebene die Ziele festgelegt werden; innerhalb eines Unternehmens kommen bspw. Bereichsleitungen oder Fachexperten hierfür in Betracht.[372] Selbst von unternehmensexterner Seite (z. B. von wichtigen Aktionären oder von öffentlichen Stellen) vorgegebene Ziele können bedeutsam sein; entscheidend ist, dass diese Ziele mit handlungsleitender Verbindlichkeit im Steuerungssystem des Unternehmens verankert sind. Dieser Verbindlichkeitsgrad wird sich in der Praxis zum zentralen Orientierungspunkt für diese Angabepflicht erheben lassen.

---

371 Dies entspricht auch der Vorgehensweise, wie sie von Rahmenwerken für die traditionelle Nachhaltigkeitsberichterstattung, z. B. durch die GRI, üblich ist. Siehe hierzu im Besonderen GRI 103, 2016.

372 Vgl. *Störk/Schäfer/Schönberger*, § 289c HGB – Inhalt der nichtfinanziellen Erklärung, in Grottel/Justenhoven/Schubert/Störk (Hrsg.), Beck'scher Bilanz-Kommentar, 13. Aufl. 2022, § 289c HGB Tz. 44.

DRS 20.267 führt dazu weiterhin formale Kriterien aus: *„Wenn Ausmaß und Zeitbezug der Ziele intern festgelegt werden, ist bei der Darstellung der Ziele darauf einzugehen."* Daraus lässt sich per se keine Verpflichtung dazu ableiten, diese Ziele notwendigerweise zu quantifizieren,[373] vor allem auch nicht in Form von nichtfinanziellen Leistungsindikatoren i. S. von § 289c Abs. 3 Nr. 5 HGB. Darüber hinaus ist allerdings auf die in der betriebswirtschaftlichen Literatur entwickelten Maßstäbe an die Güte von Zielformulierungen zu verweisen, die etwa in der **SMART-Formel** ihren Ausdruck finden: spezifisch, messbar, akzeptiert, realistisch und terminiert. Anhand solcher Maßstäbe hat daher auch die Berichterstattung zu erfolgen —[374] bzw. sollte es dem berichtspflichtigen Unternehmen nicht möglich gewesen sein, solche (damit im Ergebnis doch quantifizierten oder zumindest quantifizierbaren) Ziele zu formulieren, sollte dies aus den Darstellungen klar zum Ausdruck kommen und ggf. begründet werden.

Im Hinblick auf die Angaben zum **Zeitbezug der Ziele** sind einzig die im Unternehmen dazu erarbeiteten Vorgaben maßgeblich für die Berichterstattung. Der für die Prognoseberichterstattung im Lagebericht vorgesehene Zeitraum von mindestens einem Jahr ist demgegenüber unbeachtlich.[375]

ANGABE ZU ZIELEN AM BEISPIEL BMW[376]

„CO_2-Reduktionsziele über die Wertschöpfungskette

Messbare, wissenschaftsbasierte Ziele, die zunächst bis zum Jahr 2030 reichen, bilden die Grundlage für die Reduzierung unserer CO_2-Emissionen. Wir haben uns zu diesem Zweck der SBTi angeschlossen. Damit gewährleisten wir Transparenz bei der Messbarkeit der Ziele und stellen zugleich sicher, dass sie den neuesten wissenschaftlichen Erkenntnissen entsprechen.

Folgende CO_2-Reduktionsziele 1 haben wir uns bis 2030 (Basisjahr 2019) gesetzt. Diese wurden 2020 bei der SBTi angemeldet und validiert.

▶ CO_2-Reduktion um 80 % in den eigenen Werken und Standorten (Scope 1 und 2) im Durchschnitt je produziertes Fahrzeug [...]. CO_2-Emissionen nach Scope 1 und 2 beinhalten ab dem Jahr 2021 neben den Produktionsemissionen auch Emissionen von Standorten, die nicht der Produktion zugeordnet sind. [...]

▶ CO_2-Reduktion um mehr als 20 % in der Lieferkette (Scope 3 upstream) im Durchschnitt je Fahrzeug. Damit verfügen wir auch in der Lieferkette über ein wissenschaftlich geprüftes und bestätigtes Ziel zur Reduzierung von CO_2-Emissionen [...].

---

373 Vgl. *Störk/Schäfer/Schönberger*, § 289c HGB – Inhalt der nichtfinanziellen Erklärung, in Grottel/Justenhoven/Schubert/Störk (Hrsg.), Beck'scher Bilanz-Kommentar, 13. Aufl. 2022, § 289c HGB Tz. 44.

374 Inwieweit Ziele akzeptiert und realistisch sind, wird freilich primär über die Darstellungen zur Einbindung der Konzernleitung und etwaiger weiterer Interessensträger zu vermitteln sein.

375 Vgl. *Störk/Schäfer/Schönberger*, § 289c HGB – Inhalt der nichtfinanziellen Erklärung, in Grottel/Justenhoven/Schubert/Störk (Hrsg.), Beck'scher Bilanz-Kommentar, 13. Aufl. 2022, § 289c HGB Tz. 46.

376 *BMW*, Geschäftsbericht 2021, S. 56. Online abrufbar unter https://go.nwb.de/j54v0 oder über den QR-Code.

► CO_2-Reduktion in der Nutzungsphase des Fahrzeugs (Scope 3 downstream) im Durchschnitt um mehr als 50 % je gefahrenen Kilometer. Damit verschärften wir im Berichtsjahr das ursprüngliche, selbst gesteckte Ziel von mehr als 40 % noch einmal deutlich. Der Grund dafür ist vor allem die dynamisch zunehmende Nachfrage nach unseren elektrifizierten Fahrzeugen [...]. Das angepasste Reduktionsziel von 50 % wurde im Berichtsjahr bei der SBTi angemeldet und im Februar 2022 ebenfalls validiert."

Ähnlich führt DRS 20.268 zum zweiten Element eines Konzepts aus: *„Bei der Darstellung der **Maßnahmen** sind Angaben zu deren Inhalt und Zeitbezug zu machen."* Im Gesamtkontext ist davon auszugehen, dass es sich dabei um Maßnahmen handelt, die der Zielerreichung dienen. Im betriebswirtschaftlichen Sinne können als Maßnahmen sowohl Prozesse als auch Projekte verstanden werden, wobei die gesonderte Anführung der „Due-Diligence-Prozesse" in § 289c Abs. 3 Nr. 1 HGB nahelegt, dass vor allem Projekte von besonderem Interesse sind, die der Erreichung des angestrebten Zielzustands zuträglich sind. Entsprechend können für die Berichterstattung Darstellungen genutzt werden, die für das Projektcontrolling entwickelt wurden (und z. B. den Projektstatus mitumfassen). Hinsichtlich dieser Angabepflicht kommen weiterhin bereits etablierte und zukünftige Maßnahmen in Betracht, sofern Letztere hinlänglich konkretisiert sind.

ANGABE ZU MASSNAHMEN AM BEISPIEL BMW[377]

„Konventionelle Antriebe effizienter und emissionsärmer gestalten

Aus der Sicht der BMW Group werden moderne, effiziente Verbrennungsmotoren auch künftig eine wichtige Rolle spielen. Daher werden wir im Rahmen des Efficient Dynamics Ansatzes in den folgenden Jahren weiter daran arbeiten, den Verbrauch konventioneller Antriebe zu reduzieren und dadurch deren Effizienz zu erhöhen.

[...]

Technologische Verbesserungen

Bereits seit 2007 setzt die BMW Group ihr technologisches Maßnahmenpaket Efficient Dynamics flottenweit ein. Es umfasst verschiedene, aufeinander abgestimmte Maßnahmen zur Reduzierung des Kraftstoffverbrauchs. Diesen Weg werden wir mit innovativen Ansätzen beim Verbrennungsmotor, in der Aerodynamik und im Leichtbau fortsetzen. Der erweiterte Einsatz der 48-Volt-Technologie ist dabei ein wichtiger Baustein. 48-Volt-Rekuperationssysteme nutzen die aus dem Bremsvorgang zurückgewonnene Energie, um die Fahrzeugelektrik zu versorgen und zusätzliche Antriebsleistung zu erzeugen. Das verringert den Kraftstoffverbrauch und damit den

---

377 *BMW*, Geschäftsbericht 2021, S. 58. Online abrufbar unter https://go.nwb.de/j54v0 oder über den QR-Code.

CO_2-Ausstoß. In der EU bieten wir neben vollelektrischen Modellen und Plug-in-Hybriden zahlreiche neu anlaufende Baureihen mit einem 48-Volt-Rekuperationssystem an. Ab 2022 erhalten unsere Baukastenmotoren die zweite, noch effizientere Generation der 48-Volt-Technologie. Die fortlaufende Weiterentwicklung des Energiemanagements in den Fahrzeugen, ergänzt um weitere Maßnahmen wie die Umstellung auf hocheffiziente Bereifung, sollen für eine weitere Effizienzsteigerung und Verbrauchsoptimierung sorgen."

Abb. 25:	Angabe zu Maßnahmen am Beispiel Deutsche Telekom[378]		
Bereich	Befunde bei Lieferanten	Eingeleitete Verbesserungen	Status (Ende 2021)
Umwelt	In der Fabrik wurden keine Maßnahmen zur Reduzierung der Treibhausgasemissionen identifiziert und kein Reduktionsziel festgelegt.	Die Fabrik hat einen Prozess für das Treibhausgasmanagement entwickelt, um die Treibhausgasemissionen zu reduzieren, und hat Reduktionsziele festgelegt.	abgeschlossen
	Die Firma führt keine Vor-Ort-Audits und/oder -Bewertungen von Entsorgern oder Transporteuren gefährlicher Abfälle durch.	Regelmäßige Durchführung von Vor-Ort-Audits bei lokalen Lieferanten für die Entsorgung gefährlicher Abfälle.	abgeschlossen
Geschäftsethik	Die Fabrik hatte ein Kontrollsystem für Konfliktmineralien eingerichtet, aber sie verfügte über kein Verfahren zu Risikoanalyse, Bewertung, Monitoring und Reporting.	Es wurde ein umfassendes Risikomanagement zur Erfüllung der Sorgfaltspflichten bei Lieferanten eingeführt.	abgeschlossen

---

378 *Deutsche Telekom*, Corporate Responsibility Bericht 2021, S. 58. Online abrufbar unter https://go.nwb.de/ab49t oder über den QR-Code.

Zwangsarbeit	Es gab mit einem Teil der Beschäftigten keinen abgeschlossenen Arbeitsvertrag. Zudem wurden mit Unternehmen, die Arbeitskräfte entsendet haben, sowie mit den entsendeten Arbeitsnehmenden keine Arbeitsverträge unterzeichnet.	Die Betriebsstätte hat mit allen Mitarbeitenden einen Arbeitsvertrag gemäß den gesetzlichen Bestimmungen angeschlossen. Die Personalabteilung prüft die Verträge aller Beschäftigten und kontrolliert, ob alle entsandten Arbeitnehmenden einen Arbeitsvertrag mit dem entsendeten Unternehmen unterzeichnet haben.	abgeschlossen
Arbeitsschutz	Die jährliche Inspektion der Feuerlöscheinrichtungen und die Feuerlöschübungen wurden nicht wie gesetzlich vorgeschrieben durchgeführt.	Durchführung der jährlichen Inspektion der Feuerlöscheinrichtungen und regelmäßige Feuerlöschübungen für die gesamte Betriebsstätte, um die Einhaltung der gesetzlichen Vorschriften für den Brandschutz zu gewährleisten.	abgeschlossen
	Einige Notausgänge und Evakuierungswege waren teilweise blockiert.	Die Notausgänge und Evakuierungswege wurden geräumt und können nun normal passiert werden.	abgeschlossen
	Für das bereitgestellte Trinkwasser in den Schlafsälen lag kein Bericht über die Trinkwasseruntersuchung vor.	Die Wasserprobe aus dem Schlafsaalbereich wurde an eine externe Stelle zur Prüfung geschickt und der Bericht über eine ordnungsgemäße Trinkwasserversorgung liegt vor.	abgeschlossen

Arbeitszeiten	Die monatliche Arbeitszeit der Arbeitenden überstieg die gesetzlichen Anforderungen.	Die Betriebsstätte hat einen Plan zur schrittweisen Reduzierung der Arbeits- und Überstunden ausgearbeitet, um die monatliche Arbeitszeit gemäß den nationalen Gesetzen einzuhalten.	abgeschlossen
Löhne und Gehälter	Die Betriebsstätte zahlte den Arbeitnehmenden an gesetzlichen Feiertagen nicht den normalen Lohn.	Der Lohn wurde bei den Arbeitnehmenden an gesetzlichen Feiertagen angepasst.	abgeschlossen

Aus dem Gesetzestext lässt sich nur eine Pflicht zum Bericht über die **am relevanten Stichtag verfolgten Konzepte** ableiten; die Angabe früherer, ggf. bloß unterjährig verfolgter Konzepte bzw. Konzeptwechsel ist folglich nicht verpflichtend. Im Sinne der Vergleichbarkeit der Berichterstattung mit der zu früheren Perioden leitet die Literatur jedoch folgerichtig das Gebot ab, auch solche Veränderungen – über die Angabe der damit erzielten Ergebnisse gem. § 289c Abs. 3 Nr. 2 HGB hinaus (siehe Kap. IV.4.4) – zu erläutern.[379] Eine hohe praktische Bedeutung wird hinsichtlich der einem Konzept zugeordneten Maßnahmen vorliegen. Diesfalls wird über unterjährig abgeschlossene Maßnahmen ebenso erläuternd zu berichten sein wird. Gleiches ist hinsichtlich unterjährig geänderter Ziele zu folgern.

Zu den weiterhin geforderten **Due-Diligence-Prozessen** findet sich in DRS 20.11 eine Definition: *„Verfahren zur Erkennung, Verhinderung und Abschwächung bestehender oder potenzieller negativer Auswirkungen, die mit der Geschäftstätigkeit des Konzerns verbunden sind."* Für den spezifischen Kontext der nichtfinanziellen Berichterstattung enthalten die Materialien zum CSR-RUG folgende weitere Konkretisierungen:

---

379 Vgl. *Störk/Schäfer/Schönberger*, § 289c HGB – Inhalt der nichtfinanziellen Erklärung, in Grottel/Justenhoven/Schubert/Störk (Hrsg.), Beck'scher Bilanz-Kommentar, 13. Aufl. 2022, § 289c HGB Tz. 53.

„Gemeint sind Verfahren, mit denen die Kapitalgesellschaft Sorgfaltspflichten und -obliegenheiten identifiziert und erfüllt, insbesondere etwaige Risiken für einzelne nichtfinanzielle Aspekte ermittelt und Maßnahmen zu deren Eindämmung oder Beseitigung festlegt. Es geht dabei immer um die angewandten Prozesse."[380]

Auch die **Leitlinien der EU-Kommission** zur nichtfinanziellen Berichterstattung enthalten zu diesem Punkt Empfehlungen. Empfohlen werden Angaben dazu,

▶ wie und mit welchen Zwecksetzungen die Due-Diligence-Prozesse konzipiert wurden;

▶ wie die verfolgten Ziele auf Grundlage der Ergebnisse der Due-Diligence-Prozesse festgelegt und laufend evaluiert werden;

▶ inwieweit es Veränderungen in den angewandten Due-Diligence-Prozessen im Vergleich zur Vorperiode gab.[381]

Ein Beispiel für die Darstellung von Due-Diligence-Prozessen im Rahmen der nichtfinanziellen Berichterstattung findet sich bei Porsche.

ANGABE ZU DUE-DILIGENCE-PROZESSEN AM BEISPIEL PORSCHE[382]

„Porsche hat ein auditiertes Umweltmanagementsystem etabliert. Dieses ist unternehmensweit nach den Umweltmanagementnormen ISO 14001 und am Standort Stuttgart-Zuffenhausen nach EMAS zertifiziert.

Zusätzlich wurde an den Standorten Stuttgart-Zuffenhausen, Weissach, Leipzig, Sachsenheim und Schwarzenberg ein Energiemanagementsystem gemäß ISO 50001 umgesetzt. Die Mitarbeiterbeteiligung ist dabei essenziell. Die Mitarbeiter werden über verschiedene Aktionen wie ein internetbasiertes Training für die Thematik sensibilisiert. Seit 2015 befinden sich mehr als 300 Einzelmaßnahmen in der Umsetzung."

In der Praxis werden bei den Berichtspflichten zu Due-Diligence-Prozessen häufig Zertifizierungen und Audits erfasst. Umfasst sind allerdings auch alle internen Prozesse. Damit zeigen sich **Redundanzen zur Lageberichterstattung** gem. § 289 HGB: zur Berichterstattung über die Risikomanagement-Ziele und -Methoden (§ 289 Abs. 2 Nr. 1

---

380 BT-Drucks. 18/9982 S. 49 f.

381 Vgl. *Europäische Kommission,* Leitlinien für die Berichterstattung über nichtfinanzielle Informationen (Methode zur Berichterstattung über nichtfinanzielle Informationen), 2017, S. 11.

382 *Porsche,* Geschäfts- und Nachhaltigkeitsbericht 2021, S. 98 f. Online abrufbar unter https://go.nwb.de/9dcs5 oder über den QR-Code.

Buchst. a HGB) und über das interne Kontrollsystem (§ 289 Abs. 4 HGB).[383] Zwar lassen sich im Detail unterschiedliche Schwerpunkte für die finanzielle bzw. nichtfinanzielle Berichterstattung feststellen, dennoch bietet sich gerade für diese Angabepflicht das (ergänzende) Setzen von Verweisen bzw. eine integrierte Berichterstattung an.

In die Darstellungen aufzunehmen ist schließlich die **Einbindung der Konzernleitung und etwaiger weiterer Stakeholder.** Auch hierzu lassen sich die zugrunde liegenden Abwägungen des Gesetzgebers den Materialien zum CSR-RUG entnehmen:

► *„Neben materiellen Informationen ist für die Vergleichbarkeit der Berichte von besonderer Bedeutung, wie die Wahrnehmung der Verantwortung in der Unternehmensführung organisiert ist, also ob Vorstand beziehungsweise Geschäftsführung selbst eingebunden sind."*[384] Gefordert sind hier sohin Darstellungen zu governancebezogenen Aspekten der Steuerung von nichtfinanziellen Themen im Unternehmen – wohl um die Glaubwürdigkeit der in der Berichterstattung dargelegten Inhalte, vor allem Ziele und Maßnahmen, zu untermauern.

► *„In Betracht kommen daher auch Angaben darüber, wie die Kapitalgesellschaft relevante Interessengruppen im Hinblick auf nichtfinanzielle Belange identifiziert und im Rahmen der Entwicklung eines Konzepts und im Rahmen der Berichterstattung."*[385] Diese Angabepflicht ist wiederum im Lichte des notwendigen Stakeholder-Dialogs zu sehen, welcher der Bestimmung der berichtspflichtigen Themen sowie der weiteren Ausgestaltung der nichtfinanziellen Berichterstattung zugrunde zu liegen hat (siehe hierzu bereits Kap. IV.2.5).

Da diese beiden letztgenannten Punkte sehr grundlegender Natur sind, die typischerweise einzelne Themen bzw. Aspekte überschreiten, werden sie i. d. R. in einem **gesonderten, einleitenden Abschnitt** der nichtfinanziellen Berichterstattung behandelt.

BERICHTERSTATTUNG ZU GOVERNANCEBEZOGENEN ASPEKTEN AM BEISPIEL VONOVIA[386]

Aus gesellschaftlichen Veränderungsprozessen und sich ändernder Regulatorik erwachsen stetig neue Anforderungen an eine moderne Unternehmensführung. Diesen kommen wir nach, indem wir Transparenz gegenüber unseren Stakeholdern schaffen. Mit unserer Corporate Governance – oder auch Business Ethics – legen wir das Fundament für eine fortlaufend erfolgreiche wirtschaftliche Entwicklung.

Der Aufbau, die Umsetzung sowie die konsequente Einhaltung eines klaren, funktionalen und transparenten Regelsystems, das den Ansprüchen einer modernen Gesellschaft und einer zeitgemäßen Politik entspricht, sind das übergeordnete Ziel unserer Governance-Bemühungen. Konzernweite Leitlinien und Geschäftsprinzipien dienen hier als Rahmen (siehe Compliance und

---

383 Vgl. BT-Drucks. 18/9982 S. 50.
384 BT-Drucks. 18/9982 S. 49.
385 BT-Drucks. 18/9982 S. 49.
386 *Vonovia,* Nachhaltigkeitsbericht 2021, S. 93. Online abrufbar unter https://go.nwb.de/h0e0f oder über den QR-Code.

Richtlinien): unser Geschäftsverständnis, der Code of Conduct sowie unser Geschäftspartnerkodex. Insbesondere in der Grundsatzerklärung zur Achtung und Einhaltung der Menschenrechte, die ausdrücklich von unserem Vorstand unterstützt wird, wird die Maxime unseres Handelns vorgegeben (siehe Haltung). Mit unserem unabhängigen Aufsichtsrat sowie unserem Bekenntnis zu den Grundsätzen des Deutschen Corporate Governance Kodex (DCGK, siehe Erklärung zur Unternehmensführung) tragen wir dieser Haltung Rechnung."

Das bereits in Kap. IV.2.6 behandelte Thema der Festlegung der **Berichtsgrenzen** wird in den Materialien zum CSR-RUG zu den Konzepten angesprochen und mit einer weiteren Angabepflicht verknüpft: *„Insbesondere sollte die Kapitalgesellschaft zudem, sofern sie aufgrund ihres Geschäftsmodells wesentlich von einer Lieferkette in Bezug auf ihre Produkte oder Dienstleistungen abhängt, darstellen, bis zu welcher Tiefe ihrer Lieferkette nichtfinanzielle Themen adressiert werden."*[387] Damit wird zunächst unterstrichen, dass die Berichterstattung notwendigerweise über den Rahmen der einzelgesellschaftlichen (bzw. Konzern-)Rechnungslegung hinauszugehen hat; wie weit dies geschieht, hängt von den Ergebnissen der Wesentlichkeitsanalyse ab. Die Materialien betonen dies vor allem für die Angaben zu den etablierten Due-Diligence-Prozessen, welche vom berichtspflichtigen Unternehmen auf ihre Lieferkette angewandt werden. Doch kommt ebenso klar zum Ausdruck, dass dies gleichermaßen für alle weiteren Facetten der Angabepflicht zu den Konzepten gilt – und u. a. ausstrahlt auf die mit den Konzepten erzielten Ergebnisse (§ 289c Abs. 2 Nr. 2 HGB) und nichtfinanziellen Leistungsindikatoren (§ 289c Abs. 2 Nr. 5 HGB). Dies illustriert das nachfolgende Beispiel.

DUE-DILIGENCE-PROZESSE ENTLANG DER LIEFERKETTE AM BEISPIEL HENKEL[388]

„Ein zentrales Element unseres strategischen Risikomanagements und Compliance-Ansatzes ist unser sechsstufiger ‚Responsible Sourcing Process', in dem es darum geht, Kennzahlen der Nachhaltigkeitsleistung unserer Lieferanten zu gewinnen. Mit der daraus resultierenden Transparenz unterstützen wir unsere Einkäufer:innen dabei, gemeinsam mit unseren Lieferanten zur kontinuierlichen Verbesserung der Nachhaltigkeitsleistung in der Wertschöpfungskette beizutragen. Die so initiierten kontinuierlichen Verbesserungsprozesse basieren vor allem auf dem Wissenstransfer und Kompetenzaufbau in Bezug auf Prozessoptimierung, Ressourceneffizienz sowie Umwelt- und Sozialstandards. Der Responsible Sourcing Process ist ein integraler Bestandteil unserer Beschaffungsaktivitäten. Er setzt bereits vor dem Beginn einer Zusammenarbeit an und mündet in

---

387 BT-Drucks. 18/9982 S. 49.
388 *Henkel,* Nachhaltigkeitsbericht 2021, S. 47. Online abrufbar unter https://go.nwb.de/xi0h1 oder über den QR-Code.

einen wiederkehrenden Zyklus der Überprüfung, Analyse und kontinuierlichen Verbesserung mit bestehenden Lieferanten. Mithilfe dieses Prozesses zur Überprüfung und Bewertung der Nachhaltigkeitsleistung unserer Lieferanten decken wir rund 93 Prozent unseres Einkaufsvolumens in den Bereichen Verpackung, Rohstoffe und Lohnhersteller ab."

Naheliegenderweise wird es dabei nicht ausreichen, nur zu berichten, wie das berichtspflichtige Unternehmen seine Vertragsbeziehung mit den Unternehmen in seiner Lieferkette ausgestaltet, sondern auch über die in diesen Unternehmen implementierten Konzepte, insbesondere Due-Diligence-Prozesse. Selbiges gilt im Hinblick auf die mit den Konzepten erzielten Ergebnisse gem. § 289c Abs. 3 Nr. 2 HGB, die folglich ebenso auf die Lieferkette einzugehen haben (siehe Kap. IV.4.4). Die **Pflichten zur Angabe von nichtfinanziellen Risiken** gem. § 289c Abs. 2 Nr. 4 HGB enthalten schließlich eine weitere Angabepflicht, die sich gleichermaßen auf die Lieferkette erstreckt und in diesem Zusammenhang zu sehen ist (siehe für die weitergehende Diskussion Kap. IV.4.5).

VERTIEFTE INHALTLICHE BERICHTERSTATTUNG FÜR UNTERNEHMEN DER LIEFERKETTE AM BEISPIEL PORSCHE[389]

„Verantwortungsvolle Rohstoffbeschaffung

Porsche strebt die Einhaltung menschenrechtlicher Standards in Rohstofflieferketten an. Hierfür kooperiert das Unternehmen eng mit seinen direkten Lieferanten. Porsche verlangt, dass die Herkunft von Materialien bei Verdachtsfällen offengelegt wird. Diese betreffen potenzielle Menschenrechtsverletzungen, wie zum Beispiel Kinder-, Pflicht- oder Zwangsarbeit sowie jegliche Form von moderner Sklaverei und Menschenhandel. Sie treten unter anderem in Zusammenhang mit den Arbeitsbedingungen in der Rohstoffgewinnung von Kobalt, Glimmer oder Naturkautschuk auf. Diese Prozesse sind durch die Komplexität der Lieferketten mit mehreren Stufen sehr aufwendig. Porsche geht daher grundsätzlich risikobasiert vor.

Werden beispielsweise durch Vor-Ort-Besuche Menschenrechtsverstöße festgestellt, wird ein Maßnahmenplan zur Behebung der Defizite mit dem Lieferanten vereinbart. Dieser muss abgearbeitet werden. Sollte das nicht wirksam sein, greifen Sanktionsmaßnahmen.

---

389 *Porsche*, Geschäfts- und Nachhaltigkeitsbericht 2021, S. 131 f. Online abrufbar unter https://go.nwb.de/9dcs5 oder über den QR-Code.

Im Berichtsjahr wurden im Volkswagen Konzern sogenannte Hochrisiko-Rohstoffe in mehreren Projekten sukzessive analysiert. Porsche prüft dabei in enger Zusammenarbeit mit ausgewählten unmittelbaren Lieferanten zwei der identifizierten Hochrisiko-Rohstoffe. Auf diese Weise wird die gesamte Lieferkette bis zur Rohstoffherkunft nachverfolgt und alle involvierten Zwischenlieferanten können identifiziert werden. So erkennt Porsche frühzeitig menschenrechtliche Risiken und kann entsprechende Maßnahmen ergreifen. Im Berichtsjahr wurde der erste ‚Responsible Raw Materials Report‘ mit den wichtigsten Erkenntnissen und Maßnahmen veröffentlicht.“

Abb. 26: Vertiefte inhaltliche Berichterstattung für Unternehmen der Lieferkette am Beispiel Adidas[390]

NACHHALTIGKEITSZIELE FÜR 2025 UND DARÜBER HINAUS: UMWELTAUSWIRKUNGEN

Jahr der Zielerreichung	Bereich	Ziel	Basisjahr
	Eigene Standorte		
	Emissionen	Erreichen von Klimaneutralität [CO2e]	
	Wasser	Reduzierung des Verbrauchs um 15 % [m³/ m²]	2019
	Abfall	Abfallvermeidungsquote: 95 %	2019
	Beschaffungskette		
	Energie	Übergang zu erneuerbaren Energien bei strategischen Tier-1- und Tier-2-Zulieferbetrieben, um ein gleichbleibendes Emissionslevel zu gewährleisten	2017
	Wasser	Reduzierung der Intensität in Tier-2-Zulieferbetrieben um 40 %	2017
2025	Chemikalien (Input)	80 % der Zulieferbetriebe erreichen das höchste Level an Compliance (Level 3) gemäß ,Manufacturing Restricted Substances List' der ZDHC für 80 % der Chemikalien, die sie im Produktionsprozess einsetzen	
	Abwasser (Output)	80 % der Zulieferer, die vor Ort Abwasseranlagen betreiben, erreichen das ,Foundational Level' der ,ZDHC Wastewater Guideline'	
	Produkte		
	Nachhaltiges Artikelangebot	Neun von zehn Artikeln werden nachhaltig sein; dies bedeutet, dass sie in erheblichem Maße aus umweltfreundlichen Materialien hergestellt sind	2020
	Dekarbonisierung	Reduktion der Treibhausgasemissionen je Produkt um 15 %	2017
2030	**Gesamte Wertschöpfungskette (Rohstoffproduktion bis eigene Standorte)**	Reduktion der Treibhausgasemissionen um 30 %	2017
2050		Erreichen von Klimaneutralität [CO2e]	

---

390 *Adidas*, Geschäftsbericht 2021, S. 120 f. Online abrufbar unter https://go.nwb.de/y8art oder über den QR-Code.

NACHHALTIGKEITSZIELE FÜR 2025 UND DARÜBER HINAUS: SOZIALE AUSWIRKUNGEN

Jahr der Zielerreichung	Einflussbereich	Ziel
	Eigene Standorte	
	Sicherheit und Gesundheit	Anzahl der Unfälle mit Arbeitsausfall (‚LTIR') unter Branchendurchschnitt[1]; keine tödlichen Unfälle; Häufigkeitsquote berufsbedingter Erkrankungen (‚OIFR'): Null
	Beschaffungskette	
	Soziale Auswirkung (‚S-KPI')	70 % der Tier-1-Zulieferbetriebe erreichen mindestens ‚4S'; 100 % der Tier-1-Zulieferbetriebe erreichen ‚3S' oder besser[2]
2025	Angemessene Vergütung	Schrittweise Verbesserung der Vergütung, gemessen an Benchmarks für gerechte Entlohnung, für alle unsere strategischen Tier-1-Zulieferer[3]
	Geschlecht	Erreichen von Geschlechtergleichstellung in Bezug auf Entlohnung der Arbeiter*innen und Vorgesetzten unserer strategischen Tier-1-Zulieferbetriebe[4]
	Gesamte Wertschöpfungskette (Rohstoffproduktion bis eigene Standorte)	
	Sorgfaltspflicht bezüglich Achtung der Menschenrechte und der Umwelt (‚Human Rights and Environmental Due Diligence' - ‚HREDD')	Bestehendes System zur Identifizierung und Bewältigung besonders risikobehafteter Menschenrechtsfragen in 100 % der Wertschöpfungskette[5]

1 Gemäß dem ‚US Bureau of Labor Statistics Code'.
2 Der S-KPI misst eine Reihe von sozialen Indikatoren wie Unfallraten, Zufriedenheit und Befähigung der Beschäftigten. Ziel ist es, diese grundlegenden Maßnahmen zur sozialen Auswirkung zu 100 % einzuhalten bzw. zu 70 % zu übertreffen, wobei ‚3S' die erwartete Mindestleistung der Zulieferer ist.
3 Zu den Benchmarks für angemessene Vergütung gehören Branchenlöhne, Mindestlöhne und existenzsichernde Löhne. Diese Benchmarks werden durch ein ‚Fair Compensation Tool' der ‚Fair Labor Association' festgelegt und nachverfolgt. Das Tool, das in der Branche auf breite Zustimmung stößt, wird schrittweise bei strategischen Tier-1-Zulieferpartnern eingeführt.
4 Die Messung der Lohngleichheit für Fließbandarbeitskräfte und deren unmittelbare Vorgesetzte (d. h. Fließbandleiter) ist Teil einer umfassenderen Einführung der Gleichstellungsstrategie bei den relevanten strategischen Tier-1-Partnern, die Selbstbewertungen durchführen, um geschlechtsspezifische Unterschiede in den betrieblichen Praktiken und Verfahren zu ermitteln und anschließend zu beseitigen.
5 Bei der Durchführung von Due Diligence wollen wir potenzielle nachteilige Auswirkungen auf die Menschenrechte oder die Umwelt identifizieren, verhindern oder mindern, wobei der Bekämpfung der schwersten Auswirkungen Priorität gegeben wird.

Was unter der **Lieferkette** genau zu verstehen ist, wird im Gesetz oder in den Materialien hierzu nicht definiert. In der Praxis wird dies üblicherweise auf die (hauptsächlichen) Lieferanten des berichtspflichtigen Unternehmens erstreckt. In Verbindung mit der Beschreibung der Berichterstattung über nichtfinanzielle Risiken spricht § 289c Abs. 3 Nr. 4 HGB jedoch von Geschäftsbeziehungen, Produkten und Dienstleistungen des berichtspflichtigen Unternehmens als Betrachtungsobjekt der Berichterstattung. Es ist daher sachgerecht, dass nicht nur die Vertragsbeziehungen von eigenen Lieferanten und (Sub-)Auftragnehmern erfasst werden, sondern ebenso die von Abnehmern des berichtspflichtigen Unternehmens (sog. „umgekehrte Lieferkette") – sofern diese mit wesentlichen nichtfinanziellen Risiken verbunden sind und die im folgenden Absatz diskutierten Begrenzungen nicht schlagend werden.[391]

Der Gesetzestext und die erläuternden Materialien dazu lassen dem berichtspflichtigen Unternehmen weitgehenden Spielraum bei der Festlegung der Berichtsgrenzen i.V. mit der Lieferkette (siehe bereits Kap. IV.2.6). Als Anforderung wird nur formuliert, dass die Einbeziehung der Lieferkette insofern zu erfolgen hat, als dies **„relevant und verhältnismäßig"**[392] ist. Die „Relevanz" einer Angabe wird dann vorliegen, wenn ein Thema wesentlich i. S. der Generalnorm für die Berichterstattung ist. Das heißt, sofern das Verständnis für ein Thema, was wesentlich ist, von der Aufnahme solcher Aspekte abhängt, die sich auf die Lieferkette beziehen, hat eine Berichterstattung zu erfolgen. In welchem Umfang und mit welchem Tiefgang das tatsächlich erfolgt, wird wiederum vom Grundsatz der „Verhältnismäßigkeit" bestimmt. Dazu nennt DRS 20.271 eine mögliche Abwägung der Schwere und Eintrittswahrscheinlichkeit eines drohenden Schadens, der Kosten der Informationsbeschaffung für das berichtspflichtige Unternehmen (nicht allerdings für die Unternehmen der Lieferkette)[393] und des Informationsnutzens für die Berichtsadressaten. Die Literatur fordert hier jedoch eine strenge Auslegung, da im Regelfall von geringen Kosten für das berichtspflichtige Unternehmen ausgegangen werden kann;[394] dieses muss schließlich nur berichten, welche Due-Diligence-Prozesse es im Hinblick auf die Lieferkette etabliert hat und wie diese beschaffen sind.[395]

Die Wirksamkeit dieser Angabepflicht erfordert es, dass aus den Darstellungen der Konzepte eindeutig ersichtlich wird, auf welches Thema sie sich jeweils beziehen.[396] Dies kann u. a. im Rahmen der Beschreibungen der Konzepte oder bereits durch die Zuordnung entlang der allgemeinen Gliederungslogik für die nichtfinanzielle Berichterstattung geschehen. Durch die Berichtspflicht gem. § 289c Abs. 3 Nr. 1 HGB werden Unter-

---

391 Vgl. *Baumüller/Scheid*, Nichtfinanzielle Berichtspflichten im deutschen Mittelstand: „Kollateralschaden" oder „hidden agenda"?, Der Betrieb 2020 S. 124.

392 BT-Drucks. 18/9982 S. 49.

393 Dies stellt einen zentralen Unterschied zur Auslegung des Grundsatzes der Verhältnismäßigkeit im Vergleich zur Angabepflicht gem. § 289c Abs. 3 Nr. 4 HGB dar, wonach auch die Kosten für die Unternehmen der Lieferkette zu berücksichtigen sind. Siehe dazu Kap. IV.4.5.

394 Vgl. *Störk/Schäfer/Schönberger*, § 289c HGB – Inhalt der nichtfinanziellen Erklärung, in Grottel/Justenhoven/Schubert/Störk (Hrsg.), Beck'scher Bilanz-Kommentar, 13. Aufl. 2022, § 289c HGB Tz. 48.

395 Sind solche Prozesse nicht etabliert, kommt das Comply-or-Explain-Prinzip gem. § 289c Abs. 4 HGB nicht zur Anwendung, jedoch wird zumindest kurz auf diesen Umstand hinzuweisen sein. Siehe dazu ausführlich Kap. IV.4.8.

396 Vgl. dies betonend BT-Drucks. 18/9982 S. 49.

nehmen zwar nicht verpflichtet, die genannten Konzepte einschließlich der Due-Diligence-Prozesse zu etablieren (da nur über solche Konzepte zu berichten ist, die bereits existieren).[397] Jedoch fällt die Angabepflicht unter den Anwendungsbereich des **Comply-or-Explain-Prinzips** gem. § 289c Abs. 4 HGB (siehe Kap. IV.4.8), wodurch bei Fehlen eines Konzepts entsprechende Erläuterungen und vor allem Begründungen erforderlich sind. Dem Wirkungsmechanismus des *„naming and shaming"* folgend kann also davon ausgegangen werden, dass hierdurch entsprechend hoher Druck auf die Unternehmen ausgeübt wird (und auch werden soll), für das Vorhandensein der angesprochenen Konzepte – vor allem entlang ihrer Lieferkette –[398] unter Einbindung ihrer Stakeholder Sorge zu tragen. Als Voraussetzung hierfür ist allerdings eine entsprechend klare Berichterstattung über die thematische Zuordnung der Aspekte erforderlich.

Gleichsam ist es erforderlich, dass alle Konzepte (einschließlich der Due-Diligence-Prozesse), über die berichtet wird, in entsprechender Form vom berichtspflichtigen Unternehmen **tatsächlich verfolgt bzw. umgesetzt** werden. Eine bloße Zusammenstellung von Konzepten für die externe Rechnungslegung, die jedoch intern nicht in gleicher Systematik verankert sind, ist deswegen nicht sachgerecht – bereits um dem Vorwurf eines „Greenwashing" entgegenzutreten.[399]

4.4 Angabe der Ergebnisse der Konzepte

§ 289c Abs. 3 Nr. 2 HGB fordert im Anschluss schlicht die Darstellung der *„Ergebnisse der Konzepte nach Nummer 1"*. Gemeint sind damit gem. den Materialien zum CSR-RUG die **feststellbaren Auswirkungen, die auf Grundlage der Konzepte erzielt wurden.**[400]

Der typischen „Wirkungslogik" folgend, die in Kap. IV.2.2 dargestellt wurde, wäre sachgerechterweise von Outcome zu sprechen (gem. der Bezeichnung in der englischsprachigen Fassung der CSR-Richtlinie). Daraus folgt, dass auf eine entsprechende Stringenz der verschiedenen Angaben zu Auswirkungen (i. S. von „Impact", z. B. im Rahmen der Wesentlichkeitsanalyse oder des berichteten Konzepts) und zu Ergebnissen zu achten ist. Weiterhin sollten die Angaben zu Ergebnissen von einem höheren Konkretisierungsgrad gekennzeichnet sein als etwa die Beschreibungen der Auswirkungen. Die Notwendigkeit zur Darlegung eines **Wirkungsmodells,** das die Ergebnisse mit den Auswirkungen verknüpft, lässt sich demgegenüber aus dem Gesetzeswortlaut nicht ableiten; im Unternehmen selbst wird die Entwicklung eines solchen Wirkungsmodells allerdings

---

397 Siehe auch DRS 20.274.

398 Zur diesbezüglichen Ausstrahlungswirkung *Baumüller/Scheid,* Nichtfinanzielle Berichtspflichten im deutschen Mittelstand: „Kollateralschaden" oder „hidden agenda"?, Der Betrieb 2020 S. 124.

399 Vgl. *Kajüter,* Nichtfinanzielle Berichterstattung nach dem CSR-Richtlinie-Umsetzungsgesetz, Der Betrieb 2017 S. 621.

400 BT-Drucks. 18/9982 S. 50.

notwendig sein, um die berichtsrelevanten Auswirkungen und die damit verbundenen feststellbaren Ergebnisse identifizieren zu können.[401] DRS 20.275 i.V. mit 20.B78 führt **zwei Beispiele** an, über welche Inhalte im Rahmen der Angabepflicht gem. § 289c Abs. 3 Nr. 2 HGB berichtet werden kann:

► das Ausmaß der Erreichung der Ziele, die im Rahmen der Konzepte verfolgt werden;

► der Stand der Maßnahmenrealisierung zur Erreichung dieser Ziele.

Die Berichterstattung über die Ergebnisse hat auch bei mehrjährigen Zielen bzw. Maßnahmen jährlich zu erfolgen.[402] Es lässt sich weder eine Verpflichtung zur Quantifizierung der Zielerreichung ableiten noch eine Quantifizierung der Zielformulierungen selbst, sie ist aber i. S. der Güte der zugrunde liegenden Steuerungssysteme zu empfehlen (siehe Kap. IV.4.3).[403] Insofern wird die Erfüllung dieser Angabepflicht in enger Verknüpfung mit der **Angabe der nichtfinanziellen Leistungsindikatoren** gem. § 289c Abs. 3 Nr. 5 HGB stehen bzw. mit dieser zusammenfallen – d. h. in Form der erzielten Ergebnisse die Inhalte vorgeben, die mithilfe von Leistungsindikatoren abgebildet werden sollen. Darüber hinaus empfehlen die Gesetzesmaterialien eine nähere Erläuterung (d. h. Interpretation) der erzielten Ergebnisse. Wird von einem Konzept kein Ergebnis erzielt (bzw. ist ein solches nicht feststellbar), so ist dies ebenso anzuführen.[404]

Die folgenden Beispiele fassen das bisher Dargelegte illustrierend zusammen.

ANGABE ZU ERGEBNISSEN DER KONZEPTE AM BEISPIEL VW[405]

„Umweltentlastung Produktion (UEP)

Bis 2025 sollen die produktionsbedingten Umweltbelastungen hinsichtlich Energie, CO_2, Wasser, Abfall sowie flüchtiger organischer Verbindungen (VOC) im Vergleich zu 2010 um 45 % pro Fahrzeug reduziert werden. Die folgenden Werte zeigen die Entwicklung dieser Indikatoren von 2010 bis 2021 (Datenstand 11 + 1 Monate)[1].

► UEP: −29,0 % (2020: −32,4 %)[2]

Die folgenden fünf Indikatoren bilden die Kennzahl UEP:

► Energiebedarf pro Fahrzeug: −3,5 % (2020: −12,4 %)

► CO_2-Emissionen pro Fahrzeug: −33,3 % (2020: −35,2 %)

► Wasserverbrauch pro Fahrzeug: −11,6 % (2020: −17,1 %)

---

401 Vgl. *Baumüller*, Nichtfinanzielle Berichterstattung, 2020, S. 99.

402 Vgl. *Störk/Schäfer/Schönberger*, § 289c HGB – Inhalt der nichtfinanziellen Erklärung, in Grottel/Justenhoven/Schubert/Störk (Hrsg.), Beck'scher Bilanz-Kommentar, 13. Aufl. 2022, § 289c HGB Tz. 52.

403 Angaben zum Stand der Maßnahmenrealisierung bieten hier demgegenüber mehr Raum für (rein) nichtquantifizierte Ausführungen, allerdings sollten auch hier zugrunde liegende Standards eines Projektcontrollings erkennbar sein.

404 BT-Drucks. 18/9982 S. 50.

405 *VW*, Nachhaltigkeitsbericht 2021, S. 28. Online abrufbar unter https://go.nwb.de/6fecu oder über den QR-Code.

▶ Abfall zur Beseitigung pro Fahrzeug: −61,6 % (2020: −57,3 %)[3]

▶ VOC-Emissionen pro Fahrzeug: −62,0 % (2020: −61,7 %)

Im Jahr 2021 blieb die Produktionssituation aufgrund von globalen Lieferengpässen bei elektronischen Bauteilen zusätzlich zu den pandemiebedingten Herausforderungen angespannt. Die Produktionsunterbrechungen an vielen Standorten und die dadurch reduzierten Produktionsvolumina führten in vielen Fällen zu einem Anstieg der spezifischen Ressourcenbedarfe und somit zu einer von den Zielen abweichenden Entwicklung der spezifischen Umweltkennzahlen pro Fahrzeug.

UEP: −29,0 %

(2020: −32,4 %)[2]

Die Erfolge der in diesem Jahr durchgeführten Maßnahmen und Aktivitäten zur weiteren Reduzierung der negativen Umweltauswirkungen unserer Fabriken spiegeln sich dadurch erneut nicht direkt in den Umweltindikatoren der UEP wider."[406]

ANGABE ZU ERGEBNISSEN DER KONZEPTE AM BEISPIEL DEUTSCHE TELEKOM[407]

„Die Wirkung unseres gesellschaftlichen Engagements messen wir konzernweit mit einem Set aus drei ESG KPIs. Während 2020 der Fokus der KPIs noch auf Medienkompetenz lag, haben wir 2021 den Aspekt der digitalen Teilhabe als zentralen Anspruch unserer CR- und Unternehmensstrategie nun auch in neuen bzw. angepassten KPIs abgebildet. Der ESG KPI ‚Community Contribution' zeigt unser finanziell, personell und in Sachmitteln geleistetes gesellschaftliches Engagement: 2021 war dies eine Summe von 312 Mio. €. Der neue ESG KPI ‚Reach' gibt die Anzahl der Personen an, die wir mit unserer Kommunikation zu digitaler Teilhabe erreicht haben. 2021 lag dieser bei 968 Mio. Personen. Der ESG KPI ‚Beneficiaries' gibt die Anzahl der Personen an, die von unserem Engagement in dem Bereich digitale Teilhabe profitierten: 2021 waren es 28 Mio. Personen. Die ESG KPI-Werte für den Konzern Deutsche Telekom in Deutschland lagen 2021 bei 56 Mio. € (Community Contribution), 21 Mio. Personen (Beneficiaries) sowie 873 Mio. Personen (Reach). Wegen des Einführungsprozesses der zuvor beschriebenen abgewandelten ESG KPI ab 2021 ist der Wert der T-Mobile US für ‚Reach' noch nicht enthalten."

---

406 Die im Bericht angeführten Fußnoten, die hier nicht aufgelöst werden, enthalten weitere Informationen zur Spezifikation der angegebenen Daten.

407 *Deutsche Telekom*, Geschäftsbericht 2021, S. 102. Online abrufbar unter https://go.nwb.de/iz5i0 oder über den QR-Code.

Da über die Ergebnisse der Konzepte, **die im Geschäftsjahr erzielt wurden,** zu berichten ist, sind auch die Ergebnisse solcher Konzepte von der Berichtspflicht umfasst, die zum relevanten Berichtsstichtag nicht mehr verfolgt werden.[408] Die Angaben hierzu werden freilich diesem Umstand klar erkenntlich Rechnung zu tragen haben und daher bei den gebotenen Erläuterungen den Angabepflichten gem. § 289c Abs. 3 Nr. 1 HGB zu folgen haben. Ein wichtiges Beispiel dazu stellen Strategiewechsel oder Erwerbe bzw. Veräußerungen dar, die für die erzielten Ergebnisse von maßgeblicher Bedeutung sind (bzw. zum Wegfall früher verfolgter Ziele bzw. Maßnahmen führten); auf die Art und die Effekte solch bedeutsamer Ereignisse wird gesondert einzugehen sein.[409]

Ein weiterer Zusammenhang zeigt sich anhand der beiden angeführten Beispiele hinsichtlich der von § 289c Abs. 3 Nr. 6 HGB geforderten **Hinweise auf im Jahresabschluss ausgewiesene Beträge.** Die Leitlinien der EU-Kommission zur nichtfinanziellen Berichterstattung führen dazu aus: *„Die Unternehmen können erwägen, das Verhältnis zwischen den finanziellen und nichtfinanziellen Ergebnissen zu erläutern und darzulegen, wie dieses Verhältnis im Zeitverlauf gesteuert wird."*[410] Diese Verknüpfung ist zwar nicht verpflichtend, die zitierten Ausführungen unterstreichen jedoch, dass

▶ einerseits auch finanzielle Ergebnisse im Rahmen der nichtfinanziellen Berichterstattung zu berücksichtigen sind, und sei es nur in Form von Verweisen auf die Finanzberichterstattung in Jahresabschluss und Lagebericht;

▶ andererseits eine Integration in der Darstellung von finanziellen und nichtfinanziellen Leistungsaspekten gewünscht wird – was einen (weiteren) Brückenschlag zur Idee des Integrated Reporting darstellt. Während bereits aus der Generalnorm für die nichtfinanzielle Berichterstattung hervorgeht, dass der inhaltliche Berichtsfokus (als Ergebnis der Wesentlichkeitsanalyse) auf solchen Belangen liegt, die gleicher-

---

408 Vgl. *Störk/Schäfer/Schönberger*, § 289c HGB – Inhalt der nichtfinanziellen Erklärung, in Grottel/Justenhoven/Schubert/Störk (Hrsg.), Beck'scher Bilanz-Kommentar, 13. Aufl. 2022, § 289c HGB Tz. 53.

409 Vgl. zu Letzterem *Störk/Schäfer/Schönberger*, § 289c HGB – Inhalt der nichtfinanziellen Erklärung, in Grottel/Justenhoven/Schubert/Störk (Hrsg.), Beck'scher Bilanz-Kommentar, 13. Aufl. 2022, § 289c HGB Tz. 53.

410 *Europäische Kommission*, Leitlinien für die Berichterstattung über nichtfinanzielle Informationen (Methode zur Berichterstattung über nichtfinanzielle Informationen), 2017, S. 12.

maßen finanzielle und nichtfinanzielle Leistungsaspekte abdecken (Leitfrage: „Was wird berichtet?"), wird hier nun auch die – gesondert zu betrachtende – Berichterstattung in einer solchen integrierten, d. h. Kausalitäten hervorstreichenden Form unterstützt (Leitfrage: „Wie erfolgt die Darstellung in der nichtfinanziellen Berichterstattung?").[411]

Hinsichtlich der **nichtfinanziellen Risikoberichterstattung** ergibt sich als weiterer Zusammenhang: Während nichtfinanzielle Risiken vor allem eine Betrachtung möglicher zukünftiger Ergebnisse in den Fokus rücken, können Ergebnisse i. S. des § 289c Abs. 3 Nr. 2 HGB auch eine Abbildung von in der Vergangenheit schlagend gewordenen Risiken (die ebenso unter die Berichtspflicht fallen) sein. Insofern ist auf Konsistenz und in den Erläuterungen zu den Ergebnissen auf die Herstellung von Zusammenhängen zu achten (siehe weiterführend Kap. IV.4.5).

Obschon grundsätzlich stärker mit der Angabepflicht gem. § 289c Abs. 3 Nr. 1 HGB (zu Zielen) verbunden (als mit jener zu den erzielten Ergebnissen), so bietet sich in diesem Zusammenhang auch ein **Ausblick auf weitere Maßnahmen und Ziele** an, die sich aus den im vergangenen Geschäftsjahr erzielten Ergebnissen ableiten (i. S. eines Forecasts zur Erreichung grundlegenderer Zielsetzungen und Maßnahmen gem. § 289c Abs. 3 Nr. 1 HGB). Ein Beispiel hierfür bietet RWE.

AUSBLICK AM BEISPIEL RWE[412]

„Maßnahmen und Erfolgsmessung

Ein wesentlicher Baustein zur Emissionsminderung im Energiesektor ist, neben dem Ausbau erneuerbarer Energien, der Ausstieg aus der Kohleverstromung. Dazu wurde 2020 das Kohlestromungsbeendigungsgesetz (KVBG) beschlossen, das einen anlagenscharfen Ausstiegspfad für die deutschen Braunkohlekraftwerke vorsieht und bei der Stilllegung der Steinkohlekraftwerke bis 2027 auf Ausschreibungen setzt. Bei der ersten Ausschreibung kam RWE mit seinen beiden verbliebenen deutschen Steinkohleanlagen Westfalen und Ibbenbüren zum Zuge; diese wurden zwischenzeitlich endgültig stillgelegt. Auch in der Braunkohle entfällt der Löwenanteil der ersten Stilllegungen auf RWE-Anlagen. Bis Ende 2022 legen wir auf Basis des Gesetzes rund 2,8 GW Braunkohlekapazität still. Weitere Anlagen folgen 2025 bzw. 2028 und 2029. In Summe haben wir dann die Kapazität unserer Braunkohleanlagen um rund 70 % gegenüber 2018 reduziert. Ab 2030 sind nur noch unsere drei modernsten Braunkohleblöcke der 1.000-MW-Klasse am Markt. Sie können nach aktuellen gesetzlichen Vorgaben bis Ende 2038 laufen."

---

411 Vgl. *Baumüller*, Nichtfinanzielle Berichterstattung, 2020, S. 99 f. Siehe weiterführend, auch zu Beispielen dazu, Kap. IV.4.7.

412 *RWE*, Nichtfinanzieller Bericht 2021, S. 17. Online abrufbar unter https://go.nwb.de/cuys2 oder über den QR-Code.

4.5 Angaben zu den wesentlichen Risiken

4.5.1 Konkretisierung der Berichtsgrenzen für die nichtfinanzielle Risikoberichterstattung

Umfangreiche Angabepflichten sieht § 289c Abs. 3 HGB hinsichtlich einer nichtfinanziellen Risikoberichterstattung vor. Wie in Kap. IV.2 dargelegt, kommt der Identifikation solcher Risiken in konzeptioneller Hinsicht eine zentrale Bedeutung für die gesamte nichtfinanzielle Berichterstattung zu. Durch die vorgesehenen Angabepflichten soll entsprechende Transparenz dazu geschaffen werden. Dabei unterscheidet der Gesetzgeber **zwei unterschiedliche Ausprägungen** dieser Berichterstattung:

▶ § 289c Abs. 3 Nr. 3 HGB sieht Angaben zu den nichtfinanziellen Risiken vor, die aus der eigenen Geschäftstätigkeit des Unternehmens resultieren;

▶ § 289c Abs. 3 Nr. 4 HGB erweitert diese Berichtspflicht um solche Risiken, die aus den Geschäftsbeziehungen, den Produkten und den Dienstleistungen des Unternehmens folgen.

§ 289c Abs. 3 Nr. 3 HGB enthält im Detail folgende Vorgabe für die Berichterstattung: Hiernach anzugeben sind jene *„wesentlichen Risiken, die mit der eigenen Geschäftstätigkeit der Kapitalgesellschaft verknüpft sind und die sehr wahrscheinlich schwerwiegende negative Auswirkungen auf die in Absatz 2 genannten Aspekte haben oder haben werden, sowie die Handhabung dieser Risiken durch die Kapitalgesellschaft“.* Hierin findet der Gedanke einer einzelgesellschaftlichen (d. h. auf die Grenzen der Rechtsform des berichtspflichtigen Unternehmens begrenzten) Rechnungslegung, wie er für die finanzielle nichtkonsolidierte Berichterstattung zur Anwendung gelangt, deutlichen Ausdruck.

§ 289c Abs. 3 Nr. 3 HGB spricht von wesentlichen Risiken, über die zu berichten ist. Demgegenüber rückt die Generalnorm die Wesentlichkeit der Information über diese Risiken in den Fokus. In der Literatur wird für die nichtfinanzielle Risikoberichterstattung daher üblicherweise von einem (faktisch) **doppelten bzw. mehrfachen Wesentlichkeitsvorbehalt** gesprochen —[413] da (strenger als aus dem Wortlaut des § 289c Abs. 3

---

413 Siehe *Kajüter*, Nichtfinanzielle Berichterstattung nach dem CSR-Richtlinie-Umsetzungsgesetz, Der Betrieb 2017 S. 622.

Nr. 3 HGB durchklingend) nur dann über ein Risiko zu berichten ist, wenn es einerseits die Anforderungen an die Wesentlichkeit für sich erfüllt (sehr wahrscheinlich und mit schwerwiegenden Auswirkungen verbunden; siehe Kap. IV.2.3) und andererseits die Berichterstattung über das Risiko sowohl für das Verständnis für die Auswirkungen sowie für die Vermögens-, Finanz- und Ertragslage des berichtspflichtigen Unternehmens erforderlich ist (siehe Kap. IV.2.4). Da allerdings die Wesentlichkeit der Risiken zugleich Maßstab im Hinblick auf die Beurteilung der Wesentlichkeit für das Verständnis der Auswirkungen der Tätigkeit des berichtspflichtigen Unternehmens ist, ist als einzige Besonderheit zwischen der Risikoidentifikation, die am Beginn des Berichtsprozesses steht (siehe Kap. IV.2.3), und anschließender tatsächlicher nichtfinanzieller Risikoberichterstattung jene festzustellen, dass ggf. solche (wesentlichen) nichtfinanziellen Risiken nicht berichtet werden müssen, denen ein (wesentlicher) Bezug zur Vermögens-, Finanz- und Ertragslage fehlt. Es kann jedoch, den Materialien zum CSR-RUG folgend, davon ausgegangen werden, dass diese Konstellation selten auftreten wird (und diesbezüglich Entscheidungen im Zuge der Berichterstellung entsprechend gut zu dokumentieren sein werden).[414]

Die Angabepflicht gem. § 289c Abs. 3 Nr. 4 HGB ergänzt Angaben zu solchen *„wesentlichen Risiken, die mit den Geschäftsbeziehungen der Kapitalgesellschaft, ihren Produkten und Dienstleistungen verknüpft sind und die sehr wahrscheinlich schwerwiegende negative Auswirkungen auf die in Absatz 2 genannten Aspekte haben oder haben werden, soweit die Angaben von Bedeutung sind und die Berichterstattung über diese Risiken verhältnismäßig ist, sowie die Handhabung dieser Risiken durch die Kapitalgesellschaft“.* Dabei handelt es sich um eine **Spezialregel** zur Angabepflicht gem. § 289c Abs. 3 Nr. 3 HGB, die diese hinsichtlich des Umfangs der zu berichtenden Risiken erweitert, ansonsten aber grundsätzlich dieselben inhaltlichen Anforderungen an die Berichterstattung stellt. Ausweislich der Materialien zum CSR-RUG wurden die Angabepflichten zu nichtfinanziellen Risiken vor allem der erleichterten Lesbarkeit halber auf zwei gesonderte Nummern aufgeteilt.[415] Darüber hinaus lässt sich die gesonderte Erfassung dieser Angabepflicht vorwiegend als Betonung verstehen, welche ihre weitreichenden Implikationen hervorheben soll.

Als erste inhaltliche Besonderheit der Angabepflicht gem. § 289c Abs. 3 Nr. 4 HGB ist anzuführen, dass sich die berichtspflichtigen Risiken in ihrem Anwendungsbereich nicht auf jene aus der Geschäftstätigkeit des Unternehmens beschränken, sondern auf die nichtfinanziellen Risiken aus deren **Geschäftsbeziehungen, Produkten und Dienstleistungen** abstellen. Hiermit wird die Berichtspflicht auf die Lieferkette[416] des berichts-

---

414 Vgl. BT-Drucks. 18/9982 S. 51.
415 Vgl. BT-Drucks. 18/9982 S. 51.
416 Beschaffungs- wie absatzseitig; siehe hierzu bereits Kap. IV.4.3.

pflichtigen Unternehmens sowie auf seine Kette von Subunternehmen ausgedehnt.[417] Das heißt, auch Risiken, die der Sphäre anderer Unternehmen im und außerhalb des Konzernverbundes zuzurechnen sind, müssen in die nichtfinanzielle Berichterstattung des gem. §§ 289b ff. HGB berichtspflichtigen Unternehmens aufgenommen werden, soweit sie diesem ursächlich zuzurechnen sind. Damit ist die Berichtspflicht gem. § 289c Abs. 3 Nr. 4 HGB das deutlichste Zeichen für jene Erweiterung der Berichtsgrenzen für die nichtfinanzielle Berichterstattung, die bereits in Kap. IV.2.6 diskutiert wurde.

In Anbetracht der potenziell hohen Komplexität und Kosten, die mit der gem. § 289c Abs. 3 Nr. 4 HGB verbundenen erweiterten Risikoberichterstattung verbunden sind – und zwar nicht nur für das berichtspflichtige Unternehmen selbst, sondern vor allem auch für die mittelbar davon betroffenen Unternehmen –, führen die Materialien zum CSR-RUG folgende **praktische Erleichterung** aus:

„Nach Erwägungsgrund 8 der Richtlinie 2014/95/EU soll die Berichterstattung über die Lieferkette ausdrücklich nicht zu übermäßigem Verwaltungsaufwand für kleine und mittelgroße Unternehmen in der Lieferkette oder der Kette von Subunternehmern der berichtspflichtigen Kapitalgesellschaft führen. Berichtspflichtige Unternehmen sollten daher ihre Berichterstattungspflicht nicht pauschal an kleine und mittlere Unternehmen weitergeben, sondern insbesondere anhand einer Risiko- und Wesentlichkeitseinschätzung entscheiden, welche Informationen von den Unternehmen verlangt werden. Dabei sollten die berichtspflichtigen Unternehmen auch prüfen, ob die Berichterstattung über die Lieferkette im Hinblick auf die Anforderungen an kleine und mittlere Unternehmen verhältnismäßig ist."[418]

Diese referenziert somit ausdrücklich auf den Umstand, dass typischerweise KMU einen großen Teil der Unternehmen in der Lieferkette der berichtspflichtigen Unternehmen darstellen. Inwieweit diese unmittelbar zu einer nichtfinanziellen Berichterstattung verpflichtet sein sollen, stellte bereits im Rahmen der Erarbeitung der CSR-Richtlinie einen **langwierig diskutierten Streitpunkt** dar. Letztendlich sollten sie von deutlichen Erleichterungen profitieren, insbesondere im Hinblick auf den mit einer erweiterten Rechenschaftspflicht verbundenen Verwaltungsaufwand. So resultiert aus einer mittelbaren Betroffenheit dieser Unternehmen ebenso wie aus einer unmittelbaren Pflicht zur nichtfinanziellen Berichterstattung zweifelsohne ein großer Aufwand; da es allerdings zugleich eine bedeutsame Einschränkung des Informationsgehalts der nichtfinanziellen Berichterstattung darstellen würde, Informationen aus der Lieferkette pau-

---

417 Vgl. BT-Drucks. 18/9982 S. 51.
418 BT-Drucks. 18/9982 S. 51.

schal oder generell betreffend KMU außen vor zu lassen, wird in der o. a. Passage der Versuch eines Ausgleichs auf Basis einer Interessenabwägung versucht.[419]

Die zitierte Formel für den Interessenabgleich ähnelt weitgehend jener, die bereits für die Festlegung der Berichtsgrenzen im Kontext der Konzepte inkl. Due-Diligence-Prozessen vom Gesetzgeber formuliert wurde. Der wesentliche Unterschied liegt darin, dass die Abwägungen gem. § 289c Abs. 3 Nr. 1 HGB die **Verhältnismäßigkeit** nur im Hinblick auf die Kosten der Informationsbeschaffung für das berichtspflichtige Unternehmen erstrecken, während die Abwägungen gem. § 289c Abs. 3 Nr. 4 HGB die damit verbundenen Anforderungen an KMU ergänzen.[420] Im Gesamtzusammenhang der Pflichten zum nichtfinanziellen Bericht gem. § 289b ff. HGB ist jedoch davon auszugehen, dass diese Einschränkung nicht ihr Ziel erreicht:[421]

▶ Wie bereits in Kap. IV.4.3 dargestellt, sind die Anforderungen an KMU in der Lieferkette bzw. als Subunternehmen nicht zu berücksichtigen. Damit werden diese de facto ohnedies mit hohen Nachweispflichten konfrontiert, die zumindest implizit auf die ihrer Geschäftstätigkeit zugrunde liegenden nichtfinanziellen Risiken Bezug nehmen.

▶ Darüber hinaus lässt sich für die erforderliche Wesentlichkeitsanalyse keine derartige Einschränkung ableiten. Da diese an das Vorliegen nichtfinanzieller Risiken knüpft, ist im ersten Schritt eine Risiko-Inventarisierung erforderlich – die wiederum auch die Lieferkette und Subunternehmen abdecken muss.

▶ Gleichermaßen ist für jede Verhältnismäßigkeitsbeurteilung eine abschließende Kosten-Nutzen-Analyse erforderlich, die zuerst eine Risikoerfassung notwendig macht, ehe deren Kosten und Nutzen beurteilt werden.

Schon konzeptionell bleibt damit kein Anknüpfungspunkt für die Erleichterungen, welche die Gesetzesmaterialien zum CSR-RUG (und dem folgend DRS 20.280) anführen. Da Unternehmen, die berichtspflichtige Informationen nicht in ihre nichtfinanzielle Berichterstattung integrieren, Mängel in deren Vollständigkeit und damit in der Korrektheit der gesamten Berichterstattung riskieren, ist zur Einhaltung der gesetzlichen Vor-

---

419 Vgl. ausführlich *Baumüller/Scheid*, Nichtfinanzielle Berichtspflichten im deutschen Mittelstand: „Kollateralschaden" oder „hidden agenda"?, Der Betrieb 2020 S. 121 ff.

420 Vgl. *Störk/Schäfer/Schönberger*, § 289c HGB – Inhalt der nichtfinanziellen Erklärung, in Grottel/Justenhoven/Schubert/Störk (Hrsg.), Beck'scher Bilanz-Kommentar, 13. Aufl. 2022, § 289c HGB Tz. 66 und dem zugrunde liegend DRS 20.280.

421 Vgl. *Baumüller/Scheid*, Nichtfinanzielle Berichtspflichten im deutschen Mittelstand: „Kollateralschaden" oder „hidden agenda"?, Der Betrieb 2020 S. 124; ähnlich *Paetzmann*, § 289 HGB – Inhalt des Lageberichts; § 289b HGB – Pflicht zur nichtfinanziellen Erklärung; Befreiungen; § 289c HGB – Inhalt der nichtfinanziellen Erklärung; § 289d HGB – Nutzung von Rahmenwerken; § 315c Inhalt der nichtfinanziellen Konzernerklärung, in Bertram/Brinkmann/Kessler/Müller (Hrsg.), HGB Bilanz Kommentar, 10. Aufl. 2019, § 315c HGB Tz. 6.

gaben zu empfehlen, **nur in gut begründeten Ausnahmefällen** von den für § 289c Abs. 3 Nr. 4 HGB erweiterten Möglichkeiten zur Beschränkung ihrer Berichtsgrenzen Gebrauch zu machen. Folglich ist festzuhalten: Die Zielsetzung des Gesetzgebers zur Einbettung von Erleichterungen für KMU wurde keineswegs realisiert. Vielmehr werden sich KMU dem Druck der zur nichtfinanziellen Berichterstattung verpflichteten Unternehmen nicht entziehen können, weitreichende Informationen zu nichtfinanziellen Themen zu liefern und internationale Nachhaltigkeitsstandards zu integrieren. Klarerweise fördert dies nicht nur nachhaltigere Ansätze in der Unternehmensführung, sondern auch Tendenzen zur Konzentration vor allem kleinerer KMU.

Ausdrücklich ist darüber hinaus festzuhalten: Die diskutierte Erleichterungsbestimmung ist **nicht auf die Angabepflicht gem. § 289c Abs. 3 Nr. 3 HGB** betreffend nichtfinanzielle Risiken aus der eigenen Geschäftätigkeit zu übertragen.

4.5.2 Angaben im Rahmen der nichtfinanziellen Risikoberichterstattung

Die Art und Weise, in der über Risiken im Rahmen der nichtfinanziellen Berichterstattung zu berichten ist, wird weitgehend jener gleichgestellt, die für die **(finanzielle) Risikoberichterstattung im Lagebericht** zur Anwendung gelangt. Der wesentliche Unterschied liegt dabei allerdings in der Perspektive begründet, die für die Darstellungen einzunehmen ist. Die Konsequenzen hieraus werden im Folgenden diskutiert.

Hinsichtlich der Angabepflichten gem. § 289c Abs. 3 Nr. 3 und 4 HGB lässt es das Gesetz zunächst offen, ob eine Berichterstattung über **Brutto- oder Nettorisiken** erfolgt. Dies ist insbesondere im Hinblick auf das Zusammenspiel zwischen nichtfinanziellen Risiken einerseits und Konzepten inkl. Due-Diligence-Prozessen andererseits, die sich naturgemäß an diesen Risiken orientieren, von Bedeutung. Das eingeräumte Wahlrecht zur Berichterstattung über Brutto- oder Nettorisiken steht im Einklang mit den Vorgaben zur Risikoberichterstattung für den Lagebericht gem. § 289 Abs. 1 Satz 4 HGB und wird in DRS 20.157 wie folgt abgegrenzt:[422]

▶ Bruttobetrachtung: *„Dabei können die Risiken vor den ergriffenen Maßnahmen zur Risikobegrenzung sowie die Maßnahmen zur Risikobegrenzung dargestellt und beurteilt werden".*

▶ Nettobetrachtung: *„Alternativ können die Risiken dargestellt und beurteilt werden, die nach der Umsetzung von Risikobegrenzungsmaßnahmen verbleiben [...]. In diesem Fall sind die Maßnahmen der Risikobegrenzung darzustellen."*

Die Literatur kommt zum Schluss, dass eine Berichterstattung auf **Bruttobasis zu bevorzugen** ist. Dafür spricht zunächst die vollständigere Information der Adressaten. Da

---

422 Siehe hierfür den Verweis von DRS 20.281.

eine Nettobetrachtung darüber hinaus eine unternehmensinterne Erfassung der Bruttorisiken und Begrenzungsmaßnahmen hierzu erfordert, ist der Erhebungsaufwand für das berichtspflichtige Unternehmen in beiden Fällen deckungsgleich. Des Weiteren fehlt es im Regelfall an einer überzeugenden konzeptionellen Grundlage, warum Risiken und Due-Diligence-Maßnahmen in nichtfinanziellen Belangen gegeneinander aufgerechnet werden sollen.[423]

Dem Gesetzeswortlaut folgend ist es weiterhin unerheblich, ob die Risiken im Berichtszeitraum **bereits eingetreten sind oder ob es sich um künftige Risiken** handelt. Dies geht über die Vorgaben für die Risikoberichterstattung gem. § 289 Abs. 1 HGB im Lagebericht hinaus, die nur auf künftige Risiken abstellt;[424] freilich wird häufig an verschiedenen Stellen des Lageberichts auch auf solche bereits eingetretenen Risiken referenziert, z. B. thematisch schlüssig bei der Darstellung des Geschäftsverlaufs.[425] Für bereits eingetretene Risiken bietet sich vor diesem Hintergrund ebenso eine (erläuternde) Darstellung i. V. mit den Angaben zu den erzielten Ergebnissen gem. § 289c Abs. 3 Nr. 2 HGB an; diese Berichterstattung ist damit klar getrennt von der Berichterstattung über künftige Risiken vorzunehmen (siehe Kap. IV.4.4).

Anzugeben sind für beide Kategorien von berichtspflichtigen Risiken (gem. § 289c Abs. 3 Nr. 3 und 4 HGB) Informationen zur *„Handhabung dieser Risiken durch die Kapitalgesellschaft“*, d. h. zum **Risikomanagementsystem.** Die Anforderungen an die Berichterstattung werden von DRS 20.K137 ff. spezifiziert; dabei ist für die Zwecke der nichtfinanziellen Berichterstattung im Besonderen auf die Spezifika der nichtfinanziellen Risiken und deren Handhabung einzugehen:[426]

▶ DRS 20.137: *„Merkmale des konzernweiten Risikomanagementsystems [sind] darzustellen. Hierbei ist auf die Ziele und die Strategie sowie auf die Strukturen und Prozesse des Risikomanagements einzugehen. Es ist ferner anzugeben, ob das Risikomanagementsystem lediglich Risiken oder auch Chancen erfasst.“*

---

423 Vgl. Auslegungsfragen zur Risikoberichterstattung in der nicht-finanziellen Erklärung, Die Wirtschaftsprüfung 2019 S. 609.

424 Vgl. *Rauch/Weigt,* Risikoangaben im Rahmen der nichtfinanziellen Berichterstattung, Zeitschrift für internationale und kapitalmarktorientierte Rechnungslegung 2018 S. 123.

425 Vgl. *Huter,* Auslegungsfragen zur Risikoberichterstattung in der nicht-finanziellen Erklärung, Die Wirtschaftsprüfung 2019 S. 606 f.

426 Siehe hierzu den Verweis in DRS 20.281.

► DRS 20.139: *„Beruht das Risikomanagementsystem auf einem allgemein anerkannten Rahmenkonzept, ist dies anzugeben. Wesentliche Veränderungen des Risikomanagementsystems gegenüber dem Vorjahr sind darzustellen und zu erläutern.“*[427]

► DRS 20.K140: *„Im Rahmen der Ziele und der Strategie des Risikomanagements ist darzustellen, ob und ggf. welche Risiken grundsätzlich nicht erfasst bzw. vermieden werden.“* DRS 20.K141 betont in diesem Zusammenhang die Sinnhaftigkeit von Aussagen zu Grundsätzen, Verhaltensregeln und Richtlinien zum Risikomanagement sowie zur Risikotragfähigkeit.

► DRS 20.K142: *„Bei der Darstellung der Struktur des Risikomanagements ist der Risikokonsolidierungskreis anzugeben, sofern dieser von dem Konsolidierungskreis des Konzernabschlusses abweicht.“*

► DRS 20.K144: *„Im Rahmen der Darstellung der Risikomanagementprozesse ist die Identifikation, Bewertung, Steuerung und Kontrolle der Risiken sowie die interne Überwachung dieser Abläufe zu erläutern. Sofern eine Revision das Risikomanagementsystem intern prüft, ist dies anzugeben.“*

Die beiden nachfolgenden Auszüge enthalten dazu illustrierende Beispiele.

ALLGEMEINE ANGABEN ZUM RISIKOMANAGEMENTSYSTEM AM BEISPIEL DEUTSCHE TELEKOM[428]

„Nachhaltigkeitschancen und -risiken und gesellschaftliche Verantwortung.

Zu einem umfassenden Risiko- und Chancen- Management gehört für uns auch, Chancen und Risiken zu berücksichtigen, die aus ökologischen oder sozialen Aspekten resultieren bzw. aus der Führung unseres Unternehmens. Dazu binden wir alle relevanten Stakeholder aktiv und systematisch in den Prozess ein, um aktuelle und potenzielle Risiken und Chancen zu ermitteln. Das kontinuierliche Monitoring von ökologischen, sozialen und Governance-Themen geht einher mit der systematischen Ermittlung der Positionen unserer Stakeholder zu diesen Themen. Wichtige Tools dabei sind: Die Befragung von Stakeholdern, eine Dokumentenanalyse – berücksichtigt werden u. a. Gesetzestexte, Studien und Veröffentlichungen in Medien –, unsere Mitarbeit in Arbeitsgruppen und Gremien nationaler und internationaler Unternehmens- und Sozialverbände, wie z. B. GeSI, ETNO, BDI, Bitkom, Econsense und BAGSO, von uns organisierte Stakeholder-Dialogformate sowie unsere verschiedenen Publikationen, wie Pressespiegel und Newsletter. Zudem integrieren wir die wichtigsten Nachhaltigkeitsrisiken in die interne Compliance-Bewertung. Dadurch erfassen wir die dazu gehörige Positionierung und Maßnahmenentwicklung in den verschiedenen Geschäftsbereichen.“

---

[427] International weit verbreitet ist etwa das Rahmenwerk „Enterprise Risk Management – Integrated Framework" des Committee of Sponsoring Organizations of the Treadway Commission (COSO). Im Oktober 2018 legte diese Organisation gemeinsam mit dem wbcsd einen Leitfaden vor, der sich mit der Integration von ESG-Risiken in das unternehmensweite Risikomanagement befasst. Diese werden durch sog. Protokolle erweitert, um auch der Inside-out-Perspektive angemessen Rechnung zu tragen.

[428] *Deutsche Telekom*, Geschäftsbericht 2021, S. 139 f. Online abrufbar unter https://go.nwb.de/iz5i0 oder über den QR-Code.

ALLGEMEINE ANGABEN ZUM RISIKOMANAGEMENTSYSTEM AM BEISPIEL HENKEL[429]

„Risikoanalyse

Wir identifizieren und beurteilen die Auswirkungen auf Menschenrechte und die Gesellschaft sorgfältig in fest verankerten Prüf- und Compliance- Prozessen und stellen sicher, dass – sofern notwendig – Zugang zu Abhilfemaßnahmen eingerichtet und zugänglich ist. Zu diesen Prozessen zählen unser konzernweites Audit-Programm, das die Governance, Prozesse und Kontrollen unabhängig und objektiv bewertet und verbessert, sowie Auditierungen im Rahmen unseres Lieferantenmanagements.

Im Rahmen der Risikoanalyse identifizieren wir relevante menschenrechtliche Risiken durch Einzelfallbeurteilung entsprechend den folgenden vier Kriterien:

► potenziell erhebliche negative Auswirkung auf Menschen,

► systemisch bedingter mangelnder Schutz durch die Regierung,

► Bedingungen, die potenziell die wiederholte beziehungsweise systemische Nichteinhaltung fördern, sowie

► Einflussnahme beziehungsweise potenzielle Einflussnahme durch Henkel (positiv oder negativ).

Ein relevantes menschenrechtliches Risiko ist dann für uns gegeben, wenn alle vier Kriterien erfüllt sind. Dies ermöglicht eine klare Unterscheidung zwischen einem Einzelfall der Nichteinhaltung aufgrund eines einzelnen Vorfalls und einem relevanten Menschenrechtsrisiko. Dabei analysieren wir menschenrechtsrelevante Risiken in unserem Unternehmen und entlang unserer Wertschöpfungsketten. Für unsere globalen Lieferketten nutzen wir beispielsweise ein Frühwarnsystem für Nachhaltigkeitsrisiken. Dazu gehören die Definition des Risikopotenzials unserer Beschaffungsmärkte und die branchenübergreifende Bewertung von Wertschöpfungsketten. Dabei fokussieren wir uns auf Länder, die von internationalen Fachinstituten als Risikoländer eingestuft werden. Davon ausgehend definieren wir die risikoreichsten Märkte, indem wir diese Analyse der Risikoländer mit Themen von besonderer aktueller Bedeutung für unsere Lieferketten kombinieren, und leiten entsprechende Maßnahmen ein."

---

429 *Henkel*, Nachhaltigkeitsbericht 2021, S. 110 f. Online abrufbar unter https://go.nwb.de/xi0h1 oder über den QR-Code.

Da das Risikomanagementsystem eines Unternehmens i.d.R. finanzielle und nicht-finanzielle Risiken auf gleiche Weise abdeckt, bietet sich zur Erfüllung der Angabepflichten ein **Verweis auf die Risikoberichterstattung im Lagebericht** an. Ein Beispiel hierfür bietet die Lufthansa-Group.

VERWEIS AUF ANGABEN ZUM RISIKOMANAGEMENTSYSTEM AM BEISPIEL LUFTHANSA[430]

„Zusätzlich werden an anderen Stellen im zusammengefassten Lagebericht Maßnahmen und Initiativen der Lufthansa Group erläutert, die das vielfältige Engagement des Unternehmens im Bereich der unternehmerischen Verantwortung belegen. Darauf wird in dieser Erklärung an den jeweiligen Stellen verwiesen. So werden Auswirkungen des Unternehmens auf die nichtfinanziellen Aspekte im Konzern-Risikomanagement-System der Lufthansa Group mit berücksichtigt. → Chancen- und Risikobericht, S. 76 ff."

Ein weiterer, umfassender **Katalog von Angaben,** der für die nichtfinanzielle Berichterstattung zu berücksichtigen ist, findet sich in DRS 20.149 ff.:

► DRS 20.149: *„Die wesentlichen Risiken sind einzeln darzustellen. Die bei ihrem Eintritt zu erwartenden Konsequenzen sind zu analysieren und zu beurteilen."*

► DRS 20.150: *„Aus der Darstellung der Risiken muss deren Bedeutung für den Konzern oder für wesentliche, in den Konzernabschluss einbezogene Unternehmen erkennbar werden."*

► DRS 20.151: *„Umfasst der Konzernabschluss eine Segmentberichterstattung, sind bei der Darstellung der Risiken die von den Risiken betroffenen Segmente anzugeben, sofern sie nicht offensichtlich sind."*

► DRS 20.152: *„Die dargestellten Risiken sind zu quantifizieren, wenn dies auch zur internen Steuerung erfolgt und die quantitativen Angaben für den verständigen Adressaten wesentlich sind. In diesem Fall sind die intern ermittelten Werte anzugeben sowie die verwendeten Modelle und deren Annahmen darzustellen und zu erläutern."*

► DRS 20.155: *„Die Einschätzung der Risiken ist zum Bilanzstichtag vorzunehmen. Sofern sich Risiken nach dem Schluss des Berichtszeitraums in ihrer Bedeutung ändern, neu auftreten oder entfallen, ist die geänderte Einschätzung der Risiken zusätzlich darzustellen, wenn anders kein zutreffendes Bild von der Risikolage [...] vermittelt wird."*[431]

---

430 *Lufthansa,* Geschäftsbericht 2021, S. 95. Online abrufbar unter https://go.nwb.de/12zc0 oder über den QR-Code.

431 Siehe für den Kontext der nichtfinanziellen Berichterstattung im Besonderen DRS 20.283.

▶ DRS 20.159: *„Wesentliche Veränderungen der Risiken gegenüber dem Vorjahr sind darzustellen und zu erläutern."*

▶ DRS 20.160: *„Die dargestellten Risiken sind zu einem Gesamtbild der Risikolage [...] zusammenzuführen. Hierbei können Diversifizierungseffekte berücksichtigt werden."*

▶ DRS 20.162: *„Um die Klarheit und Übersichtlichkeit des Risikoberichts zu erhöhen, sind die einzelnen Risiken entweder in einer Rangfolge zu ordnen oder zu Kategorien gleichartiger Risiken zusammenzufassen. Die Ausführungen können auch segmentspezifisch differenziert werden."*

Sofern nichtfinanzielle Risiken in den Risikobericht im Lagebericht integriert werden, leitet sich aus Letzterem vor allem die praktische Anforderung ab, sie unter einer **gesonderten Überschrift** in diesem klar ersichtlich zu machen.[432] Es ist aber ebenso möglich, die nichtfinanziellen Risiken in einem eigenen Kapitel der nichtfinanziellen Berichterstattung zusammenzufassen bzw. diese auf die einzelnen Abschnitte innerhalb dieser nichtfinanziellen Berichterstattung aufzuteilen (wobei auch hier auf die Übersichtlichkeit der Darstellungen zu achten ist). Im erstgenannten Fall wird ein solcher gesonderter Abschnitt üblicherweise an den Anfang der nichtfinanziellen Berichterstattung gestellt, um so der besonders grundlegenden Bedeutung dieser Angaben für die folgenden Berichtsinhalte Rechnung zu tragen. Illustrierend ist auf das nachfolgende Beispiel hinzuweisen.

STRUKTUR DER ANGABEN ZU NICHTFINANZIELLEN RISIKEN AM BEISPIEL VW[433]

„RISIKEN NICHTFINANZIELLER BELANGE

Nichtfinanzielle Belange finden sowohl in der Methodik als auch in den Inhalten unseres RMS/IKS Berücksichtigung. Im Standard-IKS werden sogenannte Master-Kontrollkataloge eingesetzt, die standardisierte Prozessrisiken und damit verbundene Kontrollziele als Vorgabe für in den Marken und Gesellschaften durchzuführende interne Kontrollen enthalten. Risiken und Anforderungen mit Bezug auf Produkt- oder Umwelt-Compliance werden in verschiedenen Master-Kontrollkatalogen, wie zum Beispiel für die Produktion, adressiert. Zur Sicherstellung der Angemessenheit der Master-Kontrollkataloge werden diese jährlich auf ihre Aktualität hin überprüft und bei Bedarf angepasst. Im Risiko-Quartalsprozess erfolgt eine Einordnung der Risiken in sogenannte Risiko-Cluster.

Die nichtfinanziellen Belange gemäß CSR-Richtlinie-Umsetzungsgesetz werden sowohl in den Master-Kontrollkatalogen im Standard-IKS als auch in den Risiko-Clustern des Risikoquartalsprozesses adressiert. Beispielsweise werden Umweltbelange im Master-Kontrollkatalog ‚Umwelt und Nachhaltigkeit' über das Risiko ‚Die wesentlichen Umwelt- und Nachhaltigkeitsrisiken unserer Produkte, Produktion und Dienstleistungen entlang des gesamten Lebenszyklus sind nicht/unzureichend identifiziert' berücksichtigt. Im Master-Kontrollkatalog ‚Compliance' dient das Risiko ‚Compliance-Verstöße und -Risiken (Hinweise) werden nicht oder nicht ausreichend adressiert

---

432 Siehe dazu auch DRS 20.164.
433 *VW*, Nachhaltigkeitsbericht 2021, S. 32 f. Online abrufbar unter https://go.nwb.de/6fecu oder über den QR-Code.

und nicht zeitnah/korrekt bearbeitet' dazu, dem Belang ‚Bekämpfung von Korruption und Beste-chung' Rechnung zu tragen. Im Risiko-Quartalsprozess sind in diesem Prozess beispielsweise Risi-ko-Cluster für Umweltrisiken, Emissionsrisiken, Compliance-Risiken beziehungsweise CO_2-Risiken oder produktbezogene Risiken vorgegeben, die die Belange adressieren.

Zu den Risiken, die sich auf unser finanzielles Ergebnis auswirken können, gehören auch all-gemeine Umweltrisiken sowie Risiken des Klimawandels. Zu nennen sind hier beispielhaft Risi-ken, die aus unterschiedlichen CO_2- und Emissionsvorgaben resultieren können, aber auch Wet-terextreme, Stürme oder Überschwemmungen mit Auswirkungen auf Produktion, Infrastruktur und Lieferketten. Die Darstellung der aus Sicht des Volkswagen Konzerns relevanten Risiken er-folgt im Risiko- und Chancenbericht des Lageberichts. Im Geschäftsjahr 2021 wurden weiterhin Risiken mit Bezug zur Einhaltung der Regulierungen zu CO_2-Flottenemissionen in einzelnen Mar-ken und Märkten identifiziert. Hierzu erfolgt eine nähere Darstellung im Risiko- und Chancenbe-richt unter der Überschrift ‚Umweltschutzrechtliche Auflagen' des Geschäftsberichts. Weitere Ri-siken können sich aus der Geltungmachung von eigentlich zivilrechtlichen umweltpolitischen Zielvorstellungen ergeben.‘"

Erneut zu diskutieren ist für die Angabepflichten gem. § 289c Abs. 3 Nr. 3 und 4 HGB, inwieweit sich diese auf die Ebene der Aspekte gem. § 289c Abs. 2 HGB zu beziehen ha-ben oder auf die aus der Wesentlichkeitsanalyse abgeleiteten **einzelnen Themen.** Unse-res Erachtens sind die einzelnen Themen als sachgerechter Anknüpfungspunkt für die nichtfinanzielle Risikoberichterstattung zu sehen. Dies gilt in Anbetracht der Tatsache, dass die nichtfinanziellen Risiken konzeptionell bereits in der Wesentlichkeitsanalyse die Grundlage für die Identifikation der einzelnen Themen darstellen und darüber hi-naus die weiteren – auf Informationen zum Umgang mit diesen Risiken abstellenden – Angabepflichten gem. § 289c Abs. 3 Nr. 3 und 4 HGB ebenso auf Ebene der einzelnen Themen erfolgen.

Auf eine Besonderheit für die nichtfinanzielle Risikoberichterstattung im Rahmen des **nichtfinanziellen Berichts** weist DRS 20.282 hin. Da dieses Berichtsformat zeitverzögert zum Lagebericht offengelegt bzw. veröffentlicht werden kann, kann sich die Risikoein-schätzung in diesem gegenüber jener im Lagebericht verändern. Zum Zeitpunkt der Prüfung der nichtfinanziellen Berichterstattung hat jedoch der aktuelle Wissensstand reflektiert zu sein – unter Berücksichtigung der Unterscheidung zwischen erhellenden und beeinflussenden Informationen, die wie für die Finanzberichterstattung zu beachten ist.[434] DRS 20.283 führt dazu aus: *„Ändern sich Risiken in ihrer Bedeutung, treten sie neu auf oder entfallen sie in der Zeit zwischen dem Abschlussstichtag und der Beendigung der Prüfung des gesonderten nichtfinanziellen Konzernberichts durch das Aufsichtsorgan, ist die geänderte Einschätzung der Risiken zusätzlich darzustellen, wenn anders kein zutreffendes Bild von den Risiken vermittelt wird."*

Hinsichtlich der ebenso (über den Gesetzeswortlaut hinausgehenden)[435] aufzunehmenden **Berichterstattung über nichtfinanzielle Chancen** halten die Ausführungen in DRS 20.165 ff. fest, dass auf die Ausgewogenheit der Berichterstattung von Chancen und Risiken zu achten ist. Gleichermaßen gilt ein Verrechnungsverbot für Chancen und Risiken, d. h., es ist hier nur eine Bruttobetrachtung zulässig.

Für **Kreditinstitute und Versicherungsunternehmen** enthalten die Anlagen 1 und 2 zu DRS 20 weitere Vorgaben zu Angaben, die für deren Risikoberichterstattung im Allgemeinen gleichermaßen zu beachten sind.[436] Für den spezifischen Kontext der nichtfinanziellen Risikoberichterstattung werden sich hieraus jedoch praktisch kaum Besonderheiten ergeben. Anhang 1 des Nachtrags zu den Leitlinien für die nichtfinanzielle Berichterstattung der EU-Kommission aus dem Sommer 2019 enthält weiterführende (unverbindliche) Vorschläge, wie Kreditinstitute und Versicherungsunternehmen auf nichtfinanzielle Aspekte im Rahmen ihrer nichtfinanziellen Risikoberichterstattung weiter eingehen können – die allerdings z. T. über den gesetzlichen Verpflichtungsrahmen hinausgehen.[437] Welche Angaben verpflichtend sind, ist darüber hinaus der Offenlegungs-VO zu entnehmen (siehe Kap. IV.5.2).

Hinsichtlich des Umfangs der im Rahmen der nichtfinanziellen Risikoberichterstattung **getätigten Angaben** ist noch zu ergänzen,

▶ dass Angaben dazu für das Verständnis der Berichtsadressaten notwendig sein werden, in welchem Umfang sich die Berichtsgrenzen für die nichtfinanzielle Risikoberichterstattung auf die Lieferkette und die Kette von Subunternehmen erstreckt;[438]

▶ ob die Risikoberichterstattung auf Brutto- oder Nettobasis erfolgt;

▶ ob berichtete Risiken als wesentlich i. S. des § 289c Abs. 3 Nr. 3 und 4 HGB gelten oder nicht.

---

434 Siehe hierzu auch ausführlich *Baumüller*, Folgen der Coronakrise für die nichtfinanzielle Berichterstattung, Zeitschrift für Internationale Rechnungslegung 2020 S. 299 ff.

435 Siehe dazu die Begründung in Kap. IV.2.3.

436 Vgl. DRS 20.281.

437 Vgl. Europäische Kommission, Leitlinien für die Berichterstattung über nichtfinanzielle Informationen: Nachtrag zur klimabezogenen Berichterstattung, 2019, S. 21 ff.

438 Vgl. BT-Drucks. 18/9982 S. 51. Siehe weiterhin bereits Kap. IV.4.3 zu derselben Forderung des Gesetzgebers im Kontext der Konzepte inkl. Due-Diligence-Prozesse.

Darüber hinaus ist eine Leermeldung zu empfehlen, wenn – vor allem bei Netto-betrachtung – keine berichtspflichtigen nichtfinanziellen Risiken identifiziert werden konnten.

Beispiele hierzu enthalten die beiden nachfolgenden Auszüge.

VERWEIS AUF ANGABEN ZUM RISIKOMANAGEMENTSYSTEM AM BEISPIEL LUFTHANSA[439]

„Unter Berücksichtigung der beschriebenen Maßnahmen und Konzepte gibt es gegenwärtig unter Anwendung der Nettomethode keine Anhaltspunkte für Risiken, die schwerwiegende negative Auswirkungen auf die wesentlichen Aspekte haben beziehungsweise haben werden und deren Eintritt sehr wahrscheinlich ist. Sofern nicht anders angegeben, beziehen sich die hier gemachten Angaben auf die im Konsolidierungskreis des Konzernabschlusses erfassten Gesellschaften. Falls nicht anders vermerkt, spiegeln die Angaben die Konzernperspektive und die Gesellschaftsperspektive gleichermaßen wider. Die vorliegende zusammengefasste nichtfinanzielle Erklärung wurde einer freiwilligen betriebswirtschaftlichen Prüfung nach ISAE 3000 (revised) mit begrenzter Sicherheit unterzogen."

LEERMELDUNG ZUM VORLIEGEN WESENTLICHER RISIKEN AM BEISPIEL HEIDELBERGCEMENT[440]

„Identifikation von Risiken

Aufgrund der dezentralen Unternehmensstruktur mit rund 3.000 Standorten in über 50 Ländern und der zum Großteil ebenfalls lokalen Lieferantenstruktur ist die Risikostruktur von Heidelberg-Cement diversifiziert. Dies gilt auch für Klimarisiken gemäß den Definitionen der Task Force on Climate-related Financial Disclosures (TCFD), die mit der eigenen Geschäftstätigkeit, den Geschäftsbeziehungen, Produkten oder Dienstleistungen verknüpft sind. Die Klimarisiken werden im Risiko- und Chancenbericht ausgewiesen. Weitere Aspekte und Empfehlungen der TCFD zur Klimaberichterstattung werden im Nachhaltigkeitsbericht 2021 behandelt. HeidelbergCement hat darüber hinaus keine wesentlichen Risiken identifiziert, die mit der eigenen Geschäftstätigkeit, den Geschäftsbeziehungen, Produkten oder Dienstleistungen verknüpft sind und die sehr wahrscheinlich schwerwiegende negative Auswirkungen auf die genannten nichtfinanziellen Aspekte und die eigene Geschäftsentwicklung haben."

---

439 *Lufthansa*, Geschäftsbericht 2021, S. 95. Online abrufbar unter https://go.nwb.de/12zc0 oder über den QR-Code.

440 *HeidelbergCement*, Geschäftsbericht 2021, S. 54. Online abrufbar unter https://go.nwb.de/xrojw oder über den QR-Code.

4.6 Angabe der bedeutsamsten nichtfinanziellen Leistungsindikatoren

Gemäß § 289c Abs. 3 Nr. 6 HGB sind die berichtspflichtigen Unternehmen zur Angabe *„der bedeutsamsten nichtfinanziellen Leistungsindikatoren, die für die Geschäftstätigkeit der Kapitalgesellschaft von Bedeutung sind,"* verpflichtet. Diese Regelung knüpft bereits dem Wortlaut nach an die bereits zuvor etablierte **Pflicht zur Angabe der bedeutsamsten nichtfinanziellen Leistungsindikatoren gem. § 289 Abs. 3 HGB** im Lagebericht an. Die Literatur spricht sich deswegen dafür aus, grundsätzlich dieselben Auslegungsgrundsätze für beide Angabepflichten zur Anwendung zu bringen.

Gemäß DRS 20.11 ist ein Leistungsindikator eine *„Größe, die der Beurteilung eines Aspekts der Leistung eines Unternehmens oder Konzerns dient"*. Diese kann sowohl quantitativ als auch rein qualitativ sein. Für deren Identifikation gelangt der *„management approach"* zur Anwendung; d. h., es sind jene nichtfinanziellen Leistungsindikatoren zu berichten, die unternehmensintern für Steuerungszwecke genutzt werden. DRS 20.284 i. V. mit 20.108 betont die folgenden Implikationen hieraus:

▶ DRS 20.108: *„Zu den nichtfinanziellen Leistungsindikatoren sind quantitative Angaben zu machen, sofern quantitative Angaben zu diesen Leistungsindikatoren auch zur internen Steuerung herangezogen werden und sie für den verständigen Adressaten wesentlich sind."* Dies bedeutet im Umkehrschluss, dass auch rein qualitative Erörterungen dort gefordert sind, wo dies in der internen Steuerung als Entscheidungsgrundlage herangezogen wird (z. B. beim Einsatz von sozialwissenschaftlichen Evaluationen o. Ä.).

▶ DRS 20.109: *„Die quantitativen Angaben zu nichtfinanziellen Leistungsindikatoren können im Konzernlagebericht stärker aggregiert sein, als sie zur internen Steuerung verwendet werden."* Hierbei treten vor allem Überlegungen zum Schutz sensibler interner Informationen in den Vordergrund.

▶ DRS 20.113: *„Wesentliche Veränderungen der finanziellen und nichtfinanziellen Leistungsindikatoren gegenüber dem Vorjahr sind darzustellen und zu erläutern."* Eine Pflicht zur Angabe von Vorjahreszahlen lässt sich dem Gesetzestext zwar nicht entnehmen, wird vor dem Hintergrund der soeben zitierten Anforderung an die Berichterstattung aber zu empfehlen sein.

Durch den Gleichklang der Angabepflichten gem. § 289c Abs. 3 Nr. 6 HGB und gem. § 289 Abs. 3 HGB wird in der Literatur weiterhin gefordert, die berichtspflichtigen nichtfinanziellen Leistungsindikatoren in der nichtfinanziellen Erklärung auch **hinsichtlich weiterer Berichtsanforderungen jenen im Lagebericht gleichzustellen.** Folglich sind etwa auch DRS 20.126 ff. zu beachten, die prognostische Angaben zur zukünftigen Entwicklung dieser nichtfinanziellen Leistungsindikatoren zumindest für das folgende Jahr fordern.[441] Im Sinne der inhaltlichen Konsistenz der Angabepflichten gem. § 289c Abs. 3 HGB sollte der gewählte Zeitraum für diese Prognose (auch) mit jenem abgestimmt sein, der den Zielen des Unternehmens als Teil der berichtspflichtigen Konzepte gem. § 289c Abs. 3 Nr. 1 HGB zugrunde liegt.

BERICHTERSTATTUNG ÜBER NICHTFINANZIELLE LEISTUNGSINDIKATOREN AM BEISPIEL RWE[442]

„Maßnahmen und Erfolgsmessung

Kontinuierliche Verbesserung der Arbeitssicherheit Die Gesundheit unserer Mitarbeitenden und der unserer Partnerfirmen ist uns bei RWE ein wichtiges Anliegen. Daher sorgen wir dafür, dass Gesundheit am Arbeitsplatz in unserer Unternehmenskultur fest verankert ist. Auch deshalb halten wir international anerkannte Standards wie beispielsweise nach ISO 45001 ein und arbeiten daran, uns in diesem Bereich kontinuierlich zu verbessern.

RWE hat sich zum Ziel gesetzt, dass alle Konzerngesellschaften im Bereich Arbeitssicherheit über zertifizierbare Managementsysteme verfügen. Neben der vollständigen Abdeckung des Konzerns mit dem Health & Safety-Managementsystem werden einige Konzerngesellschaften zusätzlich extern (teilweise akkreditiert) zertifiziert (basierend auf FTE = Full Time Equivalent). Zum 31. Dezember 2021 lag der Zertifizierungsgrad bei 58 % der RWE-Gesellschaften, ebenso wie im Vorjahr.

[…]

Maßnahmen während der Corona-Pandemie

RWE hat mit Beginn der Pandemie international für alle Mitarbeitenden Schutzmaßnahmen zur Vermeidung betriebsinterner Corona-Infektionen ergriffen. Zu diesem Zweck wurden Vorgaben zu Hygiene- und Abstandsregeln, Maskentragen, mobilem Arbeiten, Dienstreisen, Veranstaltungen und Meetings kommuniziert, die als Mindeststandard im gesamten RWE-Konzern verbindlich sind – auch wenn landes- oder branchenspezifische Regelungen mildere Anforderungen vorsehen. Darüber hinaus stellen die Unternehmensbereiche die Einhaltung der in den jeweiligen Ländern geltenden rechtlichen Vorgaben sicher, ergreifen gemäß ihren Gefährdungsbeurteilungen geeignete und wirksame Schutzmaßnahmen und passen diese entsprechend der aktuellen Entwicklung und Lagebewertung laufend an. In Deutschland gilt die RWE-Richtlinie ‚COVID-19-Schutzmaßnahmen am Arbeitsplatz', die auf der SARS-CoV-2-Arbeitsschutzverordnung basiert. Sie dient den Führungskräften als Handlungs- und Entscheidungshilfe für eine Gefährdungsbeurteilung, sodass sie für ihren jeweiligen Verantwortungsbereich geeignete und wirk-

---

441 Vgl. *Störk/Schäfer/Schönberger*, § 289c HGB – Inhalt der nichtfinanziellen Erklärung, in Grottel/Justenhoven/Schubert/Störk (Hrsg.), Beck'scher Bilanz-Kommentar, 13. Aufl. 2022, § 289c HGB Tz. 75.

442 *RWE*, Nichtfinanzieller Bericht 2021, S. 20 ff. Online abrufbar unter https://go.nwb.de/cuys2 oder über den QR-Code.

same Schutzmaßnahmen ergreifen und somit ihre Arbeitsschutzverantwortung während der Corona-Pandemie sicherstellen können."

Eine allgemeine **Übersicht** über in Betracht kommende nichtfinanzielle Leistungsindikatoren wird in DRS 20.286 gegeben. Diese lässt sich wie folgt zusammenfassen:

Abb. 27:	Die bedeutsamsten nichtfinanziellen Leistungsindikatoren gem. DRS 20.286
Aspekte (nichtfinanzielle Belange)	**Beispielhafte nichtfinanzielle Leistungsindikatoren**
Umweltbelange	► Wasserverbrauch pro Jahr ► Tonnen CO_2-Ausstoß pro Jahr ► Energieeffizienz der eigenen Produkte
Arbeitnehmerbelange	► Personalfluktuation ► Mitarbeiterzufriedenheit ► Anzahl Arbeitsunfälle
Sozialbelange	► Spenden an gemeinnützige Organisationen ► Anzahl der den Mitarbeitern gewährten Sonderurlaubstage für gemeinnützige Tätigkeiten
Achtung der Menschenrechte	► Anteil der im Hinblick auf Menschenrechte zertifizierten Lieferanten bzw. Subunternehmen ► Anzahl der Fälle von Kinderarbeit bei überprüften Lieferanten
Bekämpfung von Korruption und Bestechung	► Anteil der Mitarbeiter, die ein Compliance-Training absolviert haben ► Anzahl bestätigter Korruptionsfälle im Geschäftsjahr

Den Empfehlungen der Materialien zum CSR-RUG folgend, sollen sich die berichtspflichtigen Unternehmen weiterhin an **europäischen und weiteren internationalen Leitlinien** orientieren, die darüber hinausgehende nichtfinanzielle Leistungsindikatoren vorschlagen. Betont wird dabei die Bedeutung der Leitlinien der EU-Kommission für die nichtfinanzielle Berichterstattung, an deren unverbindlicher Rechtsnatur sich hierdurch jedoch nichts ändert: Zentraler Orientierungspunkt ist für die berichtspflichtigen Unternehmen das eigene Geschäftsmodell.[443] Darüber hinaus spielen Überlegungen wie solche zur Datenverfügbarkeit und zu branchenüblichen Berichtspraktiken eine wichtige Rolle.

Gemäß der bisherigen Auslegung zu § 289 Abs. 3 HGB, die sich auf die Angabepflicht gem. § 289c Abs. 3 Nr. 5 HGB übertragen lässt, gilt, dass nichtfinanzielle Leistungsindikatoren nur dann „bedeutsam", d. h. zu berichten sind, wenn diese **tatsächlich für die Steuerung der berichteten nichtfinanziellen Themen herangezogen** werden.[444] Selbst bei diesen nichtfinanziellen Leistungsindikatoren wird in der Literatur eine Berichtspflicht nur für jene gesehen, die auf Gesamtunternehmensebene als die bedeutsamsten zu beurteilen sind.[445] Es ist jedoch fraglich, inwieweit dies mit den grundlegenden gesetzlichen Vorgaben zur nichtfinanziellen Berichterstattung im Einklang steht. Dem Gesetzestext und der gesamten Systematik des § 289c Abs. 3 HGB folgend wäre es naheliegend, dass für jeden Aspekt mindestens ein nichtfinanzieller Leistungsindikator angegeben wird – bzw. sogar auf Ebene jedes einzelnen der zu berichtenden Themen auch über die (jeweils) bedeutsamsten, aus den Konzepten und Ergebnissen abgeleiteten nichtfinanziellen Leistungsindikatoren berichtet wird.[446] Nur so scheint die inhaltlich enge Verknüpfung von Konzepten, Ergebnissen und nichtfinanziellen Leistungsindikatoren vollends gewahrt zu sein (siehe Kap. IV.4.3 und IV.4.4). Diese Kontroverse zwischen Vorgabe der CSR-Richtlinie, Umsetzung im CSR-RUG, Auslegung in DRS 20 sowie der Auffassung im Schrifttum eröffnet den berichtspflichtigen Unternehmen gegenwärtig einen sehr weitreichenden Spielraum für die Ausgestaltung ihrer Berichterstattung.

So wie für die Konzepte inkl. Due-Diligence-Prozessen weitreichende Gestaltungsmöglichkeiten hinsichtlich der Festlegung der **Berichtsgrenzen** bestehen, kommen deren Folgewirkungen auch für die nichtfinanziellen Leistungsindikatoren zum Tragen. Entsprechend ist gleichermaßen zu fordern, dass aus der Berichterstattung klar ersichtlich wird, inwieweit z. B. Lieferanten bzw. Subunternehmen mit abgedeckt werden bzw. welche Unternehmens- bzw. Konzernteile für die Darstellungen berücksichtigt wurden.

---

443 Vgl. soweit BT-Drucks. 18/9982 S. 51.
444 So wohl *Störk/Schäfer/Schönberger*, § 289c HGB – Inhalt der nichtfinanziellen Erklärung, in Grottel/Justenhoven/Schubert/Störk (Hrsg.), Beck'scher Bilanz-Kommentar, 13. Aufl. 2022, § 289c HGB Tz. 75.
445 Eindeutig *Störk/Schäfer/Schönberger*, § 289c HGB – Inhalt der nichtfinanziellen Erklärung, in Grottel/Justenhoven/Schubert/Störk (Hrsg.), Beck'scher Bilanz-Kommentar, 13. Aufl. 2022, § 289c HGB Tz. 44.
446 Obschon das Comply-or-Explain-Prinzip gem. § 289c Abs. 4 HGB für diese Angabepflicht nicht zur Anwendung gelangt, kann eine ebensolche Verpflichtung zur Erläuterung und Begründung als Ergebnis ableitbar sein, sollte es einem berichtspflichtigen Unternehmen nicht möglich sein, auf diesem Detaillierungsgrad nichtfinanzielle Leistungsindikatoren zu erfassen und darüber zu berichten. Siehe dazu Kap. IV.4.8.

Nicht ausdrücklich festgehalten ist die Pflicht, die berichteten **nichtfinanziellen Leistungsindikatoren selbst zu erklären.** Sollten diese jedoch hinsichtlich ihrer Verständlichkeit nur schwer für die Berichtsadressaten zu erfassen sein (z. B. aufgrund eines hohen Abstraktionsgrades in puncto Wirkungsmechanismen), so werden auch dazu klarstellende Erläuterungen – aus den GoB (insbesondere zur Klarheit der Berichterstattung) abgeleitet – zu fordern sein.

Eine wichtige Besonderheit der Angabepflicht gem. § 289c Abs. 3 Nr. 6 HGB im Vergleich zur Angabepflicht gem. § 289 Abs. 3 HGB betonen die Materialien zum CSR-RUG: *„Die Neuregelung geht aber darüber hinaus, da die Leistungsindikatoren nicht mehr nur im Rahmen der Analyse des Geschäftsverlaufs und der Geschäftsentwicklung zu berücksichtigen, sondern **selbstständig darzustellen** sind."*[447] DRS 20.285 legt dar, dass dies etwa dann der Fall ist, wenn diese nichtfinanziellen Leistungsindikatoren leicht identifizierbar und auffindbar sind. Eine Möglichkeit, dies zu erreichen, liegt in einer von der Analyse des Geschäftsverlaufs abgegrenzten Darstellung (z. B. in der nichtfinanziellen Erklärung, nicht integriert in den Lagebericht). Darüber hinaus legt DRS 20.285 die Verwendung von Tabellen nahe.

---

447 BT-Drucks. 18/9982 S. 51.

Abb. 28:	Tabellarische Übersicht über nichtfinanzielle Leistungsindikatoren bei Henkel[448]

	Erreicht 2021[1]	Ziele 2025[1]
mehr Umsatz pro Tonne Produkt	**+4%**	**+10%**
sicherer pro eine Million Arbeitsstunden	**+42%**	**+60%**
weniger CO_2-Emissionen pro Tonne Produkt	**−50%**	**−65%**
weniger Abfall pro Tonne Produkt	**−42%**[2]	**−50%**
weniger Wasser pro Tonne Produkt	**−28%**	**−35%**
Effizienz insgesamt	**+74%**	**+120%**

[1] Gegenüber dem Basisjahr 2010.
[2] Abfallmengen unserer Produktionsstandorte ohne Abfälle aus Bau- und Abbrucharbeiten.

---

448 *Henkel*, Nachhaltigkeitsbericht 2021, S. 28. Online abrufbar unter https://go.nwb.de/xi0h1 oder über den QR-Code.

| Abb. 29: | Tabellarische Übersicht über nichtfinanzielle Leistungsindikatoren bei BMW[449] |

BMW GROUP IN ZAHLEN
BEDEUTSAMSTE LEISTUNGSINDIKATOREN

	2017	2018¹	2019	2020	2021	Veränderung in %
KONZERN						
Ergebnis vor Steuern in Mio. €	10.675	9.627	7.118	5.222	16.060	–
Mitarbeiter am Jahresende²	129.932	134.682	126.016	120.726	118.909	–1,5
Frauenanteil in Führungspositionen in der BMW Group³	16,0	17,2	17,2	17,8	18,8	5,6
SEGMENT AUTOMOBILE						
EBIT-Marge in %	9,2	7,2	4,9	2,7	10,3	–
RoCE in %	77,7	49,8	29,0	12,7	59,9	–
Auslieferungen⁴·⁵	2.465.021	2.486.149	2.537.504	2.325.179	2.521.514	8,4
Anteil elektrifizierter Fahrzeuge an den Auslieferungen (in %)	4,2	5,7	5,8	8,3	13,0	56,6
CO₂-Emissionen EU-Neuwagenflotte (in g / km)⁶·⁷	128,0	127,5	127,0	99,1 (135,0)⁸	115,9⁹	–14,1
CO₂-Emissionen je produziertes Fahrzeug (in t)¹⁰·¹¹·¹²	0,41	0,48	0,40	0,35	0,33	–5,7
SEGMENT MOTORRÄDER						
EBIT-Marge in %	9,1	8,1	8,2	4,5	9,3	84,4
RoCE in %	34,0	28,4	29,4	15,8	35,9	–
Auslieferungen	164.153	165.566	175.162	169.272	194.261	14,8
SEGMENT FINANZDIENSTLEISTUNGEN						
RoE in %	18,1	14,8	15,0	11,2	22,6	–

¹ Die Zahlen aus dem Jahr 2018 wurden aufgrund der Änderung von Bilanzierungsmethoden im Rahmen der Einführung des IFRS 16 angepasst [...]
² Seit dem Berichtsjahr 2020 gilt eine neue Definition zur Mitarbeiteranzahl; zur Definition siehe [...]
³ Die Kennzahl zu den Mitarbeiterzahlen [...]
⁴ Auslieferung einschließlich [...]
⁵ Die für die Jahre 2020 und 2021 präsentierten Auslieferungszahlen sind nicht direkt mit den für Vorjahre präsentierten Zahlen vergleichbar [...]
⁶ EU-27-Staaten einschließlich Norwegen und Island; seit 2020 Wert gemäß Umstellung auf WLTP [...]
⁷ Es handelt sich um eine vorläufige interne Berechnung [...]
⁸ Zur besseren Vergleichbarkeit der Vorjahreswerte vor dem vollständigen Scharfschalten [...]
⁹ Gemäß aktualisierter [...]
¹⁰ Differenzierte betrachtungen Scope-1 und Scope-2 [...]
¹¹ Seit dem Jahr 2020 setzen sich die CO₂-Emissionen [...]
¹² Die Werte der Jahre 2017 und 2018 sind mit Limited Assurance geprüft.

4.7 Hinweise auf im Jahresabschluss ausgewiesene Beträge

§ 289c Abs. 3 Nr. 6 HGB fordert, *„soweit es für das Verständnis erforderlich ist, Hinweis[e] auf im Jahresabschluss ausgewiesene Beträge und zusätzliche Erläuterungen dazu"*. Diese Angabepflicht zeigt die konzeptionelle Bezugnahme der nichtfinanziellen Berichterstattung auf das Konzept des Integrated Reporting deutlich auf und geht über das hinaus, was im Rahmen der traditionellen Nachhaltigkeitsberichterstattung üblich ist (siehe hierzu bereits Kap. IV.4.4). Sie ist somit als eine Schlüsselbestimmung der Berichtspflicht gem. §§ 289b ff. HGB zu sehen.[450] Dem steht allerdings der Befund gegen-

---

449 *BMW*, Geschäftsbericht 2021, S. 9. Online abrufbar unter https://go.nwb.de/j54v0 oder über den QR-Code.
450 Vgl. *Baumüller*, Ziele und Inhalte der nichtfinanziellen Berichterstattung, Der Jahresabschluss 2018 S. 95.

über, dass diese Angabepflicht im Gesetzeswortlaut nur in unverbindlicher Form *("soweit es für das Verständnis erforderlich ist")* wiedergegeben wird und in der Praxis daher oftmals nur sehr eingeschränkt Umsetzung findet.

Wie bereits in Kap. III.2.1 dargelegt, stellt die Angabepflicht gem. § 289c Abs. 3 Nr. 6 HGB eine Abweichung von der allgemeinen Regel für Verweise dar. Letztere beschränken sich auf den Lagebericht. Der Angabepflicht zu Hinweisen auf im Jahresabschluss ausgewiesene Beträge kann nachgekommen werden, indem Beträge aus dem Jahresabschluss in der nichtfinanziellen Berichterstattung wiederholt werden (z. B. in zusammengefasster oder in anderer Weise aufbereiteter Form) oder ein Verweis auf die entsprechenden Stellen im Jahresabschluss gesetzt wird.

Die Hinweise, die zu tätigen sind, erstrecken sich auf den **Jahresabschluss in seiner Gesamtheit.** Dieser inkludiert den Anhang, so dass etwa auch Hinweise auf dort – aufgrund gesetzlicher Verpflichtung oder freiwillig – angegebene Beträge (etwa in Rückstellungsspiegeln) in Betracht kommen. Der Lagebericht o. ä. Berichte sind jedoch nicht vom Umfang der Verweisstellen gem. § 289c Abs. 3 Nr. 6 HGB abgedeckt. Hinweise auf qualitative Angaben sind vor allem im Anhang jedoch nicht gefordert; ebenso wenig muss das berichtspflichtige Unternehmen Beträge angeben, die über im Jahresabschluss ausgewiesenen Einzelbeträge hinausgehen.[451]

Wie genau diese **Bezugnahme** auf im Jahresabschluss ausgewiesene Beträge inhaltlich zu erfolgen hat, wird nicht konkretisiert. Naheliegend sind bspw. Verweise auf Aufwands- und Ertragsposten, z. B. Sozialaufwendungen, Renaturierungsaufwendungen oder diverse Teilposten im Bereich der Rückstellungen.[452] Aussagekräftiger sind Angaben wie etwa die explizite Nennung von Mehrkosten von Maßnahmen im Bereich des Umweltschutzes, damit verbundene Mehrerlöse, Kosteneinsparungen etc., die i. V. mit den Angaben im Rahmen der nichtfinanziellen Berichterstattung stehen. Auch können bereits etablierte Konzepte wie jene der Wertschöpfungs-/Wertverteilungsrechnung als Teil der nichtfinanziellen Berichterstattung in Betracht kommen, um die Berichtspflichten zu erfüllen.[453]

---

451 Siehe auch DRS 20.289.
452 DRS 20.289 führt als ein Beispiel „Rückstellungen für umweltrelevante Sachverhalte" an.
453 Vgl. *Baumüller*, Nichtfinanzielle Berichterstattung, 2020, S. 110.

Abb. 30:	Bezugnahme auf im Jahresabschluss ausgewiesene Beträge am Beispiel BASF[454]

Kosten und Rückstellungen der BASF-Gruppe für Umweltschutz
Millionen €

	2021	2020
Betriebskosten für Umweltschutz	1.133	1.125
Investitionen in neue und verbesserte Umweltschutzanlagen und -einrichtungen [a]	239	231
Rückstellungen für Umweltschutzmaßnahmen und Beseitigung von Altlasten [b]	926	693

a Investitionen umfassen nachsorgende und produktionsintegrierte Umweltschutzmaßnahmen.
b Die Werte beziehen sich jeweils auf den 31. Dezember des entsprechenden Jahres.

Mehr dazu im Anhang zum Konzernabschluss in den Anmerkungen 9 und 23 auf den Seiten 224 und 260

---

454 *BASF,* Integrierter Geschäftsbericht 2021, S. 118. Online abrufbar unter https://go.nwb.de/wmdyt oder über den QR-Code.

Abb. 31: Darstellung einer Wertschöpfungsrechnung am Beispiel BMW[455]

BMW GROUP WERTSCHÖPFUNGSRECHNUNG

	2021 in Mio. €	2021 in %	2020 in Mio. €	2020 in %	Veränderung in %
ENTSTEHUNGSRECHNUNG					
Umsatzerlöse	111.239	96,0	98.990	98,4	12,4
Finanzerträge	2.904	2,5	650	0,6	–
Sonstige Erträge	1.702	1,5	916	0,9	85,8
Unternehmensleistung	115.845	100,0	100.556	100,0	15,2
Materialaufwand*	60.173	51,9	52.355	52,1	14,9
Sonstige Aufwendungen	13.599	11,8	16.766	16,7	–18,9
Vorleistungen	73.772	63,7	69.121	68,8	6,7
Brutto-Wertschöpfung	42.073	36,3	31.435	31,3	33,8
Abschreibungen auf das gesamte Anlagevermögen	11.758	10,1	11.976	11,9	–1,8
Netto-Wertschöpfung	30.315	26,2	19.459	19,3	55,8
VERTEILUNGSRECHNUNG					
Mitarbeiter	12.286	40,5	12.244	63,0	0,3
Kreditgeber	1.808	6,0	2.129	10,9	–15,1
Öffentliche Hand	3.758	12,4	1.229	6,3	–
Aktionäre	3.827	12,6	1.253	6,4	–
Konzern	8.555	28,2	2.522	13,0	–
Andere Gesellschafter	81	0,3	82	0,4	–1,2
Netto-Wertschöpfung	30.315	100,0	19.459	100,0	55,8

* Materialaufwand umfasst sowohl die originären Materialkosten der Fahrzeugherstellung als auch die Materialnebenkosten (zum Beispiel Zölle, Versicherungen und Frachten).

Nicht ausreichend ist ein bloßer Verweis auf einen solchen im Jahresabschluss ausgewiesenen oder angegebenen Betrag oder dessen bloße Nennung. § 289c Abs. 3 Nr. 6 HGB fordert ausdrücklich eine **Erläuterung** hierzu. Wie dies zu erfolgen hat, wird jedoch nicht weiter spezifiziert. Die Ausarbeitung von Kausalitäten ist zwar nicht explizit vom Gesetzestext gefordert, aber als diesem zugrunde liegende Idee erkennbar. Für eine solche Interpretation spricht auch der Vergleich des Gesetzestextes mit der CSR-Richtlinie: Der deutsche Gesetzgeber hat die unionsrechtliche Vorgabe durch den Zusatz *„soweit es für das Verständnis erforderlich ist"* konkretisiert, was zweifellos eine Verbindung zur

---

455 *BMW*, Geschäftsbericht 2021, S. 107. Online abrufbar unter https://go.nwb.de/j54v0 oder über den QR-Code.

Wesentlichkeitsanalyse und zu den dafür maßgeblichen Analysedimensionen herstellt (siehe Kap. IV.2.4). Der Begriff „*Verständnis*" gem. § 289c Abs. 3 Nr. 6 HGB ist hier also zu verstehen als „*Verständnis des Geschäftsverlaufs, des Geschäftsergebnisses, der Lage der Kapitalgesellschaft*" i. S. der Generalnorm. Auch dies spricht dafür, Kausalitäten zwischen finanziellen und nichtfinanziellen Informationen herzustellen, wobei beide Wirkungsrichtungen möglich scheinen; im Mindesten wird aber das Herstellen von Zusammenhängen (ggf. i. S. von Korrelationen) zu beachten sein.[456]

BEZUGNAHME AUF IM JAHRESABSCHLUSS AUSGEWIESENE BETRÄGE AM BEISPIEL DEUTSCHE POST DHL[457]

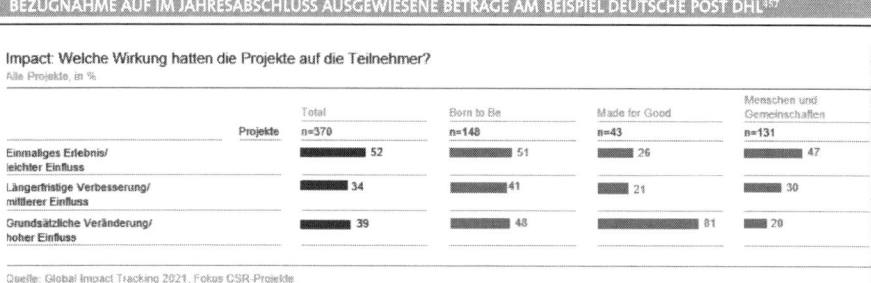

Impact: Welche Wirkung hatten die Projekte auf die Teilnehmer?
Alle Projekte, in %

Projekte	Total n=370	Born to Be n=148	Made for Good n=43	Menschen und Gemeinschaften n=131
Einmaliges Erlebnis/ leichter Einfluss	52	51	26	47
Längerfristige Verbesserung/ mittlerer Einfluss	34	41	21	30
Grundsätzliche Veränderung/ hoher Einfluss	39	48	81	20

Quelle: Global Impact Tracking 2021, Fokus CSR-Projekte

BEZUGNAHME AUF IM JAHRESABSCHLUSS AUSGEWIESENE BETRÄGE AM BEISPIEL SAP[458]

„Seit 2017 halten wir die Anforderungen der Science Based Targets Initiative (SBTi) ein und haben uns zum Ziel gesetzt, bis 2050 unsere CO_2-Emissionen um 85 % gegenüber dem Niveau des Basisjahres 2016 zu reduzieren. Dabei berücksichtigen wir auch die Scope-3-Emissionen in unserer gesamten Wertschöpfungskette, zum Beispiel die Emissionen unserer Produkte, die bei unseren Kunden im Einsatz sind. Die SBTi hat dieses Ziel zur Senkung unserer Emissionen in einer erneuten Überprüfung im Jahr 2019 bestätigt. Es soll dazu beitragen, die globale Erderwärmung auf unter 1,5 °C gegenüber der vorindustriellen Zeit zu beschränken. Um Klimaneutralität zu erreichen, wollen wir im Jahr 2022 unsere Klimaziele weiter anheben, indem wir uns verpflichten, im Einklang mit dem SBTi Net-Zero Standard bereits 2030 entlang unserer gesamten Wertschöpfungskette klimaneutral zu sein – 20 Jahre früher als ursprünglich geplant."

---

456 Vgl. DRS 20.B89.

457 *Deutsche Post DHL*, Geschäftsbericht 2021, S. 51. Online abrufbar unter https://go.nwb.de/64i9w oder über den QR-Code.

458 *SAP*, Integrierter Geschäftsbericht 2021, S. 129. Online abrufbar unter https://go.nwb.de/bxq9f oder über den QR-Code.

§ 289c Abs. 3 Nr. 6 HGB enthält keine Aussagen dazu, auf **welche Angaben gem. § 289c HGB** sich die Pflicht erstreckt, solche Hinweise auf im Jahresabschuss ausgewiesene Beträge aufzunehmen. Entsprechend kann dies im Zusammenhang mit sämtlichen Angabepflichten gem. § 289c Abs. 3 HGB geschehen (Konzepte inkl. Due-Diligence-Prozessen, Ergebnissen etc.). Der Logik der Wesentlichkeitsanalyse entspricht es weiterhin, auch hier die Ebene der einzelnen Themen heranzuziehen und die Angabepflicht so auszulegen, dass für jedes dieser Themen in Summe vermittelt wird, mit welchen im Jahresabschluss ausgewiesenen Beträgen Zusammenhänge bestehen. Das bedeutet letztlich, dass dargelegt wird, wie das berichtspflichtige Unternehmen im Rahmen der durchgeführten Wesentlichkeitsanalyse zu seiner Einschätzung über die Bedeutung des Themas für Geschäftsverlauf, Geschäftsergebnis und Lage der Kapitalgesellschaft gelangt ist. Dem Gesetzeswortlaut folgend ist dies aber insofern nicht erforderlich, als die dafür zu referenzierenden Beträge nicht Bestandteil des Jahresabschlusses sind, auf diese sohin nicht verwiesen werden kann. Da § 289c Abs. 3 HGB gesamthaft von Aspekten spricht und dieser Begriff deutungsoffen ist (siehe Kap. IV.3) sowie darüber hinaus häufig die einem Aspekt zugeordneten Themen auf vergleichbare Art und Weise im Jahresabschluss Niederschlag finden, kann es oftmals angemessen sein, die von § 289c Abs. 3 Nr. 6 HGB geforderte Bezugnahme auf den Jahresabschluss auf Ebene des gesamten Aspektes oder sogar übergreifend für alle Aspekte (z. B. im Rahmen eines eigenen Abschnittes in der nichtfinanziellen Erklärung) zu tätigen.

BEZUGNAHME AUF IM JAHRESABSCHLUSS AUSGEWIESENE BETRÄGE AM BEISPIEL ALLIANZ[459]

„Konzepte

Die Säule ‚Klimawandel und kohlenstoffarme Wirtschaft' unserer Nachhaltigkeitsstrategie befasst sich mit den Themen Klimawandel und Umwelt. Beide Themen zählen zu den drei bedeutendsten Risiken, die unsere Wesentlichkeitsanalyse identifiziert hat. Als Unternehmen, das sich mit Risiken befasst, ist die Steuerung der Umweltauswirkungen unserer Geschäftstätigkeit ein wichtiger Bestandteil unseres Ansatzes. Der Klimawandel ist ein signifikantes Risiko für Gesellschaft und Wirtschaft. Er wirkt sich direkt auf unser Geschäft aus: auf unsere Versicherungsprodukte, unsere Kapitalanlage von Eigen- und Drittgeldern und unsere Geschäftstätigkeit. Wir stellen uns den Herausforderungen des Klimawandels, indem wir mit unseren Investitionen und unseren Versicherungslösungen den Übergang zu einer kohlenstoffarmen Wirtschaft unterstützen.

---

459 *Allianz*, Geschäftsbericht 2021, S. 60. Online abrufbar unter https://go.nwb.de/n9221 oder über den QR-Code.

Zudem steuern wir aktiv die Emissionen, die unsere Geschäftstätigkeit verursacht, gemäß dem Zielprotokoll der von den Vereinten Nationen initiierten Net-Zero Asset Owner Alli- ance (AOA)."

4.8 Comply-or-Explain-Prinzip

§ 289c Abs. 4 HGB regelt den **Anwendungsbereich des „Comply-or-Explain**-Prinzips" im Kontext der nichtfinanziellen Berichterstattung: *„Wenn die Kapitalgesellschaft in Bezug auf einen oder mehrere der in Absatz 2 genannten Aspekte kein Konzept verfolgt, hat sie dies anstelle der auf den jeweiligen Aspekt bezogenen Angaben nach Absatz 3 Nummer 1 und 2 in der nichtfinanziellen Erklärung klar und begründet zu erläutern."*

Voraussetzung für die Anwendung dieses Comply-or-Explain-Prinzips ist es, dass für ein berichtspflichtiges Thema kein Konzept vorliegt – i. S. der Angabepflicht gem. § 289c Abs. 3 Nr. 1 Halbsatz 1 HGB. Wenn dies der Fall ist, so entfällt die Angabepflicht für dieses Konzept einschließlich der davon umfassten Due-Diligence-Prozesse gem. § 289c Abs. 3 Nr. 1 Halbsatz 2 HGB sowie der Ergebnisse dieser Konzepte gem. § 289c Abs. 3 Nr. 2 HGB. Auf Grundlage der Ausführungen in den Materialien zum CSR-RUG lassen sich folgende **konkretisierende Leitlinien** ableiten:[460]

► Liegt ein Konzept vor, so muss darüber berichtet werden. Die Ausübung dieses Prinzips ist sohin nicht als Wahlrecht, sondern als Ultima Ratio zu sehen.[461]

► Liegt kein Konzept vor, so ist eine Begründung für jeden Aspekt gesondert (bzw. in zusammengefasster Form) erforderlich. Dies gilt auch, wenn das berichtspflichtige Unternehmen zum Schluss gekommen ist, ein solches Konzept sei nicht erforderlich – selbst dann, wenn der Aspekt in seiner Gesamtheit als unwesentlich beurteilt wird (in letzterem Fall kann genau dies als Begründung angeführt werden, so dass diese sehr einfach durchzuführen ist).[462] Damit wird nicht zuletzt der Nachvollziehbarkeit, zu welchen Aspekten Konzepte vorliegen und zu welchen nicht, zugetragen.

---

460 Zum Folgenden BT-Drucks. 18/9982 S. 52.

461 Ausführlich *Baumüller*, § 243b: Nichtfinanzielle Erklärung, nichtfinanzieller Bericht, in Bertl/Fröhlich/Mandl (Hrsg.), Handbuch Rechnungslegung, Band I, 2018, § 243b UGB Tz. 32.

462 Zu Letzterem *Störk/Schäfer/Schönberger*, § 289c HGB – Inhalt der nichtfinanziellen Erklärung, in Grottel/ Justenhoven/Schubert/Störk (Hrsg.), Beck'scher Bilanz-Kommentar, 13. Aufl. 2022, § 289c HGB Tz. 84.

▶ Fehlen demgegenüber lediglich Due-Diligence-Prozesse als Teil eines Konzeptes, so ist dies nicht zu begründen, da sich das Comply-or-Explain-Prinzip in § 289c Abs. 4 HGB ausdrücklich nur auf Konzepte in ihrer Gesamtheit bezieht, nicht aber auf Teile dieser. Es wird allerdings geboten sein, bei der diesfalls erforderlichen Darstellung des Konzeptes zumindest darauf hinzuweisen, dass solche Prozesse fehlen, um eine ordnungsgemäße Berichterstattung zu gewährleisten —[463] weswegen die praktischen Konsequenzen dieser Einschränkung in der Anwendbarkeit des Comply-or-Explain-Prinzips teilweise abgemildert werden.

▶ Die Angabepflichten gem. § 289c Abs. 4 Nr. 3 bis 6 HGB sind in jedem Fall zu tätigen, unabhängig davon, ob ein Konzept eingerichtet wurde oder nicht (und § 289c Abs. 4 HGB zum Tragen kommt).[464] Sollten diese Angabepflichten vom berichtspflichtigen Unternehmen z. B. aus technischen Gründen nicht ermittelt werden können, wird dies im Ergebnis gleichlaufend ausführlich anzugeben und zu begründen sein. Hat ein Unternehmen allerdings kein wesentliches Risiko gem. Nr. 3 und 4 identifiziert, so ist keine Angabe hierzu erforderlich. Da dies aber häufig dazu führt, dass auch keine Konzepte dazu vorliegen, wird sich die Notwendigkeit einer Angabe faktisch aus der Begründung für das Fehlen eines Konzeptes ableiten lassen.

▶ Die in § 289c Abs. 4 HGB angesprochenen Ergebnisse der Konzepte gem. dessen Nr. 2 fallen per se nicht unter den Anwendungsbereich des Comply-or-Explain-Prinzips und müssen deswegen berichtet werden, wenn ein Konzept eingerichtet wurde. Ist dies nicht möglich, so sind stattdessen entsprechende Angaben erforderlich.

Die Materialien zum CSR-RUG verweisen ausdrücklich auf das im Rahmen der **Corporate-Governance-Erklärung nach § 161 AktG** etablierte Comply-or-Explain-Prinzip, dessen Anwendungsleitlinien somit sinngemäß auf die nichtfinanzielle Berichterstattung zu übertragen sind. Damit ist vor allem auf die Klarheit der Begründung und den kausalen Zusammenhang zwischen der vorgetragenen Begründung und der deshalb nicht erfolgten Einrichtung eines Konzepts zu beachten.[465] Nicht ausreichend erscheint es deswegen, als Begründung (lediglich) Aussagen wie jene anzuführen, *„dass die jeweiligen Nachhaltigkeitsbelange nicht oder jedenfalls im eigenen Bereich als nicht einschlägig erachtet werden".*[466]

---

463 Vgl. bezogen auf die österreichische Rechtslage *Baumüller*, § 243b: Nichtfinanzielle Erklärung, nichtfinanzieller Bericht, in Bertl/Fröhlich/Mandl (Hrsg.), Handbuch Rechnungslegung, Band I, 2018, § 243b UGB Tz. 31.

464 Siehe auch DRS 20.B91.

465 Allgemeine Hinweise zur Anwendung des Comply-or-Explain-Prinzips im Rahmen der Corporate-Governance-Berichterstattung enthält etwa der im Internet frei zugängliche Deutsche Corporate Governance Kodex. Das Schrifttum hierzu bietet umfassende Erläuterungen betreffend die praktische Umsetzung des Comply-or-Explain-Prinzips.

466 So aber *Nietsch*, Nachhaltigkeitsberichterstattung im Unternehmensbereich ante portas – der Regierungsentwurf des CSR-Richtlinie-Umsetzungsgesetzes, Neue Zeitschrift für Gesellschaftsrecht 2016 S. 1333.

Problematisch ist die Frage, wie und vor allem mit welchen Konsequenzen die in § 289c Abs. 4 HGB erfolgte Bezugnahme auf eingerichtete Konzepte für „Aspekte" gem. Abs. 2 zu verstehen ist. Auf die nicht zur Gänze eindeutige Verwendung dieses Begriffes wurde bereits in Kap. IV.3 hingewiesen, ebenso wie auf dessen naheliegende Gleichsetzung mit den im Gesetzestext aufgezählten nichtfinanziellen Belangen. DRS 20.B90 schließt daraus in aller Deutlichkeit: *„Diese Angaben [i.e. die Begründungen bei Ausübung des Comply-or-Explain-Prinzips] sind für jeden Aspekt zu machen, für den kein Konzept verfolgt wird. Es besteht keine Verpflichtung, diese Angaben für einzelne Sachverhalte eines Aspekts (z.B. Treibhausgasemissionen) zu machen, für die kein Konzept verfolgt wird."* Diese Ansicht steht im Widerspruch zur feingliedrigeren Ausrichtung des Wesentlichkeitsgrundsatzes (siehe Kap. IV.2.2) sowie zum Umstand, dass Konzepte im Regelfall auf Ebene einzelner Themen eingerichtet sind (siehe Kap. IV.4.3). Die bereits in der Literatur vorzufindende Empfehlung, das Comply-or-Explain-Prinzip **auf Ebene der berichtspflichtigen Themen** innerhalb der gesetzlich festgelegten Aspekte zur Anwendung zu bringen,[467] ist daher als angemessene Auslegung der Bestimmung in § 289c Abs. 4 HGB im Gesamtzusammenhang der inhaltlichen Berichtspflichten des Paragrafen zu sehen (siehe auch Kap. IV.4.3).

---

467 Zu Letzterem *Störk/Schäfer/Schönberger*, § 289c HGB – Inhalt der nichtfinanziellen Erklärung, in Grottel/ Justenhoven/Schubert/Störk (Hrsg.), Beck'scher Bilanz-Kommentar, 13. Aufl. 2022, § 289c HGB Tz. 87.

V Angabepflichten gem. Taxonomie-VO

1 Hintergründe

Die sog. „Taxonomie-VO"[468] stellte die erste Maßnahme und zugleich das Fundament des **Aktionsplans der EU-Kommission zur Finanzierung nachhaltigen Wachstums** aus dem Jahr 2018 dar (siehe Kap. I.1.2). Nach langen Vorarbeiten wurde sie am 22.6.2020 im Amtsblatt der EU veröffentlicht und trat am 12.7.2020 in Kraft. Mit ihr wurde ein **einheitliches Klassifizierungssystem** eingeführt, ab wann (und in welchem Umfang) eine Wirtschaftsaktivität als „nachhaltig" zu bezeichnen ist. Damit wurde der Kritikpunkt adressiert, dass dieser Nachhaltigkeitsbegriff auslegungsbedürftig ist und nur zu oft auf irreführende Art und Weise verwendet wird.[469] Eine Vielzahl an weiteren EU-Regularien zum Themenbereich der Nachhaltigkeit soll infolgedessen mit dem Verständnis der Taxonomie-VO weiterarbeiten und somit zu einer konsistenten Ausrichtung aller Initiativen in der EU führen. Dieses Streben nach einer Harmonisierung des Nachhaltigkeitsverständnisses – insbesondere bezogen auf Offenlegungsverpflichtungen, die auf Basis unterschiedlicher Rechtsnormen (der EU) zu erfüllen sind – kommt auch in der CSRD zum Ausdruck. Konkret zeigt sich dies bei der angestrebten inhaltlichen Verzahnung der Auslegung der Berichtspflichten gem. CSRD und gem. Taxonomie-VO (z. B. durch eine entsprechende Konkretisierung der Berichtspflichten gem. den europäischen Standards zur Nachhaltigkeitsberichterstattung).[470]

Das mit der Taxonomie-VO eingeführte Klassifizierungssystem der EU-Kommission beruht auf politisch festgelegten Kriterien. Gegenwärtig wird nur auf die Dimension der **ökologischen Nachhaltigkeit** abgestellt, die auch den bisherigen Schwerpunkt der poli-

---

468 Verordnung (EU) Nr. 2020/852 des Europäischen Parlaments und des Rates vom 18.6.2020 über die Einrichtung eines Rahmens zur Erleichterung nachhaltiger Investitionen und zur Änderung der Verordnung (EU) 2019/2088, Abl EU 2020 Nr. L 198, 22.6.2020.

469 Siehe auch ErwGr. 11 der Taxonomie-VO: „*Die Bereitstellung von Finanzprodukten, mit denen ökologisch nachhaltige Ziele verfolgt werden, ist ein wirksames Mittel, um private Investitionen in nachhaltige Tätigkeiten zu lenken. Anforderungen an die Vermarktung von Finanzprodukten oder Unternehmensanleihen als ökologisch nachhaltige Investitionen, einschließlich der von den Mitgliedstaaten und der Union festgelegten Anforderungen, die die Finanzmarktteilnehmer oder Emittenten erfüllen müssen, um nationale Kennzeichnungen verwenden zu dürfen, sollen das Anlegervertrauen und das Bewusstsein für die Umweltauswirkungen dieser Finanzprodukte oder Unternehmensanleihen stärken, die Sichtbarkeit erhöhen und Bedenken in Bezug auf ‚Greenwashing' ausräumen. Im Sinne dieser Verordnung wird ‚Greenwashing' als die Praxis bezeichnet, durch die die Bewerbung eines Finanzprodukts als umweltfreundlich einen unfairen Wettbewerbsvorteil zu erlangen, obwohl den grundlegenden Umweltstandards nicht entsprochen wird.*" (Der Wortlaut zum Verständnis von „Greenwashing" entspricht der Taxonomie-VO und ist offensichtlich in formaler Hinsicht überarbeitungsbedürftig.)

470 Vgl. Art. 29b Abs. 3 der Bilanz-Richtlinie (2013/34/EU) i. d. F. der CSRD sowie *Sopp/Rogler*, Nachhaltigkeitsberichterstattung für umweltbezogene nichtfinanzielle Kennzahlen und Wirtschaftsaktivitäten – Diskussion am Beispiel des Umweltziels Kreislaufwirtschaft, Zeitschrift für internationale und kapitalmarktorientierte Rechnungslegung 2022 S. 449 f.

tischen Initiativen auf EU-Ebene bildet. Die Einordnung der Unternehmen bzw. Wirtschaftsaktivitäten in das Klassifikationsschema hängt von verfolgten Geschäftsmodellen und Geschäftsstrategien ab. Diese geben folglich Aufschluss über die Einstufung eines Unternehmens als „mehr oder weniger" nachhaltig. Das Ergebnis der Einstufung richtet sich in besonderem Maße an den Finanzsektor, der seine Veranlagungsentscheidungen hieran ausrichten und damit entsprechende Verhaltensanreize entfalten soll. Demzufolge beeinflusst die Klassifizierung den Zugang zu Kapital und die Kapitalkosten.

Obschon die im Endergebnis erzielte Klassifizierung vergleichsweise einfach wirkt – es werden die von Unternehmen verfolgten Wirtschaftsaktivitäten aufgelistet und in Kennzahlenform wird dazu das Maß an Nachhaltigkeit angegeben –, liegen ihr **komplexe Anforderungen** an die Erfassung, Abgrenzung und Bewertung der abgebildeten Wirtschaftsaktivität zugrunde. Unter anderem werden tiefgehende Eingriffe in die IT-Landschaft eines Unternehmens gefordert. Da die anwendbaren Kriterien für die Klassifizierung gegenwärtig noch nicht zur Gänze entwickelt sind und zahlreiche Bestimmungen zu ihrer Anwendung überaus auslegungsbedürftig sind, müssen die erzielten Ergebnisse mit Vorsicht interpretiert werden.

2 Systematik der Klassifizierung

2.1 Klassifikationssystem im Überblick

Die **Anforderungen,** die zu erfüllen sind, um als ökologisch nachhaltig i. S. der VO zu gelten, legt Art. 3 der Taxonomie-VO dar. Hierfür muss eine wirtschaftliche Tätigkeit ein mehrstufiges Klassifikationssystem durchlaufen. Nach diesem System muss die wirtschaftliche Tätigkeit

▶ einen wesentlichen Beitrag zur Verwirklichung mindestens eines Umweltziels *(Significant Contribution)* gem. Art. 9 leisten;

▶ technischen Bewertungskriterien *(Technical Screening Criteria)* für diese Umweltziele entsprechen;

▶ zugleich keines der Umweltziele gem. Art. 9 erheblich beeinträchtigen *(Do Not Significant Harm – DNSH)*[471];

▶ unter Einhaltung internationaler sozialer und arbeitsrechtlicher *Mindeststandards (Minimum Social Safeguards)* erfolgen.[472]

---

471 Weitergehende Ausführungen dazu enthält Art. 17 der Taxonomie-VO.
472 Weitergehende Ausführungen dazu enthält Art. 18 der Taxonomie-VO.

Der an zentralen Stellen genannte Art. 9 enthält das „Herzstück" der Taxonomie-VO und nennt die **Umweltziele,** auf die das Klassifikationssystem referenziert. Diese lauten:

► Klimaschutz;

► Anpassung an den Klimawandel;

► nachhaltige Nutzung und Schutz von Wasser- und Meeresressourcen;

► Übergang zu einer Kreislaufwirtschaft;

► Vermeidung und Verminderung der Umweltverschmutzung;

► Schutz und Wiederherstellung der Biodiversität und der Ökosysteme.

In den Art. 10 bis 16 der Taxonomie-VO werden die einzelnen Umweltziele näher erläutert. Diese Ausführungen umfassen allerdings nur grundlegende Beschreibungen, die in Form von gesonderten delegierten Rechtsakten konkretisiert werden. In diesen delegierten Rechtsakten finden sich die **technischen Bewertungskriterien,** anhand derer zu beurteilen ist, wann Wirtschaftätigkeiten einen wesentlichen Beitrag zu den genannten Umweltzielen leisten, ohne die anderen Umweltziele erheblich zu beeinträchtigen.

2.2 Identifikation von Wirtschaftsaktivitäten

Zweifelsfragen bei der Anwendung des Klassifizierungssystems adressierte die EU-Kommission in Form zweier FAQ-Dokumente, die im Dezember 2021 und im Februar 2022 veröffentlicht wurden.[473] Relevante Aussagen hierin umfassen etwa die Auslegung des Begriffs der **„Wirtschaftsaktivität",** die Gegenstand der Klassifikation ist:

„*An economic activity takes place when resources such as capital, goods, labour, manufacturing techniques or intermediary products are combined to produce specific goods or services. It is characterised by an input of resources, a production process and an output of products (goods or services).* "[474]

Zur leichteren Beurteilung werden **NACE-Codes** bei den Beschreibungen dieser Wirtschaftsaktivitäten ergänzt. Diese Codes sind aber nicht das alleinige Beurteilungskriterium; auch Wirtschaftätigkeiten, für die kein NACE-Code vorliegt, können zugeordnet werden, sofern sie von einer der Beschreibungen von jenen Wirtschaftsaktivitäten, die

---

473 *Europäische Kommission,* FAQs: How should financial and non-financial undertakings report Taxonomy-eligible economic activities and assets in accordance with the Taxonomy Regulation Article 8 Disclosures Delegated Act?, 2021, und *Europäische Kommission,* Draft Commission notice on the interpretation of certain legal provisions of the Taxonomy Regulation Article 8 Disclosures Delegated Act on the reporting of eligible economic activities and assets, 2022.

474 *Europäische Kommission,* Draft Commission notice on the interpretation of certain legal provisions of the Taxonomy Regulation Article 8 Disclosures Delegated Act on the reporting of eligible economic activities and assets, 2022, S. 5.

in den delegierten Rechtsakten zur Taxonomie-VO angeführt werden (und für die daher technische Bewertungskriterien vorliegen), umfasst werden. Darüber hinaus wurden mit den FAQ-Dokumenten Tabellen zur Überleitung der angeführten NACE-Codes auf andere etablierte Codierungssysteme für Wirtschaftsaktivitäten zur Verfügung gestellt.

Im FAQ-Dokument aus dem Februar 2022 wird weiterhin ausgeführt, dass es jedenfalls erforderlich ist, dass Wirtschaftsaktivitäten einen **Umsatzbezug** aufweisen und nicht nur Neben- bzw. vorgelagerte Aktivitäten darstellen. Dies steht freilich in einem gewissen Widerspruch zur zuvor angeführten Definition von Wirtschaftsaktivitäten, die ein weiter gefasstes Verständnis nahelegt und auch der gegenwärtig vorherrschenden Auslegung zu entsprechen scheint. Insofern besteht hier noch einiges an Auslegungsspielraum.

Wirtschaftsaktivitäten, die von **Lieferanten** durchgeführt werden, sind jedenfalls nicht zu berücksichtigen.[475] Werden Wirtschaftsaktivitäten aber an **Subauftragnehmer** vergeben und hinsichtlich der Art ihrer Erbringung vom Unternehmen kontrolliert, hat eine Anwendung der Klassifikationssystematik der Taxonomie-VO auf die erbrachte Wirtschaftsaktivität zu erfolgen.[476]

Aktivitäten aus **vorgelagerten Wertschöpfungsstufen** sind für sich entlang des Klassifizierungssystems der Taxonomie-VO zu beurteilen und nicht für das Endprodukt, in das sie eingehen. Die Wirtschaftsaktivitäten eines Komponentenherstellers für E-Autos müssen bspw. für sich genommen auf Taxonomiefähigkeit und Taxonomiekonformität (Kap. V.2.4) beurteilt werden – z. B. gem. „Herstellung von Batterien"[477] – und nicht für die „Herstellung von CO_2-armen Verkehrstechnologien"[478], unter welche die Herstellung der E-Autos fällt.[479]

Wirtschaftsaktivitäten werden i. d. R. auf **Ebene einzelner Anlagen oder Standorte** (z. B. Werkshallen) zu beurteilen sein. Entsprechend kann eine Wirtschaftsaktivität an einem Standort etwa auf taxonomiekonforme Weise erbracht werden und an einem anderen Standort nicht taxonomiekonform sein. Auf aggregierter Gesamtunternehmensebene ist die Wirtschaftsaktivität dann entsprechend aufgeteilt darzustellen.

---

475 Vgl. *Europäische Kommission*, Draft Commission notice on the interpretation of certain legal provisions of the Taxonomy Regulation Article 8 Disclosures Delegated Act on the reporting of eligible economic activities and assets, 2022, S. 9.

476 Vgl. *Europäische Kommission*, Draft Commission notice on the interpretation of certain legal provisions of the Taxonomy Regulation Article 8 Disclosures Delegated Act on the reporting of eligible economic activities and assets, 2022, S. 15.

477 Wirtschaftsaktivität 3.4 in Anhang 1 des *Climate Delegated Act*.

478 Wirtschaftsaktivität 3.3 in Anhang 1 des *Climate Delegated Act*.

479 Vgl. *Europäische Kommission*, Draft Commission notice on the interpretation of certain legal provisions of the Taxonomy Regulation Article 8 Disclosures Delegated Act on the reporting of eligible economic activities and assets, 2022, S. 9 f.

Neben Wirtschaftsaktivitäten, die in den delegierten Rechtsakten zur Taxonomie-VO ohne nähere Spezifikation grundsätzlich als mögliche Beiträge zu den jeweiligen Umweltzielen dargestellt werden, ist weiterhin zwischen „ermöglichenden Aktivitäten" und „Übergangsaktivitäten" als besonderen Formen von Wirtschaftsaktivitäten zu unterscheiden. Diese sind separat darzustellen:

▶ Gemäß Art. 16 der Taxonomie-VO sind dabei **ermöglichende Aktivitäten** *(„enabling activities")* gesondert anzugeben. Diese ermöglichen es unmittelbar anderen Wirtschaftstätigkeiten, einen wesentlichen Beitrag zu einem oder mehreren Umweltzielen zu leisten. Darüber hinaus sind im Hinblick weitere Nebenbedingungen einzuhalten.

▶ **Übergangsaktivitäten** *(„transitional activities")* sind demgegenüber nur für das Umweltziel „Klimaschutz" vorgesehen (Art. 10 Abs. 2 der Taxonomie-VO). Hierbei handelt es sich um Wirtschaftstätigkeiten, die den Übergang zu einer klimaneutralen Wirtschaft unterstützen und für die es keine technologisch und wirtschaftlich durchführbare CO_2-arme Alternative gibt. Auch hier sind zahlreiche Nebenbedingungen an die Wirtschaftsaktivität festgehalten (u. a. dass die Entwicklung bzw. Einführung von CO_2-armen Alternativen durch die Erbringung der Wirtschaftstätigkeit nicht behindert wird).

Für das Umweltziel „Anpassung an den Klimawandel" werden weiterhin Wirtschaftsaktivitäten, die der **Anpassung an die Folgen des Klimawandels** dienen, beschrieben. Diese sollen *„das Risiko der nachteiligen Auswirkungen des gegenwärtigen und des erwarteten künftigen Klimas auf die Wirtschaftstätigkeit selbst erheblich verringern oder diese nachteiligen Auswirkungen erheblich verringern, ohne das Risiko nachteiliger Auswirkungen auf Menschen, Natur oder Vermögenswerte zu erhöhen"* (Art. 11 Abs. 1 Buchst. a der Taxonomie-VO). Für diese wird vorgesehen, dass ein Ausweis als nachhaltige Wirtschaftsaktivität nur so lange möglich ist, wie die vorgenommene Anpassung noch nicht abgeschlossen ist.[480]

---

480 Siehe z. B. die Berechnung zur Umsatz-Kennzahl in Kap. V.3.

2.3 Technical Screening Criteria, DNSH und Minimum Social Safeguards

Der erste der **delegierten Rechtsakte** zu den Umweltzielen der Taxonomie-VO wurde am 9.12.2021 im Amtsblatt der EU veröffentlicht *(Climate Delegated Act)*.[481] Dieser enthält die technischen Bewertungskriterien zu den beiden ersten Umweltzielen „Klimaschutz" und „Anpassung an den Klimawandel".[482] Am 15.7.2022 wurde er durch einen weiteren delegierten Rechtsakt erweitert *(Complementary Climate Delegated Act)*, der die Energiegewinnung aus Atomkraft bzw. aus Erdgas zu den potenziell nachhaltigen Wirtschaftsaktivitäten gem. Taxonomie-VO ergänzte.[483]

Die nachfolgende Abb. 32 beinhaltet ein – vergleichsweise einfaches und übersichtliches – **Beispiel** für eine Wirtschaftsaktivität samt den Anforderungen an die Klassifizierung, die der *Climate Delegated Act* ausführt. Sie ist Anhang I des *Climate Delegated Act* entnommen. Anhang I widmet sich ausschließlich dem Umweltziel 1 „Klimaschutz" und enthält die Anforderungen, die für den Ausweis einer dort angeführten Wirtschaftsaktivität als ökologisch nachhaltig zu erfüllen sind.

---

481 Siehe *Europäische Kommission*, Delegierte Verordnung (EU) 2021/2139 der Kommission vom 4. Juni 2021 zur Ergänzung der Verordnung (EU) 2020/852 des Europäischen Parlaments und des Rates durch Festlegung der technischen Bewertungskriterien, anhand deren bestimmt wird, unter welchen Bedingungen davon auszugehen ist, dass eine Wirtschaftstätigkeit einen wesentlichen Beitrag zum Klimaschutz oder zur Anpassung an den Klimawandel leistet, und anhand deren bestimmt wird, ob diese Wirtschaftstätigkeit erhebliche Beeinträchtigungen eines der übrigen Umweltziele vermeidet, ABl EU 2021 Nr. L 442, 9.12.2021.

482 Für die vereinfachte Handhabung dieser Unterlagen wurde weiterhin ein EU Taxonomy Compass zur Verfügung gestellt; siehe *Europäische Kommission*, EU Taxonomy Compass, 2022.

483 Siehe *Europäische Kommission*, Delegierte Verordnung (EU) 2022/1214 der Kommission vom 9. März 2022 zur Änderung der Delegierten Verordnung (EU) 2021/2139 in Bezug auf Wirtschaftstätigkeiten in bestimmten Energiesektoren und der Delegierten Verordnung (EU) 2021/2178 in Bezug auf besondere Offenlegungspflichten für diese Wirtschaftstätigkeiten, ABl 2022 Nr. L 188, 15.7.2022.

Abb. 32:	Beispiel für das Klassifizierungssystem der Taxonomie-VO[484]
Umweltziel 1: wesentlicher Beitrag zum Klimaschutz **Wirtschaftstätigkeit 3.8: Herstellung von Aluminium**	
Beschreibung	Herstellung von Aluminium durch Primäraluminiumverfahren (Bauxit) oder von Sekundäraluminium aus Altaluminium. Die Wirtschaftstätigkeiten in dieser Kategorie können gemäß der mit der Verordnung (EG) Nr. 1893/2006 aufgestellten statistischen Systematik der Wirtschaftszweige den NACE-Codes C.24.42 und C.24.53 zugeordnet werden. Eine Wirtschaftstätigkeit in dieser Kategorie ist eine Übergangstätigkeit gemäß Artikel 10 Absatz 2 der Taxonomie-VO, wenn sie die in diesem Abschnitt dargelegten technischen Bewertungskriterien erfüllt.
Technical Screening Criteria	Im Rahmen der Tätigkeit wird eines der folgenden Produkte hergestellt: ▶ Primäraluminium, wenn die Wirtschaftstätigkeit bis 2025 zwei der folgenden und nach 2025 alle folgenden Kriterien erfüllt: – die Treibhausgasemissionen übersteigen nicht 1,484 t CO_2-Äq je hergestellte Tonne Aluminium; – die durchschnittliche CO_2-Intensität der indirekten Treibhausgasemissionen übersteigt nicht 100 g CO_2-Äq/kWh; – der Stromverbrauch für den Herstellungsprozess übersteigt nicht 15,5 MWh/t Al. ▶ Sekundäraluminium.

---

484 Entnommen aus *Europäische Kommission*, Delegierte Verordnung (EU) 2021/2139 der Kommission vom 4. Juni 2021 zur Ergänzung der Verordnung (EU) 2020/852 des Europäischen Parlaments und des Rates durch Festlegung der technischen Bewertungskriterien, anhand deren bestimmt wird, unter welchen Bedingungen davon auszugehen ist, dass eine Wirtschaftstätigkeit einen wesentlichen Beitrag zum Klimaschutz oder zur Anpassung an den Klimawandel leistet, und anhand deren bestimmt wird, ob diese Wirtschaftstätigkeit erhebliche Beeinträchtigungen eines der übrigen Umweltziele vermeidet, ABl EU 2021 Nr. L 442, 9.12.2021, Anhang I, S. 50 f.

DNSH	Anpassung an den Klimawandel	Die Tätigkeit erfüllt die Kriterien in Anlage A zu diesem Anhang.
	Nachhaltige Nutzung und Schutz von Wasser- und Meeresressourcen	Die Tätigkeit erfüllt die Kriterien in Anlage B zu diesem Anhang.
	Übergang zu einer Kreislaufwirtschaft	Keine Angabe (d. h.: keine Anforderung)
	Vermeidung und Verminderung der Umweltverschmutzung	Die Tätigkeit erfüllt die Kriterien in Anlage C zu diesem Anhang. Die Emissionen liegen innerhalb der oder unter den Spannen der mit den besten verfügbaren Techniken assoziierten Emissionswerte, die in den neuesten einschlägigen Schlussfolgerungen zu den besten verfügbaren Techniken (BVT), einschließlich der BVT-Schlussfolgerungen für die Nichteisenmetallindustrie, festgelegt sind. Es gibt keine erheblichen medienübergreifenden Auswirkungen.
	Schutz und Wiederherstellung der Biodiversität und der Ökosysteme	Die Tätigkeit erfüllt die Kriterien in Anlage D zu diesem Anhang.

Die in dem Beispiel referenzierte Anlage A zu Anhang I des *Climate Delegated Act* beinhaltet u. a. detaillierte Vorgaben zur Durchführung einer **Klimarisiko- und Vulnerabilitätsanalyse.** Anhand derer hat ein Unternehmen die Folgen des Klimawandels für die durchgeführte Wirtschaftstätigkeit zu beurteilen und geeignete Maßnahmen zu identifizieren, um diesen Folgen entgegenzuwirken. Dabei hat ein Rückgriff auf anerkannte wissenschaftliche Methoden sowie Klimaszenarien zu erfolgen.

Für die zu erfüllenden **Minimum Social Safeguards** veröffentlichte die *Platform on Sustainable Finance* im Juli 2022 einen *Draft Report*.[485] Auf dieser Grundlage ist mit einer offiziellen Verlautbarung seitens der EU-Kommission zu rechnen, wie dieses letzte Beurteilungskriterium im Klassifizierungssystem der Taxonomie-VO zu operationalisieren ist. Bis dahin gilt der wenig spezialisierte Art. 18 Abs. 1 der Taxonomie-VO. Dieser fordert einzig, dass durch Verfahren sicherzustellen ist, dass folgende Prinzipien befolgt werden:

▶ die OECD-Leitsätze für multinationale Unternehmen;

▶ die Leitprinzipien der Vereinten Nationen für Wirtschaft und Menschenrechte;

---

485 Siehe *Platform on Sustainable Finance*, Draft Report on Minimum Social Safeguards, 2022.

▶ die Grundprinzipien und Rechte aus den acht Kernübereinkommen, die in der Erklärung der Internationalen Arbeitsorganisation über grundlegende Prinzipien und Rechte bei der Arbeit festgelegt sind, und aus der Internationalen Charta der Menschenrechte.

2.4 Taxonomiefähigkeit vs. Taxonomiekonformität

Als Ergebnis der Anwendung des Klassifizierungssystems der Taxonomie-VO liegt eine Beurteilung der Taxonomiefähigkeit und ggf. der Taxonomiekonformität einer Wirtschaftstätigkeit vor:

▶ **Taxonomiefähig** ist eine Wirtschaftsaktivität dann, wenn sie von den Beschreibungen der delegierten Rechtsakte umfasst wird, d. h., wenn für sie technische Bewertungskriterien vorliegen.

▶ **Taxonomiekonform** sind im Anschluss jene Wirtschaftsaktivitäten, die einerseits taxonomiefähig sind, andererseits auch die vorliegenden technischen Bewertungskriterien erfüllen. Darüber hinaus müssen sie sowohl den DNSH-Test bestehen als auch die erforderlichen *Minimum Social Safeguards* eingerichtet haben.

Die Taxonomiefähigkeit einer Wirtschaftsaktivität bedeutet somit, dass ihre Erbringung grundsätzlich im **Einklang mit dem politischen Verständnis** von erwünschten Wirtschaftsaktivitäten in der EU steht. Um taxonomiekonform zu sein, muss allerdings auch die Art der Durchführung dieser Wirtschaftsaktivität den formulierten (hohen) Standards entsprechen. Während das Ausmaß, in dem Wirtschaftsaktivitäten eines Unternehmens also taxonomiefähig sind, mit dem grundlegenden Geschäftsmodell dieses Unternehmens eng verbunden ist, treten bei der Beurteilung der Taxonomiekonformität strategische und operative Fragen im Rahmen dieses Geschäftsmodells stärker in den Vordergrund.

Ist eine **Wirtschaftsaktivität als unwesentlich** zu beurteilen, so kann sie gesamthaft als nicht taxonomiefähig ausgewiesen werden. Die weitere Untersuchung der technischen Bewertungskriterien hinsichtlich der Taxonomiekonformität entfällt damit. In die umgekehrte Richtung ist eine solche Klassifikation allerdings nicht möglich.[486] Die nachstehende Abb. fasst die Einteilung von Wirtschaftsaktivitäten i. S. der Taxonomie-VO zusammen.

---

486 Vgl. *Baumüller/Haring/Merl*, Erstanwendung der Berichtspflichten gem. Taxonomie-VO: Überblick und Handlungsempfehlungen, Zeitschrift für Internationale Rechnungslegung 2022 S. 80.

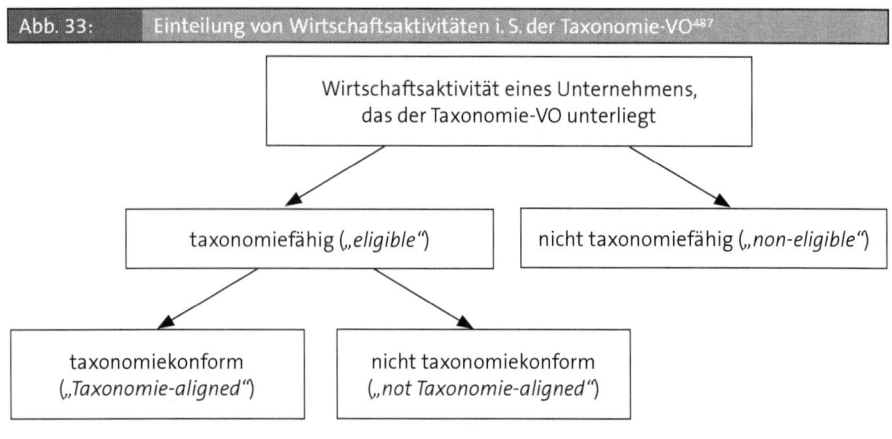

3 Angabepflichten von Nichtfinanzunternehmen

Erst gegen Ende des legistischen Prozesses zur Entwicklung der neuen Verordnung zur Erleichterung nachhaltiger Investitionen fand in die Taxonomie-VO – überraschend – auch eine Bestimmung Eingang, die weit gefasste Berichtspflichten vorsieht. Die einschlägigen Vorgaben dazu enthält Art. 8 Abs. 1 der Taxonomie-VO:

„Jedes Unternehmen, das verpflichtet ist, nichtfinanzielle Angaben nach Artikel 19a oder Artikel 29a der Richtlinie 2013/34/EU zu veröffentlichen, nimmt in seine nichtfinanzielle Erklärung oder konsolidierte nichtfinanzielle Erklärung Angaben darüber auf, wie und in welchem Umfang die Tätigkeiten des Unternehmens mit Wirtschaftstätigkeiten verbunden sind, die als ökologisch nachhaltige Wirtschaftstätigkeiten gemäß Artikel 3 und Artikel 9 der vorliegenden Verordnung einzustufen sind."

Art. 8 Abs. 3 der Taxonomie-VO stellt klar, dass diese Angabepflichten auch für den nichtfinanziellen (Konzern-)Bericht entsprechend gelten. Für sog. „Nichtfinanzunternehmen" sieht Art. 8 Abs. 2 dazu die folgenden quantitativen Angabepflichten – sog. „Taxonomie-Quoten" – vor:

▶ Buchst. a – „Umsatzerlöse": „den Anteil ihrer Umsatzerlöse, der mit Produkten oder Dienstleistungen, erzielt wird, die mit Wirtschaftstätigkeiten verbunden sind, die als ökologisch nachhaltige gemäß Artikel 3 und Artikel 9 einzustufen sind";

---

487 Entnommen aus *Scheid/Baumüller*, Die Berichtspflichten zu Art. 8 der Taxonomie-Verordnung – Konkretisierung der Berichtsanforderungen zu den sog. „Taxonomie-Quoten" durch einen neuen delegierten Rechtsakt, Unternehmenssteuern und Bilanzen 2021 S. 688.

▶ Buchst. b – „CapEx" (betrifft die Investitionsausgaben) und „OpEx" (betrifft die Betriebsausgaben): „den Anteil ihrer Investitionsausgaben und, soweit zutreffend, den Anteil der Betriebsausgaben im Zusammenhang mit Vermögensgegenständen oder Prozessen, die mit Wirtschaftstätigkeiten verbunden sind, die als ökologisch nachhaltig gemäß Artikel 3 und Artikel 9 einzustufen sind".

Als Finanzunternehmen versteht die Taxonomie-VO Kreditinstitute, Vermögensverwalter, Wertpapierfirmen und Versicherungs- und Rückversicherungsunternehmen. Im Umkehrschluss sind alle anderen Unternehmen, die nicht in diese Kategorien fallen, **Nichtfinanzunternehmen.**

Zur Ausgestaltung der Angabepflichten gem. Art. 8 der Taxonomie-VO wurde (neben dem bereits erwähnten *Climate Delegated Act*) ein weiterer **delegierter Rechtsakt** am 10.12.2021 im Amtsblatt der EU veröffentlicht. Gesonderte Angabepflichten sieht darüber hinaus der *Complementary Climate Delegated Act* aus dem Juli 2022 vor, sofern vom Unternehmen Wirtschaftsaktivitäten im Bereich der Energiegewinnung aus Atomkraft oder aus Erdgas erbracht werden.

Anhang I des delegierten Rechtsakts zu Art. 8 der Taxonomie-VO enthält detaillierte Vorgaben für die Berechnung der Taxonomie-Quoten von Nichtfinanzunternehmen. Diese Kennzahlen sind auf einer aggregierten Ebene für jede Wirtschaftsaktivität, die ein Unternehmen betreibt, auszuweisen. Die Berechnungsvorgaben werden in der folgenden Abb. 34 zusammengefasst.

Abb. 34:	Formel für die Ermittlung der Taxonomie-Quoten von Nichtfinanzunternehmen[488]
Umsatzerlöse **(Nr. 1.1.1)**	Zähler: ► Nettoumsatz mit Waren oder Dienstleistungen, einschließlich immaterieller Güter, die mit taxonomiekonformen Wirtschaftstätigkeiten verbunden sind. ► Nur eingeschränkte Berücksichtigung von Umsatzerlösen für Wirtschaftsaktivitäten, die dem Umweltziel „Anpassung an den Klimawandel" dienen. Nenner: Nettoumsatz i. S. v. Art. 2 Nr. 5 der Richtlinie 2013/34/EU Die relevanten Umsatzerlöse umfassen alle gem. IAS 18 2(a) auszuweisenden Erträge
CapEx **(Nr. 1.1.2)**	Zähler: Jener Teil der im Nenner ausgewiesenen Investitionsausgaben, der ► sich auf Vermögenswerte oder Prozesse bezieht, die mit taxonomiekonformen Wirtschaftstätigkeiten verbunden sind, oder ► Teil eines CapEx-Plans ist, d. h. der Ausweitung von taxonomiekonformen Wirtschaftstätigkeiten oder der Umwandlung taxonomiefähiger in taxonomiekonforme Wirtschaftstätigkeiten dient, und weiters ausgeführte inhaltliche Voraussetzungen erfüllt, oder ► sich auf den Erwerb von Produktion aus taxonomiekonformen Wirtschaftstätigkeiten und einzelnen Maßnahmen bezieht, durch die die Zieltätigkeiten kohlenstoffarm ausgeführt werden oder der Ausstoß von Treibhausgasen gesenkt wird, sofern diese Maßnahmen innerhalb von 18 Monaten umgesetzt und einsatzbereit sind. Nenner: ► Zugänge an Sachanlagen und immateriellen Vermögenswerten während des betrachteten Geschäftsjahres vor Abschreibungen und Neubewertungen, einschließlich solcher, die sich aus Neubewertungen und Wertminderungen für das betreffende Geschäftsjahr und ohne Änderungen des beizulegenden Zeitwerts ergeben (inkl. Zugänge aus Unternehmenszusammenschüssen). ► Gem. IFRS sind solche Ausgaben zu berücksichtigen, die gem. der folgenden Standards verbucht werden: IAS 16.74(e) (i) und (iii); IAS 38.118(e) (i); IAS 40.76(a) und (b) bzw. .79(d) (i) und (ii); IAS 41.50(b) und (e); IFRS 16.53(h) (nur, sofern ein Leasingverhältnis zur Anerkennung eines Nutzungsrechts führt).

---

488 Entnommen aus *Europäische Kommission*, Delegierte Verordnung (EU) 2021/2178 der Kommission vom 6. Juli 2021zur Ergänzung der Verordnung (EU) 2020/852 des Europäischen Parlaments und des Rates durch Festlegung des Inhalts und der Darstellung der Informationen, die von Unternehmen, die unter Artikel 19a oder Artikel 29a der Richtlinie 2013/34/EU fallen, in Bezug auf ökologisch nachhaltige Wirtschaftstätigkeiten offenzulegen sind, und durch Festlegung der Methode, anhand deren die Einhaltung dieser Offenlegungspflicht zu gewährleisten ist, ABl EU 2021 Nr. L 443, 10.12.2021, Anhang I.

OpEx (Nr. 1.1.3)	Zähler: Gefordert ist eine Aufgliederung jenes Teils der im Nenner ausgewiesenen Betriebsausgaben, wie sie für die CapEx zu tätigen ist; zu berücksichtigen ist daher jener Teil, der
	► sich auf Vermögenswerte oder Prozesse bezieht, die mit taxonomiekonformen Wirtschaftstätigkeiten verbunden sind, oder
	► Teil des CapEx-Plans zur Ausweitung von taxonomiekonformen Wirtschaftstätigkeiten ist oder die Umwandlung taxonomiefähiger in taxonomiekonforme Wirtschaftstätigkeiten innerhalb eines vordefinierten Zeitraums ermöglicht, oder
	► sich auf den Erwerb von Produktion aus taxonomiekonformen Wirtschaftstätigkeiten und einzelnen Maßnahmen bezieht, durch die die Zieltätigkeiten kohlenstoffarm ausgeführt werden oder der Ausstoß von Treibhausgasen gesenkt wird, sofern diese Maßnahmen innerhalb von 18 Monaten umgesetzt und einsatzbereit sind.
	Nenner: alle direkten, nicht kapitalisierten Aufwendungen, die sich beziehen auf
	► Forschung und Entwicklung (sofern nicht bereits Teil der CapEx),
	► Gebäudesanierungsmaßnahmen,
	► kurzfristiges Leasing,
	► Wartung und Reparatur sowie
	► sämtliche anderen direkten Aufwendungen im Zusammenhang mit der täglichen Wartung von Vermögenswerten des Sachanlagevermögens durch das Unternehmen oder Dritte, an die Tätigkeiten ausgelagert werden, die notwendig sind, um die kontinuierliche und effektive Funktionsfähigkeit dieser Vermögenswerte sicherzustellen.[489]
	Der Zähler hat auch jene OpEx zu umfassen, die mit Wirtschaftsaktivitäten verbunden sind, die dem Umweltziel „Anpassung an den Klimawandel" dienen.
	Sind die OpEx für das Geschäftsmodell unwesentlich, so muss der Zähler nicht ermittelt werden und es sind nur die Gesamt-OpEx lt. der Berechnung für den Nenner offenzulegen. Weiterhin ist eine Erläuterung, warum OpEx unwesentlich sind, zu tätigen.

Unternehmen, die nicht nach IFRS bilanzieren, sondern nach **nationalem Bilanzrecht,** haben die Berechnungsformeln entsprechend den Bestimmungen dieses Bilanzrechts auszulegen. Dies spielt insbesondere für die OpEx-Kennzahl eine große Rolle: Werden Leasingverhältnisse – wie im HGB etwa der Fall – nicht in Form von angesetzten Nut-

---

489 Weitere Leitlinien für die Beurteilung, welche anderen direkten Aufwendungen zu berücksichtigen sind, finden sich im FAQ-Dokument zur Taxonomie-VO aus dem Februar 2022; siehe *Europäische Kommission,* Draft Commission notice on the interpretation of certain legal provisions of the Taxonomy Regulation Article 8 Disclosures Delegated Act on the reporting of eligible economic activities and assets, 2022, S. 14.

zungsrechten kapitalisiert, so sind die damit verbundenen Ausgaben nicht Teil der CapEx, sondern bei der Berechnung der OpEx zu berücksichtigen.

Da die Taxonomie-Quoten auf Grundlage der Zahlen zu ermitteln sind, die im Jahres- bzw. Konzernabschluss des berichtspflichtigen Unternehmens ausgewiesen werden, ist zu unterscheiden, ob die geforderten Offenlegungen gem. Taxonomie-VO im Rahmen einer konsolidierten oder nichtkonsolidierten nichtfinanziellen Berichterstattung erfolgen. Bei einer Berichterstattung auf Konzernebene dürfen nur **Umsatzerlöse, CapEx und OpEx mit Konzernfremden** berücksichtigt werden. Interne Leistungsbeziehungen bleiben außen vor, sind jedoch ergänzend als „Hintergrundinformationen" offenzulegen.[490]

Hervorzuheben ist schließlich, dass die Taxonomie-Quoten CapEx und OpEx nicht den im **Kontext der Finanzberichterstattung vorherrschenden Begriffsverständnissen** entsprechen. CapEx werden nicht zahlungsstromorientiert verstanden, OpEx darüber hinaus weitaus enger gefasst, als dies für Betriebsaufwendungen in der GuV der Fall ist. Darauf ist u. a. im Rahmen der geforderten qualitativen Angaben gesondert einzugehen, um die Nachvollziehbarkeit der im Jahresabschluss ausgewiesenen Beträge und die Überleitbarkeit zu diesen zu gewährleisten.

Grundsätzlich sind alle Wirtschaftsaktivitäten eines Unternehmens zu erfassen und zu bewerten. Bloße Schätzungen sind bei den Bewertungen nicht zulässig. **Wesentlichkeitsabwägungen** hingegen schon, z. B. bei der Zuordnung einzelner Konten des Rechnungswesens oder bei der Berücksichtigung von Schwellenwerten für eine solche Zuordnung. Im Rahmen der Berichterstattung sollte hierauf aber eingegangen werden.[491]

Darüber hinaus fordert Anhang I Nr. 1.2 des delegierten Rechtsakts zu Art. 8 der Taxonomie-VO ergänzende **qualitative Angaben** zu den von ihnen ermittelten Taxonomie-Quoten:

▶ **Rechnungslegungsmethode:** Dies adressiert die Berechnungsweisen von Umsatz, CapEx und OpEx. Gefordert sind u. a. Angaben zu der Zuordnung der Erträge bzw. Ausgaben und Aufwendungen auf einzelne Wirtschaftsaktivitäten, Verweise auf entsprechende Posten im Jahresabschluss sowie Darstellungen zu geänderten Berechnungsweisen im Vergleich zum vorangegangenen Berichtszeitraum. Auch zu den offengelegten CapEx-Plänen werden weitere Angaben gefordert.

---

490 Vgl. *Europäische Kommission*, Draft Commission notice on the interpretation of certain legal provisions of the Taxonomy Regulation Article 8 Disclosures Delegated Act on the reporting of eligible economic activities and assets, 2022, S. 16.

491 Vgl. *Baumüller/Haring/Merl*, Erstanwendung der Berichtspflichten gem. Taxonomie-VO: Überblick und Handlungsempfehlungen, Zeitschrift für Internationale Rechnungslegung 2022 S. 80.

► **Bewertung der Einhaltung der Vorgaben gem. Taxonomie-VO:** Gefordert sind Angaben zur Art der taxonomiefähigen und taxonomiekonformen Wirtschaftsaktivitäten, zur Einhaltung der technischen Bewertungskriterien und zur Vermeidung von Doppelzählungen von Erträgen bzw. Ausgaben und Aufwendungen bei deren Zuordnung auf einzelne Wirtschaftsaktivitäten. Weiterhin sind Angabepflichten für die Fälle umfasst, dass einzelne Wirtschaftsaktivitäten zu mehreren Umweltzielen Beiträge leisten oder dass Erträge bzw. Ausgaben und Aufwendungen auf mehrere Wirtschaftsaktivitäten geschlüsselt werden müssen.

► **Hintergrundinformationen:** Die Berechnungsergebnisse der Taxonomie-Quoten sind schließlich zu erläutern und auf Veränderungen dieser Ergebnisse im Vergleich zu vorangegangenen Berichtszeiträumen ist gesondert einzugehen. Weiterhin werden für die einzelnen Taxonomie-Quoten spezifische weitere Erläuterungen gefordert.

Für die Offenlegung der geforderten quantitativen Informationen enthalten die Anhänge des delegierten Rechtsakts zu Art. 8 der Taxonomie-VO schließlich noch **Erhebungsbögen,** die zu nutzen sind. Abb. 35 enthält den Meldebogen für die Offenlegung der Umsatz-Kennzahl durch Nichtfinanzunternehmen.

Abb. 35: Illustrierender Meldebogen für die Offenlegung[492]

| Wirtschaftstätigkeiten (1) | Code(s) (2) | Absoluter Umsatz (3) Währung | Umsatzanteil (4) % | Kriterien für einen wesentlichen Beitrag | | | | | | DNSH-Kriterien („Keine erhebliche Beeinträchtigung") | | | | | | | Taxonomie-konformer Umsatzanteil, Jahr N (18) Prozent | Taxonomie-konformer Umsatzanteil, Jahr N-1 (19) Prozent | Kategorie (ermöglichende Tätigkeiten) (20) E | Kategorie „Übergangstätigkeiten" (21) T |
				Klimaschutz (5) %	Anpassung an den Klimawandel (6) %	Wasser- und Meeresressourcen (7) %	Kreislaufwirtschaft (8) %	Umweltverschmutzung (9) %	Biologische Vielfalt und Ökosysteme (10) %	Klimaschutz (11) J/N	Anpassung an den Klimawandel (12) J/N	Wasser- und Meeresressourcen (13) J/N	Kreislaufwirtschaft (14) J/N	Umweltverschmutzung (15) J/N	Biologische Vielfalt und Ökosysteme (16) J/N	Mindestschutz (17) J/N				
A. TAXONOMIEFÄHIGE TÄTIGKEITEN			%																	
A.1. Ökologisch nachhaltige Tätigkeiten (taxonomiekonform)																				
Tätigkeit 1			%	%	%	%	%	%	%	J	J	J	J	J	J	J	%			
Tätigkeit 2			%	%	%	%	%	%	%	J	J	J	J	J	J	J	%		E	
Umsatz ökologisch nachhaltiger Tätigkeiten (taxonomiekonform) (A.1)			%	%	%	%	%	%	%	J	J	J	J	J	J	J	%			
A.2 Taxonomiefähige, aber nicht ökologisch nachhaltige Tätigkeiten (nicht taxonomiekonforme Tätigkeiten)																				
Tätigkeit 1			%	%																
Tätigkeit 3			%	%																
Umsatz taxonomiefähiger, aber nicht ökologisch nachhaltiger Tätigkeiten			%	%																

[492] Entnommen aus *Europäische Kommission*, Delegierte Verordnung (EU) 2021/2178 der Kommission vom 6. Juli 2021 zur Ergänzung der Verordnung (EU) 2020/852 des Europäischen Parlaments und des Rates durch Festlegung des Inhalts und der Darstellung der Informationen, die von Unternehmen, die unter Artikel 19a oder Artikel 29a der Richtlinie 2013/34/EU fallen, in Bezug auf ökologisch nachhaltige Wirtschaftstätigkeiten offenzulegen sind, und durch Festlegung der Methode, anhand deren die Einhaltung dieser Offenlegungspflicht zu gewährleisten ist, ABl EU 2021 Nr. L 443, 10.12.2021, Anhang II.

Zusätzliche Angabepflichten bestehen schließlich gem. *Complementary Climate Delegated Act* aus dem Juli 2022 für Unternehmen, die Wirtschaftsaktivitäten mit dem Ziel der Energiegewinnung aus Atomkraft bzw. aus Erdgas verfolgen.

4 Angabepflichten von Finanzunternehmen

Art. 8 der Taxonomie-VO enthält **keine konkreten Vorgaben** zu den Angabepflichten von Finanzunternehmen. Diese werden somit einzig durch den einschlägigen delegierten Rechtsakt zu Art. 8 der Taxonomie-VO spezifiziert.

Die Besonderheiten des Finanzsektors liegen in den **Spezifika der hierin verfolgten Geschäftsmodelle** begründet. Es entspricht der Grundidee des Aktionsplans zur Finanzierung nachhaltigen Wachstums, dass der Finanzsektor Geldströme in Richtung nachhaltiger Wirtschaftsaktivitäten umleiten soll. Dies macht es erforderlich, dass auch eine entsprechende Berichterstattung vorgelegt wird, die aufzeigt, welche Wirtschaftstätigkeiten durch die Finanzunternehmen finanziert werden. Folglich ist es erforderlich, Informationen von den Geschäftspartnern dazu einzuholen, wie sie die gewährten Mittel verwenden.

Diese Spezifika des Finanzsektors finden in den quantitativen und qualitativen Angaben ihren Niederschlag, die für im Finanzsektor tätige Unternehmen vorgesehen sind. Abb. 36 fasst die von Finanzunternehmen **offenzulegenden Taxonomie-Quoten** zusammen. Eine besonders relevante Quote ist hierbei die sog. **Green Asset Ratio** (GAR). Die GAR quantifiziert den Anteil der Vermögenswerte eines Kreditinstituts, der in taxonomiekonforme Wirtschaftstätigkeiten investiert ist, an den gesamten erfassten Vermögenswerten dieses Kreditinstituts.

Abb. 36:	Formel für die Ermittlung der Taxonomie-Quoten von Finanzunternehmen[493]
Kategorie von Finanzunternehmen	**Offenzulegende Taxonomie-Quoten**
Vermögensverwalter (Anhänge III und IV)	Gewichteter Durchschnittswert aller Investitionen, die auf die Finanzierung von taxonomiekonformen Wirtschaftstätigkeiten ausgerichtet sind oder mit diesen verbunden sind, im Verhältnis zum Wert der Gesamtaktiva.

---

493 Entnommen aus *Europäische Kommission*, Delegierte Verordnung (EU) 2021/2178 der Kommission vom 6. Juli 2021 zur Ergänzung der Verordnung (EU) 2020/852 des Europäischen Parlaments und des Rates durch Festlegung des Inhalts und der Darstellung der Informationen, die von Unternehmen, die unter Artikel 19a oder Artikel 29a der Richtlinie 2013/34/EU fallen, in Bezug auf ökologisch nachhaltige Wirtschaftstätigkeiten offenzulegen sind, und durch Festlegung der Methode, anhand deren die Einhaltung dieser Offenlegungspflicht zu gewährleisten ist, ABl EU 2021 Nr. L 443, 10.12.2021, Anhang III bis X.

Kreditinstitute (Anhänge V und VI)	▶ Green Asset Ratio (GAR), unterteilt in – GAR für Risikopositionen gegenüber Nicht-Finanzunternehmen – GAR für Kreditvergaben und Beteiligungen an Finanzunternehmen – GAR für Risikopositionen aus dem Mengengeschäft – GAR für Darlehen und Kredite zur Finanzierung des öffentlichen Wohnungsbaus und sonstige Spezialfinanzierungen an öffentliche Stellen – Wieder in Besitz genommene Immobiliensicherheiten – Gesamt-GAR ▶ Außerbilanzielle Risikopositionen ▶ Gebühren und Provisionen ▶ GAR für den Handelsbestand
Wertpapierfirmen (Anhänge VII und VIII)	Sofern auf eigene Rechnung gehandelt: ▶ Anteil der Vermögenswerte, die mit taxonomiefähigen Wirtschaftstätigkeiten verbunden sind, an den Gesamtaktiva ▶ Anteil der Vermögenswerte, die mit taxonomiekonformen Wirtschaftstätigkeiten verbunden sind, an den Vermögenswerten, die mit taxonomiefähigen Wirtschaftstätigkeiten verbunden sind ▶ Anteil der Vermögenswerte, die mit taxonomiekonformen Wirtschaftstätigkeiten verbunden sind, an den Gesamtaktiva Sofern auf Rechnung anderer gehandelt: ▶ Anteil der Einnahmen aus Dienstleistungen und Tätigkeiten, die mit taxonomiefähigen Wirtschaftstätigkeiten verbunden sind, an den Gesamteinnahmen aus Wertpapierdienstleistungen und -tätigkeiten ▶ Anteil der Einnahmen aus Wertpapierdienstleistungen und -tätigkeiten, die mit taxonomiekonformen Wirtschaftstätigkeiten verbunden sind, an Einnahmen aus Wertpapierdienstleistungen und -tätigkeiten, die mit taxonomiefähigen Wirtschaftstätigkeiten verbunden sind

	▶ Anteil der Einnahmen aus Wertpapier-dienstleistungen und -tätigkeiten, die mit taxonomiekonformen Wirtschaftstätigkeiten verbunden sind, an den Gesamteinnahmen aus Wertpapierdienstleistungen und -tätigkeiten (GAR)
Versicherungs- und Rückversicherungsunternehmen (Anhänge IX und X)	Anteil der Kapitalanlagen, die auf die Finanzierung von taxonomiekonformen Wirtschaftstätigkeiten ausgerichtet oder hiermit verbunden sind, im Verhältnis zu den gesamten Kapitalanlagen

Für jede Kategorie von Finanzunternehmen (Vermögensverwalter, Kreditinstitute, Wertpapierfirmen, Versicherungs- und Rückversicherungsunternehmen) sind **detaillierte Anforderungen** für die quantitative Offenlegung inkl. **Meldebögen** in den Anhängen des delegierten Rechtsakts zu Art. 8 der Taxonomie-VO enthalten. Diese Anforderungen sind für die Berichterstattung zu beachten. Insbesondere hat auch eine festgelegte Aufschlüsselung der gesamten Aktiva für solche Investitionen zu erfolgen, die nicht Teil des Zählers der zu berichtenden Taxonomie-Quoten sind (z. B. kurzfristige Interbankkredite für die Berichterstattung durch Kreditinstitute).

Weiterhin sind von Finanzunternehmen **qualitative Angaben** zu tätigen, die in Anhang XI des delegierten Rechtsakts zu Art. 8 der Taxonomie-VO angeführt werden. Diese umfassen neben Hintergrundinformationen und Interpretationen zu den berechneten Taxonomie-Quoten auch Ausführungen zur Geschäftsstrategie und zur Bedeutung der Finanzierung von taxonomiekonformen Wirtschaftsaktivitäten für diese.

5 Zeitliche Anwendung der Angabepflichten gem. Taxonomie-VO

Die Umsetzung der Vorgaben der Taxonomie-VO stellt hohe Anforderungen an die berichtspflichtigen Unternehmen. Diese haben innerhalb kurzer Zeit einerseits die von ihnen erbrachten Wirtschaftsaktivitäten vollständig zu erfassen, andererseits diese entlang der Vorgaben der Taxonomie-VO zu bewerten und damit in die IT-Systeme der Finanzbuchhaltung zu integrieren. Um den Unternehmen die hierfür erforderliche Zeit einzuräumen, wurde eine zeitliche Staffelung der Einführung dieser neuen Berichtspflichten vorgesehen.[494]

Für **Nichtfinanzunternehmen** ist zu beachten:

---

494 Siehe hierzu Art. 27 der Taxonomie-VO i. V. mit Art. 10 des delegierten Rechtsakts zu Art. 8 der Taxonomie-VO.

► Für das Geschäftsjahr 2021 (Berichterstattung im Kalenderjahr 2022) wurde eine eingeschränkte Erstanwendung vorgesehen:

– nur die beiden Umweltziele „Klimaschutz" und „Anpassung an den Klimawandel", zu denen bereits delegierte Rechtsakte vorlagen, waren zu beachten;

– weiterhin war nur über die Taxonomiefähigkeit aller verfolgten Wirtschaftsaktivitäten zu berichten.

► Für das Geschäftsjahr 2022 (Berichterstattung im Kalenderjahr 2023) wird demgegenüber eine vollumfängliche Anwendung der Pflichten zu quantitativen und qualitativen Angaben gem. Taxonomie-VO für die beiden genannten Umweltziele gefordert.

► Für Geschäftsjahre ab 2023 (Berichterstattung ab dem Kalenderjahr 2024) soll die Berichterstattung schließlich um die vier verbleibenden Umweltziele gem. Taxonomie-VO erweitert werden. Dies setzt voraus, dass bis dahin die hierfür noch fehlenden technischen Bewertungskriterien veröffentlicht werden.

Ein Beispiel zur Erstanwendung der Taxonomie-VO für Nichtfinanzunternehmen ist das folgende:

PFLICHTANGABEN ZUR ERSTANWENDUNG DER TAXONOMIE-VO FÜR NICHTFINANZUNTERNEHMEN AM BEISPIEL VONOVIA[495]

„Vonovia legt zur Einhaltung der regulatorischen Anforderungen für das Geschäftsjahr 2021 die nachfolgenden Anteile an Leistungsindikatoren, die mit taxonomiefähigen und nicht-taxonomiefähigen Wirtschaftstätigkeiten verbunden sind, offen. Die dargestellten Kennzahlen beziehen sich ausschließlich auf die gesetzlich geforderten Angaben zu den ersten beiden Umweltzielen Klimaschutz und Anpassung an den Klimawandel.

Der CapEx des Jahres 2021 ist stark durch den Unternehmenszusammenschluss mit der Deutsche Wohnen beeinflusst. Im OpEx und den Umsatzerlösen sind drei Monate (Oktober bis Dezember) der Deutschen Wohnen enthalten.

---

495 *Vonovia*, Geschäftsbericht 2021, S. 73. Online abrufbar unter https://go.nwb.de/j1kb2 oder über den QR-Code.

in %	Anteil der taxonomiefähigen Wirtschaftstätigkeiten	Anteil der nicht-taxonomiefähigen Wirtschaftstätigkeiten
Umsatzerlöse	97	3
CapEx	98	2
OpEx	94	6

Der größte Anteil des taxonomiefähigen Umsatzes lässt sich auf die Aktivität 7.7 Erwerb von und Eigentum an Gebäuden zurückführen. Neben diesen Umsätzen sind noch Umsätze aus 7.1 Neubau und 4.1 Stromerzeugung durch PV taxonomiefähig. Zu den nicht-taxonomiefähigen Umsätzeen [sic!] gehören die Umsätze aus WEG-Verwaltung, Energievertrieb und Multimedia.

Am CapEx hat, neben der Aktivität 7.7 Erwerb von und Eigentum an Gebäuden, die Aktivität 7.2 Renovierung bestehender Gebäude einen großen Anteil. Nicht-taxonomiefähiger CapEx resultiert überwiegend aus unbebauten Grundstücken, technischen Anlagen und Goodwill.

Zu den OpEx zählen Instandhaltungsaufwendungen aus der GuV inklusive solcher, die durch die interne Handwerkerorganisation erbracht worden sind. Um Doppelzählungen zu verhindern, wurde der aktivierte Teil, der bereits im CapEx berücksichtigt ist, in Abzug gebracht. Nicht taxonomiefähig sind hingegen Instandhaltungsaufwendungen für die WEG-Verwaltung.

Am 02. Februar 2022 hat die EU-Kommission ein zweites FAQ-Dokument veröffentlicht, das Auslegungsfragen in Bezug auf Artikel 8 der EU-Taxonomieverordnung adressiert. Für den Vonovia Konzern kam mit Blick auf den Abschlusserstellungsprozess diese Auslegungserörterung zu spät, um im aktuellen Abschluss noch umgesetzt zu werden. Lediglich für das zweite Umweltziel Anpassung an den Klimawandel wurden bei der Bestimmung der taxonomiefähigen Aktivitäten die entsprechenden Ausführungen im FAQ-Dokument berücksichtigt. Mit Blick auf das Jahr 2022 werden die Auslegungsfragen evaluiert und in die Taxonomieberichterstattungsprozesse implementiert werden."

Da **Finanzunternehmen** für die Erfüllung ihrer Berichtspflichten auf Informationen von Nichtfinanzunternehmen angewiesen sind, wurde für sie eine weitere Erstreckung der zeitlichen Anwendung der Pflichten vorgesehen:

► Für die Geschäftsjahre 2021 und 2022 (Berichterstattung in den Kalenderjahren 2022 und 2023) sind nur ausgewählte quantitative Angaben zu den gehaltenen Risikopositionen gefordert, inkl. der Angabe des Anteils der Risikopositionen bei taxonomiefähigen und nicht taxonomiefähigen Wirtschaftätigkeiten an den gesamten Aktiva. Weiterhin sind die in Anhang XI des delegierten Rechtsakts zu Art. 8 Taxonomie-VO genannten qualitativen Angaben zu tätigen:

– Kreditinstitute haben zusätzlich den Anteil ihres Handelsportfolios und ihrer kurzfristigen Interbankenkredite an ihren gesamten Aktiva anzugeben.

– Versicherungs- und Rückversicherungsunternehmen haben demgegenüber zusätzlich den Anteil ihrer taxonomiefähigen und nicht taxonomiefähigen Wirtschaftätigkeiten im Nichtlebensversicherungsgeschäft anzugeben.

► Für Geschäftsjahre ab 2023 (Berichterstattung ab dem Kalenderjahr 2024) soll die Berichterstattung – mit einer Ausnahme – alle Pflichten zu quantitativen und qualitativen Angaben gem. Taxonomie-VO umfassen.

► Erst für Geschäftsjahre ab 2025 (Berichterstattung ab dem Kalenderjahr 2026) müssen Kreditinstitute ihre Kennzahlen zu Gebühren und Provisionen und die GAR zum Handelsbestand offenlegen.

Hinsichtlich der zu berücksichtigenden Umweltziele gelangen für Finanzunternehmen dieselben Fristigkeiten zur Anwendung wie für Nichtfinanzunternehmen.

PFLICHTANGABEN ZUR ERSTANWENDUNG DER TAXONOMIE-VO VON FINANZUNTERNEHMEN AM BEISPIEL DEUTSCHE BANK[496]

„Gemäß Artikel 8 der Taxonomieverordnung und dem zugehörigen Delegierten Klima-Rechtsakt müssen Finanzunternehmen erstmals zum Jahresende 2021 den taxonomiefähigen und den nicht taxonomiefähigen Teil ihrer gesamten Bilanzsumme sowie eine Reihe von wesentlichen Leistungsindikatoren im Zusammenhang mit dem Anteil der ausgewählten Risikopositionen an ihrer Bilanzsumme offenlegen.

In dem von der Europäischen Kommission im Dezember 2021 herausgegebenen Dokument Häufig gestellte Fragen (FAQs) heißt es, dass sich die Angaben von Finanzunternehmen zu taxonomiefähigen Aktivitäten auf die Informationen zu stützen haben, die ihnen ihre Kunden (Finanzunternehmen und Nicht-Finanzunternehmen) gemäß Artikel 8 der Taxonomieverordnung bereit stellen.

Da diese Informationen erstmals im Laufe des Jahres 2022 offengelegt werden sollen, ist die Bewertung der taxonomiefähigen wirtschaftlichen Tätigkeiten von Nicht-Finanzunternehmen auf der Grundlage des Delegierten Klima-Rechtsakts über die Offenlegung derzeit nicht vollumfänglich möglich. Dementsprechend melden wir nur Wohnimmobilienkredite für Haushalte, die durch Wohnimmobilien innerhalb der EU besichert sind, als taxonomiefähige Risikoposition für das Jahresende 2021. Renovierungsdarlehen für Gebäude und Kfz-Darlehen sind derzeit nicht in unserer taxonomiefähigen Offenlegung enthalten."

---

496 *Deutsche Bank*, Nichtfinanzieller Bericht 2021, S. 19. Online abrufbar unter https://go.nwb.de/jidzc oder über den QR-Code.

Pflichtangaben gemäß Artikel 8 der Taxonomieverordnung

31.12.2021	in Mio. €	in %
Bilanzsumme	1.323.993	100,00%
Taxonomiefähige wirtschaftliche Aktivitäten	156.092	11,79%
Nicht taxonomiefähige wirtschaftliche Aktivitäten	1.167.901	88,21%
Anteil der Risikopositionen gegenüber Staaten, Zentralbanken und supranationalen Emittenten an der gesamten Bilanzsumme	235.886	17,82%
Anteil der Risikopositionen in Derivaten an der gesamten Bilanzsumme	300.837	22,72%
Anteil der Risikopositionen gegenüber nichtfinanziellen Kapitalgesellschaften ohne Verpflichtung gegenüber NFRD an der gesamten Bilanzsumme	123.093	9,30%
Anteil der Risikopositionen im Handelsportfolio an der gesamten Bilanzsumme	214.287	16,18%
Anteil der Forderungen aus Interbankenkrediten an der gesamten Bilanzsumme	6.366	0,48%

Die Angabe von **Vorjahreszahlen** ist für Finanzunternehmen wie für Nichtfinanzunternehmen gem. Art. 8 Abs. 3 des delegierten Rechtsakts zu Art. 8 der Taxonomie-VO erst in der Berichterstattung für Geschäftsjahre ab 2023 verpflichtend vorgesehen.

6 Ausblick

Für das Kalenderjahr 2022 hat die EU-Kommission angekündigt, Informationen zu den **vier weiteren Umweltzielen** in Form eines delegierten Rechtsakts zu veröffentlichen. Empfehlungen der *Platform on Sustainable Finance* liegen hierfür bereits vor.[497]

Darüber hinaus wurden für das Kalenderjahr 2022 Berichte zu **zwei möglichen Ausweitungen** des Klassifizierungssystems der Taxonomie-VO angekündigt. Zu beiden Anpassungen liegen ebenfalls bereits Empfehlungen der *Platform on Sustainable Finance* vor:

▶ Einerseits wird eine stärkere Differenzierung der Klassifikation von Wirtschaftsaktivitäten i. S. einer **Ampellogik** erwogen. Damit könnten Abstufungen zwischen „ökologisch nachhaltig" und „nicht ökologisch nachhaltig" in die Berichterstattung integriert werden.[498]

497 Siehe *Platform on Sustainable Finance*, Platform on Sustainable Finance, Platform on Sustainable Finance's report with recommendations on technical screening criteria for the four remaining environmental objectives of the EU taxonomy, 2022.

498 Siehe *Platform on Sustainable Finance*, Platform on Sustainable Finance's report on environmental transition taxonomy, 2022.

▶ Andererseits steht die Entwicklung einer **sozialen Taxonomie** zur Diskussion. Soziale Aspekte werden im Rahmen der bestehenden Taxonomie-VO lediglich als Nebenbedingung *(Minimum Social Safeguards)* berücksichtigt. Die gesonderte Entwicklung von Sozialzielen würde die Bedeutung der Dimension „Soziales" des Nachhaltigkeitsverständnisses anheben.[499]

Schließlich wurde eine **laufende Erweiterung der bereits vorliegenden Listen an Wirtschaftsaktivitäten** zu den Umweltzielen „Klimaschutz" und „Anpassung an den Klimawandel" angekündigt, für die technische Bewertungskriterien ausgearbeitet werden sollen und für die daher ein Ausweis als „ökologisch nachhaltig" in Betracht kommt. Bei ihren bisherigen Veröffentlichungen fokussierte sich die EU-Kommission auf die typischerweise treibhausgasintensivsten Wirtschaftsaktivitäten.[500] Manche Branchen – etwa im IT-Bereich – werden hierdurch allerdings kaum abgedeckt.

---

499 Siehe *Platform on Sustainable Finance*, Platform on Sustainable Finance's report on social taxonomy, 2022.
500 Es wird davon ausgegangen, dass dies 40 % aller europäischen Wirtschaftsaktivitäten umfasst und damit 80 % aller Treibhausgasemissionen in der EU abdeckt; siehe *Europäische Kommission*, Questions and Answers: Taxonomy Climate Delegated Act and Amendments to Delegated Acts on fiduciary duties, investment and insurance advice, 2021.

VI Nutzung von Rahmenwerken (§ 289d HGB)

1 Zielsetzungen der Nutzung von Rahmenwerken

Der gesetzlich erlaubte Rückgriff auf Rahmenwerke bei der Erstellung der nichtfinanziellen Berichterstattung soll den berichtspflichtigen Unternehmen eine Orientierung darüber bieten, was Gegenstand der nichtfinanziellen Berichterstattung sein kann.[501] Im besten Fall lässt sich aus dem Rahmenwerk oder den in Kombination miteinander verwendeten Rahmenwerken eine strukturierte Vorlage für die Berichterstattung ableiten, die den Verwaltungsaufwand bei der Erstellung der Berichterstattung reduziert[502] und die Qualität der Berichterstattung, insbesondere i. S. der Relevanz und Verlässlichkeit der Informationen, erhöht. § 289d HGB und die zugrunde liegenden EU-rechtlichen Vorgaben zur Nutzung von Rahmenwerken stellen es den berichtspflichtigen Unternehmen vom Grundsatz her frei, ob und, wenn ja, welche Rahmenwerke bei der Erstellung der nichtfinanziellen Berichterstattung zur Anwendung kommen. Aufgrund der hohen Flexibilität, die sich daraus ergibt, ist eine klare **Orientierung** über die Abgrenzung des Gegenstands der nichtfinanziellen Berichterstattung – die mit dieser Vorschrift intendiert war – **kaum gegeben.**[503] Auch die vom deutschen Gesetzgeber[504] und der EU-Kommission[505] angestrebte Vergleichbarkeit der Berichterstattung wird durch die sehr offengehaltene Nutzung von Rahmenwerken eingeschränkt.

Immerhin existiert eine Vielzahl von Rahmenwerken, wobei sich die Rahmenwerke teilweise sehr deutlich voneinander unterscheiden.[506] Zwar werden sowohl auf EU-Ebene als auch auf nationaler Ebene Beispiele für anwendbare Rahmenwerke genannt,[507]

---

501 Vgl. BT-Drucks. 18/9982 S. 46.

502 Vgl. *Europäische Kommission*, Leitlinien für die Berichterstattung über nichtfinanzielle Informationen (Methode zur Berichterstattung über nichtfinanzielle Informationen), 2017, S. 19.

503 Siehe hierzu auch *Sopp/Baumüller*, Die Leitlinien der EU-Kommission für die Berichterstattung über nichtfinanzielle Informationen: Orientierungshilfe ohne Orientierung, Zeitschrift für Internationale Rechnungslegung 2017.

504 Vgl. zur vom deutschen Gesetzgeber angestrebten Vergleichbarkeit BT-Drucks. 18/9982 S. 46.

505 Vgl. zur von der EU-Kommission intendierten Vergleichbarkeit *Europäische Kommission*, Leitlinien für die Berichterstattung über nichtfinanzielle Informationen (Methode zur Berichterstattung über nichtfinanzielle Informationen), 2017, S. 19.

506 Bspw. identifiziert *Spießhofer*, Die neue europäische Richtlinie über die Offenlegung nichtfinanzieller Informationen – Paradigmenwechsel oder Papiertiger?, Neue Zeitschrift für Gesellschaftsrecht 2014 S. 1287, in den Wahlmöglichkeiten einen „heterogenen Blumenstrauß sehr unterschiedlicher Rahmenwerke". *Kroker*, Menschenrechte in der Compliance, Corporate Compliance Zeitschrift 2015 S. 123, weist den Rahmenwerken „große Unterschiede in ihrer Funktion, ihrer Methodik und ihren inhaltlichen Vorgaben" zu.

507 Diese Beispiele finden sich auf EU-Ebene insbesondere in ErwGr. 9 der CSR-Richtlinie (und umfassender in den unverbindlichen Leitlinien für die Berichterstattung über nichtfinanzielle Informationen; *Europäische Kommission*, Leitlinien für die Berichterstattung über nichtfinanzielle Informationen (Methode zur Berichterstattung über nichtfinanzielle Informationen), 2017, S. 3 f. und auf nationaler Ebene in BT-Drucks. 18/9982 S. 46.

nichtsdestotrotz grenzt dies die Wahl der anzuwendenden Rahmenwerke nicht ein. Eine **allgemeine Einschränkung** bei der Nutzung von Rahmenwerken lässt sich allenfalls den – unverbindlichen – Leitlinien der EU-Kommission für die Berichterstattung über nichtfinanzielle Informationen entnehmen. Darin heißt es, dass die berichtspflichtigen Unternehmen die Möglichkeit haben, „allgemein anerkannte, hochwertige Rahmenwerke für die Berichterstattung zugrunde zu legen".[508] An anderer Stelle erlauben die Leitlinien den Rückgriff auf „weithin anerkannte und in einem ordnungsmäßigen Verfahren entwickelte Rahmenwerke".[509] Eine praxisrelevante Eingrenzung der anwendbaren Rahmenwerke ergibt sich hieraus kaum. Bei der wachsenden Anzahl an Rahmenwerken birgt dies für die berichtspflichtigen Unternehmen die Gefahr, hierüber den Überblick zu verlieren.[510]

Mehr Klarheit gegenüber der offenen Nutzung von Rahmenwerken hätte die Vorgabe eines bestimmten Rahmenwerks oder weniger ausgewählter Rahmenwerke bedeutet. Allerdings wurde diese Einschränkung bewusst nicht vorgenommen. So soll die freie Wahl der Rahmenwerke eine möglichst hohe **Flexibilität** bieten, um auch solchen Unternehmen entgegenzukommen, die bereits vor der verpflichtenden nichtfinanziellen Berichterstattung Rahmenwerke angewendet haben, um etwa freiwillig über Nachhaltigkeitsthemen zu berichten.[511] Zudem decken die Rahmenwerke häufig nicht alle berichtspflichtigen Angaben ab, sondern sind bspw. auf spezifische Belange hin ausgerichtet und können deswegen nur für einen Teil der nichtfinanziellen Berichterstattung eine Orientierung bieten. Darüber hinaus tragen die verschiedenen Rahmenwerke den Interessen unterschiedlicher Zielgruppen Rechnung.[512] Diese Argumente bestärken den auf EU- und auf nationaler Ebene gewählten offenen Ansatz bei der Wahl der Rahmenwerke.

---

508 *Europäische Kommission*, Leitlinien für die Berichterstattung über nichtfinanzielle Informationen (Methode zur Berichterstattung über nichtfinanzielle Informationen), 2017, S. 3. Auch der deutsche Gesetzgeber sieht den Rückgriff auf „anerkannte" Rahmenwerke vor. Vgl. BT-Drucks. 18/9982 S. 49.

509 *Europäische Kommission*, Leitlinien für die Berichterstattung über nichtfinanzielle Informationen (Methode zur Berichterstattung über nichtfinanzielle Informationen), 2017, S. 19.

510 *Paetzmann*, § 289 HGB – Inhalt des Lageberichts; § 289b HGB – Pflicht zur nichtfinanziellen Erklärung; Befreiungen; § 289c HGB – Inhalt der nichtfinanziellen Erklärung; § 289d HGB – Nutzung von Rahmenwerken; § 315c Inhalt der nichtfinanziellen Konzernerklärung, in Bertram/Brinkmann/Kessler/Müller (Hrsg.), HGB Bilanz Kommentar, 10. Aufl. 2019, § 289d HGB Tz. 3, bezeichnet die Vielfalt der Rahmenwerke für die berichtspflichtigen Unternehmen als „potenziell unübersichtlich".

511 Vgl. BT-Drucks. 18/9982 S. 46.

512 Vgl. BT-Drucks. 18/9982 S. 52 f. Siehe hierzu auch *Paetzmann*, § 289 HGB – Inhalt des Lageberichts; § 289b HGB – Pflicht zur nichtfinanziellen Erklärung; Befreiungen; § 289c HGB – Inhalt der nichtfinanziellen Erklärung; § 289d HGB – Nutzung von Rahmenwerken; § 315c Inhalt der nichtfinanziellen Konzernerklärung, in Bertram/Brinkmann/Kessler/Müller (Hrsg.), HGB Bilanz Kommentar, 10. Aufl. 2019, § 289d HGB Tz. 1.

2 Optionen zur Nutzung von Rahmenwerken

Nach § 289d Satz 1 HGB steht es den berichtspflichtigen Unternehmen frei, im Rahmen der Erstellung der nichtfinanziellen Berichterstattung auf **nationale, EU-basierte oder internationale Rahmenwerke** zurückzugreifen. Eine Einschränkung auf bestimmte Rahmenwerke ist somit nicht vorgesehen.

Zudem können mehrere Rahmenwerke, die einander ergänzen, zur Anwendung kommen. Dies ist bspw. dann sinnvoll, wenn die gewählten Rahmenwerke jeweils nicht alle Belange abdecken, sondern spezifisch auf einzelne Berichtselemente hin ausgerichtet sind. So können ausgewählte Belange einen besonderen Schwerpunkt für das berichtende Unternehmen darstellen und in einem spezifischen Rahmenwerk tiefergehend geregelt sein, als dies in einem einzelnen, themenunabhängig anwendbaren Rahmenwerk der Fall ist. Werden die handelsrechtlichen Pflichten zum nichtfinanziellen Bericht von einem gewählten Rahmenwerk nicht vollumfänglich abgedeckt, ist nicht nur die **Kombination mehrerer Rahmenwerke** denkbar; gestattet ist es darüber hinaus auch, einen Teil der Berichterstattung auf einem einzelnen Rahmenwerk aufzubauen und die darüber hinausgehenden Berichtspflichten ohne Anlehnung an ein spezifisches Rahmenwerk zu erfüllen.[513]

Bei der Entscheidung für die Verwendung eines bestimmten Rahmenwerks muss dieses nicht vollumfänglich angewendet werden. Es ist gleichermaßen denkbar, **nur einzelne Teile eines Rahmenwerks** heranzuziehen.[514] Zuletzt ist es nach § 289d Satz 2 HGB zulässig, bei der Berichterstattung gar **kein Rahmenwerk** zu berücksichtigen.

Zusammenfassend liegt es im Ermessen des berichtspflichtigen Unternehmens,

► ob bei der Erstellung der nichtfinanziellen Berichterstattung auf ein Rahmenwerk oder mehrere Rahmenwerke, die einander ergänzen, zurückgegriffen wird oder ob auf die Verwendung von Rahmenwerken teilweise oder gänzlich verzichtet wird;

► falls auf ein Rahmenwerk oder mehrere Rahmenwerke zurückgegriffen wird, welches Rahmenwerk (teilweise oder gänzlich) zur Anwendung kommt bzw. welche Rahmenwerke (teilweise oder gänzlich) zur Anwendung kommen.

Allerdings ist in jeder Fallkonstellation zu beachten, dass sich der **Gegenstand der Berichterstattung** nicht aus dem gewählten Rahmenwerk ergibt, sondern immer **an den handelsrechtlichen bzw. EU-rechtlichen Vorgaben auszurichten** ist. Die anzuwendenden Rahmenwerke bzw. Teile dieser Rahmenwerke sind demzufolge nach den für die nichtfinanzielle Berichterstattung relevanten Inhalten hin auszuwählen. Überdies ist zu prüfen, dass **Begrifflichkeiten und Grundsätze,** die bei der Erstellung der nichtfinanziel-

---

513 Dies folgt aus BT-Drucks. 18/9982 S. 46.
514 Vgl. DRS 20.296.

len Berichterstattung relevant sind, i. S. der EU-rechtlichen bzw. handelsrechtlichen Vorgaben ausgelegt werden und hierbei nicht fälschlicherweise eine Orientierung an davon abweichenden Bestimmungen in den Rahmenwerken erfolgt.[515] Dies trifft bspw. auf die Abgrenzung der Wesentlichkeit zu. Am Beispiel der Mercedes-Benz Group lässt sich zeigen, wie die GRI als Rahmenwerk zur Anwendung kommen – allerdings nur, soweit dies mit den handelsrechtlichen Vorgaben in Einklang steht.

HINWEIS AUF DIE VERWENDUNG DER GRI-STANDARDS AM BEISPIEL MERCEDES-BENZ GROUP[516]

„Nichtfinanzielle Erklärung

[…]

Die Angaben in dieser Erklärung wurden, soweit im Sinne der gesetzlichen Vorgabe sinnvoll, in Anlehnung an die GRI-Standards der Global Reporting Initiative dargestellt. Bei einzelnen Aspekten dienten interne Vorgaben und Definitionen als Maßstab."

3 Erklärung zur Nutzung von Rahmenwerken

Die berichtspflichtigen Unternehmen haben im Rahmen der nichtfinanziellen Berichterstattung nach § 289d Satz 2 HGB anzugeben, ob für die Erstellung des nichtfinanziellen Berichts ein Rahmenwerk angewendet wurde und, wenn dies der Fall ist, welches Rahmenwerk genutzt wurde. Diese Pflicht zur **Erklärung der verwendeten Rahmenwerke ist umfassend** zu verstehen. Sollten mehrere Rahmenwerke zum Einsatz gekommen sein, so ist dies folgerichtig zum Ausdruck zu bringen. In diesem Fall sind alle angewendeten Rahmenwerke anzuführen. Zugleich ist den jeweiligen Inhalten der nichtfinanziellen Berichterstattung zuzuordnen, auf welchen konkreten Rahmenwerken diese basieren.[517] Dies gilt auch dann, wenn der Regelungsbereich von einem Rahmenwerk nur einen Teilbereich der Pflichten zum nichtfinanziellen Bericht abdeckt und demzufolge

---

515 Ähnlich auch *Störk/Schäfer/Schönberger*, § 289d HGB – Nutzung von Rahmenwerken, in Grottel/Justenhoven/Schubert/Störk (Hrsg.), Beck'scher Bilanz-Kommentar, 13. Aufl. 2022, § 289d HGB Tz. 3.

516 *Mercedes-Benz Group*, Geschäftsbericht 2021, S. 89. Online abrufbar unter https://go.nwb.de/8i0ix oder über den QR-Code.

517 Vgl. DRS 20.298 und DRS 20.300.

bei der Erstellung des nichtfinanziellen Berichts ohnehin nur dahingehend auf das Rahmenwerk zurückgegriffen werden kann.[518] Ebenso ist zu vermerken, wenn nur einzelne Teile eines Rahmenwerks herangezogen wurden.[519]

Das folgende Beispiel BASF zeigt, wie eine Erklärung zur Nutzung von Rahmenwerken aussehen kann, wenn sich die Berichterstattung auf unterschiedliche Rahmenwerke stützt, die in Kombination miteinander verwendet werden. Die **Beispiele** Bayer und Leoni gehen darüber hinaus, indem nicht nur die einzelnen Rahmenwerke genannt werden, sondern überdies darauf hingewiesen wird, für welche Bereiche der Berichterstattung eine Orientierung an den jeweiligen Rahmenwerken erfolgt. In diesen Beispielen handelt es sich um **klare Positionierungen** dazu, welche Rahmenwerke bei der Erstellung der Berichterstattung als Stütze dienen.

ERKLÄRUNG ZUR VERWENDUNG DER GRI-STANDARDS UND DES UN GLOBAL COMPACT ALS RAHMENWERKE AM BEISPIEL BASF[520]

„Nichtfinanzielle Erklärung (NFE) gemäß §§ 315b und 315c Handelsgesetzbuch (HGB)

Die Inhalte der NFE befinden sich in den relevanten Kapiteln des Konzernlageberichts und wurden unter Anwendung der Standards der Global Reporting Initiative (umfassende Umsetzungsoption) sowie unter Berücksichtigung der Berichtsanforderungen des UN Global Compact als entsprechende Rahmenwerke erstellt."

ERKLÄRUNG ZUR VERWENDUNG MEHRERER RAHMENWERKE IN KOMBINATION AM BEISPIEL BAYER[521]

„Über diesen Bericht (Rechtliche Grundlagen und Berichtsstandards)

[…]

Als Rahmenwerk nutzen wir die GRI-Standards (§ 289d HGB). Zur Definition und Auswahl von nichtfinanziellen Indikatoren sowie zum Reporting orientieren wir uns außerdem u. a. an den internationalen Empfehlungen und Leitsätzen der OECD und der ISO 26000. Bei der Auswahl und Messung der Indikatoren berücksichtigen wir für den Bereich Treibhausgas-Emissionen die Empfehlungen des ‚Greenhouse Gas Protocol' und für sonstige nichtfinanzielle Indikatoren die der

---

518 So wohl auch *Störk/Schäfer/Schönberger*, § 289d HGB – Nutzung von Rahmenwerken, in Grottel/Justenhoven/Schubert/Störk (Hrsg.), Beck'scher Bilanz-Kommentar, 13. Aufl. 2022, § 289d HGB Tz. 2.
519 Vgl. DRS 20.298.
520 *BASF*, Integrierter Geschäftsbericht 2021, S. 17. Online abrufbar unter https://go.nwb.de/wmdyt oder über den QR-Code.
521 *Bayer*, Integrierter Geschäftsbericht 2021, S. 25. Online abrufbar unter https://go.nwb.de/6c96n oder über den QR-Code.

‚European Federation of Financial Analysts Societies', des ‚World Business Council for Sustainable Development' und des Europäischen Chemieverbands.‟

ERKLÄRUNG ZUR VERWENDUNG MEHRERER RAHMENWERKE I.V. MIT UNTERNEHMENSINDIVIDUELLEN ANSÄTZEN AM BEISPIEL LEONI[522]

„Nichtfinanzielle Konzernerklärung (gemäß §§ 315b und 315c HGB)

[…]

LEONI versteht unter Nachhaltigkeit sowohl eine langfristig und ertragsorientiert ausgelegte Unternehmensentwicklung als auch die Übernahme von sozialer und ökologischer Verantwortung. Ziel ist es, die hieraus resultierenden Anforderungen in ein Gleichgewicht zu bringen. Grundlage dafür sind u.a. die LEONI Sozialcharta und der LEONI Code of Conduct, die konzernweit gültig sind, sowie die Arbeits-, Gesundheits- & Umweltschutzpolitik (Safety, Health, Environment) der beiden Unternehmensbereiche.

Für die Berichterstattung unserer nichtfinanziellen Informationen orientieren wir uns an den Prinzipien des Deutschen Nachhaltigkeitskodex und den zehn Leitprinzipien des UN Global Compact. Für die Wesentlichkeitsanalyse wurden das CSR-RUG und die GRI Standards zugrunde gelegt. Für die Erfassung der Energieverbräuche orientieren wir uns am Greenhouse Gas Protocol und verwenden die Energieumrechungsfaktoren des Bundesamts für Wirtschaft und Ausfuhrkontrolle.‟

Neben diesen eindeutigen Positionierungen finden sich in den Berichterstattungen der Unternehmen immer wieder – noch dazu verteilt auf die verschiedenen Passagen der Berichte – Hinweise auf Rahmenwerke, die von den Unternehmen in einzelnen Handlungsfeldern der für die Berichterstattung relevanten Belange berücksichtigt werden. Hierbei kommt allerdings oft nicht klar zum Ausdruck, inwiefern diese Rahmenwerke tatsächlich bei der Erstellung der Berichterstattung als Orientierung dienen oder ob lediglich in einzelnen Handlungsfeldern des Unternehmens versucht wird, die Grundsät-

---

522 *Leoni*, Geschäftsbericht 2021, S. 82–83. Online abrufbar unter https://go.nwb.de/pyqqz oder über den QR-Code.

ze der jeweiligen Rahmenwerke zu beachten – ohne etwa konkrete Zielwerte daraus abzuleiten. Eine derartige Vorgehensweise ist u. E. nicht zielführend. Zu bevorzugen ist eine **zusammengefasste Erklärung** aller bei der Erstellung der nichtfinanziellen Berichterstattung zur Anwendung gekommenen Rahmenwerke an einer Stelle der Berichterstattung. Dies hindert nicht daran, in den jeweiligen Passagen noch einmal auf die konkreten Rahmenwerke Bezug zu nehmen.

Wird bei der Erstellung der nichtfinanziellen Berichterstattung kein Rahmenwerk herangezogen, ist gem. § 289d Satz 2 HGB zu begründen, warum dies der Fall ist (sog. **„Apply-or-Explain-Ansatz"**[523]; alternativ hierzu findet sich die Bezeichnung „Comply-or-Explain-Ansatz"[524]).[525] Diese Verpflichtung ist in der CSR-Richtlinie nicht vorgesehen, so dass der deutsche Gesetzgeber hiermit eine Incentivierung zur Nutzung von Rahmenwerken geschaffen hat, die über die EU-rechtlichen Vorgaben hinausgeht.[526]

4 Nutzbare Rahmenwerke

4.1 Allgemeine Abgrenzung

Wie bereits erläutert, bestehen große Spielräume bei der Wahl der nutzbaren Rahmenwerke, da die berichtspflichtigen Unternehmen selbst entscheiden können, auf welches Rahmenwerk bzw. auf welche anerkannten Rahmenwerke sie sich bei der Erstellung der nichtfinanziellen Berichterstattung stützen wollen. Eine **nicht abschließende Auf-**

---

523 Die Begrifflichkeit „Apply-or-Explain-Ansatz" findet sich etwa bei *Ewelt-Knauer/Schneider/Blaß*, Eine kritische und vergleichende Analyse der Nachhaltigkeitsberichterstattung nach den Standards der GRI und des SASB, Der Betrieb 2018 S. 1677; *Kajüter*, Nichtfinanzielle Berichterstattung nach dem CSR-Richtlinie-Umsetzungsgesetz, Der Betrieb 2017 S. 623.

524 Die Bezeichnung als „Comply-or-Explain-Ansatz" verwenden bspw. *Schorse*, § 289d HGB – Nutzung von Rahmenwerken, in Häublein /Hoffmann-Theinert (Hrsg.), HGB – Online-Kommentar § 289d HGB Tz. 2; *Böcking/Gros/Althoff*, § 289d HGB – Nutzung von Rahmenwerken, in Ebenroth/Boujong/Joost/Strohn (Hrsg.), Handelsgesetzbuch, 4. Aufl. 2020, § 289d HGB Tz. 3 und 10; *Morck/Drüen*, § 289d HGB – Nutzung von Rahmenwerken, in Koller/Kindler/Roth/Drüen (Hrsg.), Handelsgesetzbuch – Kommentar, 9. Aufl. 2019, § 289d HGB Tz. 2; *Störk/Schäfer/Schönberger*, § 289d HGB – Nutzung von Rahmenwerken, in Grottel/Justenhoven/ Schubert/Störk (Hrsg.), Beck'scher Bilanz-Kommentar, 13. Aufl. 2022, § 289d HGB Tz. 4.

525 Vgl. DRS 20.301.

526 Vgl. zu den damit geschaffenen Anreizen *Rimmelspacher/Schäfer/Schönberger*, Das CSR-Richtlinie-Umsetzungsgesetz: Neue Anforderungen an die nichtfinanzielle Berichterstattung und darüber hinaus, Zeitschrift für internationale und kapitalmarktorientierte Rechnungslegung 2017 S. 229; *Störk/Schäfer/Schönberger*, § 289d HGB – Nutzung von Rahmenwerken, in Grottel/Justenhoven/Schubert/Störk (Hrsg.), Beck'scher Bilanz-Kommentar, 13. Aufl. 2022, § 289d HGB Tz. 4. Nach *Kajüter/Wirth*, Praxis der nichtfinanziellen Berichterstattung nach dem CSR-RUG, Der Betrieb 2018 S. 1611, unterstreicht der Gesetzgeber mit dieser Regelung „seine Erwartung, dass ein Rahmenwerk verwendet wird, um die Vergleichbarkeit der Berichterstattung zu erhöhen".

zählung von anwendbaren Rahmenwerken bietet zunächst ErwGr. 9 der **CSR-Richtlinie.** Darin sind die folgenden sieben Beispiele als relevante Rahmenwerke genannt:

▶ das Umweltmanagement- und -betriebsprüfungssystem (EMAS);

▶ der Global Compact der Vereinten Nationen (VN);

▶ die Leitprinzipien für Unternehmen und Menschenrechte: Umsetzung des Rahmenprogramms „Protect, Respect and Remedy" der Vereinten Nationen;

▶ die Leitlinien der Organisation für wirtschaftliche Zusammenarbeit und Entwicklung (OECD) für multinationale Unternehmen;

▶ die Norm der Internationalen Organisation für Normung ISO 26000;

▶ die Trilaterale Grundsatzerklärung der Internationalen Arbeitsorganisation zu multinationalen Unternehmen und zur Sozialpolitik;

▶ die Global Reporting Initiative.

Eine erste **Erweiterung der Beispiele** aus der CSR-Richtlinie ergibt sich unter Heranziehung der **Leitlinien der EU-Kommission** für die Berichterstattung über nichtfinanzielle Informationen aus dem Jahr 2017. Bei der Ausarbeitung der Leitlinien hat sich die EU-Kommission auf mehrere Rahmenwerke gestützt. Es ist – auch unter Berücksichtigung der weiteren Inhalte der Leitlinien – davon auszugehen, dass der Rückgriff auf diese Rahmenwerke empfohlen wird. Neben den in ErwGr. 9 der CSR-Richtlinie genannten Beispielen, die in den Leitlinien allesamt wiederholend aufgeführt werden, handelt es sich um die folgenden zusätzlich genannten Rahmenwerke:[527]

▶ das CDP (ehemals das Carbon Disclosure Project);

▶ die Standards des Climate Disclosure Standards Board (CDSB);

▶ die OECD-Leitsätze für die Erfüllung der Sorgfaltspflicht zur Förderung verantwortungsvoller Lieferketten, einschließlich ihrer Anhänge;

▶ die wichtigsten Leistungsindikatoren für die ESG-Kriterien (Umwelt, Soziales und Governance) der Europäischen Union der Vereinigungen für Finanzanalyse, ein Leitfaden für die Aufnahme von ESG-Kriterien in die Finanzanalyse und Unternehmensbewertung;

▶ die Leitsätze der FAO und der OECD für verantwortungsvolle landwirtschaftliche Lieferketten;

▶ die Leitlinien für den Strategic Report des britischen Financial Reporting Council;

▶ der Berichterstattungsrahmen für die Leitprinzipien für Wirtschaft und Menschenrechte;

---

527 Vgl. *Europäische Kommission,* Leitlinien für die Berichterstattung über nichtfinanzielle Informationen (Methode zur Berichterstattung über nichtfinanzielle Informationen), 2017, S. 3 f.

► der internationale Rahmen für die integrierte Berichterstattung (International Integrated Reporting Framework);

► der Leitfaden der Sustainable Stock Exchanges Initiative der Vereinten Nationen für die ESG-Berichterstattung an Investoren;

► das Natural Capital Protocol;

► die Leitlinien zum Umweltfußabdruck von Produkten und Organisationen (Product and Organisation Environmental Footprint Guides);

► die Standards des Rats für Standards zur Nachhaltigkeitsberichterstattung (Sustainability Accounting Standards Board);

► der Nachhaltigkeitskodex des deutschen Rats für nachhaltige Entwicklung;

► die Ziele für nachhaltige Entwicklung der VN (d. h. die SDG), Resolution vom 25.9.2015 mit dem Titel „Transformation unserer Welt: die Agenda 2030 für nachhaltige Entwicklung".

Zudem wird das bereits in ErwGr. 9 der CSR-Richtlinie angeführte Beispiel, das Gemeinschaftssystem für das Umweltmanagement und die Umweltbetriebsprüfung (EMAS) als Rahmenwerk heranzuziehen, in den Leitlinien um einen Hinweis auf die zugehörigen sektorspezifischen Referenzdokumente erweitert.

Eine **zweite Erweiterung** der beispielhaften Aufzählung von Rahmenwerken seitens der EU-Kommission – nach den Leitlinien aus dem Jahr 2017 – ergibt sich aus dem Nachtrag zu den Leitlinien für die nichtfinanzielle Berichterstattung aus dem Sommer 2019. In diesem Nachtrag werden die **Empfehlungen der Task Force on Climate-related Financial Disclosures** (TCFD) als relevantes Rahmenwerk für den Bereich der klimabezogenen Berichterstattung angeführt.[528] In ihrem Nachtrag zu den Leitlinien bietet die EU-Kommission zudem eine „Kartierung der Anforderungen der Richtlinie über die Angabe nichtfinanzieller Informationen und der von der Task Force empfohlenen Angaben"[529]. Dies erleichtert den Rückgriff auf die Empfehlungen der TCFD zur Erfüllung der handelsrechtlichen Pflichten zum nichtfinanziellen Bericht. Hiermit und mit weiteren Inhalten des Nachtrags zur klimabezogenen Berichterstattung bestärkt die EU-Kommission die Unternehmen massiv in der Nutzung dieses Rahmenwerks.

Neben den EU-basierten Verlautbarungen bietet der **deutsche Gesetzgeber** in der Begründung zum Entwurf eines CSR-RUG eine beispielhafte Aufzählung nutzbarer Rahmenwerke.[530] Hierin werden die in ErwGr. 9 der CSR-Richtlinie angeführten Beispiele

---

528 Vgl. *Europäische Kommission,* Leitlinien für die Berichterstattung über nichtfinanzielle Informationen: Nachtrag zur klimabezogenen Berichterstattung, 2019, S. 8.

529 *Europäische Kommission,* Leitlinien für die Berichterstattung über nichtfinanzielle Informationen: Nachtrag zur klimabezogenen Berichterstattung, 2019, S. 29.

530 Vgl. BT-Drucks. 18/9982 S. 46.

vollumfänglich wiederholt. Die einzige **Erweiterung** gegenüber der CSR-Richtlinie – nicht aber gegenüber den Empfehlungen der Leitlinien der EU-Kommission – bietet die zusätzliche Nennung des **Deutschen Nachhaltigkeitskodex (DNK).**

4.2 Praxisrelevanz der Rahmenwerke

Obwohl die Verwendung von Rahmenwerken freiwillig ist, **greift** – nach den Ergebnissen erster Untersuchungen der deutschen Berichterstattungspraxis seit Umsetzung des CSR-RUG – die **Mehrzahl der berichtspflichtigen Unternehmen** bei der Erstellung der nichtfinanziellen Berichte **auf Rahmenwerke zurück.** Eine Untersuchung der nichtfinanziellen Berichterstattung auf Konzernebene für das Berichtsjahr 2017 zeigt: Bei den DAX30-Unternehmen wird in 85 % der Fälle auf Rahmenwerke zurückgegriffen.[531] Nach einer Untersuchung von *Heckroth/Borcherding/Luckenhuber* verzichteten im darauf folgenden Berichtsjahr 2018 lediglich 10 % der Unternehmen bei der Erfüllung ihrer Pflichten zum nichtfinanziellen Bericht oder bei der freiwilligen Nachhaltigkeitsberichterstattung auf die Nutzung von Rahmenwerken.[532] Auch die Horizontalstudie des DRSC für die Geschäftsjahre 2017–2019, in der die Grundgesamtheit aller deutschen berichtspflichtigen Unternehmen abgebildet wurde, zeigte schließlich auf, dass über 70 % der in der Stichprobe enthaltenen Unternehmen (über den Untersuchungszeitraum größtenteils konstant) ein oder mehrere Rahmenwerke für die Erstellung ihrer nichtfinanziellen Berichte nutzten.[533]

Trotz der Fülle an vorhandenen Rahmenwerken hat sich bei der Erfüllung der Berichtspflichten in der Praxis bereits eine gewisse **Dominanz einzelner Rahmenwerke** gezeigt. Hierbei sind zuvorderst die GRI-Standards der Global Reporting Initiative zu nennen. Die **GRI-Standards erfahren eine breite Anwendung** bei den berichtspflichtigen Unternehmen. Eine Studie für das Berichtsjahr 2018, in der die verpflichtende nichtfinanzielle Berichterstattung und die freiwillige Berichterstattung aller DAX160-Unternehmen untersucht wurde, zeigt, dass mehr als 80 % der Unternehmen in ihrer Berichterstattung auf die GRI-Standards zurückgreifen.[534] Bestätigt wird der vergleichsweise hohe Anteil an Nutzern von GRI-Standards in den folgenden Untersuchungen: (1) Einer Unter-

---

531 Vgl. *Kajüter/Wirth*, Praxis der nichtfinanziellen Berichterstattung nach dem CSR-RUG, Der Betrieb 2018 S. 1611. Von den damaligen DAX30-Unternehmen wurden jedoch drei Unternehmen von der Untersuchung ausgenommen, da die Berichte aufgrund eines vom Kalenderjahr abweichenden Wirtschaftsjahrs zum Zeitpunkt der Untersuchung noch nicht vorlagen.

532 Vgl. *Simon-Heckroth/Borcherding/Luckenhuber*, Nachhaltig gut berichten!, Die Wirtschaftsprüfung 2020 S. 883.

533 Vgl. *DRSC*, CSR-Studie – Abschlussbericht zur vom BMJV beauftragten Horizontalstudie sowie zu Handlungsempfehlungen für die Überarbeitung der CSR-Richtlinie, 2021, Tz. 218.

534 Vgl. *Simon-Heckroth/Borcherding/Luckenhuber*, Nachhaltig gut berichten!, Die Wirtschaftsprüfung 2020 S. 883.

suchung von *Kajüter/Wirth* folgend, greifen im Berichtsjahr 2017 alle DAX30-Unterneh-men, die für ihre nichtfinanzielle Berichterstattung Rahmenwerke verwenden, in ihrer nichtfinanziellen Berichterstattung auf Konzernebene (u. a.) auf die GRI-Standards zu-rück.[535] (2) Nach einer Studie von *Lindner/Müller* wenden 90 % der Unternehmen im DAX30 für das Berichtsjahr 2018 bei der Erstellung der nichtfinanziellen Berichterstat-tung die GRI-Standards an.[536] (3) Die Dominanz der GRI-Standards bestätigt schließlich auch die Horizontalstudie des DRSC; sie ergänzt jedoch, dass von Unternehmen des Fi-nanzsektors auch auf den Deutschen Nachhaltigkeitskodex für die Berichterstattung zurückgegriffen wurde.[537]

Zudem scheint ein **Zusammenhang zwischen der Größe eines Unternehmens und den verwendeten Rahmenwerken** zu bestehen. Nach einer Studie von *Simon-Heckroth/Bor-cherding/Luckenhuber* verwenden alle DAX30-Unternehmen in ihrer Berichterstattung für das Berichtsjahr 2018 die GRI-Standards.[538] Im SDAX waren die GRI-Standards dem-gegenüber von geringerer Relevanz: Anders als bei den größeren Unternehmen lässt sich für einzelne Unternehmen im SDAX für das Berichtsjahr 2018 beobachten, dass der Deutsche Nachhaltigkeitskodex als alleiniges Rahmenwerk zur Anwendung kommt.[539]

4.3 Gegenüberstellung der Rahmenwerke

Die bei der Erstellung der nichtfinanziellen Berichterstattung nutzbaren Rahmenwerke unterscheiden sich sehr stark voneinander. Das gilt nicht nur hinsichtlich der abgedeck-ten Regelungsbereiche, sondern etwa auch bzgl. der Berichtsgrundsätze, des formalen Aufbaus oder der Häufigkeit der Aktualisierung der Rahmenwerke. Somit ist die Vorteil-haftigkeit der Verwendung bestimmter Rahmenwerke **unternehmensindividuell** zu be-urteilen. Zur **Beurteilung der Vorteilhaftigkeit** bietet es sich bei den Rahmenwerken zu-nächst an, den Umfang der adressierten Regelungsbereiche zu betrachten. Hierbei ist zwischen zwei Arten von Rahmenwerken zu differenzieren:

---

535 Vgl. *Kajüter/Wirth*, Praxis der nichtfinanziellen Berichterstattung nach dem CSR-RUG, Der Betrieb 2018 S. 1611 f. In der Untersuchung nicht berücksichtigt sind Unternehmen, deren Berichtsjahr vom Kalender-jahr abweicht.

536 Vgl. *Lindner/Müller*, Die Standards der Global Reporting Initiative als Rahmenwerk für die nichtfinanzielle Berichterstattung – Inhaltlicher Überblick und Vorschlag zur Anwendung, Zeitschrift für Internationale Rechnungslegung 2020 S. 143.

537 Vgl. *DRSC*, CSR-Studie – Abschlussbericht zur vom BMJV beauftragten Horizontalstudie sowie zu Hand-lungsempfehlungen für die Überarbeitung der CSR-Richtlinie, 2021, Tz. 221 ff.

538 Vgl. *Simon-Heckroth/Borcherding/Luckenhuber*, Nachhaltig gut berichten!, Die Wirtschaftsprüfung 2020 S. 883.

539 Vgl. *Simon-Heckroth/Borcherding/Luckenhuber*, Nachhaltig gut berichten!, Die Wirtschaftsprüfung 2020 S. 883.

1. Rahmenwerke, die in umfassender Weise Regelungen bereitstellen und vom Grundsatz her als Orientierung für die gesamten Inhalte der nichtfinanziellen Berichterstattung herangezogen werden können;

2. Rahmenwerke, die einen thematischen Fokus aufweisen und nur für einen Teilbereich der nichtfinanziellen Berichterstattung als Stütze dienen können.

Der **Vorteil von umfassenden Rahmenwerken** i. S. von Nummer 1 liegt darin, dass diese als alleinige Orientierung fungieren können und damit ein durchgängiges Konzept bieten. Aufgrund des großen Regelungsumfangs weisen diese oft die erforderliche inhaltliche Tiefe auf, um die Berichterstattung zu den einzelnen Berichtsbestandteilen hinreichend zu stützen.

Gegen die (alleinige) Anwendung solch umfassender Rahmenwerke kann eine mangelnde Fokussierung auf unternehmensindividuell besonders relevante Themen sprechen. So könnte sich das **Erfordernis zur (ergänzenden) Berücksichtigung spezifischer Rahmenwerke** i. S. von Nummer 2 aufgrund der Geschäftstätigkeit eines Unternehmens ergeben, da das Unternehmen faktisch – z. B. durch Anforderungen aus der Lieferkette heraus – dazu gezwungen ist, sich den Bestimmungen dieser Rahmenwerke zu unterwerfen. Zudem bieten Rahmenwerke mit Fokus auf einen bestimmten Regelungsbereich oft eher die Flexibilität, aktuelle Entwicklungen zügiger einzuarbeiten, als dies bei umfassenden Rahmenwerken möglich ist.

Die **Regelungsdichte der Rahmenwerke** wirkt sich ebenfalls auf deren Attraktivität aus. Abhängig von den Bedürfnissen eines Unternehmens kann ein größerer Umfang positiv oder negativ gewertet werden. Daraus folgt jedoch nicht, dass kleinere Unternehmen grundsätzlich von Rahmenwerken Abstand nehmen sollten, die alle handelsrechtlich vorgesehenen Regelungsbereiche adressieren und somit als alleinige Orientierung dienen können. Vielmehr ist zu beachten, dass es zum einen zwischen den verschiedenen Rahmenwerken, die alle geforderten Regelungsbereiche abdecken, deutliche Unterschiede hinsichtlich des Umfangs gibt und zum anderen die Entwickler der Rahmenwerke selbst strukturierte Möglichkeiten schaffen, das Rahmenwerk in einer umfassenderen Version oder in einer „Basis-Version" anzuwenden. Hiermit wird es kleineren Unternehmen erleichtert, auf ein international anerkanntes Rahmenwerk in strukturierter Weise zurückzugreifen. Ein typisches Beispiel hierfür stellt die Unterscheidung zwischen der Anwendung der Berichtsoptionen „Kern" oder „umfassend" der GRI-Standards dar.[540]

Für oder gegen die Anwendung bestimmter Rahmenwerke spricht zudem die Einbettung des Unternehmens in sein **geographisches Umfeld.** So könnte etwa aus dem Ver-

---

540 Vgl. *GRI* 101: Grundlagen.

hältnis mit verbundenen Unternehmen die Vorteilhaftigkeit des Rückgriffs auf ein bestimmtes, international übliches Rahmenwerk resultieren. Des Weiteren spielt die (sonstige) **Berichterstattungspraxis** des Unternehmens eine Rolle, weil bspw. bereits im Rahmen der freiwilligen Nachhaltigkeitsberichterstattung Rahmenwerke zur Anwendung kommen oder in der Rechnungslegung des Unternehmens generell ein integriertes Berichterstattungskonzept vorherrscht.

Eine **Kombination mehrerer Rahmenwerke** ist bei der Erstellung der nichtfinanziellen Berichterstattung durchaus üblich. Sinnvoll kann es dabei sein, zunächst für eine allgemeine Orientierung auf ein Rahmenwerk zurückzugreifen, das i. S. der obigen Nummer 1 einen umfassenden Regelungsbereich aufweist. Ergänzend dazu kommen bei den jeweiligen Belangen spezifische Rahmenwerke – i. S. der obigen Nummer 2 – zur Anwendung. Ein Beispiel für diese Vorgehensweise zeigt die Allianz. Weitere Beispiele für die Kombination mehrerer spezifischer Rahmenwerke enthalten die Berichte von der Mercedes-Benz Group und Bayer (jeweils als erweiterte Form des vorherigen Beispiels). Alle drei **Beispiele** basieren auf den **GRI-Standards;** diese sind als ein Rahmenwerk mit einem umfassenden Regelungsbereich einzuordnen; **ergänzend** kommen **weitere Rahmenwerke** zum Einsatz. Wie bereits oben (in Kap. VI.6.2) erwähnt, ist diese kombinierte Vorgehensweise häufig bei größeren Unternehmen zu beobachten. Dies trifft auf die drei gerade beschriebenen Beispielfälle zu.

HINWEIS AUF DIE VERWENDUNG DER GRI-STANDARDS, DER EMPFEHLUNGEN DER TCFD UND DES UN GLOBAL COMPACT ALS RAHMENWERKE AM BEISPIEL ALLIANZ[541]

„Über den Bericht

[…]

Die in diesem Bericht verwendeten Konzepte entsprechen denen des Konzern-Nachhaltigkeitsberichts 2021, der gemäß den Standards der Global Reporting Initiative (GRI) erstellt und am 29. April 2022 veröffentlicht wird.

[…]

Strategie zum Klimawandel

[…]

Darüber hinaus unterstützen wir mehr Transparenz durch Klimaberichtspflichten. Wir passen unsere Strategie und Berichterstattung an die Empfehlungen der Task Force on Climate-related Financial Disclosures (TCFD) des G20 Financial Stability Boards an und erwarten dies auch von unseren Beteiligungsunternehmen und Geschäftskunden.

[…]

Achtung der Menschenrechte

[…]

---

541 *Allianz*, Geschäftsbericht 2021, S. 57, 60–61 und 68. Online abrufbar unter https://go.nwb.de/n9221 oder über den QR-Code.

Wir sind bestrebt, negative Auswirkungen unserer geschäftlichen Aktivitäten und Abläufe auf Menschenrechte, unter anderem in unserer Lieferkette, zu erkennen, zu verhindern oder zu minimieren. Die Allgemeine Erklärung der Menschenrechte der Vereinten Nationen (UDHR) und die UN-Leitprinzipien für Wirtschaft und Menschenrechte (UNGP) geben Regeln für eine verantwortungsvolle Geschäftstätigkeit vor. Wir haben uns verpflichtet, diese Standards einzuhalten, und sind bereits 2002 dem U.N. Global Compact (UNGC) beigetreten, der in seinen zehn Prinzipien die Themen Menschenrechte, Arbeitsbedingungen, Umweltschutz und Korruptionsbekämpfung abdeckt. Wir legen unsere Fortschritte in diesen Bereichen jährlich offen.

[…]

Wir verlangen von allen unseren Lieferanten die Einhaltung fairer Arbeitsbedingungen und -praktiken, um moderne Sklaverei zu verhindern und die Einhaltung der UDHR und des Verhaltenskodex für Lieferanten des Allianz Konzerns sicherzustellen. Lieferanten mit einem Auftragsvolumen von über 250000 € werden einem Integritäts-Screening unterzogen, um sicherzustellen, dass sie den Globalen Beschaffungsstandard der Allianz einhalten. Im Jahr 2021 überarbeiteten wir den Screening-Fragebogen und fügten Fragen zu Menschenrechten hinzu. Die Screening-Daten und Informationen über die Einhaltung des Verhaltenskodex fließen in unsere KPI-Berichte ein."

HINWEIS AUF DIE VERWENDUNG DER GRI-STANDARDS UND ERGÄNZENDER SPEZIFISCHER RAHMENWERKE AM BEISPIEL MERCEDES-BENZ GROUP[542]

„Nichtfinanzielle Erklärung

[…]

Die Angaben in dieser Erklärung wurden, soweit im Sinne der gesetzlichen Vorgabe sinnvoll, in Anlehnung an die GRI-Standards der Global Reporting Initiative dargestellt. Bei einzelnen Aspekten dienten interne Vorgaben und Definitionen als Maßstab.

[…]

Umweltbelange

[…]

Um eine effiziente, hochwertige und rechtskonforme sowie umweltschonende Herstellung zu gewährleisten, haben wir an unseren Produktionsstandorten Umweltmanagementsysteme nach EMAS beziehungsweise ISO 14001 und seit 2012 an den deutschen Produktionsstandorten Energiemanagementsysteme nach DIN EN ISO 50001 etabliert, die wir regelmäßig zertifizieren lassen. Außerhalb Deutschlands betreiben wir derzeit ISO 50001-Systeme an einzelnen Standorten. Der Norm entsprechend haben wir das Umwelt- und Energiemanagement in unserer Organisation verankert.

---

542 *Mercedes-Benz Group*, Geschäftsbericht 2021, S. 89, 98 und 100. Online abrufbar unter https://go.nwb.de/8i0ix oder über den QR-Code.

[…]

Die Wirksamkeit der Managementsysteme wird sowohl durch externe Gutachter im Rahmen der Zertifizierung (ISO 14001, EMAS, ISO 50001) als auch im Umweltbereich über interne Umweltrisikobewertungen (Environmental-Due-Diligence-Prozess) überprüft. In einem Fünfjahresturnus prüfen und bewerten wir die konsolidierten Produktionsstandorte des Konzerns nach einem standardisierten Prozess. Die Ergebnisse werden den jeweiligen Werks- und Geschäftsleitungen berichtet, sodass etwaige Optimierungen vorgenommen werden können. Aufgrund der Reisebeschränkungen und Lockdown-Regelungen durch die COVID-19-Pandemie konnten die geplanten Standortevaluierungen 2020 und 2021 nicht wie geplant stattfinden. Die ausgefallenen Evaluierungen sollen in den kommenden Jahren nachgeholt werden, um den Fünfjahresrhythmus für die Mercedes-Benz Group beizubehalten."

HINWEIS AUF DIE VERWENDUNG DER GRI-STANDARDS UND ERGÄNZENDER SPEZIFISCHER RAHMENWERKE AM BEISPIEL BAYER[543]

„Über diesen Bericht (Rechtliche Grundlagen und Berichtsstandards)

[…]

Als Rahmenwerk nutzen wir die GRI-Standards (§ 289d HGB). Zur Definition und Auswahl von nichtfinanziellen Indikatoren sowie zum Reporting orientieren wir uns außerdem u. a. an den internationalen Empfehlungen und Leitsätzen der OECD und der ISO 26000. Bei der Auswahl und Messung der Indikatoren berücksichtigen wir für den Bereich Treibhausgas-Emissionen die Empfehlungen des ‚Greenhouse Gas Protocol' und für sonstige nichtfinanzielle Indikatoren die der ‚European Federation of Financial Analysts Societies', des ‚World Business Council for Sustainable Development' und des Europäischen Chemieverbands.

[…]

Nachhaltigkeitsmanagement

[…]

Unser Bekenntnis zum ‚UN Global Compact' und zur ‚Responsible Care™'-Initiative der chemischen Industrie sowie unser Engagement im ‚World Business Council for Sustainable Development' (WBCSD) unterstreichen unser Selbstverständnis als nachhaltig handelndes Unternehmen.

[…]

Einhaltung der Menschenrechte

[…]

Wir gehören zu den Gründungsmitgliedern des ‚UN Global Compact' und bekennen uns zur Menschenrechtscharta der Vereinten Nationen sowie dem UN-Zivil- und UN-Sozialpakt, den UN-Leit-

---

543 *Bayer,* Integrierter Geschäftsbericht 2021, S. 25, 38 und 39. Online abrufbar unter https://go.nwb.de/6c96n oder über den QR-Code.

prinzipien für Wirtschaft und Menschenrechte sowie zu einer Reihe weltweit anerkannter Erklärungen für multinationale Unternehmen, u. a. den ‚OECD-Leitsätzen für multinationale Unternehmen‘, der ‚Dreigliedrigen Grundsatzerklärung über multinationale Unternehmen und Sozialpolitik‘ sowie den Kernarbeitsnormen der Internationalen Arbeitsorganisation (ILO).“

Oben (in Kap. VI.6.2) wurde bereits darauf Bezug genommen, dass bei verhältnismäßig kleineren, aber dennoch berichtspflichtigen Unternehmen die Verwendung des **Deutschen Nachhaltigkeitskodex** (DNK) von Vorteil sein kann. Auch in diesem Fall bietet sich u. U. die Hinzuziehung ergänzender, spezifischer Rahmenwerke an. Ein Beispiel für den Rückgriff auf den DNK enthält bereits das Beispiel Leoni (S. 181). Beispiele zur Verwendung des DNK – nebst weiteren Rahmenwerken – bieten Biotest und Barmenia.

HINWEIS AUF DIE VERWENDUNG DES DEUTSCHEN NACHHALTIGKEITSKODEX UND WEITERER RAHMENWERKE AM BEISPIEL BIOTEST[544]

„Vorbemerkungen

[…]

Diese Entsprechenserklärung folgt den Leitlinien, der Gliederung und der vorgeschlagenen Kriterienauswahl des deutschen Nachhaltigkeitskodexes DNK.

[…]

Strategie

[…]

Biotest befürwortet ausdrücklich auch den umfassenden Ansatz der Entwicklungsziele der UN für die Zeit bis 2030, die sogenannten ‚Sustainable Development Goals‘ (SDGs). Dabei unterstützen wir in unserem Kerngeschäft insbesondere die Ziele für eine gute Gesundheitsversorgung (SDG 3), und zwar überall in der Welt. Auch die weiteren SDGs decken sich mit unseren internen Anforderungen an eine verantwortungsvolle Geschäftstätigkeit. Die Nachhaltigkeitsberichterstattung von Biotest orientiert sich neben den zehn Prinzipien des UN Global Compact (UNGC) an weiteren internationalen Leitsätzen und Empfehlungen u. a. zur Definition und Auswahl von nicht-finanziellen Indikatoren sowie zum Reporting, wie z. B. denen der OECD. Bei der Auswahl und Messung der Indikatoren werden die Empfehlungen der ‚European Federation of Financial Analysts Societies (EFFAS)‘ berücksichtigt.“

---

544 *Biotest*, Nachhaltigkeitsbericht 2021, S. 3, 4 und 5. Online abrufbar unter https://go.nwb.de/crr27 oder über den QR-Code.

„Die Sustainable Development Goals (SDGs) könnten ein Meilenstein in der Zukunft sein.

Die deutschen Versicherer bekennen sich durch die GDV-Nachhaltigkeitspositionierung zu den Sustainable Development Goals der Vereinten Nationen (SDGs) und zu den Zielen des Pariser Klimaschutzabkommens.

[…]

Die Barmenia berichtet seit 2015 nach den Kennzahlen des Deutschen Nachhaltigkeitskodex (DNK). Sie bietet als Mentor anderen Unternehmen Hilfestellung zur Umsetzung. Als Unternehmen mit Geschäftsgebiet Deutschland wendet die Barmenia dieses national entwickelte Rahmenwerk mit internationaler Ausrichtung an. Da der DNK auch Grundlage für weitere Länder sein kann, stützt sie damit auch ihren Wirtschaftsstandort. Den DNK sieht die Barmenia als geeignetes – auch internationales – Rahmenwerk an, um die gesellschaftliche Entwicklung nachhaltig zu stärken."

Letztlich bieten sich abhängig von der Größe und Branche eines Unternehmens sowie der in einem Unternehmen verankerten Berichterstattungspraxis unterschiedliche Vorgehensweisen an. Im Folgenden finden sich die wesentlichsten Unterschiede zwischen ausgewählten Rahmenwerken dargestellt. Bei allen diesen Rahmenwerken handelt es sich um solche Rahmenwerke, deren Anwendung seitens der EU bzw. des deutschen Gesetzgebers empfohlen wird. Eine erste Einordnung weit verbreiteter Rahmenwerke bietet die folgende Gegenüberstellung.

---

545 *Barmenia*, Nichtfinanzieller Bericht 2021, S. 26–27. Online abrufbar unter https://go.nwb.de/35vof oder über den QR-Code.

Abb. 37:	Gegenüberstellung von Rahmenwerken[546]				
	GRI-Standards	SASB-Standards	OECD-Leitsätze für multinationale Unternehmen	Global Compact der Vereinten Nationen	Integrated Reporting nach dem Rahmenkonzept des IIRC
Zielsetzungen	Information über die positiven oder negativen Beiträge einer Organisation zu einer nachhaltigen Entwicklung (Berichterstattung über ökonomische, ökologische und soziale Auswirkungen)	Information darüber, wie wesentliche Nachhaltigkeitsbelange erfasst und offengelegt werden	Förderung des ökonomischen, ökologischen und sozialen Fortschritts	Einhaltung von sozialen und ökologischen Mindeststandards	Information über Zusammenhänge zur Wertschöpfung (finanzieller und nichtfinanzieller Natur) in einem integrierten Format
Zielgruppe	Alle Stakeholder	Investoren	Alle Stakeholder der OECD-Mitgliedstaaten	Alle Stakeholder der Mitgliedstaaten der UNO	Investoren und weitere Stakeholder
Geografischer Hintergrund	Global	USA	Global	Global	Global
Anwendungsbereich	Universell	Branchenspezifisch	Universell	Universell	Universell

---

546 In Anlehnung an *Lindner/Müller*, Die Standards der Global Reporting Initiative als Rahmenwerk für die nichtfinanzielle Berichterstattung – Inhaltlicher Überblick und Vorschlag zur Anwendung, Zeitschrift für Internationale Rechnungslegung 2020 S. 140 und *Ewelt-Knauer/Schneider/Blaß*, Eine kritische und vergleichende Analyse der Nachhaltigkeitsberichterstattung nach den Standards der GRI und des SASB, Der Betrieb 2018 S. 1679.

Bei den **GRI-Standards** handelt es sich um ein Rahmenwerk zur Nachhaltigkeitsberichterstattung, dessen Anwendung international gebräuchlich ist.[547] Die GRI-Standards richten sich an Unternehmen aller Größen und Branchen. Die nach den GRI-Standards geforderten Informationen sind nicht auf eine bestimmte Zielgruppe hin ausgerichtet, sondern berücksichtigen die Bedürfnisse aller Stakeholder. Sie setzen sich aus universellen Standards (mit Berichterstattungsgrundsätzen, Informationen zur Handhabung der Standards, allgemeinen Standardangaben und Informationen zur Berichterstattung des *management approach*) und themenspezifischen Standards (zu ökonomischen Kriterien, Umweltaspekten und gesellschaftlichen Aspekten) zusammen. Für die GRI-Standards hat der Standardsetzer – namentlich die Global Reporting Initiative – ein Dokument mit einer **Überleitung von den GRI-Standards zu den Berichtserfordernissen nach der CSR-Richtlinie** veröffentlicht.[548] Dies erleichtert die Anwendung der GRI-Standards erheblich, indem die berichtspflichtigen Unternehmen eine Hilfe bekommen, wie die GRI-Standards angewendet werden können, damit die Unternehmen den Berichtspflichten nach der CSR-Richtlinie nachkommen.

Gegenüber den international gebräuchlichen GRI-Standards sind im US-amerikanischen Raum die Standards des ehemaligen Sustainability Accounting Standards Board (SASB) zur Nachhaltigkeitsberichterstattung vorherrschend.[549] Die **SASB-Standards** sind branchenspezifisch formuliert und richten sich an börsennotierte Unternehmen. Die nach den SASB-Standards geforderten Informationen sind auf die Bedürfnisse von Investoren ausgerichtet. Dementsprechend beinhalten die Vorgaben des SASB einen Mindestkatalog an Nachhaltigkeitskriterien, die wesentlich für Investoren und Unternehmen sind; zudem weisen sie einen klaren Branchenbezug auf.[550] Die Fokussierung auf wirtschaftlich relevante nachhaltigkeitsbezogene Faktoren und die branchenspezifische Ausgestaltung führen dazu, dass die SASB-Standards die Anforderungen der nichtfinanziellen Berichterstattung nach HGB nur bedingt ausfüllen können.[551] Deswegen und wegen der Ausrichtung der SASB-Standards auf den US-amerikanischen Markt begründen vornehmlich die folgenden Fälle deren Anwendung:

---

547 Zu den GRI-Standards vgl. ausführlich *GRI*, GRI Standards, 2020.

548 Vgl. *GRI*, Linking the GRI Standards and the European Directive on non-financial and diversity disclosure, 2017.

549 Vgl. zu den SASB-Standards *SASB*, Sustainability Accounting Standards Board, 2020. Eine Einordnung der SASB-Standards und eine ausführliche Gegenüberstellung der GRI-Standards und der SASB-Standards bieten *Ewelt-Knauer/Schneider/Blaß*, Eine kritische und vergleichende Analyse der Nachhaltigkeitsberichterstattung nach den Standards der GRI und des SASB, Der Betrieb 2018.

550 Vgl. *Ewelt-Knauer/Schneider/Blaß*, Eine kritische und vergleichende Analyse der Nachhaltigkeitsberichterstattung nach den Standards der GRI und des SASB, Der Betrieb 2018 S. 1678 f.

551 Siehe hierzu auch *Schmidt*, Zur Relevanz der SASB-Standards für deutsche Unternehmen, Die Wirtschaftsprüfung 2020 S. 685 ff.

1. Es besteht eine Börsennotierung in den USA oder es besteht eine Verbindung zu einem Unternehmen, das die SASB-Standards anwendet;

2. es soll eine Vergleichbarkeit mit US-amerikanischen Wettbewerbern hergestellt werden;

3. US-amerikanische Investoren des Unternehmens fordern die Anwendung der SASB-Standards.[552]

Als genereller Vorteil der SASB-Standards – etwa gegenüber den GRI-Standards mit einem breiteren Regelungsbereich – ist jedoch zu nennen, dass diese aufgrund der Branchenfokussierung vergleichsweise einfach umzusetzen sind.[553]

Die **OECD-Leitsätze für multinationale Unternehmen** stellen weltweit anerkannte Empfehlungen für eine verantwortungsvolle Unternehmensführung dar.[554] Diese Leitsätze bieten *„einen Verhaltenskodex bei Auslandsinvestitionen und für die Zusammenarbeit mit ausländischen Zulieferern. Sie beschreiben, was von Unternehmen bei ihren weltweiten Aktivitäten im Umgang mit Gewerkschaften, im Umweltschutz, bei der Korruptionsbekämpfung oder der Wahrung von Verbraucherinteressen erwartet wird.“*[555] *„Mit den Leitsätzen soll gewährleistet werden, dass die Aktivitäten multinationaler Unternehmen im Einklang mit den staatlichen Politiken stehen, die Vertrauensbasis zwischen den Unternehmen und dem Gastland gestärkt, das Klima für ausländische Investitionen verbessert und der Beitrag der multinationalen Unternehmen zur nachhaltigen Entwicklung gesteigert werden.“*[556] Wenngleich die OECD-Leitsätze für multinationale Unternehmen einen Abschnitt zur Offenlegung von Informationen umfassen, so handelt es sich bei diesen Leitsätzen – den Zielsetzungen dieses Rahmenwerks folgend – nicht in erster Linie um Vorgaben für die Berichterstattung. Nichtsdestotrotz bietet es sich an, diese Empfehlungen aufgrund deren weltweiter Anerkennung und Verbreitung als Orientierung für die Berichterstattung über spezifische Belange – etwa im Bereich der Bekämpfung von Korruption und Bestechung – heranzuziehen. Letztlich sind die Leitsätze also insbesondere in Ergänzung zu einem Rahmenwerk mit einem umfassenderen Regelungsbereich anzuwenden.

Neben den OECD-Leitsätzen für multinationale Unternehmen stellt der **Global Compact der Vereinten Nationen** (UN Global Compact) eine weltweit bedeutende Initiative

---

552 Vgl. zu Anwendungsbereichen der SASB-Standards in der nichtfinanziellen Berichterstattung nach den handelsrechtlichen Vorgaben *Schmidt*, Zur Relevanz der SASB-Standards für deutsche Unternehmen, Die Wirtschaftsprüfung 2020 S. 686.

553 Vgl. *Schmidt*, Zur Relevanz der SASB-Standards für deutsche Unternehmen, Die Wirtschaftsprüfung 2020 S. 686.

554 Die OECD-Leitsätze finden sich unter *OECD*, OECD-Leitsätze für multinationale Unternehmen, 2011.

555 *OECD*, OECD-Leitsätze für multinationale Unternehmen, 2011.

556 *OECD*, OECD-Leitsätze für multinationale Unternehmen, 2011, S. 15.

für verantwortungsvolle Unternehmensführung dar.[557] Zum einen auf der Grundlage von zehn universellen Prinzipien zu den Themen Menschenrechte, Arbeitsnormen, Umweltschutz und Korruptionsbekämpfung und zum anderen auf Basis der Sustainable Development Goals (SDG), die auf den zehn universellen Prinzipien aufbauen, verfolgt der UN Global Compact die Vision einer inklusiven und nachhaltigen Weltwirtschaft.[558] *„Als Initiative der Vereinten Nationen bietet der UN Global Compact einen einzigartigen Rahmen, um über Branchen und Grenzen hinweg über eine gerechte Ausgestaltung der Globalisierung zu diskutieren und diese Vision mit geeigneten Strategien und Aktivitäten zu verwirklichen. Dabei versteht sich die Initiative nicht als zertifizierbarer Standard oder als Regulierungsinstrument, sondern als ein offenes Forum, um Veränderungsprozesse anzustoßen und Ideen zu teilen.“*[559] Beim UN Global Compact handelt es sich folglich ebenfalls nicht um ein Rahmenwerk, das speziell auf die Berichterstattung ausgerichtet ist. Vielmehr ist dieses Rahmenwerk – vergleichbar mit den OECD-Leitsätzen für multinationale Unternehmen – als ergänzendes Rahmenwerk zu berücksichtigen, um bei bestimmten Themen die Berichtsinhalte besser abgrenzen zu können.

Anders als bei den OECD-Leitsätzen für multinationale Unternehmen und dem UN Global Compact zielt das vom International Integrated Reporting Council (IIRC) entwickelte Rahmenwerk zum **Integrated Reporting** (IR) konkret auf die Verbesserung der Unternehmensberichterstattung ab. Bei dem Rahmenwerk zum Integrated Reporting (auch: IR Framework) handelt es sich um einen *„Standard für integrierte Berichte, mit dem eine zusammenhängende Bilanzierung von Finanz-, Umwelt-, und Sozialaspekten erreicht wird“*.[560] Das IR Framework nennt sieben Prinzipien, auf deren Basis ein integrierter Bericht erstellt werden soll.[561] Zudem konkretisieren Inhaltselemente die Bestandteile eines integrierten Berichts, indem diese als inhaltlicher Leitfaden mögliche Angaben eines integrierten Berichts abstecken. Mit seiner grundsätzlichen (integrierten) Ausrichtung geht das Konzept des Integrated Reporting über die Ansätze der nichtfinanziellen Berichterstattung hinaus. Die Berichterstattung über Nachhaltigkeitsthemen ist beim IR Framework Bestandteil eines integrierten Berichts.[562] Demzufolge deckt das IR Framework die Anforderungen der nichtfinanziellen Berichterstattung vom Grundsatz her (mehr als) ab oder ist, anders formuliert, für die Erstellung der nichtfinanziellen Berichterstattung in deren Gesamtheit geeignet und nicht auf spezifische Belange be-

---

557 Vgl. zum Global Compact der Vereinten Nationen *UNGC*, United Nations Global Compact, 2020.

558 Eine Beschreibung der Prinzipien findet sich im Leitfaden für nachhaltiges Wirtschaften, *UNGC*, Leitfaden für nachhaltiges Wirtschaften, 2014; siehe auch schon Kap. I.1.1.

559 *UNGC*, Über uns, 2020.

560 *Stakeholder Reporting*, Von der Idee zur Standardisierung, 2020.

561 Vgl. zum IR Framework *IIRC*, Integrated Reporting, 2020.

562 Vgl. *Nagel-Jungo/Affolter*, Nachhaltigkeitsberichterstattung im Rahmen integrierter Berichterstattung, Zeitschrift für Internationale Rechnungslegung 2016 S. 428.

grenzt. Nichtsdestotrotz haben die in Kap. VI.4.2 vorgestellten Studien gezeigt, dass die Anwendung des IR Framework bei der Erfüllung der Pflichten zum nichtfinanziellen Bericht in Deutschland weit hinter der Verwendung der GRI-Standards zurückbleibt. Ursächlich dafür könnte sein, dass mit der Umstellung auf ein integriertes Konzept weitreichende Konsequenzen für die gesamte Berichterstattungspraxis einhergehen. Demgegenüber sind die konkreten Angabepflichten, die von den Unternehmen zur Erfüllung der Anforderungen des IR Framework abzuhandeln sind, vergleichsweise gering. Anders gesagt ergibt sich aus der Natur des IR Framework als „Rahmenwerk" i. e. S. ein weitaus größerer Gestaltungsspielraum im Verhältnis zu anderen Standards, insbesondere im Vergleich zu den GRI-Standards. Im Januar 2021 wurde – nach vorheriger ausführlicher Revision –[563] eine **Neufassung des IR Framework** veröffentlicht.[564] Inwieweit diese zu einer Neubeurteilung seiner Eignung als Rahmenwerk für die nichtfinanzielle Berichterstattung führen wird, bleibt abzuwarten.

Im Hinblick auf die zukünftigen Entwicklungen der dargestellten Rahmenwerke ist der Ende 2020 verlautbarte und 2021 abgeschlossene **Zusammenschluss des SASB und des IIRC** von großer Bedeutung. Die neue Organisation firmierte unter der Bezeichnung Value Reporting Foundation (VRF). Diese sollte die Berichtskonzepte, welche im IR Framework und in den SASB-Standards ihren Niederschlag gefunden haben, weiter verknüpfen und damit letztlich der Idee des Integrated Reporting weiter Vorschub leisten. Beide Rahmenwerke wurden dabei dennoch auf eigenständiger Basis fortgeführt. Inzwischen wurde die VRF mit dem *International Sustainability Standards Board* (ISSB) der IFRS Foundation verschmolzen und die SASB-Standards bilden dort die Grundlage für die Entwicklung der IFRS SDS (siehe Kap. II.1.3).

Die Vielzahl an internationalen Rahmenwerken, die für die Berichterstattung über nachhaltigkeitsbezogene Informationen genutzt werden können, erschwert es den (potenziellen) Anwendern, den Überblick zu wahren und den jeweiligen Spezifika der Angabepflichten angemessen Rechnung zu tragen (siehe bereits Kap. VI.1). Damit stellt dies zugleich ein bedeutsames Hindernis für die weitere Anwendung dieser Rahmenwerke dar. Dieses Problem ist auch den wichtigsten internationalen Standardsetzern bewusst. Infolgedessen veröffentlichten die GRI, das SASB und das IIRC gemeinsam mit den beiden Standardsetzern auf dem Gebiet der klimabezogenen Berichterstattung, dem Carbon Disclosure Project (CDP) und dem Climate Disclosure Standards Board (CDSB), im September 2020 eine **Absichtserklärung** dazu, zukünftig ihre Verlautbarungen in engerer Abstimmung zu verfassen.

---

563 Vgl. zur Revision 2020 *IIRC*, 2020 Revision: <IR> Framework, 2020.
564 Vgl. *IIRC*, The International <IR> Framework, 2021.

Konkret

▶ sollen Richtlinien zur komplementären Anwendung der verschiedenen bestehenden Rahmenwerke erstellt werden;

▶ soll eine gemeinsame Vorgehensweise zur Integration nichtfinanzieller Aspekte in die Finanzberichterstattung forciert werden;

▶ soll die Zusammenarbeit miteinander und mit ihren Stakeholdern im Allgemeinen vertieft werden.[565]

Darüber hinaus veröffentlichten die genannten Standardsetzer eine erste **gemeinsame Stellungnahme,** welche u. a. bereits die Schnittmengen und Abgrenzungen zwischen ihren Verlautbarungen konzeptionell darzustellen und damit deren kombinierte Anwendung zu begünstigen versucht.[566] Diese Absichtserklärung führte einerseits zu den zuvor erwähnten Zusammenschlüssen etablierter Standardsetzer und ist andererseits für die weiterhin stattfindenden Harmonisierungsbestrebungen zwischen den verbliebenen Organisationen (insbesondere der GRI und dem ISSB) von großer Bedeutung.

Einen besonderen Stellenwert nehmen die Empfehlungen der **Task Force for Climate-related Financial Disclosures (TCFD)** des Finanzstabilitätsrats der G20-Staaten ein. Diese Expertenkommission wurde im Rahmen der UN-Klimakonferenz in Paris 2015 mit dem Ziel gegründet, Leitlinien für die freiwillige Berichterstattung von Unternehmen über klimabezogene Finanzrisiken zu entwickeln. Der im Juni 2017 von ihr veröffentlichte Endbericht adressiert vier Themenfelder, zu denen Vorschläge für mögliche Angaben unterbreitet werden: Diese umfassen die Bereiche Governance, Strategie, Risikomanagement sowie Maßzahlen und Ziele.[567] Obschon hierbei schlussendlich andere Blickwinkel auf nichtfinanzielle Belange, nämlich von einer Outside-in-Perspektive bestimmt, im Fokus stehen, wurde den Empfehlungen der TCFD im Zusammenhang mit der nichtfinanziellen Berichterstattung in den vergangenen Jahren ein hoher Stellenwert beigemessen. Deutlich kommt dies etwa durch die Bezugnahme auf diese Empfehlungen im Nachtrag zu den Leitlinien der EU-Kommission zur nichtfinanziellen Berichterstattung (siehe Kap. I.2.2) sowie im ersten Projektbericht des European Lab (siehe Kap. I.2.2.2) zum Ausdruck. Auch für zukünftige Reformvorhaben auf dem Gebiet

---

565 Vgl. *CDP/CDSB/GRI/IIRC/SASB,* Press release: Five global organisations, whose frameworks, standards and platforms guide the majority of sustainability and integrated reporting, announce a shared vision of what is needed for progress towards comprehensive corporate reporting – and the intent to work together to achieve it, 2020.

566 Vgl. *CDP/CDSB/GRI/IIRC/SASB,* Statement of Intent to Work Together Towards Comprehensive Corporate Reporting, 2020. Ein etwas ausführlicheres Papier, welches ausschließlich auf das Zusammenspiel von SASB-Standards und GRI-Standards fokussiert ist, wurde vom SASB im Zuge der Konsultation zur Überarbeitung der CSR-Richtlinie veröffentlicht; siehe *SASB,* IIRC and SASB announce intent to merge in major step towards simplifying the corporate reporting system, 2020.

567 Vgl. *TCFD,* Final Report: Recommendations of the Task Force on Climate-related Financial Disclosures, 2017.

der nichtfinanziellen Berichterstattung soll den Empfehlungen der TCFD maßgebliche Bedeutung zukommen. Konzeptionell wird damit allerdings der Rahmen der nichtfinanziellen Berichterstattung in ihrem bisherigen Verständnis verlassen und ein weiterer Schritt in Richtung Integrated Reporting unternommen.[568] Empirische Befunde zum Umsetzungsgrad der Klimaberichterstattung deutscher Unternehmen zeigen darüber hinaus, dass hier noch teils weitreichender Entwicklungsbedarf in der Praxis besteht.[569] Durch ihren Fokus auf einen Teilbereich der Umweltbelange ist die Empfehlung allenfalls ergänzend zu anderen, thematisch umfassenderen Rahmenwerken oder punktuell für den Teilbereich klimabezogener Angaben in der nichtfinanziellen Berichterstattung anwendbar.

Ein auf nationaler Ebene entwickeltes, aber international anwendbares Rahmenwerk[570] ohne Beschränkung auf einzelne Berichtselemente stellt der **Deutsche Nachhaltigkeitskodex (DNK)** dar. Der DNK liefert – mit der Anknüpfung an 20 Kriterien – einen Rahmen für die Berichterstattung zu nichtfinanziellen Leistungen, der nicht auf eine bestimmte Rechtsform oder Unternehmensgröße ausgerichtet ist.[571] Der DNK unterstützt explizit den Einstieg in die nichtfinanzielle Berichterstattung und fördert den Aufbau einer Nachhaltigkeitsstrategie. Besonders vorteilhaft für die Heranziehung des DNK zur Erfüllung der handelsrechtlichen Pflichten zum nichtfinanziellen Bericht ist, dass er eine konkrete Orientierung darüber gibt, wie die CSR-Berichtspflicht praktisch umgesetzt werden kann. Dazu wurden die gesetzlich geforderten Inhalte zur Erfüllung der Berichtspflichten in den DNK integriert. Die Vorgehensweise bei der Anwendung ist wie folgt: *„Um den Nachhaltigkeitskodex zu erfüllen, erstellen Unternehmen eine sog. DNK-Erklärung zu den zwanzig DNK-Kriterien und den ausgewählten quantifizierbaren Leistungsindikatoren. [...] Die DNK-Erklärung kann als nichtfinanzielle Erklärung zur Erfüllung der CSR-Berichtspflicht genutzt werden. Anwender berichten dabei die gesetzlich geforderten Belange.“*[572] Letztlich wird somit auch in diesem Fall – wie bei den umfassenderen GRI-Standards – eine Überleitung zu den gesetzlichen Berichtspflichten vorgenommen, um den Unternehmen mehr Verlässlichkeit und Erleichterungen bei der Anwendung des Rahmenwerks zu bieten.

---

568 Vgl. *Baumüller/Scheid/Kotlenga*, Klimaberichterstattung in der EU: Eine kritische Bestandsaufnahme, Der Konzern 2020 S. 393.

569 Zum Beispiel *Wulf/Friedrich*, Bedeutung klimabezogener Rahmenwerke in der nichtfinanziellen Berichterstattung, Zeitschrift für Corporate Governance 2020 S. 230 f.; ausführlich auch *Wulf/Friedrich/Senger/Staikowski*, Klimabezogene Angaben in der nichtfinanziellen Pflichtberichterstattung – Deskriptive Analyse und empirische Evidenz zur Berichtsqualität der DAX30-Unternehmen, Zeitschrift für Umweltpolitik und Umweltrecht 2020 S. 460 ff.

570 Zur internationalen Anwendung vgl. *Böcking/Gros/Althoff*, § 289d HGB – Nutzung von Rahmenwerken, in Ebenroth/Boujong/Joost/Strohn (Hrsg.), Handelsgesetzbuch, 4. Aufl. 2020, § 289d HGB Tz. 6.

571 Vgl. zum DNK – auch im Folgenden – *RNE*, Deutscher Nachhaltigkeitskodex, 2020.

572 *RNE*, Fünf Schritte auf dem Weg zur DNK-Erklärung, 2020.

5 European Sustainability Reporting Standards

5.1 ESRS als Rahmenwerk gem. § 289d HGB

Mit Eintritt der Berichtspflicht nach den Grundsätzen der CSRD werden die Europäischen Standards zur Nachhaltigkeitsberichterstattung (ESRS) von europäischen Unternehmen verpflichtend anzuwenden sein. Ein Wahlrecht zum Rückgriff auf alternative Rahmenwerke – vergleichbar mit der aktuellen Rechtslage – ist ab diesem Zeitpunkt nicht mehr vorgesehen. Die bislang anwendbaren Rahmenwerke verlieren damit an Bedeutung und die Berichterstattung ist in umfassender Weise an die ESRS anzupassen. Aber auch vor Eintritt in die Berichtspflicht nach CSRD können die ESRS, sobald diese offiziell verabschiedet sind, u. E. als Rahmenwerk gem. § 289d HGB zur Anwendung kommen. Bei den ESRS handelt es sich um Standards, die eine Fülle an Regelungen bereitstellen und als Orientierung für die gesamten Inhalte der Nachhaltigkeitsberichterstattung herangezogen werden können. Mithin wird eine Kombination mehrerer Rahmenwerke mit Anwendung der ESRS obsolet.

Aus diesem Grund ist es ratsam, sich frühzeitig mit den Inhalten der Standards auseinanderzusetzen und ein Vergleich mit den bisher angewendeten Rahmenwerken vorzunehmen. Hindernd wirkt jedoch, dass die ESRS in ihrer Letztfassung für die Erstanwender der CSRD vermutlich erst verhältnismäßig spät vorliegen werden (nämlich in Form des ersten Sets an Standards zur Jahresmitte 2023). Der grundlegende Aufbau der ESRS wird allerdings durch die Anforderungen der CSRD bzw. der Bilanz-Richtlinie i. d. F. der CSRD bestimmt (werden) und ist somit bekannt. Die detaillierten Inhalte der Standards sind allerdings vorläufig. Nichtsdestotrotz liefern die bereits veröffentlichten Standardentwürfe erste Einschätzungen zum Anpassungsbedarf an die Berichterstattung. Dieses Kap. VI.5 gibt einen Überblick über die Inhalte der am 29.4.2022 veröffentlichten Standardentwürfe. Die folgende Darstellung beginnt mit den sektorunabhängigen Querschnittstandards. Es folgen die themenspezifischen, sektorunabhängigen Standards zu den Bereichen „Environment", „Social" und „Governance". Weitere Informationen zur Standardisierung der Berichterstattung mithilfe der ESRS, etwa zur Entstehung der ESRS, zur Verbindung mit der CSRD, zur Struktur der ESRS und zur zeitlichen Anwendbarkeit, werden ausführlich in Kap. I.2.2 und Kap. III erläutert.

5.2 Sektorunabhängige Querschnittsstandards

5.2.1 E-ESRS 1: Allgemeine Grundsätze

Die beiden Querschnittstandards E-ESRS 1 und E-ESRS 2 greifen über alle Nachhaltigkeitsthemen hinweg. E-ESRS 1 beinhaltet allgemeine Vorgaben zur Nachhaltigkeitsberichterstattung im Rahmen des CSRD. Insbesondere beschreibt E-ESRS 1 Grundsätze, die über alle Standards (sektorunabhängig und sektorspezifisch) hinweg gelten sollen, um eine konsistente Berichterstattung für alle Themenbereiche zu gewährleisten.[573] Abb. 38 fasst die Regelungsbereiche von E-ESRS 1 zusammen.

---

573 Vgl. *EFRAG*, ESRS Exposure Drafts public consultation – Cover note, 2022,Tz. 29, Buchst. a.

Abb. 38: Regelungsbereiche von E-ESRS 1

Offenlegungsanforderungen nach E-ESRS 1 – Allgemeine Vorgaben		
Ziele und Architektur der ESRS	**Verhältnis zwischen sektorunabhängigen und -spezifischen Standards**	**Unternehmensspezifische Angaben**

▶ Offenlegung sämtlicher wesentlicher Informationen des Unternehmens hinsichtlich seiner nachhaltigkeitsbezogenen Auswirkungen, Risiken und Chancen
▶ Abdeckung der drei Themenbereiche Environment, Social und Governance
▶ Berichtsabschnitte:
  • Strategie und Geschäftsmodell in Bezug auf Nachhaltigkeit;
  • Governance und Organisation in Bezug auf Nachhaltigkeit;
  • Wesentlichkeitsbewertung seiner nachhaltigkeitsbezogenen Risiken und Chancen;
  • Umsetzungsmaßnahmen in Bezug auf Konzepte, Ziele, Maßnahmen, Aktionspläne und der Zuweisung von Ressourcen;
  • Leistungskennzahlen
▶ Gegebenenfalls Angabe, bis wann ein Konzept implementiert werden soll
	▶ Offenlegung der Wechselwirkung von Nachhaltigkeitsaspekten und der Unternehmensstrategie bzw. des Geschäftsmodells; der Steuerung und Organisation der wesentlichen nachhaltigkeitsbezogenen Auswirkungen, Risiken und Chancen; der Bewertung der wesentlichen nachhaltigkeitsbezogenen Auswirkungen, Risiken und Chancen.	▶ Offenlegung von Leistungskennzahlen, welche darauf hindeuten, dass das unternehmerische Handeln negative Auswirkungen verringert und positive Auswirkungen erhöht.
		▶ Kritische Würdigung der Messbarkeit von Sachverhalten, um willkürliche Annahmen bzw. Schätzungen zu vermeiden.
		▶ Offenlegung der Prämissen hinsichtlich Interpretation und Vergleichbarkeit quantitativer Kennzahlen.

Standardisierte Abgabepflichten	**Verhältnis zwischen sektorunabhängigen und -spezifischen Standards**	
▶ Hohe Vergleichbarkeit als Zielsetzung ▶ Grds. Offenlegung von standardisierten, sektorunabhängigen Informationen ▶ Ergänzung unternehmensspezifischer Informationen, falls erforderlich	Offenlegung von sektorspezifischen Informationen erforderlich, wenn sektorunabhängige Standards die nachhaltigkeitsbezogenen Aspekte des Unternehmens gar nicht oder nur unzureichend abdecken.	

Offenlegungsanforderungen nach E-ESRS 1 – Zentrale Konzepte

Eigenschaften der offenzulegenden Informationen	Berichtsgrenzen und Wertschöpfungskette	Due Dilligence in der CSRD
Informationsqualität durch Relevanz, Glaubwürdigkeit, Vergleichbarkeit, Überprüfbarkeit und Verständlichkeit.	Berücksichtigung wesentlicher tatsächlicher oder potenzieller (nachteiliger) Auswirkungen, Risiken und Chancen im Zusammenhang mit der Wertschöpfungskette des Unternehmens (einschließlich seiner Produkte und Dienstleistungen, seiner Geschäftsbeziehungen und seiner Lieferkette).	Identifikation, Bewertung, Verhinderung, Minderung oder Behebung tatsächlicher oder potenzieller negativer Auswirkungen der unternehmerischen Tätigkeiten, Produkte oder Dienstleistungen.
Doppelte Wesentlichkeit als Basis für Nachhaltigkeitsoffenlegung	**Zeithorizont**	
▶ Berichterstattung sowohl über nachhaltigkeitsbezogene Auswirkungen aus der Geschäftstätigkeit auf Umwelt und Gesellschaft („Inside-out") als auch über Auswirkungen von Nachhaltigkeitsaspekten auf den Unternehmenswert („Outside-in").	▶ Berücksichtigung kurz-, mittel- und langfristiger Zeithorizonte für die Nachhaltigkeitsberichterstattung.	
▶ Im Hinblick auf sektorunabhängige und -spezifische Angabepflichten: widerlegbare Wesentlichkeitsvermutung (aber nicht auf Angaben gem. ESRS 2 anwendbar).	▶ Offenlegung sowohl vergangenheitsorientierter als auch zukunftsorientierter Informationen.	
▶ Im Hinblick auf unternehmensspezifische Angabepflichten: Identifikation nicht standardisierter Offenlegungs-Bedarfe.		

Offenlegungsanforderungen nach E-ESRS 1 – Offenlegungsgrundsätze zur Konkretisierung der zu den thematischen Standards zu tätigenden Angaben	
Abzudeckende Angabenbereiche	Detail-Leitlinien für die geforderten Angaben
Berichterstattung über:	Umfassende Leitlinien zu:
▶ vom Unternehmen verabschiedete Strategien zum Umgang mit seinen wesentlichen nachhaltigkeitsbezogenen Auswirkungen, Risiken und Chancen;	▶ implementierten Konzepten zur Handhabung wesentlicher Nachhaltigkeitsaspekte;
▶ Ziele, welche sich das Unternehmen gesetzt hat, um zu definieren, was es erreichen möchte;	▶ Zielen, Fortschritten und Effektivitätsmessungen;
▶ Maßnahmen und Aktionspläne (einschließlich Übergangsplänen), welche das Unternehmen eingeführt hat;	▶ Maßnahmen, Aktionsplänen und Ressourcen in Relation zu den Konzepten und Zielen.
▶ Ressourcen, Betriebs- und Investitionsausgaben, welche das Unternehmen für die Aktionspläne aufwendet.	

Offenlegungsanforderungen nach E-ESRS 1 – Leitlinien zur Aufbereitung und Darstellung von Nachhaltigkeitsinformationen

Allgemeine Darstellungsprinzipien	Änderung bei der Aufbereitung der Darstellung	Optionale Angaben
▸ Klare Unterscheidung zwischen Informationen, die sich aus der Implementierung der ESRS ergeben, und anderen im Lagebericht enthaltenen Informationen. ▸ Struktur sowohl in menschen- als auch in maschinenlesbar Form.	Bei Änderungen hinsichtlich der Aufbereitung und Darstellung von Nachhaltigkeitsinformationen entsprechende Anpassung der Daten des Vergleichszeitraums notwendig.	Befolgen der Bestimmungen der ESRS bei der Darstellung von optionalen Angaben.
Offenlegung vergleichbarer Informationen	**Berichtsfehler in früheren Zeiträumen**	**Konsolidierte Berichterstattung und Befreiung von Tochterunternehmen**
Offenlegung vergleichbarer Informationen nicht durch den Einbezug vorangegangener Perioden (Vorjahresangaben).	▸ Ordnungsgemäße Erläuterung etwaiger früher Fehler in der Nachhaltigkeitsberichterstattung. ▸ Rückwirkende Anpassung der entsprechenden Vergleichswerte.	Sicherstellung, dass im Konzernlagebericht die Nachhaltigkeitsberichterstattung auf konsolidierter Basis für den gesamten Konsolidierungskreis mit den jeweiligen Erweiterungen auf die Wertschöpfungsketten erfolgt.
Umgang mit Schätzungen	**Beeinträchtigungen und finanzielle Risiken**	**Nutzung von anderen Rahmenwerken etc. für die Berichterstattung**
▸ Verwendung angemessener Schätzungsmethoden. ▸ Genaue Beschreibung dieser Methoden einschließlich etwaiger Faktoren der Unsicherheit.	Offenlegung von Maßnahmen oder Aktionsplänen des Unternehmens zur Vermeidung von nachhaltigkeitsbezogenen Auswirkungen oder finanziellen Risiken einerseits oder zur Nutzung von nachhaltigkeitsbezogenen Chancen andererseits.	Möglichkeit der Nutzung allgemein anerkannter Verlautbarungen, Leitlinien, Rahmenwerke usw. im Hinblick auf die Nachhaltigkeitsberichterstattung (einschließlich sektorspezifischer Leitlinien).
Umgang mit Ereignissen nach dem Ende der Berichterstattung		
Beurteilungen von Sachverhalten, über die berichtet wird, auf Grundlage der neuesten verfügbaren und validen Daten, ggf. verbunden mit entsprechenden Anpassungen.		

Offenlegungsanforderungen nach E-ESRS 1 – Leitlinien zur Verknüpfung der Nachhaltigkeitsberichterstattung mit anderen Teilen der Rechnungslegung	
Konzeptionelle Konsistenz	Konnektivität zur Finanzberichterstattung
▶ Enge Anlehnung der Nachhaltigkeitsberichterstattung an die allgemeinen Regelungen für Lagebericht und Jahresabschluss.	▶ Verweis auf relevante Teile in der Finanzberichterstattung für alle identischen monetären Angaben oder Teilbeträge.
▶ Nutzung von sinnvollen Querverweisen in den verschiedenen Berichten.	▶ Bei der Berichterstattung über aggregierte Werte oder Teilbeträge zusätzliche Erläuterung, in welcher Beziehung diese zu den in der Finanzberichterstattung ausgewiesenen Beträgen stehen.
▶ Auflistung von Offenlegungspflichten der ESRS (Verweis auf andere Berichte als den Lagebericht ist nicht zulässig).	▶ Sicherstellung der Konsistenz von Daten, Annahmen und qualitativen Ausführungen im Nachhaltigkeitsbericht und in der Finanzberichterstattung.

Offenlegungsanforderungen nach E-ESRS 1 – Grundsätze, nach denen die Berichterstattung gem. ESRS in die weitere Unternehmensberichterstattung zu integrieren ist	
Identifizierbarkeit der Nachhaltigkeitsberichterstattung	Ort der Nachhaltigkeitsberichterstattung
Offenlegung aller getätigten Angaben als klar identifizierbare Teile des Lageberichts.	▶ Gesonderter identifizierbarer Abschnitt des Lageberichts;
	▶ Zusammenfassung der Angaben zu vier separat identifizierbaren Teilen des Lageberichts (allgemeine Informationen, Umweltinformationen, soziale Informationen, Governance-Informationen) **oder**
	▶ Zusammenfassung der von jedem ESRS geforderten Angaben und Berichterstattung als nicht trennbare Blöcke in identifizierbaren Teilen des Lageberichts.

5.2.2 E-ESRS 2: Allgemeine Bestimmungen, Strategie, Governance und Wesentlichkeitsbeurteilungen

E-ESRS 2 enthält im Gegensatz zu E-ESRS 1 bereits konkrete Angabepflichten. Diese sind von sehr grundlegender Natur und widmen sich konzeptionellen Spezifika der ESRS. Die Offenlegungspflichten nach E-ESRS 2 beziehen sich darauf, wie das Unternehmen die ESRS einhält, wie Nachhaltigkeit in die „unternehmensweite" Geschäftsstrategie und das/die Geschäftsmodell(e) des Unternehmens eingebettet ist, seine Governance und wie das Unternehmen diese identifiziert und seine wichtigsten Nachhaltigkeitsauswirkungen, -risiken und -chancen steuert.[574]

Der Themenbereich „Governance" erfährt durch die CSRD und dem folgend durch die ESRS eine Aufwertung in der europäischen Nachhaltigkeitsberichterstattung. E-ESRS 2 beschreibt Aspekte der Governance, die auf die Integration ökologischer und sozialer Aspekte in die Unternehmensstrukturen und -prozesse abstellen. Die dahingehenden Ausführungen und Verpflichtungen von E-ESRS 2 ergänzen damit die thematischen Angabepflichten in E-ESRS G1 und G2.

E-ESRS G1 und G2 stellen hingegen inhaltlich auf Aspekte ab, die mit der Erklärung zur Unternehmensführung in Verbindung zu bringen sind. Die Ausführungen erinnern an die deutsche Gestaltung der Corporate Governance unter Berücksichtigung einer Struktur aus Vorstand und Aufsichtsrat. Mit der Leitungs- und Aufsichtsstruktur in Unternehmen, die nach der CSRD zukünftig erstmals in die Berichtspflicht eintreten, muss dies nicht zwangsläufig übereinstimmen. Immerhin ist bei großen GmbH ein Aufsichtsrat u.U. gesetzlich nicht vorgeschrieben. Solche größenabhängigen Besonderheiten sind in den Standardentwürfen vom April 2022 nicht hinreichend berücksichtigt. Allerdings wurden für die KMU-spezifischen Standards zu diesem Zeitpunkt noch keine Entwürfe veröffentlicht. Aber auch eine Abstimmung mit anderen Angabepflichten zur Governance, z. B. betreffend die Erklärung zur Unternehmensführung oder betreffend den Vergütungsbericht, ist nicht hinreichend erfolgt. Problematisch bei dem Erwirken einer solchen Abstimmung sind allerdings die nationalen Besonderheiten, die von den (staatenübergreifend anwendbaren) ESRS mutmaßlich nicht ausreichend aufgefangen werden können. Die nachfolgenden Abb. 39 fasst die Inhalte von E-ESRS 2 zusammen.

---

574 Vgl., *EFRAG*, ESRS Exposure Drafts public consultation – Cover note, 2022, Tz. 29, Buchst. a.

Abb. 39: Regelungsbereiche von E-ESRS 2

Offenlegungsanforderungen nach E-ESRS 2 – Allgemeine Anforderung an die Offenlegung		
Allg. Merkmale der Nachhaltigkeitsberichterstattung des Unternehmens ▸ Angabe, ob eine konsolidierte oder einzelne Nachhaltigkeitsberichterstattung vorliegt. ▸ Angabe zum Abschlussprüfer sowie zur Prüfungsgesellschaft oder zum unabhängigen Prüfungsdienstleister, die den Nachhaltigkeitsbericht prüfen, einschließlich der Prüfungstiefe (*limited* oder *reasonable*). ▸ Offenlegung von allgemeinen Informationen zur formalen Gestaltung der Nachhaltigkeitsberichterstattung. **Tätigkeitsbereiche** ▸ Darstellung der wichtigsten Sektoren und in welchen Ländern das Unternehmen tätig ist. ▸ Beschreibung der wichtigsten Gruppen der angebotenen Produkte und Dienstleistungen; Märkte; Kundengruppen. **Hauptmerkmale der Wertschöpfungskette** Beschreibung der wichtigsten Stufen und Arten von Unternehmen in der vor- und nachgelagerten Wertschöpfungskette; der wichtigsten eingesetzten Ressourcen; der Merkmale der Beziehung des Unternehmens zu den Endabnehmern der Produkte und Dienstleistungen. **Wesentliche Treiber der Wertschöpfung** Beschreibung der Strukturen der Geschäftstätigkeit und Beziehungen, um ein getreues, relevantes und vollständiges Bild zu vermitteln, wie das Unternehmen den dabei entstehenden Auswirkungen und/oder Risiken und Chancen ausgesetzt ist.	**Verwendung von Vereinfachungen im Bezug auf Berichtsgrenzen und Wertschöpfungskette** ▸ Angaben der verwendeten Grundlagen für die Aufbereitung der relevanten Angaben und Indikatoren einschließlich der davon erfassten Berichtsgrenzen. ▸ Angabe zu geplanten Maßnahmen zur Verringerung des Problems fehlender Daten in der Zukunft. **Offenlegung wesentlicher Schätzungsunsicherheiten** Angabe zu etwaigen Schätzungsunsicherheiten und den hierbei beeinflussenden Faktoren. **Änderungen in der Aufbereitung und Darstellung** ▸ Darstellung neu angewandter Methoden. ▸ Angabe zu Differenzen zu den im vorherigen Berichtszeitraum ausgewiesenen und revidierten Beträgen. ▸ Gründe für die Änderungen der Berichtsaufbereitung und -darstellung. ▸ Begründung, falls Angaben in vorherigen Berichtszeiträumen nicht angepasst werden können.	**Fehler aus früheren Perioden** ▸ Angabe der Art der Fehler. ▸ Angabe der Höhe der Fehler und etwaiger Korrekturen. ▸ Begründung, falls Angaben in vorherigen Berichtszeiträumen nicht rückwirkend angepasst werden können. **Verhältnis zu anderen Verlautbarungen zur Nachhaltigkeitsberichterstattung** Angabe, nach welchen anderen Verlautbarungen, Leitlinien, Rahmenwerken usw. im Kontext der Nachhaltigkeitsberichterstattung freiwillig berichtet wird. **Allgemeine Konformitätserklärung** Erklärung über die Einhaltung der ESRS (und ggf. welche ESRS bereits vorzeitig angewendet wurden, bevor diese in Kraft getreten sind).

Offenlegungsanforderungen nach E-ESRS 2 – Angaben zu Strategie und Geschäftsmodell(en) des berichtspflichtigen Unternehmens		
Überblick über Strategie und Geschäftsmodell	Wechselwirkung zwischen den Auswirkungen und der Strategie sowie dem Geschäftsmodell des Unternehmens	Wechselwirkung zwischen Risiken sowie Chancen und der Strategie sowie dem Geschäftsmodell des Unternehmens
▶ Beschreibung der Mission des Unternehmens.	▶ Tatsächliche und potenzielle wesentliche Nachhaltigkeitsauswirkungen im Rahmen der Wesentlichkeitsbeurteilung.	▶ Tatsächliche und potenzielle wesentliche nachhaltigkeitsbezogene Risiken und Chancen im Rahmen der Wesentlichkeitsbeurteilung.
▶ Überblick über die Hauptmerkmale der allgemeinen Strategie und dem Geschäftsmodell (bzw. den Geschäftsmodellen) des Unternehmens.	▶ Entstehung dieser Auswirkungen und wie sie mit der Strategie und dem Geschäftsmodell (bzw. den Geschäftsmodellen) des Unternehmens verbunden sind.	▶ Entstehung dieser Risiken und Chancen und wie sie mit der Strategie und dem Geschäftsmodell (bzw. den Geschäftsmodellen) des Unternehmens verbunden sind.
▶ Beschreibung, wie sich hierin Nachhaltigkeitsaspekte widerspiegeln, durch Relevanz, Glaubwürdigkeit, Vergleichbarkeit, Überprüfbarkeit und Verständlichkeit.	▶ Einfluss dieser Auswirkungen auf die Strategie und das Geschäftsmodell (bzw. die Geschäftsmodelle) des Unternehmens.	▶ Einfluss dieser Risiken und Chancen auf die Strategie und das Geschäftsmodell (bzw. die Geschäftsmodelle) des Unternehmens.
	Ansichten, Interessen und Erwartungen von Stakeholdern	
	Zusammenfassende Beschreibung:	
	▶ der wichtigsten Stakeholder des Unternehmens,	
	▶ einschließlich ihrer Ansichten, Interessen und Erwartungen, wie sie in der unternehmerischen Wesentlichkeitsbeurteilung analysiert wurden, und	
	▶ wie diese die Strategie und das Geschäftsmodell (bzw. die Geschäftsmodelle) des Unternehmens beeinflussen.	

Offenlegungsanforderungen nach E-ESRS 2 – Angaben zur Governance

Rollen und Verantwortlichkeiten der Management- und Aufsichtsorgane	Nachhaltigkeitsangelegenheiten, die von den Leitungs- und Aufsichtsorganen des Unternehmens behandelt werden	Erklärung zur Sorgfaltspflicht
Beschreibung der nachhaltigkeitsbezogenen Expertise der Management- und Aufsichtsorgane, einschließlich etwaiger Schulungen hierzu und wie sich dies auf die wesentlichen nachhaltigkeitsbezogenen Risiken, Chancen und Auswirkungen bezieht.	Auflistung der von den Leitungs- und Aufsichtsorganen im Berichtszeitraum behandelten Nachhaltigkeitsthemen.	Offenlegung einer allgemeinen Einschätzung, wie das Unternehmen die Kernelemente der *Due Diligence* in die Nachhaltigkeitsberichterstattung integriert.

Information von Leitungs- und Aufsichtsorganen über Nachhaltigkeitsangelegenheiten	Integration von Nachhaltigkeitsstrategien in und -leistungen in Anreizsysteme
▸ Ergebnisse und Wirksamkeit von Konzepten, Zielen und Maßnahmen, um nachhaltigkeitsbezogene Auswirkungen, Risiken und Chancen anzugehen. ▸ Nachhaltigkeitsbezogene Perspektiven der Stakeholder, die hieran ein Interesse haben oder von der unternehmerischen Tätigkeit betroffen sind. ▸ Andere nachhaltigkeitsbezogene Bedenken, welche auftreten und die Aufmerksamkeit der Leitungs- und Aufsichtsorganen erfordern könnten. ▸ Schritte der *Due-Diligence*-Standardprozesse, welche das Unternehmen auf verpflichtender und/oder freiwilliger Basis verfolgt.	▸ Beschreibung, wie die Anreizpolitik des Unternehmens für seine Leitungs- und Aufsichtsorgane sowie seine leitenden Angestellten nachhaltigkeitsbezogene Ziele und Leistungen berücksichtigt. ▸ Angabe zu leistungsbezogenen Anreizsystemen für andere Mitarbeiter mit einem Bezug zu den nachhaltigkeitsbezogenen Strategien, Konzepten und Zielen des Unternehmens. ▸ Darstellung anderer Anreizsysteme, welche die Umsetzung der Nachhaltigkeitsstrategie des Unternehmens fördern.

Offenlegungsanforderungen nach E-ESRS 2 – Angaben zur „doppelten Wesentlichkeit" bei der Beurteilung von Nachhaltigkeitsauswirkungen, -risiken und -chancen		
Wesentlichkeitsanalyse	Ergebnis der Bewertung: wesentliche sektorunabhängige und sektorspezifische Abgabepflichten	Ergebnis der Bewertung: unternehmensspezifische Angaben
► Beschreibung der Prozesse zur Identifikation wesentlicher nachhaltigkeitsbezogener Auswirkungen, Risiken und Chancen.	► Beschreibung sämtlicher Nachhaltigkeitsaspekte i. S. d. ESRS, einschließlich ihrer zugrundeliegenden tatsächlichen oder potenziellen negativen und/oder positiven Auswirkungen auf das externe Unternehmensumfeld.	► Beschreibung sämtlicher Nachhaltigkeitsaspekte i. S. d. ESRS, einschließlich ihrer zugrundeliegenden tatsächlichen oder potenziellen negativen und/oder positiven Auswirkungen auf das externe Unternehmensumfeld.
► Darstellung der Ergebnisse dieser Bewertung.	► Angabe zu wesentlichen nachhaltigkeitsbezogenen finanziellen Risiken und Chancen.	► Angabe zu wesentlichen nachhaltigkeitsbezogenen finanziellen Risiken und Chancen.
	► Darstellung der identifizierten nachhaltigkeitsbezogenen Auswirkungen, Risiken und Chancen im Zusammenhang mit den unternehmerischen Aktivitäten und wie diese durch sektorunabhängige und sektorspezifische ESRS abgedeckt werden.	► Darstellung der identifizierten nachhaltigkeitsbezogenen Auswirkungen, Risiken und Chancen im Zusammenhang mit den unternehmerischen Aktivitäten und wie diese durch unternehmensspezifische ESRS abgedeckt werden.
	► Erläuterungen zu etwaigen Änderungen im Vergleich zum vorangegangenen Berichtszeitraum.	► Erläuterungen zu etwaigen Änderungen im Vergleich zum vorangegangenen Berichtszeitraum.

5.3 Sektorunabhängige Standards: „Environment"

5.3.1 E-ESRS E1: Klimawandel

E-ESRS E1 zum Klimawandel stellt den ausführlichsten Entwurf der fünf umweltbezogenen Standards dar. Die Berichterstattung nach diesem Standardentwurf soll den Adressaten der Nachhaltigkeitsberichterstattung u. a. ein Verständnis von den folgenden Themen vermitteln:[575]

▶ wie sich das Verhalten des Unternehmens auf den Klimawandel sowohl im Positiven als auch im Negativen auswirkt;

▶ welche bisherigen, aktuellen und zukünftigen Maßnahmen zur Eindämmung des Klimawandels unternommen werden;

▶ wie das Unternehmen plant, sein Geschäftsmodell und seine Tätigkeiten im Hinblick auf einen Übergang zu einer nachhaltigen Wirtschaft anzupassen und zur Begrenzung der globalen Erwärmung auf 1,5 °C beizutragen;

▶ welche weiteren Maßnahmen unternommen werden, um die nachteiligen Auswirkungen auf den Klimawandel zu verhindern oder abzuschwächen, und welche Ergebnisse daraus resultieren;

▶ welches die wesentlichen Risiken und Chancen des Unternehmens im Zusammenhang mit dem Klimawandel sind und wie das Unternehmen mit diesen umgeht;

▶ welchen Einfluss die Risiken und Chancen auf die Entwicklung, Leistung und Position des Unternehmens haben und wie sie dadurch auch den Unternehmenswert beeinflussen.

Abb. 40 gibt einen Überblick über E-ESRS E1.

---

575 Vgl. E-ESRS E1.1. Siehe hierzu auch *Warnke/Müller*, Entwürfe der Nachhaltigkeitsstandards zu Umweltaspekten (E-ESRS E1 bis E5) – Grundsachverhalte, zentrale Inhalte und Vergleich mit bestehenden/vorgeschlagenen Normen, Zeitschrift für Internationale Rechnungslegung 2020, die einen Vergleich der sektorunabhängigen Standards „Environment" mit den GRI-Standards vornehmen.

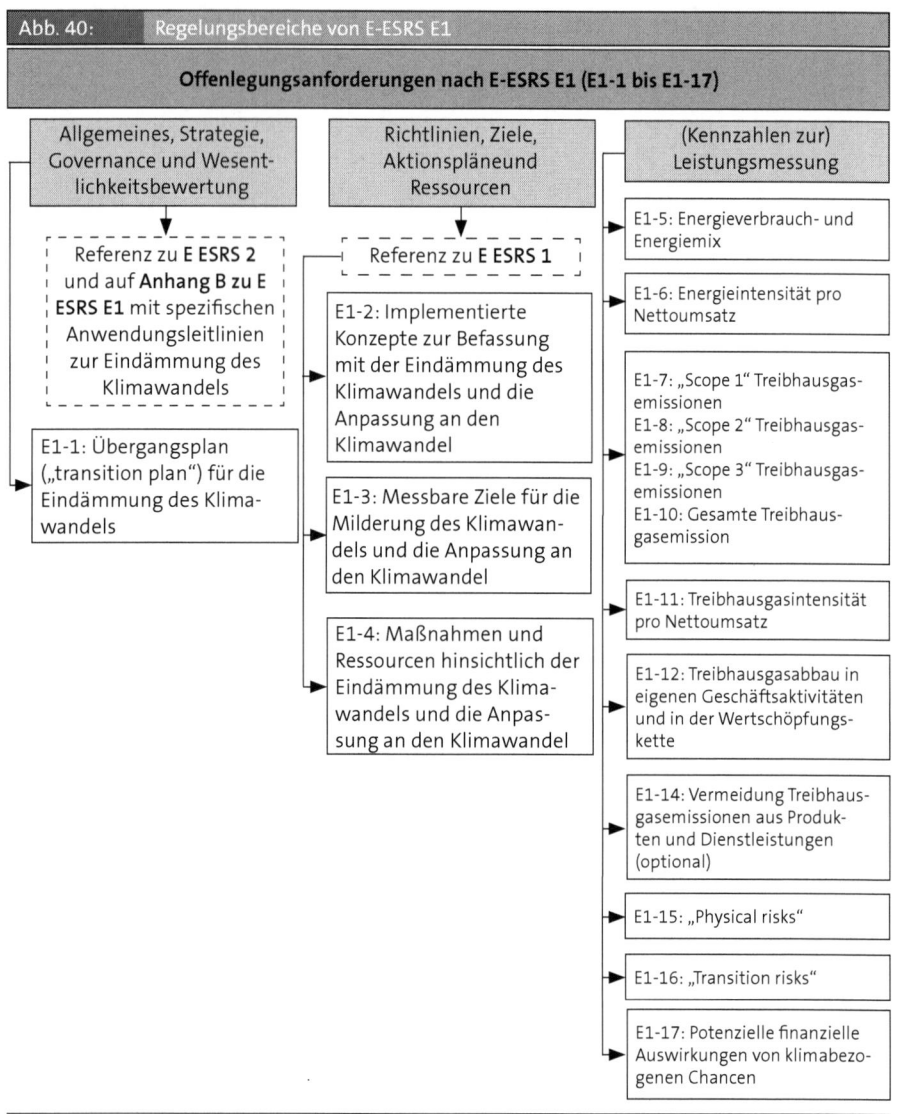

Abb. 40: Regelungsbereiche von E-ESRS E1

Offenlegungsanforderungen nach E-ESRS E1 (E1-1 bis E1-17)

Allgemeines, Strategie, Governance und Wesentlichkeitsbewertung

Richtlinien, Ziele, Aktionspläneund Ressourcen

(Kennzahlen zur) Leistungsmessung

Referenz zu E ESRS 2 und auf **Anhang B zu E ESRS E1** mit spezifischen Anwendungsleitlinien zur Eindämmung des Klimawandels

Referenz zu **E ESRS 1**

E1-1: Übergangsplan („transition plan") für die Eindämmung des Klimawandels

E1-2: Implementierte Konzepte zur Befassung mit der Eindämmung des Klimawandels und die Anpassung an den Klimawandel

E1-3: Messbare Ziele für die Milderung des Klimawandels und die Anpassung an den Klimawandel

E1-4: Maßnahmen und Ressourcen hinsichtlich der Eindämmung des Klimawandels und die Anpassung an den Klimawandel

E1-5: Energieverbrauch- und Energiemix

E1-6: Energieintensität pro Nettoumsatz

E1-7: „Scope 1" Treibhausgasemissionen
E1-8: „Scope 2" Treibhausgasemissionen
E1-9: „Scope 3" Treibhausgasemissionen
E1-10: Gesamte Treibhausgasemission

E1-11: Treibhausgasintensität pro Nettoumsatz

E1-12: Treibhausgasabbau in eigenen Geschäftsaktivitäten und in der Wertschöpfungskette

E1-14: Vermeidung Treibhausgasemissionen aus Produkten und Dienstleistungen (optional)

E1-15: „Physical risks"

E1-16: „Transition risks"

E1-17: Potenzielle finanzielle Auswirkungen von klimabezogenen Chancen

5.3.2   E-ESRS E2: Umweltverschmutzung

Die Angaben nach E-ESRS E2 zur Umweltverschmutzung sollen das Verständnis der Adressaten der Nachhaltigkeitsberichterstattung in den folgenden Bereichen fördern:[576]

▶ wie sich das Verhalten des Unternehmens auf die Verschmutzung von Luft, Wasser und Boden, lebenden Organismen und Lebensmitteln sowohl im Positiven als auch im Negativen auswirkt;

▶ welche Maßnahmen ergriffen werden, um die negativen Auswirkungen zu verhindern oder abzuschwächen, und welche Ergebnisse daraus resultieren;

▶ wie das Unternehmen plant, sein Geschäftsmodell, seine Strategie und seine Tätigkeiten anzupassen, um die Verschmutzung zu verringern oder zu beseitigen;

▶ Ausmaß der wesentlichen Risiken und Chancen im Zusammenhang mit den verschmutzungsbezogenen Auswirkungen auf das Unternehmen und der Umgang damit;

▶ welchen Einfluss die Risiken und Chancen auf die Entwicklung, Leistung und Position des Unternehmens haben und wie sie dadurch auch den Unternehmenswert beeinflussen.

Abb. 41 gibt einen Überblick über E-ESRS E2.

---

576 Vgl. E-ESRS E2.1.

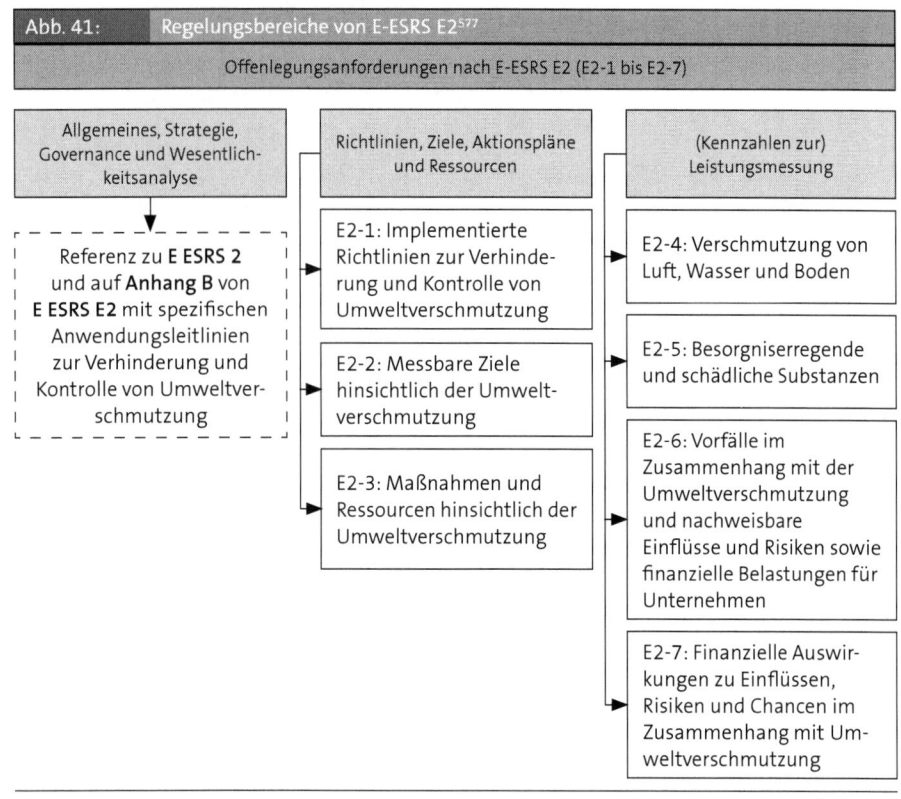

Abb. 41: Regelungsbereiche von E-ESRS E2[577]

Offenlegungsanforderungen nach E-ESRS E2 (E2-1 bis E2-7)

Allgemeines, Strategie, Governance und Wesentlichkeitsanalyse	Richtlinien, Ziele, Aktionspläne und Ressourcen	(Kennzahlen zur) Leistungsmessung
Referenz zu **E ESRS 2** und auf **Anhang B** von **E ESRS E2** mit spezifischen Anwendungsleitlinien zur Verhinderung und Kontrolle von Umweltverschmutzung	E2-1: Implementierte Richtlinien zur Verhinderung und Kontrolle von Umweltverschmutzung	E2-4: Verschmutzung von Luft, Wasser und Boden
	E2-2: Messbare Ziele hinsichtlich der Umweltverschmutzung	E2-5: Besorgniserregende und schädliche Substanzen
	E2-3: Maßnahmen und Ressourcen hinsichtlich der Umweltverschmutzung	E2-6: Vorfälle im Zusammenhang mit der Umweltverschmutzung und nachweisbare Einflüsse und Risiken sowie finanzielle Belastungen für Unternehmen
		E2-7: Finanzielle Auswirkungen zu Einflüssen, Risiken und Chancen im Zusammenhang mit Umweltverschmutzung

5.3.3 E-ESRS E3: Wasser- und Meeresressourcen

Die Angabepflichten nach E-ESRS E3 zu Wasser- und Meeresressourcen sollen das Verständnis der Adressaten der Nachhaltigkeitsberichterstattung in den folgenden Bereichen fördern:[578]

► wie sich das Verhalten des Unternehmens auf Wasser- und Meeresressourcen sowohl im Positiven als auch im Negativen auswirkt;

► welche Maßnahmen ergriffen werden, um Wasser- und Meeresressourcen zu schützen, und welche Ergebnisse daraus resultieren;

---

577 Modifiziert entnommen aus *Baumüller/Needham/Scheid,* Entwürfe zu europäischen Standards für die Nachhaltigkeitsberichterstattung – Relevanz für den Mittelstand? Würdigung der Angabepflichten zu ESG-Aspekten, Unternehmenssteuern und Bilanzen 2022 S. 664.

578 Vgl. E-ESRS E3.1.

▶ in welchem Ausmaß das Unternehmen zur Erreichung der Ziele des Green Deal, u. a. in den Bereichen Luftverschmutzung, sauberes Wasser und Biodiversität, und zur Erreichung bestimmter SDG beiträgt;

▶ wie das Unternehmen plant, sein Geschäftsmodell und seine Tätigkeiten anzupassen, um zur Erhaltung der Meeresressourcen beizutragen;

▶ Ausmaß der wesentlichen Risiken und Chancen des Unternehmens im Zusammenhang mit Wasser- und Meeresressourcen und der Umgang damit;

▶ welchen Einfluss die Risiken und Chancen auf die Entwicklung, Leistung und Position des Unternehmens haben und wie sie dadurch auch den Unternehmenswert beeinflussen.

Die Angaben nach E-ESRS E3 beinhalten einen Verweis auf Ziele des Green Deal der EU-Kommission und auf die SDG. Interessanterweise wird an dieser Stelle nicht nur auf den Bereich „Wasser- und Meeresressourcen" Bezug genommen, sondern auch auf Bereiche, die in anderen Standardentwürfen zu „Environment" behandelt werden. Abb. 42 gibt einen Überblick über E-ESRS E3.

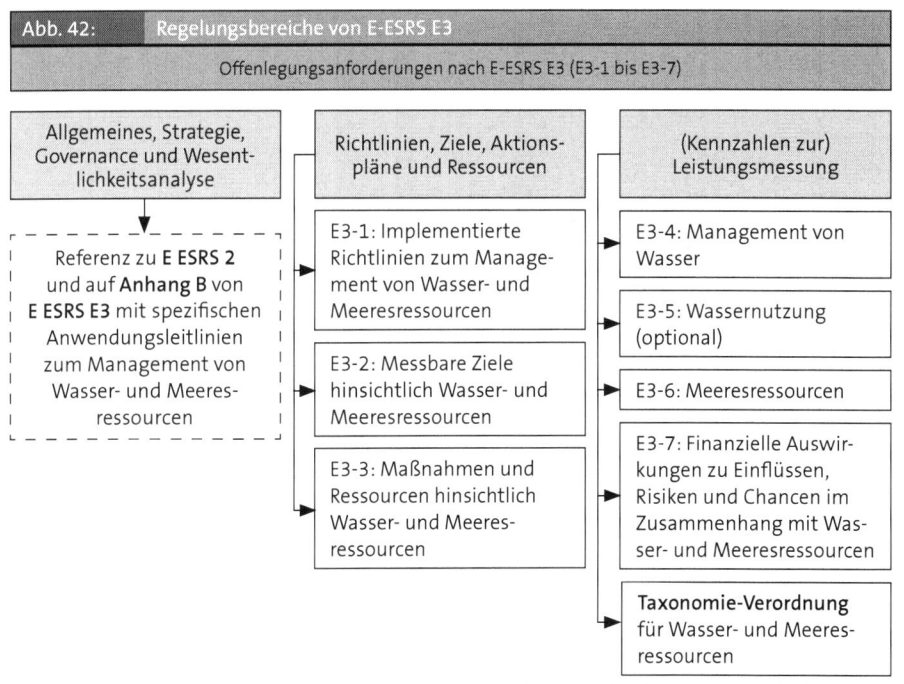

Abb. 42: Regelungsbereiche von E-ESRS E3

Offenlegungsanforderungen nach E-ESRS E3 (E3-1 bis E3-7)

Allgemeines, Strategie, Governance und Wesentlichkeitsanalyse

Referenz zu **E ESRS 2** und auf **Anhang B** von **E ESRS E3** mit spezifischen Anwendungsleitlinien zum Management von Wasser- und Meeresressourcen

Richtlinien, Ziele, Aktionspläne und Ressourcen

E3-1: Implementierte Richtlinien zum Management von Wasser- und Meeresressourcen

E3-2: Messbare Ziele hinsichtlich Wasser- und Meeresressourcen

E3-3: Maßnahmen und Ressourcen hinsichtlich Wasser- und Meeresressourcen

(Kennzahlen zur) Leistungsmessung

E3-4: Management von Wasser

E3-5: Wassernutzung (optional)

E3-6: Meeresressourcen

E3-7: Finanzielle Auswirkungen zu Einflüssen, Risiken und Chancen im Zusammenhang mit Wasser- und Meeresressourcen

Taxonomie-Verordnung für Wasser- und Meeresressourcen

5.3.4 E-ESRS E4: Biodiversität und Ökosysteme

E-ESRS E4 zu Biodiversität und Ökosystemen nimmt – wie auch E-ESRS E5 – Bezug auf andere Regelungen, um die Angabepflichten zu konkretisieren. Besonders hervorzuheben ist dabei die EU-Biodiversitätsstrategie mit ihren bis 2030 festgelegten Zielen. Biodiversität wird dabei definiert als Vielfalt der lebenden Organismen jeglicher Herkunft, u. a. in Land-, Süßwasser-, Meeres- und anderen aquatischen Ökosystemen, weiterhin als die ökologischen Komplexe, zu denen sie gehören. Abb. 43 gibt einen Überblick über E-ESRS E4.

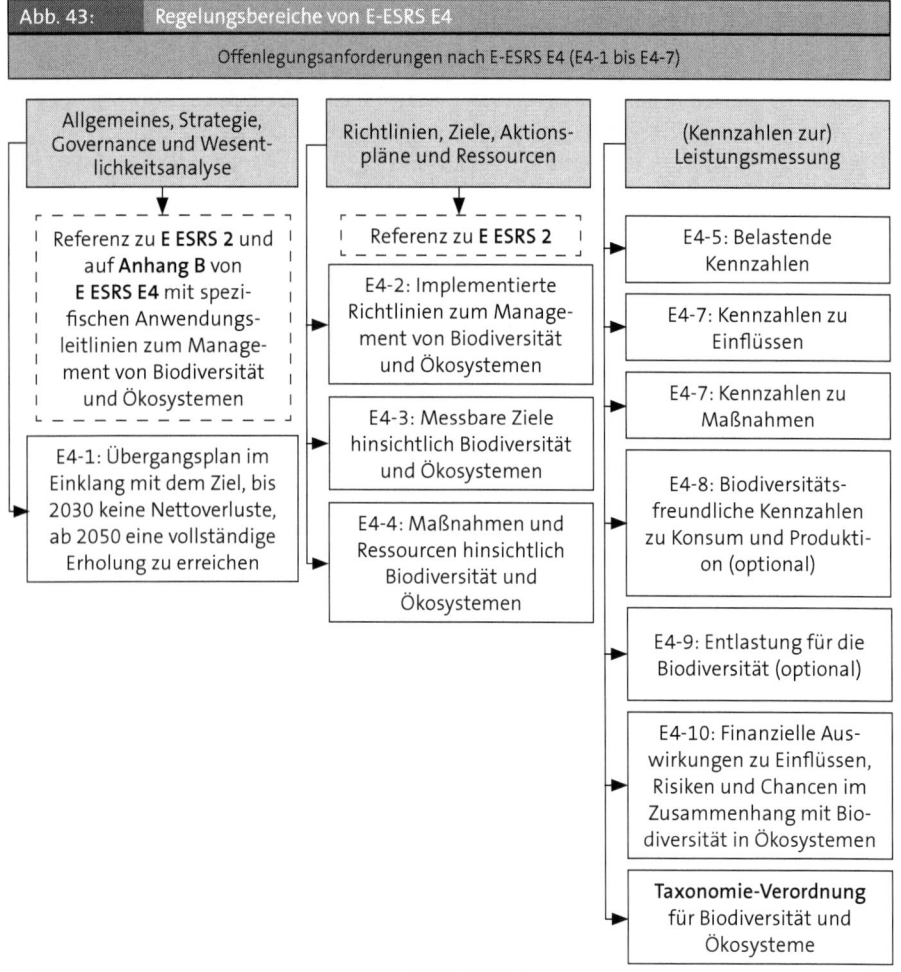

Abb. 43: Regelungsbereiche von E-ESRS E4

Offenlegungsanforderungen nach E-ESRS E4 (E4-1 bis E4-7)

Allgemeines, Strategie, Governance und Wesentlichkeitsanalyse

Referenz zu E ESRS 2 und auf Anhang B von E ESRS E4 mit spezifischen Anwendungsleitlinien zum Management von Biodiversität und Ökosystemen

E4-1: Übergangsplan im Einklang mit dem Ziel, bis 2030 keine Nettoverluste, ab 2050 eine vollständige Erholung zu erreichen

Richtlinien, Ziele, Aktionspläne und Ressourcen

Referenz zu E ESRS 2

E4-2: Implementierte Richtlinien zum Management von Biodiversität und Ökosystemen

E4-3: Messbare Ziele hinsichtlich Biodiversität und Ökosystemen

E4-4: Maßnahmen und Ressourcen hinsichtlich Biodiversität und Ökosystemen

(Kennzahlen zur) Leistungsmessung

E4-5: Belastende Kennzahlen

E4-7: Kennzahlen zu Einflüssen

E4-7: Kennzahlen zu Maßnahmen

E4-8: Biodiversitätsfreundliche Kennzahlen zu Konsum und Produktion (optional)

E4-9: Entlastung für die Biodiversität (optional)

E4-10: Finanzielle Auswirkungen zu Einflüssen, Risiken und Chancen im Zusammenhang mit Biodiversität in Ökosystemen

Taxonomie-Verordnung für Biodiversität und Ökosysteme

5.3.5 E-ESRS E5: Ressourcennutzung und Kreislaufwirtschaft

E-ESRS E5 befasst sich mit Aspekten, die unter dem Titel „Recycling" zusammengefasst werden können. Insbesondere der dazu verabschiedete Aktionsplan der EU-Kommission stellt einen wichtigen Anknüpfungspunkt dieses Standardentwurfs dar. Die Angabepflichten nach E-ESRS E5 zu Wasser- und Meeresressourcen sollen das Verständnis der Adressaten der Nachhaltigkeitsberichterstattung in den folgenden Bereichen fördern:[579]

► wie sich das Verhalten des Unternehmens auf die Ressourcennutzung, einschließlich der Erschöpfung nicht erneuerbarer Ressourcen und der Regeneration erneuerbarer Ressourcen, sowohl im Positiven als auch im Negativen auswirkt;

► welche Maßnahmen zur Verhinderung, Minderung oder Behebung tatsächlicher oder potenzieller negativer Auswirkungen, die sich aus der Ressourcennutzung und der Kreislaufwirtschaft ergeben, unternommen werden und welche Ergebnisse daraus resultieren;

► wie das Unternehmen plant, sein Geschäftsmodell und seine Geschäftstätigkeit an die Grundsätze der Kreislaufwirtschaft anzupassen, z. B. betreffend die Beseitigung von Abfällen;

► Art und Ausmaß der wesentlichen Risiken und Chancen des Unternehmens im Zusammenhang mit der Ressourcennutzung und der Kreislaufwirtschaft und wie das Unternehmen damit umgeht;

► welchen Einfluss die Risiken und Chancen – bezogen auf die Auswirkungen und Abhängigkeiten des Unternehmens von Ressourcennutzung und Kreislaufwirtschaft – auf die kurz-, mittel- und langfristige Entwicklung, Leistung und Position des Unternehmens haben und wie sie dadurch auch den Unternehmenswert beeinflussen.

Abb. 44 gibt einen Überblick über E-ESRS E5.

---

579 Aufzählung entnommen aus *Sopp/Rogler*, Nachhaltigkeitsberichterstattung für umweltbezogene nichtfinanzielle Kennzahlen und Wirtschaftsaktivitäten – Diskussion am Beispiel des Umweltziels Kreislaufwirtschaft, Zeitschrift für internationale und kapitalmarktorientierte Rechnungslegung 2022 S. 451.

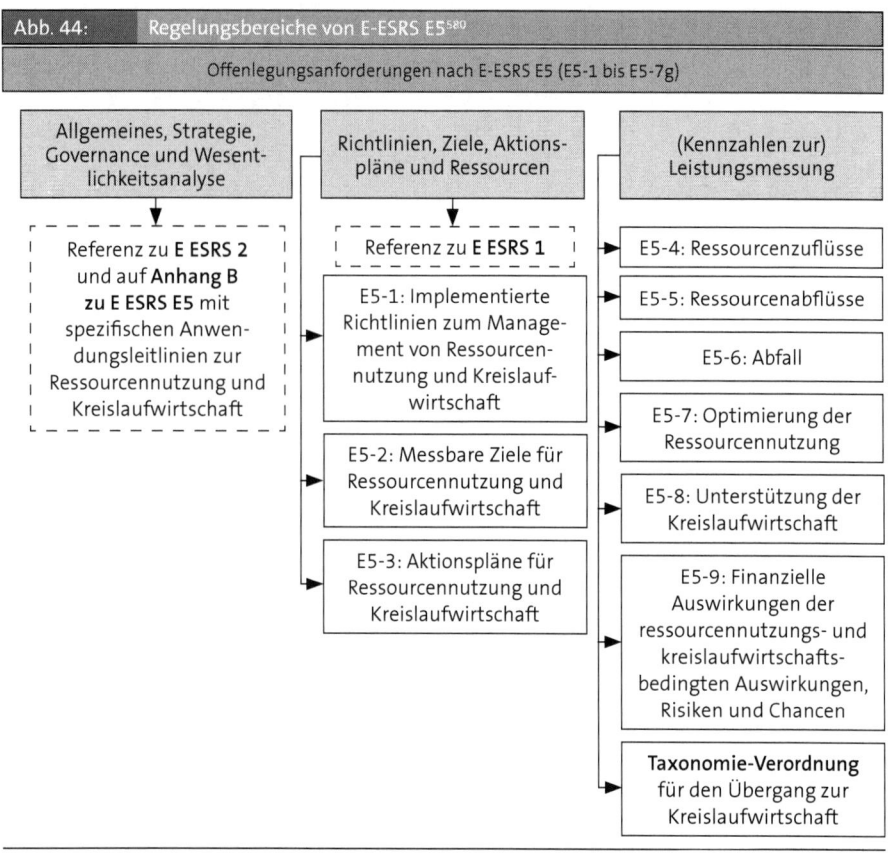

Abb. 44: Regelungsbereiche von E-ESRS E5[580]

Offenlegungsanforderungen nach E-ESRS E5 (E5-1 bis E5-7g)

Allgemeines, Strategie, Governance und Wesentlichkeitsanalyse	Richtlinien, Ziele, Aktionspläne und Ressourcen	(Kennzahlen zur) Leistungsmessung

Referenz zu **E ESRS 2** und auf **Anhang B zu E ESRS E5** mit spezifischen Anwendungsleitlinien zur Ressourcennutzung und Kreislaufwirtschaft

Referenz zu **E ESRS 1**

E5-1: Implementierte Richtlinien zum Management von Ressourcennutzung und Kreislaufwirtschaft

E5-2: Messbare Ziele für Ressourcennutzung und Kreislaufwirtschaft

E5-3: Aktionspläne für Ressourcennutzung und Kreislaufwirtschaft

E5-4: Ressourcenzuflüsse

E5-5: Ressourcenabflüsse

E5-6: Abfall

E5-7: Optimierung der Ressourcennutzung

E5-8: Unterstützung der Kreislaufwirtschaft

E5-9: Finanzielle Auswirkungen der ressourcennutzungs- und kreislaufwirtschaftsbedingten Auswirkungen, Risiken und Chancen

Taxonomie-Verordnung für den Übergang zur Kreislaufwirtschaft

Nach E-ESRS E5-4 hat das Unternehmen insbesondere Angaben zu seinen Ressourcenzuflüssen, z. B. zum Gesamtgewicht der während des Berichtszeitraums verwendeten Materialien, (E-ESRS E5-4) zu tätigen. Ein Beispiel für die Umsetzung zeigt Abb. 45.

---

580 Entnommen aus *Sopp/Rogler,* Nachhaltigkeitsberichterstattung für umweltbezogene nichtfinanzielle Kennzahlen und Wirtschaftsaktivitäten – Diskussion am Beispiel des Umweltziels Kreislaufwirtschaft, Zeitschrift für internationale und kapitalmarktorientierte Rechnungslegung 2022 S. 452.

Abb. 45:	Regelungsbereiche von E-ESRS E5[581]	
Angaben zu Materialien, die für Produktion und Verpackung verwendet werden		
a)	Gesamtgewicht der während des Berichtszeitraums verwendeten Materialien	
b)	Gewicht sowohl als absoluter Wert (Tonnen) als auch als Prozentsatz der erneuerbaren Inputmaterialien, die zur Herstellung der Produkte und Dienstleistungen des Unternehmens (einschließlich Verpackungen) verwendet werden	

	Umfang der wiederverwendeten oder recycelten Materialien („reused or recycled")	Umfang der erneuerten Materialien („renewable")
Gesamtgewicht der Materialien, die während des Berichtszeitraums zur Herstellung der Produkte und Dienstleistungen des Unternehmens verwendet wurden (in Tonnen)	Jeweilige Ausprägung beim Unternehmen	Jeweilige Ausprägung beim Unternehmen
Anteil der Materialien, die zur Herstellung der Produkte und Dienstleistungen des Unternehmens verwendet werden (in Prozent)*	Jeweilige Ausprägung beim Unternehmen	Jeweilige Ausprägung beim Unternehmen

*Berechnung des Prozentsatzes:

$$\frac{\text{Gesamtgewicht der wiederverwendeten oder recycelten bzw. der erneuerten Materialien}}{\text{Gesamtgewicht der verwendeten Rohstoffe, zugehörigen Prozessmaterialien und Halbfabrikate oder Teile}}$$

c)	Gewicht sowohl in absoluten Werten (Tonnen) als auch als Prozentsatz der wiederverwendeten, recycelten oder erneuerbaren Einsatzmaterialien, die zum Verpacken der Produkte des Unternehmens verwendet werden

---

581 Entnommen aus *Sopp/Rogler*, Nachhaltigkeitsberichterstattung für umweltbezogene nichtfinanzielle Kennzahlen und Wirtschaftsaktivitäten – Diskussion am Beispiel des Umweltziels Kreislaufwirtschaft, Zeitschrift für internationale und kapitalmarktorientierte Rechnungslegung 2022 S. 453. Siehe hierzu auch die Erläuterungen in Anhang B von E-ESRS E5.

	Umfang der wiederverwendeten oder recycelten Verpackungsmaterialien („reused or recycled")	Umfang der erneuerten Verpackungsmaterialien („renewable")
Gesamtgewicht der Materialien, die während des Berichtszeitraums zum Verpacken der Hauptprodukte und Dienstleistungen des Unternehmens verwendet wurden (in Tonnen)	Jeweilige Ausprägung beim Unternehmen	Jeweilige Ausprägung beim Unternehmen
Anteil der Materialien, die zum Verpacken der Hauptprodukte und Dienstleistungen des Unternehmens verwendet werden (in Prozent)*	Jeweilige Ausprägung beim Unternehmen	Jeweilige Ausprägung beim Unternehmen
*Berechnung des Prozentsatzes: $$\frac{\text{Gesamtgewicht der wiederverwendeten oder recycelten bzw. der erneuerten Verpackungsmaterialien}}{\text{Gesamtgewicht der für die Verpackung verwendeten Materialien während des Berichtszeitraums}}$$		
Das Unternehmen hat als zusätzliche Information anzugeben, ob die in dieser Tabelle enthaltenen Daten aus direkter Messung stammen oder geschätzt wurden; falls eine Schätzung erforderlich ist, sind die verwendeten Methoden anzugeben.		

5.4 Sektorunabhängige Standards: „Social"

5.4.1 E-ESRS S1: Eigene Belegschaft

E-ESRS S1 widmet sich Angaben zur Belegschaft des berichtspflichtigen Unternehmens. Abb. 46 gibt einen Überblick über E-ESRS S1.

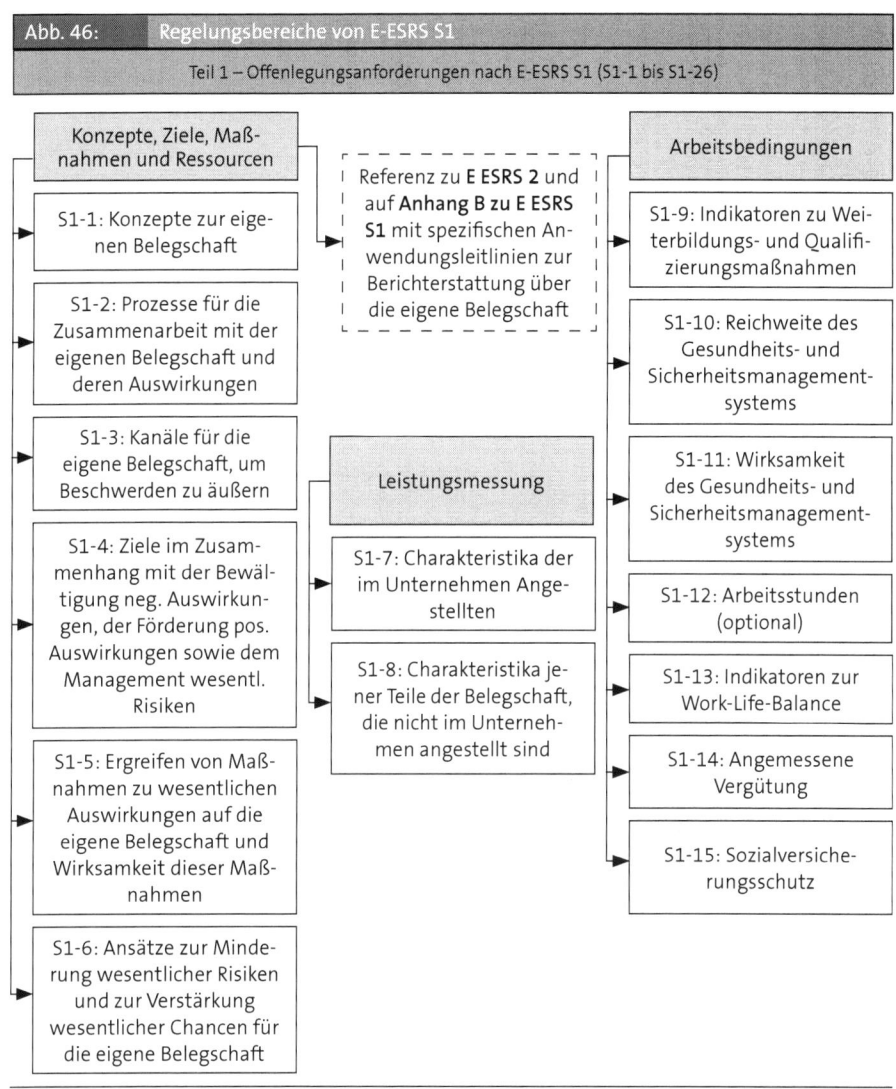

Abb. 46: Regelungsbereiche von E-ESRS S1

Teil 1 – Offenlegungsanforderungen nach E-ESRS S1 (S1-1 bis S1-26)

Konzepte, Ziele, Maßnahmen und Ressourcen

S1-1: Konzepte zur eigenen Belegschaft

S1-2: Prozesse für die Zusammenarbeit mit der eigenen Belegschaft und deren Auswirkungen

S1-3: Kanäle für die eigene Belegschaft, um Beschwerden zu äußern

S1-4: Ziele im Zusammenhang mit der Bewältigung neg. Auswirkungen, der Förderung pos. Auswirkungen sowie dem Management wesentl. Risiken

S1-5: Ergreifen von Maßnahmen zu wesentlichen Auswirkungen auf die eigene Belegschaft und Wirksamkeit dieser Maßnahmen

S1-6: Ansätze zur Minderung wesentlicher Risiken und zur Verstärkung wesentlicher Chancen für die eigene Belegschaft

Referenz zu **E ESRS 2** und auf **Anhang B zu E ESRS S1** mit spezifischen Anwendungsleitlinien zur Berichterstattung über die eigene Belegschaft

Leistungsmessung

S1-7: Charakteristika der im Unternehmen Angestellten

S1-8: Charakteristika jener Teile der Belegschaft, die nicht im Unternehmen angestellt sind

Arbeitsbedingungen

S1-9: Indikatoren zu Weiterbildungs- und Qualifizierungsmaßnahmen

S1-10: Reichweite des Gesundheits- und Sicherheitsmanagementsystems

S1-11: Wirksamkeit des Gesundheits- und Sicherheitsmanagementsystems

S1-12: Arbeitsstunden (optional)

S1-13: Indikatoren zur Work-Life-Balance

S1-14: Angemessene Vergütung

S1-15: Sozialversicherungsschutz

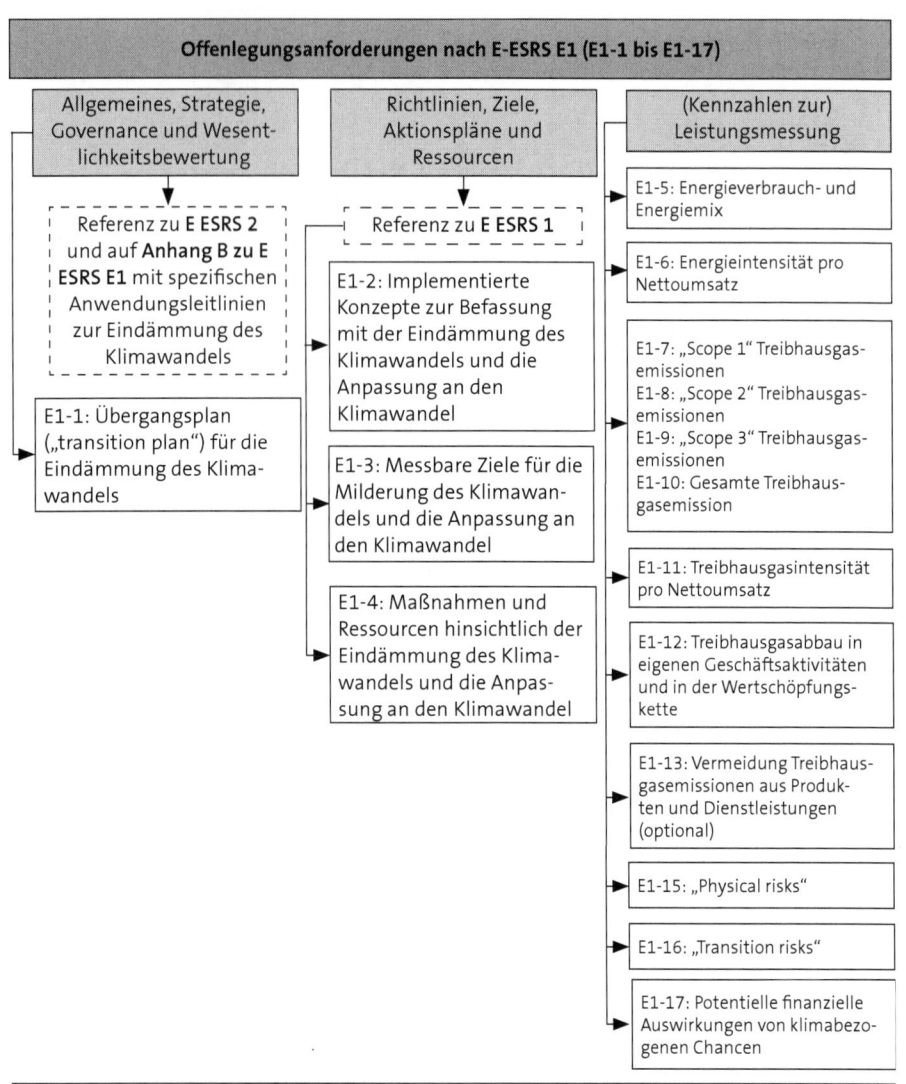

Offenlegungsanforderungen nach E-ESRS E1 (E1-1 bis E1-17)

Allgemeines, Strategie, Governance und Wesentlichkeitsbewertung

Richtlinien, Ziele, Aktionspläne und Ressourcen

(Kennzahlen zur) Leistungsmessung

Referenz zu E ESRS 2 und auf **Anhang B zu E ESRS E1** mit spezifischen Anwendungsleitlinien zur Eindämmung des Klimawandels

E1-1: Übergangsplan („transition plan") für die Eindämmung des Klimawandels

Referenz zu **E ESRS 1**

E1-2: Implementierte Konzepte zur Befassung mit der Eindämmung des Klimawandels und die Anpassung an den Klimawandel

E1-3: Messbare Ziele für die Milderung des Klimawandels und die Anpassung an den Klimawandel

E1-4: Maßnahmen und Ressourcen hinsichtlich der Eindämmung des Klimawandels und die Anpassung an den Klimawandel

E1-5: Energieverbrauch- und Energiemix

E1-6: Energieintensität pro Nettoumsatz

E1-7: „Scope 1" Treibhausgasemissionen
E1-8: „Scope 2" Treibhausgasemissionen
E1-9: „Scope 3" Treibhausgasemissionen
E1-10: Gesamte Treibhausgasemission

E1-11: Treibhausgasintensität pro Nettoumsatz

E1-12: Treibhausgasabbau in eigenen Geschäftsaktivitäten und in der Wertschöpfungskette

E1-13: Vermeidung Treibhausgasemissionen aus Produkten und Dienstleistungen (optional)

E1-15: „Physical risks"

E1-16: „Transition risks"

E1-17: Potentielle finanzielle Auswirkungen von klimabezogenen Chancen

5.4.2 E-ESRS S2: Beschäftigte in der Wertschöpfungskette

E-ESRS S2 widmet sich Pflichten zur Angabe von Arbeitnehmern in der Wertschöpfungskette des Unternehmens und verweist damit auf die dahingehende Verantwortung berichtspflichtiger Unternehmen für die mit ihrer Geschäftstätigkeit verbundenen

Auswirkungen, Chancen und Risiken. Der Standardentwurf steht im Zusammenhang mit dem Kommissionsvorschlag zur *Corporate Sustainability Due Diligence Directive* (CSDDD) aus dem Februar 2022.[582] Dieser Bezug wird im E-ESRS S2 zwar nicht explizit erwähnt, kommt aber durch den Umstand zum Ausdruck, dass die wesentlichen Inhalte der im Standardentwurf genannten *UN Global Compact Principles* oder *OECD Guidelines for Multinational Enterprises* weitgehend jenen der CSDDD entsprechen.

Die Abgrenzung zwischen Arbeitnehmern in der Wertschöpfungskette (E-ESRS S2) und der eigenen Belegschaft (E-ESRS S1) ist in den Standardentwürfen umfassend geregelt. Als Kriterium für die Abgrenzung wird hauptsächlich die Kontrolle über die Tätigkeiten von Arbeitnehmern herangezogen; von dieser Grundregel sind allerdings auch Ausnahmen zu beachten.[583] Abb. 47 gibt einen Überblick über E-ESRS S2.

---

582 Siehe dazu ausführlich im Kontext der Nachhaltigkeitsberichterstattung *Baumüller/Needham/Scheid*, Vorschlag der EU-Kommission zur Corporate Sustainability Due Diligence Directive (CSDDD) – Darstellung und kritische Würdigung im Kontext der unternehmerischen Nachhaltigkeitsberichterstattung, Der Betrieb 2022 S. 1401 ff.
583 Vgl. z. B. E-ESRS S2.BC24 und Appendix A.

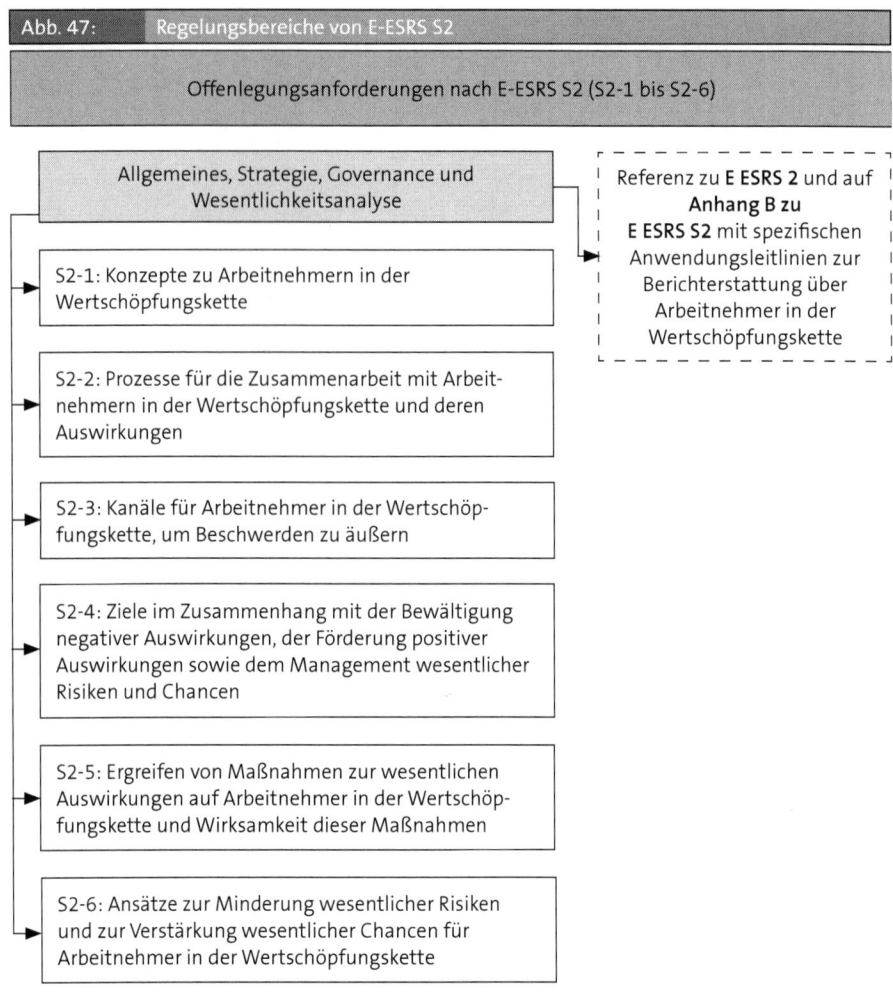

Abb. 47: Regelungsbereiche von E-ESRS S2

Offenlegungsanforderungen nach E-ESRS S2 (S2-1 bis S2-6)

Allgemeines, Strategie, Governance und Wesentlichkeitsanalyse

Referenz zu **E ESRS 2** und auf **Anhang B zu** E ESRS S2 mit spezifischen Anwendungsleitlinien zur Berichterstattung über Arbeitnehmer in der Wertschöpfungskette

S2-1: Konzepte zu Arbeitnehmern in der Wertschöpfungskette

S2-2: Prozesse für die Zusammenarbeit mit Arbeitnehmern in der Wertschöpfungskette und deren Auswirkungen

S2-3: Kanäle für Arbeitnehmer in der Wertschöpfungskette, um Beschwerden zu äußern

S2-4: Ziele im Zusammenhang mit der Bewältigung negativer Auswirkungen, der Förderung positiver Auswirkungen sowie dem Management wesentlicher Risiken und Chancen

S2-5: Ergreifen von Maßnahmen zur wesentlichen Auswirkungen auf Arbeitnehmer in der Wertschöpfungskette und Wirksamkeit dieser Maßnahmen

S2-6: Ansätze zur Minderung wesentlicher Risiken und zur Verstärkung wesentlicher Chancen für Arbeitnehmer in der Wertschöpfungskette

5.4.3 E-ESRS S3: Betroffene Gemeinden

E-ESRS S3 widmet sich den Angaben zu sozialen Auswirkungen, Chancen und Risiken, die weitere Stakeholdergruppen abseits der Arbeitnehmer betreffen. Davon erfasst sind vor allem lokale Gemeinschaften, wie z. B. Anwohner, die unmittelbar von der Geschäftstätigkeit eines Unternehmens betroffen sind (indigene Bevölkerungsgruppen werden dabei im Besonderen hervorgehoben). Abb. 48 gibt einen Überblick über E-ESRS S3.

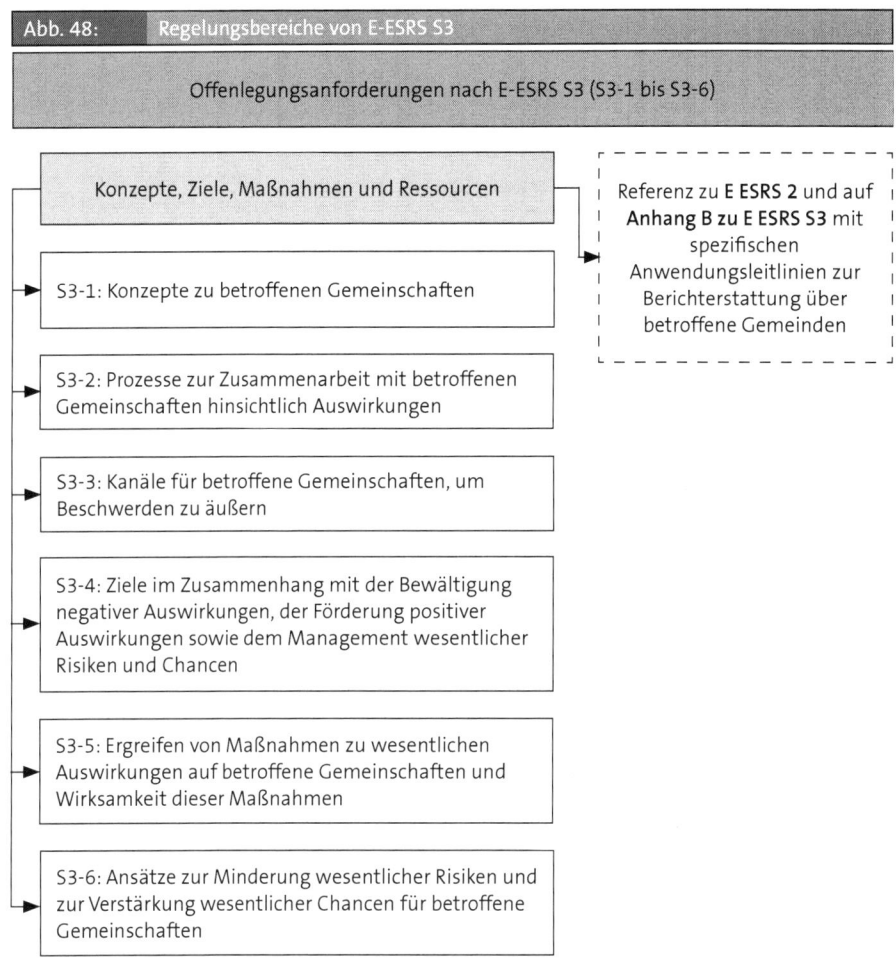

Abb. 48: Regelungsbereiche von E-ESRS S3

Offenlegungsanforderungen nach E-ESRS S3 (S3-1 bis S3-6)

Konzepte, Ziele, Maßnahmen und Ressourcen

Referenz zu **E ESRS 2** und auf **Anhang B zu E ESRS S3** mit spezifischen Anwendungsleitlinien zur Berichterstattung über betroffene Gemeinden

S3-1: Konzepte zu betroffenen Gemeinschaften

S3-2: Prozesse zur Zusammenarbeit mit betroffenen Gemeinschaften hinsichtlich Auswirkungen

S3-3: Kanäle für betroffene Gemeinschaften, um Beschwerden zu äußern

S3-4: Ziele im Zusammenhang mit der Bewältigung negativer Auswirkungen, der Förderung positiver Auswirkungen sowie dem Management wesentlicher Risiken und Chancen

S3-5: Ergreifen von Maßnahmen zu wesentlichen Auswirkungen auf betroffene Gemeinschaften und Wirksamkeit dieser Maßnahmen

S3-6: Ansätze zur Minderung wesentlicher Risiken und zur Verstärkung wesentlicher Chancen für betroffene Gemeinschaften

5.4.4 E-ESRS S4: Verbraucher und Endnutzer

E-ESRS S4 formuliert die Pflichten bzgl. der Angabe dazu, wie das Unternehmen Auswirkungen seiner Produkte und/oder Dienstleistungen auf Konsumenten und Endnutzer steuert und mit damit verbundenen Chancen und Risiken umgeht. Abb. 49 gibt einen Überblick über die Angabepflichten nach E-ESRS S4.

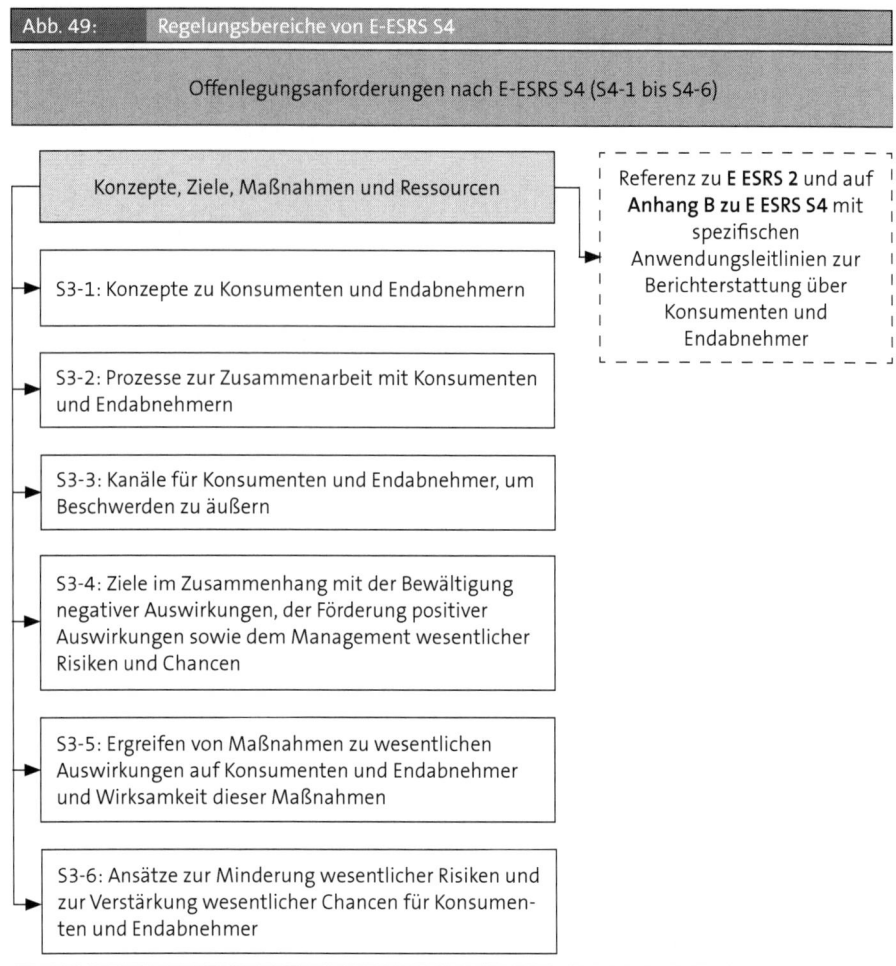

Abb. 49: Regelungsbereiche von E-ESRS S4

Offenlegungsanforderungen nach E-ESRS S4 (S4-1 bis S4-6)

Konzepte, Ziele, Maßnahmen und Ressourcen

S3-1: Konzepte zu Konsumenten und Endabnehmern

S3-2: Prozesse zur Zusammenarbeit mit Konsumenten und Endabnehmern

S3-3: Kanäle für Konsumenten und Endabnehmer, um Beschwerden zu äußern

S3-4: Ziele im Zusammenhang mit der Bewältigung negativer Auswirkungen, der Förderung positiver Auswirkungen sowie dem Management wesentlicher Risiken und Chancen

S3-5: Ergreifen von Maßnahmen zu wesentlichen Auswirkungen auf Konsumenten und Endabnehmer und Wirksamkeit dieser Maßnahmen

S3-6: Ansätze zur Minderung wesentlicher Risiken und zur Verstärkung wesentlicher Chancen für Konsumenten und Endabnehmer

Referenz zu **E ESRS 2** und auf **Anhang B zu E ESRS S4** mit spezifischen Anwendungsleitlinien zur Berichterstattung über Konsumenten und Endabnehmer

5.5 Sektorunabhängige Standards: „Governance"

5.5.1 ESRS G1: Governance, Risikomanagement und interne Kontrollen

E-ESRS G1 beschäftigt sich mit den Pflichten zur Angabe von grundlegenden Strukturen und Prozessen in der Governance von berichtspflichtigen Unternehmen. Hierbei ist ein Bezug auf ökologische bzw. soziale Themen nicht gefordert. Diese Aspekte werden bereits durch die Angabepflichten nach E-ESRS 2 abgedeckt. Unternehmen, die der Pflicht zur Corporate-Governance-Berichterstattung bzw. der Verpflichtung zur Aufstellung einer Erklärung zur Unternehmensführung unterliegen, sollen die nach den E-ESRS geforderten Angabepflichten, die mit den eben genannten Verpflichtungen übereinstimmen, durch einen Verweis auf diese gesonderten Berichte erfüllen können.[584] Für die Vielzahl weiterer Unternehmen, die bislang nicht der Verpflichtung zur Corporate-Governance-Berichterstattung bzw. der Verpflichtung zur Aufstellung einer Erklärung zur Unternehmensführung unterliegt, sind die folgenden Angabepflichten von besonderer Bedeutung. Abb. 50 gibt einen Überblick über die Angabepflichten nach E-ESRS G1.

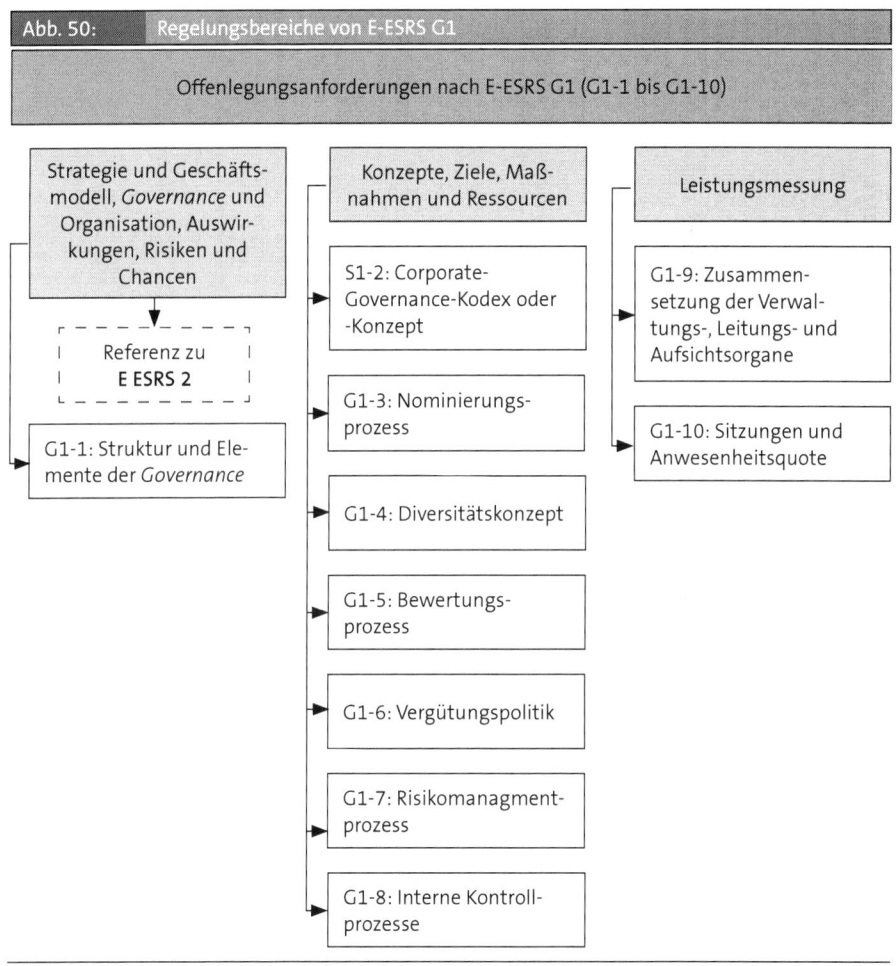

Abb. 50: Regelungsbereiche von E-ESRS G1

Offenlegungsanforderungen nach E-ESRS G1 (G1-1 bis G1-10)

Strategie und Geschäftsmodell, *Governance* und Organisation, Auswirkungen, Risiken und Chancen

Referenz zu E ESRS 2

G1-1: Struktur und Elemente der *Governance*

Konzepte, Ziele, Maßnahmen und Ressourcen

S1-2: Corporate-Governance-Kodex oder -Konzept

G1-3: Nominierungsprozess

G1-4: Diversitätskonzept

G1-5: Bewertungsprozess

G1-6: Vergütungspolitik

G1-7: Risikomanagmentprozess

G1-8: Interne Kontrollprozesse

Leistungsmessung

G1-9: Zusammensetzung der Verwaltungs-, Leitungs- und Aufsichtsorgane

G1-10: Sitzungen und Anwesenheitsquote

---

584 Vgl. E-ESRS G1.BC15.

5.5.2 E-ESRS G2: Geschäftliches Verhalten

E-ESRS G2 enthält Angabepflichten bzgl. des Themenbereichs „Bekämpfung von Korruption und Bestechung". Davon erfasst sind Aspekte wie Lobbying-Aktivitäten, wirtschaftliches Eigentum und wettbewerbswidriges Verhalten. Abb. 51 gibt einen Überblick über die Angabepflichten nach E-ESRS G2.

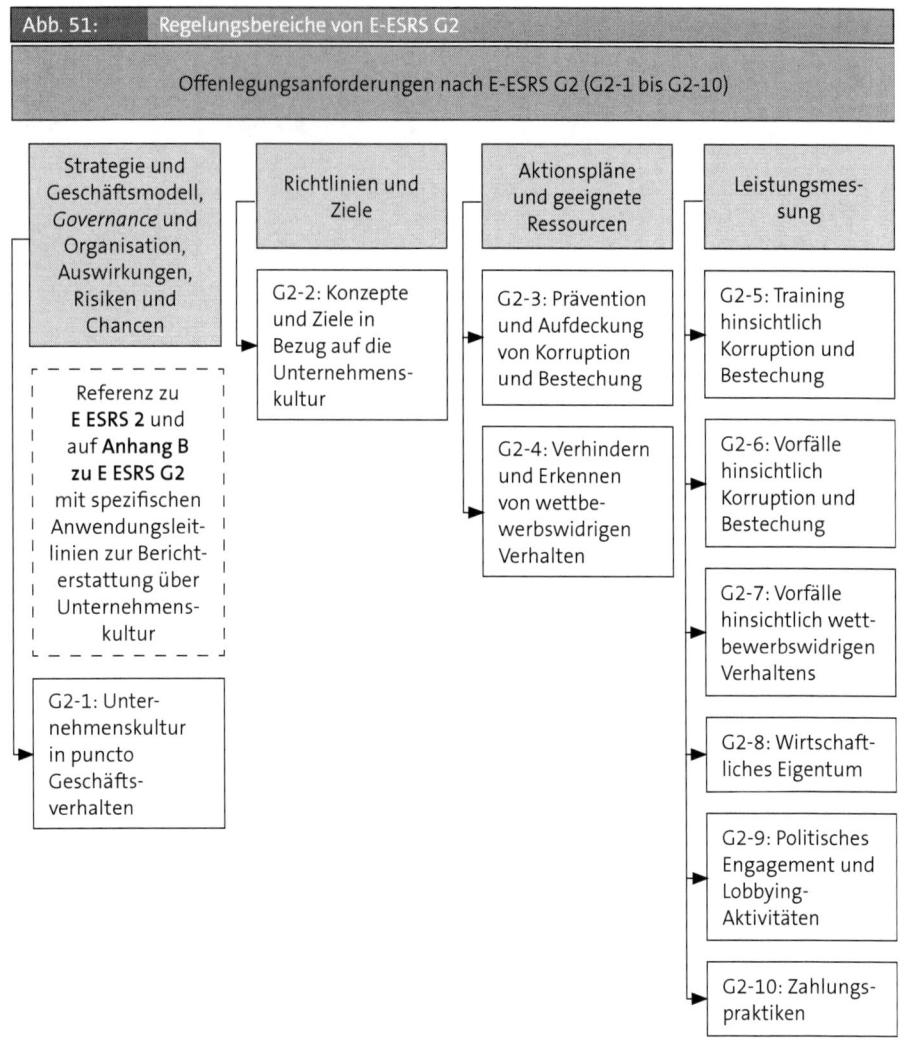

Abb. 51: Regelungsbereiche von E-ESRS G2

Offenlegungsanforderungen nach E-ESRS G2 (G2-1 bis G2-10)

Strategie und Geschäftsmodell, *Governance* und Organisation, Auswirkungen, Risiken und Chancen	Richtlinien und Ziele	Aktionspläne und geeignete Ressourcen	Leistungsmessung

Referenz zu **E ESRS 2** und auf **Anhang B zu E ESRS G2** mit spezifischen Anwendungsleitlinien zur Berichterstattung über Unternehmenskultur

G2-2: Konzepte und Ziele in Bezug auf die Unternehmenskultur

G2-3: Prävention und Aufdeckung von Korruption und Bestechung

G2-4: Verhindern und Erkennen von wettbewerbswidrigen Verhalten

G2-5: Training hinsichtlich Korruption und Bestechung

G2-6: Vorfälle hinsichtlich Korruption und Bestechung

G2-7: Vorfälle hinsichtlich wettbewerbswidrigen Verhaltens

G2-1: Unternehmenskultur in puncto Geschäftsverhalten

G2-8: Wirtschaftliches Eigentum

G2-9: Politisches Engagement und Lobbying-Aktivitäten

G2-10: Zahlungspraktiken

6 IFRS Sustainability Disclosure Standards

Eine parallele Anwendung der ESRS und der *IFRS Sustainability Disclosure Standards* (IFRS SDS) im Rahmen der Nachhaltigkeitsberichterstattung ist aufgrund der grenzüberschreitenden Tätigkeit von Unternehmen und der Verpflichtung zur Berichterstattung nach den Vorgaben unterschiedlicher Länder denkbar. Die ESRS erlangen ihre Verbindlichkeit durch die CSRD. Die Relevanz der Standardsetzung des *International Sustainability Standards Board* (ISSB) ergibt sich hingegen aus der weltweiten Anerkennung. Grundsätzliches zu den Standards des ISSB ist Kap. II.1.3 und Kap. II.1.4 zu entnehmen. Ergänzend dazu folgt an dieser Stelle eine kurze inhaltliche Gegenüberstellung.

Grundsätzlich zielen die Standards des ISSB – die IFRS SDS – insbesondere auf die Bedürfnisse von Investoren und Gläubigern ab. Dies stellt einen bedeutenden Unterschied zu den ESRS dar. Bei den ESRS gelten die gesamten Stakeholder bzw. die gesamte Öffentlichkeit als Adressaten. Ein besonderes Spannungsfeld ergibt sich zudem beim Vergleich zwischen den ESRS und den ISSB-Standardentwürfen bei der Frage nach der doppelten Wesentlichkeit.[585] Die ISSB-Standardentwürfe basieren auf dem „Konzept der Darstellung der Wertschöpfung im Unternehmen". Dieses Konzept zielt darauf ab, Anleger hinsichtlich ihrer Investitionsentscheidungen zu informieren. Durch das Fehlen der „Inside-out-Perspektive" in den Standardentwürfen des ISSB werden zwei der zentralen Ziele der EU-Nachhaltigkeitsberichterstattung nicht in gleichem Maße berücksichtigt: die Verantwortung der Unternehmen für ihr Handeln aufzuzeigen und damit eine nachhaltige Entwicklung voranzutreiben.

Die ESRS und die IFRS SDS eint das strukturelle Anknüpfen an die Empfehlungen der TCFD. Insbesondere wird in beiden Rahmenwerken der Governance von Nachhaltigkeitsaspekten ein hoher Stellenwert beigemessen. Die Anknüpfung an die internen Steuerungsmechanismen im Rahmen der Berichterstattung und damit das Forcieren der diesbezüglichen Bemühungen in Unternehmen sind damit geteilte Anliegen beider Standardisierungsprojekte, die sich in einem grundsätzlich vergleichbaren Aufbau der jeweiligen Verlautbarungen niederschlagen. Nach der Auffassung der IFRS Foundation sollen die ISSB-Berichtsstandards als *Global Baseline* dienen. Diese *Global Baseline* soll in einzelnen Jurisdiktionen jeweils durch Angaben zur Erfassung von regionalen Infor-

---

585 Vgl. *Lanfermann*, European Sustainability Reporting Standards (ESRS): EFRAG-Konsultationsentwürfe als Meilenstein der neuen EU-Nachhaltigkeitsberichterstattung, Betriebs-Berater 2022 S. 1326. Siehe weiterführend zur Unterscheidung zwischen *„single materiality"* und *„double materiality"* in der Nachhaltigkeitsberichterstattung mit besonderem Schwerpunkt auf dem Aspekt der Klimaneutralität *Stawinoga/Velte*, Single versus double materiality of corporate sustainability reporting: Which concept will contribute to climate neutral business?, Zeitschrift für Umweltpolitik und Umweltrecht 2022 S. 210 ff.

mationsbedürfnissen ergänzt werden (sog. „Baukasten-Ansatz")[586]. Abb. 52 fasst die Entwicklung der ISSB-Standards und der ESRS in zeitlicher Hinsicht zusammen.

Abb. 52:	Entwicklung der Entwürfe des ISSB und der E-ESRS[587]	
	ISSB **IFRS Sustainability** **Disclosure Standards**	**EFRAG** **European Sustainability** **Reporting Standards**
Entwürfe veröffentlicht am	31.3.2022	29.4.2022
Umfang der Veröffentlichung	2 Standardentwürfe	13 Standardentwürfe
Kommentierungsfrist	29.7.2022	8.8.2022
Geplanter Abschluss	Ende 2022	November 2022
Erstellt von	Technical Readiness Working Group	Project Task Force ESRS der EFRAG
Vorarbeiten	ISSB-Prototyp aus dem November 2021; Prototyp der „fünf Standardsetzer" aus dem Dezember 2020	Arbeitspapiere von Januar bis März 2022; „Klima-Prototyp" aus dem September 2021

Da die Standardentwürfe des ISSB bislang einen (thematisch) deutlich geringeren Umfang aufweisen, kann ein Vergleich mit den E-ESRS nur unvollständig gezogen werden. Für klimabezogenen Angaben liegt sowohl ein Entwurf eines ESRS (E-ESRS E1) als auch ein Entwurf eines IFRS SDS (IFRS S2) vor. Bei einer Gegenüberstellung zeigen sich deutliche Unterschiede (siehe Abb. 53) in Bezug auf Form, Umfang und Inhalt. ESRS E1 fällt gerade mit Blick auf den Umfang der Angabepflichten wesentlich umfangreicher als IFRS S2 aus.[588] Während der Entwurf des IFRS S2 nicht weiter definiert, woran sich die

---

586 Siehe zu diesem Baukastenansatz weiterführend *Baumüller/Scheid*, Der „Baukasten-Ansatz" im Rahmen der Harmonisierung der globalen Nachhaltigkeitsberichterstattung, Praxis der internationalen Rechnungslegung 2022 S. 16 ff.

587 Abb. modifiziert entnommen aus *Lanfermann/Baumüller/Scheid*, Standardisierung der Klimaberichterstattung: neue Vorschläge der EFRAG, des ISSB und der SEC, Zeitschrift für Internationale Rechnungslegung 2022 S. 277.

588 Siehe hierzu weiterführend *Warnke/Reinke/Müller*, ISSB veröffentlich Entwurf zu klimabezogenen Angaben – ED IFRS S2 konkretisiert die zukünftigen internationalen Angaben zu klimabezogenen Aspekten, Praxis der internationalen Rechnungslegung 2022 S. 199 ff.

Ziele des Unternehmens orientieren sollen, enthält E-ESRS E1 ein klares Bekenntnis zum Pariser Klimaabkommen und dem dort definierten 1,5-°C-Ziel.[589]

Abb. 53:	Angabepflichten in den Entwürfen des ISSB und der EFRAG am Beispiel klimabezogener Aspekte[590]	
	ISSB **IFRS Sustainability Disclosure Standards:** **Entwurf IFRS S2**	**EFRAG** **European Sustainability Reporting Standards:** **E-ESRS E1**
Sekturunabhängige Angabepflichten	Greenhouse gas (GHG) emissions (Scopes 1, 2, 3)	**General, strategy, governance and materiality assessment** E1–1 – Transition plan for climate change mitigation
	Transition risks Physical risks Climate-related opportunities Capital deployment Internal carbon prices	**Policies, targets, action plans and resources** E1–2 – Policies implemented to manage climate change mitigation and adaptation E1–3 – Measurable targets for climate change mitigation and adaptation E1–4 – Climate change mitigation and adaptation action plans and resources
	Remuneration	**Performance measurement** E1–5 – Energy consumption and mix E1–6 – Energy intensity per net turnover E1–7 – Scope 1 GHG emissions E1–8 – Scope 2 GHG emissions E1–9 – Scope 3 GHG emissions
		E1–10 – Total GHG emissions E1–11 – GHG intensity per net turnover E1–12 – GHG removals in own operations and the value chain E1–13 – GHG mitigation projects financed through carbon credits E1–14 – Avoided GHG emissions from products and services (optional)

---

589 Vgl. E-ESRS E1.1.
590 Modifiziert entnommen aus *Lanfermann/Baumüller/Scheid*, Standardisierung der Klimaberichterstattung: neue Vorschläge der EFRAG, des ISSB und der SEC, Zeitschrift für Internationale Rechnungslegung 2022 S. 279.

		Taxonomy Disclosure Requirements – Taxonomy Regulation for climate change mitigation and climate change adaptation E1–15 – Potential financial effects from material physical risks E1–16 – Potential financial effects from material transition risks E1–17 – Potential financial effects from climate-related opportunities
Sektorspezifische Angabepflichten	Aus dem SASB-Standardset übernommen: 68 Kategorien für climate-related disclosures	Noch in Ausarbeitung, nicht näher bestimmt (etwa 40 sektorspezifische Standards erwartet)

Mit Blick auf die weitere Entwicklung der Kompatibilität zwischen ESRS und IFRS SDS könnte die Einbindung der GRI-Standards von besonderer Bedeutung sein. Die GRI-Standards wurden bei der Entwicklung der E-ESRS berücksichtigt und es ist davon auszugehen, dass dies auch bei deren Weiterentwicklung der Fall sein wird. Die IFRS Foundation und die GRI hatten im März 2022 den Abschluss einer Kooperationsvereinbarung gemeldet. Ziel dieser Zusammenarbeit ist die Entwicklung eines gesamtheitlichen Konzepts für die Nachhaltigkeitsberichterstattung durch die jeweiligen Boards, also den ISSB und den *Global Sustainability Standards Board* (GSSB). Somit könnte eine – durchaus vorteilhafte – Annäherung von ESRS und IFRS SDS durch die beidseitige Berücksichtigung der GRI-Standards erreicht werden.

VII Weglassen nachteiliger Angaben (§ 289e HGB)

1 Regelungsinhalt und -zwecksetzung

§ 289e HGB enthält eine Ausnahmebestimmung zu den Angabepflichten gem. § 289c HGB. Hierfür ist die Bezeichnung der „(allgemeinen) Schutzklausel" bzw. „Safe Harbour"-Regelung gebräuchlich. Diese Ausnahmebestimmung trägt einer Abwägung zwischen den Informationsbedürfnissen der Berichtsadressaten und anerkannten Unternehmensinteressen Rechnung und strebt hier einen Ausgleich insofern an, als zwar Ersteren Priorität eingeräumt wird, Zweitere aber unter eng abgesteckten Rahmenbedingungen ebenso berücksichtigt werden können. Diese gesetzliche Regelung lässt sich daher am besten als „Kompromisslösung" verstehen, die im Zuge des langwierigen Rechtswerdungsprozesses der CSR-Richtlinie ihren Eingang in diese unionsrechtliche Vorgaben fand und hierauf folgend vom deutschen Gesetzgeber im Rahmen des CSR-RUG mit ins deutsche Bilanzrecht übernommen wurde.[591]

§ 289e Abs. 1 HGB enthält einen Katalog an Anforderungen, die kumulativ erfüllt sein müssen, so dass von der Schutzklausel Gebrauch gemacht werden kann (siehe Kap. VII.2). Hierbei handelt es sich um ein (willkürfrei anzuwendendes) Wahlrecht. Es erstreckt sich grundsätzlich auf alle Angaben gem. § 289c HGB. Weiterhin kann es auch bei Rückgriff auf ein Rahmenwerk für die nichtfinanzielle Berichterstattung gem. § 289d HGB zum Einsatz kommen;[592] in diesem Fall ist allerdings gesondert zu beurteilen, inwieweit ein solches Unterlassen von Pflichtangaben auch mit den Bestimmungen des verwendeten Rahmenwerks im Einklang steht. Sofern dies nicht der Fall ist, wird die Anwendung des Apply-or-Explain-Grundsatzes nach § 289d Satz 2 HGB z. T. insofern eingeschränkt, als die aus der Schutzklausel resultierende Nichtübereinstimmung (mit den Bestimmungen des Rahmenwerks) nicht gesondert anzugeben ist.

§ 289e Abs. 2 HGB regelt die Folgen eines Wegfalls der Umstände, die zur Ausübung der Schutzklausel gem. Abs. 1 berechtigten: *„Macht eine Kapitalgesellschaft von Absatz 1 Gebrauch und entfallen die Gründe für die Nichtaufnahme der Angaben nach der Veröffentlichung der nichtfinanziellen Erklärung, sind die Angaben in die darauf folgende nichtfinanzielle Erklärung aufzunehmen."* Die hiermit geregelte sog. **„Nachholpflicht"**[593] verfolgt ausweislich der Gesetzesmaterialien zum CSR-RUG zwei Zielsetzungen: Einerseits schränkt sie den Spielraum für die berichtspflichtigen Unternehmen ein, von der Schutzklausel willkürlich Gebrauch zu machen; andererseits soll den Berichtsadressa-

---

591 Vgl. *Baumüller*, Nichtfinanzielle Berichterstattung, 2020, S. 112.
592 Siehe ausdrücklich auch DRS 20.299.
593 Vgl. *Kajüter*, Die nichtfinanzielle Erklärung nach dem Regierungsentwurf zum CSR-Richtlinie-Umsetzungsgesetz, Zeitschrift für Internationale Rechnungslegung 2016 S. 511.

ten damit ermöglicht werden, die Angaben im Nachhinein nachzuvollziehen.[594] Wie dies zu verstehen ist und vor allem welche konkreten Implikationen dies für die Gesetzesauslegung hat, bleibt allerdings vage: Ein Willkürverbot leitet sich schließlich aus den allgemeinen GoB ab und ließe sich durch eine nachträgliche Angabepflicht ohnedies nur unzureichend adressieren. Die letztendliche Kontrollinstanz hierfür ist der Aufsichtsrat, der im Rahmen seiner Prüfpflichten die sachgerechte Ausübung der Schutzklausel gem. § 289e HGB zu beurteilen hat (siehe dazu Kap. X). Weiterhin bleibt unklar, welchen Nutzen eine – vor allem zukunftsgerichtete – Angabe bei ihren Adressaten entfalten soll, die erst im Nachhinein vermittelt wird; hier ist das Spannungsverhältnis zu den allgemeinen GoB erneut offensichtlich. Auch die in § 286 HGB vorgesehenen Schutzklauseln für die Angaben im Anhang sehen eine solche Nachholpflicht nicht vor.

Sachgerecht erscheint daher folgende Auslegung:

▶ Mit Entfall der Gründe, die berechtigterweise zu einer Anwendung der Schutzklausel geführt haben, sind Angaben mit inhärentem Vergangenheits- und Gegenwartsbezug (z. B. zu Konzepten inkl. Due-Diligence-Prozessen, erzielten Ergebnissen, nichtfinanziellen Leistungsindikatoren und Hinweisen auf im Jahresabschluss ausgewiesene Beträge) für das aktuelle Geschäftsjahr in die Berichterstattung aufzunehmen. Für frühere Geschäftsjahre ergeben sich darüber hinausgehende Nachholpflichten insofern, als nunmehr etwa zu quantitativen Angaben auch **Vorjahreswerte** aufzunehmen (siehe Kap. IV.4.6) bzw. **wesentliche Veränderungen** (z. B. bei den angewandten Konzepten) darzustellen sind (siehe Kap. IV.4.5.2). Dies gilt auch für Angaben mit Zukunftsbezug, die weiterhin zum aktuellen Berichtsstichtag relevant (z. B. nichtfinanzielle Risiken) und entsprechend in die Berichterstattung aufzunehmen sind.

▶ Eine Nachholung **rein zukunftsgerichteter Angaben** wie zu nichtfinanziellen Risiken, die in einem Vorjahr bestanden haben, zum aktuellen Berichtsstichtag allerdings nicht mehr bestehen (ohne dass sie z. B. materialisiert wären), ist nicht erforderlich. Allenfalls sind wie zuvor wesentliche Veränderungen der zukünftigen Risiken gegenüber dem Vorjahr darzustellen und zu erläutern. Dies wird nur in einem eingeschränkten Maße Angaben zu den Vorjahresrisiken selbst erfordern, die nunmehr vollumfänglich zu tätigen sind. Sofern die im Vorjahr noch als zukünftige Risiken beurteilten Risiken nunmehr im Geschäftsjahr, auf das sich die vorgelegte nichtfinanzielle Berichterstattung bezieht, schlagend geworden sind, folgt weiterhin eine Angabe im Rahmen der nichtfinanziellen Risikoberichterstattung sowie vor allem auch der erzielten Ergebnisse entlang der in Kap. IV dargelegten allgemeinen Bestimmungen.

---

594 Vgl. BT-Drucks. 18/9982 S. 53.

Klargestellt wird durch die Regelung in § 289e Abs. 2 HGB weiterhin: Eine Pflicht zur Nachholung von Angaben hat **nicht unterjährig** zu erfolgen, wenn die Gründe für die bisherige Ausübung der Schutzklausel entfallen sind.[595]

Es besteht **keine Pflicht zur expliziten Angabe** einer Ausübung der Schutzklausel gem. § 289e HGB – weder unmittelbar aus dieser Gesetzesbestimmung heraus noch aus deren Zusammenspiel mit dem Apply-or-Explain-Grundsatz gem. § 289d HGB (siehe Kap. VI.3). Dies lässt sich dadurch begründen, dass eine etwaige Angabe den zugrunde liegenden Sachverhalt auf ähnliche Weise sichtbar macht wie die Angabe dieses Sachverhaltes selbst – und damit dem Unternehmensinteresse einen gleichermaßen großen Schaden zufügen kann.[596] Dies würde der Zwecksetzung der Schutzklausel zuwiderlaufen. Auch für eine aus Unternehmenssicht weniger kritische Angabe zur Nachholungspflicht gem. § 289e Abs. 2 HGB lässt sich keine Pflicht ableiten, ausdrücklich auf die zuvor ausgeübte und nunmehr nicht mehr anwendbare Schutzklausel hinzuweisen; die Begründung liegt diesfalls in einem kaum gegebenen Informationsnutzen in Anbetracht der zuvor dargestellten inhaltlichen Anforderungen der Gesetzesbestimmung.

2 Die Voraussetzungen zur Anwendung der Schutzklausel im Einzelnen

§ 289e Abs. 1 HGB enthält **drei Bedingungen,** die kumulativ vorliegen müssen, damit eine Anwendung der Schutzklausel in Betracht kommt:

- ▶ § 289e Abs. 1 Halbsatz 1 und 2 HGB: Es handelt sich um Angaben zu *„künftigen Entwicklungen oder Belangen, über die Verhandlungen geführt werden"*;

- ▶ § 289e Abs. 1 Nr. 1 HGB: Die Angaben sind *„nach vernünftiger kaufmännischer Beurteilung der Mitglieder des vertretungsberechtigten Organs der Kapitalgesellschaft geeignet [...], der Kapitalgesellschaft einen erheblichen Nachteil zuzufügen"*;

- ▶ § 289e Abs. 1 Nr. 2 HGB: Es ist gewährleistet, dass *„das Weglassen der Angaben ein den tatsächlichen Verhältnissen entsprechendes und ausgewogenes Verständnis des Geschäftsverlaufs, des Geschäftsergebnisses, der Lage der Kapitalgesellschaft und der Auswirkungen ihrer Tätigkeit nicht verhindert".*

Zunächst erstreckt sich die Schutzklausel gem. § 289e HGB auf **zukünftige Entwicklungen;** d. h., Angaben zu vergangenen Ereignissen, die bereits realisiert sind, müssen je-

---

595 Vgl. *Kumm/Woodtli,* Nachhaltigkeitsberichterstattung: Die Umsetzung der Ergänzungen der Bilanzrichtlinie um die Pflicht zu nichtfinanziellen Angaben im RefE eines CSR-Richtlinie-Umsetzungsgesetzes, Der Konzern 2017 S. 223.

596 Für den Kontext des Apply-or-Explain-Grundsatzes lässt sich dazu schließen, dass hier die gesetzlichen Regelungen etwaigen anderen Normen, die rechtssystematisch nachrangig anzuwenden sind, vorgehen und sohin auch keine mittelbare Angabepflicht aus diesen Normen abzuleiten ist.

denfalls in die Berichterstattung aufgenommen werden, falls diese nicht Gegenstand aktueller Verhandlungen sind (siehe die gleich folgende zweite Ausnahme). Das Hauptanwendungsgebiet der Schutzklausel stellen somit Angaben im Rahmen der nichtfinanziellen Risikoberichterstattung bzw. prognostische Aussagen zu weiteren Einzelangaben gem. § 289c Abs. 3 HGB dar.

Wenn eine Angabe keine zukünftige Entwicklung betrifft, kann sie nur dann unterlassen werden, sofern sie **Belange adressiert, über die Verhandlungen geführt werden.** Dies ist grammatikalisch von den „zukünftigen Entwicklungen" abgegrenzt und im Gegensatz zum zuvor Dargestellten auch auf vergangenheits- bzw. gegenwartsbezogene Angabepflichten (z. B. die Pflicht zur Angabe von Konzepten und erzielten Ergebnissen, die Gegenstand von Verhandlungen sind) bezogen, die allerdings ebenso mit zukünftigen Entwicklungen verbunden sein können (und dies i. d. R. auch sein werden).[597] Hierzu sind gleich zwei begriffliche Unschärfen festzustellen:

▶ Dass der Gesetzestext hier von „Belangen" anstelle von „Aspekten", wie ansonsten in § 289c HGB, spricht, trägt wenig zur Klarheit dieser Norm bei. Sachgerecht kann hier allerdings – wie bereits über weite Teile der Angabepflichten gem. § 289c Abs. 3 HGB hinweg – davon ausgegangen werden, dass die Themen zu adressieren sind, für die als Ergebnis der Wesentlichkeitsanalyse eine Berichtpflicht abgeleitet wird. Diese können partiell oder in ihrer Gesamtheit Gegenstand von Verhandlungen sein.

▶ Wie der Begriff der „Verhandlungen" auszulegen ist, lässt sich weder aus den Gesetzesmaterialien noch aus den unionsrechtlichen Grundlagen ableiten. Im weitesten Sinne können dies externe und interne (z. B. mit einem Betriebsrat oder den Eigentümern) Verhandlungen sein oder Verhandlungen mit (potenziellen) Kunden oder Lieferanten. Verhandlungen rund um Rechtsstreitigkeiten sind ebenfalls denkbare Anwendungsfälle. Hierunter fallen etwa Rechtsstreitigkeiten i. V. mit Umweltschäden oder Verbraucher(schutz)belangen; aber auch im Zusammenhang mit internen Projekten und Maßnahmen kann eine Anwendung der Schutzklausel in Betracht kommen.[598]

§ 289e Abs. 1 Nr. 1 HGB folgt in seinen zwei entscheidenden Formulierungen – „**nach vernünftiger kaufmännischer Beurteilung**" sowie „**geeignet, [...] einen erheblichen Nachteil zuzufügen**" – dem Wortlaut der Schutzklausel in § 286 Abs. 2 HGB. Deswegen

---

597 Anders die in der Literatur dazu häufig vorzufindende Sichtweise, wonach die Anwendung der Schutzklausel gem. § 289e HGB in Gänze auf Angaben zu zukünftigen Ereignissen beschränkt ist. Siehe dazu vor allem *IDW*, Positionspapier: Pflichten und Zweifelsfragen zur nichtfinanziellen Erklärung als Bestandteil der Unternehmensführung, 2017, S. 22; *Kirsch*, Weglassen nachteiliger Angaben in der nichtfinanziellen (Konzern-)Erklärung, Deutsche Steuer-Zeitung 2018 S. 232.

598 Vgl. *Kirsch*, Weglassen nachteiliger Angaben in der nichtfinanziellen (Konzern-)Erklärung, Deutsche Steuer-Zeitung 2018 S. 232.

kommen dieselben Auslegungsgrundsätze für die weitere Konkretisierung der gegenständlichen Voraussetzungen in Betracht.[599] Damit ist insbesondere ein Zusammenhang mit der Vermögens-, Finanz- und Ertragslage des berichtpflichtigen Unternehmens herzustellen; diese muss jedenfalls auf wesentliche Art und Weise (negativ) betroffen sein. DRS 20.305 führt gleichsinnig erläuternd aus:

„Ein erheblicher Nachteil ist anzunehmen, wenn der Konzern einen hinreichend konkretisierbaren geschäftlichen Schaden von beachtlichem Ausmaß erwarten kann. Ein solcher Schaden kann z. B. in einer signifikanten Schwächung der Marktposition bestehen."

Eine „vernünftige kaufmännische Beurteilung" hat mit willkürfreien Ermessensentscheidungen im vertretbaren Rahmen des Grundsatzes der Vorsicht einherzugehen. Dieses Vorgehen muss entsprechend dokumentiert werden. Eine Quantifizierung (oder auch nur Quantifizierbarkeit) des Ausmaßes dieses Nachteils ist nicht erforderlich, die nach § 289e HGB unterlassenen Angaben dürfen den Abschlussadressaten aber noch nicht bekannt sein. Gleichermaßen kommt es nicht auf den tatsächlichen Eintritt des Schadens an, sondern lediglich auf eine zumindest mögliche Schadenseignung.[600] Wenn ein drohender Schaden durch eine weniger genaue Angabe zum zugrunde liegenden Sachverhalt abgewandt werden kann, ist eine solche zu tätigen und es verbleibt kein Anwendungsbereich für die Schutzklausel. Ein nicht als erheblich zu beurteilender Schaden ist von den berichtpflichtigen Unternehmen allerdings hinzunehmen.[601]

Die dritte Voraussetzung in Form des § 289e Abs. 1 Nr. 2 HGB ist als **Korrektiv** zu verstehen: Im Zweifelsfall sind die Interessen der Adressaten der nichtfinanziellen Erklärung über das Unternehmensinteresse zu stellen. Dafür wird die Generalnorm für die nichtfinanzielle Berichterstattung zum Maßstab erhoben. Eine konkrete Angabe kann für sich genommen als wesentlich beurteilt werden und auf Basis der Schutzklausel dennoch von der Berichtspflicht ausgenommen werden. Dies gilt dann, wenn trotz Weglassens der Angabe das den Adressaten vermittelte Gesamtbild im Einklang mit der Generalnorm steht, d. h. noch immer ein sachgerechtes, vollständiges und vor allem auch ausgewogenes Verständnis des Geschäftsverlaufs, des Geschäftsergebnisses, der Lage der Kapitalgesellschaft sowie der Auswirkungen der Unternehmenstätigkeit auf die in § 289c Abs. 2 HGB genannten Aspekte vermittelt. Ist dies nicht der Fall, darf die Angabe nicht unterlassen werden. Dies bekräftigend führen die Gesetzesmaterialien zum CSR-RUG aus:

---

599 Siehe auch BT-Drucks. 18/9982 S. 53.
600 Siehe dazu auch DRS 20.K216 f.
601 Vgl. *Baumüller*, Nichtfinanzielle Berichterstattung, 2020, S. 113.

„Das betrifft den Fall, dass eine Information zwar wesentlich im Sinne von § 289c Absatz 3 HGB-E für das Verständnis des Geschäftsverlaufs, des Geschäftsergebnisses, der Lage der Kapitalgesellschaft sowie der Auswirkungen ihrer Tätigkeit ist und damit grundsätzlich berichtet werden müsste, dabei die Information aber nicht so bedeutsam ist, dass ihr Weglassen ein ausgewogenes Gesamtverständnis vollständig ausschließt. Etwaige anderweitig bestehende Informationspflichten außerhalb der nichtfinanziellen Erklärung bleiben unberührt."[602]

Bspw. mag eine wesentliche Angabe die Entscheidungen der Berichtsadressaten beeinflussen können; wenn dieselbe Beeinflussung allerdings auch durch drei weitere Angaben, die getätigt werden, erreicht wird, spricht dies für die Möglichkeit der Weglassung der ersten Angabe. Sollen mehrere Angaben weggelassen werden, die alle für sich genommen zu keinem Konflikt mit der Voraussetzung in § 289e Abs. 1 Nr. 2 HGB führen, in Summe jedoch im Falle ihrer gesamthaften Weglassung gegen die Generalnorm verstoßen, so hat das berichtspflichtige Unternehmen – allerdings nach eigenem Ermessen – so viele von diesen Angaben nicht wegzulassen, dass die schlussendlich weggelassenen Angaben wiederum mit den Anforderungen der § 289e Abs. 1 Nr. 2 HGB konform gehen.[603]

Vom Gesetzestext nicht adressiert wird der **Zeitpunkt,** zu dem die Voraussetzungen vorliegen müssen, damit die Schutzklausel in Anspruch genommen werden kann. In Analogie zu vergleichbaren Bestimmungen für die Lageberichterstattung scheint es sachgerecht, auf den Zeitpunkt abzustellen, zu dem der Aufsichtsrat seine inhaltliche Prüfung der nichtfinanziellen Berichterstattung abgeschlossen hat. Sollte zwischen diesem Prüfungsabschluss und der anschließenden Offenlegung bzw. Veröffentlichung der nichtfinanziellen Berichterstattung noch eine größere zeitliche Distanz liegen, so hat ggf. eine Aktualisierung bis zum letzteren Stichtag zu erfolgen.[604]

Schon der Wortlaut des § 289e Abs. 1 HGB stellt klar, dass von der Schutzklausel nur „ausnahmsweise" Gebrauch gemacht werden kann, und auch die Gesetzesmaterialien zum CSR-RUG betonen den **eng begrenzten Anwendungsbereich.**[605] Dies hat zur Folge, dass strenge Maßstäbe an die Ausübung der Schutzklausel zu legen sind; diese geforderte Strenge wird aufgrund der Formulierung des Gesetzestextes über jenes Maß hinausgehen, das für die Ausübung der Schutzklauseln gem. § 286 HGB zur Anwendung

---

602 BT-Drucks. 18/9982 S. 53.
603 Vgl. *Baumüller,* Nichtfinanzielle Berichterstattung, 2020, S. 113 f.
604 Vgl. *Kirsch,* Weglassen nachteiliger Angaben in der nichtfinanziellen (Konzern-)Erklärung, Deutsche Steuer-Zeitung 2018 S. 235.
605 Vgl. BT-Drucks. 18/9982 S. 53.

gelangt.[606] Dass die erforderlichen Voraussetzungen vorliegen, ist vom berichtspflichtigen Unternehmen intern entsprechend zu dokumentieren und vom Aufsichtsrat im Rahmen seiner Prüftätigkeit zu verifizieren.

Die Schutzklausel bezieht sich ihrer Natur gem. stets auf **eine oder mehrere konkrete Einzelangaben.** Je größer der Umfang der wegzulassenden Angaben ausfällt, desto schwieriger wird es sein, die Erfüllung des restriktiven Anforderungskataloges in § 289e Abs. 1 HGB für die Ausübung dieser Schutzklausel zu argumentieren. Keinesfalls kann die Schutzklausel so weit ausgedehnt werden, dass sämtliche Angaben zu einem nichtfinanziellen Aspekt gem. § 289c Abs. 2 HGB – zumindest ohne entsprechende Anwendung des Comply-or-Explain-Grundsatzes (siehe Kap. IV.4.8) – oder gar die Erstellung einer nichtfinanziellen Erklärung in ihrer Gesamtheit unterbleiben.

3 Verhältnis zu weiteren Schutzklauseln

Die Schutzklausel gem. § 289e HGB gelangt ausdrücklich nur für die nichtfinanzielle Erklärung zur Anwendung; eine **Übertragung auf weitere Teile der Lageberichterstattung** – für die § 289 und § 289a HGB keine korrespondierende allgemeine Schutzklausel vorsehen – ist folglich nicht möglich.[607] Gleiches gilt für die Übertragung auf weitere Teile der Unternehmensberichterstattung, z. B. im Jahresabschluss; für Letzteres ist weiterhin § 286 HGB mit den darin enthaltenen Schutzklauseln betreffend die Anhangangaben die relevante Norm.

Umgekehrt kommt allerdings eine **Übertragung der Schutzklausel gem. § 286 Abs. 1 HGB** auf die nichtfinanzielle Erklärung zumindest näherungsweise in Betracht – sofern nämlich das öffentliche Interesse durch eine Angabe im Rahmen der nichtfinanziellen Berichterstattung betroffen ist, hat diese Angabe zwingend zu unterbleiben – bzw. sind diesfalls i. S. der in Kap. VII.2 dargestellten Auslegungsgrundsätze abstraktere bzw. allgemeiner formulierte Angaben zu tätigen. Dies wird den allgemeinen Auslegungsgrundsätzen zu dieser Norm folgend mit der Höherrangigkeit der von dieser Schutzklausel adressierten öffentlichen Interessen zu begründen sein.[608] Eine Übertragung der weiteren Schutzklauseln gem. § 286 Abs. 2 bis Abs. 4 HGB scheidet demgegenüber aufgrund ihres eng abgegrenzten Anwendungsbereichs aus. Eine mittelbare Ausstrahlungswirkung entfalten diese Schutzklauseln einzig im Hinblick auf die Angabepflicht

---

606 Vgl. *Kumm/Woodtli*, Nachhaltigkeitsberichterstattung: Die Umsetzung der Ergänzungen der Bilanzrichtlinie um die Pflicht zu nichtfinanziellen Angaben im RefE eines CSR-Richtlinie-Umsetzungsgesetzes, Der Konzern 2017 S. 223.

607 Siehe auch *IDW*, Positionspapier: Pflichten und Zweifelsfragen zur nichtfinanziellen Erklärung als Bestandteil der Unternehmensführung, 2017, S. 22.

608 Vgl. *Grottel*, § 289 HGB – Inhalt des Lageberichts, in Grottel/Justenhoven/Schubert/Störk (Hrsg.), Beck'scher Bilanz-Kommentar, 13. Aufl. 2022, § 289 HGB Tz. 48.

293

gem. § 289c Abs. 3 Nr. 6 HGB (Hinweise auf im Jahresabschluss ausgewiesene Beträge) insoweit, als im Anhang anzugebende Beträge, die unter Bezugnahme auf die gesetzlichen Ausnahmebestimmungen nicht angegeben werden, auch nicht Gegenstand der geforderten Hinweise in der nichtfinanziellen Erklärung sein können.

Obschon **nicht kodifiziert,** so gilt wie für den Lagebericht, dass eine Angabe auch dann zu unterlassen ist, wenn sie einen Verstoß gegen die Sorgfalts- und Verschwiegenheitspflichten der Geschäftsführung darstellen würde bzw. Sachverhalte betrifft, die vom Auskunftsrecht eines Aktionärs in der Hauptversammlung bzw. eines GmbH-Gesellschafters in der Gesellschafterversammlung ausgenommen sind. Sollte eine Angabe zu einem Gesetzesverstoß führen bzw. einen Straftatbestand auslösen, darf sie ebenso nicht getätigt werden.[609]

---

609 Vgl. *Grottel,* § 289 HGB – Inhalt des Lageberichts, in Grottel/Justenhoven/Schubert/Störk (Hrsg.), Beck'scher Bilanz-Kommentar, 13. Aufl. 2022, § 289 HGB Tz. 48, mit einem diesbezüglichen Überblick über die Literaturmeinung.

VIII Besondere Anforderungen an die nichtfinanzielle Konzernerklärung (§§ 315b und 315c HGB)

1 Abgrenzung der berichtspflichtigen Konzerne

§ 315b HGB fordert an erster Stelle, dass eine **Kapitalgesellschaft als Mutterunternehmen gem. § 290 HGB** zu beurteilen ist. Dieses hat infolgedessen seinen Konzernlagebericht um eine nichtfinanzielle Konzernerklärung zu erweitern. Hierzu ist anzumerken, dass

▶ einerseits auch Mutterunternehmen von Rechtsformen, die Kapitalgesellschaften gleichgestellt werden (offene Handelsgesellschaften und Kommanditgesellschaften i. S. des § 264a HGB, eingetragene Genossenschaften, Europäische Gesellschaften), sowie rechtsformunabhängig Kreditinstitute und Versicherungsunternehmen (basierend auf §§ 340i Abs. 5 bzw. 341j Abs. 4 HGB) unter die Berichtspflicht fallen können;

▶ andererseits Unternehmen anderer Rechtsformen bzw. Betätigungsfelder auch trotz einer etwaigen Konzernrechnungslegungspflicht gem. § 11 PublG nicht hierunter fallen.

Die weiteren Kriterien, anhand derer das Vorliegen einer Berichtspflicht für diese Unternehmen zu identifizieren ist, werden in weitgehender **Analogie zu § 289b Abs. 1 HGB** festgelegt; abgestellt wird erneut sowohl auf die Kapitalmarktorientierung als auch auf Größenkriterien:

▶ § 315b Abs. 1 Nr. 1 HGB: Die Kapitalgesellschaft ist kapitalmarktorientiert i. S. des § 264d HGB (Kriterium 1);

▶ § 315b Abs. 1 Nr. 2 Buchst. a HGB: Die in den Konzernabschluss einzubeziehenden Unternehmen erfüllen die in § 293 Abs. 1 Satz 1 Nr. 1 oder 2 HGB geregelten Voraussetzungen für eine größenabhängige Befreiung nicht (Kriterium 2);

▶ § 315b Abs. 1 Nr. 2 Buchst. b HGB: Die in den Konzernabschluss einzubeziehenden Unternehmen haben im Jahresdurchschnitt insgesamt mehr als 500 Arbeitnehmer beschäftigt (Kriterium 3).

Im Hinblick auf die Berechnung der Größenkriterien fordert § 315b Abs. 1 Satz 2 HGB analog zu § 289b Abs. 1 Satz 2 HGB die **Anwendung der Bestimmungen in § 267 Abs. 4 bis 5 HGB.** Insofern kann auf die diesbezüglichen Ausführungen in Kap. III.1 verwiesen werden. Dies gilt gleichermaßen im Hinblick auf die Zweifel zur Konformität dieser im HGB getroffenen Regelungen mit ihren unionsrechtlichen Vorgaben. Im Folgenden werden daher vor allem die spezifischen Zweifelsfragen für den Kontext des § 315b Abs. 1 HGB diskutiert.

Zu Kriterium 1: Abgestellt wird einzig auf die Kapitalmarktorientierung des Mutterunternehmens zum Abschlussstichtag. Unerheblich ist es demgegenüber, ob eines seiner **Tochterunternehmen kapitalmarktorientiert** ist oder nicht.

Zu Kriterium 2: Der verwiesene § 293 Abs. 1 HGB regelt zwei Methoden (Nr. 1: „Bruttomethode" und Nr. 2: „Nettomethode"), um anhand der Größenkriterien Bilanzsumme, Umsatzerlöse und Zahl der Arbeitnehmer des Mutterunternehmens und aller unmittelbaren und mittelbaren, tatsächlich in den Konzernabschluss einbezogenen[610] Tochterunternehmen das Vorliegen eines **kleinen Konzernes** zu bestimmen. Dieser wird infolgedessen von der Pflicht zur Erstellung eines Konzernabschlusses und Konzernlageberichts befreit; diese Befreiung erstreckt sich durch das in § 315b Abs. 1 HGB enthaltene Kriterium 2 auch auf die Pflicht zur Erstellung einer nichtfinanziellen Konzernerklärung.

Durch den Verweis auf § 267 Abs. 4 HGB leitet sich die Forderung ab, dass mindestens zwei der drei genannten Schwellenwerte sohin **an zwei aufeinander folgenden Abschlussstichtagen überschritten** werden müssen, damit die Berichtspflicht am zweiten dieser Stichtage greift. Einzig für den Fall von Neugründungen (d. h. erstmalige Konzernbildungen) oder Umwandlungen (mit der Ausnahme des Formwechsels) ist auf den ersten Abschlussstichtag nach der Neugründung oder Umwandlung abzustellen.[611] Auch damit wird in Summe ein Gleichklang mit der Befreiung von der Erstellungspflicht von Konzernabschluss und Konzernlagebericht erzielt, wie sie sich aus dem (in § 315b Abs. 1 HGB nicht verwiesenen) § 293 Abs. 4 HGB ergibt.[612]

Bereits in § 293 HGB wird die Frage, **nach welchem Bilanzrecht** die Schwellenwerte „Bilanzsumme" bzw. „Umsatzerlöse" zu ermitteln sind, nicht ausdrücklich angesprochen. Insbesondere für Unternehmen, die im Anwendungsbereich des § 315e HGB zur Erstellung eines IFRS-Konzernabschlusses verpflichtet sind (Abs. 1 und 2) bzw. dies auf freiwilliger Basis tun (Abs. 3), würde sich eine Ermittlung dieser Schwellenwerte auf Basis der IFRS anbieten. Die besseren – vor allem konzeptionellen – Argumente sprechen je-

---

610 Das heißt etwa, dass Tochterunternehmen, die aufgrund von Einbeziehungswahlrechten nicht einbezogen werden, auch bei der Ermittlung der genannten Schwellenwerte außen vor bleiben. Siehe *Störk/Schäfer/Schönberger*, § 315b – Pflicht zur nichtfinanziellen Konzernerklärung, in Grottel/Justenhoven/Schubert/Störk (Hrsg.), Beck'scher Bilanz-Kommentar, 13. Aufl. 2022, § 315b HGB Tz. 9.

611 Vgl. DRS 20.234.

612 Praktisch ist dieser Gleichklang allerdings von geringer Relevanz, da kapitalmarktorientierte Mutterunternehmen von der Anwendung der größenabhängigen Befreiungsbestimmungen gem. § 293 HGB durch dessen Abs. 5 ausgeschlossen sind.

doch dafür, in jedem Fall auf jene Wertansätze zu referenzieren, die sich nach Maßgabe der Bestimmungen des HGB ermitteln.[613]

Zu Kriterium 3: Auslegungsbedürftig am Wortlaut des § 315b Abs. 1 Nr. 2 Buchst. b HGB ist die Frage, was unter **„einzubeziehende Unternehmen"** zu verstehen ist, die insgesamt auf die Zahl der beschäftigten Arbeitnehmer zu überprüfen sind. Aus Konsistenzgründen – und auch im Einklang mit der Auslegung, die für die korrespondierende Regelung in § 289b Abs. 1 Nr. 3 HGB diskutiert wurde (siehe Kap. III.1) – scheint es einzig sachgerecht, erneut auf den Maßstab des § 293 Abs. 1 HGB abzustellen. Im Ergebnis sind sohin nur das Mutterunternehmen sowie die (tatsächlich einbezogenen) unmittelbaren und mittelbaren Tochterunternehmen in die Untersuchung aufzunehmen.[614] Weiterhin lässt sich als Rückkopplungseffekt zu Kriterium 2 feststellen, dass auch für dieses nur zu überprüfen ist, ob einer der beiden neben der Zahl der beschäftigten Arbeitnehmer verbleibenden Schwellenwerte (Bilanzsumme oder Umsatzerlöse) überschritten wird.

2 Formale Berichterstattungsalternativen

2.1 Nichtfinanzielle Konzernerklärung vs. nichtfinanzieller Konzernbericht

Wie schon für die (nichtkonsolidierte) nichtfinanzielle Erklärung, so ist auch für die nichtfinanzielle Konzernerklärung der gesetzliche **Regelfall** jener, dass diese als gesonderter Abschnitt in den Konzernlagebericht aufgenommen wird. Ebenso erlaubt § 315b Abs. 1 Satz 3 HGB aber auch das Setzen von Verweisen: *„Wenn die nichtfinanzielle Konzernerklärung einen besonderen Abschnitt des Konzernlageberichts bildet, darf die Kapitalgesellschaft auf die an anderer Stelle im Konzernlagebericht enthaltenen nichtfinanziellen Angaben verweisen."* Aufgrund der bereits in Kap. III.2.2 dargelegten Abwägungen ist deswegen die Vorgehensweise zulässig, die nichtfinanzielle Konzernerklärung (gänzlich) in den Konzernlagebericht zu integrieren. Hinsichtlich dieser Möglichkeiten ist auf die Ausführungen in den Kap. III.2.1 und III.2.2 zu verweisen, die sinngemäß übertragbar sind.

§ 315b Abs. 3 HGB enthält darüber hinaus das Wahlrecht, einen **nichtfinanziellen Konzernbericht** zu erstellen. Für diesen sind dieselben Vorgaben vorgesehen, wie sie für

---

613 Vgl. zur Abwägung ausführlich *Schild/Haßlinger/Weimann*, Zweifelsfragen hinsichtlich der nichtfinanziellen (Konzern-)Erklärung – Eine Analyse unter besonderer Berücksichtigung des DRÄS 8, Betriebswirtschaftliche Forschung und Praxis 2020 S. 73 f.

614 Vgl. *Schild/Haßlinger/Weimann*, Zweifelsfragen hinsichtlich der nichtfinanziellen (Konzern-)Erklärung – Eine Analyse unter besonderer Berücksichtigung des DRÄS 8, Betriebswirtschaftliche Forschung und Praxis 2020 S. 72 f.; ebenso DRS 20.233.

den (nichtkonsolidierten) nichtfinanziellen Bericht zum Tragen kommen: Es gelten jene inhaltlichen Anforderungen, die auch für die nichtfinanzielle Konzernerklärung zu beachten sind. Darüber hinaus hat der nichtfinanzielle Konzernbericht entweder zusammen mit dem Konzernlagebericht gem. § 325 HGB offengelegt zu werden oder es hat stattdessen binnen vier Monaten nach dem Abschlussstichtag eine Veröffentlichung auf der Internetseite des berichtspflichtigen Mutterunternehmens zu erfolgen.

Es ist wiederum erforderlich, dass im Konzernlagebericht **angegeben wird,** wenn vom Wahlrecht in § 315b Abs. 3 HGB Gebrauch gemacht wird – und wo der nichtfinanzielle Konzernbericht offengelegt bzw. auf welcher Internetseite er veröffentlicht wird. Für weitere Leitlinien und praktische Umsetzungsbeispiele siehe Kap. III.2.3.

2.2 Zusammengefasste nichtfinanzielle Berichterstattung

Eine Besonderheit für den Kontext der konsolidierten nichtfinanziellen Berichterstattung – hinsichtlich der Zusammenfassung der Berichterstattung von Mutterunternehmen und Konzern – findet sich in § 315b Abs. 1 Satz 2 HGB. Dieser sieht vor, dass **§ 298 Abs. 2 HGB** entsprechend gilt. Dieser lautet: *„Der Konzernanhang und der Anhang des Jahresabschlusses des Mutterunternehmens dürfen zusammengefasst werden. In diesem Falle müssen der Konzernabschluss und der Jahresabschluss des Mutterunternehmens gemeinsam offengelegt werden. Aus dem zusammengefassten Anhang muss hervorgehen, welche Angaben sich auf den Konzern und welche Angaben sich nur auf das Mutterunternehmen beziehen.“*

Die Übertragung dieses Wahlrechts zur Erstellung einer zusammengefassten nichtfinanziellen Berichterstattung ist für die nichtfinanzielle Konzernerklärung insoweit konsequent, als diese Teil des Konzernlageberichts ist und § 315 Abs. 5 HGB für diesen bereits die Anwendung des § 298 Abs. 2 HGB vorsieht. Insofern ist für dieses Berichterstattungsformat vor allem von einer klarstellenden Wirkung des zitierten Gesetzesverweises auszugehen. Für den **nichtfinanziellen Konzernbericht,** der gesondert vom Konzernlagebericht zu erstellen ist, findet sich in § 315b Abs. 3 Satz 2 HGB derselbe Verweis, der für seinen Fall jedoch von materieller Bedeutung ist.

Die konkreten **Voraussetzungen und Konsequenzen,** die an die Ausübung dieses Wahlrechts anknüpfen, unterscheiden sich jedoch im Detail:[615]

▶ Da die nichtfinanzielle Konzernerklärung Bestandteil des Konzernlageberichts ist, teilt sie de facto das Schicksal des gesamten (Konzern-)Lageberichts: Erfolgt für diesen eine Zusammenfassung mit dem nichtfinanziellen Bericht des Mutterunternehmens, ist auch die hierin enthaltene nichtfinanzielle Konzernerklärung von der Zu-

---

615 Vgl. *Baumüller*, Zum Wahlrecht zur Zusammenfassung von Lage- und Konzernlagebericht im Kontext der nichtfinanziellen Berichterstattung, Praxis der internationalen Rechnungslegung 2018 S. 36 ff.

sammenfassung betroffen, anderenfalls hat sie getrennt zu erfolgen. Eine bloß teilweise erfolgende Zusammenfassung von Inhalten des Lageberichts (z. B. ausschließlich der nichtfinanziellen Konzernerklärung) wird sich i. d. R. sachlich nicht rechtfertigen lassen.

► Da der nichtfinanzielle Konzernbericht demgegenüber als gesondertes Berichtsformat geregelt ist, kommt für diesen eine Zusammenfassung in Betracht, auch wenn Lagebericht und Konzernlagebericht selbst nicht zusammengefasst werden. Zu fordern ist dabei die zeitgleiche Offenlegung des zusammengefassten nichtfinanziellen Berichts mit Lagebericht und Konzernlagebericht – unabhängig davon, ob die Offenlegung gem. § 315b Abs. 3 Nr. 1 Buchst. a HGB beim Bundesanzeiger oder gem. § 315b Abs. 3 Nr. 1 Buchst. b HGB auf der Internetseite des Mutterunternehmens erfolgt. Es ist weiterhin für die Möglichkeit einer Zusammenfassung irrelevant, auf welche Art und Weise dieser nichtfinanzielle Konzernbericht erstellt wird (z. B. ob er in einen anderen Bericht integriert wird).[616]

Die Ausübung des Wahlrechts, die Berichterstattung zusammenzufassen, ist anzugeben. Weiterhin ist gem. § 298 Abs. 2 HGB (sinngemäß DRS 20.245 bzw. DRS 20.249) zu beachten, dass aus den Angaben klar ersichtlich sein muss, ob sich diese auf den gesamten Konzern oder lediglich auf das Mutterunternehmen beziehen. Damit wird das Thema der Berichtsgrenzen angesprochen, das bereits in Kap. IV.2.6 behandelt wurde und für die Konzernperspektive im Anschluss in Kap. VIII.4 vertieft wird. Sofern sich das berichtspflichtige Mutterunternehmen entschließt, unterschiedliche Berichtsgrenzen für die nichtfinanzielle Berichterstattung gem. § 289b HGB und § 315b HGB festzulegen, wird es das Gebot zu beachten haben. Es bietet sich dabei an:[617]

► bei qualitativen Angaben (etwa zu den verfolgten Konzepten oder zu Risiken) an einer einleitenden Stelle den Gleichklang der bzw. Unterschiede zwischen den genannten Perspektiven auszuführen; bzw. bei relevanten Unterschieden im Detail diese ausdrücklich im Rahmen der Darstellungen in der nichtfinanziellen Berichterstattung hervorzuheben;

► bei quantitativen Angaben (z. B. bei nichtfinanziellen Leistungsindikatoren) diese entweder als gesonderte Zeilen oder Spalten bzw. Davon-Vermerke in die Darstellungen (häufig in tabellarischer Form) zu übernehmen. Alternativ kann ein eigenständiger Anhang alle Angaben für das Mutterunternehmen enthalten; auf diesen ist allerdings an einleitender Stelle ausdrücklich hinzuweisen.

---

616 Vgl. DRS 20.254.
617 Vgl. *Baumüller*, Nichtfinanzielle Berichterstattung, 2020, S. 132 ff.

Jedenfalls muss bei den getätigten Angaben stets klar sein, auf welche Perspektive sie sich beziehen.[618] Die Vielfalt an möglichen Zugängen dazu fassen die beiden folgenden Beispiele zusammen.

ANGABE ZUR ZUSAMMENFASSUNG DER NICHTFINANZIELLEN BERICHTERSTATTUNG AM BEISPIEL SILTRONIC[619]

„Der vorliegende Bericht ist der zusammengefasste, gesonderte Nichtfinanzielle Bericht für das Geschäftsjahr 2021 und gilt sowohl für den Siltronic-Konzern als auch die Siltronic AG. Informationen, die nur für die Siltronic AG gelten, sind im Text kenntlich gemacht."

ZUSAMMENFASSUNG QUANTITATIVER NICHTFINANZIELLER ANGABEN AM BEISPIEL SILTRONIC[620]

„Im Jahr 2021 wurden an den Produktionsstandorten insgesamt 17.477 Tonnen Abfall verwertet oder entsorgt, davon entfielen 37 Prozent auf die Standorte in Deutschland und 63 Prozent auf die Produktionsstandorte in Singapur und den USA. Die Verwertungsrate des Abfalls betrug im Berichtsjahr 72,4 Prozent."

Abb. 54:	Zusammenfassung quantitativer nichtfinanzieller Angaben am Beispiel VW[621]		
Kennzahl	**Einheit**	**2021**	**2020**
Anzahl der Länder, in denen der Volkswagen Konzern aktiv ist			
Europa	Anzahl	35	36
Amerika, Afrika, Asien, Australien	Anzahl	37	37
Fertigungsstätten weltweit	**Anzahl**	**120**	**118**
davon Fertigungsstätten der Volkswagen AG	Anzahl	6	6
Anzahl der Mitarbeiter im Volkswagen Konzern nach Kontinenten			

---

618 Vgl. BT-Drucks. 18/9982 S. 57.
619 *Siltronic AG*, Geschäftsbericht 2021, S. 92. Online abrufbar unter https://go.nwb.de/i39an oder über den QR-Code.
620 *Siltronic AG*, Geschäftsbericht 2021, S. 101. Online abrufbar unter https://go.nwb.de/i39an oder über den QR-Code.
621 *VW*, Nachhaltigkeitsbericht 2021, S. 76. Online abrufbar unter https://go.nwb.de/6fecu oder über den QR-Code.

Europa	Anzahl	492.559	492.907
Amerika	Anzahl	71.192	56.914
Afrika	Anzahl	5.842	6.134
Asien	Anzahl	101.726	105.173
Australien	Anzahl	1.470	1.447
Gesamtbelegschaft (davon Volkswagen AG)	Anzahl	672.789 (117.633)	662.575 (118.673)
Altersstruktur der Mitarbeiter des Volkswagen Konzerns		Frauen/ Männer	Frauen/ Männer

Abb. 55: Zusammenfassung quantitativer nichtfinanzieller Angaben am Beispiel BMW[622]

MITARBEITER AM JAHRESENDE[1]

	2017	2018	2019	2020	2021
Konzern	129.932	134.682	126.016	120.726	118.909
Automobile	117.664	121.994	113.719	108.676	106.928
Motorräder	3.506	3.709	3.503	3.474	3.418
Finanzdienstleistungen	8.645	8.860	8.684	8.473	8.466
Sonstige	117	119	110	103	97
Mitarbeiter mit befristeten Verträgen[2]	4.685	4.638	3.489	2.892	2.503
Mitarbeiter in Teilzeit[3]	5.553	6.299	6.318	6.433	6.846

[1] Seit dem Berichtsjahr 2020 gilt eine neue Definition des Mitarbeiterbegriffs (zur Definition siehe ⁊ Glossar).
Für die Zeiträume 2018 und älter beträgt der Anteil der nicht berichteten Mitarbeiter zwischen 7,5 und 8,0 %.
[2] Davon sind rund 30,5 % Frauen in der BMW AG. Systembedingt werden diese Daten nur für die BMW AG erhoben.
[3] unbefristet und befristet beschäftigte Mitarbeiter

622 *BMW*, Geschäftsbericht 2021, S. 328. Online abrufbar unter https://go.nwb.de/j54v0 oder über den QR-Code.

Abb. 56:	Zusammenfassung quantitativer nichtfinanzieller Angaben am Beispiel Henkel[623]

← →   ☰ ۹ ⊠   **Erläuterungen zum nichtfinanziellen Bericht der Henkel AG & Co. KGaA nach § 289b HGB**

VORWORT

DAS UNTERNEHMEN IM PROFIL

STRATEGIE

PARTNER

NATUR

GEMEINSCHAFT

KENNZAHLEN

INDIZES

REFERENZ- UND BERICHTSRAHMEN

IMPRESSUM

In Ergänzung zu den vorstehenden, auf den Konzern bezogenen Ausführungen des zusammengefassten gesonderten nichtfinanziellen Berichts sind nachfolgend die Henkel AG & Co. KGaA betreffenden Besonderheiten beziehungsweise wesentlichen Kennzahlen wiedergegeben.

Geschäftstätigkeit

Die Henkel AG & Co. KGaA ist operativ in den drei Unternehmensbereichen Adhesive Technologies, Beauty Care und Laundry & Home Care tätig und zugleich Mutterunternehmen des Henkel-Konzerns.

Als solches ist sie dafür verantwortlich, die unternehmerischen Ziele festzulegen und zu verfolgen. Zudem verantwortet sie das Führungs-, Steuerungs- und Kontrollinstrumentarium einschließlich des Risikomanagements sowie die Verteilung der Ressourcen. Ende 2021 waren rund 8.500 Mitarbeiter:innen bei der Henkel AG & Co. KGaA beschäftigt.

Das operative Geschäft der Henkel AG & Co. KGaA stellt einen Ausschnitt der Geschäftstätigkeit des gesamten Henkel-Konzerns dar und wird unternehmensübergreifend durch die Unternehmensbereiche gesteuert.

Die Nachhaltigkeitsbelange der Henkel AG & Co. KGaA sind sowohl durch ihre eigene operative Tätigkeit geprägt als auch durch die operative Tätigkeit ihrer Tochtergesellschaften. Insoweit kann bezüglich der Nachhaltigkeitsbelange und Risikolage der Henkel AG & Co. KGaA grundsätzlich auf die den Konzern betreffende Erklärung verwiesen werden. Soweit die Henkel AG & Co. KGaA betreffenden Kennzahlen wesentlich von den Konzernkennzahlen abweichen, sind diese nachfolgend dargestellt (und kommentiert):

Kennzahlen Henkel AG & Co. KGaA

	2021
Produktionsmengen (in Tausend Tonnen)	787
Kohlendioxid-Emissionen (in Tausend Tonnen)[1]	94
Energieverbrauch (in Tausend Megawattstunden)	481
Abfall (in Tausend Tonnen)	29
Wasserverbrauch (in Tausend Kubikmetern)	1.621
Arbeitsunfälle von Henkel-Mitarbeiter:innen (pro eine Million Arbeitsstunden)	0,8
Anzahl Mitarbeiter:innen (am 31.12.)	8.533

[1] Emissionen werden mit der marktbasierten Methode entsprechend dem Greenhouse Gas (GHG) Protocol berechnet. Emissionen aus der Erzeugung von Energie für den Verkauf an Dritte werden bei diesen Angaben nicht berücksichtigt.

Gelangen demgegenüber dieselben Berichtsgrenzen zum Einsatz bzw. lassen sich auch **keine materiellen Unterschiede** zwischen den Angaben aus Perspektive des Mutterunternehmens und des gesamten Konzernes feststellen, so ist auf diesen Umstand klar hinzuweisen.

ANGABE ZUR ZUSAMMENFASSUNG DER NICHTFINANZIELLEN BERICHTERSTATTUNG AM BEISPIEL DEUTSCHE POST DHL[624]

„Der zusammengefasste Lagebericht umfasst den Konzernlagebericht von Deutsche Post DHL Group sowie den Lagebericht der Deutsche Post AG. Die Darstellung betrifft grundsätzlich den Konzern. Informationen, die sich nur auf die AG beziehen, sind als solche gekennzeichnet. Außerdem enthält der Konzernlagebericht die zusammengefasste nichtfinanzielle Erklärung nach §§ 289 b Abs. 1 und 315 b Abs. 1 HGB für die Deutsche Post AG und den Konzern.“

---

623 *Henkel*, Nachhaltigkeitsbericht 2021, S. 127. Online abrufbar unter https://go.nwb.de/xi0h1 oder über den QR-Code.

624 *Deutsche Post DHL*, Geschäftsbericht 2021, S. 13. Online abrufbar unter https://go.nwb.de/64i9w oder über den QR-Code.

Für den Fall, dass nur die Pflicht zur nichtfinanziellen Berichterstattung gem. § 315b HGB besteht, nicht jedoch (zusätzlich) gem. § 289b HGB für das Mutterunternehmen, empfiehlt es sich, eine klarstellende Aussage in die Berichterstattung aufzunehmen. Dies gilt im Besonderen auch dann, wenn gem. § 315 Abs. 5 HGB Lagebericht und Konzernlagebericht zusammengefasst werden, wodurch es für die Berichtsadressaten erschwert werden könnte, die fehlende Berichtspflicht gem. § 289b HGB zu erkennen.

KLARSTELLENDE ANGABE ZUM UMFANG DER ZUSAMMENGEFASSTEN BERICHTERSTATTUNG AM BEISPIEL COVESTRO[625]

„Der zusammengefasste Lagebericht bezieht sich sowohl auf den Covestro-Konzern (Konzernlagebericht) als auch auf die Covestro AG. Der Berichtszeitraum umfasst den Zeitraum vom 1. Januar bis zum 31. Dezember 2021. Die Darstellung der Geschäftsentwicklung sowie der Lage und der Prognose der steuerungsrelevanten Kennzahlen betreffen, soweit nicht anders vermerkt, den Covestro-Konzern. Informationen, die lediglich die Covestro AG betreffen, sind als solche gekennzeichnet. Im Wirtschaftsbericht sind die Angaben nach dem Handelsgesetzbuch (HGB) für die Covestro AG in einem eigenen Kapitel dargestellt. Darüber hinaus ist in den Konzernlagebericht die nichtfinanzielle Konzernerklärung (NFE) gemäß §§ 315b, 315c i. V. m. 289c bis 289e HGB integriert. Diese schließt die Angaben im Rahmen der Taxonomie-Verordnung der Europäischen Union (2020/852) ein. Für die Covestro AG muss derzeit keine nichtfinanzielle Erklärung gemäß §§ 289c bis 289e HGB abgegeben werden."

3 Befreiungsbestimmungen

Die Befreiungsbestimmungen in § 315b Abs. 2 HGB entsprechen weitgehend **deckungsgleich** jenen, die § 289b Abs. 2 HGB für die (nichtkonsolidierte) nichtfinanzielle Berichterstattung vorsieht. Für eine detaillierte Darstellung kann daher auf Kap. III.3 verwiesen werden. Wiederum ist es erforderlich, dass das Mutterunternehmen als Tochterunter-

---

625 *Covestro,* Geschäftsbericht 2021, S. 2. Online abrufbar unter https://go.nwb.de/nfbzh oder über den QR-Code.

nehmen in den Konzernlagebericht (bzw. in den nichtfinanziellen Konzernbericht) eines anderen Mutterunternehmens einbezogen ist, der im Einklang mit der Bilanz-Richtlinie erstellt wurde. Weiterhin hat dieser befreiende Konzernlagebericht in deutscher oder englischer Sprache offengelegt bzw. veröffentlicht zu sein.

Eine **Angabe** dazu, dass das berichtspflichtige Mutterunternehmen gem. § 315b Abs. 2 HGB befreit ist, ist diesfalls im Konzernlagebericht des Mutterunternehmens zu tätigen. Dies umfasst wieder einen Hinweis auf die Befreiung, welches andere Mutterunternehmen für die Befreiung ursächlich ist und wo der befreiende Konzernlagebericht (bzw. der nichtfinanzielle Konzernbericht) zugänglich ist. Für ein Beispiel wird auf die entsprechende Angabe von Siemens Healthineers verwiesen. Das Beispiel findet sich in Kap. III.3.

Wiederum knüpft die Pflicht zur Erstellung einer nichtfinanziellen Erklärung an die Pflicht zur Erstellung von Konzernabschluss und Konzernlagebericht an; dies unterstreicht u. a. die Aussage in § 315b Abs. 2 HGB, dass die dort geregelten Befreiungsbestimmungen unbeschadet weiterer Befreiungsbestimmungen gelten. Hieraus lässt sich weitergehend ableiten, dass eine Berichtspflicht gem. § 315b Abs. 1 HGB auch dann nicht gegeben sein wird, wenn ausnahmsweise kein Konzernabschluss und Konzernlagebericht erstellt wird, weil das Mutterunternehmen auf die Einbeziehung aller seiner Tochterunternehmen aufgrund der **Einbeziehungswahlrechte in § 296 HGB** – vor allem deren Unwesentlichkeit – verzichtet. Dies gilt selbst dann, wenn das Mutterunternehmen allein die Anforderung erfüllen würde, die in § 293 Abs. 1 HGB genannten Schwellenwerte zu überschreiten. Eine Befreiung auf Grundlage der §§ 292 und 293 HGB aufgrund der **Einbeziehung in einen anderen Konzernabschluss** kommt ebenso in Betracht. Durch die gem. § 315b Abs. 1 HGB geforderte Kapitalmarktorientierung des Mutterunternehmens wird der Ausübung dieser Befreiungsbestimmungen für kapitalmarktorientierte Mutterunternehmen jedoch § 292 Abs. 3 Nr. 1 HGB entgegenstehen (weswegen die §§ 292 und 293 HGB insbesondere für Kreditinstitute und Versicherungsunternehmen von praktischer Relevanz sind).[626]

4 Inhalt der nichtfinanziellen Konzernerklärung

Der Inhalt der nichtfinanziellen Konzernerklärung wird in § 315c HGB geregelt. Dieser sieht jedoch in seinen Abs. 1 und 3 primär vor, dass **die Bestimmungen der §§ 289b, 289c und 289d HGB** entsprechend zur Anwendung gelangen. Eine eigenständige Regelung findet sich einzig in § 315b Abs. 2 HGB: *„289c Absatz 3 gilt mit der Maßgabe, dass*

---

626 So auch *Störk/Schäfer/Schönberger*, § 315b – Pflicht zur nichtfinanziellen Konzernerklärung, in Grottel/Justenhoven/Schubert/Störk (Hrsg.), Beck'scher Bilanz-Kommentar, 13. Aufl. 2022, § 315b HGB Tz. 35 f.

diejenigen Angaben zu machen sind, die für das Verständnis des Geschäftsverlaufs, des Geschäftsergebnisses, der Lage des Konzerns sowie der Auswirkungen seiner Tätigkeit auf die in § 289c Absatz 2 genannten Aspekte erforderlich sind."

Hiermit wird der **Wesentlichkeitsgrundsatz** sowie die für seine Beurteilung einzunehmende Perspektive angesprochen – d. h. das Thema der Berichtsgrenzen, welches bereits in Kap. IV.2.6 diskutiert wurde. Die Implikationen, die sich aus der zitierten Passage des § 315c Abs. 2 HGB ergeben, hängen damit vor allem davon ab, welche Auslegung das berichtpflichtige Mutterunternehmen hierzu wählt. Zumindest klarstellend lässt sich aber auch ableiten, dass die Abdeckung des Konsolidierungskreises die Untergrenze bzgl. der in die Berichterstattung einzubeziehenden Unternehmen darstellt. Dies gilt nicht zuletzt deswegen, um so einen Einklang zwischen den Berichtsgrenzen für die nichtfinanzielle und für die finanzielle Berichterstattung (d. h. im Rahmen des Konzernabschlusses) zu erzielen. Damit fügt sich die nichtfinanzielle Konzernerklärung (und dem folgend der nichtfinanzielle Konzernbericht) auch in die korrespondierende Ausrichtung des Konzernlageberichts. Wie für diesen Konzernlagebericht gilt für die konsolidierte nichtfinanzielle Berichterstattung, dass sich die Abgrenzung des Konsolidierungskreises an den für den Konzernabschluss anwendbaren Rechnungslegungsbestimmungen orientiert, d. h. in Abhängigkeit von der Anwendung des § 315e HGB auf Grundlage des HGB oder der IFRS erfolgen kann.[627]

Sollten die Angaben nur für einzelne Konzernteile wesentlich sein, so ist dies im Rahmen der getätigten Angaben klar hervorzuheben. Dies ändert aber nichts an der Voraussetzung für diese Wesentlichkeitsbeurteilung, dass zunächst die Grundgesamtheit der benötigten Informationen (mindestens) für den gesamten Konsolidierungskreis vorliegt.[628] Wenn Konzepte z. B. nur in einzelnen Tochterunternehmen implementiert wurden, kann hier ein Anwendungsfall für das **Comply-or-Explain-Prinzip** vorliegen, das bei Konzernen ebenso zur Anwendung gelangt.[629]

ANGABE ZUR FESTLEGUNG DER BERICHTSGRENZEN FÜR DIE KONSOLIDIERTE NICHTFINANZIELLE BERICHTERSTATTUNG AM BEISPIEL VW[630]

„Die Angaben in diesem Bericht beziehen sich auf den gesamten Volkswagen Konzern. Sofern Informationen nur einzelne Konzernbereiche betreffen, wird dies im Text kenntlich gemacht. Grundsätzlich gelten alle Angaben über den Konzern auch für die Volkswagen AG, bei Abwei-

---

627 Vgl. *Störk/Schäfer/Schönberger*, § 315c – Inhalt der nichtfinanziellen Konzernerklärung, in Grottel/Justenhoven/Schubert/Störk (Hrsg.), Beck'scher Bilanz-Kommentar, 13. Aufl. 2022, § 315c HGB Tz. 7.

628 Ausführlich *Baumüller*, Nichtfinanzielle Berichterstattung, 2020, S. 89.

629 Ähnlich *Störk/Schäfer/Schönberger*, § 315c – Inhalt der nichtfinanziellen Konzernerklärung, in Grottel/Justenhoven/Schubert/Störk (Hrsg.), Beck'scher Bilanz-Kommentar, 13. Aufl. 2022, § 315c HGB Tz. 8.

630 *VW*, Nachhaltigkeitsbericht 2021, S. 7. Online abrufbar unter https://go.nwb.de/6fecu oder über den QR-Code.

chung wird dies ausdrücklich genannt. In den Konzern werden neben der Volkswagen AG alle wesentlichen in- und ausländischen Tochterunternehmen einbezogen, die die Volkswagen AG unmittelbar oder mittelbar beherrscht."

| Abb. 57: | Angabe zur Festlegung der Berichtsgrenzen für die konsolidierte nichtfinanzielle Berichterstattung am Beispiel BMW[631] |

ABFALL[1]

in t	2017	2018	2019	2020	2021
Abfall gesamt	785.209	789.817	780.911	775.459	829.498
Abfall zur Verwertung[2]	776.179	779.911	771.162	768.292	822.848
Abfall zur Beseitigung	9.031	9.906	9.749	7.168	6.650

[1] Abfall der Automobilproduktion (BMW Group Werke inkl. Joint Venture BMW Brilliance Automotive Ltd., ohne Partnerwerke und Auftragsfertigung)
[2] beinhaltet sowohl stoffliche als auch thermische Verwertung

---

631 *BMW*, Geschäftsbericht 2021, S. 326. Online abrufbar unter https://go.nwb.de/j54v0 oder über den QR-Code.

IX Aufstellung, Offenlegung und Veröffentlichung

Die Besonderheiten zur Aufstellung, Offenlegung und Veröffentlichung der nichtfinanziellen Berichterstattung sind vom Grundsatz her aus den allgemeinen Regelungen für die Finanzberichterstattung abzuleiten. In Anknüpfung an die Finanzberichterstattung gelten die folgenden Rahmenbedingungen:

▶ Der Begriff „Aufstellung" ist von grundlegender Bedeutung für verschiedene Fristenläufe, die sich aus dem HGB ergeben. Regelungen hierzu finden sich in §§ 242, 264 und 336 HGB. Das Aufstellen eines Rechnungslegungsinstruments bezeichnet dessen „Vorbereitung bis zur Beschlussreife"[632].[633] Die begriffliche Abgrenzung ist jedoch nicht eindeutig. So finden sich unterschiedliche Ansichten dahingehend, ob die technische Durchführung der Aufstellung zuzuordnen oder als Prozess der Erstellung davon abzugrenzen ist.[634]

▶ Im Rahmen der Unternehmensberichterstattung ist zudem zwischen Offenlegung und Veröffentlichung zu unterscheiden. Gemäß § 325 Abs. 1 Satz 2 HGB bezeichnet „Offenlegung" die Einreichung der Unterlagen in elektronischer Form beim Betreiber des Bundesanzeigers. Auf dieser Basis wird die Bekanntmachung (oder: „Veröffentlichung") – bspw. im Rahmen der Hauptversammlung – ermöglicht.

Abb. 58 zeigt die verschiedenen Berichtsalternativen der nichtfinanziellen Erklärung bzw. des nichtfinanziellen Berichts auf, welche bereits ausführlich in Kap. III.2 dargelegt wurden. Hierauf aufbauend sind Fragestellungen zur Aufstellung, Offenlegung und Veröffentlichung der Berichtsalternativen zu diskutieren. Anders, als dies nach der aktuellen Rechtslage der Fall ist, wird **nach Inkrafttreten der nationalen Umsetzung der CSRD** einzig ein **separater Abschnitt im (Konzern-)Lagebericht** als Ort der Nachhaltigkeitsberichterstattung zulässig sein.[635] Es ist ratsam, diese Entwicklung bereits frühzeitig zu berücksichtigen und bei einer aktuellen Verortung der nichtfinanziellen Berichterstattung außerhalb des (Konzern-)Lageberichts Planungen für den Übergang zur zukünftigen Rechtslage zu tätigen.

---

632 BGH, Urteil v. 29.3.1996 – II ZR 263/94, BGHZ 132, 263.

633 Vgl. *Reiner*, § 264 HGB – Pflicht zur Aufstellung, in Schmidt/Ebke (Hrsg.), Münchener Kommentar zum Handelsgesetzbuch, 4. Aufl. 2020, § 264 HGB Tz. 17.

634 Vgl. bspw. *Noodt*, § 242 HGB – Pflicht zur Aufstellung; § 243 HGB – Aufstellungsgrundsatz, in Betram/Brinkmann/Kessler/Müller (Hrsg.), Haufe HGB Bilanz Kommentar, 10. Aufl. 2019, § 242 HGB Tz. 1, und *Sandleben*, § 17 – Rechnungslegung, in Schüppen/Schaub (Hrsg.), Münchener Anwaltshandbuch Aktienrecht, 3. Aufl. 2018, § 17 AktG, Tz. 39, vs. *Reiner*, § 264 HGB – Pflicht zur Aufstellung, in Schmidt/Ebke (Hrsg.), Münchener Kommentar zum Handelsgesetzbuch, 4. Aufl. 2020, § 264 HGB Tz. 17.

635 Siehe hierzu Kap. III.2.2.1.

Abb. 58:	Berichtsalternativen nichtfinanzieller Angaben im Kontext des CSR-RUG

Berichtsalternativen gem. § 289b bzw. § 315b HGB	
Nichtfinanzielle (Konzern-)Erklärung gem. § 289b Abs. 1 bzw. § 315 Abs. 1 HGB	**Nichtfinanzieller (Konzern-)Bericht gem. § 289b Abs. 3 bzw. § 315 Abs. 3 HGB**
Verortung im (Konzern-)Lagebericht (Art der Einbindung in den (Konzern-)Lagebericht)	*Verortung außerhalb des (Konzern-)Lageberichts* (Art der Zugänglichmachung des nichtfinanziellen (Konzern-)Berichts)
Vollintegration in den (Konzern-)Lagebericht	Offenlegung als Teil des Geschäftsberichts
Separater Abschnitt im (Konzern-)Lagebericht	Eigenständiger (Konzern-)Bericht im Internet
	Separater Abschnitt in anderem (Konzern-)Bericht im Internet
	Integration in anderen (Konzern-)Bericht im Internet

Unproblematisch sind die Bestimmungen zur Aufstellung, Offenlegung und Veröffentlichung auf die **nichtfinanzielle Erklärung** anzuwenden. Da die nichtfinanzielle Erklärung formal im Zusammenhang mit dem Lagebericht veröffentlicht wird (§ 289b Abs. 1 HGB), unterliegt diese den hierfür einschlägigen Bestimmungen vollumfänglich. Damit fügen sich die verschiedenen Fristenläufe friktionslos in das gesamte Normengefüge des HGB und aller hiermit verknüpften Rechtsnormen (z. B. AktG) ein.

Demgegenüber zeigen sich bei der Ausübung des Wahlrechts zur Aufstellung eines gesonderten **nichtfinanziellen Berichts** (§ 289b Abs. 3 HGB) mögliche Problemfelder, da dieser Bericht – vom Lagebericht losgelöst – als unabhängig und selbstständig angesehen werden kann. Dadurch ergeben sich u. U. **verschiedene Fristenläufe,** die in einem Spannungsverhältnis zueinanderstehen (können).[636] Diesbezüglich zeigen sich offenkundige Rechtslücken bei der Ausübung dieses Wahlrechts, die ggf. mit gravierenden Folgen sowohl für die berichtspflichtigen Unternehmen als auch für die Berichtsadressaten einhergehen können. Die zahlreichen sich daraus ergebenden Auslegungsfragen wurden bereits im Schrifttum aufgegriffen.[637] Zudem hat die Aufstellung eines gesonderten nichtfinanziellen Berichts prima vista **gestaltungstechnische Implikationen,** vor

---

636 Vgl. hierzu weiterführend für Österreich z. B. *Baumüller,* Nichtfinanzielle Berichterstattung, 2020, S. 123 f.
637 Vgl. statt vieler nur *Ruhnke/Schmidt,* Veröffentlichungs- und Prüfungspflichten im Zusammenhang mit der Erklärung zur Unternehmensführung und der nichtfinanziellen Erklärung, Der Betrieb 2017 S. 2561 f.

allem da sich hieraus eine Vielzahl an unterschiedlichen Rechtsfolgen sowohl für die Berichterstattung als auch für die damit verbundene Prüfung ergibt.[638]

Grundsätzlich ist der Vorstand als gesetzlicher Vertreter der Kapitalgesellschaft gem. § 264 Abs. 1 HGB zur **Aufstellung** des Lageberichts verpflichtet:

▶ Daraus folgt, dass bei der **nichtfinanziellen Erklärung** innerhalb des Lageberichts bzw. als eigenem Abschnitt des Lageberichts ebenso der Vorstand für die Aufstellung der nichtfinanziellen Erklärung verantwortlich ist.[639]

▶ Demgegenüber ergibt sich die Verantwortung des Vorstands für die Aufstellung des gesonderten **nichtfinanziellen Berichts** nicht unmittelbar aus dem Wortlaut der Vorschrift des § 289b Abs. 3 HGB. Nach h. M. besitzt aber auch für diesen Fall der Vorstand die Verantwortung für die Aufstellung des nichtfinanziellen Berichts.[640] Der Zeitpunkt der Aufstellung des nichtfinanziellen Berichts durch den Vorstand darf nach der Aufstellung des Lageberichts liegen.[641] Dass es sich hierbei um eine Maßnahme der Geschäftsführung handelt, wird auch aus der Vorlagepflicht nach § 170 Abs. 1 AktG deutlich: Demnach ist nicht nur die nichtfinanzielle Erklärung, sondern ausdrücklich auch der nichtfinanzielle Bericht vom Vorstand dem Aufsichtsrat vorzulegen.[642]

Für den Vorstand folgt daraus, dass er die grundlegenden Entscheidungen zur Erfüllung der Pflichten zur Aufstellung der nichtfinanziellen Berichterstattung selbst treffen muss, wohingegen er Vorbereitungs- und Ausführungsmaßnahmen nach allgemein geltenden Grundsätzen delegieren kann.[643] Dazu muss der Vorstand bereits vor der Aufstellung die für das Unternehmen bedeutsamen nachhaltigkeitsrelevanten Themenfelder identifizieren und anschließend die Sammlung der für die nichtfinanzielle Berichterstattung erforderlichen Informationen organisieren. Wichtig ist dabei, die Aufstellung der nichtfinanziellen Erklärung bzw. des nichtfinanziellen Berichts in den Zeit-

---

638 Vgl. *Baumüller/Schaffhauser-Linzatti*, Nichtfinanzielle Erklärung oder nichtfinanzieller Bericht? Abwägungen zur Ausübung des Wahlrechts in § 243b Abs. 6 UGB, CFO aktuell 2017 S. 102.

639 So auch *Hennrichs/Pöschke*, Die Pflicht des Aufsichtsrats zur Prüfung des „CSR-Berichts", Neue Zeitschrift für Gesellschaftsrecht 2017 S. 123.

640 Vgl. dieser Meinung folgend etwa *Seibt*, CSR-Richtlinie-Umsetzungsgesetz: Berichterstattung über nichtfinanzielle Aspekte der Geschäftstätigkeit – Neues Element des Corporate Reputation Management, Der Betrieb S. 2708; *Hennrichs/Pöschke*, Die Pflicht des Aufsichtsrats zur Prüfung des „CSR-Berichts", Neue Zeitschrift für Gesellschaftsrecht 2017 S. 123; *Hennrichs*, CSR-Umsetzung – Neue Pflichten für Aufsichtsräte, Neue Zeitschrift für Gesellschaftsrecht 2017 S. 841; *Fleischer*, Corporate Social Responsibility, Die Aktiengesellschaft 2017 S. 522.

641 Vgl. *Störk/Schäfer/Schönberger*, § 289b HGB – Pflicht zur nichtfinanziellen Erklärung; Befreiungen, in Grottel/Justenhoven/Schubert/Störk (Hrsg.), Beck'scher Bilanz-Kommentar, 13. Aufl. 2022, § 289b HGB Tz. 54.

642 Vgl. *Hecker/Bröcker*, Die CSR-Berichtspflicht in der Hauptversammlungssaison 2018, Die Aktiengesellschaft 2017 S. 765.

643 Vgl. dazu *Fleischer*, Corporate Social Responsibility, Die Aktiengesellschaft 2017 S. 522.

plan zwischen Jahreswechsel und inhaltlicher Prüfung durch den Aufsichtsrat[644] bzw. (zumindest) zwischen Jahreswechsel und formeller Prüfung durch den Abschlussprüfer[645] einzubetten, was offenkundig **engmaschige Absprachen zwischen Vorstand und Aufsichtsrat** voraussetzt – ggf. auch um die Erwartungshaltung des Aufsichtsrats für die Berichtsinhalte und deren Prüfung zu klären.

FRISTGERECHTE VORLAGE DER NICHTFINANZIELLEN BERICHTERSTATTUNG DURCH DEN VORSTAND AN DEN AUFSICHTSRAT AM BEISPIEL DES BERICHTS DES AUFSICHTSRATS AN DIE HAUPTVERSAMMLUNG DER DEUTSCHEN TELEKOM[646]

„Der Vorstand hat uns den Jahresabschluss, den Konzernabschluss und den Konzernlagebericht, der mit dem Lagebericht der Deutschen Telekom AG zusammengefasst ist (zusammengefasster Lagebericht), sowie seinen Gewinnverwendungsvorschlag und die Erklärung zur Unternehmensführung fristgerecht vorgelegt. Zugleich lag uns damit die im zusammengefassten Lagebericht als besonderer Abschnitt enthaltene zusammengefasste nichtfinanzielle Erklärung für die Deutsche Telekom AG sowie den Konzern (zusammengefasste nichtfinanzielle Erklärung) für das Geschäftsjahr 2021 vor.“

Auch für die **Offenlegung** der nichtfinanziellen Berichterstattung gilt, dass es z.T. erhebliche Unterschiede zwischen der nichtfinanziellen Erklärung einerseits sowie dem nichtfinanziellen Bericht andererseits gibt:

▶ Der Lagebericht – und damit unstrittig auch die darin integrierte **nichtfinanzielle Erklärung** – des berichtspflichtigen Unternehmens muss gem. § 325 Abs. 4 Satz 1 HGB spätestens *vier Monate* nach dem Abschlussstichtag **im Bundesanzeiger offengelegt** werden.

▶ Für den Fall eines **nichtfinanziellen Berichts** – sofern dieser nicht zeitgleich mit dem Lagebericht offengelegt wird –[647] beträgt die Frist zur Offenlegung im Bundesanzeiger oder auf der Internetseite des Unternehmens gem. § 289b Abs. 3 Satz 1 Buchst. b HGB *vier Monate*. Zudem muss der nichtfinanzielle Bericht für mindestens *zehn Jahre* dort verfügbar sein – dies gilt zumindest dann, wenn der Lagebericht auf diese Veröffentlichung unter Angabe der Internetseite Bezug nimmt. Im RegE betrug die-

---

644 Siehe hierzu Kap. X.1.

645 Siehe hierzu Kap. X.2.

646 *Deutsche Telekom*, Geschäftsbericht 2021, S. 13. Online abrufbar unter https://go.nwb.de/iz5i0 oder über den QR-Code.

647 Vgl. § 289b Abs. 3 Satz 1 Buchst. a HGB.

se Frist zur Offenlegung noch sechs Monate;[648] letztlich wurde diese Frist im CSR-RUG an die Offenlegungsfrist des § 325 Abs. 4 HGB angepasst. Der im Rahmen des Gesetzgebungsverfahrens zuständige Ausschuss begründete die vorgenommene Anpassung wie folgt: *„In § 289b Absatz 3 Satz 1 Nummer 2 Buchstabe b HGB-E wird die Frist für die Veröffentlichung des gesonderten nichtfinanziellen Berichts auf der Internetseite der Kapitalgesellschaft von sechs auf vier Monate verkürzt und damit an die für kapitalmarktorientierte Unternehmen geltende Offenlegungsfrist hinsichtlich des Jahresabschlusses und des Lageberichts angeglichen (§ 325 Absatz 4 Satz 1 HGB-E). Der Ausschuss ist der Auffassung, dass eine zeitgleiche Veröffentlichung der nichtfinanziellen Berichterstattung mit dem Lagebericht die Vergleichbarkeit der Informationen erhöhen kann.“*[649] Die Frist von zehn Jahren orientiert sich indes an den Vorgaben für das Vorhalten von Jahresfinanzberichten im Unternehmensanzeiger in § 24 der Wertpapierhandelsanzeige- und Insiderverzeichnisverordnung[650].[651] Zudem ist darauf hinzuweisen, dass der nichtfinanzielle Bericht auf der Internetseite des Unternehmens nicht nachträglich aktualisiert bzw. geändert werden darf; er muss also in seiner ursprünglichen Fassung öffentlich verfügbar bleiben.[652] Mit der Reduzierung der Frist von sechs auf vier Monate wurde zumindest im Hinblick auf die Offenlegung ein weitergehender Gleichlauf von nichtfinanzieller Erklärung und nichtfinanziellem Bericht erzielt – vor allem unter Vermeidung zahlreicher (weiterer) Auslegungsfragen, dafür aber einhergehend mit hohem (zeitlichen) Druck auf die berichtspflichtigen Unternehmen.[653]

Auch mit Blick auf die Einladung zur Hauptversammlung zeigt sich, dass die **Veröffentlichung** als **nichtfinanzielle Erklärung** weniger auslegungsbedürftig ist. Die Bekanntmachung der nichtfinanziellen Erklärung (und damit als Teil des Lageberichts) findet stets vor der jeweiligen ordentlichen Hauptversammlung der Gesellschaft statt. Insoweit finden § 175 Abs. 2 AktG (Einberufung) und demzufolge auch § 176 Abs. 1 AktG (Vorlagen) auf die nichtfinanzielle Erklärung Anwendung, so dass mit dem Lagebericht zusammen auch die nichtfinanzielle Erklärung den Aktionären vor der Hauptversamm-

---

648 Dies entsprach der nach der CSR-Richtlinie maximal zulässigen Frist.

649 BT-Drucks. 18/11450 S. 44.

650 Vgl. Wertpapierhandelsanzeige- und Insiderverzeichnisverordnung vom 13.12.2004, BGBl 2004 I S. 3376, i. d. F. des Gesetzes zur Umsetzung der Transparenzrichtlinie-Änderungsrichtlinie, BGBl 2015 I S. 2029.

651 Vgl. BT-Drucks. 18/9982 S. 45.

652 Vgl. *Störk/Schäfer/Schönberger*, § 289b HGB – Pflicht zur nichtfinanziellen Erklärung; Befreiungen, in Grottel/Justenhoven/Schubert/Störk (Hrsg.), Beck'scher Bilanz-Kommentar, 13. Aufl. 2022, § 289b HGB Tz. 54.

653 Vgl. auch im direkten Vergleich zu Österreich *Baumüller*, Aufstellungs- und Offenlegungsfristen für den nichtfinanziellen Bericht, Zeitschrift für Recht und Rechnungswesen 2017 S. 303. In Österreich beträgt die Frist zur Offenlegung des nichtfinanziellen Berichts *neun Monate*.

lung bekanntgemacht und später in der Hauptversammlung zugänglich gemacht wird.[654]

In Bezug auf die Offenlegung gelten diese Regelungen zunächst auch für den gesonderten nichtfinanziellen Bericht i. S. des § 289b Abs. 3 Nr. 2 Buchst. a HGB, da für diese Variante die **gemeinsame Offenlegung zusammen mit dem Lagebericht** vorausgesetzt wird. Allerdings bezieht sich der Wortlaut des § 289b Abs. 3 Nr. 2 Buchst. a HGB lediglich auf die Offenlegung im Bundesanzeiger i. S. des § 325 HGB. Ein entsprechender Verweis auf § 175 AktG oder – umgekehrt – eine zusätzliche Erwähnung des nichtfinanziellen Berichts in § 175 Abs. 1 und 2 AktG fehlt. Demzufolge ist der nichtfinanzielle Bericht zwar im Bundesanzeiger offenzulegen, jedoch nicht im Rahmen der Einladung zur Hauptversammlung auszulegen (bzw. auf der Internetseite des Unternehmens öffentlich zugänglich zu machen). Insbesondere vor dem Hintergrund, dass der Aufsichtsrat gem. § 171 Abs. 2 i. V. mit Abs. 1 AktG in seinem Bericht auch auf die nichtfinanzielle Erklärung bzw. den nichtfinanziellen Bericht eingehen und eine Offenlegung zumindest im Bundesanzeiger erfolgen muss, zeugt dies mit Blick auf die Hauptversammlung von Intransparenz und dürfte aufseiten der Aktionäre zu kritischen Reaktionen führen.[655] Verstärkt wird diese Kritik dadurch, dass das Unternehmen durch den Verzicht auf die Anwendung von § 175 Abs. 2 AktG mutmaßlich wenig Zeit gewinnt. Immerhin wird der Zeitraum zwischen der anberaumten Hauptversammlung und der Offenlegung (spätestens vier Monate nach dem Abschlussstichtag) i. d. R. überschaubar sein. Deswegen und auch unter Beachtung des Vollständigkeitsgebots wäre eine Offenlegung (neben der Bekanntmachung im Bundesanzeiger) gem. § 175 Abs. 2 Satz 4 AktG zielführend.

Hinsichtlich der Abhaltung der Hauptversammlung ist gem. § 131 Abs. 1 Satz 1 AktG jedem Aktionär in der Hauptversammlung auf Verlangen vom Vorstand Auskunft über Angelegenheiten der Gesellschaft zu erteilen, zumindest sofern sie zur sachgemäßen Beurteilung des Gegenstands der Tagesordnung erforderlich sind. Diese Auskunftspflicht bezieht sich gem. § 131 Abs. 1 Satz 2 AktG ebenso auf die rechtlichen und geschäftlichen Beziehungen zu einem verbundenen Unternehmen. Zum Tagesordnungspunkt „Vorlage des Jahresabschlusses" muss dabei grundsätzlich über alle für die Beurteilung der Vermögens-, Ertrags- und Finanzlage der Gesellschaft maßgeblichen Daten

---

654 Vgl. hierzu insbesondere *Hecker/Bröcker*, Die CSR-Berichtspflicht in der Hauptversammlungssaison 2018, Die Aktiengesellschaft 2017 S. 767 f.

655 Vgl. *Hecker/Bröcker*, Die CSR-Berichtspflicht in der Hauptversammlungssaison 2018, Die Aktiengesellschaft 2017 S. 768.

inkl. der Angaben im Lagebericht Auskunft erteilt werden.[656] Im Hinblick auf diejenigen Tatsachen, die gem. §§ 264 ff. HGB in den Jahresabschluss (nebst Anhang) aufzunehmen sind, gelten diese per se als beurteilungsrelevant (und somit muss über sie Auskunft erteilt werden):[657]

▶ Für die **nichtfinanzielle Erklärung** als Bestandteil des Lageberichts gilt diese Regelung unmittelbar.

▶ Für die Veröffentlichung in Form eines gesonderten **nichtfinanziellen Berichts** kann nichts anderes gelten, da es sich hierbei gem. § 289b Abs. 3 Nr. 2 HGB gleichfalls um Angaben handelt, die pflichtgemäß offengelegt werden müssen.

Zu berücksichtigen ist dabei, dass nach Maßgabe des Wesentlichkeitsgrundsatzes (nur) zu denjenigen nichtfinanziellen Aspekten jeweils Angaben zu machen sind, welche für das Verständnis des Geschäftsverlaufs, des Geschäftsergebnisses, der Lage der Kapitalgesellschaft sowie der Auswirkungen ihrer Tätigkeit auf die nichtfinanziellen Aspekte als erforderlich anzusehen sind.[658] Bei Auskünften hinsichtlich der Inhalte der nichtfinanziellen Erklärung bzw. des nichtfinanziellen Berichts ist – wie etwa auch im Zusammenhang mit der Vorlage des Jahresabschlusses selbst – von der Notwendigkeit einer Beurteilungserheblichkeit auszugehen, also dem **Überschreiten der Maßgeblichkeitsschwelle** einzelner (nichtfinanzieller) Informationen.[659] Somit ist auch hier eine Einzelfallprüfung erforderlich.[660]

Außer für den Tagesordnungspunkt „Vorlage des Jahresabschlusses" können die Angaben der nichtfinanziellen Erklärung bzw. des nichtfinanziellen Berichts auch für den Tagesordnungspunkt **„Entlastung der Organmitglieder"** von Relevanz sein. Auch hier gebietet sich eine individuelle Prüfung, inwieweit die geforderte Auskunft beurteilungserheblich ist. Gerade die Informationen der nichtfinanziellen Berichterstattung können zum einen hinsichtlich der Gesetzes- bzw. Satzungskonformität sowie zum anderen hinsichtlich der Darstellung des Unternehmens in der Öffentlichkeit als Bewertungskri-

---

656 So etwa *Koch*, § 131 AktG – Auskunftsrecht des Aktionärs, in Goette/Habersack (Hrsg.), Münchener Kommentar zum Aktiengesetz, Band 3: §§ 118–178, 5. Aufl. 2022, § 131 AktG Tz. 48.

657 Dies beruht darauf, dass der fragende Aktionär nicht schlechter gestellt sein darf als der unbeteiligte Leser offenlegungspflichtiger Tatsachen. Vgl. hierzu *Koch*, § 131 AktG – Auskunftsrecht des Aktionärs, in Goette/Habersack (Hrsg.), Münchener Kommentar zum Aktiengesetz, Band 3: §§ 118–178, 5. Aufl. 2022, § 131 AktG Tz. 49.

658 Vgl. § 289c Abs. 3 Satz 1 HGB.

659 Vgl. hinsichtlich der Maßgeblichkeitsschwelle und Beurteilungserheblichkeit *Koch*, § 131 AktG – Auskunftsrecht des Aktionärs, in Goette/Habersack (Hrsg.), Münchener Kommentar zum Aktiengesetz, Band 3: §§ 118–178, 5. Aufl. 2022, § 131 AktG Tz. 48.

660 Vgl. *Hecker/Bröcker*, Die CSR-Berichtspflicht in der Hauptversammlungssaison 2018, Die Aktiengesellschaft 2017 S. 769.

terium relevant sein (bzw. werden).[661] Im Fall von Informationen, welche ausschließlich an die nichtfinanzielle Erklärung bzw. den nichtfinanziellen Bericht anknüpfen, dort aber nicht enthalten sind, sind die Vorschriften des § 131 Abs. 3 AktG anzuwenden, da nur für die Fälle, in denen von der Schutzklausel gem. § 289e HGB tatsächlich Gebrauch gemacht wird, ein Auskunftsverweigerungsrecht des Vorstands zu nichtfinanziellen Angaben gegenüber der Hauptversammlung bestehen kann. Hieran schließt sich die Frage an, ob bzw., wenn ja, wann eine fehlende oder fehlerhafte nichtfinanzielle Berichterstattung zu einer **Anfechtbarkeit von Hauptversammlungsbeschlüssen** i. S. der §§ 241 ff. HGB führen kann. Hierzu gab es bereits einige Auseinandersetzungen sowohl in der Literatur[662] als auch im Rahmen der Gesetzgebung (zumindest im Hinblick auf den Aufsichtsrat).[663] Hierfür käme vor allem eine Hinzuziehung des allgemeinen, von der Rechtsprechung entwickelten Maßstabs für die Anfechtung von Entlastungsbeschlüssen in Betracht.[664] Setzt man jedoch hinsichtlich der nichtfinanziellen Erklärung bzw. des nichtfinanziellen Berichts diesen Maßstab des Vorliegens eines schwerwiegenden Verstoßes gegen das Gesetz oder die Satzung bzw. eine gravierende Pflichtverletzung an, ist für die Anfechtbarkeit eines Entlastungsbeschlusses ein Verstoß gegen die Berichtspflicht selbst erforderlich (nicht ausreichend ist demgegenüber ein Verstoß im Hinblick auf die Umstände, über die berichtet wird).[665] Dies würde aber eine erhebliche Qualität der Verstöße bedingen, wie sie sich u. U. aus der vollständigen Unterlassung der Berichtspflicht ergeben könnten.[666] Somit wird letztendlich auch für die Frage der Anfechtbarkeit eines Entlastungsbeschlusses (bzw. von Hauptversammlungsbeschlüssen im Allgemeinen) eine Einzelfallbetrachtung der fehlerhaften nichtfinanziellen Erklärung bzw. des fehlerhaften nichtfinanziellen Berichts geboten sein.

---

661 So etwa *Hecker/Bröcker*, Die CSR-Berichtspflicht in der Hauptversammlungssaison 2018, Die Aktiengesellschaft 2017 S. 769.

662 Vgl. statt vieler nur *Mock*, Berichterstattung über Corporate Social Responsibility nach dem CSR-Richtlinie-Umsetzungsgesetz, Zeitschrift für Wirtschaftsrecht 2017 S. 1202.

663 Vgl. BT-Drucks. 18/11450 S. 52.

664 Vgl. hierzu z. B. *Noack/Zetsche*, § 243 AktG – Anfechtungsgründe, in Zöllner/Noack (Hrsg.), Kölner Kommentar zum Aktiengesetz, Band 5, §§ 241–290, 3. Aufl. 2017, § 243 AktG Tz. 150.

665 So etwa *Mock*, Berichterstattung über Corporate Social Responsibility nach dem CSR-Richtlinie-Umsetzungsgesetz, Zeitschrift für Wirtschaftsrecht 2017 S. 1202.

666 Vgl. *Hecker/Bröcker*, Die CSR-Berichtspflicht in der Hauptversammlungssaison 2018, Die Aktiengesellschaft 2017 S. 769.

X Prüfung der nichtfinanziellen Berichterstattung

1 Prüfung durch den Aufsichtsrat

Der deutsche Gesetzgeber hat sich im Rahmen des Entstehungsprozesses des CSR-RUG dafür entschieden, die inhaltliche (Pflicht-)Prüfung des gesonderten nichtfinanziellen Berichts mit § 171 Abs. 1 Satz 4 AktG dem Aufsichtsrat zu übertragen. Bei der Integration der nichtfinanziellen Erklärung in den Lagebericht gilt § 171 Abs. 1 Satz 1 AktG entsprechend, da der Lagebericht nach dem Wortlaut dieser Norm bereits durch den Aufsichtsrat zu prüfen ist.[667] Kurz und knapp heißt es dazu im Gesetzestext: *„Der Aufsichtsrat hat auch den gesonderten nichtfinanziellen Bericht (§ 289b HGB) und den gesonderten nichtfinanziellen Konzernbericht (§ 315b HGB) zu prüfen, sofern sie erstellt wurden."* Der deutsche Gesetzgeber stützt sich dabei auf Art. 33 der Bilanz-Richtlinie, der für die Mitglieder der Aufsichtsorgane eine besondere Aufgabe der „Sicherstellung" bei der Erfüllung der gesetzlichen Anforderungen vorsieht. Zur Verhinderung einer drohenden „Erwartungslücke"[668] bzw. „Verlässlichkeitslücke"[669] wurde – im Gegensatz zum Abschlussprüfer – die **Pflicht des Aufsichtsrats zur inhaltlichen Prüfung** also explizit herausgestellt. Der Aufsichtsrat ist sohin verpflichtet, die im Rahmen der nichtfinanziellen Erklärung bzw. des nichtfinanziellen Berichts offengelegten Informationen gewissenhaft auf Recht-, Ordnungs- sowie Zweckmäßigkeit zu prüfen. Die „Prüfungspflicht" des Aufsichtsrats nach § 171 Abs. 1 Satz 1 und 4 AktG lässt sich auch als spezielle Ausprägung der allgemeinen Überwachungspflicht des Aufsichtsrats verstehen, unterscheidet sich hinsichtlich der Prüfungsintensität allerdings von der Prüfung der übrigen Rechnungslegungsunterlagen.[670] Die Satzung darf den Aufsichtsrat dabei weder von der Pflicht zur Prüfung entbinden noch die Prüfung einem anderen Organ übertragen (§ 23 Abs. 5 AktG).

EXKURS: DIE ERWARTUNGSLÜCKE IM KONTEXT DER ABSCHLUSSPRÜFUNG

Die Erwartungslücke bezieht sich im allgemeinen Prüfungskontext auf das Spannungsverhältnis von dem, was vonseiten Dritter an Anforderungen gestellt wird („Von welchem Verlässlichkeitsniveau gehen die Adressaten typischerweise aus?"), und dem, was realistischerweise vom (Ab-

---

667 So *Blöink/Halbleib*, Umsetzung der sog. CSR-Richtlinie 2014/95/EU: Aktueller Überblick über die verabschiedeten Regelungen des CSR-Richtlinie-Umsetzungsgesetzes, Der Konzern 2017 S. 192.

668 *Scheid*, Prüfungsgegenstand CSR: Mut zur (Erwartungs-)Lücke?, Der Aufsichtsrat 2019 S. 1.

669 *Velte*, Prüfung der nichtfinanziellen Erklärung nach dem CSR-Richtlinie-Umsetzungsgesetz – Neue Erwartungslücke beim Aufsichtsrat?, Zeitschrift für Internationale Rechnungslegung 2017 S. 326.

670 Vgl. *Hennrichs/Pöschke*, Die Pflicht des Aufsichtsrats zur Prüfung des „CSR-Berichts", Neue Zeitschrift für Gesellschaftsrecht 2017 S. 127.

schluss-)Prüfer erwartet werden kann („Was vermag das Testat tatsächlich zu leisten?") – im Regelfall ist dies nicht deckungsgleich und gilt daher als permanentes Phänomen.[671] Im deutschsprachigen Raum hat vor allem das Verständnis von *Ruhnke/Schmiele/Schwind* von der Erwartungslücke besondere Bedeutung erlangt, die diesen Begriff anhand dreier Komponenten bzw. hiervon erfasster Problemfelder konkretisieren:[672]

▶ *Öffentlichkeitsversagen*: Diskrepanzen zwischen den öffentlichen Erwartungen und den berechtigten Erwartungen des Prüfers an eine (Abschluss-)Prüfung (insbesondere in puncto Leistungsfähigkeit des Letzteren) mit Fokus auf eine Aufklärung der Öffentlichkeit, um eine normenkonforme Erwartungshaltung zu erreichen.

▶ *Prüferversagen*: Diskrepanzen zwischen den Erwartungen des Gesetzgebers und den Erwartungen des Prüfers an eine (Abschluss-)Prüfung mit Fokus auf die Sicherstellung der Konformität der Prüfungsleistungen mit den Prüfungsnormen.

▶ *Normenversagen*: Diskrepanzen zwischen den öffentlichen Erwartungen und den Erwartungen des Gesetzgebers an eine (Abschluss-)Prüfung mit Fokus auf die Entwicklung von Normen, welche das Prüferverhalten in eine den (berechtigten) öffentlichen Erwartungen entsprechende Richtung lenken.

Bei der Prüfung der nichtfinanziellen Angaben durch den Aufsichtsrat ist gleichermaßen die **Ordnungsmäßigkeit**[673] und **Zweckmäßigkeit**[674] **der Rechnungslegung** zu bestätigen.[675] Während für die Zweckmäßigkeitsprüfung der nichtfinanziellen Berichterstattung gegenüber der Finanzberichterstattung keine rechtlichen Besonderheiten gelten,[676] ist die Rechtmäßigkeitsprüfung demgegenüber wesentlich komplexer und auslegungsbedürftiger.[677] Anders als bei Jahresabschluss und Lagebericht wird der Aufsichtsrat nicht ex lege vom Abschlussprüfer unterstützt und kann somit auch nicht

---

671 Vgl. zur Erwartungslücke im Rahmen der Abschlussprüfung bereits *Ruhnke/Schmiele/Schwind*, Die Erwartungslücke als permanentes Phänomen der Abschlussprüfung – Definitionsansatz, empirische Untersuchung und Schlussfolgerungen, Schmalenbachs Zeitschrift für betriebswirtschaftliche Forschung 2010 S. 394 ff.

672 Vgl. *Ruhnke/Schmiele/Schwind*, Die Erwartungslücke als permanentes Phänomen der Abschlussprüfung – Definitionsansatz, empirische Untersuchung und Schlussfolgerungen, Schmalenbachs Zeitschrift für betriebswirtschaftliche Forschung 2010 S. 396 f.

673 Die nichtfinanzielle Erklärung bzw. der nichtfinanzielle Bericht gelten als ordnungsmäßig aufgestellt, wenn die einschlägigen handelsrechtlichen Bestimmungen eingehalten wurden.

674 Die berichteten nichtfinanziellen Inhalte sind als zweckmäßig anzusehen, wenn sie den Unternehmenszielen entsprechen.

675 Vgl. *IDW*, Positionspapier: Pflichten und Zweifelsfragen zur nichtfinanziellen Erklärung als Bestandteil der Unternehmensführung, 2017, S. 8.

676 Vgl. hinsichtlich der Zweckmäßigkeitsprüfung der nichtfinanziellen Berichterstattung durch den Aufsichtsrat *Hennrichs*, CSR-Umsetzung – Neue Pflichten für Aufsichtsräte, Neue Zeitschrift für Gesellschaftsrecht 2017 S. 845.

677 Vgl. ausführlich zur Rechtmäßigkeitsprüfung der nichtfinanziellen Berichterstattung durch den Aufsichtsrat *Gundel*, Prüfung der CSR-Berichterstattung durch den Aufsichtsrat – Wie intensiv muss der Aufsichtsrat die Rechtmäßigkeit prüfen?, Die Wirtschafsprüfung 2018 S. 108 ff.

ohne Weiteres auf dessen Prüfungskompetenz bzw. Prüfungserkenntnisse zurückgreifen.[678] Dadurch fallen die sonst vorwiegend im Einklang stehenden Prüfungsgegenstände des Aufsichtsrats und des Abschlussprüfers auseinander.[679] Die Prüfung der nichtfinanziellen Berichterstattung stellt unbeschadet dessen grundsätzlich dieselben Maßstäbe an die gebotenen Handlungen wie jene der finanziellen Berichterstattung, zumindest was deren Intensität und Umfang betrifft.[680] In Anbetracht des hohen und realistischerweise vom Aufsichtsrat kaum zu erfüllenden Anspruchsniveaus, das mit dieser Forderung einhergeht, wird in der Literatur jedoch vereinzelt auch die Sichtweise vertreten, dass die Prüfung der nichtfinanziellen Erklärung bzw. des nichtfinanziellen Berichts durch den Aufsichtsrat nicht die Intensität im Kontext der Finanzberichterstattung erreichen muss – und eine **Plausibilitätsbeurteilung** der offengelegten Informationen den Anforderungen an den Aufsichtsrat genügen kann.[681] Darüber hinaus sind auch Auffassungen vorzufinden, welche die Auswahl der Prüfungsintensität des Aufsichtsrats bei der Rechtmäßigkeitsbeurteilung als Ermessensentscheidung darstellen.[682] Oftmals finden sich in Bezug auf die Prüfung der nichtfinanziellen Angaben durch den Aufsichtsrat jedoch nur – sofern überhaupt vorhanden – eher allgemein gehaltene Aussagen (siehe die nachfolgenden Beispiele).

> AUSSAGE ZUR PRÜFUNG DER NICHTFINANZIELLEN ANGABEN IM BERICHT DES AUFSICHTSRATS AM BEISPIEL DES BERICHTS DES AUFSICHTSRATS AN DIE HAUPTVERSAMMLUNG DER DEUTSCHEN TELEKOM[683]
>
> „In der Sitzung am 25. Februar 2021 befassten wir uns in Anwesenheit des Abschlussprüfers v. a. mit dem Jahresabschluss der Gesellschaft und dem Konzernabschluss 2020, dem Konzernlagebericht, der mit dem Lagebericht der Deutschen Telekom AG zusammengefasst ist (zusammengefasster Lagebericht), sowie mit der zusammengefassten nichtfinanziellen Erklärung, die als besonderer Abschnitt im zusammengefassten Lagebericht enthalten ist. Mit der Billigung des Jahres- und Konzernabschlusses 2020 folgten wir der Empfehlung des Prüfungsausschusses. Entsprechendes gilt für die Prüfung der zusammengefassten nichtfinanziellen Erklärung."

---

678 Vgl. auch *Hennrichs/Pöschke*, Die Pflicht des Aufsichtsrats zur Prüfung des „CSR-Berichts", Neue Zeitschrift für Gesellschaftsrecht 2017 S. 126.

679 Vgl. hierzu kritisch *Kirsch/Huter*, Die Prüfung der nicht-finanziellen Erklärung – Neue Pflichten für den Aufsichtsrat, Die Wirtschaftsprüfung 2017 S. 1019.

680 Vgl. *Lanfermann*, Prüfung der CSR-Berichterstattung durch den Aufsichtsrat, Betriebs-Berater 2017 S. 749; *Schmidt/Strenger*, Die neuen nichtfinanziellen Berichtspflichten – Erfahrungen mit der Umsetzung aus Sicht institutioneller Investoren, Neue Zeitschrift für Gesellschaftsrecht 2019 S. 481.

681 Vgl. *Hennrichs/Pöschke*, Die Pflicht des Aufsichtsrats zur Prüfung des „CSR-Berichts", Neue Zeitschrift für Gesellschaftsrecht 2017 S. 127; *Hennrichs*, CSR-Umsetzung – Neue Pflichten für Aufsichtsräte, Neue Zeitschrift für Gesellschaftsrecht 2017 S. 841; *Hecker/Bröcker*, Die CSR-Berichtspflicht in der Hauptversammlungssaison 2018, Die Aktiengesellschaft 2017 S. 761; *Hennrichs/Pöschke*, § 171 AktG – Prüfung durch den Aufsichtsrat, in Goette/Habersack (Hrsg.), Münchener Kommentar zum Aktiengesetz, Band 3: §§ 118–178, 5. Aufl. 2022, § 171 AktG Tz. 59a.

682 Vgl. insbesondere *Kirsch/Huter*, Die Prüfung der nicht-finanziellen Erklärung – Neue Pflichten für den Aufsichtsrat, Die Wirtschaftsprüfung 2017 S. 1022.

683 *Deutsche Telekom*, Geschäftsbericht 2021, S. 8. Online abrufbar unter https://go.nwb.de/iz5i0 oder über den QR-Code.

„Der nichtfinanzielle Bericht wurde vom Aufsichtsrat der RWE AG geprüft und freigegeben. Die externe betriebswirtschaftliche Prüfung zur Erlangung begrenzter Sicherheit erfolgte durch die PricewaterhouseCoopers GmbH Wirtschaftsprüfungsgesellschaft, siehe Prüfvermerk auf Seite 24.“

Im Gegensatz zur in Kap. X.2 dargestellten externen Prüfung, welche vordergründig „technischer Natur“ ist, ist die Beurteilung durch den Aufsichtsrat eher „unternehmenspolitisch“ ausgestaltet.[685] Der Überwachungsauftrag des Aufsichtsrats muss hierbei zwingend über den des externen Prüfers hinausgehen, da der Aufsichtsrat besondere Kenntnisse über die Unternehmenspolitik oder einzelne Geschäftsvorfälle besitzt, die er auch einbringen sollte.[686] Eine weitreichende Prüfungspflicht des Aufsichtsrats in Bezug auf die nichtfinanzielle Erklärung bzw. den nichtfinanziellen Bericht würde aber implizieren, dass der Aufsichtsrat – insbesondere um Haftungsfragen zu entgehen – eine freiwillige externe Prüfung durchführen ließe.[687] Das IDW hält diesbezüglich fest:

„Vor diesem Hintergrund muss sich der Aufsichtsrat Gedanken darüber machen, wie er seiner eigenen Prüfungspflicht nachkommen kann. Ob sich Umfang und Intensität der Prüfungspflicht nach den beschränkten Möglichkeiten des Aufsichtsrats, eigene Prüfungshandlungen durchzuführen, richten dürfen, scheint zweifelhaft. Der Aufsichtsrat sollte vielmehr sorgfältig erwägen, den Auftrag des Abschlussprüfers durch Ergänzungen oder

---

684 *RWE*, Nichtfinanzieller Bericht 2021, S. 1. Online abrufbar unter https://go.nwb.de/cuys2 oder über den QR-Code.

685 Vgl. *Velte*, Prüfung der nichtfinanziellen Erklärung und der Erklärung zur Unternehmensführung durch Aufsichtsrat und Abschlussprüfer – Eine Zwischenbilanz, Die Aktiengesellschaft 2018 S. 269.

686 Vgl. hierzu weiterführend *Hennrichs/Pöschke*, § 171 AktG – Prüfung durch den Aufsichtsrat, in Goette/Habersack (Hrsg.), Münchener Kommentar zum Aktiengesetz, Band 3: §§ 118–178, 4. Aufl. 2018, § 171 AktG Tz. 6 f.

687 Siehe hierzu Kap. X.3.

Erweiterungen auf die genannten Berichtsgegenstände zu erstrecken. Auch die Erteilung eines Prüfungsauftrages an einen anderen Sachverständigen kommt in Betracht, was in der Regel allerdings mit einem erhöhten Aufwand verbunden sein wird."[688]

Eine solche **implizierte Pflicht zur externen Prüfung,** die vom Gesetzgeber offensichtlich nicht bezweckt scheint, wird von einzelnen Autoren auch als Argument gegen eine zu strenge Auslegung der Prüfpflichten angeführt.[689]

Ausgehend von einer strengen Prüfpflicht, die über eine bloße Plausibilitätsbeurteilung hinausgeht, stellen sich für die Ausgestaltung des Prüfungsprozesses Folgefragen: Die nationalen und internationalen Prüfungsstandards unterscheiden grundsätzlich zwischen zwei möglichen Prüfungstiefen bzw. **Prüfungsintensitäten** (i. S. von Aussagequalitäten), die in Betracht kommen: entweder eine Prüfung mit begrenzter Sicherheit *(limited assurance)* oder hinreichender Sicherheit *(reasonable assurance)*, wobei Letztere deutlich weiterreichende Prüfungshandlungen erfordert.[690] Im Hinblick auf die Berichtspflicht des Aufsichtsrats in der Hauptversammlung scheint ein Prüfungsurteil mit hinreichender Sicherheit zielführend zu sein – auch wenn die praktische Umsetzung angesichts der beschränkten Kapazitäten und des für die Tiefe und Breite der nichtfinanziellen Berichterstattung fallweise u. U. nicht ausreichenden Sachverstands des Aufsichtsrats als nur schwer umsetzbar anzusehen ist.[691] Gerade das Prüfungsurteil einer hinreichenden Sicherheit erfordert vom Aufsichtsrat erneut ein hohes Maß an Expertise in nichtfinanziellen Belangen, das in der Praxis nicht immer vorliegen dürfte.

Daher bleibt die Frage nach den konkreten Anforderungen an das **Kompetenzprofil von Aufsichtsratsmitgliedern** im Zusammenhang mit der nichtfinanziellen Berichterstattung, da dieses – wie bereits dargelegt – im Gesetz nicht weitergehend konkretisiert wird. Die (weitere) Förderung der nachhaltigkeitsrelevanten Expertise des Aufsichtsrats scheint jedoch unabdingbar, um mit der rasanten Entwicklung der nichtfinanziellen Berichterstattung Schritt halten zu können. *Baumüller/Scheid* schlagen in diesem Zusammenhang etwa vor, dass dies „durch interne und externe Fortbildungsmaßnahmen, die Bestellung fachkundiger Vertreter in den Aufsichtsrat oder die Bildung entsprechender (Fach-)Ausschüsse – analog zum angloamerikanischen Boardsystem – geschehen*

---

688 *IDW*, Positionspapier: Zusammenarbeit zwischen Aufsichtsrat und Abschlussprüfer, 2020, Tz. 8.

689 Vgl. *Hennrichs*, CSR-Umsetzung – Neue Pflichten für Aufsichtsräte, Neue Zeitschrift für Gesellschaftsrecht 2017 S. 845.

690 Vgl. *IDW*, Positionspapier: Pflichten und Zweifelsfragen zur nichtfinanziellen Erklärung als Bestandteil der Unternehmensführung, 2017, S. 9. Zur weiteren Unterscheidung dieser Prüfungstiefen siehe auch Kap. X.3.

691 Vgl. *Kirsch/Huter*, Die Prüfung der nicht-finanziellen Erklärung – Neue Pflichten für den Aufsichtsrat, Die Wirtschaftsprüfung 2017 S. 1022.

kann".[692] Darüber hinaus wird im Schrifttum die Forderung nach der Entwicklung eines Rollenprofils des „Nachhaltigkeitsexperten" (analog zum Finanzexperten) geäußert.[693] So kann es bspw. keinesfalls als ausreichend angesehen werden, wenn sich Prüfungshandlungen mit der Befragung nachhaltigkeitsbezogener Themen im Unternehmen im Rahmen einer Aufsichtsratssitzung erschöpfen.[694] Beispielhafte Aussagen aus der Unternehmenspraxis hierzu finden sich in den drei nachfolgenden Auszügen.

SCHÄRFUNG DES KOMPETENZPROFILS DES AUFSICHTSRATS HINSICHTLICH NACHHALTIGKEITSRELEVANTER ASPEKTE AM BEISPIEL BEIERSDORF[695]

„Die Schulung zu neuen gesetzlichen Regelungen behandelte Lieferkettengesetz, CSR-Berichterstattung und Auswirkungen des Finanzmarktintegritätsstärkungsgesetzes (FISG)."

HINZUZIEHUNG VON EXTERNEN EXPERTEN ZUR WEITERENTWICKLUNG DER NACHHALTIGKEITSRELEVANTEN EXPERTISE DER AUFSICHTSRATSMITGLIEDER AM BEISPIEL MERCEDES-BENZ[696]

„Beirat als wichtiger Impulsgeber.

Ein wichtiger Impulsgeber für die Nachhaltigkeitsarbeit des Konzerns ist seit 2012 der Beirat für Integrität und Nachhaltigkeit. Seine Mitglieder sind unabhängige externe Fachleute aus Wissenschaft, Zivilgesellschaft und Wirtschaft. Sie sind Experten in den Bereichen Umwelt- und Sozialpolitik, Verkehrs- und Mobilitätsentwicklung sowie Menschenrechte und Ethik. Die Beiratsmitglieder begleiten uns konstruktiv-kritisch in Fragen der Integrität und Unternehmensverantwortung. Unter der Leitung des zuständigen Vorstandsmitglieds für Integrität und Recht trifft sich der Beirat zu drei Sitzungen jährlich. Eine dieser jährlichen Sitzungen dient insbesondere dem Austausch mit anderen Vorstandsmitgliedern und Mitgliedern des Aufsichtsrats. In weiteren themenspezifischen Terminen findet zudem ein regelmäßiger Austausch des Beirats mit Vorstands-

---

692 *Baumüller/Scheid*, Die (mehrfache) Erwartungslücke im Kontext der nichtfinanziellen Berichterstattung – Die Prüfung der nichtfinanziellen Berichterstattung zwischen Anspruch und Wirklichkeit, WP Praxis 2020 S. 103.

693 So etwa von *Baumüller/Niklas/Wieser*, Befunde zur zweite NaDiVeG-Berichtssaison – Implikationen zur Weiterentwicklung der Governance österreichischer Unternehmen, Aufsichtsrat aktuell 2020 S. 12; *Schmidt*, Die rechnungslegungsbezogenen Thesen des Sustainable-Finance-Beirats der Bundesregierung – Maßnahmen zur Verbesserung der Qualität und Verfügbarkeit von nichtfinanziellen Informationen, Der Betrieb 2020 S. 240; *Scheid/Needham*, Professionalisierung des Aufsichtsrats im Lichte der CSR-Reformen, Der Aufsichtsrat 2020 S. 87.

694 Vgl. dazu kritisch *Scheid/Needham*, Professionalisierung des Aufsichtsrats im Lichte der CSR-Reformen, Der Aufsichtsrat 2020 S. 87.

695 *Beiersdorf*, Geschäftsbericht 2022, S. 32. Online abrufbar unter https://go.nwb.de/al1ws oder über den QR-Code.

696 *Mercedes-Benz Group*, Geschäftsbericht 2021, S. 111. Online abrufbar unter https://go.nwb.de/8i0ix oder über den QR-Code.

mitgliedern, Führungskräften und Mitarbeitern statt. Im Jahr 2021 beschäftigte sich das Gremium unter anderem mit Social Compliance, Sustainable Finance sowie der Transformation der Automobilindustrie und ihren sozialen Aspekten – beispielsweise mit der Balance zwischen Klimaschutz und dem Erhalt von Arbeitsplätzen."

SCHÄRFUNG DES KOMPETENZPROFILS DES AUFSICHTSRATS HINSICHTLICH NACHHALTIGKEITSRELEVANTER ASPEKTE AM BEISPIEL MERCEDES-BENZ GROUP[697]

„Auf Grundlage ihrer Verhaltensrichtlinie bietet die Mercedes-Benz Group AG ein umfangreiches Schulungsangebot zu Compliance-Themen an – zum Beispiel für Beschäftigte in der Verwaltung, in der Compliance- und Rechtsabteilung sowie für Mitglieder des Aufsichtsrats und der Geschäftsleitung."

Die Erwartungslücke, die sich im Rahmen der Prüfung der nichtfinanziellen Erklärung bzw. des nichtfinanziellen Berichts durch den Aufsichtsrat auftut, ist jene des **Prüferversagens,** da der Aufsichtsrat in der Praxis dem gesetzlichen Anspruchsniveau mutmaßlich oftmals nicht vollumfänglich gerecht wird. Infolgedessen trägt er zu einem „Verlässlichkeitsgefälle" bei, welches die Aussagekraft der nichtfinanziellen Berichterstattung unter jene der Finanzberichterstattung ansiedelt.[698] Verbunden mit dem Umstand, dass die nichtfinanzielle Rechnungslegung vergleichsweise jung ist und noch umfangreiche Aufarbeiten und Entwicklungsprozesse aufseiten der Unternehmen benötigt werden, wirkt sich das Fehlen entsprechender Qualitätssicherungsprozesse demnach besonders gravierend aus.[699]

Die immer höhere und kritische Erwartung der Öffentlichkeit gegenüber dem Aufsichtsrat in Bezug auf nachhaltiges Handeln dürfte einen großen Einfluss auf die Veränderung der operativen Prüfungstätigkeit haben. Sollte der Aufsichtsrat seiner (Prüfungs-)Verantwortung nicht gerecht werden, kann dies nicht nur bei seiner Entlastung

---

697 *Mercedes-Benz Group*, Geschäftsbericht 2021, S. 119. Online abrufbar unter https://go.nwb.de/8i0ix oder über den QR-Code.

698 Vgl. hierzu *Velte*, Prüfung der nichtfinanziellen Erklärung nach dem CSR-Richtlinie-Umsetzungsgesetz – Neue Erwartungslücke beim Aufsichtsrat?, Zeitschrift für Internationale Rechnungslegung 2017 S. 328; *Schmidt*, Die rechnungslegungsbezogenen Thesen des Sustainable-Finance-Beirats der Bundesregierung – Maßnahmen zur Verbesserung der Qualität und Verfügbarkeit von nichtfinanziellen Informationen, Der Betrieb 2020, S. 239 f.

699 So auch *Baumüller/Scheid*, Die (mehrfache) Erwartungslücke im Kontext der nichtfinanziellen Berichterstattung – Die Prüfung der nichtfinanziellen Berichterstattung zwischen Anspruch und Wirklichkeit, WP Praxis 2020 S. 103.

(§ 120 AktG) eine Rolle spielen, sondern u. U. auch **haftungs- bzw. strafrechtlich sanktioniert**[700] werden – vor allem, da der Aufsichtsrat seit Inkrafttreten des CSR-RUG nach § 171 Abs. 2 AktG der Hauptversammlung auch über seine Prüfung der nichtfinanziellen Erklärung bzw. des nichtfinanziellen Berichts berichten muss. Dahingehend kann gefolgert werden: Wird die nichtfinanzielle Berichterstattung fristgerecht offengelegt, um eine Prüfung bis zur auf den Berichtsstichtag unmittelbar folgenden nächsten Hauptversammlung zu ermöglichen, hat der Aufsichtsrat im Besonderen über das Ergebnis seiner inhaltlichen Prüfung zu berichten.[701]

2 Mindestprüfungshandlungen durch den Abschlussprüfer

2.1 Vollständigkeitsprüfung

Die (Prüfungs-)Handlungen, zu denen der Abschlussprüfer im Rahmen der nichtfinanziellen Berichterstattung von Gesetzes wegen verpflichtet ist, gehen weniger weit, als es z. B. für den Jahresabschluss oder den Lagebericht gefordert ist. Gemäß § 317 Abs. 2 Satz 4 HGB – und auch der h. M. folgend – ist vom Abschlussprüfer lediglich zu prüfen, ob die nichtfinanzielle Erklärung bzw. der nichtfinanzielle Bericht vorgelegt wurde und ob die Berichterstattung alle vom Gesetzestext verpflichtend genannten Aspekte berücksichtigt.[702] Der deutsche Gesetzgeber rechtfertigt das **Fehlen einer vollumfänglichen inhaltlichen Prüfpflicht durch den Abschlussprüfer** – außer mit drohenden Mehrkosten für die Unternehmen – vor allem mit der Gefahr einer Erwartungslücke, die vermieden werden soll.[703] Eine beispielhafte Aussage hierzu, die den Prüfungsumfang klarstellt, findet sich bei Gerresheimer.

LEDIGLICH AUF VORHANDENSEIN GEPRÜFTE NICHTFINANZIELLE ERKLÄRUNG AM BEISPIEL GERRESHEIMER[704]

„Die in Abschnitt ‚Erklärung zur Unternehmensführung' des zusammengefassten Lageberichts enthaltene zusammengefasste Erklärung zur Unternehmensführung nach §289f und §315d HGB einschließlich der darin enthaltenen weiteren Berichterstattung über Corporate Governance und den gesonderten nichtfinanziellen Konzernbericht nach §§315b und 315c HGB, auf den im Abschnitt ‚Unternehmerische Verantwortung und Nachhaltigkeit bei Gerresheimer' des zusammengefassten Lageberichts Bezug genommen wird, haben wir in Einklang mit den deutschen gesetzlichen Vorschriften nicht geprüft."

---

700 Siehe hierzu auch Kap. XI.

701 Vgl. hierzu weiterführend Kap. IX.

702 Vgl. dazu ähnlich *Ruhnke/Schmidt*, Veröffentlichungs- und Prüfungspflichten im Zusammenhang mit der Erklärung zur Unternehmensführung und der nichtfinanziellen Erklärung, Der Betrieb 2017 S. 2562.

703 Vgl. BT-Drucks. 18/9982 S. 30 f. und 46.

704 *Gerresheimer*, Geschäftsbericht 2021, S. 87. Online abrufbar unter https://go.nwb.de/q1sza oder über den QR-Code.

Infolgedessen wird diese Prüfung durch den Abschlussprüfer in der Fachliteratur oftmals auch – neben dem gängigsten Begriff der „formalen Prüfung" – „Vollständigkeitsprüfung", „Vorlageprüfung" oder auch „Ob-Prüfung" genannt. Fehlen demgegenüber relevante (Mindest-)Inhalte, ist weiterhin zu überprüfen, ob für dieses Fehlen eine nachvollziehbare Begründung vorliegt, welche dieses Fehlen rechtfertigt; anderenfalls liegt ein Mangel vor, der vom Abschlussprüfer entsprechend festzustellen ist.[705] Im Schrifttum kaum angesprochen, gleichwohl aber relevant, ist die Frage nach dem **Umfang einer solchen Vollständigkeitsprüfung.** So stellt etwa *Schuschnig* hinsichtlich der stark prinzipienorientierten Ausgestaltung der Pflichten zum nichtfinanziellen Bericht fest: *„Vielfach wird aber darauf hingewiesen, dass ohne eine inhaltliche Überprüfung die Prüfung des Vorhandenseins kaum möglich sei."*[706]

In der praktischen Umsetzung dürfte dies regelmäßig dazu führen, dass die Vollständigkeit der nichtfinanziellen Berichterstattung vom Abschlussprüfer checklistenartig überprüft werden kann.[707] Dennoch setzt die Vollständigkeitsprüfung auch ein gewisses Mindestmaß an inhaltlich ausgerichteten Handlungsanforderungen voraus. Anders formuliert: Der Erwartungshaltung an den Abschlussprüfer würde es nicht gerecht werden, wenn dieser ein Dokument als ordnungsgemäße nichtfinanzielle Berichterstattung bezeichnet, obgleich dem Dokument für seine Funktionsweise wesentliche Inhalte fehlen („bloße Überschriften-Kontrolle").[708] Da die nichtfinanzielle Berichterstattung eine Vielzahl von Angabepflichten beinhaltet, empfiehlt sich für den Berufsstand der Wirtschaftsprüfer z. B. eine **Prüfungsliste** zur Beantwortung der nachstehenden Fragen:[709]

---

705 Vgl. *Holzmeier/Burth/Hachmeister*, Die nichtfinanzielle Konzernberichterstattung nach dem CSR-Richtlinie-Umsetzungsgesetz, Zeitschrift für Internationale Rechnungslegung 2017 S. 219.

706 *Schuschnig*, Aktueller Stand der Nachhaltigkeitsberichterstattung von Unternehmen des Prime Market der Wiener Börse, Zeitschrift für Internationale Rechnungslegung 2017 S. 526.

707 Vgl. *Baumüller/Scheid*, Prüfung der nichtfinanziellen Berichterstattung: Ausstrahlungswirkungen auf KMU – Erweiterte Nachweis- und Dokumentationspflichten für den Mittelstand in Folge des CSR-RUG, WP Praxis 2020 S. 9.

708 Vgl. *Rohatsche, Enforcement der nichtfinanziellen Berichterstattung, Zeitschrift für Recht und Rechnungswesen* 2019 S. 221.

709 Vgl. dazu bereits *Baumüller/Follert*, Prüfung der nichtfinanziellen Erklärung durch den Abschlussprüfer – Verpflichtungen von bislang unterschätzter Reichweite, Zeitschrift für Internationale Rechnungslegung 2017 S. 476.

► Sind alle in § 289c Abs. 2 HGB angeführten Mindestbestandteile in der nichtfinanziellen Berichterstattung enthalten bzw. liegen sachlich gerechtfertigte Gründe für deren Auslassung vor?[710]

► Erfolgt im Rahmen der nichtfinanziellen Berichterstattung – soweit für das Verständnis erforderlich – eine Bezugnahme auf die im Jahresabschluss ausgewiesenen Beträge und Angaben (§ 289c Abs. 3 Nr. 6 HGB)?

► Bei Verwendung eines Rahmenwerks: Wird dies entsprechend angegeben und werden alle gesetzlichen (Mindest-)Berichtspflichten auch in diesem Fall erfüllt (§ 289d HGB)?

► Wurden die Befreiungstatbestände in § 289b Abs. 2 HGB (richtigerweise) erfüllt?

► Wurde ein (wiederum formell korrekter) nichtfinanzieller Bericht verfasst, der von der Erstellung einer nichtfinanziellen Erklärung befreit (§ 289b Abs. 3 HGB)?

► Sind die Inhalte der nichtfinanziellen Erklärung auf nachvollziehbare Art und Weise gekennzeichnet und von den übrigen Bestandteilen des Lageberichts getrennt, insbesondere vor dem Hintergrund der unterschiedlichen Prüfungsbestimmungen?[711]

Problematisch werden die vom Abschlussprüfer geforderten Beurteilungen jedoch dort, wo **Wesentlichkeitserwägungen**[712] die Grundlage für die Ableitung der Berichtspflichten bilden.[713] Da dies auf nahezu alle Aspekte der inhaltlichen Ausgestaltung der Pflichten zum nichtfinanziellen Bericht zutrifft, scheint es für den Abschlussprüfer unausweichlich, sich mit diesen Erwägungen intensiv zu befassen. Insbesondere zur Frage der (angemessenen) Gestaltung sollte der Abschlussprüfer bereits im Vorfeld ein umfassendes Wissen im Rahmen seiner Handlungen zur Abschlussprüfung nachhaltigkeitsrelevanter Informationen gesammelt haben.[714] Als Soll-Objekte gelten hierbei i. d. R. die gesetzlichen Vorgaben, wobei bei ggf. unkonkreten Gesetzestexten auch unternehmensinterne Leitlinien heranzuziehen sind.

Bei einer eventuellen **Ausübung von Befreiungsbestimmungen** lassen sich die hierfür erforderlichen Angaben zunächst ebenso vergleichsweise einfach i. S. einer Prüfungslogik überprüfen. Ob die Ausübung berechtigterweise erfolgt, entscheidet – wie auch beim bereits dargestellten Vorhandensein etwaiger nichtfinanzieller Berichtsformate –

---

710 Dies umfasst z. B. auch den korrekten Einsatz von Verweistechniken im Rahmen der Berichterstattung sowie die sachgerechte Festlegung der Berichtsgrenzen.

711 Für den nichtfinanziellen Bericht gilt dies sinngemäß, jedoch mit Augenmerk auf Abgrenzungsfragen zu weiteren Teilen des Geschäftsberichts.

712 Siehe hierzu ausführlich Kap. IV.2.

713 Vgl. *Baumüller*, Nichtfinanzielle Berichterstattung, 2020, S. 141.

714 Vgl. etwa *Baumüller/Follert*, Prüfung der nichtfinanziellen Erklärung durch den Abschlussprüfer – Verpflichtungen von bislang unterschätzter Reichweite, Zeitschrift für Internationale Rechnungslegung 2017 S. 476 f.

der Abschlussprüfer, welcher die befreiende nichtfinanzielle Erklärung bzw. den befreienden nichtfinanziellen Bericht im Rahmen der Vollständigkeitsprüfung kritisch auf Ungereimtheiten untersuchen muss. Gerade mit Blick auf die damit einhergehenden inhaltlich ausgeprägten Fragestellungen wird dem Abschlussprüfer des Unternehmens, welches von der Befreiungsbestimmung Gebrauch gemacht hat, in der Praxis jedoch kaum eine andere Möglichkeit bleiben, als sich auf die Prüfungsbescheide desjenigen Abschlussprüfers zu beziehen, der wiederum die Vorlage der befreienden nichtfinanziellen Berichterstattung testiert hat (z. B. durch ein übergeordnetes Mutterunternehmen).[715]

Sollte es bei einem der o. g. Begriffe tatsächlich zu **Beanstandungen** aufseiten des Abschlussprüfers kommen, ist vor allem auf deren Relevanz abzustellen. Als relevant sind zumindest solche Fehler anzusehen, welche die Vollständigkeit der nichtfinanziellen Erklärung bzw. des nichtfinanziellen Berichts beeinträchtigen.[716] Die dazu notwendigen Abwägungen sind allerdings mit einem großen Ermessensspielraum verbunden und erfordern vom zuständigen Abschlussprüfer eine intensive Auseinandersetzung mit sämtlichen Aspekten, die in einem eindeutigen Zusammenhang zur inhaltlichen Ausgestaltung der nichtfinanziellen Berichterstattung stehen. Problematisch erscheint dies insbesondere für den Fall der nichtfinanziellen Erklärung, die (teilweise) in den Lagebericht integriert ist. Im Schrifttum wird eine mögliche Vermischung von inhaltlich durch den Abschlussprüfer geprüften und ungeprüften Inhalten insofern kritisiert, als die Gefahr von Fehlbeurteilungen bei der Einschätzung der vorgelegten Informationen droht.[717] Infolgedessen sollte der Abschlussprüfer gewissenhaft beurteilen, ob die *nicht* durch ihn inhaltlich geprüften Informationen klar gekennzeichnet sind, um eine Fehlbeurteilung auszuschließen.[718] *Ruhnke/Schmidt* fordern darüber hinaus eine noch strengere Herangehensweise, indem sie feststellen, dass mangels praktisch möglicher Eindeutigkeit einer entsprechenden Kennzeichnung in solchen Fällen stets eine inhaltliche Prüfung durchzuführen ist, die sich in ihrer Strenge an der Prüfung der Inhalte des Lageberichts zu orientieren hat.[719]

Auch der nationale Prüfungsstandard **IDW PS 350 n. F. („Prüfung des Lageberichts im Rahmen der Abschlussprüfung")** verweist lediglich auf die Pflicht zur formalen Prüfung.

---

715 Vgl. hierzu auch *Baumüller*, Nichtfinanzielle Berichterstattung, 2020, S. 142.

716 Als Orientierungspunkt bieten sich hierfür wohl nur die einschlägigen Gesetzesvorgaben des HGB und deren mögliche Beeinträchtigung an.

717 Vgl. dazu kritisch *Ruhnke/Schmidt*, Veröffentlichungs- und Prüfungspflichten im Zusammenhang mit der Erklärung zur Unternehmensführung und der nichtfinanziellen Erklärung, Der Betrieb 2017 S. 2563.

718 Vgl. *Baumüller/Follert*, Prüfung der nichtfinanziellen Erklärung durch den Abschlussprüfer – Verpflichtungen von bislang unterschätzter Reichweite, Zeitschrift für Internationale Rechnungslegung 2017 S. 478.

719 Vgl. *Ruhnke/Schmidt*, Veröffentlichungs- und Prüfungspflichten im Zusammenhang mit der Erklärung zur Unternehmensführung und der nichtfinanziellen Erklärung, Der Betrieb 2017 S. 2563.

IDW PS 350.15 n. F. unterscheidet zunächst zwischen „lageberichtstypischen" und „lageberichtsfremden" Angaben. IDW PS 350.26 n. F. fingiert dabei für diejenigen Informationen, welche der nichtfinanziellen Erklärung zuzuordnen sind, eine Kategorisierung als lageberichtsfremde Informationen. Lageberichtsfremde Informationen muss der Abschlussprüfer nicht prüfen, kann dies aber auf freiwilliger Basis dennoch tun (IDW PS 350.24 n. F.). Somit bleibt auch hier festzuhalten, dass sich die Pflicht zur inhaltlichen Prüfung bei einer (teilweisen oder vollständigen) Integration der nichtfinanziellen Erklärung in den Lagebericht nicht aus IDW PS 350 n. f. ableiten lässt.[720]

Im Oktober 2020 hat das IDW den **Prüfungshinweis IDW PH 9.350.2** verabschiedet, der die gesetzliche Pflicht und Publizität der nichtfinanziellen Berichterstattung nach den §§ 289b bis 289e, 315b und 315c HGB durch bestimmte Unternehmen beschreibt und in Abhängigkeit von Form, Zeitpunkt und Art der Prüfung durch den Abschlussprüfer festlegt, welche Anforderungen und Auswirkungen sich auf den Bestätigungsvermerk nach den vom IDW festgestellten Grundsätzen ordnungsmäßiger Abschlussprüfung im Einzelfall ergeben. Damit wird dem Abschlussprüfer weitere Handlungssicherheit gegeben, vor allem im Hinblick auf Formulierungshilfen für seinen Bestätigungsvermerk.[721] Der IDW PH 9.350.2 gilt grundsätzlich erstmals für Zeiträume, die am oder nach dem 15.12.2021 begonnen haben.

Weitere Klärung verspricht der **Entwurf eines Prüfungsstandards zur Prüfung der nichtfinanziellen (Konzern-)Erklärung im Rahmen der Abschlussprüfung (IDW EPS 352 [08.2022])**. Dieser Entwurf wurde im August 2022 vom IDW verabschiedet.[722]

Im Hinblick auf die hier vorliegende Erwartungslücke scheint – wie bereits bei der Prüfung durch den Aufsichtsrat – in der Praxis allerdings ein **Prüferversagen** anzunehmen sein. Die Anforderungen an die Prüfung der nichtfinanziellen Berichterstattung durch den Abschlussprüfer fallen bereits ex lege geringer aus als bei der Finanzberichterstattung. Nichtsdestotrotz ist oftmals noch ein zu geringer Grad der Auseinandersetzung mit deren Verantwortlichkeiten festzustellen; insbesondere bei offensichtlichen Unzulänglichkeiten der nichtfinanziellen Berichterstattung (z. B. Darstellungen zum Geschäftsmodell oder zu den nichtfinanziellen Risiken) ist dies eine gravierende Feststellung. Somit reduziert dies die Chance auf eine hilfreiche Unterstützung für den Auf-

---

720 So auch *Rabenhorst/Schmidt/Speiser*, Der IDW PS 350 n. F. – Ein Plädoyer für eine fokussierte Lageberichterstattung, Der Betrieb 2019 S. 859; *Schmidt*, Nichtfinanzielle Erklärung im Fokus des Enforcement?, Zeitschrift für internationale und kapitalmarktorientierte Rechnungslegung 2020 S. 332.

721 Siehe hierzu Kap. X.2.3.

722 *IDW*, Entwurf eines IDW Prüfungsstandards: Inhaltliche Prüfung der nichtfinanziellen (Konzern-)Erklärung im Rahmen der Abschlussprüfung (IDW EPS 352 [08.2022]) (Stand 17.8.2022). Ausführlicher hierzu siehe Kap. X.3.

sichtsrat und dessen Verantwortlichkeiten bei der Prüfung der nichtfinanziellen Erklärung bzw. des nichtfinanziellen Berichts.[723]

2.2 „Kritisches Lesen"

Über den Rahmen der soeben behandelten Vollständigkeitsprüfung hinaus sind für den Abschlussprüfer noch weitere Vorgaben zu beachten. Diesbezüglich stellt insbesondere **ISA [DE] 720 (Revised) („Sonstige Informationen")** die weitergehende Anforderung an den Abschlussprüfer, die nichtfinanzielle Berichterstattung – unabhängig vom gewählten Veröffentlichungsort – zumindest „kritisch zu lesen", um Querverbindungen zu anderen (vom Abschlussprüfer inhaltlich geprüften) Berichtsformaten zu berücksichtigen. Obschon die nichtfinanzielle Erklärung bzw. der nichtfinanzielle Bericht bislang kein materieller Gegenstand der Abschlussprüfung ist, müssen diese „sonstigen Informationen" gem. ISA [DE] 720 (Revised) auch auf wesentliche Unstimmigkeiten oder gar Falschdarstellungen gewürdigt werden.[724] Demnach hat der Abschlussprüfer nach dem kritischen Lesen der nichtfinanziellen Berichterstattung festzustellen, ob eine wesentliche Unstimmigkeit zu den prüfungspflichtigen Angaben bzw. seinen darüber hinausgehenden weiteren Kenntnissen im Abschluss und Lagebericht sowie zu den bei der Abschlussprüfung erlangten Kenntnissen besteht. Bei einem entsprechenden Verdacht muss der betroffene Sachverhalt dem Vorstand erörtert werden; ist eine wesentliche Unstimmigkeit mit Sicherheit gegeben, muss der Vorstand durch den Abschlussprüfer zur nachträglichen Korrektur des Fehlers aufgefordert werden. Sollte es zu einer Korrekturverweigerung des Vorstands kommen, müsste dann der Aufsichtsrat eingeschaltet werden. Wird auch dieser nicht tätig, muss der Abschlussprüfer die nicht korrigierte, wesentliche Falschdarstellung gesondert in seinem Bestätigungsvermerk darlegen – dies jedoch nur, wenn eine Entbindung von seiner Verschwiegenheitspflicht gegenüber dem geprüften Unternehmen erfolgt ist.[725]

Obschon der Hauptanwendungsbereich des ISA [DE] 720 (Revised) durchaus zu **Abgrenzungsproblemen** führen kann, ist in der Fachliteratur unbestritten, dass die nichtfinanzielle Berichterstattung im Kontext des CSR-RUG in den Anwendungsbereich des ISA

---

723 Vgl. dazu auch *Baumüller/Scheid*, Die (mehrfache) Erwartungslücke im Kontext der nichtfinanziellen Berichterstattung – Die Prüfung der nichtfinanziellen Berichterstattung zwischen Anspruch und Wirklichkeit, WP Praxis 2020 S. 104.

724 Vgl. ISA [DE] 720 (Revised), Tz. D.A5.1.

725 Vgl. hierzu auch *Velte*, Sprengstoff für den Abschlussprüfer bei „sonstigen Informationen"?, Der Betrieb 2018 S. M5.

[DE] 720 (Revised) fällt.[726] So folgt die Zuordnung der nichtfinanziellen Informationen, über die pflichtgemäß berichtet werden muss, zum Begriff der „sonstigen Informationen" i. S. des ISA [DE] 720 (Revised) bereits aus deren Definition und dem Wesen der geforderten Informationen, welche in unmittelbarer Beziehung zu der im Abschluss des geprüften Unternehmens abgebildeten wirtschaftlichen Lage stehen.[727] Zudem wird in diesem Standard klargestellt, dass ISA [DE] 720 (Revised) grundsätzlich auf die nichtfinanzielle Berichterstattung anzuwenden ist – und zwar unabhängig von der Form der Veröffentlichung.[728] Diese Schlussfolgerung ist als sachgerecht anzusehen.[729] Letztlich stellt das „kritische Lesen" des ISA [DE] 720 (Revised) eine naheliegende Untergrenze für den Umfang der in Kap. X.2.1 dargestellten Vorlageprüfung dar.[730]

Im Rahmen des „kritischen Lesens" war über den ISA [DE] 720 (Revised) hinaus auch der deutsche Prüfungsstandard **IDW PS 202 („Die Beurteilung von zusätzlichen Informationen, die von Unternehmen zusammen mit dem Jahresabschluss veröffentlicht werden")** von Bedeutung. Gemäß diesem Prüfungsstandard galten die „sonstigen Informationen" als nicht prüfungspflichtige Informationen, die in Dokumenten, welche einen geprüften Jahresabschluss oder Lagebericht beinhalten, enthalten sind.[731] Hier sollten – ähnlich wie beim ISA [DE] 720 (Revised) – Widersprüche zwischen der nichtfinanziellen Erklärung und dem Jahresabschluss oder dem geprüften Teil des Lageberichts festgestellt und ggf. aufgeklärt werden. Spätestens mit Inkrafttreten des ISA [DE] 720 (Revised) für die Prüfung von Abschlüssen für Zeiträume, die am oder nach dem 15.12.2021 begonnen haben oder beginnen, wurden dessen Vorgaben allerdings zum maßgeblichen Orientierungspunkt für den Abschlussprüfer.[732]

---

726 So etwa *Wittsiepe*, Zur Bedeutung des ISA 720 (Revised) innerhalb der ISA Standards zum Bestätigungsvermerk – Abgrenzung zu ISA 700 (Revised), WP Praxis 2018 S. 50. Für eine weiterführende Diskussion von Zweifelsfragen zur Anwendung des ISA [DE] 720 (Revised) im Kontext der nichtfinanziellen Berichterstattung siehe *Baumüller*, Der Kommissionsvorschlag zur Corporate Sustainability Reporting Directive (CSRD), Der Wirtschaftstreuhänder 2021.

727 Vgl. hierzu bereits *Baumüller/Follert*, Prüfung der nichtfinanziellen Erklärung durch den Abschlussprüfer – Verpflichtungen von bislang unterschätzter Reichweite, Zeitschrift für Internationale Rechnungslegung 2017 S. 477.

728 Vgl. ISA [DE] 720 (Revised), Tz. D.1.2.

729 Vgl. ausführlich zur Berücksichtigung „sonstiger Informationen" des ISA 720 im Rahmen der Abschlussprüfung *Baumüller/Nguyen*, Zur Berücksichtigung „sonstiger Informationen" im Rahmen der Abschlussprüfung – Anforderungen und Problembereiche des ISA 720, Zeitschrift für Internationale Rechnungslegung 2018 S. 289 ff.

730 Vgl. *Baumüller/Nguyen*, Zur Berücksichtigung „sonstiger Informationen" im Rahmen der Abschlussprüfung – Anforderungen und Problembereiche des ISA 720, Zeitschrift für Internationale Rechnungslegung 2018 S. 293.

731 Vgl. IDW PS 202, Tz. 1.

732 So auch *Bischof/Link/Staß*, DPR-Prüfungsschwerpunkte 2020, Der Betrieb 2020 S. 7 f.

2.3 Berichterstattung

Dass die Vollständigkeitsprüfung sowie ggf. darüber hinausgehende (inhaltliche) Handlungen auch im **Prüfungsbericht** gem. § 321 HGB zu beschreiben sind, ergibt sich – trotz fehlender expliziter Erwähnung – bereits aus dem Gesetzesinhalt. Der Prüfungsbericht ist dabei als das zentrale Informationsmedium des Abschlussprüfers gegenüber dem Aufsichtsrat anzusehen.[733] Allerdings ergibt sich die Frage, wie der Abschlussprüfer vorgehen soll, wenn bspw. ein nichtfinanzieller Bericht unter Ausübung einer späteren Aufstellung erst nach der Erstellung des Prüfungsberichts vorgelegt wird – also wenn zu diesem Zeitpunkt noch gar keine Aussagen zum nichtfinanziellen Bericht enthalten sein können. Diesbezüglich liegt es nahe, bei erfolgter späterer Vorlage dieses Berichts den Prüfungsbericht nachträglich zu ergänzen, um entsprechende Handlungen und Ergebnisse des Abschlussprüfers zu dokumentieren.[734] Auch die Bestimmungen zur **Redepflicht des Abschlussprüfers** (§ 321 Abs. 1 Satz 3 HGB) oder etwaige Meldepflichten gegenüber Aufsichtsbehörden sind uneingeschränkt anzuwenden.

Schwieriger wird das prüferische Vorgehen indes im Hinblick auf die Berichterstattung im **Bestätigungsvermerk** (§ 322 HGB). Dazu sind grundsätzlich zwei Fälle zu unterscheiden:

▶ Die nichtfinanzielle Erklärung wird als Teil des Lageberichts vorgelegt bzw. der gesonderte nichtfinanzielle Bericht liegt bis zur Erstellung des Bestätigungsvermerks zur Prüfung des Jahresabschlusses vor. Für diesen Fall hat eine gesonderte Berichterstattung im Bestätigungsvermerk lediglich dann zu erfolgen, wenn die Vollständigkeitsprüfung des Abschlussprüfers zu Beanstandungen geführt hat, da dann ein fehlerhafter (und ggf. unvollständiger) Lagebericht vorliegt, worüber der Abschlussprüfer entsprechend zu berichten hat. Ein Verzicht auf die Berichterstattung könnte allenfalls damit gerechtfertigt werden, dass sich die Unternehmensleitung bereit erklärt, einen richtiggestellten gesonderten nichtfinanziellen Bericht zu erstellen.[735] Nicht inhaltlich geprüfte Bestandteile der in den Lagebericht integrierten nichtfinanziellen Erklärung können z. B. auch in einer Anlage des Bestätigungsvermerks aufgeführt werden, sofern sie nicht bei der Beschreibung des Prüfungsgegenstands von den inhaltlich geprüften Bestandteilen abgegrenzt wurden.[736]

▶ Der gesonderte nichtfinanzielle Bericht wird erst nach der Erstellung des Bestätigungsvermerks vorgelegt. Wenn dies zutrifft, hat der Abschlussprüfer im Bestäti-

---

733 Vgl. *IDW*, Positionspapier: Zusammenarbeit zwischen Aufsichtsrat und Abschlussprüfer, 2020, Tz. 86.

734 Zudem bietet sich in diesem Zusammenhang eine vorherige Feststellung im Prüfungsbericht an, dass die gesetzlichen Vertreter ausdrücklich gegenüber dem Abschlussprüfer erklärt haben, den gesetzlichen Verpflichtungen zur Aufstellung des nichtfinanziellen Berichts noch fristgerecht nachzukommen.

735 Vgl. *Baumüller*, Nichtfinanzielle Berichterstattung, 2020, S. 146.

736 Vgl. *IDW*, Positionspapier: Zusammenarbeit zwischen Aufsichtsrat und Abschlussprüfer, 2020, Tz. 85.

gungsvermerk zunächst keine Aussage zur nichtfinanziellen Berichterstattung zu tätigen. Gemäß § 317 Abs. 2 Satz 5 HGB ist derselbe Abschlussprüfer aber verpflichtet, bei der späteren Vorlage des gesonderten nichtfinanziellen Berichts dessen Vollständigkeit zu prüfen. Diese ergänzende Prüfung folgt daraus, dass der Prüfer bei der Prüfung des Jahresabschlusses noch nicht abschließend beurteilen bzw. prüfen kann, ob das Unternehmen später seiner Veröffentlichungsfrist im Hinblick auf den separaten nichtfinanziellen Bericht nachkommen wird.[737] Führt die dann durchgeführte Vollständigkeitsprüfung durch den Abschlussprüfer zu Beanstandungen, bedingt dies nach § 317 Abs. 2 Satz 5 HGB eine ergänzende Berichterstattung im Rahmen des Bestätigungsvermerks in Bezug auf die Feststellung, dass eine Vorlage des gesonderten nichtfinanziellen Berichts nicht innerhalb von vier Monaten erfolgt ist.[738]

Auch das in Kap. X.2.2 dargelegte „kritischen Lesen" i. S. des ISA [DE] 720 (Revised) hat u. U. Auswirkungen auf den Bestätigungsvermerk des Abschlussprüfers. Nach dem Lesen der nichtfinanziellen Erklärung bzw. des nichtfinanziellen Berichts hat der Abschlussprüfer zunächst zu beurteilen, ob eine wesentliche Unstimmigkeit zu den prüfungspflichtigen Angaben in Abschluss und (dem übrigen) Lagebericht und den bei der Abschlussprüfung erlangten Erkenntnissen besteht. Sofern wesentliche Unstimmigkeiten (i. S. von Falschdarstellungen) vorliegen, muss

▶ mit dem Vorstand diskutiert werden (vor allem bei Verdacht);

▶ ggf. der Vorstand zur Korrektur des Fehlers aufgefordert werden (bei Sicherheit).

Bei einer Korrekturverweigerung des Vorstands müsste dann der Aufsichtsrat eingeschaltet werden. Wenn jedoch auch dieser nicht tätig werden sollte, muss der Abschlussprüfer die **nicht korrigierte wesentliche Falschdarstellung im Bestätigungsvermerk** gesondert darlegen, was aber eine Entbindung von seiner Verschwiegenheitspflicht gegenüber dem geprüften Unternehmen voraussetzt.[739] Formulierungsvorschläge finden sich für diesen Fall im Prüfungshinweis IDW PH 9.350.2.

Erfolgt demgegenüber keine Veröffentlichung des nichtfinanziellen Berichts, so verweist § 317 Abs. 2 Satz 5 HGB auf § 316 Abs. 3 Satz 2 HGB. Letzterer bezieht sich auf die Nachtragsprüfung und sieht vor, dass über das Ergebnis der Nachtragsprüfung zu berichten ist. Eine Nachtragsprüfung ist grundsätzlich ergebnisoffen, was impliziert, dass sich hieraus verschiedene Konsequenzen im Rahmen der Berichterstattung ergeben

---

737 Vgl. *Kajüter,* Neuerungen in der Lageberichterstattung nach dem Referentenentwurf des CSR-Richtlinie-Umsetzungsgesetzes, Zeitschrift für internationale und kapitalmarktorientierte Rechnungslegung 2016 S. 237.

738 So *Mock,* § 289b HGB – Pflicht zur nichtfinanziellen Erklärung; Befreiungen, in Hachmeister/Kahle/Mock/Schüppen (Hrsg.), Bilanzrecht Kommentar, 2018, § 289b HGB Tz. 84.

739 Vgl. § 43 Abs. 1 WPO; § 323 Abs. 1 Satz 1 HGB; ISA [DE] 720 (Revised), Tz. D22.1.

können. Gemäß dem hier vorliegenden Fall ist das Unternehmen seiner gesetzlichen Pflicht zur Veröffentlichung nicht fristgemäß nachgekommen. Damit ist auch die entsprechende Bezugnahme im Lagebericht (§ 289b Abs. 3 Nr. 2 Buchst. b HGB) falsch: Die konkretisierende „Ergänzung des Bestätigungsvermerks im Wege der Nachtragsprüfung" hat die Form einer **nachträglichen Einschränkung des Bestätigungsvermerks.**[740]

Die Berichterstattung des Abschlussprüfers dient vor allem aber auch **dem Aufsichtsrat selbst,** und zwar in doppelter Hinsicht: Zum einen wird aus ihr ersichtlich, welche Fragestellungen für seine eigene Prüfung von besonderer Relevanz sind; zum anderen, wie intensiv die eigene Prüfung ausfallen sollte.[741] Zusammenfassend lässt sich festhalten, dass die neuen Bestimmungen zur nichtfinanziellen Berichterstattung den Abschlussprüfer vor ähnlich große Herausforderungen stellen wie die berichtspflichtigen Unternehmen selbst. Die nachfolgende Abb. 59 zeigt die notwendigen Handlungen des Abschlussprüfers in Form eines Entscheidungsbaums:

---

740 Vgl. dazu *Ruhnke/Schmidt*, Veröffentlichungs- und Prüfungspflichten im Zusammenhang mit der Erklärung zur Unternehmensführung und der nichtfinanziellen Erklärung, Der Betrieb 2017 S. 2563.
741 Vgl. *Kirsch/Huter*, Die Prüfung der nicht-finanziellen Erklärung – Neue Pflichten für den Aufsichtsrat, Die Wirtschaftsprüfung 2017 S. 1021.

Abb. 59: Prüfungspflichten im Kontext der nichtfinanziellen Berichterstattung[742]

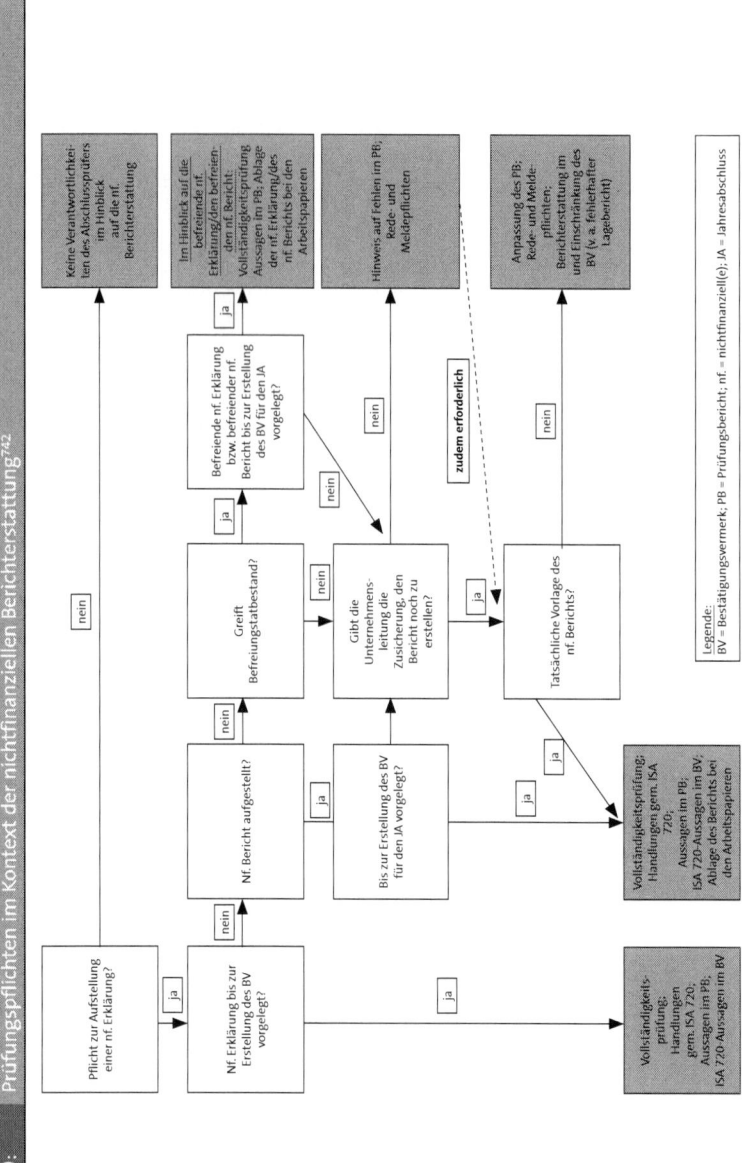

742 Entnommen aus *Baumüller/Follert*, Fragen zur nichtfinanziellen Berichterstattung aus Sicht des Abschlussprüfers – Ein deutsch-österreichischer Vergleich, Die Wirtschaftsprüfung 2018 S. 1212.

3 Freiwillige inhaltliche Prüfung durch externe Dienstleister

Die Motivation zur Beauftragung einer freiwilligen inhaltlichen Prüfung der nichtfinanziellen Berichterstattung liegt grundsätzlich darin, die Glaubwürdigkeit der offengelegten Informationen zu steigern, vor allem im Hinblick auf positive Unternehmensangaben.[743] Angesichts der vorab aufgezeigten Problematik wird dem Aufsichtsrat – ergänzend zur eigenen, gesetzlich geregelten Prüfungspflicht – in § 111 Abs. 2 Satz 4 AktG die Beauftragung einer freiwilligen inhaltlichen externen Prüfung darüber hinaus ermöglicht, um so zum einen das eigene Haftungs- und Reputationsrisiko zu minimieren sowie zum anderen eine glaubwürdigkeitsfördernde Signalwirkung der offengelegten Angaben an die Öffentlichkeit zu bringen.[744]

Aufgrund der fakultativen Vergabe einer externen inhaltlichen Prüfung von nachhaltigkeitsrelevanten Angaben können zahlreiche Prüfungskonstellationen auftreten.[745] Die inhaltliche Prüfung stellt keine Vorbehaltsaufgabe des Berufsstands der Wirtschaftsprüfer dar; vielmehr können auch andere externe Institutionen herangezogen werden.[746] Die Prüfung kann dabei mit gestaltbarem Umfang und **mit begrenzter oder hinreichender Sicherheit beauftragt** werden.[747] Da bei Aufträgen mit einer begrenzten Sicherheit in erheblich geringerem Umfang Stichproben gezogen und Standorte geprüft werden, führen diese für die Auftraggeber der Prüfung – also für den Aufsichtsrat – zu einer deutlich geringeren Sicherheit als Aufträge mit hinreichender Sicherheit.

Bei Aufträgen mit begrenzter Sicherheit wird im Prüfungsvermerk explizit angegeben, **welche konkreten Handlungen** der externe Prüfer vorgenommen hat. Dies schlägt sich auch im abschließenden Prüfungsurteil nieder, wie es das folgende Beispiel illustriert.

> **ANGABE DURCHGEFÜHRTER PRÜFUNGSHANDLUNGEN DES FREIWILLIG BEAUFTRAGTEN EXTERNEN ABSCHLUSS-PRÜFERS ZUR ERREICHUNG EINER BEGRENZTEN SICHERHEIT IM RAHMEN DER NICHTFINANZIELLEN ERKLÄRUNG AM BEISPIEL LUFTHANSA[748]**

„Im Rahmen unserer Prüfung haben wir u. a. folgende Prüfungshandlungen und sonstige Tätigkeiten durchgeführt:

---

743 Vgl. dazu *Rauschenberg*, Die Prüfung nichtfinanzieller Informationen im Konzernlagebericht vor dem Hintergrund der regulatorischen Änderungen und der Haftung des Wirtschaftsprüfers, Der Konzern 2014 S. 324.

744 Vgl. *Scheid*, Prüfungsgegenstand CSR: Mut zur (Erwartungs-)Lücke?, Der Aufsichtsrat 2019 S. 1.

745 Vgl. *Stawinoga*, Perspektiven der nichtfinanziellen Rechnungslegung und Prüfung – Eine Analyse anhand aktueller Verlautbarungen, Der Konzern 2020 S. 193.

746 Vgl. *Velte*, Die nichtfinanzielle Erklärung nach dem CSR-Richtlinie-Umsetzungsgesetz – Neues Berichtsformat in der Kapitalmarktkommunikation, Zeitschrift für das gesamte Genossenschaftswesen 2017 S. 118.

747 Vgl. hier und im Folgenden *IDW*, Positionspapier: Pflichten und Zweifelsfragen zur nichtfinanziellen Erklärung als Bestandteil der Unternehmensführung, 2017, S. 9.

748 *Lufthansa*, Geschäftsbericht 2021, S. 297. Online abrufbar unter https://go.nwb.de/12zc0 oder über den QR-Code.

▶ Verschaffung eines Verständnisses über die Struktur der Nachhaltigkeitsorganisation und über die Einbindung von Stakeholdern.

▶ Befragung von Mitarbeitern hinsichtlich der Auswahl der Themen für den nichtfinanziellen Bericht, der Risikoeinschätzung und der Konzepte der Gesellschaft und des Konzerns für die als wesentlich identifizierten Themen.

▶ Befragung von Mitarbeitern, die mit der Datenerfassung und -konsolidierung sowie der Erstellung des nichtfinanziellen Berichts betraut sind, zur Beurteilung des Berichterstattungssystems, der Methoden der Datengewinnung und -aufbereitung sowie der internen Kontrollen, soweit sie für die Prüfung der Angaben im nichtfinanziellen Bericht relevant sind.

▶ Identifikation wahrscheinlicher Risiken wesentlicher falscher Angaben im nichtfinanziellen Bericht.

▶ Einsichtnahme in die relevante Dokumentation der Systeme und Prozesse zur Erhebung, Aggregation und Validierung der Daten aus den relevanten Bereichen im Berichtszeitraum,

▶ analytische Beurteilung von Angaben im nichtfinanziellen Bericht auf Ebene der Gesellschaft und des Konzerns.

▶ Beurteilung des Prozesses zur Identifikation der taxonomiefähigen Wirtschaftsaktivtäten und der entsprechenden Angaben im nichtfinanziellen Bericht.

▶ Beurteilung der Darstellung der Angaben im nichtfinanziellen Bericht."

Demgegenüber stellen sich Prüfungshandlungen zur Erreichung einer hinreichenden Sicherheit i. d. R. wesentlich zeit- und kostenintensiver dar, wie das nächste Beispiel gegenüberstellt.

ANGABE DURCHGEFÜHRTER PRÜFUNGSHANDLUNGEN DES FREIWILLIG BEAUFTRAGTEN EXTERNEN ABSCHLUSSPRÜFERS ZUR ERREICHUNG EINER HINREICHENDEN SICHERHEIT IM RAHMEN DER NICHTFINANZIELLEN ERKLÄRUNG AM BEISPIEL DEUTSCHE BÖRSE[749]

„Ferner haben wir zum Erreichen einer hinreichenden Prüfungssicherheit folgende Prüfungshandlungen durchgeführt:

▶ Durchführung von kontrollbasierten Prüfungshandlungen zur Beurteilung der Ausgestaltung sowie der Wirksamkeit der Kontrollmaßnahmen für die Ermittlung, Verarbeitung und Kontrolle von Angaben und Kennzahlen zur Nachhaltigkeitsleistung, einschließlich der Konsolidierung der Daten auf Konzern- und Standortebene.

▶ Durchführung von aussagebezogenen Prüfungshandlungen insbesondere der Prüfung von internen und externen Nachweisen sowie Beobachtung der Durchführung von Kontrollen und Nachvollziehen der Kontrollaktivitäten."

---

[749] *Deutsche Börse*, Prüfungsvermerk Nachhaltigkeitsbericht 2019, S. 3. Online abrufbar unter https://go.nwb.de/gdoog oder über den QR-Code.

Während das Prüfungsurteil bei einer Prüfung mit begrenzter Sicherheit **negativ formuliert** ist (z. B. „Uns sind keine Sachverhalte bekannt, dass der nichtfinanzielle Bericht nicht in Übereinstimmung mit den handelsrechtlichen Vorgaben aufgestellt wurde."), wird es demgegenüber bei einer Prüfung mit hinreichender Sicherheit **positiv formuliert** (z. B. „Der nichtfinanzielle Bericht wurde in Übereinstimmung mit den handelsrechtlichen Vorgaben aufgestellt."). Beispiele für Aussagen hierzu finden sich in den beiden nachfolgenden Auszügen.

PRÜFUNGSURTEIL MIT BEGRENZTER SICHERHEIT AM BEISPIEL LUFTHANSA[750]

„Prüfungsurteil

Auf der Grundlage der durchgeführten Prüfungshandlungen und der erlangten Prüfungsnachweise sind uns keine Sachverhalte bekannt geworden, die uns zu der Auffassung gelangen lassen, dass der nichtfinanzielle Bericht der Deutschen Lufthansa Aktiengesellschaft und der Deutschen Lufthansa Group für den Zeitraum vom 1. Januar bis 31. Dezember 2021 in allen wesentlichen Belangen nicht in Übereinstimmung mit §§ 315c i. V. m. 289c bis 289e HGB und der EU-Taxonomieverordnung und den hierzu erlassenen delegierten Rechtsakten sowie der in Abschnitt ‚Erstmalige Anwendbarkeit der EU-Taxonomieverordnung (EU) 2020/852' des nichtfinanziellen Berichts dargestellten Auslegung durch die gesetzlichen Vertreter aufgestellt worden ist.

Wir geben kein Prüfungsurteil zu den sonstigen Verweisen auf Angaben außerhalb des nichtfinanziellen Berichts ab."

PRÜFUNGSURTEIL MIT HINREICHENDER SICHERHEIT AM BEISPIEL DEUTSCHE BÖRSE[751]

„Auf Grundlage der durchgeführten Prüfungshandlungen und der erlangten Prüfungsnachweise zur Erlangung einer hinreichenden Prüfungssicherheit sind die ausgewählten Angaben und Kennzahlen zur Nachhaltigkeitsleistung für das Geschäftsjahr 2019, die im GRI Content Index mit

---

750 *Lufthansa*, Geschäftsbericht 2021, S. 297. Online abrufbar unter https://go.nwb.de/12zc0 oder über den QR-Code.

751 *Deutsche Börse*, Prüfungsvermerk Nachhaltigkeitsbericht 2019, S. 3. Online abrufbar unter https://go.nwb.de/gdoog oder über den QR-Code.

dem Symbol ✓✓ gekennzeichnet sind, in allen wesentlichen Belangen in Übereinstimmung mit den Berichtskriterien aufgestellt worden."

In der bisherigen Praxis sind aus Zeit-, Kosten- und Haftungsgründen **i. d. R. Verein-barungen auf Grundlage begrenzter Sicherheit** vorherrschend,[752] was der wahrgenommenen schwerer erfassbaren Natur nichtfinanzieller Informationen Rechnung trägt. Da im Rahmen der Prüfung des Jahresabschlusses regelmäßig Prüfungsurteile mit hinreichender Sicherheit den gesetzlich geforderten Regelfall darstellen (siehe Kap. X.1),[753] sollte jener Maßstab auch für die Beauftragung eines externen Prüfers der nichtfinanziellen Berichterstattung gelten.[754]

Auch **Kombinationen unterschiedlicher Prüfungsintensitäten** sind möglich – und vor allem im Hinblick auf ihre Validierbarkeit unterschiedliche Arten von Angaben naheliegend. Nachfolgender Auszug stellt das Beispiel der Deutschen Börse dar, welche entsprechend die nichtfinanziellen Angaben in ihrem integrierten Geschäfts- und Nachhaltigkeitsbericht von einem freiwillig beauftragten externen Abschlussprüfer teilweise mit hinreichender und teilweise mit begrenzter Sicherheit prüfen lässt – und diese geprüften Angaben in ihrem Geschäftsbericht 2019 durch Kennzeichnungen unterscheidet.

PRÜFUNG NICHTFINANZIELLER ANGABEN SOWOHL MIT BEGRENZTER ALS AUCH MIT HINREICHENDER SICHERHEIT AM BEISPIEL DEUTSCHE BÖRSE[755]

„Ausgewählte Angaben und Kennzahlen zur Nachhaltigkeitsleistung im Umfang unserer betriebswirtschaftlichen Prüfung mit hinreichender Sicherheit (reasonable assurance) sind im GRI Content Index, veröffentlicht unter https://www.deutsche-boerse.com/dbg-de/nachhaltigkeit/reporting/gri, mit folgendem Symbol gekennzeichnet: ✓ ✓

Ausgewählte Angaben und Kennzahlen zur Nachhaltigkeitsleistung im Umfang unserer betriebswirtschaftlichen Prüfung mit begrenzter Sicherheit (limited assurance) sind im GRI Content In-

---

752 Vgl. im Kontext der Nachhaltigkeitsberichterstattung etwa *Haller/Durchschein*, Entwicklung und Ausgestaltung der Prüfung von nach GRI-Normen erstellten Nachhaltigkeitsberichten in Deutschland, Zeitschrift für internationale und kapitalmarktorientierte Rechnungslegung 2016 S. 194 f.

753 Vgl. *Baumüller*, Nichtfinanzielle Berichterstattung, 2020, S. 136.

754 So *Kirsch/Huter*, Die Prüfung der nicht-finanziellen Erklärung – Neue Pflichten für den Aufsichtsrat, Die Wirtschaftsprüfung 2017 S. 1023.

755 *Deutsche Börse*, Prüfungsvermerk Nachhaltigkeitsbericht 2019, S. 1. Online abrufbar unter https://go.nwb.de/gdoog oder über den QR-Code.

dex, veröffentlicht unter https://www.deutsche-boerse.com/dbg-de/nachhaltigkeit/reporting/gri, mit folgendem Symbol gekennzeichnet: ✓"

Generell bietet sich zur besseren Übersichtlichkeit für den Leser der nichtfinanziellen Berichterstattung an, **(inhaltlich) geprüfte Angaben im Bericht zu kennzeichnen** oder besonders hervorzuheben. Ein weiteres Beispiel hierfür bietet die Deutsche Telekom (siehe S. 338).

Durch das IDW wurde im August 2022 der **Entwurf eines Prüfungsstandards zur Prüfung der nichtfinanziellen (Konzern-)Erklärung im Rahmen der Abschlussprüfung (IDW EPS 352 [08.2022])** verabschiedet.[756] Damit soll eine Klärung von Zweifelsfragen im Kontext freiwilliger Prüfungen von nichtfinanziellen Berichterstattungen nach den §§ 289 ff. HGB erfolgen und auch die dabei beobachtenden Prüfungspraktiken harmonisieren. Dieser Entwurf stellt den ersten IDW-Prüfungsstandard zur Prüfung der nichtfinanziellen Berichterstattung dar. Der IDW EPS 352 (08.2022) baut dabei auf IDW PS 350 n. F. Er beinhaltet Besonderheiten bei der freiwilligen inhaltlichen Prüfung einer im Lagebericht enthaltenen nichtfinanziellen Erklärung, denn abweichend von der bisherigen Praxis schreibt der EPS hier ein separates Prüfungsurteil vor. Die Möglichkeit zur Stellungnahme besteht bis zum 31.3.2023.

---

[756] *IDW*, Entwurf eines IDW Prüfungsstandards: Inhaltliche Prüfung der nichtfinanziellen (Konzern-)Erklärung im Rahmen der Abschlussprüfung (IDW EPS 352 [08.2022]) (Stand 17.8.2022).

Abb. 60:	Möglichkeit der Hervorhebung (inhaltlich) geprüfter nichtfinanzieller Belange am Beispiel Deutsche Telekom[757]

ESG KPI „Carbon Intensity" DT Konzern

Seit 2016 berichten wir den ESG KPI „Carbon Intensity". Anders als der in den Vorjahren genutzte ESG KPI „CO₂-Emissionen" setzt dieser die CO₂e-Emissionen ins Verhältnis zum bewältigten Datenvolumen. Mit dem Datenvolumen als Bezugsgröße wird eine direkte Verknüpfung zur Leistungsfähigkeit unserer Netze hergestellt.

Unser Ambitionsniveau: KPI senken

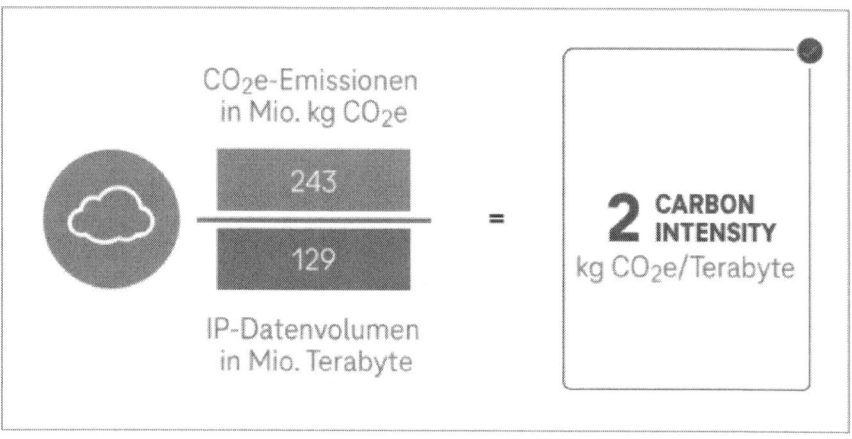

● Daten durch PwC geprüft. Daten beruhen teilweise auf Schätzungen, Annahmen und Hochrechnungen.

---

757 *Deutsche Telekom*, Corporate Responsibility Bericht 2021, S. 105. Online abrufbar unter https://go.nwb.de/ab49t oder über den QR-Code.

Mit der **Erstanwendung der Berichtspflichten gem. Taxonomie-VO** wurden die Inhalte der nichtfinanziellen Berichterstattung um die von der VO geforderten Angaben ergänzt. Das heißt, dass diese auch zum Gegenstand einer freiwilligen externen Prüfung der nichtfinanziellen Berichterstattung werden, sofern sie nicht ausdrücklich vom Umfang der beauftragten Prüfung abgegrenzt werden. Im Hinblick auf die Vielzahl an offenen Fragen zur Anwendung der Berichtsvorgaben sollte auf die Behandlung der Angaben gem. Taxonomie-VO samt allen damit verbundenen Unsicherheiten im Rahmen der dazu vorgelegten Berichterstattung durch den Prüfer klar und ausführlich eingegangen werden.[758]

PRÜFUNG DER ANGABEN GEM. TAXONOMIE-VO ALS TEIL DER NICHTFINANZIELLEN BERICHTERSTATTUNG AM BEISPIEL SARTORIUS[759]

„Verantwortung der gesetzlichen Vertreter

[…]

Die EU-Taxonomieverordnung und die hierzu erlassenen delegierten Rechtsakte enthalten Formulierungen und Begriffe, die noch erheblichen Auslegungsunsicherheiten unterliegen und für die noch nicht in jedem Fall Klarstellungen veröffentlicht wurden. Daher haben die gesetzlichen Vertreter ihre Auslegung der EU-Taxonomieverordnung und der hierzu erlassenen delegierten Rechtsakten im Abschnitt ‚Berichterstattung gemäß EU-Taxonomie' der nichtfinanziellen Erklärung niedergelegt. Sie sind verantwortlich für die Vertretbarkeit dieser Auslegung. Aufgrund des immanenten Risikos, dass unbestimmte Rechtsbegriffe unterschiedlich ausgelegt werden können, ist die Rechtskonformität der Auslegung mit Unsicherheiten behaftet.

[…]

Prüfungsurteil

Auf der Grundlage der durchgeführten Prüfungshandlungen und der erlangten Prüfungsnachweise sind uns keine Sachverhalte bekannt geworden, die uns zu der Auffassung gelangen lassen, dass die nichtfinanzielle Konzernerklärung von der Sartorius AG für den Zeitraum vom 1. Januar bis 31. Dezember 2021 in allen wesentlichen Belangen nicht in Übereinstimmung mit den §§ 315b, 315c i. V. m. 289b bis 289e HGB und mit der EU-Taxonomieverordnung und den hierzu erlassenen delegierten Rechtsakten sowie der in Abschnitt ‚Berichterstattung gemäß EU-Taxonomie' der zusammengefassten gesonderten nichtfinanziellen Konzernerklärung dargestellten Auslegung aufgestellt worden ist."

---

758 Vgl. *Baumüller/Haring/Merl*, Erstanwendung der Berichtspflichten gem. Taxonomie-VO: Überblick und Handlungsempfehlungen, Zeitschrift für Internationale Rechnungslegung 2022 S. 83.

759 *Sartorius*, Geschäftsbericht 2021, S. 154 ff. Online abrufbar unter https://go.nwb.de/s0nv5 oder über den QR-Code.

In Bezug auf die Beauftragung einer freiwilligen inhaltlichen Prüfung der nichtfinanziellen Berichterstattung durch den Abschlussprüfer bzw. externe Dienstleister durch den Aufsichtsrat i. S. des § 111 Abs. 2 Satz 4 AktG sprach die Fachliteratur – vor allem im Hinblick auf die in Kap. X.1 angesprochenen Kompetenzdefizite des Aufsichtsrats – früh von einer **impliziten bzw. faktischen inhaltlichen Prüfungspflicht** (siehe bereits Kap. X.1).[760] Dabei ist allerdings weiterführend zu beachten, dass die Ausgestaltung des Prüfungsauftrages Rückkopplungswirkungen auf die (weiteren) Prüfungshandlungen hat, welche durch den Aufsichtsrat zu setzen sind: Je umfassender die externe Prüfung, umso weniger hat der Aufsichtsrat hinzuzufügen und umso weitergehender kann er sich auf das Testat stützen.[761] Auch der Abschlussprüfer erfährt für diesen Fall Unterstützung bzw. Absicherung bei der von ihm vorzunehmenden Vorlageprüfung und kann ihn ggf. von seinen Pflichten gem. ISA [DE] 720 (Revised) entbinden.[762] Eine solche Beauftragung durch den Aufsichtsrat ersetzt nicht dessen Prüfpflicht – stützt sich der Aufsichtsrat allerdings auf das eingeholte Prüfungsurteil eines externen Dienstleisters, kann sich dies hinsichtlich etwaiger haftungs- und strafrechtlicher Belastungsmöglichkeiten durchaus als vorteilhaft erweisen.[763]

Bisherige **empirische Befunde** weisen jedoch in eine eher kritische Richtung: Auch wenn solche freiwilligen externen inhaltlichen Prüfungen üblich sind, erfolgen sie i. d. R. nur mit einer angestrebten begrenzten Sicherheit.[764] Dies entspricht etwa der Tradition der Prüfung von Nachhaltigkeitsberichten, die bereits vor Inkrafttreten der Pflichten zum nichtfinanziellen Bericht publiziert und geprüft wurden – und ist vor dem Hintergrund der Wahrnehmung zu sehen, dass nichtfinanzielle Informationen sich nur

---

760 So etwa *Velte*, Prüfung der nichtfinanziellen Erklärung und der Erklärung zur Unternehmensführung durch Aufsichtsrat und Abschlussprüfer – Eine Zwischenbilanz, Die Aktiengesellschaft 2018 S. 270; *Scheid/Freiberg*, Prüfung der nichtfinanziellen (Konzern-)Erklärung durch den Aufsichtsrat – Pro & Contra, Praxis der internationalen Rechnungslegung 2018 S. 261.

761 Vgl. *Schmidt/Strenger*, Die neuen nichtfinanziellen Berichtspflichten – Erfahrungen mit der Umsetzung aus Sicht institutioneller Investoren, Neue Zeitschrift für Gesellschaftsrecht 2019 S. 484.

762 Vgl. dazu *Baumüller*, Der Kommissionsvorschlag zur Corporate Sustainability Reporting Directive (CSRD), Der Wirtschaftstreuhänder 2021.

763 Vgl. *Baumüller*, Nichtfinanzielle Berichterstattung, 2020, S. 148.

764 Vgl. statt vieler nur *Velte/Scheid*, Prüfung der nichtfinanziellen (Konzern-)Erklärung nach dem CSR-Richtlinie-Umsetzungsgesetz – Eine empirische Untersuchung im HDAX und SDAX für das Geschäftsjahr 2017, Deutsches Steuerrecht 2018 S. 1684.

schwerer (und damit im Rahmen einer Prüfung: kostspieliger) erfassen und beurteilen lassen.[765] Auch zeigen sich zum genauen Prüfungsumfang oder zu den angewandten (Prüfungs-)Methoden teilweise erhebliche Unterschiede – was viele Aufsichtsräte jedoch nicht daran zu hindern scheint, sich ohne kritische Gegenprüfung auf diese (i. d. R. positiven) Testate zu stützen, um diese auch entsprechend in der Außendarstellung offensiv zu behandeln. Obschon die Testate selbst, welche die auf freiwilliger Basis beauftragten Prüfungsdienstleister erstellen und die i. d. R. auch mit der nichtfinanziellen Berichterstattung gemeinsam veröffentlicht werden, auf Umfang und Intensität der gesetzten Prüfungshandlungen hinweisen, erfolgt der Bezug zum gesetzlich gebotenen Maßstab, der an den Aufsichtsrat knüpft (hinreichende Sicherheit), oftmals nicht oder nur unzureichend.[766] Ob die mit einer umfassenderen Prüfung verbundenen **Konditionen** (und dabei vor allem Prüferhonorare) für das Unternehmen grundsätzlich vertretbar sind, ist eine andere Frage, welche der Aufsichtsrat kritisch zu würdigen hat – und die allenfalls generell die Frage nach der Sinnhaftigkeit der Durchführung einer solchen externen Prüfung im Rahmen der gegebenen Möglichkeiten aufwirft.[767]

Im Rahmen der freiwillig beauftragten externen Überprüfung der nichtfinanziellen Erklärung bzw. des nichtfinanziellen Berichts hat sich in der Praxis der – bereits seit 2003 existierende und im Jahr 2013 umfassend überarbeitete – internationale **Prüfungsstandard ISAE 3000 (Revised) („Assurance Engagements other than Audits or Reviews of Historcial Financial Information")** etabliert.[768] Dazu findet sich im Prüfungsurteil bzw. Prüfungsvermerk des Prüfers i. d. R. folgende Aussage wieder:

BEZUGNAHME DES ABSCHLUSSPRÜFERS AUF DEN ISAE 3000 (REVISED) AM BEISPIEL VW[769]

„Wir haben unsere betriebswirtschaftliche Prüfung unter Beachtung des International Standard on Assurance Engagements (ISAE) 3000 (Revised): ‚Assurance Engagements other than Audits or Reviews of Historical Financial Information‘, herausgegeben vom IAASB, durchgeführt."

---

765 Vgl. etwa *Haller/Durchschein*, Entwicklung und Ausgestaltung der Prüfung von nach GRI-Normen erstellten Nachhaltigkeitsberichten in Deutschland, Zeitschrift für internationale und kapitalmarktorientierte Rechnungslegung 2016 S. 195.

766 Vgl. dazu kritisch z. B. *Baumüller/Scheid*, Die (mehrfache) Erwartungslücke im Kontext der nichtfinanziellen Berichterstattung – Die Prüfung der nichtfinanziellen Berichterstattung zwischen Anspruch und Wirklichkeit, WP Praxis 2020 S. 104.

767 Vgl. dazu kritisch *Baumüller*, Nichtfinanzielle Berichterstattung, 2020, S. 148.

768 Vgl. ausführlich zur betriebswirtschaftlichen Prüfung nach ISAE 3000 (Revised) *Meyer*, Überlegungen zur Auftragsgestaltung einer betriebswirtschaftlichen Prüfung nach ISAE 3000 (Revised), WP Praxis 2017 S. 99 ff.

769 *VW*, Nachhaltigkeitsbericht 2021, S. 107. Online abrufbar unter https://go.nwb.de/6fecu oder über den QR-Code.

Mit welcher Sicherheit das Prüfungsurteil getroffen werden soll, ist dabei als Teil der Auftragsvereinbarung (oder einer vergleichbaren schriftlichen Bestätigung) darzustellen.[770] Zudem ist zu empfehlen, eine Beschreibung der geplanten Prüfungshandlungen bereits im Vorfeld der Auftragsbestätigung (durch den Aufsichtsrat) zu machen – und ebenso klarzustellen, dass dies keine abschließende Aufzählung ist und nicht zu einer Begrenzung der Prüfungsintensität dahingehend führen darf, dass der beauftragte externe Prüfer kein Gesamtprüfungsurteil abgeben kann.[771] Aufgrund der zunehmenden Bedeutung des Klimawandels (auch) für die nichtfinanzielle Berichterstattung und deren Prüfung kommt in der Berichts- bzw. Prüfungspraxis auch **ISAE 3410 („Assurance Engagements on Greenhouse Gas Statements")** zur Anwendung.[772]

Zur Frage, **wer vom Aufsichtsrat beauftragt wird,** besteht ein großer Ermessensspielraum. Die freiwillig beauftragte Prüfung kann durch spezialisierte Dienstleister (z. B. auf dem Gebiet der Nachhaltigkeitsberichterstattung) ebenso durchgeführt werden wie durch den Abschlussprüfer (der Finanzberichterstattung) des Unternehmens. Hierbei lässt sich beobachten, dass gerade Letztere mit Nachdruck um diese Mandate werben, um so ein neues Geschäftsfeld zu erschließen.[773] Aber auch hinsichtlich der zahlreichen Wechselwirkungen zwischen nichtfinanzieller Berichterstattung und – vom Abschlussprüfer bereits geprüfter – Finanzberichterstattung kann sich dessen Beauftragung zumindest als sinnvolle Option darstellen. Entscheidendes Kriterium sollte hierbei grundsätzlich die fachliche Eignung des beauftragten Abschlussprüfers bzw. externen Dienstleisters sein. Zudem sollte bereits im Vorfeld durch Aufsichtsrat und externen Prüfer festgelegt werden, welche Standards zur Anwendung kommen sollen, nach denen die freiwillige inhaltliche Prüfung durchzuführen ist.

---

770 Vgl. ISAE 3000 (Revised), Tz. 27.

771 Vgl. ISAE 3000 (Revised), Tz. 26.

772 Bspw. im Vermerk des unabhängigen Wirtschaftsprüfers zur integrierten nichtfinanziellen Konzernerklärung 2019 der BASF SE.

773 Diesbezüglich ist vor allem eine sich verschärfende Anbieterkonzentration der „Big Four"-Wirtschaftsprüfungsgesellschaften (KPMG, PwC, Ernst & Young, Deloitte) festzustellen und kritisch zu sehen. Vgl. im Kontext der integrierten Berichterstattung *Stawinoga/Scheid,* Integrated Reporting und Assurance in Deutschland – Erste empirische Erkenntnisse, Die Wirtschaftsprüfung 2018 S. 740.

In Bezug auf die **Veröffentlichung des Ergebnisses der freiwilligen externen inhaltlichen Prüfung** steht in § 289b Abs. 4 HGB lediglich: *„Ist die nichtfinanzielle Erklärung oder der gesonderte nichtfinanzielle Bericht inhaltlich überprüft worden, ist auch die Beurteilung des Prüfungsergebnisses in gleicher Weise wie die nichtfinanzielle Erklärung oder der gesonderte nichtfinanzielle Bericht öffentlich zugänglich zu machen.“* Da das Prüfungsurteil veröffentlicht werden *muss* und von einem fehlenden Prüfungsurteil nunmehr ein negativer Signaleffekt ausgeht,[774] wird insofern das Freiwilligkeitsprinzip der externen Überprüfung der nichtfinanziellen Erklärung bzw. des nichtfinanziellen Berichts relativiert;[775] damit installiert der Gesetzgeber einen Wirkmechanismus, welcher dem „Comply-or-Explain-Ansatz" ähnelt.[776] Diese Veröffentlichungspflicht umfasst in Anlehnung an die Terminologie des § 322 HGB die „Beurteilung des Prüfungsergebnisses". Zur weiteren Ausgestaltung dieses Prüfungsurteils sagt der deutsche Gesetzgeber konkret: *„In dem Prüfungsurteil sind auch solche Informationen anzugeben, die eine Einschätzung der Überprüfungsleistung ermöglichen (zum Beispiel Prüfungsmethoden, Prüfungsumfang, Prüfungsmaßnahmen und der Überprüfung zugrundeliegende Regeln und Standards).“*[777] Auffällig ist hierbei, dass im finalen CSR-RUG die noch im RegE verwendete Bezeichnung „Prüfungsurteil" klarstellend durch „Beurteilung des Prüfungsergebnisses" ersetzt wurde. § 289b Abs. 4 HGB trat erst am 1.1.2019 in Kraft und war erstmals auf Geschäftsjahre, die nach dem 21.12.2018 begonnen haben bzw. beginnen, anzuwenden; eine vorherige freiwillige Veröffentlichung des Ergebnisses der freiwilligen externen inhaltlichen Überprüfung war jedoch zulässig. In Bezug auf die in § 289b Abs. 4 HGB getätigte Formulierung „in gleicher Weise" ist festzustellen, dass sich diese nicht nur auf den Ort der Veröffentlichung bezieht, sondern ebenso auf den Zeitpunkt der Veröffentlichung.[778] Zu beachten ist darüber hinaus, dass die Beurteilung des Prüfungsergebnisses einer freiwilligen externen inhaltlichen Überprüfung der in den Lagebericht integrierten nichtfinanziellen Erklärung **kein Pflichtbestandteil des Lageberichts** ist, sondern separat vorgelegt werden kann. In der Regel wird die Beurteilung der Prüfungsergebnisse separat auf der Internetseite des jeweiligen Unternehmens veröffentlicht.

Hinsichtlich der Erwartungslücke, die sich aus der freiwilligen Beauftragung externer Prüfungsdienstleister im Kontext der nichtfinanziellen Berichterstattung ergibt, könnte

---

774 Vgl. BT-Drucks. 18/9982 S. 46.

775 Vgl. *Velte*, Prüfung der nichtfinanziellen Erklärung und der Erklärung zur Unternehmensführung durch Aufsichtsrat und Abschlussprüfer – Eine Zwischenbilanz, Die Aktiengesellschaft 2018 S. 269.

776 Vgl. *Kirsch/Huter*, Die Prüfung der nicht-finanziellen Erklärung – Neue Pflichten für den Aufsichtsrat, Die Wirtschaftsprüfung 2017 S. 1024.

777 BT-Drucks. 18/9982 S. 46.

778 Vgl. *Störk/Schäfer/Schönberger*, § 289b HGB – Pflicht zur nichtfinanziellen Erklärung; Befreiungen, in Grottel/Justenhoven/Schubert/Störk (Hrsg.), Beck'scher Bilanz-Kommentar, 13. Aufl. 2022, § 289b HGB Tz. 60.

abhängig von den zugrunde liegenden Zielsetzungen letztendlich – neben den bereits adressierten Prüferversagen bei Aufsichtsrat und Abschlussprüfer – (zusätzlich) ein **Normenversagen** vorliegen.[779] Durch die Hinzuziehung eines (vermeintlichen) externen Spezialisten soll beim Adressaten der nichtfinanziellen Erklärung bzw. des nichtfinanziellen Berichts zunächst der Eindruck eines Gleichklangs (und letztlich auch der Verlässlichkeit der Informationen) von finanzieller und nichtfinanzieller Rechnungslegung vermittelt werden. Der Gesetzesrahmen – und an diesen anknüpfend die bisherige Berichterstattungspraxis – kann diesen Gleichklang allerdings (noch) nicht vollständig garantieren, was auch dem inhärenten, schwer fassbaren Wesen nichtfinanzieller Aspekte geschuldet sein mag. Dies ist dem Berichtsadressaten jedoch nur schwer vermittelbar und trägt sohin zum Vertrauensverlust bzgl. der zur Verfügung gestellten Informationen bei. Indes dürfte für den vorliegenden Fall zumindest kein Öffentlichkeitsversagen vorliegen, da das diesbezügliche Anliegen der Adressaten nach einer hinlänglich geprüften Berichterstattung berechtigt genug ist. Letztendlich ist die Sinnhaftigkeit derartiger freiwilliger externer Prüfungen gesamthaft infrage zu stellen.

4 Zusammenfassung

Das in den vorherigen Kapiteln ausführlich dargelegte Zusammenspiel von Aufsichtsrat, Abschlussprüfer und ggf. externem Prüfer im Kontext der nichtfinanziellen Berichterstattung fasst abschließend Abb. 61 zusammen:

---

779 Vgl. hier und im Folgenden kritisch *Baumüller/Scheid*, Die (mehrfache) Erwartungslücke im Kontext der nichtfinanziellen Berichterstattung – Die Prüfung der nichtfinanziellen Berichterstattung zwischen Anspruch und Wirklichkeit, WP Praxis 2020 S. 105.

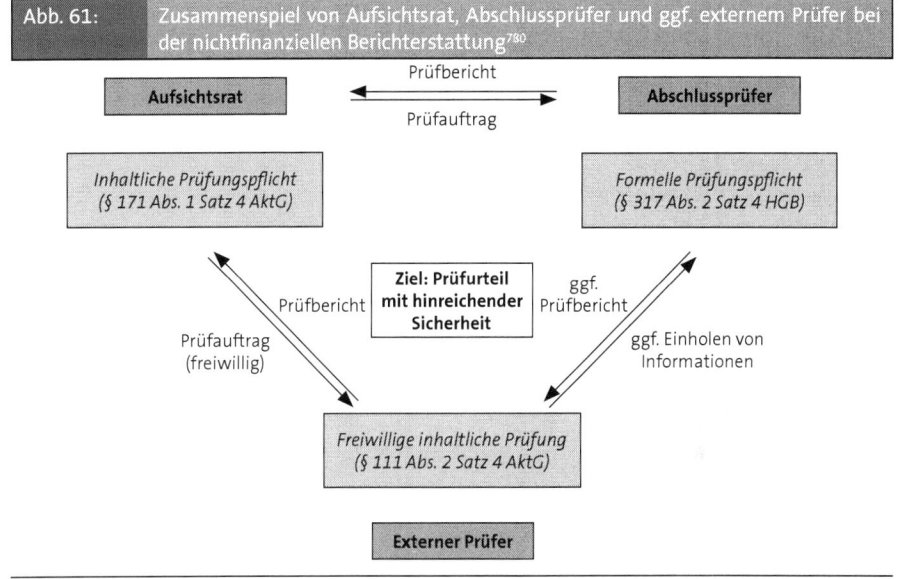

Abb. 61: Zusammenspiel von Aufsichtsrat, Abschlussprüfer und ggf. externem Prüfer bei der nichtfinanziellen Berichterstattung[780]

5 Enforcement der nichtfinanziellen Berichterstattung

Das Enforcement (Bilanzkontrollverfahren) hat auch im Kontext der nichtfinanziellen Berichterstattung in der jüngeren Vergangenheit eine besondere Aufmerksamkeit erhalten. Aufgrund des – bereits ausführlich dargelegten – uneindeutigen und daher mit großem Gestaltungsspielraum verbundenen gesetzlichen Rahmens für die nichtfinanzielle Berichterstattung einerseits sowie der unzureichenden Berichtspraxis hierzu andererseits wurde im Schrifttum der Ruf nach angemessenen Reaktionen sowohl vonseiten des Gesetzgebers als auch vonseiten der Aufsichtsbehörden laut.[781] Gerade etwaige Qualitätsdefizite (auch) im Kontext der nichtfinanziellen Rechnungslegung lassen sich grundsätzlich leichter reduzieren, wenn das Enforcement die Bemühungen der Berichtersteller flankiert. Die Bestimmungen zum Enforcement regeln die – in der EU zentral koordinierte und von staatlichen Aufsichtsorganen oder von diesen hoheitsrechtlich beauftragten Stellen durchgeführte – Überwachung der Berichterstattung kapital-

---

780 Entnommen aus *Baumüller/Scheid*, Die (mehrfache) Erwartungslücke im Kontext der nichtfinanziellen Berichterstattung – Die Prüfung der nichtfinanziellen Berichterstattung zwischen Anspruch und Wirklichkeit, WP Praxis 2020 S. 102

781 Vgl. zusammenfassend *Hillmer*, CSR-Berichterstattung in der Unternehmenspraxis – Anwendungserfahrungen in 2018 auf dem Weg zur EU-Initiative zu Sustainable Finance, Zeitschrift für internationale und kapitalmarktorientierte Rechnungslegung 2019 S. 354 f.

marktorientierter Unternehmen innerhalb der EU. Diese sollen Unregelmäßigkeiten bei der Erstellung der Unternehmensberichterstattung, die etwa dem Abschlussprüfer entgangen sein können (bzw. von diesem schlimmstenfalls mitgetragen wurden), aufdecken und bereits durch die hiermit verbundenen Sanktionsandrohungen solchen Missständen präventiv entgegenwirken.[782] Ob die **Regelungen zum Enforcement** – die in der Vergangenheit ihren Fokus eindeutig auf die Finanzberichterstattung gelegt haben – auch 1:1 auf die nichtfinanzielle Berichterstattung übertragen werden können, ist jedoch (zumindest auf den ersten Blick) nicht in Gänze eindeutig; insbesondere da im Rahmen des Gesetzgebungsprozesses des CSR-RUG keine dahingehenden Ergänzungen der entsprechenden Bestimmungen in den §§ 342 ff. HGB und §§ 37n ff. WpHG vorgenommen wurden.[783] Unzweifelhaft ist indes, dass die nichtfinanzielle Berichterstattung weder auf europäischer noch auf nationaler Ebene im selben Maße dem Enforcement unterliegt wie z. B. der Jahresabschluss –[784] sowie der Umstand, dass hierbei im Rahmen des Enforcement nur teilweise auf Erkenntnisse der Pflicht- bzw. freiwilligen Prüfungshandlungen zurückgegriffen werden kann.[785]

Am 28.10.2020 veröffentlichte die Europäische Wertpapier- und Marktaufsichtsbehörde **ESMA** *(European Securities and Markets Authority)* ihre wegweisenden *Common Enforcement Priorities* für das Geschäftsjahr 2020,[786] die in Bezug auf das Enforcement der nichtfinanziellen Berichterstattung neue Fragen aufwarfen.[787] Bereits für das Geschäftsjahr 2017 wies die ESMA auf die erstmalige Pflicht zur Erstellung nichtfinanzieller Erklärungen bzw. nichtfinanzieller Berichte hin; die Ausführungen hierzu blieben jedoch vage und unverbindlich. Ein Jahr später wurde das Thema erneut aufgegriffen, nunmehr wesentlich konkreter und mit Handlungsaufforderungen an die nationalen Enforcement-Stellen – und mit Empfehlungen zur Aufnahme der nichtfinanziellen Be-

---

782 Vgl. *Baumüller*, Nichtfinanzielle Berichterstattung, 2020, S. 150.

783 So etwa *Kumm/Woodtli*, Nachhaltigkeitsberichterstattung: Die Umsetzung der Ergänzungen der Bilanzrichtlinie um die Pflicht zu nichtfinanziellen Angaben im RefE eines CSR-Richtlinie-Umsetzungsgesetzes, Der Konzern 2016 S. 231.

784 Vgl. *Schmidt*, Nichtfinanzielle Erklärung im Fokus des Enforcement?, Zeitschrift für internationale und kapitalmarktorientierte Rechnungslegung 2020 S. 328, der aber dennoch von einer „faktischen Aufwertung" des Enforcement mit Blick auf die nichtfinanzielle Berichterstattung in der jüngeren Vergangenheit spricht.

785 Vgl. dazu auch *Baumüller*, Zur Durchsetzung der nichtfinanziellen Berichtspflichten in Österreich – Anmerkungen zum Enforcement-Schwerpunkt auf der nichtfinanziellen Berichterstattung für das Geschäftsjahr 2018, Praxis der internationalen Rechnungslegung 2019 S. 102.

786 Vgl. *ESMA*, Public Statement: European common enforcement priorities for 2020 annual financial reports, 28.10.2020, S. 1 ff.

787 Vgl. demgegenüber zu den Common Enforcement Priorities der ESMA für das vorherige Geschäftsjahr 2019 *Baumüller*, Neue Fragen zum Enforcement im Kontext der nichtfinanziellen Berichterstattung, Zeitschrift für Internationale Rechnungslegung 2020 S. 148 ff.

richterstattung (vor allem Umweltaspekte, nichtfinanzielle Leistungsindikatoren oder die Nichtverfolgung bestimmter Aspekte) in die Prüfungsschwerpunkte.[788] 2020 wurden die Enforcement-Vorgaben seitens der ESMA in puncto nichtfinanzieller Informationen noch wesentlich erweitert.[789] Dass die ESMA mit der Veröffentlichung ihrer Enforcement-Schwerpunkte für das Jahr 2021 die nichtfinanzielle Rechnungslegung nunmehr im vierten Jahr in Folge in den Fokus gerückt hat, ist als Indiz dafür zu werten, dass sie ein erhebliches Qualitätsdefizit – nicht nur – in der nichtfinanziellen Berichterstattung identifiziert hat. Konkret identifiziert die ESMA im Kontext der nichtfinanziellen Berichterstattung für das Jahr 2021 folgende Handlungsfelder: *„The common enforcement prioritiesrelated to non-financial statements for the 2020 year-end, outlined in Section 2 of this Statement, are: impact of the COVID-19 pandemic on non-financial matters; social and employee matters; business model and value creation and risk relating to climate change."*[790] Die einzelnen Aspekte werden dann im weiteren Verlauf in einem eigenständigen Kapitel *(„Section 2: Priorities related to non-financial statements")* ausführlich erläutert; vor allem, inwieweit diese das Enforcement adressieren und welche Implikationen sich daraus für die Prüfungspraxis ergeben.[791] Dabei sticht nunmehr besonders hervor, dass der Stellenwert des Enforcement finanzieller und nichtfinanzieller Aspekte der Unternehmensberichterstattung weitgehend gleichrangig adressiert wird.

Dies bestätigten auch die Prüfungsschwerpunkte, die von der ESMA für das **Geschäftsjahr 2021** veröffentlicht wurden: Noch deutlicher als zuvor wird die Gleichrangigkeit von finanzieller und nichtfinanzieller Berichterstattung hervorgehoben. Darüber hinaus werden als besonders wichtige Sachverhalte einerseits die Folgen des Klimawandels für die finanzielle und nichtfinanzielle Berichterstattung, andererseits die Erstanwendung der Taxonomie-VO als Schwerpunkte festgelegt.[792] Gerade Ersteres zeigt auf, wie Nachhaltigkeitsfragen zunehmend integriert betrachtet werden. Der Bedeutungsgewinn, den die nichtfinanzielle Berichterstattung in den letzten Jahren erfahren hat, wird damit immer nachdrücklicher (und mit weitergehenden Anforderungen an die berichtspflichtigen Unternehmen) zum Ausdruck gebracht.

---

788 Vgl. *Baumüller*, Nichtfinanzielle Berichterstattung, 2020, S. 151.
789 Vgl. *Baumüller*, Neue Fragen zum Enforcement im Kontext der nichtfinanziellen Berichterstattung, Zeitschrift für Internationale Rechnungslegung 2020 S. 147 ff.
790 *ESMA*, Public Statement: European common enforcement priorities for 2020 annual financial reports, 28.10.2020, S. 1.
791 Vgl. *ESMA*, Public Statement: European common enforcement priorities for 2020 annual financial reports, 28.10.2020, S. 10 ff.
792 Vgl. *ESMA*, Public Statement: European common enforcement priorities for 2021 annual financial reports, 29.10.2021, S. 1 ff.

Während bspw. die FMA (Österreichische Finanzmarktaufsichtsbehörde) die nichtfinanzielle Berichterstattung bereits für das Geschäftsjahr 2018 in ihren jährlich veröffentlichten Prüfungsschwerpunkten für das nationale Enforcement erstmals aufnahm und sich dabei auch auf die einschlägigen Vorgaben der ESMA bezieht,[793] ignorierte die **DPR (Deutsche Prüfstelle für Rechnungslegung e.V.)**[794] das Thema der nichtfinanziellen Berichterstattung weitgehend in ihren jährlichen Prüfungsschwerpunkten, solange sie hierfür verantwortlich zeichnete.[795] Dies vermag insoweit zu verwundern, als zumindest das Vorhandensein der nichtfinanziellen Erklärung bzw. des nichtfinanziellen Berichts für das Geschäftsjahr 2017 noch als Prüfungsschwerpunkt vonseiten der DPR identifiziert wurde. Grundsätzlich kann von den Prüfungsschwerpunkten der nationalen Enforcement-Stellen eine hohe Signalwirkung ausgehen, da sie den (nationalen) Berichtspflichten in Bezug auf geforderte Mindestangaben Nachdruck verleihen und somit ein potenziell wirksames Mittel gegen kritische Befunde aus der Praxis darstellen.[796] Die Zurückhaltung der DPR in ihren Prüfungsschwerpunkten in puncto nichtfinanzieller Berichterstattung kann auch positiv gewürdigt werden; insbesondere, da sich in Deutschland noch viele andere, unmittelbare Ansatzpunkte für eine Verbesserung der Qualität in der nichtfinanziellen Berichterstattung anbieten und diese – etwa im Vergleich zu Österreich – eine hohe Aufmerksamkeit erhalten und kritisch aufgearbeitet werden (müssen).[797] Derartige Ansatzpunkte können in einer verstärkten externen Prüfung gesehen werden. Der Rückgriff auf diese Ansatzpunkte ist gerade angesichts des deutungsoffenen Normenrahmens und der daraus resultierenden schwierigen „Enforcebarkeit" der nichtfinanziellen Informationen von Vorteil.

---

793 Vgl. dazu *Rohatschek, Enforcement der nichtfinanziellen Berichterstattung, Zeitschrift für Recht und Rechnungswesen* 2019 S. 220; ausführlich zum Enforcement der nichtfinanziellen Berichterstattung (durch die FMA) in Österreich weiterhin *Baumüller*, Zur Durchsetzung der nichtfinanziellen Berichtspflichten in Österreich – Anmerkungen zum Enforcement-Schwerpunkt auf der nichtfinanziellen Berichterstattung für das Geschäftsjahr 2018, Praxis der internationalen Rechnungslegung 2019 S. 101 ff.; *Baumüller*, Nichtfinanzielle Berichterstattung, 2020, S. 150 ff.

794 International tritt die DPR unter dem englischen Nahmen *Financial Reporting Enforcement Panel* (FREP) auf. Die DPR ist ein privatrechtlicher Verein.

795 Vgl. *Baumüller*, Neue Fragen zum Enforcement im Kontext der nichtfinanziellen Berichterstattung, Zeitschrift für Internationale Rechnungslegung 2020 S. 148. Zu den Schwerpunkten des DRP-Enforcement für das Geschäftsjahr 2020 siehe auch *Beyhs*, Schwerpunkte des DPR-Enforcements der Finanzberichterstattung in 2020, Zeitschrift für Internationale Rechnungslegung 2019 S. 521 ff.; *Bischof/Link/Staß*, DPR-Prüfungsschwerpunkte 2020, Der Betrieb 2020 S. 1 ff.; *Kliem/Kosma/Optenkamp*, DPR-Prüfungsschwerpunkte 2020 – Die Deutsche Prüfstelle schaut auf die Konjunkturaussichten, Zeitschrift für internationale und kapitalmarktorientierte Rechnungslegung 2020 S. 6 ff.; *Rattler/Storbeck*, Die DPR Prüfungsschwerpunkte 2020 – DPR greift aktuelle Entwicklungen der Rechnungslegung auf und rückt mögliche negative konjunkturelle Entwicklungen mit in den Fokus, Praxis der internationalen Rechnungslegung 2020 S. 50 ff.

796 Vgl. *Baumüller*, Neue Fragen zum Enforcement im Kontext der nichtfinanziellen Berichterstattung, Zeitschrift für Internationale Rechnungslegung 2020 S. 153.

797 Vgl. *Baumüller*, Neue Fragen zum Enforcement im Kontext der nichtfinanziellen Berichterstattung, Zeitschrift für Internationale Rechnungslegung 2020 S. 154.

Die Gründe für diese Untätigkeit der DPR lagen in einem spezifischen Verständnis des Prüfungsumfangs begründet, der maßgeblich ist. Welcher **prüferische Maßstab für das Enforcement** gilt, ist in der Fachliteratur umstritten. Nach Meinung von *Schmidt* sollte sich der Umfang des Enforcement am Prüfungsumfang für den Abschlussprüfer orientieren, wie dies etwa die Beschlussempfehlungen des Ausschusses für Recht und Verbraucherschutz[798] zum CSR-RUG nahelegen (insoweit diese Prüfung gesetzlich verpflichtend ist).[799] Dazu führt er Folgendes aus:

*„Die faktische Wirkung der ESMA-Erwähnung als ‚wichtiges Thema' würde sich demnach lediglich an diejenigen nationalen Enforcement-Institutionen richten, bei denen der Umfang des Enforcement weiter gefasst und nicht nur auf die Prüfung der Abgabe (Vorhandensein) beschränkt ist. Da ein Enforcement, das sich aus Sicht der DPR nur auf die Prüfung des Vorhandenseins der nichtfinanziellen Erklärung beschränkt, keinen Beitrag zur Verbesserung einer heterogenen Berichtsqualität zu leisten vermag, wäre es nur folgerichtig, wenn die DPR die nichtfinanzielle Erklärung nicht als nationalen Prüfungsschwerpunkt definiert. Für diese alternative Erklärung spricht, dass die DPR bereits bei den Prüfungsschwerpunkten des Jahres 2018 lediglich auf das **Vorhandensein** der nichtfinanziellen Erklärung abstellte. Dagegen hatte die ESMA in derselben Saison in der Beschreibung des Themas auf den **Inhalt** und damit auf mehr als die bloße Prüfung der Abgabe (Vorhandensein) der nichtfinanziellen Erklärung abgestellt. Auch 2019 für die Saison 2020 wurde auf die Prinzipien der Berichterstattung in der nichtfinanziellen Erklärung (z. B. Wesentlichkeit, Vollständigkeit und Ausgewogenheit) sowie auf konkrete Angaben (Umweltbelange, nichtfinanzielle Leistungsindikatoren und Lieferketten) – und damit auf den **Inhalt** der nichtfinanziellen Erklärung – hingewiesen."*[800]

Demgegenüber führt jedoch *Baumüller* aus, dass der Maßstab für das Enforcement bei der nichtfinanziellen Berichterstattung auf Grundlage des einschlägigen Gesetzestextes zwangsläufig die **inhaltliche Prüfung** (wie für die nichtfinanzielle Berichterstattung – anders als für die Finanzberichterstattung – nur durch den Aufsichtsrat vorgesehen) sein muss:

„Im Rahmen des Enforcement ist somit die nichtfinanzielle Berichterstattung grundsätzlich vollumfänglich inhaltlich dahingehend zu prüfen, ob sie den anwendbaren Rechnungslegungsbestimmungen entspricht. Dies führt zu einer wichtigen Besonderheit im

---

798 Vgl. dazu deutlich BT-Drucks. 18/11450 S. 46.

799 So u. a. auch *Scheffler/Zempel*, Abschnitt B 620 – Enforcement der Rechnungslegung, Böcking/Gros/Oser/Scheffler/Thormann (Hrsg.), Beck'sches Handbuch der Rechnungslegung, Band II, Stand: 60. EL, Dezember 2019, Abschnitt B 620 Tz. 17 u. 30; *Kumm/Woodtli*, Nachhaltigkeitsberichterstattung: Die Umsetzung der Ergänzungen der Bilanzrichtlinie um die Pflicht zu nichtfinanziellen Angaben im RefE eines CSR-Richtlinie-Umsetzungsgesetzes, Der Konzern 2016 S. 231 f.

800 *Schmidt*, Nichtfinanzielle Erklärung im Fokus des Enforcement?, Zeitschrift für internationale und kapitalmarktorientierte Rechnungslegung 2020 S. 329. Die Hervorhebungen im Zitat wurden übernommen.

Vergleich zu anderen Berichtsformen: Als Orientierungspunkt für die inhaltliche Umsetzung des Enforcement ist nicht auf Maßstäbe im Schrifttum zur Abschlussprüfung, sondern vielmehr auf die Anforderungen an die Prüfung der nichtfinanziellen Berichterstattung zurückzugreifen, wie sie im Schrifttum bereits für den Aufsichtsrat herausgearbeitet wurden [...]."[801] Und weiterhin: *„Dem einschlägigen Gesetzestext [...] folgend ist hier [...] offensichtlicher Weise eine vollumfängliche inhaltliche Prüfung geboten. Dies geht also über die Anforderungen an den Abschlussprüfer hinaus."*[802]

Im Lichte der Entwicklungen auf europäischer Ebene, u. a. des von der ESMA vermittelten Nachdrucks wegen, scheint allerdings kein Weg daran vorbeizuführen, die nichtfinanzielle Berichterstattung umfassender zu adressieren. Insbesondere die Klarstellung, dass das Enforcement der nichtfinanziellen Rechnungslegung **auch die inhaltliche Prüfung** adressiert (bzw. adressieren sollte), ist dabei entscheidend, um Interpretationsspielräume (im Schrifttum) zukünftig zu vermeiden und Klarheit für die Enforcement-Stellen zu schaffen. Zudem könnten sich aus einer kritischen Durchsicht der nichtfinanziellen Erklärung bzw. des nichtfinanziellen Berichts im Rahmen eines Enforcementverfahrens ggf. **Fragen für andere Prüffelder** ergeben. So liegt es zumindest nahe, dass darauf geachtet wird, dass im Hinblick auf die Berichterstattung über die bedeutsamsten nichtfinanziellen Leistungsindikatoren oder die Risikoberichterstattung[803] zu nichtfinanziellen Belangen keine Widersprüche zwischen dem (übrigen) Lagebericht auf der einen sowie der nichtfinanziellen Erklärung bzw. dem nichtfinanziellen Bericht auf der anderen Seite bestehen.[804]

Im Vergleich zu anderen Berichtsformen, wie etwa der „klassischen" Finanzberichterstattung, ist die nichtfinanzielle Berichterstattung durch folgende, wichtige Besonderheit charakterisiert: Als Orientierungspunkt sollte für die inhaltliche Umsetzung des Enforcement nicht auf Maßstäbe im Schrifttum zur Abschlussprüfung, sondern vielmehr auf die **besonderen Anforderungen an die Prüfung nichtfinanzieller Aspekte** zurückgegriffen werden (insbesondere für den Aufsichtsrat). Regelmäßig wird der Schwerpunkt der Prüfungshandlungen zunächst auf der Analyse derjenigen Prozesse liegen, welche die Ordnungsmäßigkeit der nichtfinanziellen Berichterstattung zu ge-

---

801 *Baumüller*, Zur Durchsetzung der nichtfinanziellen Berichtspflichten in Österreich – Anmerkungen zum Enforcement-Schwerpunkt auf der nichtfinanziellen Berichterstattung für das Geschäftsjahr 2018, Praxis der internationalen Rechnungslegung 2019 S. 105.

802 *Baumüller*, Zur Durchsetzung der nichtfinanziellen Berichtspflichten in Österreich – Anmerkungen zum Enforcement-Schwerpunkt auf der nichtfinanziellen Berichterstattung für das Geschäftsjahr 2018, Praxis der internationalen Rechnungslegung 2019 S. 108.

803 Zumindest ist gem. den am 9.11.2020 von der DPR veröffentlichten Prüfungsschwerpunkten 2021 die Risikoberichterstattung im Konzernlagebericht i. S. des § 315 HGB unter Beachtung der Auswirkungen von COVID-19 ein Prüfungsschwerpunkt der DPR. Die nichtfinanzielle Berichterstattung findet demgegenüber weiterhin keine relevante Erwähnung.

804 Vgl. hierzu auch *Bischof/Link/Staß*, DPR-Prüfungsschwerpunkte 2020, Der Betrieb 2020 S. 7 f.

währleisten haben. Darüber hinaus ist anschließend aber auch die Vollständigkeit bzw. die Existenz offengelegter wesentlicher Sachverhalte sowie die Richtigkeit ihrer Darstellungen im Rahmen der nichtfinanziellen Berichterstattung kritisch zu würdigen – was hohe Anforderungen an den fallverantwortlichen Prüfer stellen dürfte, vor allem im Hinblick auf das Verständnis von Branche und Geschäftätigkeit des berichtenden Unternehmens.[805] *Baumüller* resümiert – auch mit Blick auf die Arbeit der ESMA – zum Problem, dass sich hierbei die Unklarheiten in der Auslegung des Gesetzestextes weiterhin erschwerend auswirken, wie folgt:

„Zusammenfassend lässt sich aus Unternehmensperspektive resümieren, dass das Drohpotenzial hinter dem Enforcement der nichtfinanziellen Berichterstattung ein weitaus geringeres ist, als es die Prominenz der Behandlung dieses Themas v. a. in der Verlautbarung der ESMA nahelegen würde. Dies ist primär der Schwierigkeit seiner Umsetzung im gegenwärtigen Normenrahmen geschuldet. Was hiervon allerdings bereits abgedeckt werden kann und damit die wichtigste Handlungsanforderung und Handlungsempfehlung an diese Unternehmen impliziert, ist die Gewährleistung der Vollständigkeit und formalen Korrektheit der Berichterstattung auf Grundlage des geltenden Gesetzestextes und der dazu entwickelten GoB in den Mindestbereichen (und mit allen selbst dabei verbleibenden Graubereichen): z. B. inwieweit alle geforderten Nachhaltigkeitsbelange sowie die Einzelangaben hierzu (im Besonderen auch zur Lieferkette und zu nichtfinanziellen Risiken) enthalten sind, Verweise korrekt gesetzt, nichtfinanzielle Leistungsindikatoren im gebotenen Umfang berichtet oder Rahmenwerke adäquat eingesetzt werden.“[806]

Erst die **Gewährleistung einer entsprechend hohen belastbaren Rechtsgrundlage** wird jedoch den vollen Nutzen des Enforcement im Kontext der nichtfinanziellen Berichterstattung ermöglichen.[807] In diesem Punkt wird vermutlich erst die CSRD mit der Einführung der ESRS als weitaus konkreterer Leitlinien für die Berichterstattung durch Unternehmen, als sie gegenwärtig vorliegen, zu einer deutlichen Verbesserung führen können.

Dass fehlerhafte (Nicht-)Handlungen aufseiten der DPR allerdings durchaus vom Gesetzgeber sanktioniert werden können, musste die DPR im Sommer 2020 im Zuge des Bilanzskandals um das mittlerweile insolvente Unternehmen *Wirecard* erfahren. Hier musste sich die DPR den Vorwurf gefallen lassen, die Prüfung der *Wirecard*-Bilanz verschleppt zu haben. Hintergrund: Bereits im Februar 2019 beauftrage die BaFin die DPR

---

805 Vgl. *Baumüller*, Nichtfinanzielle Berichterstattung, 2020, S. 151.

806 *Baumüller*, Neue Fragen zum Enforcement im Kontext der nichtfinanziellen Berichterstattung, Zeitschrift für Internationale Rechnungslegung 2020 S. 154.

807 Siehe zum Enforcement der nichtfinanziellen Berichterstattung in Deutschland auch *Baumüller/Scheid*, Enforcement der nichtfinanziellen Berichterstattung in Deutschland: Anforderungen, Zweifelsfragen und Grenzen – Ist ein Umdenken bei der deutschen Rechtsauslegung erforderlich?, Der Konzern 2021 S. 98 ff.

mit der Prüfung eben jener Bilanz – bis zur Insolvenz des Unternehmens im Juni 2020 lagen jedoch keine konkreten Ergebnisse aufseiten der DPR vor. Demgegenüber rechtfertigte sich die DPR, dass das Aufspüren von Bilanzbetrug und Ermittlungen nicht Teil des für sie maßgeblichen Aufgabenkatalogs sei, zumal dieser als privatrechtlich organisierter Verein keine Durchgriffsrechte wie etwa einer Staatsanwaltschaft habe und daher auf kooperative Mitwirkung des Unternehmens angewiesen sei. Als Konsequenz dieses Skandals hatte die Bundesregierung noch im Juni 2020 den **Vertrag mit der DPR gekündigt,** der damit Ende 2021 auslief. Seither ist die BaFin für die Durchführung des Enforcement verantwortlich. Diese führt nun die Arbeiten der DPR in vergleichbarer Weise fort.[808] Spätestens mit der Erstanwendung der CSRD wird – mit der verpflichtenden Behandlung der dann zu erstellenden Nachhaltigkeitsberichte gem. ESRS im Rahmen des Enforcement – eine gestärkte Beachtung der Nachhaltigkeitsberichte bei der Rechnungslegungskontrolle zu erwarten sein (siehe Kap. II).

---

808 Vgl. *BaFin,* Bilanzkontrolle ab 2022, Prüfungsschwerpunkt Reverse Factoring, 2021.

XI Sanktionsbestimmungen

Die **CSR-Richtlinie** selbst enthält **keine konkreten Vorgaben zur Sanktionierung** bei mangelnder Befolgung der Pflichten zum nichtfinanziellen Bericht. Allerdings besagt Art. 51 der Bilanz-Richtlinie, dass die Mitgliedstaaten der EU Sanktionen für Verstöße gegen die aufgrund der Richtlinie erlassenen einzelstaatlichen Vorschriften vorsehen müssen, die wirksam, verhältnismäßig und abschreckend sind. Diese Forderung ist somit auch auf die mit der CSR-Richtlinie ergänzten Inhalte anzuwenden.[809]

Den unionsrechtlichen Grundsätzen folgend, erweiterte das CSR-RUG das bisherige, die EU-Bilanz-Richtlinie umsetzende System von **Straftatbeständen (§ 331 HGB)** und **Ordnungswidrigkeiten (§ 334 HGB)** auf den Anwendungsbereich der nichtfinanziellen Berichterstattung. Die mit dem CSR-RUG vorgenommenen Änderungen der Sanktionsbestimmungen wurden in den Diskussionen zum RefE und zum RegE jedoch durchaus kritisch gewürdigt; dies betrifft insbesondere die Änderungen des § 334 HGB hinsichtlich des konkreten Sanktionsrahmens.[810]

In puncto Straftatbestände resultiert aus den Anpassungen durch das CSR-RUG gem. § 331 Nr. 1 HGB (bzw. § 331 Nr. 2 HGB auf Konzernebene) zunächst lediglich eine **rechtssystematisch konsequente Erweiterung** des Anwendungsbereichs auf den gesonderten nichtfinanziellen Bericht und – explizit erwähnt – auf die (im Lagebericht integrierte) nichtfinanzielle Erklärung. Daher sind die Adressaten der Sanktionen – wie bereits vor dem CSR-RUG – die Mitglieder des Aufsichtsrats. Zudem wird vorausgesetzt, dass diese die Verhältnisse des Unternehmens unrichtig wiedergegeben oder gar verschleiert haben. Darüber hinaus wurden im Rahmen des CSR-RUG die bestehenden Ordnungswidrigkeitstatbestände des § 334 Abs. 1 HGB um die Erfassung des gesonderten nichtfinanziellen Berichts zunächst grundlegend erweitert. Obschon die in den Lagebericht integrierte nichtfinanzielle Erklärung schon nach dem bisher geltenden Wortlaut erfasst gewesen wäre, mussten die gesetzlichen Bestimmungen für die Erstellung und Inhalte der nichtfinanziellen Erklärung im Rahmen des CSR-RUG ergänzt werden (insbesondere der Verweis auf §§ 289c bzw. 315c HGB). Auch hier sind die Mitglieder des vertretungsberechtigten Organs oder des Aufsichtsrats die Adressaten der Sanktionen. Letztendlich wurde die nichtfinanzielle Berichterstattung im Hinblick auf Straf- und Bußgeldvorschriften mit dem CSR-RUG der finanziellen Berichterstattung also **gleichgestellt**.[811]

---

809 Vgl. dazu deutlich BT-Drucks. 18/9982 S. 59.

810 Vgl. hierzu *Blöink/Halbleib*, Umsetzung der sog. CSR-Richtlinie 2014/95/EU: Aktueller Überblick über die verabschiedeten Regelungen des CSR-Richtlinie-Umsetzungsgesetzes, Der Konzern 2017 S. 193.

811 Vgl. *Kajüter*, Die nichtfinanzielle Erklärung nach dem Regierungsentwurf zum CSR-Richtlinie-Umsetzungsgesetz, Zeitschrift für Internationale Rechnungslegung 2016 S. 512.

In Bezug auf den **Sanktionsrahmen** des § 334 HGB kann die Ordnungswidrigkeit grundsätzlich mit einer Geldbuße bis zu 50.000 € geahndet werden. Im Zuge des CSR-RUG wurde der maximale Bußgeldrahmen für kapitalmarktorientierte Unternehmen i. S. des § 264d HGB jedoch erheblich angehoben.[812] Demzufolge kann das hierfür zuständige Bundesamt für Justiz in den Fällen des § 334 Abs. 1 HGB maximal den höheren der nachstehenden Beträge festlegen: 2 Mio. € oder das Zweifache des aus der Ordnungswidrigkeit gezogenen wirtschaftlichen Vorteils – wobei § 334 Abs. 3 Satz 2 Nr. 2 HGB ausdrücklich klarstellt, dass hierbei der wirtschaftliche Vorteil die erzielten Gewinne und vermiedenen Verluste umfasst und geschätzt werden kann. Die Voraussetzung dafür ist, dass sich das Bußgeldverfahren gegen das kapitalmarktorientierte Unternehmen selbst richtet;[813] allerdings erhöht sich dann der Höchstbetrag von den eingangs erwähnten 2 Mio. € auf 10 Mio. € (§ 334 Abs. 3a Nr. 1 HGB). In diesem Fall wird zudem – neben der genannten Bezugsgröße „wirtschaftlicher Vorteil" (§ 334 Abs. 3a Nr. 3 HGB) – gem. § 334 Abs. 3a Nr. 2 HGB noch ein drittes, alternatives Element eingeführt, wonach das Bundesamt der Justiz bei der Prüfung des höchstmöglichen Betrags auch auf den Gesamtumsatz abstellen kann: Sofern 5 % des Gesamtumsatzes[814], den die Kapitalgesellschaft in dem der Behördenentscheidung vorausgegangenen Geschäftsjahr erzielt hat, einen höheren Beitrag ergeben als die beiden anderen o. a. Beträge, bildet schlussendlich dieser Betrag die Höchstgrenze einer Geldbuße.

In der in Kap. I.3.1 angezeigten Anhörung im Ausschuss für Recht und Verbraucherschutz wurdes dieses Konzept der Sanktionierung **z. T. erheblich kritisiert.** Letztendlich entschied sich der Ausschuss dafür, das ursprüngliche Konzept des RegE unverändert zu übernehmen – vor allem wohl deshalb, da der Sanktionsrahmen auf Maximalbeträge abstellt und das Bundesamt für Justiz in jedem Einzelfall zwingend prüfen muss, welche Geldbuße tatsächlich festgesetzt wird.[815] Da Bußgeldtatbestände im Hinblick auf das im Ordnungswidrigkeitenrecht verankerte Ermessensprinzip (§ 47 Abs. 1 Satz 1 OWiG) eine durchaus flexible Handhabung ermöglichen, ist diese Entscheidung insoweit als sachgerecht zu beurteilen.[816] Zudem wurde die drastische Erhöhung des Bußgeldrahmens von den Verfassern des RegE mit einer **Wertungsgleichheit** zur Verletzung

---

812 Vgl. § 334 Abs. 3 Satz 2 und Abs. 3a HGB.

813 Vgl. § 30 OWiG.

814 Die entsprechende Definition des insoweit einschlägigen „Gesamtumsatzes" findet sich in § 334 Abs. 3b HGB wieder.

815 Vgl. *Blöink/Halbleib*, Umsetzung der sog. CSR-Richtlinie 2014/95/EU: Aktueller Überblick über die verabschiedeten Regelungen des CSR-Richtlinie-Umsetzungsgesetzes, Der Konzern 2017 S. 193. Zudem ist hierbei zu berücksichtigen, dass im Bereich der Ordnungsgelder wegen Nichtoffenlegung von Jahresabschlussunterlagen (§ 335 HGB) ein entsprechender Maximalrahmen gilt.

816 Vgl. *Kumm/Woodtli*, Nachhaltigkeitsberichterstattung: Die Umsetzung der Ergänzungen der Bilanzrichtlinie um die Pflicht zu nichtfinanziellen Angaben im RefE eines CSR-Richtlinie-Umsetzungsgesetzes, Der Konzern 2016 S. 231.

der kapitalmarktrechtlichen Offenlegungspflichten begründet.[817] Gleichwohl muss an dieser Stelle angemerkt werden, dass diese nicht unbedingt gegeben ist.[818] Der mit der Umsetzung der geänderten Transparenzrichtlinie[819] geschaffene neue Rahmen wurde – wie bereits im WpHG –[820] in den Ordnungswidrigkeitstatbeständen des § 334 HGB nachvollzogen.

Insgesamt betrachtet sind von Gesetzes wegen zahlreiche Sanktionsbestimmungen anwendbar – doch bleiben diese z.T. abstrakt bzw. sind mit teils schwierigen Nachweispflichten verbunden. Für die Unternehmensvertreter stellt sich daher die Frage, welche Konsequenzen sich konkret aus den Pflichten zum nichtfinanziellen Bericht für die **Entlastung des Vorstands und des Aufsichtsrats** i.S. des § 120 AktG ergeben können. Die Entlastung ist grundsätzlich ein spezielles gesellschaftsrechtliches Institut.[821] In der Praxis kommt der Entlastung eine hohe Bedeutung zu, ist sie doch sowohl Ausdruck der Billigung der Organtätigkeit im abgelaufenen Geschäftsjahr als auch ein Vertrauensbeweis für die Zukunft. Die hierbei wohl wichtigste Rahmenbedingung ist jene der weitreichenden Ermessensspielräume, die den Eigentümern des Unternehmens offenstehen. Das konkreteste und größte Gefahrenpotenzial für den Vorstand bzw. Aufsichtsrat ist demnach das folgende: Obgleich eine nichtfinanzielle Berichterstattung vorgelegt worden ist, werden deren Inhalte oder die darin ausgewiesenen erzielten Ergebnisse von den Eigentümern des Unternehmens als nicht adäquat erachtet – bspw. weil wichtige nichtfinanzielle Belange nur unzureichend beleuchtet wurden oder die vom Grundsatz her sachgerechten Darstellungen ein Bild über die nachhaltigkeitsrelevante Unternehmensleistung zeigen, das nicht im Einklang mit den Erwartungen der Eigentümer steht.[822] Obschon eine nicht gewährte Entlastung per se keine unmittelbaren negativen Konsequenzen nach sich zieht, kann sie als Ausdruck des Vertrauensentzugs sehr wohl die Position bzw. die Reputation von Vorstand und Aufsichtsrat im Unternehmen schwächen.

---

817 Vgl. BT-Drucks. 18/9982 S. 68.

818 Vgl. hierzu kritisch *Seibt*, CSR-Richtlinie-Umsetzungsgesetz: Berichterstattung über nichtfinanzielle Aspekte der Geschäftstätigkeit – Neues Element des Corporate Reputation Management, Der Betrieb S. 2714.

819 Vgl. Gesetz zur Umsetzung der Transparenzrichtlinie-Änderungsrichtlinie, BGBl 2015 I S. 2029, 20.11.2015.

820 Vgl. diesbezüglich auch die Mitteilung der BaFin zur grundsätzlichen Auslegung der WpHG-Bußgeldvorschriften, *BaFin*, WpHG-Bußgeldleitlinien II, 2017.

821 Vgl. *Koch*, § 120 AktG – Entlastung, in Koch (Hrsg.), Aktiengesetz, 16. Aufl. 2022, § 120 AktG Tz. 2.

822 Vgl. *Baumüller*, Nichtfinanzielle Berichterstattung, 2020, S. 158.

XII Entwicklungsperspektiven für die nichtfinanzielle Berichterstattung

1 Von der CSR-Richtlinie zur CSRD

Die Berichtpflichten gem. der CSR-Richtlinie wurden mit ihrer Verabschiedung mitunter als „Paradigmenwechsel" für die Unternehmensberichterstattung gewürdigt.[823] Bei eingehender Betrachtung stellten diese aber letztlich nur einen weiteren Schritt in einer Entwicklung dar, die bereits zur Jahrtausendwende auf EU-Ebene ihren Anfang nahm.[824] Für viele Unternehmen geht der Übergang zu den neuen Pflichten zum Bericht über Nachhaltigkeit mit großen Herausforderungen einher: Die **hohen Freiheitsgrade** in der Umsetzung der Vorgaben der CSR-Richtlinie – und letztlich der daraus abgeleiteten nationalen Vorschriften – eröffneten den Unternehmen einerseits zahlreiche Gestaltungsspielräume; andererseits boten die teils nur vage gehaltenen Berichtsvorgaben wenig Orientierung für die „richtige", gesetzeskonforme Ausgestaltung der Berichterstattung. Die Konsequenz waren und sind hohe Compliance-Risiken für Unternehmen. Überdies resultiert(e) daraus die Gefahr einer mangelnden Vergleichbarkeit der Berichte. Diesen Argumenten für eine Konkretisierung und Standardisierung der Berichtspflichten stehen folgende Kritikpunkte gegenüber: Der Compliance-Aufwand steigt beim Vernachlässigen unternehmensindividueller Besonderheiten potenziell weiter an. Zudem erhöht sich die Aussagekraft der Berichtsinhalte gerade vor dem Hintergrund der schwierige(re)n Standardisierbarkeit von nichtfinanziellen Informationen – im Vergleich zu finanziellen Kennzahlen – womöglich nicht.

Nichtsdestotrotz werden mit der CSRD die Kritikpunkte der Vergangenheit aufgegriffen und Rahmenbedingungen geschaffen, um die **Vollständigkeit, Vergleichbarkeit und Verlässlichkeit** der generierten Informationen über die Nachhaltigkeitsleistung von Unternehmen in einem höheren Ausmaß zu gewährleisten. Darüber hinaus soll der regulatorische Rahmen für die Berichterstattung von Unternehmen mit einer Vielzahl an weiteren Initiativen gleichziehen, die in der jüngeren Vergangenheit im Fokus standen. Hier sticht insbesondere der Aktionsplan zur Finanzierung nachhaltigen Wachstums hervor, der u. a. zur Erarbeitung der Taxonomie-VO und der Offenlegungs-VO führte. Ziel dieser Regularien ist es insbesondere, die Nachhaltigkeitsleistung von Unternehmen verstärkt in Kapitalanlageentscheidungen zu berücksichtigen. Dafür wird verlangt, dass entsprechende Informationen über die Tätigkeit der Unternehmen in qualitativer und quantitativer Hinsicht vorliegen. Damit könnte auch die Erhöhung der Zahl der Un-

---

823 Zum Beispiel *Voland*, Unternehmen und Menschenrechte – vom Soft Law zur Rechtspflicht, Betriebs-Berater 2015 S. 72.
824 Zusammenfassend *Baumüller*, Nichtfinanzielle Berichterstattung, 2020, S. 22 ff.

ternehmen, die zukünftig einer nichtfinanziellen Berichterstattung unterliegen, begründet werden. Denn mit der Verabschiedung der CSRD hat die EU-Kommission nicht nur die obigen Kritikpunkte zur Konkretisierung der Berichtsinhalte beachtet, sondern die Gelegenheit genutzt, die Zahl der berichtspflichtigen Unternehmen massiv zu erhöhen.

Der Weg von der CSR-Richtlinie zur CSRD – und damit **von der nichtfinanziellen Berichterstattung zu einer Nachhaltigkeitsberichterstattung** von spezifischer europäischer Ausprägung – ist damit als Ergebnis immer ambitionierterer politischer Zielsetzungen in puncto Nachhaltigkeit in der EU anzusehen. Dies bringt bereits der terminologische Wandel in der Bezeichnung der Berichtspflichten zum Ausdruck: Ökonomische, ökologische und soziale Erfolgsmaßstäbe sollen gleichermaßen – mitunter sogar „gleichberechtigt" bzw. „auf Augenhöhe" – in der Corporate Governance von europäischen Unternehmen verankert sein. Das Maß an Rechenschaft, die Unternehmen gegenüber ihren Stakeholdern (über den Kreis der Eigentümer hinaus) abzulegen haben, wird substanziell ausgeweitet.

Auf **regulatorischer Ebene** ist damit noch nicht der Schlusspunkt der Entwicklungen gesetzt: Neue Richtlinien-Vorschläge wie jener zu einer *Corporate Sustainability Due Diligence Directive* (CSDDD) sind eng verbunden mit den Vorgaben der CSRD und verbinden diese u. a. mit Haftungs- und Strafrisiken bei Verstößen gegen geschützte ökologische oder menschenrechtliche Interessen.[825] ESG-Ratings sind ein weiterer Schwerpunktbereich, der erhöhte Aufmerksamkeit erfahren soll und unmittelbar an die Nachhaltigkeitsberichte von Unternehmen anknüpft. Für den Finanzsektor sind es wiederum zur Diskussion stehende Neuregelungen zu Kapitalhinterlegungsvorschriften im Hinblick auf Nachhaltigkeitskriterien, die Anreize schaffen, zunehmendes Augenmerk auf die Nachhaltigkeitsleistung ihrer Geschäfts- und Finanzierungspartner zu legen. Entwicklungen wie diese bekräftigen den Eindruck, dass die ökologische und soziale Dimension der Unternehmensleistung tatsächlich zunehmend von hoher ökonomischer Relevanz sein wird.

Europäische Unternehmen sehen sich im Lichte der Relevanz, Komplexität und Dynamik dieser Entwicklungen jedoch mit der **Gefahr einer Überforderung** konfrontiert. Fast wirkt es, als sollten durch die gegenwärtig hohe Intensität an Regulierungen auf dem Gebiet der Nachhaltigkeit(sberichterstattung) vor allem Versäumnisse vieler Jahre binnen kürzester Zeit aufgeholt werden. Die immer unmittelbarer und bedrohlicher zu spürenden Folgen des Klimawandels legen freilich einen großen und dringenden Handlungsbedarf ebenso nahe, wie dies die zunehmend zu beobachtenden sozialen Krisen

---

825 Vgl. dazu ausführlich *Baumüller/Needham/Scheid*, Vorschlag der EU-Kommission zur Corporate Sustainability Due Diligence Directive (CSDDD) – Darstellung und kritische Würdigung im Kontext der unternehmerischen Nachhaltigkeitsberichterstattung, Der Betrieb 2022.

der Gegenwart tun. Dennoch: Die tiefgreifenden Veränderungen, auf die abgestellt wird und die eine langfristige Verhaltensänderung bezwecken, erfordern es, Voraussetzungen zu schaffen, die in vielen Fällen schlichtweg noch nicht vorhanden sein dürften.

Selbst Unternehmen, die in der Vergangenheit schon zur nichtfinanziellen Berichterstattung verpflichtet waren, sehen sich mit einem massiv ausgeweiteten Umfang an Angabepflichten konfrontiert. Dafür müssen nunmehr ihre Datenerhebungsprozesse sowie -systeme verfeinert und ausgeweitet werden, neues Personal muss geschult werden – und auf allen Ebenen der Governance im Unternehmen die Akzeptanz für die neue Bedeutung von Nachhaltigkeit geschaffen werden. Gleichzeitig fehlen zu vielen der neuen Vorgaben noch **Erfahrungswerte,** sind standardisierte IT-Lösungen ebenso erst in der Entwicklung begriffen und kann der Arbeitsmarkt noch viel zu wenig an ausgebildeten Kräften zur Verfügung stellen.[826]

Besondere Herausforderungen haben jene Unternehmen zu meistern, für die sich infolge der CSRD erstmals eine Pflicht zur Berichterstattung über Nachhaltigkeitsinformationen ergibt. Diese haben oftmals **noch keine Erfahrungen** auf Basis einer freiwilligen Berichterstattung sammeln können und somit innerhalb kürzester Zeit sowie ohne Fundament, auf das sie bauen könnten, ein Berichtsniveau zu erreichen, das den hohen zukünftigen Anforderungen gerecht werden soll. Gleichzeitig wird in diesen Unternehmen aufgrund ihrer Größe in vielen Fällen weitaus weniger an (Budget- und Personal-)Ressourcen für die anstehenden Aufgaben zur Verfügung stehen, als dies auf die gegenwärtig schon von der CSR-Richtlinie erfassten Unternehmen zutrifft.[827]

Aber auch der **Berufsstand der Wirtschaftsprüfer** sieht sich mit großen Herausforderungen konfrontiert. Die Einführung einer verpflichtenden externen Prüfung der Nachhaltigkeitsberichterstattung trägt nachdrücklichen Forderungen seitens der Berichtsadressaten Rechnung – und verspricht ein wirksames Mittel zu sein, Defiziten gegenwärtiger Berichtspraktiken (vor allem in puncto Verlässlichkeit) entgegenzuwirken. Doch die Frage, wie geeignetes Personal in entsprechender Zahl gewonnen und hinreichend qualifiziert werden kann, um diese neuen Aufgaben zu übernehmen, ist eine mindestens ebenso drängende und problembehaftete Frage wie die hinsichtlich der Beschaffung und Qualifizierung von Personal für die berichtspflichtigen Unternehmen. Hinzu kommt, dass Prüfungsstandards und -methoden für die Prüfung von Nachhaltigkeitsinformationen ebenso erst in Ansätzen entwickelt sind. Mit der in Aussicht gestellten

---

826 Siehe weiterführend *Baumüller*, Erstanwendung der Corporate Sustainability Reporting Directive (CSRD), Der Jahresabschluss 2022.

827 Vgl. *Lanfermann/Baumüller/Scheid*, Größenabhängige Ausgestaltung der Berichtspflichten im Rahmen der zukünftigen europäischen Nachhaltigkeitsberichterstattung, Der Konzern 2021.

Weiterentwicklung der geforderten Prüfungsintensität von der *limited assurance* zur *reasonable assurance* werden diese Probleme verschärft.[828]

Sohin zeigt sich, dass die Entwicklung von der CSR-Richtlinie zur CSRD in vielen Aspekten eine folgerichtige und zugleich von großen politischen Ambitionen getragene ist; ob sie im Weiteren jedoch zu einer Erfolgsgeschichte wird, hängt im Wesentlichen davon ab, wie die berichtspflichtigen Unternehmen sowie ihre Prüfer und Berater nunmehr mit den **großen Herausforderungen** umzugehen vermögen, mit denen sie konfrontiert sind. Der Handlungsbedarf ist für die genannten Gruppen jedenfalls bereits jetzt groß und dringend. Es sind Lösungen gefordert, die koordinierte Anstrengungen von Branchenvertretern, aber auch seitens der Politik umfassen, um die erforderlichen Rahmenbedingungen zu schaffen.

2 Globalisierung der Nachhaltigkeitsberichterstattung

Die Verabschiedung der CSRD stellte zugleich den endgültigen Startschuss für die **Standardisierung der Nachhaltigkeitsberichterstattung in der EU** dar.[829] Die Erarbeitung von Europäischen Standards für die Nachhaltigkeitsberichterstattung **(ESRS)** bietet gegenüber der bisherigen gesetzlichen Regelung auf Richtlinien-Ebene die Möglichkeit, weitaus umfangreicher und detaillierter darzulegen, welche Angaben von Unternehmen zu tätigen sind. Auch kann flexibler auf neue Entwicklungen eingegangen werden. Durch die Erarbeitung im Rahmen eines *due process,* der hinreichend Raum für Stakeholder-Partizipation eröffnet, kann darüber hinaus die Akzeptanz und Qualität der erzielten Ergebnisse verbessert werden. Was schließlich als wichtiger Aspekt ebenso zu würdigen ist: Erstmals kann eine unionsweit einheitliche Auslegung der Berichtspflichten – und damit ein solches *Enforcement* – sichergestellt werden.

Der europäische Weg dieser Standardisierung ist institutionell – durch die **Beauftragung der EFRAG,** die dafür zugleich einer organisatorischen Transformation vom rein beratenden Gremium hin zu einem Standardsetzer unterworfen wird – und hinsichtlich der vorgegebenen Rahmenbedingungen von kontroversen Debatten begleitet. Zu der inhaltlichen Ausrichtung der Standardisierung ist insbesondere der Grundsatz der „doppelten Wesentlichkeit" als Fundament hervorzuheben; ebenso müssen sich die Standards in ein komplexes Normengerüst einfügen, das u. a. die Vorgaben der Taxono-

---

828 Siehe weiterführend *Baumüller,* Der Kommissionsvorschlag zur Corporate Sustainability Reporting Directive (CSRD), Der Wirtschaftstreuhänder 2021.

829 Siehe ausführlich *Sopp/Baumüller,* Auf dem Weg zu europäischen Standards für die nichtfinanzielle Berichterstattung?, Teil 1: Projektendbericht des European Corporate Reporting Lab @ EFRAG, Zeitschrift für internationale und kapitalmarktorientierte Rechnungslegung 2021 und *Sopp/Baumüller,* Auf dem Weg zu europäischen Standards für die nichtfinanzielle Berichterstattung?, Teil 2: Projektendbericht zum Ad-Personam-Mandat für Jean-Paul Gauzès, Zeitschrift für internationale und kapitalmarktorientierte Rechnungslegung 2021 sowie Kap. I.2.2.2.

mie-VO und der Offenlegungs-VO umfasst (siehe hierzu Kap. I.2.3 und Kap. V). Das aus der doppelten Wesentlichkeitsperspektive zum Ausdruck kommende Verständnis von den Verantwortlichkeiten eines Unternehmens gegenüber der Gesellschaft, in der es tätig ist, ist jedoch nicht alternativlos und trifft außerhalb der EU auch nicht nur auf Zustimmung.

Ausdruck eines anderen Verständnisses ist das **Projekt der IFRS Foundation,** unter ihrem Dach zukünftig IFRS SDS zu entwickeln (siehe hierzu Kap. II.1.3 und Kap. VI.6). Hier steht die weltweite Harmonisierung der Nachhaltigkeitsberichterstattung im Fokus – i. S. einer *global baseline,* d. h. des Vorantreibens von Gemeinsamkeiten in der Berichterstattung durch die denkbare Berücksichtigung solcher internationalen Standards im Rahmen von (supra)nationalen Rechtsnormen (vergleichbar mit der Anwendung der IFRS in der EU). Ein weiterer Unterschied zwischen den IFRS SDS und den ESRS findet sich bei den Hauptadressaten der Berichterstattung. Die IFRS SDS zeichnen sich – anders als die ESRS – durch den dezidierten Investoren-Fokus aus. Das Ziel der Forcierung von Nachhaltigkeit soll bei den IFRS SDS weitgehend den Mechanismen von Kapitalmärkten anvertraut bleiben.

Während der europäische Weg also ein umfassenderes Verständnis der Nachhaltigkeitsberichterstattung abbilden soll, kennzeichnen das Projekt der IFRS SDS Pragmatismus und das Anknüpfen an bereits bewährte und etablierte Mechanismen innerhalb der IFRS Foundation. Nicht zuletzt deswegen stießen aber gerade die vom ISSB entwickelten Standards in der jüngeren Vergangenheit auf besondere Zustimmung. Exemplarisch kann die Überschrift eines Beitrages aus dem Forbes Magazine angeführt werden, das anlässlich der Gründung des ISSB Ende 2021 titelte: *„The Biggest Change In Corporate Reporting Since The 1930s"*[830]. Wichtige Akteure wie die IOSCO[831] (seitens der Regulatoren) oder die Vertreter der G7-Staaten[832] (seitens der Politik) haben bereits ihre Unterstützung der IFRS SDS zum Ausdruck gebracht. Die Volksrepublik China ließ bereits erkennen, gegenüber einer zukünftigen Übernahme der IFRS SDS aufgeschlossen zu sein.[833] Und auch seitens der europäischen Wirtschaft wurde die Forderung immer lauter, eine weitestgehende **Harmonisierung mit den Standards der IFRS SDS** an-

---

830 Vgl. *Mirchandani,* The Biggest Change In Corporate Reporting Since The 1930s: How To Read IFRS Prototype Sustainability And Climate Standards, 2021.
831 Zum Beispiel *IOSCO,* IOSCO's 2022 Sustainable Finance work plan strengthens the organization's commitment to increasing transparency and mitigating greenwashing, 2022.
832 Zum Beispiel *G7 Finance Ministers and Central Bank Governors,* G7 Finance Ministers and Central Bank Governors' Petersberg Communiqué, 2022.
833 Vgl. *Choong,* China Plans to Adopt ISSB Sustainability Reporting Standards, 2022.

zustreben.[834] Die CSRD trug dem Rechnung, indem in die verabschiedete Endfassung die Anforderung aufgenommen wurde, auf größtmögliche Konsistenz zwischen den ESRS sowie internationalen Standards hinzuwirken (siehe Kap. II.2.1.5).

Die EU hat dieser hohen Relevanz der IFRS SDS vor allem die Eigenheiten der Rechnungslegung in der EU und die eigene Wirtschaftsmacht entgegenzusetzen. Regelungen der CSRD, die erstmals auch Unternehmen aus Drittstaaten zur Berichterstattung nach europäischen Standards (bzw. äquivalenten Bestimmungen) verpflichten, bringen dies de facto deutlich zum Ausdruck. Dennoch ist der Radius dieser Wirkmöglichkeiten eng abgesteckt – und es gibt auch Argumente aus Sicht der europäischen Wirtschaft gegen eine rein europäische Lösung: Große Teile der europäischen Industrie sind global tätig und verfügen nicht selten über Tochterunternehmen im Nicht-EU-Raum. Eine **Fragmentierung der Berichtspflichten,** mit der diese Unternehmen konfrontiert sind, könnte hier beträchtliche Mehrkosten verursachen – und mitunter zu einem Nachteil für europäische Unternehmen im globalen Wettbewerb werden. Klarerweise betrifft dies nicht alle berichtspflichtigen Unternehmen – gerade anlässlich der zukünftigen Ausweitung der Berichtspflichten. Demzufolge sollte auch beachtet werden, dass für erstmals Berichtspflichtige mit der Anbindung an die IFRS weitere Hürden entstehen könnten. Nichtsdestotrotz ist eine Harmonisierung zu prüfen – ohne die Anknüpfung an die europäischen Prinzipien der Berichterstattung damit aufgeben zu müssen – und zumindest die Erstellung von Überleitbarkeitskonzepten zwischen ESRS und IFRS SDS anzubieten.

Für andere Rechtsordnungen, die mitunter noch am Anfang ihrer Befassung mit Regulierungen zur Nachhaltigkeitsberichterstattung von Unternehmen stehen, kann insbesondere die Übernahme der IFRS SDS eine unmittelbare und damit „willkommene Abkürzung" gegenüber der Entwicklung eigener, sich ggf. an umfassenderen Regelungssystemen wie jenen der ESRS orientierender Normen darstellen. Die **globale Vernetzung von Wirtschafts- und Finanzströmen** kann es für Unternehmen weltweit ebenso zur Notwendigkeit machen, dem zunehmenden Bedarf an vergleichbaren Nachhaltigkeitsinformationen auf den Kapitalmärkten Rechnung zu tragen. Dies sind letztlich Entwicklungen, die bereits vor Jahrzehnten im Kontext der Finanzberichterstattung zu beobachten waren und zum Bedeutungsgewinn der IFRS beigetragen haben. Die Voraussetzungen wirken allerdings dafür günstig, dass der Durchsetzungsgrad – und damit der „Erfolg" – der IFRS SDS ein noch größerer sein könnte als jener der IFRS.

Was in diesem Zusammenhang nicht unerwähnt bleiben soll: Die hohen Anforderungen, die an europäische Unternehmen durch die ESRS gestellt werden, tragen den

---

834 Zum Beispiel *AFEP/DAI*, The complexity of EU sustainability reporting standards could undermine their effectiveness, 2022.

Aspekt einer Chance in sich: Gelingt es, mit der eigenen Nachhaltigkeitsleistung Wettbewerber aus anderen Rechtsordnungen zu übertreffen, und kann dies durch Vergleichbarkeit gewährleistende Berichtsvorgaben transparent aufgezeigt werden, kann dies sowohl neue Geschäftschancen als auch Vorteile in der Unternehmensfinanzierung eröffnen. Das Ausmaß, das dieses Nutzenpotenzial aber tatsächlich aufweisen kann, und ob dieses Ausmaß die Kosten übersteigt, die mit der Ausweitung der Berichtspflichten auf die europäischen Unternehmen einhergehen werden, wird davon abhängen, wie der Umbau der globalen Wirtschafts- und Finanzmärkte weiter voranschreitet.

Europäische Unternehmen mit wirtschaftlicher Anknüpfung an Drittstaaten sind daher jedenfalls gefordert, sich dieser globalen Dimension der Nachhaltigkeitsberichterstattung gewahr zu sein und unabhängig davon, welchen weiteren Eingang die IFRS SDS in die Arbeiten an den ESRS finden werden, die Standards des ISSB in der Ausgestaltung und Weiterentwicklung der eigenen Berichterstattung zu berücksichtigen. Konzepte wie der bereits vorgeschlagene „**Baukastenansatz**" können sich hier als hilfreich erweisen (siehe Kap. VI.6). Da es voraussichtlich noch viele Jahre dauern wird, bis die ESRS und die IFRS SDS in vollständiger Form vorliegen, bedeutet dies, dass eine laufende Befassung mit den relevanten Entwicklungen und vor allem eine laufende Weiterentwicklung der Berichterstattung unumgänglich sein wird. Gerade im Hinblick auf diese globale Dimension der Nachhaltigkeitsberichterstattung liegt der Schluss nahe, dass sich Unternehmen erst am Anfang einer noch langen Reise befinden – an deren Ziel jedoch ein Ergebnis stehen soll, von dem nicht nur die Unternehmen selbst, sondern die Gesellschaft als Ganzes zu profitieren vermag.

LITERATUR- UND QUELLENVERZEICHNIS

Adams/Druckman/Picot, Sustainable Development Goals Disclosure (SDGD) Recommendations, 2020. Abrufbar unter http://go.nwb.de/rpmvx (abgerufen am 15.10.2022).

Alliance for Corporate Transparency, 2019 Research Report – An analysis of the sustainability reports of 1000 companies pursuant to the EU Non-Financial Reporting Directive, 2020. Abrufbar unter https://go.nwb.de/daj1b (abgerufen am 15.10.2022).

Arbeiterkammer (AK) Europa, Policy Brief 3/2020: Accounting for a Sustainable. European Economy?, 2020. Abrufbar unter https://go.nwb.de/iuqfe abgerufen am 15.10.2022).

Arbeitskreis „Externe Unternehmensrechnung" der Schmalenbach-Gesellschaft für Betriebswirtschaft e.V., Nichtfinanzielle Leistungsindikatoren – Bedeutung für die Finanzberichterstattung, Schmalenbachs Zeitschrift für betriebswirtschaftliche Forschung 2/2015 S. 235–258.

Artmann, § 243b: Nichtfinanzielle Erklärung, nichtfinanzieller Bericht, in Jabornegg/Artmann (Hrsg.), UGB, Band 2, 2. Aufl. 2017.

Baier, Strengere Sorgfaltspflichten für verantwortungsvolle Lieferketten?, Der Betrieb 35/2020 S. 1801–1805.

Barckow, Prima Klima oder dicke Luft – was unverbindliche Leitlinien der Europäischen Kommission an Überraschungen für die Unternehmensberichterstattung bergen, Betriebs-Berater 31/2019 S. I.

Baumüller, BWL-Glossar: Integrated Reporting, Steuer- und Wirtschaftskartei 20–21/2016 S. 941–943.

Baumüller, Aufstellungs- und Offenlegungsfristen für den nichtfinanziellen Bericht, Zeitschrift für Recht und Rechnungswesen 10/2017 S. 299–303.

Baumüller, § 243b: Nichtfinanzielle Erklärung, nichtfinanzieller Bericht, in Bertl/Fröhlich/Mandl (Hrsg.), Handbuch Rechnungslegung, Band I, 2018, S. 1376–1434.

Baumüller, Ziele und Inhalte der nichtfinanziellen Berichterstattung, Der Jahresabschluss 3/2018 S. 94–98.

Baumüller, Zum Anwendungsbereich der nichtfinanziellen Berichterstattung, Steuer- und Wirtschaftskartei 9/2018 S. 461–466.

Baumüller, Zum Wahlrecht zur Zusammenfassung von Lage- und Konzernlagebericht im Kontext der nichtfinanziellen Berichterstattung, Praxis der internationalen Rechnungslegung 2/2018 S. 35–40.

Baumüller, Zur Durchsetzung der nichtfinanziellen Berichtspflichten in Österreich – Anmerkungen zum Enforcement-Schwerpunkt auf der nichtfinanziellen Berichterstattung für das Geschäftsjahr 2018, Praxis der internationalen Rechnungslegung 4/2019 S. 101–108.

Baumüller, Nichtfinanzielle Berichterstattung. Eine Evaluierung der Umsetzung des NaDiVeG in börsennotierten Unternehmen, 2019.

Baumüller, Berichtsgrenzen in der nichtfinanziellen Berichterstattung, CFO aktuell 4/2019 S. 131–134.

Baumüller, Eine neue Angabenlogik für die nichtfinanzielle Berichterstattung? – Konsequenzen aus der Ergänzung der Leitlinien der EU-Kommission für die Berichtspraxis, Praxis der internationalen Rechnungslegung 9/2019 S. 252–260.

Baumüller, BWL-Glossar: (Aus-)Wirkungen, Steuer- und Wirtschaftskartei 22/2019 S. 955–959.

Baumüller, Nichtfinanzielle Berichterstattung, 2020.

Baumüller, Neue Fragen zum Enforcement im Kontext der nichtfinanziellen Berichterstattung, Zeitschrift für Internationale Rechnungslegung 3/2020 S. 147–154.

Baumüller, Folgen der Coronakrise für die nichtfinanzielle Berichterstattung, Zeitschrift für Internationale Rechnungslegung 6/2020 S. 299–305.

Baumüller, Die (nahe) Zukunft der nichtfinanziellen Berichterstattung, Steuer- und Wirtschaftskartei 13/2020 S. 753–760.

Baumüller, Der Kommissionsvorschlag zur Corporate Sustainability Reporting Directive (CSRD), Der Wirtschaftstreuhänder 4/2021 S. 299–304.

Baumüller, Erstanwendung der Corporate Sustainability Reporting Directive (CSRD), Der Jahresabschluss 1/2022 S. 25–29.

Baumüller/Follert, Prüfung der nichtfinanziellen Erklärung durch den Abschlussprüfer – Verpflichtungen von bislang unterschätzter Reichweite, Zeitschrift für Internationale Rechnungslegung 11/2017 S. 473–479.

Baumüller/Follert, Fragen zur nichtfinanziellen Berichterstattung aus Sicht des Abschlussprüfers – Ein deutsch-österreichischer Vergleich, Die Wirtschaftsprüfung 19/2018 S. 1205–1212.

Baumüller/Gleißner, Quantifizierung von nichtfinanziellen Risiken im unternehmensweiten Risikomanagement, GRC aktuell 4/2020 S. 139–147.

Baumüller/Haring/Merl, Erstanwendung der Berichtspflichten gem. Taxonomie-VO: Überblick und Handlungsempfehlungen, Zeitschrift für Internationale Rechnungslegung 2/2022 S. 77–84.

Baumüller/Haring/Merl, Ausblick auf die europäischen Standards für die Nachhaltigkeitsberichterstattung: die Arbeitspapiere vom Januar 2022, Zeitschrift für Internationale Rechnungslegung 3/2022 S. 125–132.

Baumüller/Needham/Scheid, Entwürfe zu europäischen Standards für die Nachhaltigkeitsberichterstattung – Relevanz für den Mittelstand? Würdigung der Angabepflichten zu ESG-Aspekten, Unternehmenssteuern und Bilanzen 17/2022 S. 662–668.

Baumüller/Needham/Scheid, Vorschlag der EU-Kommission zur Corporate Sustainability Due Diligence Directive (CSDDD) – Darstellung und kritische Würdigung im Kontext der unternehmerischen Nachhaltigkeitsberichterstattung, Der Betrieb 23–24/2022 S. 1401–1408.

Baumüller/Nguyen, Zur Berücksichtigung „sonstiger Informationen" im Rahmen der Abschlussprüfung – Anforderungen und Problembereiche des ISA 720, Zeitschrift für Internationale Rechnungslegung 6/2018 S. 289–295.

Baumüller/Nguyen, Zur Operationalisierung des Wesentlichkeitsgrundsatzes im Rahmen der nichtfinanziellen Berichterstattung, Praxis der internationalen Rechnungslegung 7–8/2018 S. 197–204.

Baumüller/Niklas/Wieser, Befunde zur zweite NaDiVeG-Berichtssaison – Implikationen zur Weiterentwicklung der Governance österreichischer Unternehmen, Aufsichtsrat aktuell 1/2020 S. 8–13.

Baumüller/Omazic, Entwicklungsperspektiven für den Wesentlichkeitsgrundsatz in der nichtfinanziellen Berichterstattung, Zeitschrift für Internationale Rechnungslegung 1/2021 S. 41–47.

Baumüller/Schaffhauser-Linzatti, Nichtfinanzielle Erklärung oder nichtfinanzieller Bericht? Abwägungen zur Ausübung des Wahlrechts in § 243b Abs. 6 UGB, CFO aktuell 3/2017 S. 102–105.

Baumüller/Scheid, Prüfung der nichtfinanziellen Berichterstattung: Ausstrahlungswirkungen auf KMU – Erweiterte Nachweis- und Dokumentationspflichten für den Mittelstand in Folge des CSR-RUG, WP Praxis 1/2020 S. 7–13.

Baumüller/Scheid, Die (mehrfache) Erwartungslücke im Kontext der nichtfinanziellen Berichterstattung – Die Prüfung der nichtfinanziellen Berichterstattung zwischen Anspruch und Wirklichkeit, WP Praxis 4/2020 S. 99–106.

Baumüller/Scheid, Nichtfinanzielle Berichtspflichten im deutschen Mittelstand: „Kollateralschaden" oder „hidden agenda"?, Der Betrieb 4/2020 S. 121–129.

Baumüller/Scheid, Unterschiedliche Auslegungen zur (selben) Wesentlichkeit in der nichtfinanziellen Berichterstattung in Deutschland und Österreich? Praxis der internationalen Rechnungslegung 4/2020 S. 122–129.

Baumüller/Scheid, Zur Standardisierung der nichtfinanziellen Berichterstattung – Aktuelle Perspektiven zur Erweiterung und Konkretisierung der nichtfinanziellen Berichtspflichten (nicht nur) in der EU, Praxis der internationalen Rechnungslegung 12/2020 S. 379–386.

Baumüller/Scheid, Enforcement der nichtfinanziellen Berichterstattung in Deutschland: Anforderungen, Zweifelsfragen und Grenzen – Ist ein Umdenken bei der deutschen Rechtsauslegung erforderlich?, Der Konzern 3/2021 S. 98–104.

Baumüller/Scheid, Der Entwurf zur Corporate Sustainability Reporting Directive – Darstellung, kritische Würdigung und Implikationen für deutsche Unternehmen, Praxis der internationalen Rechnungslegung 12/2021 S. 202–210.

Baumüller/Scheid, Der „Baukasten-Ansatz" im Rahmen der Harmonisierung der globalen Nachhaltigkeitsberichterstattung, Praxis der internationalen Rechnungslegung 1/2022 S. 16–23.

Baumüller/Scheid/Kotlenga, Klimaberichterstattung in der EU: Eine kritische Bestandsaufnahme, Der Konzern 10/2020 S. 386–394.

Baumüller/Scheid/Kotlenga, „CSR-Richtlinie 2.0"? Zentrale Erkenntnisse aus den Konsultationen der EU-Kommission des ersten Halbjahres 2020 und deren Implikationen – Teil 2: Hauptkonsultation und kritische Würdigung, Zeitschrift für internationale und kapitalmarktorientierte Rechnungslegung 11/2020 S. 494–506.

Baumüller/Scheid/Müller, Entwürfe zu europäischen Standards für die Nachhaltigkeitsberichterstattung – Relevanz für den Mittelstand? Grundlagen, E-ESRS 1 und E-ESRS 2, Unternehmenssteuern und Bilanzen 14/2022 S. 581–587.

Baumüller/Scheid/Needham, Die Corporate Sustainability Reporting Directive als Schlüsselelement von Sustainable Finance: Zusammenhänge und Entwicklungsperspektiven, Zeitschrift für Internationale Rechnungslegung 7–8/2021 S. 337–343.

Baumüller/Sopp, Double materiality and the shift from non-financial to European sustainability reporting: review, outlook and implications, Journal of Applied Accounting Research 1/2022 S. 8–28.

Beckers/Micklitz, Eine ganzheitliche Perspektive auf die Regulierung globaler Lieferketten, Europäisches Wirtschafts- und Steuerrecht 6/2020 S. 324–329.

Behys, Schwerpunkte des DPR-Enforcements der Finanzberichterstattung in 2020, Zeitschrift für Internationale Rechnungslegung 12/2019 S. 521–526.

Bischof/Link/Staß, DPR-Prüfungsschwerpunkte 2020, Der Betrieb 1–2/2020 S. 1–8.

Blöink/Halbleib, Umsetzung der sog. CSR-Richtlinie 2014/95/EU: Aktueller Überblick über die verabschiedeten Regelungen des CSR-Richtlinie-Umsetzungsgesetzes, Der Konzern 4/2017 S. 182–195.

Böcking/Gros/Althoff, § 289d HGB – Nutzung von Rahmenwerken, in Ebenroth/Boujong/Joost/Strohn (Hrsg.), Handelsgesetzbuch, 4. Aufl. 2020.

Bundesanstalt für Finanzdienstleistungsaufsicht (BaFin), WpHG-Bußgeldleitlinien II, 2017. Abrufbar unter https://go.nwb.de/ultmh (abgerufen am 15.10.2022).

Bundesanstalt für Finanzdienstleistungsaufsicht (BaFin), Merkblatt zum Umgang mit Nachhaltigkeitsrisiken, 2019. Abrufbar unter https://go.nwb.de/6e406 (abgerufen am 15.10.2022).

Bundesanstalt für Finanzdienstleistungsaufsicht (BaFin), Bilanzkontrolle ab 2022, Prüfungsschwerpunkt Reverse Factoring, 2021. Abrufbar unter https://go.nwb.de/2lk9s (abgerufen am 15.10.2022).

Bundesministerium der Justiz und für Verbraucherschutz (BMJV), Konzept zur Umsetzung der CSR-Richtlinie – Reform des Lageberichts, 2015. Abrufbar unter https://go.nwb.de/ffsof (abgerufen am 15.10.2022).

Bundesministerium der Justiz und für Verbraucherschutz (BMJV), Referentenentwurf eines Gesetzes zur Stärkung der nichtfinanziellen Berichterstattung der Unternehmen in ihren Lage- und Konzernlageberichten (CSR-Richtlinie-Umsetzungsgesetz), 2016.

Carbon Disclosure Project (CDP)/Climate Disclosure Standards Board (CDSB)/Global Reporting Initiative (GRI)/International Integrated Reporting Council (IIRC)/Sustainability Accounting Standards Board (SASB), Press release: Five global organisations, whose frameworks, standards and platforms guide the majority of sustainability and integrated reporting, announce a shared vision of what is needed for progress towards comprehensive corporate reporting – and the intent to work together to achieve it, 2020. Abrufbar unter: http://go.nwb.de/tawch (abgerufen am 15.10.2022).

Carbon Disclosure Project (CDP)/Climate Disclosure Standards Board (CDSB)/Global Reporting Initiative (GRI)/International Integrated Reporting Council (IIRC)/Sustainability Accounting Standards Board (SASB), Statement of Intent to Work Together Towards Comprehensive Corporate Reporting, 2020. Abrufbar unter: http://go.nwb.de/u2v6n (abgerufen am 15.10.2022).

Choong, China Plans to Adopt ISSB Sustainability Reporting Standards, 2022. Abrufbar unter https://go.nwb.de/1uh66 (abgerufen am 15.10.2022).

Corporate Responsibility Inferface Center (CRIC), Der Taxonomie-Kompromiss: Was wurde beschlossen?, 2020. Abrufbar unter https://go.nwb.de/53n9p (abgerufen am 15.10.2022).

Deutscher Bundestag, Stellungnahmen der Sachverständigen, 2020. Abrufbar unter https://go.nwb.de/7gowe (abgerufen am 15.10.2022).

Deutsches Rechnungslegungs Standards Committee (DRSC), Konzept des BMJV zur Umsetzung der CSR-Richtlinie 2014/95/EU, 2015. Abrufbar unter https://go.nwb.de/5mmhn (abgerufen am 15.10.2022).

Deutsches Rechnungslegungs Standards Committee (DRSC), BMJV beauftragt DRSC mit CSR-Studie, 2020. Abrufbar unter http://go.nwb.de/u5pue (abgerufen am 15.10.2022).

Deutsches Rechnungslegungs Standards Committee (DRSC), CSR-Studie – Abschlussbericht zur vom BMJV beauftragten Horizontalstudie sowie zu Handlungsempfehlungen für die Überarbeitung der CSR-Richtlinie, Januar 2021. Abrufbar unter https://go.nwb.de/08v28 (abgerufen am 15.10.2022).

Deutsches Rechnungslegungs Standards Committee (DRSC) und Rat für Nachhaltige Entwicklung (RNE), „Gemeinsam die Nachhaltigkeitsberichterstattung in Deutschland stärken", Kooperationsvereinbarung anlässlich der Verabschiedung der europäischen Corporate Governance Sustainability Reporting Directive, 8.9.2022. Abrufbar unter: https://go.nwb.de/9vwq5 (abgerufen am 15.10.2022).

Erben/Zülch, CSR-Performance-Cycle (Teil 2), Der Betrieb 41/2019 S. 2249–2256.

Europäische Kommission, Binnenmarktakte – Zwölf Hebel zur Förderung von Wachstum und Vertrauen („Gemeinsam für neues Wachstum"), KOM (2011) 206 endgültig, 13.4.2011.

Europäische Kommission, Eine neue EU-Strategie (2011–14) für die soziale Verantwortung der Unternehmen (CSR), 2011, KOM (2011) 681 endgültig, 25.10.2011.

Europäische Kommission, Vorschlag für eine Richtlinie des Europäischen Parlaments und des Rates zur Änderung der Richtlinien 78/660/EWG und 83/349/EWG des Rates im Hinblick auf die Offenlegung nichtfinanzieller und die Diversität betreffender Informationen durch bestimmte große Gesellschaften und Konzerne, COM (2013) 207 final, 16.4.2013.

Europäische Kommission, Erklärung: Improving corporate governance: Europe's largest companies will have to be more transparent about how they operate, 2014. Abrufbar unter https://go.nwb.de/isqjw (abgerufen am 15.10.2022).

Europäische Kommission, Leitlinien für die Berichterstattung über nichtfinanzielle Informationen (Methode zur Berichterstattung über nichtfinanzielle Informationen), 2017, ABl EU 2017 Nr. L C 215.

Europäische Kommission, Aktionsplan: Finanzierung nachhaltigen Wachstums, COM (2018) 97 final, 8.3.2018.

Europäische Kommission, Vorschlag für eine Verordnung des Europäischen Parlaments und des Rates über die Einrichtung eines Rahmens zur Erleichterung nachhaltiger Informationen, COM (2018) 353 final, 24.5.2018.

Europäische Kommission, Leitlinien für die Berichterstattung über nichtfinanzielle Informationen: Nachtrag zur klimabezogenen Berichterstattung, ABl EU 2019 Nr. C 209.

Europäische Kommission, Der europäische Grüne Deal, COM (2019) 640 final, 11.12.2019.

Europäische Kommission, Consultation Document: Review of the Non-Financial Reporting Directive, 2020.

Europäische Kommission, Vorschlag für eine Verordnung des Europäischen Parlaments und des Rates zur Schaffung des Rahmens für die Verwirklichung der Klimaneutralität und zur Änderung der Verordnung (EU) 2018/1999 (Europäisches Klimagesetz), COM (2020) 80 final, 4.3.2020.

Europäische Kommission, Consultation on the Renewed Sustainable Finance Strategy, 2020. Abrufbar unter https://go.nwb.de/81fws (abgerufen am 15.10.2022).

Europäische Kommission, Frequently asked questions about the work of the European Commission and the Technical Expert Group on Sustainable Finance on EU Taxonomy & EU Green Bond Standard, 2020. Abrufbar unter https://go.nwb.de/2h7m5 (abgerufen am 15.10.2022).

Europäische Kommission, FAQs: How should financial and non-financial undertakings report Taxonomy-eligible economic activities and assets in accordance with the Taxonomy Regulation Article 8 Disclosures Delegated Act?, 2021. Abrufbar unter: https://go.nwb.de/iswy4 (abgerufen am 15.10.2022).

Europäische Kommission, Questions and Answers: Taxonomy Climate Delegated Act and Amendments to Delegated Acts on fiduciary duties, investment and insurance advice, 2021. Abrufbar unter: https://go.nwb.de/6ofqp (abgerufen am 15.10.2022).

Europäische Kommission, Vorschlag für eine Richtlinie des Europäischen Parlaments und des Rates zur Änderung der Richtlinien 2013/34/EU, 2004/109/EG und 2006/43/EG und der Verordnung (EU) Nr. 537/2014 hinsichtlich der Nachhaltigkeitsberichterstattung von Unternehmen, COM (2021) 189 final, 21.4.2021. Abrufbar unter https://go.nwb.de/rodcu (abgerufen am 15.10.2022).

Europäische Kommission, Delegierte Verordnung (EU) 2021/2139 der Kommission vom 4. Juni 2021 zur Ergänzung der Verordnung (EU) 2020/852 des Europäischen Parlaments und des Rates durch Festlegung der technischen Bewertungskriterien, anhand deren bestimmt wird, unter welchen Bedingungen davon auszugehen ist, dass eine Wirtschaftstätigkeit einen wesentlichen Beitrag zum Klimaschutz oder zur Anpassung an den Klimawandel leistet, und anhand deren bestimmt wird, ob diese Wirtschaftstätigkeit erhebliche Beeinträchtigungen eines der übrigen Umweltziele vermeidet, ABl EU 2021 Nr. L 442, 9.12.2021.

Europäische Kommission, Delegierte Verordnung (EU) 2021/2178 der Kommission vom 6. Juli 2021 zur Ergänzung der Verordnung (EU) 2020/852 des Europäischen Parlaments und des Rates durch Festlegung des Inhalts und der Darstellung der Informationen, die von Unternehmen, die unter Artikel 19a oder Artikel 29a der Richtlinie 2013/34/EU fallen, in Bezug auf ökologisch nachhaltige Wirtschaftstätigkeiten offenzulegen sind, und durch Festlegung der Methode, anhand deren die Einhaltung dieser Offenlegungspflicht zu gewährleisten ist, ABl EU 2021 Nr. L 443, 10.12.2021.

Europäische Kommission, Draft Commission notice on the interpretation of certain legal provisions of the Taxonomy Regulation Article 8 Disclosures Delegated Act on the reporting of eligible economic activities and assets, 2022. Abrufbar unter: https://go.nwb.de/ob8o3 (abgerufen am 15.10.2022).

Europäische Kommission, EU Taxonomy Compass, 2022. Abrufbar unter: https://go.nwb.de/r39aj (abgerufen am 15.10.2022).

Europäische Kommission, Delegierte Verordnung (EU) 2022/1214 der Kommission vom 9. März 2022 zur Änderung der Delegierten Verordnung (EU) 2021/2139 in Bezug auf Wirtschaftstätigkeiten in bestimmten Energiesektoren und der Delegierten Verordnung (EU) 2021/2178 in Bezug auf besondere Offenlegungspflichten für diese Wirtschaftstätigkeiten, ABl 2022 Nr. L 188, 15.7.2022.

Europäischer Rat, Press Release: New transparency rules on social responsibility for big companies, 2014. Abrufbar unter https://go.nwb.de/drvfy (abgerufen am 15.10.2022).

Europäisches Parlament, Bericht zur sozialen Verantwortung der Unternehmen: Rechenschaftspflichtiges, transparentes und verantwortungsvolles Geschäftsgebaren und nachhaltiges Wachstum (2012/2098 (INI)), 2013. Abrufbar unter https://go.nwb.de/04zjc (abgerufen am 15.10.2022).

European Coalition for Corporate Justice (ECCJ), A Human Rights Review of the EU Non-Financial Reporting Directive, 2019. Abrufbar unter https://go.nwb.de/fcwp7 (abgerufen am 15.10.2022).

European Financial Reporting Advisory Group (EFRAG), Cover note for public consultation: Draft European Sustainability Reporting Standards, April 2022, Open for comments until 8 August 2022, 2022. Abrufbar unter https://go.nwb.de/9i6tb (abgerufen am 15.10.2022).

European Securities and Markets Authority (ESMA), Public Statement: European common enforcement priorities for 2020 annual financial reports, 28.10.2020. Abrufbar unter https://go.nwb.de/t4r4v (abgerufen am 15.10.2022).

European Securities and Markets Authority (ESMA), Final Report on draft Regulatory Technical Standards, 2021. Abrufbar unter https://go.nwb.de/7ta3n (abgerufen am 15.10.2022).

European Securities and Markets Authority (ESMA), Public Statement: European common enforcement priorities for 2021 annual financial reports, 29.10.2021. Abrufbar unter https://go.nwb.de/ob5x6 (abgerufen am 15.10.2022).

European Securities and Markets Authority (ESMA), Updated Joint ESA Supervisory Statement on the application of the Sustainable Finance Disclosure Regulation, 2022. Abrufbar unter https://go.nwb.de/89t4k (abgerufen am 15.10.2022).

Ewelt-Knauer/Schneider/Blaß, Eine kritische und vergleichende Analyse der Nachhaltigkeitsberichterstattung nach den Standards der GRI und des SASB, Der Betrieb 71 (29)/2018 S. 1677–1685.

Fédération des Experts-comptables Européens (FEE), Disclose what truly matters, 2016. Abrufbar unter https://go.nwb.de/na6u2 (abgerufen am 15.10.2022).

Fleischer, Corporate Social Responsibility, Die Aktiengesellschaft 15/2017 S. 509–525.

Freeman, Strategic Management: A Stakeholder Approach, 1984.

Freeman/Reed, Stockholders and Stakeholders: A New Perspective on Corporate Governance, California Management Review 3/1983 S. 88–106.

French Association of Private Enterprises (AFEP)/Deutsches Aktieninstitut (DAI), The complexity of EU sustainability reporting standards could undermine their effectiveness, 2022. Abrufbar unter https://go.nwb.de/d6bu8 (abgerufen am 15.10.2022).

Frey/Rogl, Inhaltliche Anforderungen an die Nachhaltigkeitsberichterstattung, Zeitschrift für Finance & Controlling 3/2017 S. 98–101.

Friede/Busch/Bassen, ESG and financial performance: aggregated evidence from more than 2000 empirical studies, Journal of Sustainable Finance & Investment 4/2015 S. 210–233.

Friedman, Capitalism and Freedom, 1962.

G7 Finance Ministers and Central Bank Governors, G7 Finance Ministers and Central Bank Governors' Petersberg Communiqué, 2022. Abrufbar unter https://go.nwb.de/9t58k (abgerufen am 15.10.2022).

Global Compact Netzwerk Deutschland, Die zehn Prinzipien des Global Compact, 2020. Abrufbar unter https://go.nwb.de/03303 (abgerufen am 15.10.2022).

Global Reporting Initiative (GRI), Linking the GRI Standards and the European Directive on non-financial and diversity disclosure, 2017.

Global Reporting Initiative (GRI), GRI Standards, 2020. Abrufbar unter https://go.nwb.de/ayu82 (abgerufen am 15.10.2022).

Grottel, § 289 HGB – Inhalt des Lageberichts, in Grottel/Justenhoven/Schubert/Störk (Hrsg.), Beck'scher Bilanz-Kommentar, 13. Aufl. 2022.

Gundel, Prüfung der CSR-Berichterstattung durch den Aufsichtsrat – Wie intensiv muss der Aufsichtsrat die Rechtmäßigkeit prüfen?, Die Wirtschafsprüfung 2/2018 S. 108–113.

Haaker, Anmerkungen zum Referentenentwurf eines CSR-Richtlinie-Umsetzungsgesetzes – Ein „Update" zu Haaker/Gahlen, StuB 2015 S. 662, Unternehmenssteuern und Bilanzen 8/2016 S. 310–312.

Haaker/Freiberg, Integrierte nichtfinanzielle Erklärung?, Praxis der internationalen Rechnungslegung 6/2017 S. 186–187.

Haaker/Gahlen, Umsetzung der CSR-Richtlinie – Kritische Anmerkungen zum BMJV-Konzept, Unternehmenssteuern und Bilanzen 17/2015 S. 662–666.

Haller/Durchschein, Entwicklung und Ausgestaltung der Prüfung von nach GRI-Normen erstellten Nachhaltigkeitsberichten in Deutschland, Zeitschrift für internationale und kapitalmarktorientierte Rechnungslegung 4/2016 S. 188–196.

Hecker/Bröcker, Die CSR-Berichtspflicht in der Hauptversammlungssaison 2018, Die Aktiengesellschaft 21/2017 S. 761–770.

Hell, Die (Neu-)Bestimmung des Wesentlichkeitsbegriffs in § 289c Abs. 3 und § 315c Abs. 2 HGB, Zeitschrift für Internationale Rechnungslegung 12/2019 S. 527–529.

Hennrichs, CSR-Umsetzung – Neue Pflichten für Aufsichtsräte, Neue Zeitschrift für Gesellschaftsrecht 22/2017 S. 841–847.

Hennrichs/Pöschke, Die Pflicht des Aufsichtsrats zur Prüfung des „CSR-Berichts", Neue Zeitschrift für Gesellschaftsrecht 4/2017 S. 121–127.

Hennrichs/Pöschke, § 171 AktG – Prüfung durch den Aufsichtsrat, in Goette/Habersack (Hrsg.), Münchener Kommentar zum Aktiengesetz, Band 3: §§ 118–178, 5. Aufl. 2022.

High-Level Expert Group on Sustainable Finance (HLEG), Financing a Sustainable European Economy, 2018. Abrufbar unter https://go.nwb.de/0mq1k (abgerufen am 15.10.2022).

Hillmer, CSR-Berichterstattung in der Unternehmenspraxis – Anwendungserfahrungen in 2018 auf dem Weg zur EU-Initiative zu Sustainable Finance, Zeitschrift für internationale und kapitalmarktorientierte Rechnungslegung 7–8/2019 S. 354–358.

Holzmeier/Burth/Hachmeister, Die nichtfinanzielle Konzernberichterstattung nach dem CSR-Richtlinie-Umsetzungsgesetz, Zeitschrift für Internationale Rechnungslegung 5/2017 S. 215–220.

Huter, Auslegungsfragen zur Risikoberichterstattung in der nicht-finanziellen Erklärung, Die Wirtschaftsprüfung 11/2019 S. 603–610.

Institut der Wirtschaftsprüfer in Deutschland e.V. (IDW), Konzept zur Umsetzung der CSR-Richtlinie – Reform des Lageberichts, 2015. Abrufbar unter https://go.nwb.de/6mshk (abgerufen am 15.10.2022).

Institut der Wirtschaftsprüfer in Deutschland e.V. (IDW), Positionspapier: Pflichten und Zweifelsfragen zur nichtfinanziellen Erklärung als Bestandteil der Unternehmensführung (Stand 14.6.2017). Abrufbar unter https://go.nwb.de/m8kgc (abgerufen am 15.10.2022).

Institut der Wirtschaftsprüfer in Deutschland e.V. (IDW), Positionspapier: Zusammenarbeit zwischen Aufsichtsrat und Abschlussprüfer (Stand 23.1.2020). Abrufbar unter http://go.nwb.de/9xva0 (abgerufen am 15.10.2022).

Institut der Wirtschaftsprüfer in Deutschland e.V. (IDW), Positionspapier: Zukunft der nichtfinanziellen Berichterstattung und deren Prüfung (Stand 16.10.2020). Abrufbar unter: http://go.nwb.de/8zgiu (abgerufen am 15.10.2022).

Institut der Wirtschaftsprüfer in Deutschland e.V. (IDW), Entwurf eines IDW Prüfungsstandards: Inhaltliche Prüfung der nichtfinanziellen (Konzern-)Erklärung im Rahmen der Abschlussprüfung (IDW EPS 353 [08.2022]) (Stand 17.8.2022). Abrufbar unter https://go.nwb.de/3t8n4 (abgerufen am 15.10.2022).

International integrated Reporting Council (IIRC), The International <IR> Framework, 2013. Abrufbar unter https://go.nwb.de/fvami (abgerufen am 15.10.2022).

International integrated Reporting Council (IIRC), 2020 Revision: <IR> Framework, 2020. Abrufbar unter https://go.nwb.de/4yj7z (abgerufen am 15.10.2022).

International integrated Reporting Council (IIRC), Integrated Reporting, 2020. Abrufbar unter https://go.nwb.de/c49ib (abgerufen am 15.10.2022).

International Integrated Reporting Council (IIRC), The International <IR> Framework, 2021. Abrufbar unter http://go.nwb.de/u50er (abgerufen am 15.10.2022).

International Organization of Securities Commission, IOSCO's 2022 Sustainable Finance work plan strengthens the organization's commitment to increasing transparency and mitigating greenwashing, IOSCO/MR/06/2022, 2022. Abrufbar unter https://go.nwb.de/k8b9m (abgerufen am 15.10.2022).

Kajüter, Neuerungen in der Lageberichterstattung nach dem Referentenentwurf des CSR-Richtlinie-Umsetzungsgesetzes, Zeitschrift für internationale und kapitalmarktorientierte Rechnungslegung 5/2016 S. 230–238.

Kajüter, Die nichtfinanzielle Erklärung nach dem Regierungsentwurf zum CSR-Richtlinie-Umsetzungsgesetz, Zeitschrift für Internationale Rechnungslegung 12/2016 S. 507–513.

Kajüter, Das CSR-Richtlinie-Umsetzungsgesetz – ein Kompromiss, Zeitschrift für Internationale Rechnungslegung 4/2017 S. 137–138.

Kajüter, Nichtfinanzielle Berichterstattung nach dem CSR-Richtlinie-Umsetzungsgesetz, Der Betrieb 12/2017 S. 617–624.

Kajüter/Wirth, Praxis der nichtfinanziellen Berichterstattung nach dem CSR-RUG, Der Betrieb 27–28/2018 S. 1605–1612.

Kinderman, Corporate Social Responsibility – Der Kampf um die EU-Richtlinie, WSI Mitteilungen 8/2015 S. 613–621.

Kirchhoff, Nachhaltigkeitsberichterstattung im Wandel – Eine Untersuchung der DAX 30-Berichte 2016, 2017. Abrufbar unter https://go.nwb.de/vu147 (abgerufen am 15.10.2022).

Kirsch, E-DRÄS 8: Erneute Änderung am DRS 20 „Konzernlagebericht" – Inhalt und Konkretisierung der gesetzlichen Anforderungen aufgrund des CSR-Richtlinie-Umsetzungsgesetzes, Unternehmenssteuern und Bilanzen 15/2017 S. 573–580.

Kirsch, Änderungen des DRS 20 aufgrund des CSR-RLUG durch den DRÄS 8 – Korrekturen und Präzisierungen gegenüber E-DRÄS 8, Unternehmenssteuern und Bilanzen 21/2017 S. 805–809.

Kirsch, Weglassen nachteiliger Angaben in der nichtfinanziellen (Konzern-)Erklärung, Deutsche Steuer-Zeitung 7/2018 S. 230–236.

Kirsch/Huter, Die Prüfung der nicht-finanziellen Erklärung – Neue Pflichten für den Aufsichtsrat, Die Wirtschaftsprüfung 17/2017 S. 1017–1024.

Kliem/Kosma/Optenkamp, DPR-Prüfungsschwerpunkte 2020 – Die Deutsche Prüfstelle schaut auf die Konjunkturaussichten, Zeitschrift für internationale und kapitalmarktorientierte Rechnungslegung 1/2020 S. 6–13.

Koch, § 120 AktG – Entlastung, in Koch (Hrsg.), Aktiengesetz, 16. Aufl. 2022.

Koch, § 131 AktG – Auskunftsrecht des Aktionärs, in Goette/Habersack (Hrsg.), Münchener Kommentar zum Aktiengesetz, Band 3: §§ 118–178, 5. Aufl. 2022.

Krakuhn/Stiefel/Gilles, Die nachhaltige Finanzwirtschaft: Ausgewählte Reportingpflichten auf der Internetseite von Kreditinstituten und Versicherungsunternehmen nach der Offenlegungsverordnung und dem finalen Entwurf des technischen Regulierungsstandards, Zeitschrift für Internationale Rechnungslegung 3/2021 S. 133–140.

Kreipl, Konsequenzen der neuen EU-Richtlinie zur Berichterstattung über Sozial-, Umwelt- und Arbeitnehmerbelange sowie der Ausdehnung des Country-by-country Reporting für deutsche Unternehmen, Zeitschrift für Umweltpolitik und Umweltrecht 1/2015 S. 98–117.

Kreipl/Müller, Ausweitung der Pflichtpublizität um eine Nichtfinanzielle Erklärung – RegE zur Umsetzung der CSR-Richtlinie, Der Betrieb 42/2016 S. 2425–2428.

Kroker, Menschenrechte in der Compliance, Corporate Compliance Zeitschrift 3/2015 S. 120–127.

Kumm/Woodtli, Nachhaltigkeitsberichterstattung: Die Umsetzung der Ergänzungen der Bilanzrichtlinie um die Pflicht zu nichtfinanziellen Angaben im RefE eines CSR-Richtlinie-Umsetzungsgesetzes, Der Konzern 5/2016 S. 218–232.

Lackmann/Stich, Nicht-finanzielle Leistungsindikatoren und Aspekte der Nachhaltigkeit bei der Anwendung von DRS 20 – Was sich durch DRS 20 in der Konzernlageberichterstattung tatsächlich ändert, Zeitschrift für internationale und kapitalmarktorientierte Rechnungslegung 5/2013 S. 236–242.

Lanfermann, Referentenentwurf des CSR-Richtlinie-Umsetzungsgesetzes sieht Prüfungspflicht für den Aufsichtsrat vor, Betriebs-Berater 19/2016 S. 1131–1135.

Lanfermann, CSR-Berichterstattung: EU-Leitlinien für Unternehmen, Die Wirtschaftsprüfung 21/2017 S. 1250–1255.

Lanfermann, Prüfung der CSR-Berichterstattung durch den Aufsichtsrat, Betriebs-Berater 13/2017 S. 747–750.

Lanfermann, Künftige Ausrichtung der EU-Unternehmensberichterstattung: Gesetzgebungspaket zu Sustainable Finance und „Fitness Check", Betriebs-Berater 29/2018 S. 1643–1647.

Lanfermann, Sustainable Finance als neues Leitmotiv der Unternehmensberichterstattung, Betriebs-Berater 9/2018 S. 490–494.

Lanfermann, EU-Aktionsplan zu Sustainable Finance: Wie weit ist der europäische Gesetzgeber mit der Umsetzung?, Betriebs-Berater 38/2019 S. 2219–2223.

Lanfermann, Auswirkungen der EU-Taxonomie-Verordnung auf die Unternehmensberichterstattung, Betriebs-Berater 30/2020 S. 1643–1647.

Lanfermann, European Sustainability Reporting Standards (ESRS): EFRAG-Konsultationsentwürfe als Meilenstein der neuen EU-Nachhaltigkeitsberichterstattung, Betriebs-Berater 23/2022 S. 1323–1327.

Lanfermann/Baumüller/Scheid, Größenabhängige Ausgestaltung der Berichtspflichten im Rahmen der zukünftigen europäischen Nachhaltigkeitsberichterstattung, Der Konzern 12/2021 S. 500–505.

Lanfermann/Baumüller/Scheid, Standardisierung der Klimaberichterstattung: neue Vorschläge der EFRAG, des ISSB und der SEC, Zeitschrift für Internationale Rechnungslegung 6/2022 S. 275–281.

Lanfermann/Needham/Scheid, Relevanz der „grünen" EU-Taxonomie für die Ausweitung der Vorstandsvergütung – Stärkere Berücksichtigung von Umwelt- und Sozialaspekten zur Sicherstellung der Unternehmensfinanzierung?, Zeitschrift für Corporate Governance 2/2021 S. 87–93.

Lindner/Müller, Die Standards der Global Reporting Initiative als Rahmenwerk für die nichtfinanzielle Berichterstattung – Inhaltlicher Überblick und Vorschlag zur Anwendung, Zeitschrift für Internationale Rechnungslegung 3/2020 S. 139–145.

Lorson/Melcher/Müller/Velte/Wulf/Zündorf, Relevanz von Rechnungslegungsempfehlungen des Deutschen Rechnungslegungs Standards Committee (DRSC) unter besonderer Berücksichtigung des Deutschen Rechnungslegungsstandards Nr. (DRS) 20 (Konzernlagebericht), Zeitschrift für Unternehmens- und Gesellschaftsrecht 6/2015 S. 887–917.

Maniora, Die neue EU-Richtlinie zur Offenlegung nichtfinanzieller Informationen: Verum oder Placebo? – Eine Ex ante-Analyse nichtfinanzieller Informationsanforderungen ausgewählter EU-Mitgliedstaaten und Ex post-Implikationen, Zeitschrift für internationale und kapitalmarktorientierte Rechnungslegung 3/2015 S. 153–166.

Meeh-Bunse/Hermeling/Schomaker, Aktuelle Aspekte zum Inkrafttreten der CSR-Richtlinie in Deutschland – Die nichtfinanzielle Erklärung ist ab 2017 Pflicht, Deutsches Steuerrecht 20/2017 S. 1127–1128.

Meyer, Überlegungen zur Auftragsgestaltung einer betriebswirtschaftlichen Prüfung nach ISAE 3000 (Revised), WP Praxis 4/2017 S. 99–106.

Milla/Haberl-Arkhurst, Wesentlichkeitsanalyse in der nichtfinanziellen Berichterstattung, Zeitschrift für Recht und Rechnungswesen 1/2018 S. 23–27.

Mirchandani, The Biggest Change In Corporate Reporting Since The 1930s: How To Read IFRS Prototype Sustainability And Climate Standards, 2021. Abrufbar unter https://go.nwb.de/17bno (abgerufen am 15.10.2022).

Mittwoch, Die Notwendigkeit eines Lieferkettengesetzes aus der Sicht des Internationalen Privatrechts, Recht der Internationalen Wirtschaft 7/2020 S. 397–405.

Mock, Berichterstattung über Corporate Social Responsibility nach dem CSR-Richtlinie-Umsetzungsgesetz, Zeitschrift für Wirtschaftsrecht 25–26/2017 S. 1195–1203.

Mock, Die Leitlinien der Europäischen Kommission zur CSR-Berichterstattung, Der Betrieb 37/2017 S. 2144–2147.

Mock, § 289b HGB – Pflicht zur nichtfinanziellen Erklärung; Befreiungen, in Hachmeister/Kahle/Mock/Schüppen (Hrsg.), Bilanzrecht Kommentar, 2018.

Mock, Rechnungslegungsenforcement nach Wirecard – alles auf Anfang oder punktuelle Reformen?, Betriebs-Berater 30/2020 S. I.

Morck/Drüen, § 289d HGB – Nutzung von Rahmenwerken, in Koller/Kindler/Roth/Drüen (Hrsg.), Handelsgesetzbuch – Kommentar, 9. Aufl. 2019.

Mühlbauer/Müller, Fitness-Check der EU-Kommission zur öffentlichen Berichterstattung von Unternehmen – Stand der Harmonisierung der Rechnungslegung, Der Betrieb 25/2018 S. 1482–1487.

Müller, Referentenentwurf des CSR-Richtlinie-Umsetzungsgesetzes – wieder eine missglückte 1:1-Umsetzung?, Betriebs-Berater 19/2016 S. I.

Müller/Needham/Reinke, Internationale Nachhaltigkeitsberichterstattung wird konkreter – ISSB veröffentlicht Entwurf des IFRS S1 zu allgemeinen Offenlegungspflichten von nachhaltigkeitsbezogenen Finanzinformationen, Praxis der internationalen Rechnungslegung 6/2022 S. 172–176.

Müller/Scheid, Konkretisierung der Umsetzung der CSR-Richtlinie im DRS 20 – Erweiterung der Konzernlageberichterstattung durch E-DRÄS 8, Betriebs-Berater 32/2017 S. 1835–1838.

Müller/Stawinoga, Teil A – Entwicklung, Verpflichtung und Grundlagen der Lageberichterstattung, in Müller/Stute/Withus (Hrsg.), Handbuch Lagebericht – Kommentar von § 289 und § 315 HGB, DRS 20 und IFRS Management Commentary, 2013, S. 3–38.

Müller/Stawinoga, Nachhaltigkeitsberichterstattung bzw. integrierte Berichterstattung: Pflicht oder Kür? – Praxisfolgen einer Regulierung für die Ersteller, Prüfer und Adressaten nachhaltigkeitsrelevanter Berichte, Zeitschrift für Umweltpolitik und Umweltrecht 1/2014 S. 58–77.

Müller/Stawinoga/Velte, Mögliche Einbettung der neuen nichtfinanziellen Erklärung in die handelsrechtliche Unternehmenspublizität und -prüfung – Erkenntnisse aus den Stellungnahmen zum Konzeptpapier des BMJV zur nationalen Umsetzung der CSR-Richtlinie, Der Betrieb 39/2015 S. 2217–2223.

Müller/Stawinoga/Velte, Nationale Umsetzung der Mitgliedstaatenwahlrechte der europäischen CSR-Richtlinie beim Ausweis und bei der Prüfung der „nichtfinanziellen Erklärung", Zeitschrift für Umweltpolitik und Umweltrecht 3/2015 S. 313–342.

Nagel-Jungo/Affolter, Nachhaltigkeitsberichterstattung im Rahmen integrierter Berichterstattung, Zeitschrift für Internationale Rechnungslegung 10/2016 S. 427–432.

Nietsch, Nachhaltigkeitsberichterstattung im Unternehmensbereich ante portas – der Regierungsentwurf des CSR-Richtlinie-Umsetzungsgesetzes, Neue Zeitschrift für Gesellschaftsrecht 34/2016 S. 1330–1335.

Noack/Zetsche, § 243 AktG – Anfechtungsgründe, in Zöllner/Noack (Hrsg.), Kölner Kommentar zum Aktiengesetz, Band 5, §§ 241–290, 3. Aufl. 2017.

Noodt, § 242 HGB – Pflicht zur Aufstellung; § 243 HGB – Aufstellungsgrundsatz, in Betram/Brinkmann/Kessler/Müller (Hrsg.), Haufe Bilanz Kommentar, 10. Aufl. 2019.

Organization for Economic Co-operation and Development (OECD), OECD-Leitsätze für multinationale Unternehmen, 2011. Abrufbar unter https://go.nwb.de/gqv6d (abgerufen am 15.10.2022).

Paetzmann, § 289 HGB – Inhalt des Lageberichts; § 289b HGB – Pflicht zur nichtfinanziellen Erklärung; Befreiungen; § 289c HGB – Inhalt der nichtfinanziellen Erklärung; § 289d HGB – Nutzung von Rahmenwerken; § 315c Inhalt der nichtfinanziellen Konzernerklärung, in Bertram/Brinkmann/Kessler/Müller (Hrsg.), Haufe Bilanz Kommentar, 10. Aufl. 2019.

Platform on Sustainable Finance, Draft Report on Minimum Social Safeguards, 2022. Abrufbar unter https://go.nwb.de/70l2n (abgerufen am 15.10.2022).

Platform on Sustainable Finance, Platform on Sustainable Finance's report with recommendations on technical screening criteria for the four remaining environmental objectives of the EU taxonomy, 2022. Abrufbar unter https://go.nwb.de/z7xxu (abgerufen am 15.10.2022).

Platform on Sustainable Finance, Platform on Sustainable Finance's report on environmental transition taxonomy, 2022. Abrufbar unter https://go.nwb.de/k97n0 (abgerufen am 15.10.2022).

Platform on Sustainable Finance, Platform on Sustainable Finance's report on social taxonomy, 2022. Abrufbar unter https://go.nwb.de/zn3j0 (abgerufen am 15.10.2022).

Principles for Responsible Investment (PRI), Prinzipien für verantwortliches Investieren – Eine Investoreninitiative in Partnerschaft mit der UNEP Finance Initiative und dem UN Global Compact, 2019. Abrufbar unter https://go.nwb.de/k1n4i (abgerufen am 15.10.2022).

Principles for Responsible Investment (PRI), Principles for Responsible Investment, 2020. Abrufbar unter https://go.nwb.de/dofwq (abgerufen am 15.10.2022).

Rabenhorst/Schmidt/Speiser, Der IDW PS 350 n. F. – Ein Plädoyer für eine fokussierte Lageberichterstattung, Der Betrieb 16/2019 S. 857–862.

Rat der Europäischen Union, Interinstitutionelles Dossier: 2021/0104(COD), 10835/22, Richtlinie zur Änderung der Richtlinien 2013/34/EU, 2004/109/EG und 2006/43/EG und der Verordnung (EU) Nr. 537/2014 hinsichtlich der Nachhaltigkeitsberichterstattung von Unternehmen, 30.6.2022. Abrufbar unter https://go.nwb.de/zsspe (abgerufen am 15.10.2022).

Rat für Nachhaltige Entwicklung (RNE), Deutscher Nachhaltigkeitskodex, 2020. Abrufbar unter https://go.nwb.de/9dbch (abgerufen am 15.10.2022).

Rat für Nachhaltige Entwicklung (RNE), Fünf Schritte auf dem Weg zur DNK-Erklärung, 2020. Abrufbar unter https://go.nwb.de/qt0za (abgerufen am 15.10.2022).

Rattler/Storbeck, Die DPR Prüfungsschwerpunkte 2020 – DPR greift aktuelle Entwicklungen der Rechnungslegung auf und rückt mögliche negative konjunkturelle Entwicklungen mit in den Fokus, Praxis der internationalen Rechnungslegung 2/2020 S. 50–54.

Rauch/Weigt, Risikoangaben im Rahmen der nichtfinanziellen Berichterstattung, Zeitschrift für internationale und kapitalmarktorientierte Rechnungslegung 3/2018 S. 119–126.

Rauschenberg, Die Prüfung nichtfinanzieller Informationen im Konzernlagebericht vor dem Hintergrund der regulatorischen Änderungen und der Haftung des Wirtschaftsprüfers, Der Konzern 9/2014 S. 319–328.

Rehbinder, Corporate Social Responsibility – von der gesellschaftlichen Forderung zur rechtlichen Verankerung, in Deinert/Schrader/Stoll (Hrsg.), Corporate Social Responsibility (CSR): Die Richtlinie 2014/95/EU – Chancen und Herausforderungen, Gesellschaft und Nachhaltigkeit, Band 4, 2015, S. 10–37.

Rehbinder, Förderung sozialer Verantwortung durch Unternehmenspublizität – ein Experiment mit ungewissem Ausgang, in Audit Committee Institute e.V. (ACI) (Hrsg.), Audit Committee Quarterly – extra, Stand: 30.10.2017, S. 16–18.

Reiner, § 264 HGB – Pflicht zur Aufstellung, in Schmidt/Ebke (Hrsg.), Münchener Kommentar zum Handelsgesetzbuch, Band 4, 4. Aufl. 2020.

Rimmelspacher/Schäfer/Schönberger, Das CSR-Richtlinie-Umsetzungsgesetz: Neue Anforderungen an die nichtfinanzielle Berichterstattung und darüber hinaus, Zeitschrift für internationale und kapitalmarktorientierte Rechnungslegung 5/2017 S. 225–232.

Rohatschek, Enforcement der nichtfinanziellen Berichterstattung, Zeitschrift für Recht und Rechnungswesen 7–8/2019 S. 220–222.

Ruhnke/Schmidt, Veröffentlichungs- und Prüfungspflichten im Zusammenhang mit der Erklärung zur Unternehmensführung und der nichtfinanziellen Erklärung, Der Betrieb 44/2017 S. 2557–2563.

Ruhnke/Schmiele/Schwind, Die Erwartungslücke als permanentes Phänomen der Abschlussprüfung – Definitionsansatz, empirische Untersuchung und Schlussfolgerungen, Schmalenbachs Zeitschrift für betriebswirtschaftliche Forschung 4/2010 S. 394–421.

Sandleben, § 17 – Rechnungslegung, in Schüppen/Schaub (Hrsg.), Münchener Anwaltshandbuch Aktienrecht, 3. Aufl. 2018.

Schaefer/Schröder, Auswirkungen des DRS 20 auf die Berichterstattung nichtfinanzieller Leistungsindikatoren in den Lageberichten der DAX30-Unternehmen, Zeitschrift für internationale und kapitalmarktorientierte Rechnungslegung 2/2015 S. 95–107.

Schäfer/Schönberger, Green and more: Klimaberichterstattung mit Luft nach oben, Die Wirtschaftsprüfung 10/2020 S. 549–551.

Schall/Figlin, Finanzielle und nichtfinanzielle Leistungsindikatoren im Lagebericht nach DRS 20 – Auswertung der SDAX-Geschäftsberichte für das Geschäftsjahr 2017, Zeitschrift für Internationale Rechnungslegung 3/2020 S. 129–138.

Scheffler/Zempel, Abschnitt B 620 – Enforcement der Rechnungslegung, Böcking/Gros/Oser/Scheffler/Thormann (Hrsg.), Beck'sches Handbuch der Rechnungslegung, Band II, Stand: 60. EL, Dezember 2019.

Scheid, Prüfungsgegenstand CSR: Mut zur (Erwartungs-)Lücke?, Der Aufsichtsrat 1/2019 S. 1.

Scheid/Baumüller, EFRAG Lab veröffentlicht Bericht zur Verbesserung der Klimaberichterstattung, Praxis der internationalen Rechnungslegung 4/2020 S. 115–121.

Scheid/Baumüller, Die Berichtspflichten zu Art. 8 der Taxonomie-Verordnung – Konkretisierung der Berichtsanforderungen zu den sog. „Taxonomie-Quoten" durch einen neuen delegierten Rechtsakt, Unternehmenssteuern und Bilanzen 17/2021 S. 686–692.

Scheid/Freiberg, Prüfung der nichtfinanziellen (Konzern-)Erklärung durch den Aufsichtsrat – Pro & Contra, Praxis der internationalen Rechnungslegung 9/2018 S. 261–262.

Scheid/Kotlenga/Müller, Nachhaltigkeit in der Unternehmenssteuerung – Vom Nischendasein zum möglichen Krisenauslöser und wichtigen Differenzierungsmerkmal, Krisen-, Sanierungs- und Insolvenzberatung 14/2018 S. 509–513.

Scheid/Kotlenga/Müller, Die verwirrende Vielfalt an Standardsettern im Rahmen der CSR-Berichterstattung – Analyse und Praxisempfehlungen, Praxis der internationalen Rechnungslegung 7–8/2019 S. 202–206.

Scheid/Müller, Leitlinien der Europäischen Kommission zur nichtfinanziellen Berichterstattung – Vereinheitlichungschancen der Berichterstattung und Ausstrahlungswirkung auf weitere Unternehmen, Deutsches Steuerrecht 41/2017 S. 2240–2246.

Scheid/Müller, Notwendigkeit der klimabezogenen Berichterstattung – Implikationen des EU-Aktionsplans und Umsetzungsanregungen, Praxis der internationalen Rechnungslegung 11/2019 S. 330–336.

Scheid/Needham, Professionalisierung des Aufsichtsrats im Lichte der CSR-Reformen, Der Aufsichtsrat 6/2020 S. 85–87.

Schewe/Nienaber/Buschmann/Liesenkötter, Alles nur Greenwashing? – Wie glaubwürdig berichten Unternehmen über ihr Nachhaltigkeitsengagement?, Zeitschrift für Umweltpolitik und Umweltrecht 1/2012 S. 1–27.

Schild/Haßlinger/Weimann, Zweifelsfragen hinsichtlich der nichtfinanziellen (Konzern-)Erklärung – Eine Analyse unter besonderer Berücksichtigung des DRÄS 8, Betriebswirtschaftliche Forschung und Praxis 1/2020 S. 66–84.

Schmidt, Die rechnungslegungsbezogenen Thesen des Sustainable-Finance-Beirats der Bundesregierung – Maßnahmen zur Verbesserung der Qualität und Verfügbarkeit von nichtfinanziellen Informationen, Der Betrieb 6/2020 S. 233–240.

Schmidt, Nichtfinanzielle Erklärung im Fokus des Enforcement?, Zeitschrift für internationale und kapitalmarktorientierte Rechnungslegung 7–8/2020 S. 328–333.

Schmidt, Zur Relevanz der SASB-Standards für deutsche Unternehmen, Die Wirtschaftsprüfung 12/2020 S. 685–687.

Schmidt/Schmotz, Die Beteiligung der Öffentlichkeit an der Standardsetzung des DRSC am Beispiel des DRÄS 8 zur Änderung des DRS 20, Der Konzern 11/2017 S. 476–480.

Schmidt/Strenger, Die neuen nichtfinanziellen Berichtpflichten – Erfahrungen mit der Umsetzung aus Sicht institutioneller Investoren, Neue Zeitschrift für Gesellschaftsrecht 13/2019 S. 481–487.

Schneider, Die Leitlinien der EU zur Berichterstattung über nichtfinanzielle Informationen und Unterschiede der Umsetzung der CSR-Richtlinie zwischen Deutschland und Österreich, Der Konzern 5/2019 S. 214–220.

Schneider/Müllner, Ein Überblick über den Nachtrag der EU zur klimabezogenen Berichterstattung – Wesentlichkeit und klimabedingte Chancen und Risiken, Der Konzern 1/2020 S. 24–29.

Schorse, § 289d HGB – Nutzung von Rahmenwerken, in Häublein/Hoffmann-Theinert (Hrsg.), HGB – Online-Kommentar, Stand 15.7.2022.

Schuschnig, Aktueller Stand der Nachhaltigkeitsberichterstattung von Unternehmen des Prime Market der Wiener Börse, Zeitschrift für Internationale Rechnungslegung 12/2017 S. 525–531.

Schweren/Brink, CSR-Berichterstattung in Europa, Zeitschrift für Wirtschafts- und Unternehmensethik 1/2016 S. 177–191.

Seibt, CSR-Richtlinie-Umsetzungsgesetz: Berichterstattung über nichtfinanzielle Aspekte der Geschäftstätigkeit – Neues Element des Corporate Reputation Management, Der Betrieb 46/2016 S. 2707–2716.

Simon-Heckroth/Borcherding/Luckenhuber, Nachhaltig gut berichten!, Die Wirtschaftsprüfung 15/2020 S. 880–887.

Sopp/Baumüller, Die Leitlinien der EU-Kommission für die Berichterstattung über nichtfinanzielle Informationen: Orientierungshilfe ohne Orientierung, Zeitschrift für Internationale Rechnungslegung 9/2017 S. 377–383.

Sopp/Baumüller, Nichtfinanzielle Berichterstattung: Kritik an den neuen Leitlinien zu klimabezogenen Angaben, Der Betrieb 33/2019 S. 1801–1809.

Sopp/Baumüller, Auf dem Weg zu europäischen Standards für die nichtfinanzielle Berichterstattung?, Teil 1: Projektendbericht des European Corporate Reporting Lab @ EFRAG, Zeitschrift für internationale und kapitalmarktorientierte Rechnungslegung 6/2021 S. 254–268.

Sopp/Baumüller, Auf dem Weg zu europäischen Standards für die nichtfinanzielle Berichterstattung?, Teil 2: Projektendbericht zum Ad-Personam-Mandat für Jean-Paul Gauzès, Zeitschrift für internationale und kapitalmarktorientierte Rechnungslegung 7–8/2021 S. 322–328.

Sopp/Baumüller/Scheid, Der europäische Weg zur Standardisierung der Nachhaltigkeitsberichterstattung, Betriebswirtschaftliche Forschung und Praxis 1/2022 S. 25–43.

Sopp/Krautstofl, Die Berücksichtigung von Stakeholder- und Länder-Interessen in der Entwicklung von Leitlinien für die Berichterstattung über nichtfinanzielle Informationen in der EU – Eine empirische Analyse, Zeitschrift für Umweltpolitik und Umweltrecht 4/2017 S. 377–403.

Sopp/Rogler, Nachhaltigkeitsberichterstattung für umweltbezogene nichtfinanzielle Kennzahlen und Wirtschaftsaktivitäten – Diskussion am Beispiel des Umweltziels Kreislaufwirtschaft, Zeitschrift für internationale und kapitalmarktorientierte Rechnungslegung 11–12/2022 S. 445–454.

Spießhofer, Die neue europäische Richtlinie über die Offenlegung nichtfinanzieller Informationen – Paradigmenwechsel oder Papiertiger?, Neue Zeitschrift für Gesellschaftsrecht 33/2014 S. 1281–1287.

Stakeholder Reporting, Von der Idee zur Standardisierung, 2020. Abrufbar unter https://go.nwb.de/oyc7x (abgerufen am 15.10.2022).

Stawinoga, Die Richtlinie 2014/95/EU und das CSR-Richtlinie-Umsetzungsgesetz – Eine normative Analyse des Transformationsprozesses sowie daraus resultierender Implikationen für die Rechnungslegungs- und Prüfungspraxis, UmweltWirtschaftsForum 3–4/2017 S. 213–227.

Stawinoga, Perspektiven der nichtfinanziellen Rechnungslegung und Prüfung – Eine Analyse anhand aktueller Verlautbarungen, Der Konzern 5/2020 S. 192–195.

Stawinoga/Scheid, Integrated Reporting und Assurance in Deutschland – Erste empirische Erkenntnisse, Die Wirtschaftsprüfung 12/2018 S. 735–740.

Stawinoga/Velte, Der Referentenentwurf für ein CSR-Richtlinie-Umsetzungsgesetz – Eine erste Bestandsaufnahme unter besonderer Berücksichtigung der empirischen Relevanz des Deutschen Nachhaltigkeitskodex (DNK), Der Betrieb 15/2016 S. 841–847.

Stawinoga/Velte, Single versus double materiality of corporate sustainability reporting: Which concept will contribute to climate neutral business?, Zeitschrift für Umweltpolitik und Umweltrecht 2/2022 S. 210–248.

Steinmeier/Stich, Nachhaltigkeitsberichterstattung in Deutschland – in puncto assurance alles andere als „weltmeisterlich"!, Die Wirtschaftsprüfung 9/2015 S. 413–423.

Steinmeier/Stich, Restatements in der Nachhaltigkeitsberichterstattung, Zeitschrift für internationale und kapitalmarktorientierte Rechnungslegung 11/2016 S. 501–508.

Störk/Lawall, § 267 HGB – Umschreibung der Größenklassen, in Grottel/Justenhoven/Schubert/Störk (Hrsg.), Beck'scher Bilanz-Kommentar, 13. Aufl. 2022.

Störk/Schäfer/Schönberger, § 289b – Pflicht zur nichtfinanziellen Erklärung; Befreiungen, in Grottel/Justenhoven/Schubert/Störk (Hrsg.), Beck'scher Bilanz-Kommentar, 13. Aufl. 2022.

Störk/Schäfer/Schönberger, § 289c – Inhalt der nichtfinanziellen Erklärung, in Grottel/Justenhoven/Schubert/Störk (Hrsg.), Beck'scher Bilanz-Kommentar, 13. Aufl. 2022.

Störk/Schäfer/Schönberger, § 289d – Nutzung von Rahmenwerken, in Grottel/Justenhoven/Schubert/Störk (Hrsg.), Beck'scher Bilanz-Kommentar, 13. Aufl. 2022.

Störk/Schäfer/Schönberger, § 315b – Pflicht zur nichtfinanziellen Konzernerklärung; Befreiungen, in Grottel/Justenhoven/Schubert/Störk (Hrsg.), Beck'scher Bilanz-Kommentar, 13. Aufl. 2022.

Störk/Schäfer/Schönberger, § 315c – Inhalt der nichtfinanziellen Konzernerklärung, in Grottel/Justenhoven/Schubert/Störk (Hrsg.), Beck'scher Bilanz-Kommentar, 13. Aufl. 2022.

Stumpp, Die EU-Taxonomie für nachhaltige Finanzprodukte – Eine belastbare Grundlage für Sustainable Finance in Europa?, Zeitschrift für Bankrecht und Bankwirtschaft 1/2019 S. 71–80.

Sustainability Accounting Standards Board (SASB), IIRC and SASB announce intent to merge in major step towards simplifying the corporate reporting system, 2020. Abrufbar unter http://go.nwb.de/2mzos (abgerufen am 15.10.2022).

Sustainability Accounting Standards Board (SASB), Response of the Sustainability Accounting Standards Board to the Public Consultation on the Revision of the Non-Financial Reporting Directive, 2020. Abrufbar unter https://go.nwb.de/3ta7o (abgerufen am 15.10.2022).

Sustainability Accounting Standards Board (SASB), Sustainability Accounting Standards Board, 2020. Abrufbar unter https://go.nwb.de/5b7j0 (abgerufen am 15.10.2022).

Sustainable-Finance-Beirat der Bundesregierung, Zwischenbericht: Die Bedeutung einer nachhaltigen Finanzwirtschaft für die große Transformation, 2020. Abrufbar unter https://go.nwb.de/xmpl0 (abgerufen am 15.10.2022).

Sustainable-Finance-Beirat der Bundesregierung, Shifting the Trillions – Ein nachhaltiges Finanzsystem für die Große Transformation: 31 Empfehlungen des Sustainable-Finance-Beirats an die Bundesregierung, 2021. Abrufbar unter https://go.nwb.de/7aegx (abgerufen am 15.10.2022).

Sustainable-Finance-Beirat der Bundesregierung, Der Sustainable Finance-Beirat der Bundesregierung in der 20. Legislaturperiode, 2022. Abrufbar unter https://go.nwb.de/2gixl (abgerufen am 15.10.2022).

Task Force on Climate-related Financial Disclosures (TCFD), Final Report: Recommendations of the Task Force on Climate-related Financial Disclosures, 2017. Abrufbar unter http://go.nwb.de/6of0y (abgerufen am 15.10.2022).

United Nations (UN), About the Sustainable Development Goals, 2020. Abrufbar unter https://go.nwb.de/rm8xc (abgerufen am 15.10.2022).

United Nations Global Compact (UNGC), Leitfaden für nachhaltiges Wirtschaften, 2014. Abrufbar unter https://go.nwb.de/l6llh (abgerufen am 15.10.2022).

United Nations Global Compact (UNGC), Über uns, 2020. Abrufbar unter https://go.nwb.de/412cs (abgerufen am 15.10.2022).

United Nations Global Compact (UNGC), United Nations Global Compact, 2020. Abrufbar unter https://go.nwb.de/bb163 (abgerufen am 15.10.2022).

Velte, Das CSR-Richtlinie-Umsetzungsgesetz als großer Wurf?, Zeitschrift für Corporate Governance 2/2017 S. 49.

Velte, Die nichtfinanzielle Erklärung nach dem CSR-Richtlinie-Umsetzungsgesetz – Neues Berichtsformat in der Kapitalmarktkommunikation, Zeitschrift für das gesamte Genossenschaftswesen 2/2017 S. 112–119.

Velte, Prüfung der nichtfinanziellen Erklärung nach dem CSR-Richtlinie-Umsetzungsgesetz – Neue Erwartungslücke beim Aufsichtsrat?, Zeitschrift für Internationale Rechnungslegung 7–8/2017, S. 325–328.

Velte, Sprengstoff für den Abschlussprüfer bei „sonstigen Informationen"?, Der Betrieb 4/2018 S. M4–M5.

Velte, Prüfung der nichtfinanziellen Erklärung und der Erklärung zur Unternehmensführung durch Aufsichtsrat und Abschlussprüfer – Eine Zwischenbilanz, Die Aktiengesellschaft 8/2018 S. 266–272.

Velte, Die Lieferkette im Fokus der nichtfinanziellen Berichterstattung – Normative Reichweite, empirische Befunde und Reformdiskussion, Deutsches Steuerrecht 37/2020 S. 2034–2038.

Velte/Scheid, Prüfung der nichtfinanziellen (Konzern-)Erklärung nach dem CSR-Richtlinie-Umsetzungsgesetz – Eine empirische Untersuchung im HDAX und SDAX für das Geschäftsjahr 2017, Deutsches Steuerrecht 31/2018 S. 1681–1685.

Velte/Stawinoga, Harmonisierung der Klimaberichterstattung? – Einbettung in die EU-Regulierungsinitiativen, Forschungslücken und Handlungsempfehlungen, Der Betrieb 37/2019 S. 2025–2033.

Velte/Stawinoga, Wird die nichtfinanzielle Berichterstattung durch die neuen EU-Leitlinien zu klimabezogenen Angaben entscheidungsnützlicher?, Die Wirtschaftsprüfung 16/2019 S. 879–855.

Voland, Unternehmen und Menschenrechte – vom Soft Law zur Rechtspflicht, Betriebs-Berater 3/2015 S. 67–75.

Warnke/Müller, Entwürfe der Nachhaltigkeitsstandards zu Umweltaspekten (E-ESRS E1 bis E5) – Grundsachverhalte, zentrale Inhalte und Vergleich mit bestehenden/vorgeschlagenen Normen, Zeitschrift für Internationale Rechnungslegung 7–8/2022, S. 347–353.

Warnke/Reinke/Müller, ISSB veröffentlich Entwurf zu klimabezogenen Angaben – ED IFRS S2 konkretisiert die zukünftigen internationalen Angaben zu klimabezogenen Aspekten, Praxis der internationalen Rechnungslegung 7–8/2022 S. 199–204.

Wittsiepe, Zur Bedeutung des ISA 720 (Revised) innerhalb der ISA Standards zum Bestätigungsvermerk – Abgrenzung zu ISA 700 (Revised), WP Praxis 2/2018 S. 47–50.

World Business Council for Sustainable Development (wbcsd), Measuring socio-economic impact: A guide for business, 2013. Abrufbar unter https://go.nwb.de/nknqf (abgerufen am 15.10.2022).

World Wide Fund For Nature (WWF), Briefing Paper: NFRD 2.0: WWF analysis and recommendations for a revised Sustainability Reporting Regulation, 2019.

Wulf/Friedrich, Bedeutung klimabezogener Rahmenwerke in der nichtfinanziellen Berichterstattung, Zeitschrift für Corporate Governance 5/2020 S. 221–231.

Wulf/Friedrich/Senger/Staikowski, Klimabezogene Angaben in der nichtfinanziellen Pflichtberichterstattung – Deskriptive Analyse und empirische Evidenz zur Berichtsqualität der DAX30-Unternehmen, Zeitschrift für Umweltpolitik und Umweltrecht 4/2020 S. 460–495.

Wulf/Niemöller, Neuerungen im (Konzern-)Lagebericht durch den Referentenentwurf eines CSR-Richtlinie-Umsetzungsgesetzes, Zeitschrift für Internationale Rechnungslegung 6/2016 S. 245–47.

Zwirner, § 264d HGB – Kapitalmarktorientierte Kapitalgesellschaft, in Petersen/Zwirner (Hrsg.), Systematischer Praxiskommentar Bilanzrecht, 4. Aufl. 2020.

VERZEICHNIS DER HERANGEZOGENEN UNTERNEHMENSBERICHTE

Adidas, Geschäftsbericht 2021, 2022. Online abrufbar unter https://go.nwb.de/y8art.

Allianz, Geschäftsbericht 2021, 2022. Online abrufbar unter https://go.nwb.de/n9221.

Barmenia, Nichtfinanzieller Bericht 2021, 2022. Online abrufbar unter https://go.nwb.de/35vof.

BASF, Integrierter Geschäftsbericht 2021, 2022. Online abrufbar unter https://go.nwb.de/si1de.

Bayer, Integrierter Geschäftsbericht 2021, 2022. Online abrufbar unter https://go.nwb.de/zsx11.

BayWa, Nachhaltigkeitsbericht 2021, 2022. Online abrufbar unter https://go.nwb.de/otne4.

Beiersdorf, Geschäftsbericht 2021, 2022. Online abrufbar unter https://go.nwb.de/al1ws.

Biotest, Nachhaltigkeitsbericht 2021, 2022. Online abrufbar unter https://go.nwb.de/crr27.

BMW, Geschäftsbericht 2021, 2022. Online abrufbar unter https://go.nwb.de/j54v0.

Covestro, Geschäftsbericht 2021, 2022. Online abrufbar unter https://go.nwb.de/nfbzh.

Deutsche Bank, Nichtfinanzieller Bericht 2021, 2022. Online abrufbar unter https://go.nwb.de/jidzc.

Deutsche Bank, Offenlegung im Hinblick auf Nachhaltigkeit, 2022. Online abrufbar unter https://go.nwb.de/det2j.

Deutsche Börse, Prüfungsvermerk Nachhaltigkeitsbericht 2019, 2020. Online abrufbar unter https://go.nwb.de/gdoog.

Deutsche Post DHL, Geschäftsbericht 2021, 2022. Online abrufbar unter https://go.nwb.de/56ajt.

Deutsche Telekom, Corporate Responsibility Bericht 2021, 2022. Online abrufbar unter https://go.nwb.de/ab49t.

Deutsche Telekom, Geschäftsbericht 2021, 2022. Online abrufbar unter https://go.nwb.de/iz5i0.

E.ON, Geschäftsbericht 2021, 2022. Online abrufbar unter https://go.nwb.de/4m5ge.

EnBW, Integrierter Geschäftsbericht 2021, 2022. Online abrufbar unter https://go.nwb.de/6yu23.

Fielmann, Geschäftsbericht 2021, 2022. Online abrufbar unter https://go.nwb.de/d9lz4.

Flossbach von Storch, Auswirkungen von Nachhaltigkeitsrisiken auf die Rendite, Flossbach von Storch SICAV – Multiple Opportunities, 2022. Online abrufbar unter https://go.nwb.de/tfsul.

Fresenius, Geschäftsbericht 2021, 2022. Online abrufbar unter https://go.nwb.de/r9ca4.

Gerresheimer, Geschäftsbericht 2021, 2022. Online abrufbar unter https://go.nwb.de/q1sza.

HeidelbergCement, Geschäftsbericht 2021, 2022. Online abrufbar unter https://go.nwb.de/xrojw.

HelloFresh, Geschäftsbericht 2021, 2022. Online abrufbar unter https://go.nwb.de/4pqnu.

Henkel, Nachhaltigkeitsbericht 2021, 2022. Online abrufbar unter https://go.nwb.de/xi0h1.

Leoni, Geschäftsbericht 2021, 2022. Online abrufbar unter https://go.nwb.de/pyqqz.

Lufthansa, Geschäftsbericht 2021, 2022. Online abrufbar unter https://go.nwb.de/12zc0.

Mercedes-Benz, Geschäftsbericht 2021, 2022. Online abrufbar unter https://go.nwb.de/4clfv.

Münchener Rück, Geschäftsbericht 2021, 2022. Online abrufbar unter https://go.nwb.de/wm5mn.

Porsche, Geschäfts- und Nachhaltigkeitsbericht 2021, 2022. Online abrufbar unter https://go.nwb.de/9dcs5.

Puma, Geschäftsbericht 2021, 2022. Online abrufbar unter https://go.nwb.de/fzqh4.

RWE, Nichtfinanzieller Bericht 2021, 2022. Online abrufbar unter https://go.nwb.de/04dff.

SAP, Integrierter Geschäftsbericht 2021, 2022. Online abrufbar unter https://go.nwb.de/04dff.

Siemens, Nachhaltigkeitsbericht 2021, 2022. Online abrufbar unter https://go.nwb.de/ed2jx.

Siemens Healthineers, Geschäftsbericht 2021, 2022. Online abrufbar unter https://go.nwb.de/tba1m.

Siltronic, Geschäftsbericht 2021, 2022. Online abrufbar unter https://go.nwb.de/i39an.

Uniper, Geschäftsbericht 2021, 2022. Online abrufbar unter https://go.nwb.de/7ic9i.

Vonovia, Geschäftsbericht 2021, 2022. Online abrufbar unter https://go.nwb.de/j1kb2.

Vonovia, Nachhaltigkeitsbericht 2021, 2022. Online abrufbar unter https://go.nwb.de/h0e0f.

VW, Nachhaltigkeitsbericht 2021, 2022. Online abrufbar unter https://go.nwb.de/6fecu.

Wirecard, Nichtfinanzieller Konzernbericht 2018, 2019. Online abrufbar unter https://go.nwb.de/hd6ma.

STICHWORTVERZEICHNIS